U0182155

建筑动画制作案例教程

（3ds Max）（微课版）

主　编　刘国纪　段芸芸

副主编　刘　斯　刘元生

黄梅香　赵　泉

参　编　张湘钰　王　涛

主　审　钟　勤

科学出版社

北　京

内 容 简 介

本书是在行业、企业专家和课程开发专家的指导下，由校企“双元”联合开发的系列新形态融媒体教材之一，于2023年评为“十四五”职业教育国家规划教材。全书包括4个单元：我眼中的三维虚拟世界、我的地盘我做主——室内家具建模、建筑房屋由我建——小高层商品房建模、我为城市添风采——城市小品建筑建模。

本书配套有课程标准、教学设计、多媒体课件、微课视频、典型案例、富媒体云教材及在线课程等教学资源，便于实施信息化教学。

本书适合作为职业院校“三维建筑动画”课程的教材，也可供三维建模爱好者参考。

图书在版编目（CIP）数据

建筑动画制作案例教程：3ds Max：微课版 / 刘国纪，段芸芸主编．—北京：科学出版社，2023.6

ISBN 978-7-03-066798-4

Ⅰ.①建… Ⅱ.①刘… ②段… Ⅲ.①建筑设计-计算机辅助设计-三维动画软件-职业教育-教材 Ⅳ.①TU201.4

中国版本图书馆CIP数据核字（2020）第220966号

责任编辑：张振华　上官子健 / 责任校对：马英菊
责任印制：吕春珉 / 封面设计：东方人华平面设计部

科学出版社出版
北京东黄城根北街16号
邮政编码：100717
http://www.sciencep.com

三河市骏杰印刷有限公司印刷

科学出版社发行　各地新华书店经销

*

2023年6月第 一 版　开本：787×1092 1/16
2024年6月第二次印刷　印张：22 1/2
字数：530 000

定价：86.00元

（如有印装质量问题，我社负责调换）

销售部电话 010-62136230　编辑部电话 010-62135120-2005

前　言

党的二十大报告中深刻指出："加快建设国家战略人才力量，努力培养造就更多大师、战略科学家、一流科技领军人才和创新团队、青年科技人才、卓越工程师、大国工匠、高技能人才。"为了深入贯彻落实二十大报告精神，编者根据二十大报告和《职业院校教材管理办法》《高等学校课程思政建设指导纲要》《"十四五"职业教育规划教材建设实施方案》等相关文件精神，结合编者多年的教学和实践成果，编写了本书。

在编写过程中，编者紧紧围绕"培养什么人、怎样培养人、为谁培养人"这一教育的根本问题，以落实立德树人为根本任务，以学生综合职业能力培养为中心，以培养卓越工程师、大国工匠、高技能人才为目标。相比同类其他教材，本书的体例更加合理和统一，概念阐述更加严谨和科学，内容重点更加突出，文字表达更加简明易懂，工程案例和思政元素更加丰富，配套资源更加完善。具体而言，主要具有以下几个方面的突出特点。

1．校企"双元"联合编写，行业特色鲜明

本书是在行业专家、企业专家和课程开发专家的指导下，由校企"双元"联合编写的。编者均来自教学或企业一线，具有多年的教学或实践经验，多数人带队参加过国家或省级技能大赛，并取得了优异的成绩。在编写本书的过程中，编者能紧扣该专业的培养目标，借鉴技能大赛所提出的能力要求，把技能大赛过程中所体现的规范、高效等理念贯穿其中，符合当前企业对人才综合素质的要求。

2．突出"工学结合"，与实际工作岗位对接

本书采用"项目化教学"和"基于工作过程"的职业教育课程改革理念，以真实生产项目、典型工作任务、案例为载体组织教学，能够满足模块化、项目化、案例化等不同教学方式的要求。本书中的实例涵盖了 3ds Max 的

大部分制作技巧，并且包含了三维动画在各个领域中的应用，如电影、电视、广告、游戏、数码特效制作等。通过学习，学生能够快速提升 3ds Max 的应用技能和设计水平，以达到事半功倍的学习效果。

3．体现以人为本，强调动手能力和创新能力的培养

本书切实从职业院校学生的实际出发，抛弃了以往 3ds Max 类书籍中过多的理论描述，以浅显易懂的语言和丰富的图示来进行说明，不过度强调理论和概念，从实用、专业的角度，剖析各个知识点，强调动手能力和创新能力的培养。本书以练代讲，练中学，学中悟，只要跟随操作步骤完成每个实例的制作，就可以掌握 3ds Max 的技术精髓。

4．融入思政元素，落实课程思政

为落实立德树人根本任务，充分发挥教材承载的思政教育功能，对原有的教学案例库进行了梳理、挖掘、改造，有机融入文化自信、规范意识、质量意识、职业素养、工匠精神等思政元素；建立起课程思政教育教学案例库，通过凝练案例的思政教育映射点，将案例和教学内容相结合，潜移默化地提升学生的思想政治素养。

5．立体化资源配套，适应信息化教学

为了方便教师教学和学生自主学习，本书配套有免费的立体化的教学资源包，包括多媒体课件、微课、视频、实例源文件、相关素材等。此外，本书中穿插有丰富的二维码资源链接，通过扫描可以观看相关的微课、视频。

本书主要内容包括 3ds Max 中文版的常用设置、基本操作、样条线建模、多边形建模、二维修改器的运用、三维修改器的运用、CAD 识图、CAD 图样清理、商品房模型创建、公园景观小品模型创建等。适合作为职业院校“三维建筑动画”课程的教材，也可供三维建模爱好者学习参考。

本书由刘国纪（重庆市龙门浩职业中学校）、段芸芸（重庆市龙门浩职业中学校）担任主编，刘斯（厦门信息学校）、刘元生（安徽新闻出版职业技术学院）、黄梅香（厦门信息学校）、赵泉（厦门市集美职业技术学校）担任副主编，张湘钰（重庆市龙门浩职业中学校）、王涛（重庆电讯职业学院）参与编写，钟勤（重庆市龙门浩职业中学校）担任主审。

重庆巨蟹数码影像有限公司提供丰富的实例、素材和技术支持，在此表示感谢。

由于编者水平有限，加之编写时间仓促，书中难免存在疏漏和不足之处，恳请广大读者批评指正。

本书课程思政元素设计

为践行、弘扬“富强、民主、文明、和谐，自由、平等、公正、法治，爱国、敬业、诚信、友善”的社会主义核心价值观，落实“立德树人”的根本任务，本书以“习近平新时代中国特色社会主义思想”为指导，结合数字媒体技术岗位的职业素养要求，从“爱国精神、文化自信、历史传承、法治意识、工匠精神、环保意识、安全意识”等维度着眼，确定思政目标、设计思政内容。紧密围绕“知识、技能、素养”三位一体的教学目标，在书中以任务、案例、图表等为载体，润物细无声地将课程思政内容有效传递给读者。

任务	内容导引	课程思政目标	融入方式	课程思政元素
0.2.1	电脑桌模型	规范建模的操作流程，培养专注严谨、精益求精的工作态度，树立规范意识、标准意识	引入模型尺寸比例精准要求以及每一个零部件的命名赋材质要求，同时详细介绍模型渲染成图的细节和步骤	职业素养 规范意识 标准意识
0.2.2	玻璃茶几模型			
0.2.3	熊猫模型	培养爱国精神，激发民族自豪感，增强文化自信，传承历史记忆	大熊猫在地球上生存了至少800万年的时间，被誉为活化石和中国国宝。中国也是世界上历史最长的国家。大熊猫本身就是一种很温和的动物，有和平团结的寓意，与我国的文化是相符的	爱国精神 文化自信 文化传承
0.3.2	园林窗格模型	培养一丝不苟、专注执着的工匠精神，坚定人与自然和谐共生的理念	通过园林窗格的镂空模型的创建，展示我国工匠的精湛技艺，我国的园林是将可赏、可游、可居融为一体的建筑，展现劳动人民的智慧，也表达出人与自然和谐相处的意愿	工匠精神 环保意识
0.3.3	室内软装模型	增强审美情趣和文化内涵，树立环保意识和成本意识	室内软装可以构建出空间美并能带给人们舒适感，由此引导提升审美情趣，树立环保意识和成本意识	审美情趣 环保意识 成本意识
1.1.2	读懂室内装修图	树立法治意识、规范意识，提升信息素养	引入室内装修图的构成，引导掌握国家对室内装修的相关规定，提高查询国家相关法律法规信息的能力	法治意识 规范意识 信息素养

续表

任务	内容导引	课程思政目标	融入方式	课程思政元素
2.1.1	了解房屋结构	树立安全意识、法治意识、规范意识	引入房屋各组成部分的作用、常见的建筑术语、总平面图的识图顺序，引导树立安全意识、法治意识、规范意识	安全意识 法治意识 规范意识
2.1.2	看懂房屋施工图例	培养全局思维和创新思维，贯彻严密统一、理论联系实际的科学思维	房屋施工图纸包含了整个商品房的结构布局、空间利用、周围环境、配套设施等信息，引导培养全局思维、创新思维、科学思维	全局思维 创新思维 科学思维
3.1.1	城市规划图模型	培养以客户需求为导向的职业精神、细致周到的服务意识，增强社会责任感	合理地规划布局，利用自然空间，可以创造利于城市发展及人们生活工作的环境，由此引导提升服务意识，增强社会责任感	职业素养 服务意识 社会责任
3.1.2	城市标志模型	增强环境保护意识，自觉维护城市良好形象，培养社会责任感	引入公园草坪灯模型、树地模型、城市标志模型的制作内容，引导增强环境保护意识，自觉维护城市良好形象	环保意识 社会责任
3.2.1	公园设施模型			
3.3.1	长廊模型	理解廊、亭的功能和文化意义，树立文化自信和民族自豪感，培养一丝不苟、专注执着的工匠精神	引入廊、亭模型在工艺和功能方面的相关要求，引导树立文化自信和民族自豪感，培养一丝不苟、专注执着的工匠精神	文化自信 工匠精神
3.3.3	凉亭模型			

目　录

课程
导入

我眼中的三维虚拟世界

单元导读

认识三维制作软件——3ds Max，了解 3ds Max 在建筑设计、建筑动画、游戏设计、影视制作等领域的应用。掌握 3ds Max 的界面及整体布局，学会在 3ds Max 中新建和保存文件，能够用标准基本体制作模型，熟悉 3ds Max 的功能，为进一步学习奠定基础。

学习目标

通过本单元的学习，达到以下目标：

- 了解 3ds Max 的运用领域；
- 了解模型三维空间的布局；
- 熟练掌握 3ds Max 的基本操作；
- 掌握改变视图布局的不同方法；
- 掌握视图转换的常用快捷键；
- 掌握场景的管理方法；
- 熟练掌握移动、旋转、缩放、复制、镜像工具的使用方法；
- 熟练掌握标准基本体的创建及修改方法；
- 熟练掌握样条线的创建方法。

思政目标

- 培养设计创新精神，提升职业素养；
- 养成认真、细致的工作态度，发扬一丝不苟、精益求精的工匠精神。

任务 0.1　走进三维空间——了解3ds Max的应用领域

☞任务描述

软件的界面由正交视图和透视图构成，初学者要形成立体思维，了解整体界面的布局及基本设置。本任务讲解3ds Max的应用与基本操作，为下一步的模型创建打下坚实的基础。

☞任务目标

认识软件界面的构成，掌握工程文件的新建、重置、保存及打开等操作方法。

0.1.1　寻找三维软件的魅力——三维软件在各领域的运用

3ds Max 是 Autodesk 公司开发的基于 PC（personal computer，个人计算机）的三维动画渲染和制作软件，被广泛运用于广告、影视、工业设计、建筑设计、多媒体制作、游戏、辅助教学及工程可视化等领域。在国内建筑效果图制作、三维建筑动画制作行业，3ds Max 更是独占鳌头。

1．建筑方面

建筑装潢设计是目前国内相当庞大且极具发展潜力的领域，可以分为室内装潢设计和室外建筑装潢设计两个部分。在进行建筑施工与装潢设计之前，可以先通过 3ds Max 进行真实场景的模拟，渲染出多角度的效果图，以观察装潢后的各种效果。也可以在未动工之前制作出工程竣工后的效果展示图。如果效果不理想，则可在施工前改变方案，以节约大量的时间和资金。图 0.1.1 所示为室内装潢设计效果实例，图 0.1.2 所示为室外建筑装潢设计效果实例。

图0.1.1　室内装潢设计效果实例

图0.1.2　室外建筑装潢设计效果实例

知识窗

BIM（building information modeling，建筑信息模型）将建设项目用数字化表达的方式呈现出来，资源共享，贯穿建筑生命周期，支持各个阶段的协同作业，如图 0.1.3 所示。

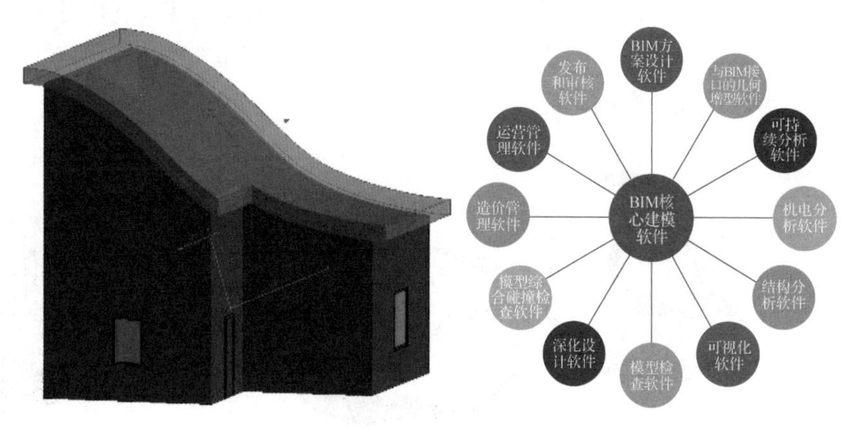

图0.1.3　建筑信息模型

模型是一个直观的物体，所有的视觉作品都必须构建在具体的物体上，那么模型的成败将直接关系视觉作品的成败。本书以建筑模型创建为基础，拓展读者创造模型的能力。室内设计的常用专业软件有 AutoCAD、3ds Max、Google SketchUp、Photoshop 等。这些软件各有特点，在设计的不同阶段承担不同的工作，发挥各自专长。

2. 游戏方面

3ds Max 在全球电子游戏市场已经扮演领导角色多年，广泛应用于游戏资源的创建和编辑任务。3ds Max 与游戏引擎的出色结合能力，满足了游戏开发商的要求，使设计师可以充分发挥自己的创造潜能制作游戏角色，如图 0.1.4 所示。其细腻的画面、宏伟的场景和逼真的效果，使游戏场景的观赏性和真实性大大增加，3D（3 dimension，三维空间）游戏的市场不断壮大。

图0.1.4　三维游戏效果实例

3．工业设计方面

随着 3ds Max 在建模工具、格式兼容、渲染效果与性能方面的不断提升，3ds Max 在工业设计领域中已经成为产品造型设计较为有效的技术产品之一。在新产品的开发中，可以利用 3ds Max 将 CAD 设计的图样进行视觉化处理，在产品批量生产之前模拟产品的实际情况。图 0.1.5 所示为工业产品设计实例。

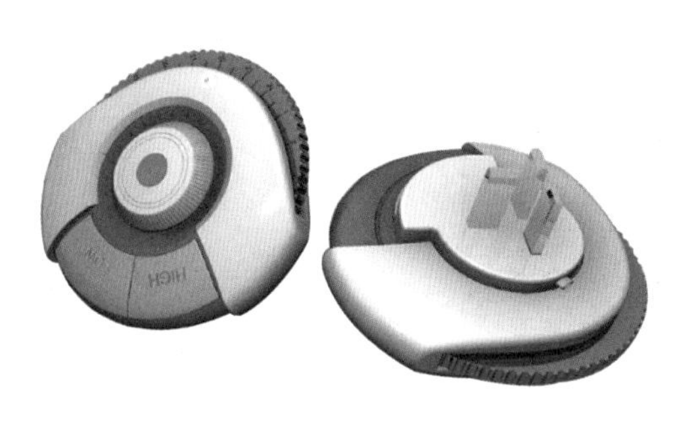

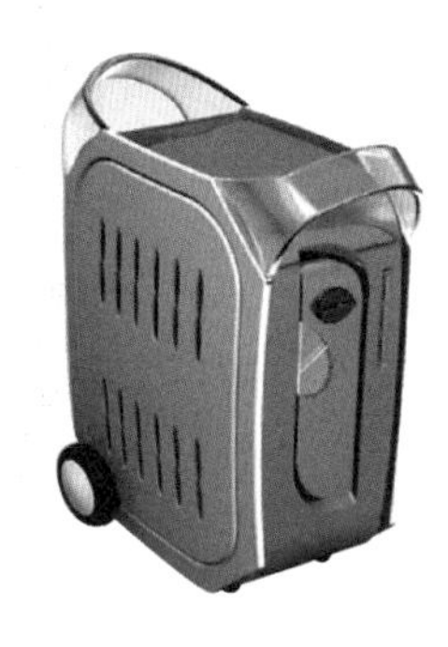

图0.1.5　工业产品设计实例

4．广告片头及栏目包装方面

应用三维软件和后期特效软件参与制作，是当今影视广告领域的一大趋势。3ds Max 在制作金属、玻璃、文字、光线、粒子等影视包装常用效果方面得心应手，如图 0.1.6 所示，同时也和许多常用的后期软件有文件接口，具有良好的交互性。

图0.1.6　三维影视包装效果实例

5．其他方面

三维动画在医疗卫生、法律（如事故分析）、娱乐和教育等方面同样得到了一定的应用。在国防军事方面，用三维动画来模拟火箭的发射、进行飞行模拟训练等非常直观、生动。在医学方面，将细微的手术过程通过大屏幕演示，从而极大地方便了学术交流和教学演示，如图 0.1.7 所示。

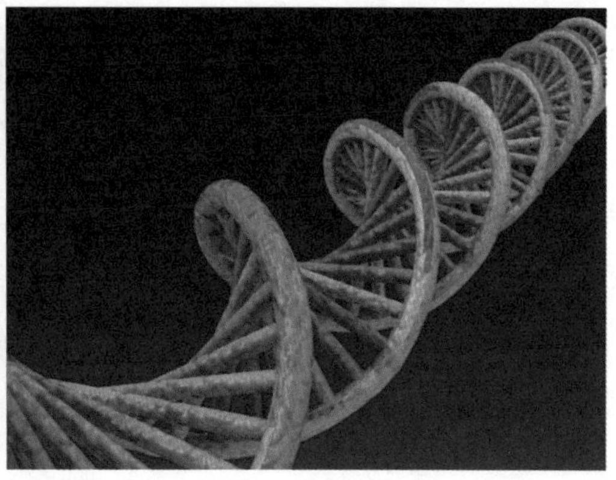

图0.1.7　三维动画在国防军事和医学方面的应用

0.1.2　熟悉 3ds Max 界面——文件与视图操作

3ds Max 2014 的用户界面包括标题栏、菜单栏、工具栏、命令面板、视图区、状态栏、动画控制区、视图控制区等，如图 0.1.8 所示。

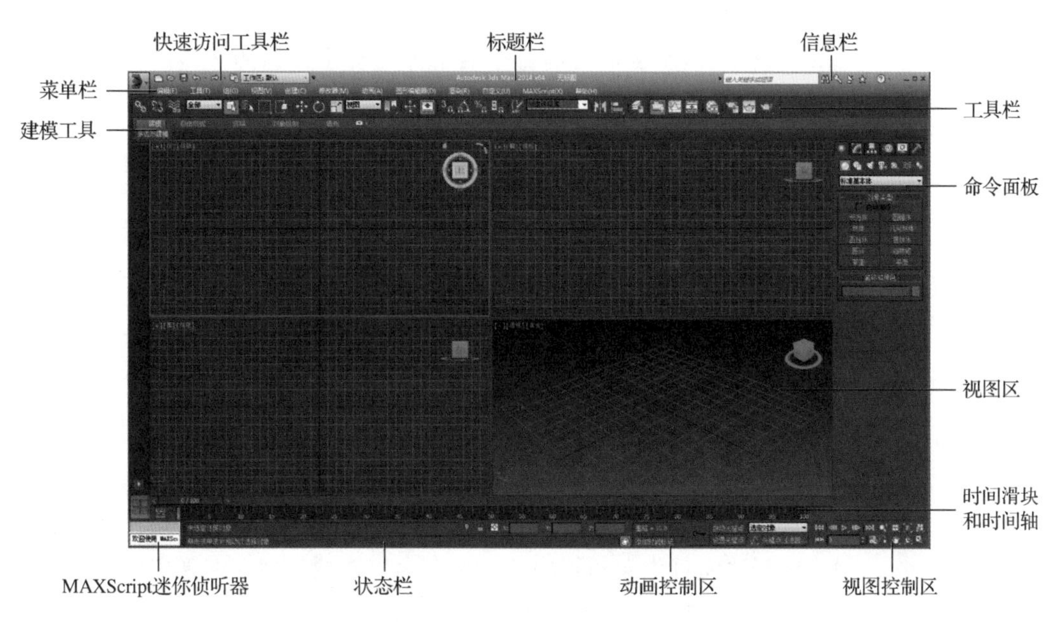

图0.1.8　3ds Max 2014的用户界面

1．了解各个部分的功能

1）标题栏和菜单栏：主要用来显示 3ds Max 的软件版本号，以及当前工作文档的名称。

2）工具栏：提供三维造型中常用的操作命令，如精确的几何变换、镜像、阵列及材质的指定和编辑等。

3）命令面板：包括创建命令面板、修改命令面板、层级面板、运动面板、显示面板和工具面板。在这些面板中将得到3ds Max中绝大多数的建模功能、动画特性、显示特性和它的一些重要的辅助工具，相关内容后文会重点介绍。

4）视图区：进行三维创作的显示窗口，分别是T（顶）视图、F（前）视图、L（左）视图和P（透视图），观察视角分别是从对象的正上方、正前方和正左侧来对物体进行立体观察。

5）时间滑块：用来控制动画时间进度，用鼠标拖动滑块可以快速地把时间定位到某一帧。

6）状态栏：向用户提供有价值的信息，如数量和类型的选择、坐标及栅格大小等。它包含锁定选择对象的按钮，按钮变成黄色时表示对象被锁定。

7）动画控制区：包括动画控制、时间滑块和轨迹栏，用于控制动画的播放。

8）视图控制区：位于界面的右下方，其中的控制按钮可以对视图进行放大或缩小控制。另外，还有几个右下方带有黑三角的按钮，单击这些按钮，会弹出相应的下拉列表。

2．3ds Max文件的基本操作

（1）新建与保存3ds Max工程文件

新建文件的方法有以下几种。

1）选择菜单栏中的“文件”→“新建”选项（快捷键为Ctrl+N），创建一个新的场景。

2）选择“文件”→“保存”选项。

3）使用Ctrl+S快捷键，弹出“文件另存为”对话框，如图0.1.9所示，在该对话框中设置保存的路径，也就是具体保存在哪个磁盘的文件夹中。

4）选择“文件”菜单栏中的“另存为”选项，然后在弹出的“文件另存为”对话框中设置保存的途径和文件名称即可。

（2）打开文件

打开文件的方法有以下几种。

1）选择菜单栏中的“文件”→“打开”选项，在弹出的“打开文件”对话框中选择要打开的文件后，单击“打开”按钮，如图0.1.10所示，即可完成文件的打开操作。

2）使用Ctrl+O快捷键，可以快速打开文件。

3）使用“打开最近”命令可以快速打开最近打开过的文件。

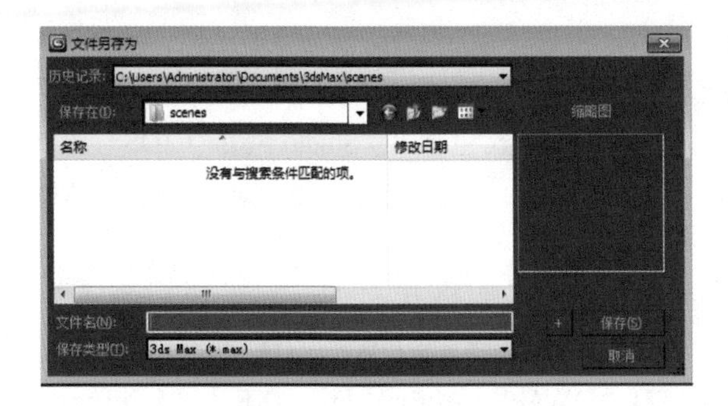

图0.1.9 “文件另存为”对话框

图0.1.10 “打开文件”对话框

（3）合并场景

在创建工作中，经常需要把多个已经创建好的场景合并到一起，这一操作对于制作复杂场景是非常有用的。

01 选择菜单栏中的“文件”→“合并”选项，弹出“合并文件”对话框，如图0.1.11所示。

02 选择需要合并的文件，单击“打开”按钮，在弹出的“合并”对话框中选择要合并的对象，如图0.1.12所示，单击“确定”按钮即可完成合并操作。

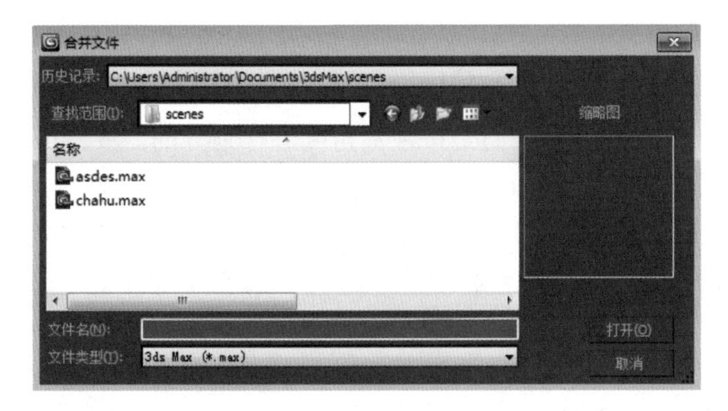

图0.1.11 “合并文件”对话框

图0.1.12 “合并”对话框

知识窗

1）在列表中，可以按住Ctrl键选择多个对象，也可以按住Alt键从选择集中减去对象。

2）当两个场景中的物体名称或材质名称相同时，就会弹出一个对话框，提示重新命名物体的名称或材质的名称。

（4）重置3ds Max 2014中文版系统

当操作有误或出现错误时，可以重新返回3ds Max的初始状态创作。选择菜单栏中的“文件”→“重置”选项即可完成重置操作。

（5）导入和导出文件

1）要在 3ds Max 中打开非 MAX 类型的文件，则需要用到“文件”菜单中的“导入”命令，这些几何体文件格式包括 3D Studio 网格（3DS）、3D Studio 项目（PRJ）、3D Studio 图形（SHP）、Adobe Illustrator（AI）、AutoCAD（DWG）、AutoCAD（DXF）等。

2）要把 3ds Max 中的场景保存为其他格式文件，则需要用到“文件”菜单中的“导出”命令。这些格式包括 3D DWF、3D Studio（3DS）、Adobe Illustrator（AI）、AutoCAD（DWG）、AutoCAD（DXF）、Lightscape 材质（ATR）、Lightscape 块（BLK）、Lightscape 参数（DF）等。

知识窗

使用低版本的 3ds Max 打开高版本的 3ds Max 文件时，需要用到“导入”“导出”命令。方法：首先对高版本的 3ds Max 文件执行“文件”→“输出”命令，将场景文件输出为 .3DS 格式文件，然后启动低版本的 3ds Max，执行“文件”→“输入”命令，再选择所需要的 .3DS 格式文件，则高版本的场景文件便可以在低版本中打开了。

3．视图的基本操作

系统默认设置下，视图区共有 4 个视图，分别是顶视图、前视图、左视图和透视图，如图 0.1.13 所示。它们是按视觉角度进行划分的。要想改变视图类型，可以通过以下方法实现。

1）在视图左上角的视图标志上右击，弹出如图 0.1.14 所示的快捷菜单，可以执行直接访问视图的操作命令。

2）选择“自定义”→“视口配置”选项，在弹出的“视口配置”对话框中选择“布局”选项卡，如图 0.1.15 所示，选择其中的选项就可以更改视图中场景的显示方式或改变视图的布局。

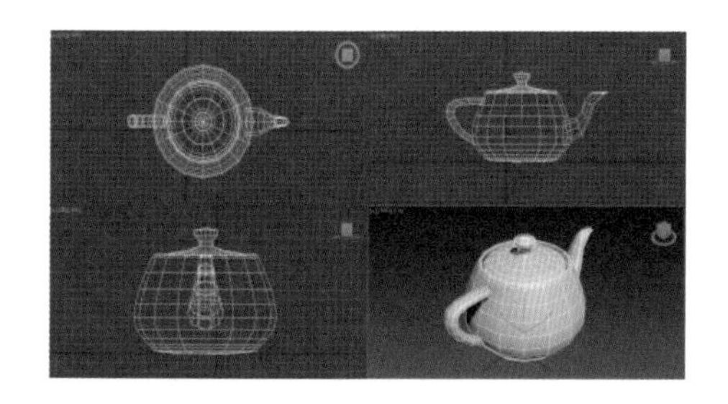

图0.1.13　系统默认视图

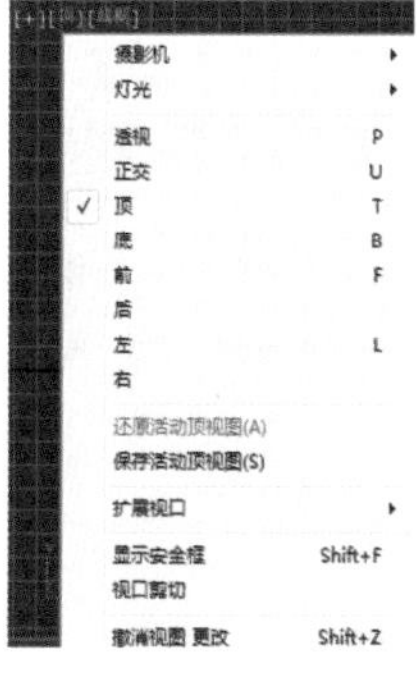

图0.1.14　“切换视图”菜单

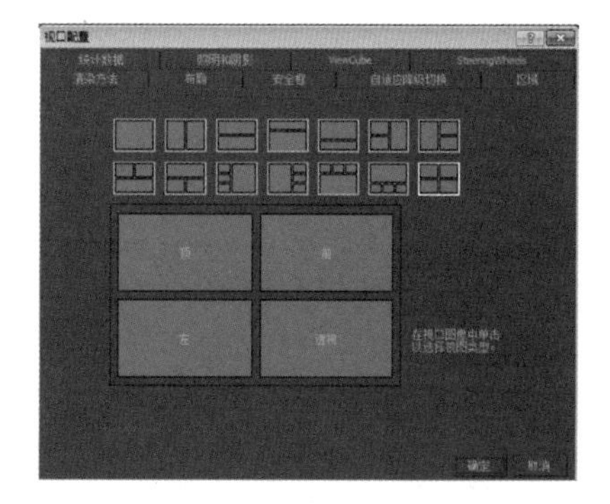

图0.1.15　“视口配置”对话框

3）使用快捷键（表 0.1.1）直接把当前视图改变为其他视图。

表0.1.1 快捷键及其功能

快捷键	功能	快捷键	功能
T	切换到顶视图	F	切换到前视图
L	切换到左视图	P	切换到透视图
B	切换到底视图	C	切换到摄影机视图
U	切换到用户视图	—	—

4）单击前视图后，前视图边缘显示黄色边框，即可激活视图；在前视图处于激活的状态下按 G 键就可以把栅格取消，如果想恢复栅格，再次按 G 键即可。

5）最大化视图切换：将当前激活视图切换为全屏模式，反之则是四视图显示，快捷键为 Alt+W。

0.1.3 管理三维模型——3ds Max 2014 文件操作

3ds Max 视图分为正交视图和非正交视图两大类，在视图中创建模型后就构成了场景，在这个场景中可能会存在不同种类的模型，如建筑体模型、灯光模型、环境光模型等，当出现较多模型时，需要对它们进行管理，以便进行之后的操作。

1. 场景中单个物体的常用操作

（1）选择物体

选择物体时使用的工具有选择对象、按名称选择、矩形选择区域、窗口 / 交叉。

1）选择对象：选取一个或多个对象进行操作，快捷键为 Q。直接单击即可选择对象，被选择的对象以白色线框方式显示。

2）按名称选择：通过对象名称进行选择，单击后弹出相应的对话框。

3）矩形选择区域：指利用拖动鼠标绘制出线框的方式进行框选，可以一次性选择多个对象。矩形选择区域下拉列表中还有圆形选框、多边形选框、套索选框、绘制选框等工具。

4）窗口 / 交叉：在未选择该工具时，选择框只要碰到物体即可选中所有物体。当选择该工具后，只有完全被线框包裹住的物体才被选中。

（2）移动物体

移动物体时，需要用到移动工具进行移动，有以下几种移动方法。

1）选择对象并进行移动操作，快捷键为 W。

2）当把鼠标指针放在 X 轴上时，X 轴会变成黄色，表示只在 X 轴方向移动；如果将鼠标指针放在中央的轴平面上，相应的面也会变成黄色，如图 0.1.16 所示。可以在整个平面的 X 轴和 Y 轴两个方向上进行移动。

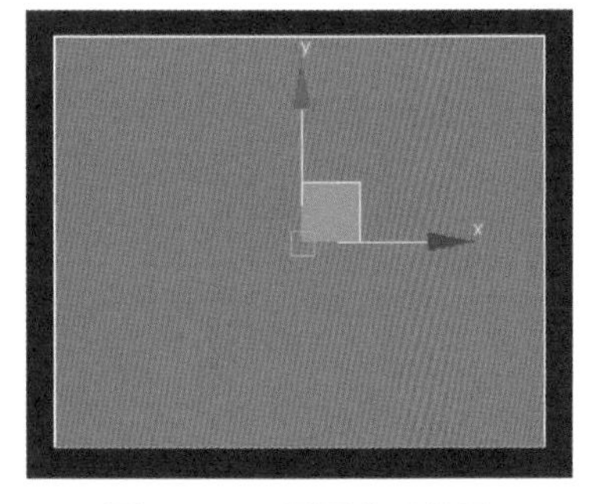

图0.1.16　平面移动效果

3）按键盘上的 X 键可以隐藏或显示操纵轴，按键盘上的“-”和“+”键可以调节操纵轴的大小。

（3）旋转物体

旋转物体时，需要用到旋转工具。旋转物体有以下几种方法。

1）选择对象并进行旋转操作，旋转时根据定义的坐标系和坐标轴向来进行。选择该工具对应的快捷键为 E。

2）拖动单个轴向，进行单方向上的旋转，红、绿、蓝 3 种颜色分别对应 X、Y、Z 3 个轴向，当前操纵的轴向会显示为黄色。

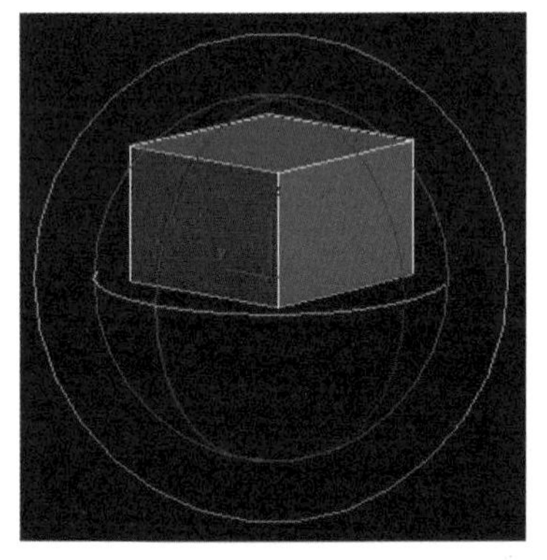

图0.1.17　旋转效果

3）通过圆内圈的灰色圆弧可以使对象进行空间旋转，即在 3 个轴向上同时进行旋转，这是一种非常自由的旋转方式。还可以将鼠标指针放在圈内的空白处拖动鼠标进行旋转，效果相同，如图 0.1.17 所示。

（4）缩放物体

1）均匀缩放：在 3 个轴向上等比例缩放，只改变体积大小，不改变形状，使对象均匀放大或缩小，因此坐标轴向对它不起作用。

2）非均匀缩放：在指定的坐标轴向上进行非等比例缩放，对象的体积和形状都发生变化。

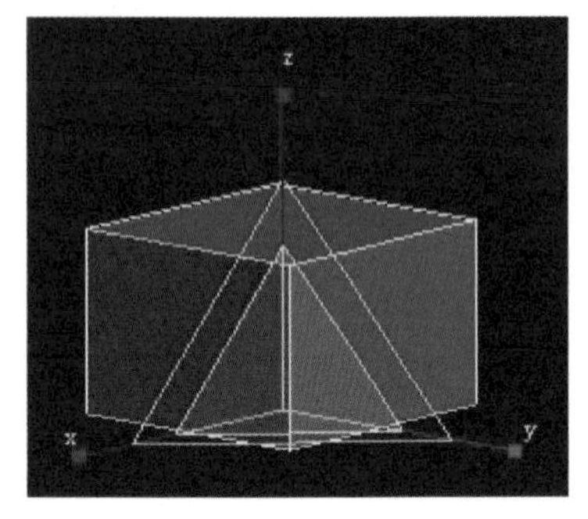

图0.1.18　缩放效果

3）挤压：在指定的坐标轴上做挤压变形，对象保持体积不变，形状将发生改变，如图 0.1.18 所示。这种变换常用来制作具有弹性效果的卡通人物。

（5）显示物体

物体的显示方式共分 3 种，分别是线框方式、实体 + 光滑方式、线框 + 实体 + 光滑方式，如图 0.1.19 所示。线框方式的快捷键为 F3，实体 + 光滑方式的快捷键为 F4。

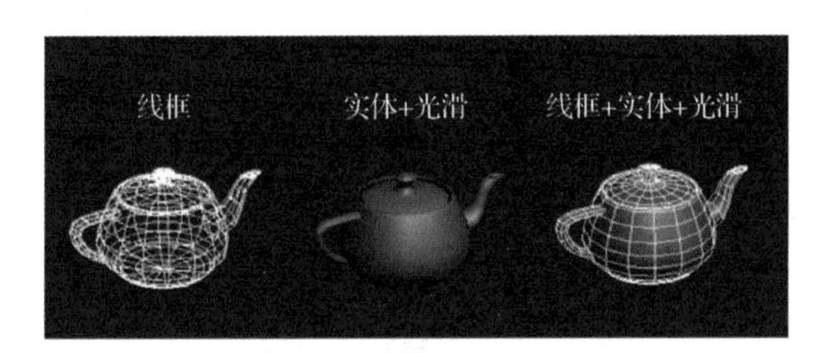

图0.1.19　物体显示效果

（6）优化物体

在实际工作中由于计算机的资源有限，因此优化显示就显得格外重要，建议在操作时运用线框方式显示。

1）在制作时开启（自适应降级），这样在进行视图操作时物体会以长方体的方式来显示，在较大的场景中将会降低计算机的负担，加快制作的速度。

2）在场景中，如果需要单独对一个物体进行操作，则可以利用 Alt+Q 组合键进入孤立模式显示，这样可以避免其他物体的干扰，而且也将大幅降低计算机的负担，加快制作速度。

2. 赋予模型材质

将材质赋予模型体，有助于后期修改，以及规范操作。

1）打开“材质编辑器”对话框的方法有以下 3 种。

① 选择菜单栏中的“渲染”→“材质编辑器”选项。

② 在主工具栏中，单击“材质编辑器”按钮。

③ 按 M 键，以快捷方式打开“材质编辑器”对话框。

2）“材质编辑器”对话框如图 0.1.20 所示，分为两部分：上部分为固定不变区，包括示例显示球、材质效果，以及垂直工具列与水平工具行等一系列功能按钮；下半部分为可变区，从卷展栏开始，包括各种参数卷展栏。

图0.1.20 “材质编辑器”对话框

3）垂直工具栏中包括用于设置样本窗口显示情况、设置材质编辑器各种选项和查看材质层级结构的工具；水平工具栏中包括材质存取的常用工具按钮。

① 采样类型：单击此按钮会出现3 个按钮，可选择球体、圆柱或立方体作为采样类型。

② 背部光源：单击此按钮可在样品的背后设置一个光源。

③ 背景：单击此按钮，在样品的背后由原来的灰色阴影变成带 RGB 原色、黑色和白色的方格图案，常用于透明材质。

④ 赋予场景材质：将当前材质赋予场景中选择的对象。此按钮只在选定对象后才有效。

⑤ 重置贴图 / 材质为默认设置：恢复当前样本窗口为默认设置。

⑥ 视图中显示明暗处理贴图：在当前阴影视图中显示材质使用的当前位图，只能用在要显示贴图的位图参数时。

4）基本参数。在“明暗器基本参数”卷展栏中，可以设置材质的着色模式，同时还可以设置是否为双面、线框、面贴图、面状，卷展栏参数如图 0.1.21 所示。

① 环境光：控制环境光颜色。环境光颜色是位于阴影中的颜色（间接灯光）。

② 漫反射：控制漫反射颜色。漫反射颜色是位于直射光中的颜色，用于调整制作的模型表面颜色。

③ 高光反射：控制高光反射的颜色。高光反射的颜色是发光物体高亮显示的颜色。可以在“反射高光”选项组中控制高光的形状和大小。

3. 模型的单位设置

01 打开 3ds Max 2014 中文版，选择菜单栏中的“自定义”→“单位设置”选项，如图 0.1.22 所示。

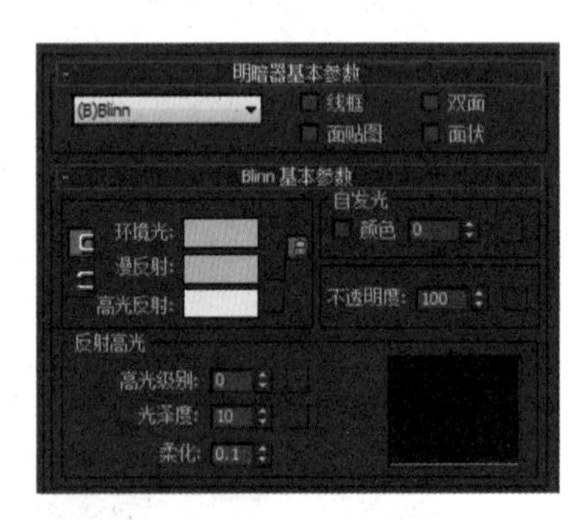

图0.1.21　明暗器基本参数

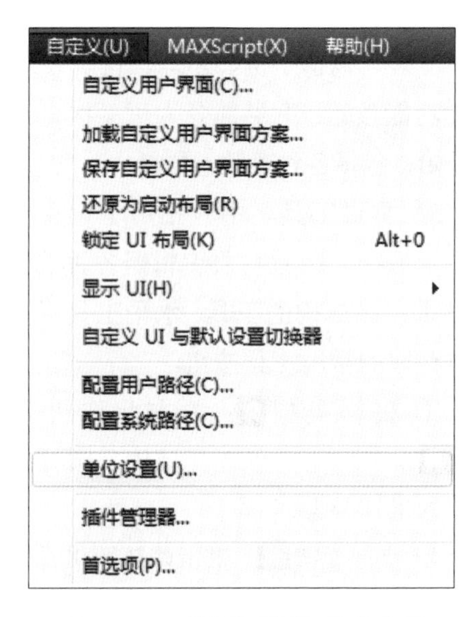

图0.1.22　“单位设置”菜单选项

02 在弹出的“单位设置”对话框中的“公制”下拉列表中，将显示单位比例（公制）设置为“毫米”，如图 0.1.23 所示。

03 单击“系统单位设置”按钮，在弹出的“系统单位设置”对话框中将系统单位比例也设置为“毫米”，如图 0.1.24 所示，然后单击“确定”按钮。

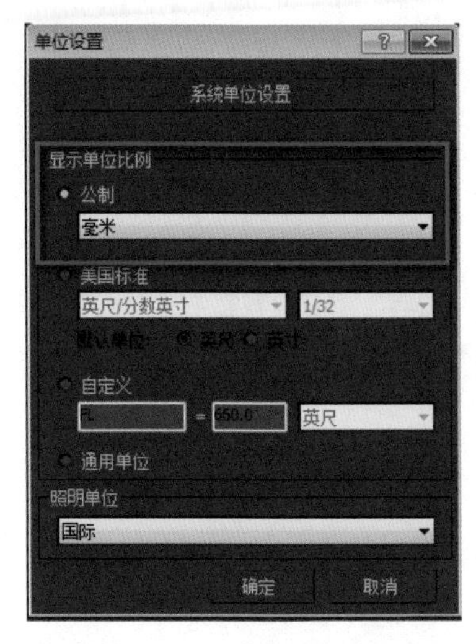

图0.1.23 “单位设置”对话框

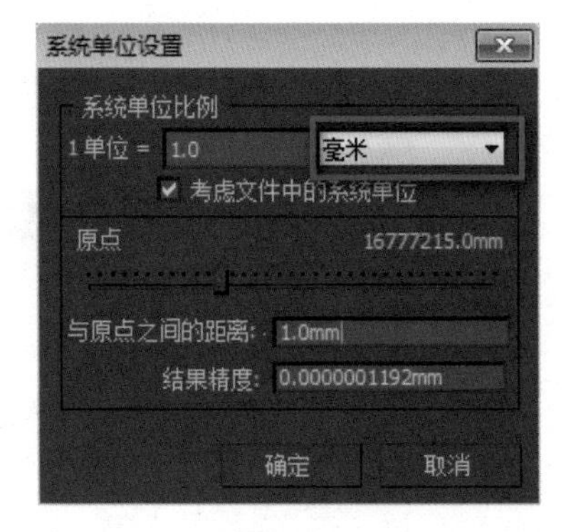

图0.1.24 “系统单位设置”对话框

小 贴 士

书中的所有案例均设置单位为“毫米”。

任务 0.2 软件之中搭积木——标准基本体建模

☞任务描述

标准几何体中包含了常用的三维物体模型，它们都是参数化物体，可以通过参数的设置来创建几何体，也可以通过拖动鼠标创建几何体，当对几何体的参数适当修改后又可以得到新的模型。本任务进行基本体建模，利用相关工具制作电脑桌、茶几和熊猫模型。

☞任务目标

通过标准基本体的创建，了解几何体的平面构成，掌握软件常用工具的操作方法，能灵活运用几何体创建生活中的模型。

0.2.1 制作电脑桌——移动、复制工具的运用

微课：制作电脑桌

电脑桌在人们的生活、学习中很常用，本小节通过标准基本体中的长方体模型配合相关的移动、复制操作来完成电脑桌的制作，如图 0.2.1 所示。

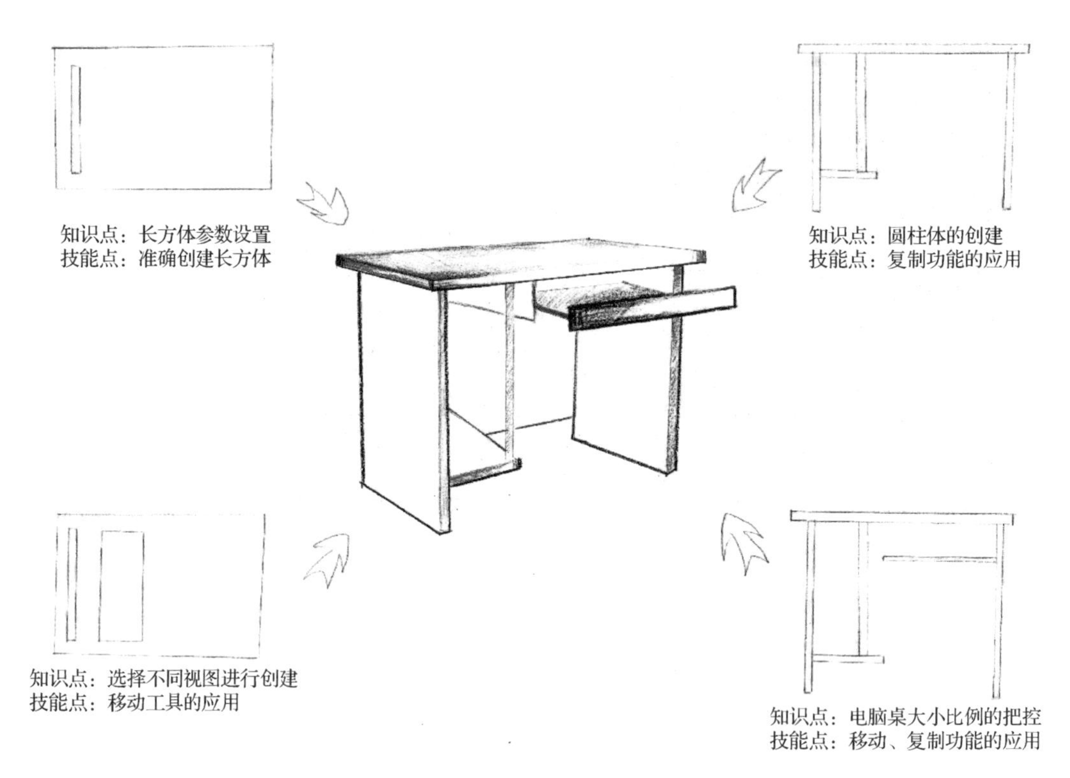

图0.2.1　电脑桌绘制相关知识点与技能点图解

1．制作电脑桌桌体

01 选择顶视图，进入“创建”面板，然后进入“几何体”子命令面板，选择“标准基本体”选项，在顶视图中创建 600mm×1000mm×30mm 的长方体，如图 0.2.2 所示。

图0.2.2　绘制桌面

02 按 M 键，在弹出的“材质编辑器”对话框中选择一个材质球，将其命名为“桌面”[图 0.2.3（a)]，将“环境光”和“漫反射”都设置为红（119)、绿（75)、蓝（40)[图 0.2.3（b)]，并将材质赋予物体。

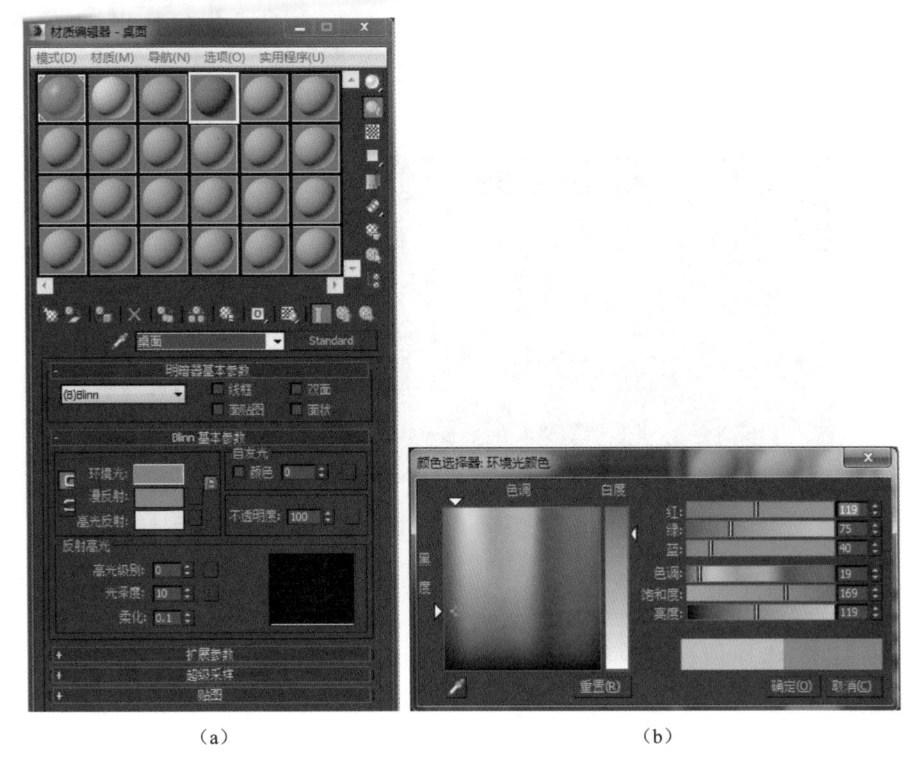

（a）　　　　　　　　　　　　　　（b）

图0.2.3　“材质编辑器”与“颜色选择器”

03 选择顶视图，创建参数为 500mm×30mm×700mm 的长方体［图 0.2.4（a）］，使用移动工具调整位置，利用前视图摆放桌腿的位置［图 0.2.4（b）］。按住 Shift 键并配合移动工具进行复制，如图 0.2.5 所示。按 M 键，在弹出的“材质编辑器”对话框中选择一个材质球，命名为“侧面挡板”，并赋予材质，如图 0.2.6 所示。

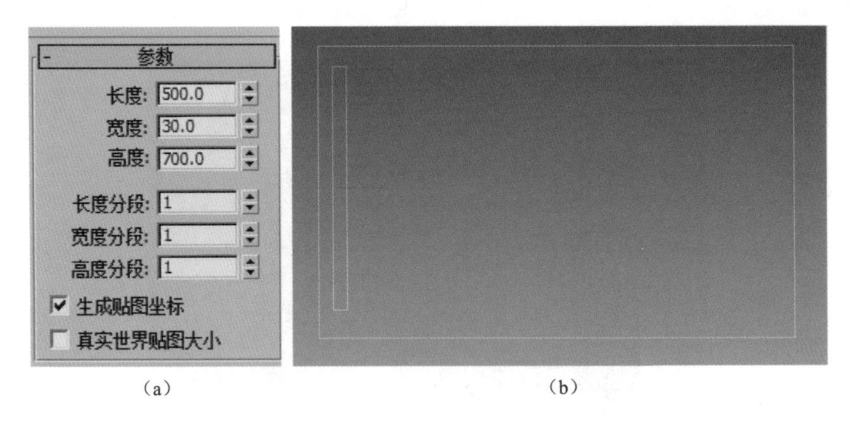

（a）　　　　　　　　　　　　　　（b）

图0.2.4　绘制左侧桌腿

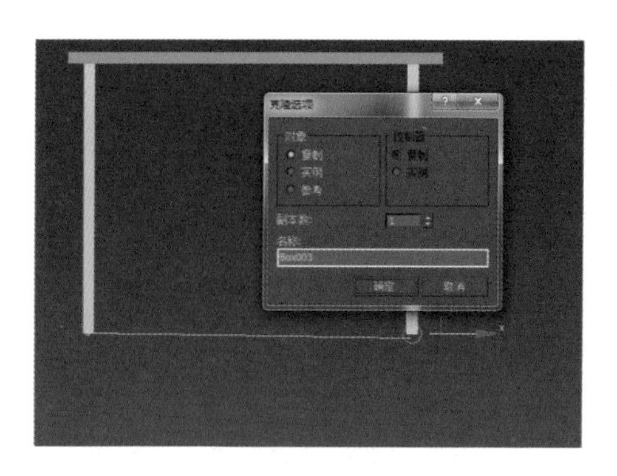

图0.2.5　复制出右侧桌腿

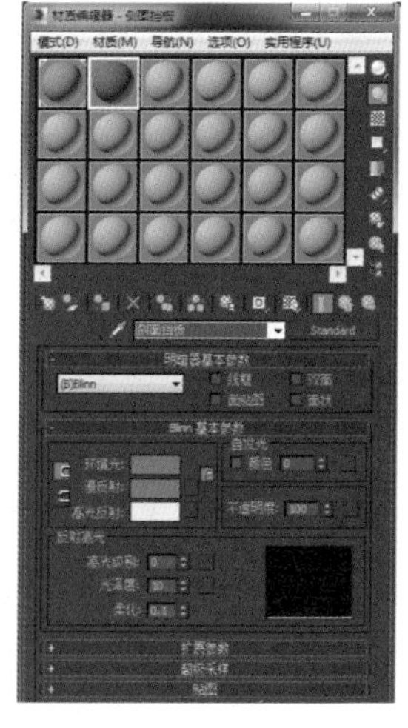

图0.2.6　赋予材质

2．制作电脑桌配件

01 选择顶视图，创建参数为500mm×250mm×20mm的长方体，如图0.2.7所示；再选择前视图，利用移动工具将机箱底板放置到合适位置，如图0.2.8所示；按M键，在弹出的“材质编辑器”对话框中将“侧面挡板”材质赋予机箱底板，完成效果如图0.2.9所示。

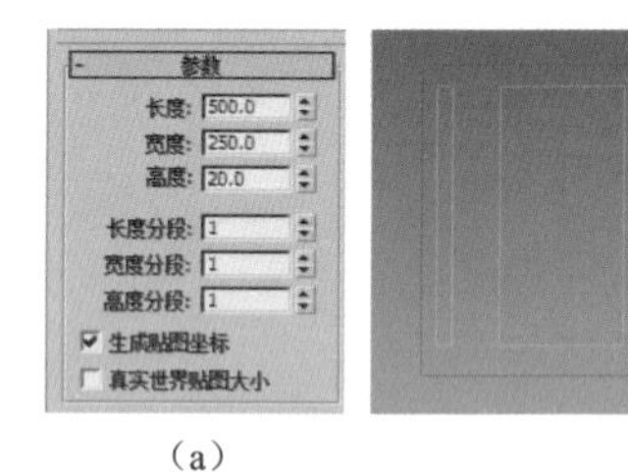

（a）　（b）

图0.2.7　绘制机箱底板

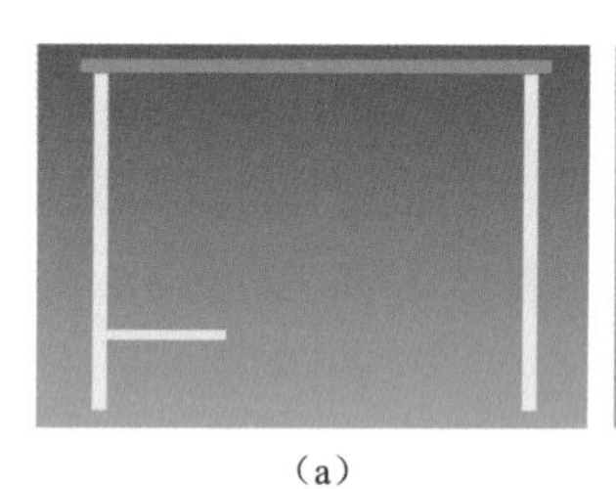

（a）　（b）

图0.2.8　摆放机箱底板

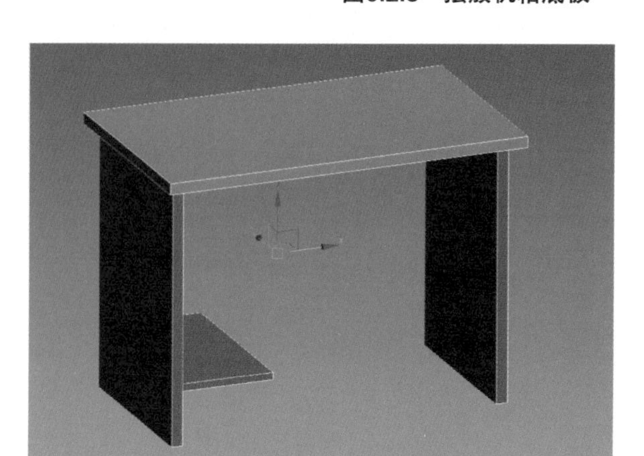

图0.2.9　电脑桌机箱底板效果

02 选择顶视图，创建半径为 11mm、高度为 535mm 的圆柱体作为金属支架，如图 0.2.10 所示；按住 Shift 键的同时选择移动工具进行复制操作，如图 0.2.11（a）所示；在打开的“材质编辑器”对话框中选择一个材质球，命名为“金属”并赋予材质，如图 0.2.11（b）所示。

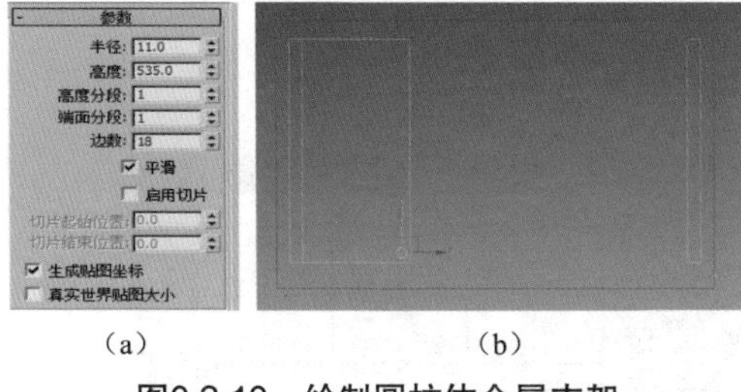

（a）（b）

图0.2.10 绘制圆柱体金属支架

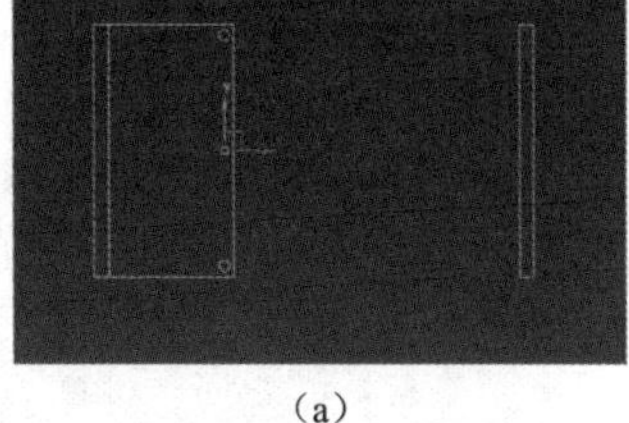

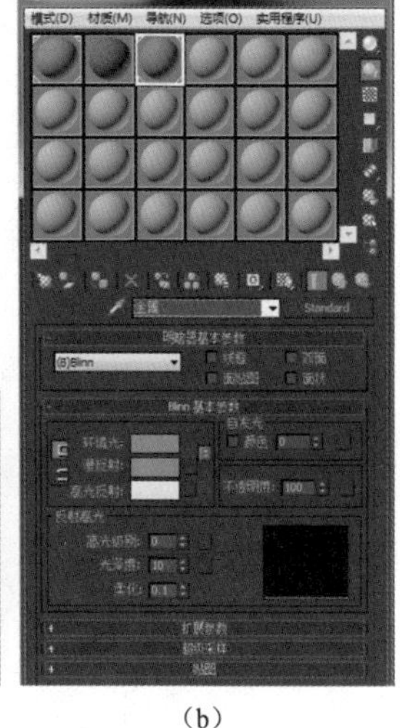

（a）（b）

图0.2.11 赋予“金属”材质

03 选择前视图，创建参数为 120mm×25mm×500mm 的长方体，并将其移动到合适位置，如图 0.2.12 所示；打开“材质编辑器”对话框，将“侧面挡板”材质赋予物体，如图 0.2.13 所示。

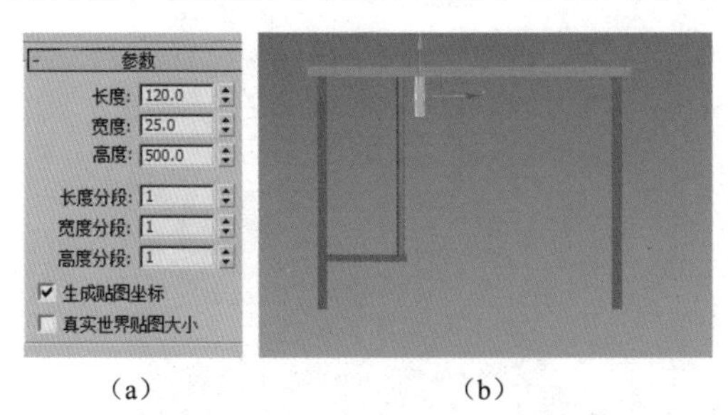

（a）（b）

图0.2.12 绘制长方体挡板

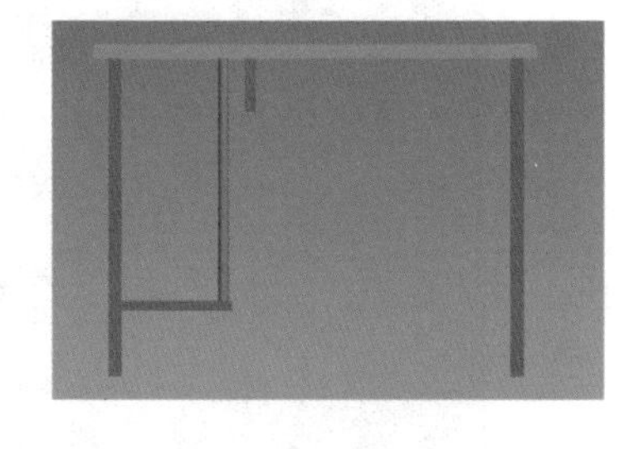

图0.2.13 赋予材质

04 选择前视图，创建参数为 20mm×580mm×500mm 的长方体作为键盘放置板，如图 0.2.14 所示。

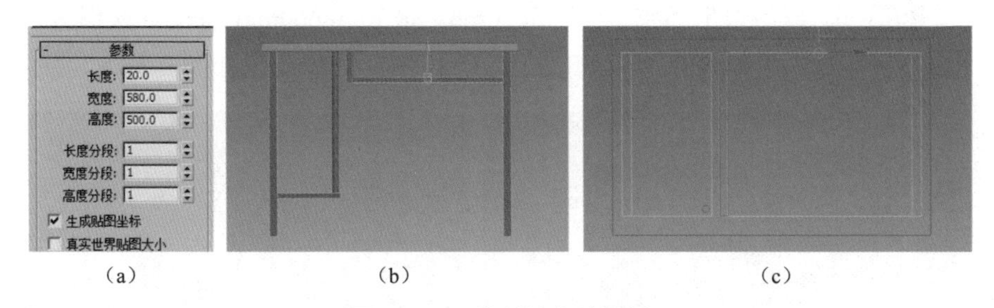

（a）（b）（c）

图0.2.14 绘制键盘放置板

05 选择顶视图，创建参数为 15mm×635mm×60mm 的长方体作为键盘挡板，如图 0.2.15 所示；打开“材质编辑器”对话框，将“侧面挡板”材质赋予物体，如图 0.2.16 所示。

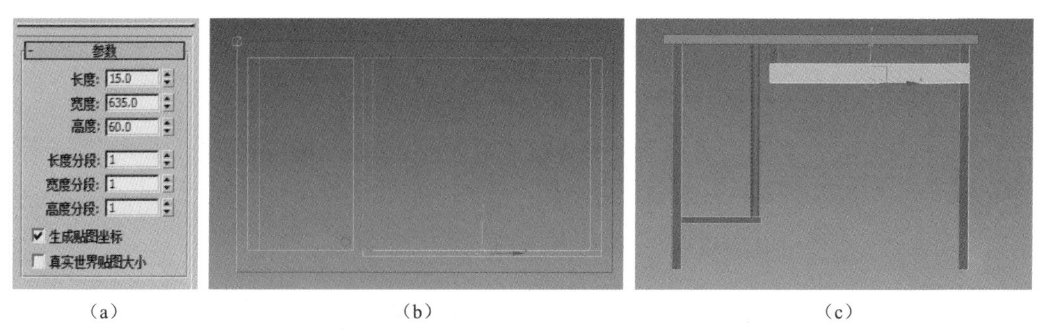

（a）　（b）　（c）

图0.2.15　绘制键盘挡板

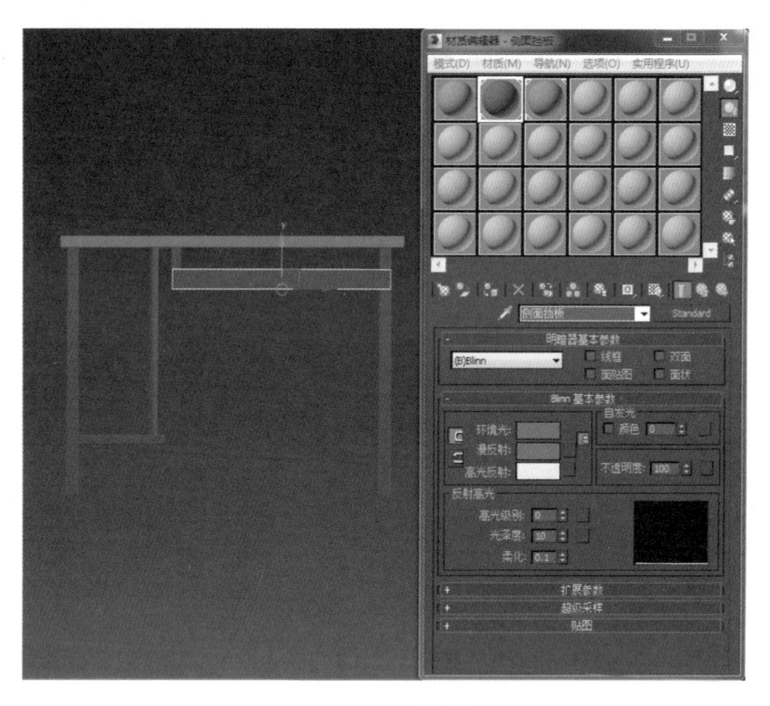

图0.2.16　赋予材质

06 选择前视图，创建参数为20mm×881mm×600mm的长方体作为后挡板，并赋予其“桌面”材质，如图0.2.17所示，完成效果如图0.2.18所示。

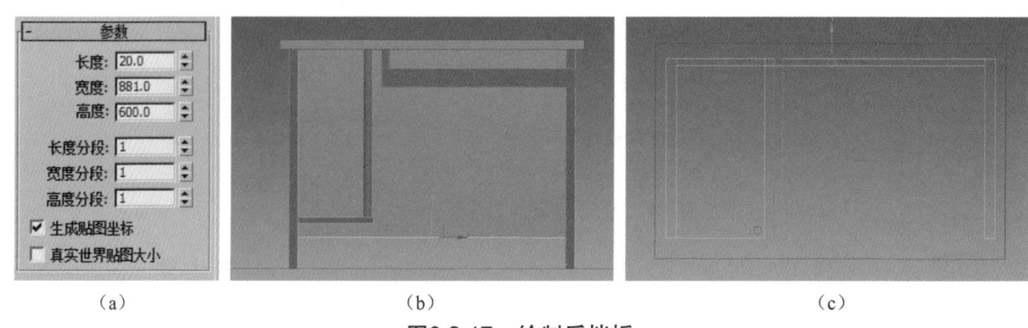

（a）　（b）　（c）

图0.2.17　绘制后挡板

图0.2.18　电脑桌整体效果

知识窗

复制功能的运用：选中物体，单击工具栏中的移动（旋转、缩放）工具，按住键盘上的 Shift 键向目标复制轴向拖动，弹出“克隆选项”对话框，如图 0.2.19 所示，其中的选项说明如下。

1）复制：复制出的物体与源物体没有任何关系。

2）实例：复制出的物体与源物体是相互关联的，如果对其中之一进行编辑修改，其他物体也会随之变化，具有关联性。

3）参考：源物体与复制出的物体具有单向性，对源物体进行修改时，复制出的物体也会随之变化。

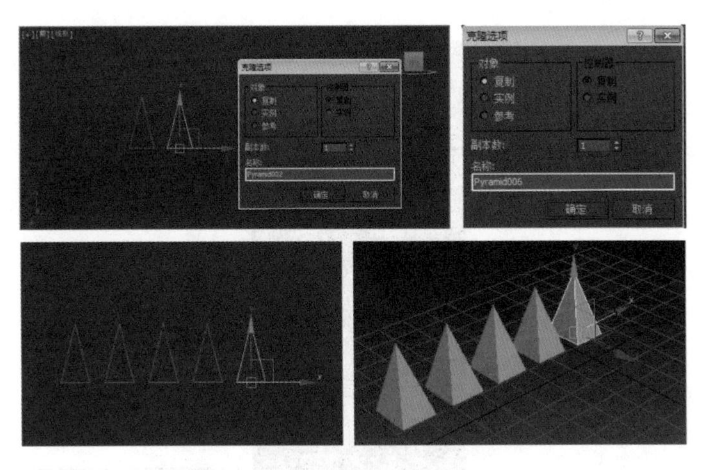

图0.2.19　“克隆选项”对话框

0.2.2　制作玻璃茶几——缩放、旋转工具的运用

简易茶几由 4 条腿即可构成，为了美观和扩大受力面，我们将茶几绘制成弯曲造型，如图 0.2.20 所示。

微课：制作茶几

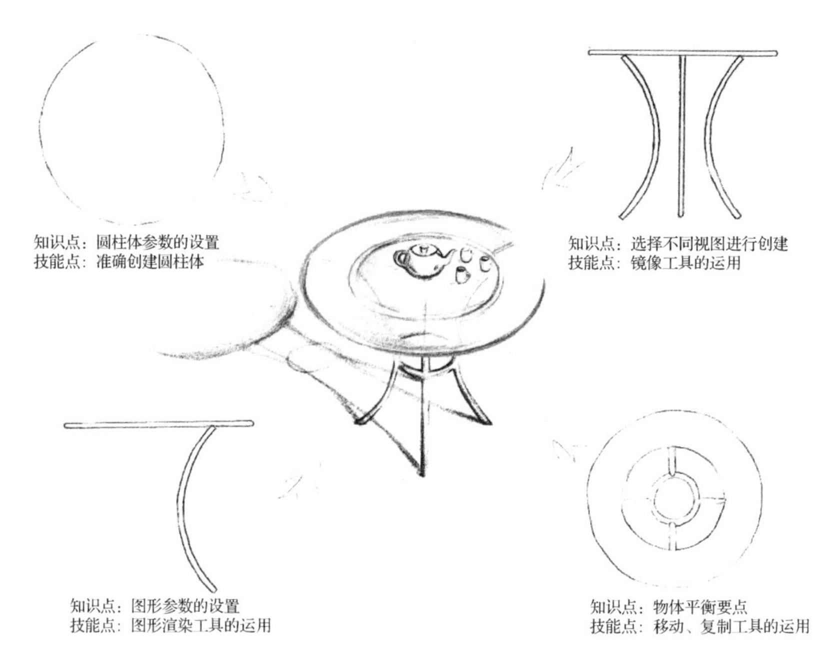

图0.2.20　茶几绘制相关知识点与技能点图解

1. 制作茶几面

01 按T键选择顶视图，创建半径为300mm、高度为10mm的圆柱体，如图0.2.21所示。

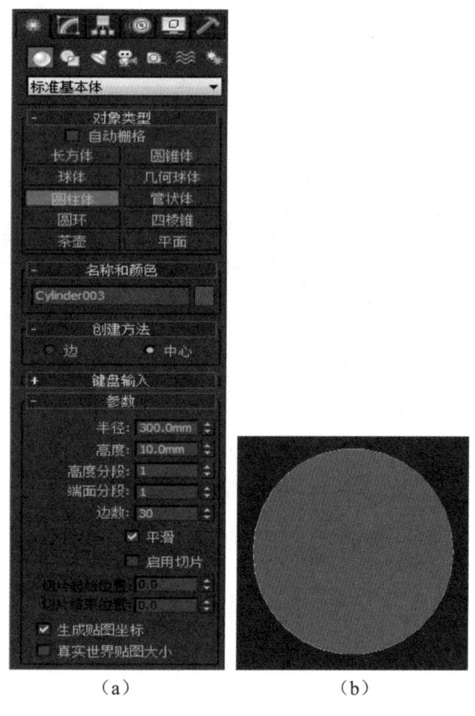

（a）　　（b）

图0.2.21　绘制茶几面

02 按 M 键，在弹出的“材质编辑器”对话框中选择第一个材质球，将其命名为“玻璃”，其参数设置如图 0.2.22 所示；选择圆柱体，赋予其“玻璃”材质，如图 0.2.23 所示。

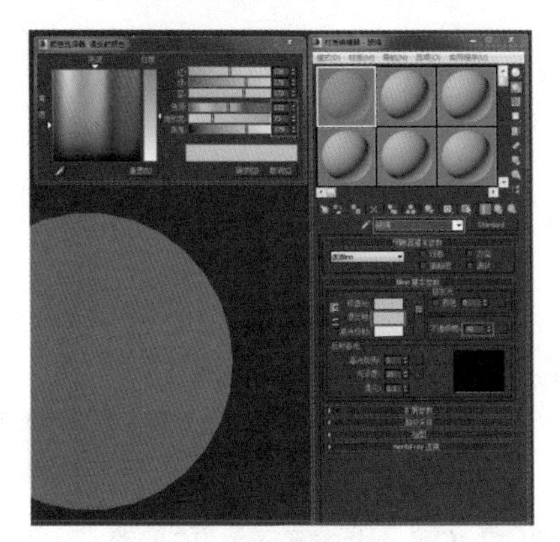

图0.2.22　设置“玻璃”材质

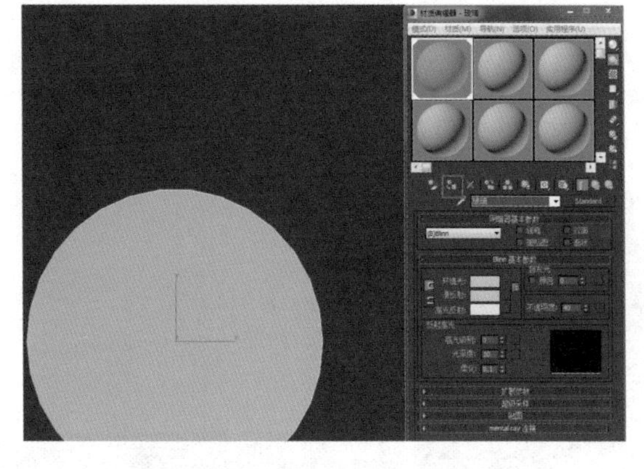

图0.2.23　赋予茶几面“玻璃”材质

2．制作茶几腿

01 按 F 键进入前视图，选择“图形”选项进入“样条线”创建命令面板，选中“渲染”选项组中的“在渲染中启用”和“在视口中启用”复选框，然后创建厚度为 15mm、边为 20mm 的弧线，如图 0.2.24 所示。

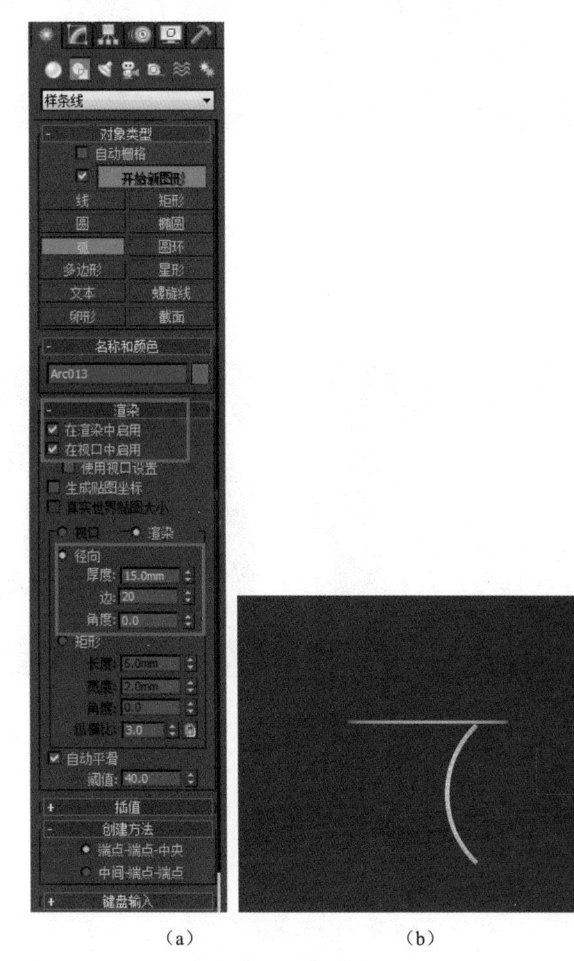

(a)　(b)

图0.2.24　绘制茶几腿

02 按 M 键，在弹出的“材质编辑器”对话框中选择第二个材质球，将其命名为“金属”，并将材质赋予指定物体，如图 0.2.25 所示。

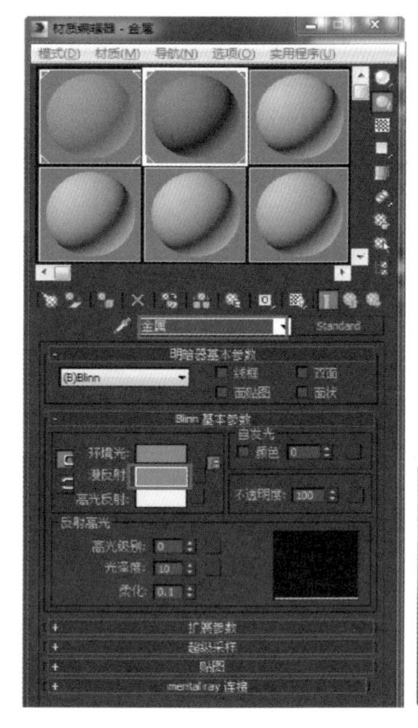

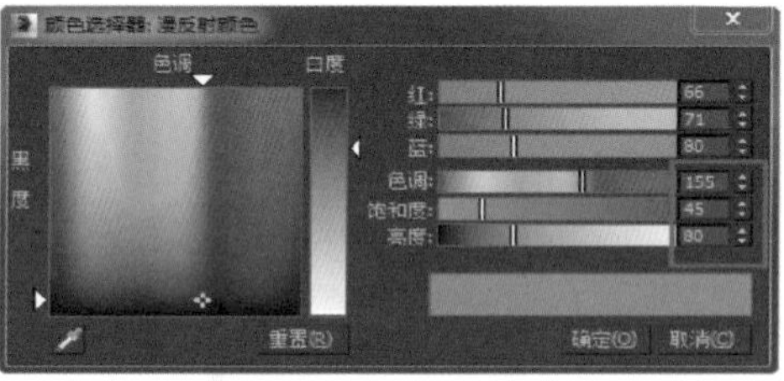

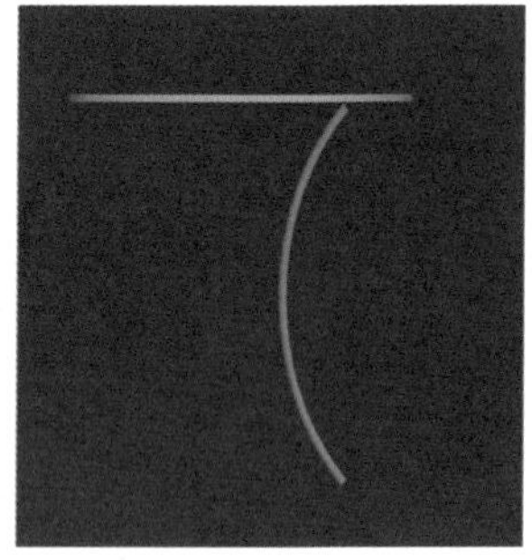

图0.2.25　赋予茶几腿“金属”材质

03 按 T 键进入顶视图，选中茶几腿，如图 0.2.26 所示。按 F 键切换到前视图，单击工具栏中的“镜像”按钮复制出另一条茶几腿，并将其移动至合适的位置，如图 0.2.27 所示。

图0.2.26　选中一条茶几腿

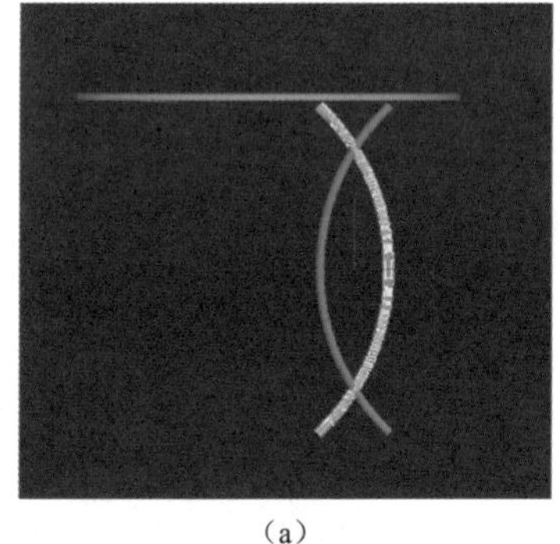

(a)

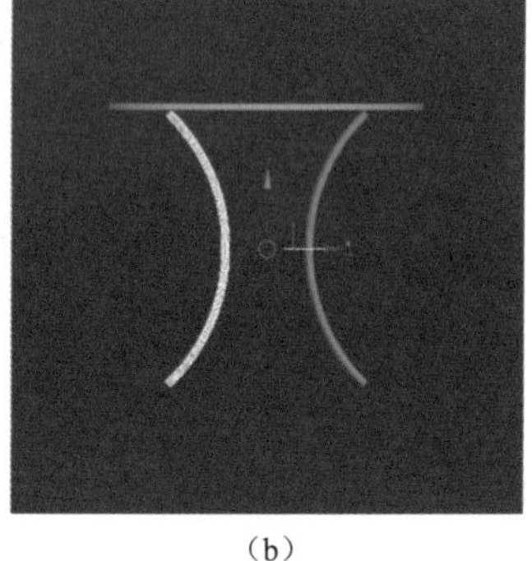

(b)

图0.2.27　复制出另一条茶几腿

知识窗

镜像工具类似于镜子，可以把物体的虚像复制出来。

镜像轴：用于设定镜像的轴或平面，*X* 轴是默认轴。

偏移：设定镜像对象偏移源物体轴心点的距离。

克隆当前选项：设定物体是否复制，以何种方式复制，如图 0.2.28 所示。默认是不克隆，即只位移不复制。

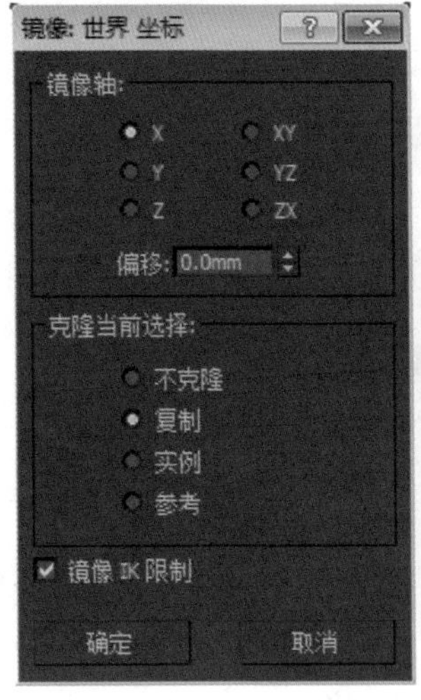

图0.2.28　镜像工具及其应用

04 选择两条弧，切换到顶视图，单击工具栏中的“旋转”按钮和“角度捕捉”按钮，如图 0.2.29 所示；按住 Shift 键并将鼠标指针放置在黄色的圆圈上，沿逆时针方向旋转 90°，在弹出的“克隆选项”对话框中单击“确定”按钮，如图 0.2.30 所示。

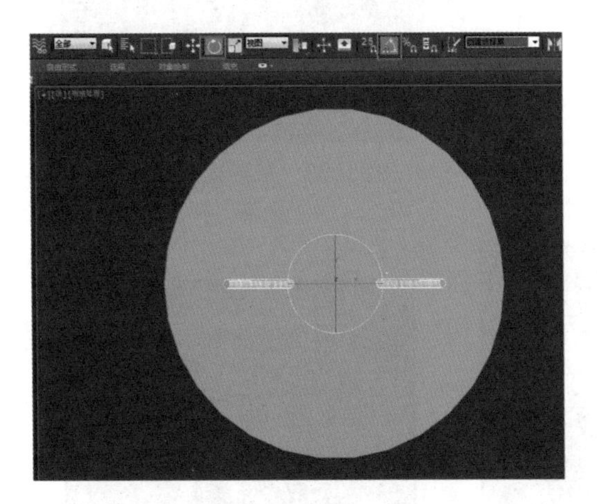

图0.2.29　选中两条茶几腿

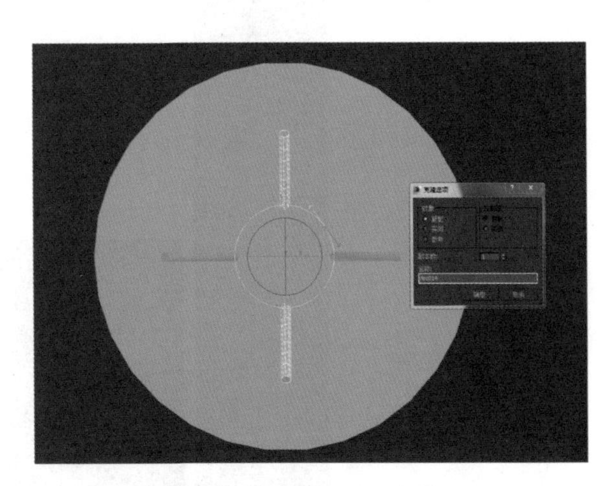

图0.2.30　复制出另外两条茶几腿

知识窗

“角度捕捉”按钮常配合旋转工具使用，可以精确地旋转物体。

右击“角度捕捉”按钮，弹出如图 0.2.31 所示的“栅格和捕捉设置”对话框，修改“角度”选项即可精确旋转。

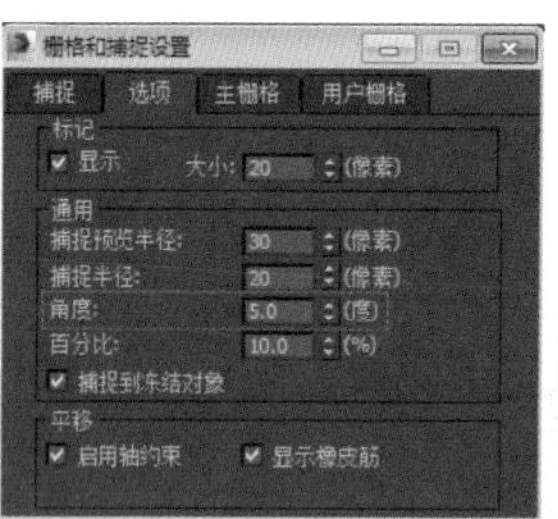

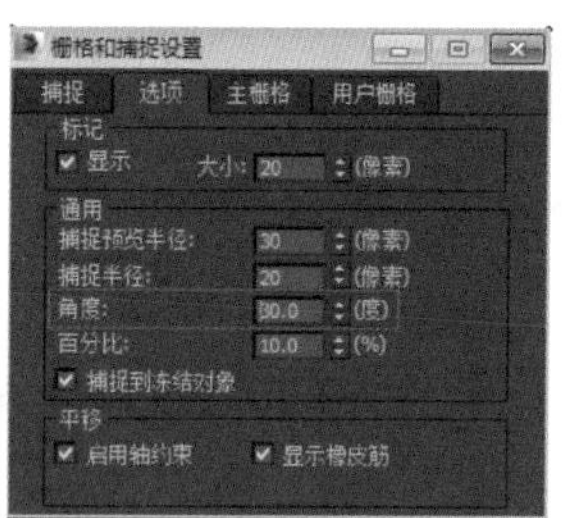

图0.2.31 “栅格和捕捉设置”对话框

05 按 T 键进入顶视图，选择“图形”命令面板，创建厚度为 15mm、边为 20mm、半径为 190mm 的圆环，并调整其摆放位置，如图 0.2.32 所示；按 M 键，在弹出的“材质编辑器”对话框中将“金属”材质赋予指定物体，如图 0.2.33 所示。同理，制作支撑架小圆环，将其半径设置为 80mm，其余参数与大圆环相同，结果如图 0.2.34 所示。

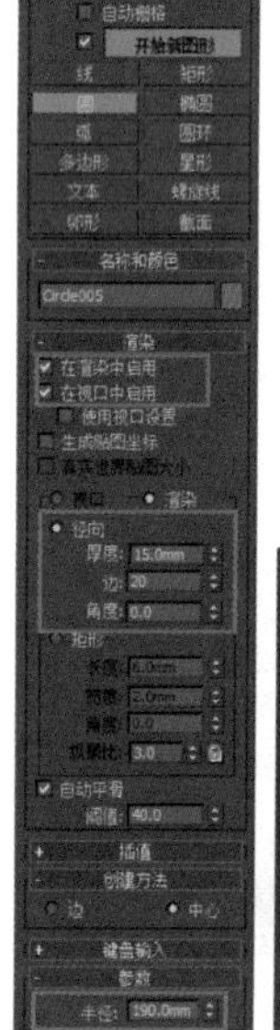

(a)

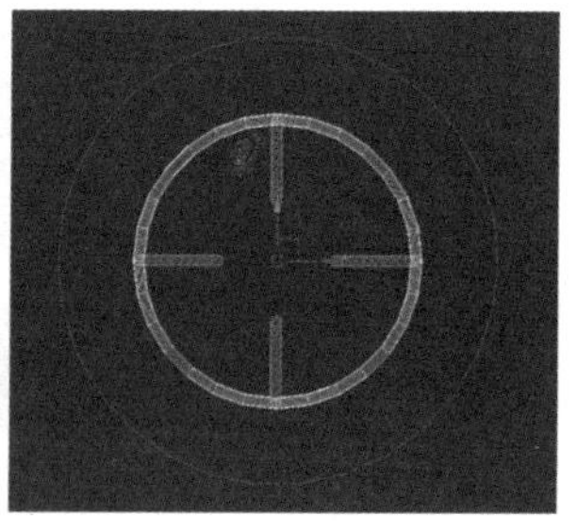

(b)

图0.2.32 绘制支撑架大圆环

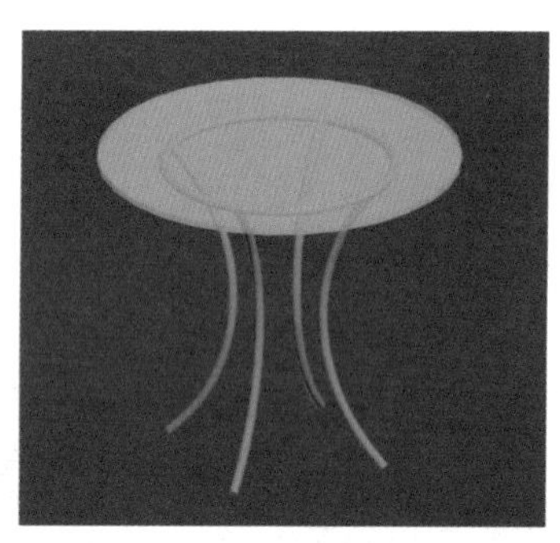

图0.2.33 赋予支撑架大圆环“金属”材质

图0.2.34 绘制支撑架小圆环

3. 制作茶壶摆件

01 按 T 键进入顶视图，单击“几何体”中的“茶壶”按钮，创建半径为 50mm、分段为 4 的茶壶，如图 0.2.35 所示。

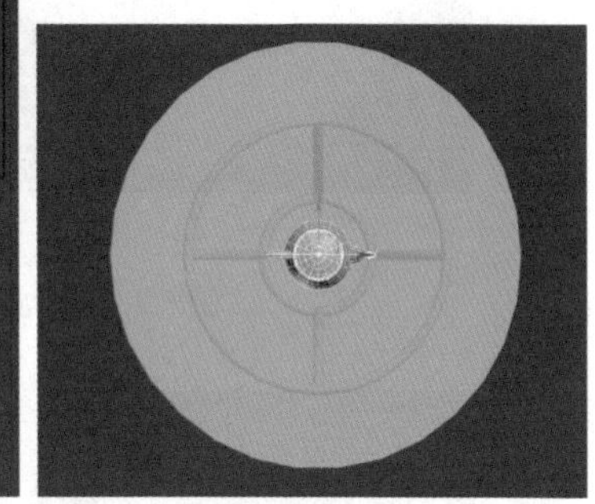

图0.2.35　绘制茶壶

02 打开“材质编辑器”对话框，选择第三个材质球，将其命名为“紫砂”，其参数设置如图 0.2.36 所示。

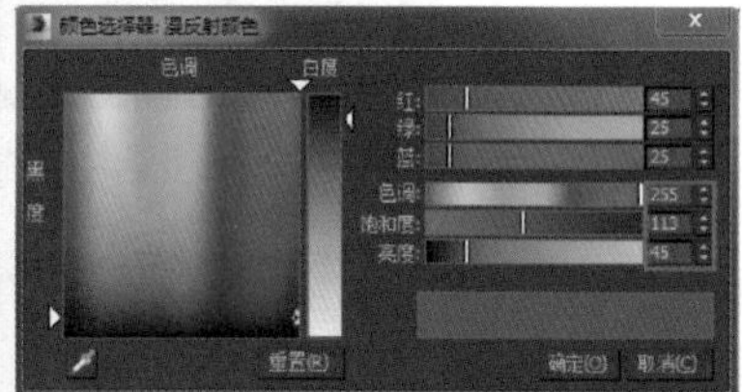

图0.2.36　赋予茶壶“紫砂”材质

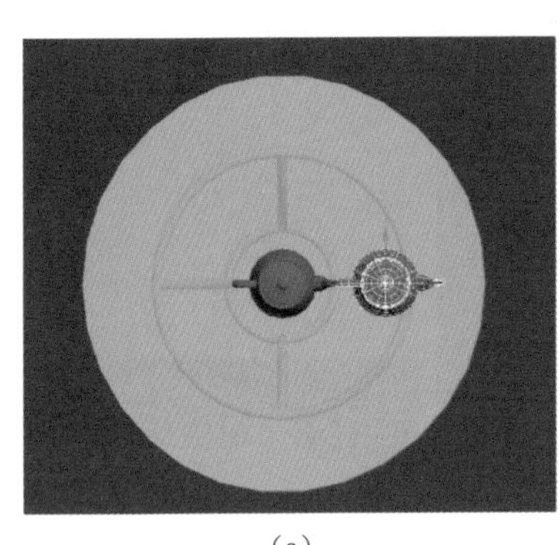

（a）

（b）

图0.2.37　绘制茶杯雏形

03 选择顶视图，选中“茶壶”的同时按住 Shift 键并配合移动工具向右移动复制一个茶壶，如图 0.2.37（a）所示；单击“修改”按钮，在弹出的“修改器列表”面板中保留“壶体”和“壶把”，形成茶杯雏形，如图 0.2.37（b）所示。

图0.2.38　选中茶杯

图0.2.39　缩放茶杯

04 选中右侧茶杯，单击“选择并均匀缩放”按钮，将茶壶缩放到适当大小，如图 0.2.38 所示；再单击“选择并非均匀缩放”按钮，将茶壶提升到如图 0.2.39 所示的高度。

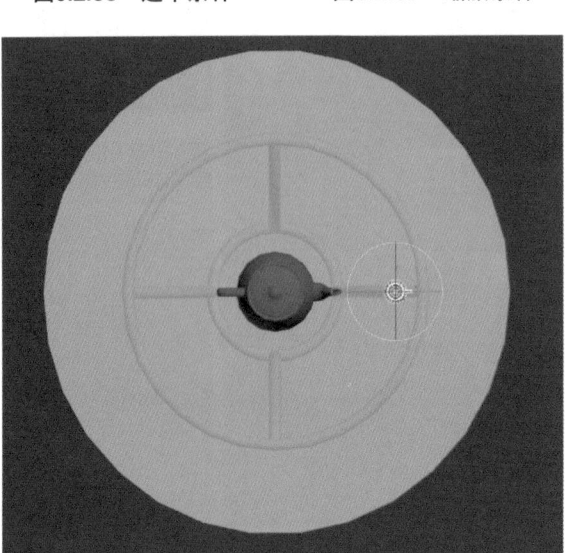

图0.2.40　调整茶杯

05 选择顶视图并选中茶杯，单击“选择并旋转”按钮和“角度捕捉切换”按钮，按逆时针方向旋转 180°，将茶杯手柄转向外侧，如图 0.2.40 所示；复制出两个茶杯，旋转适当角度，如图 0.2.41 所示。

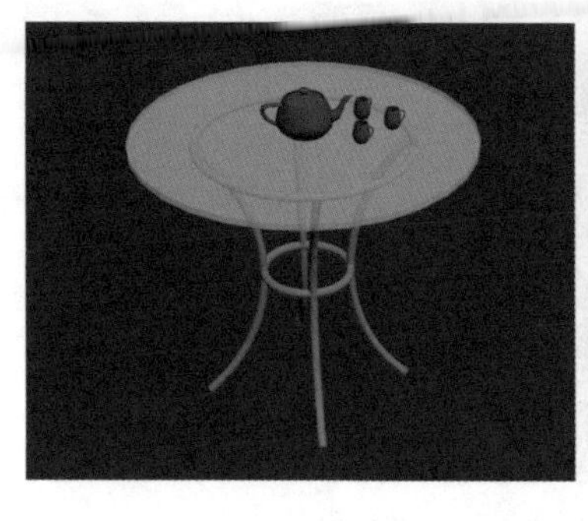

图0.2.41　复制出两个茶杯

0.2.3　制作熊猫模型——标准体变形运用

微课：制作熊猫

熊猫的卡通形象由“球体”构成，通过对组成熊猫模型的“球体”的参数进行修改，掌握基本体变形的操作方法，如图 0.2.42 所示。

图0.2.42　熊猫模型绘制相关知识点与技能点图解

1．制作熊猫模型头部

01 按 T 键进入顶视图，按 Alt+W 组合键将视口最大化显示出来；单击“创建”→“几何体”中的“球体”按钮，在顶视图中创建半径为200mm、分段为32的球体，如图0.2.43所示，按G键取消网格，如图0.2.44所示。

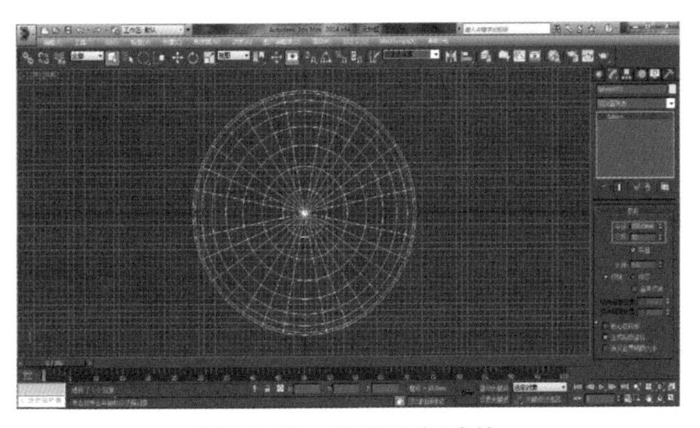

图0.2.43 绘制头部球体

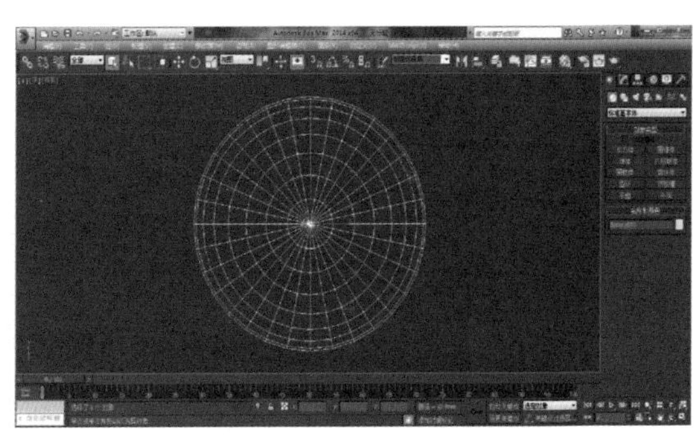

图0.2.44 取消网格

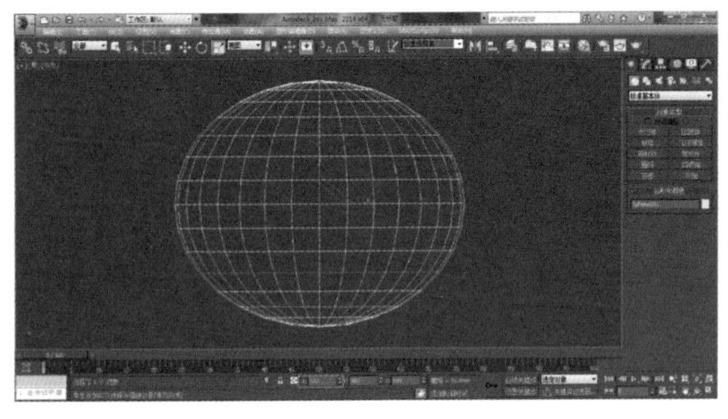

图0.2.45 缩放球体

02 按 F 键进入前视图，单击“选择并均匀缩放”按钮，将物体沿 *X* 轴缩放，如图 0.2.45 所示；按 F3 键查看物体实体的显示效果。

03 选中步骤 01 制作的球体，按 Ctrl+V 组合键“克隆”复制出一个副本，如图 0.2.46 所示；按 E 键并单击“选择并旋转”按钮，按 A 键并单击“角度捕捉”按钮，将所选物体沿顺时针方向旋转 45°，如图 0.2.47 所示。

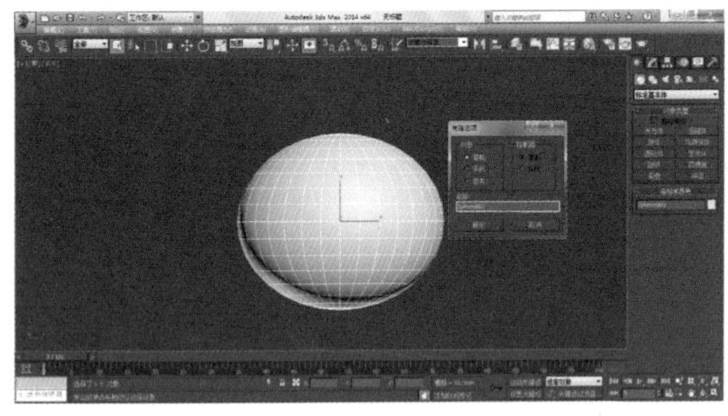

图0.2.46 复制球体

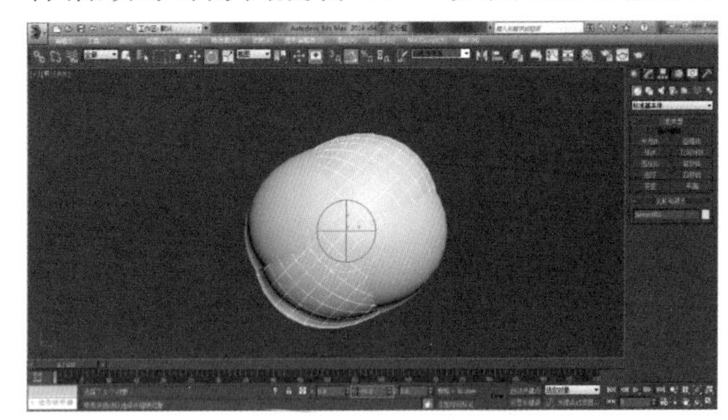

图0.2.47 旋转球体

04 按 F3 键切换为线框显示，按 R 键并单击“选择并均匀缩放”按钮，将物体等比例缩放，缩放参数为 X44、Y44、Z44。按 W 键并单击“选择并移动”按钮，将物体移动到如图 0.2.48 所示的位置。按 T 键进入顶视图，按 R 键并单击“选择并均匀缩放”按钮，将物体沿 *Y* 轴缩放，参数为 30，如图 0.2.49 所示。

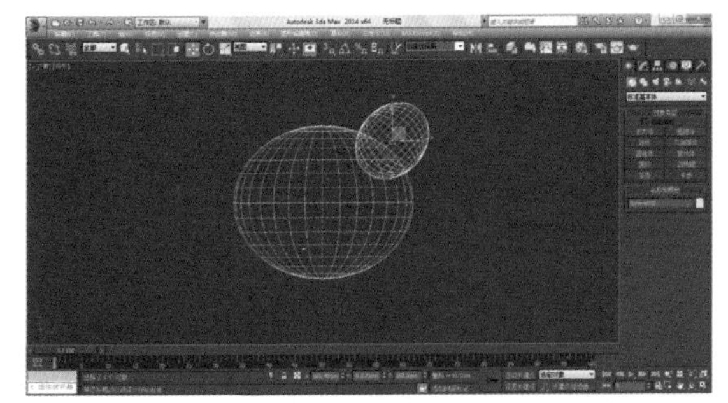

图0.2.48 绘制右侧耳朵

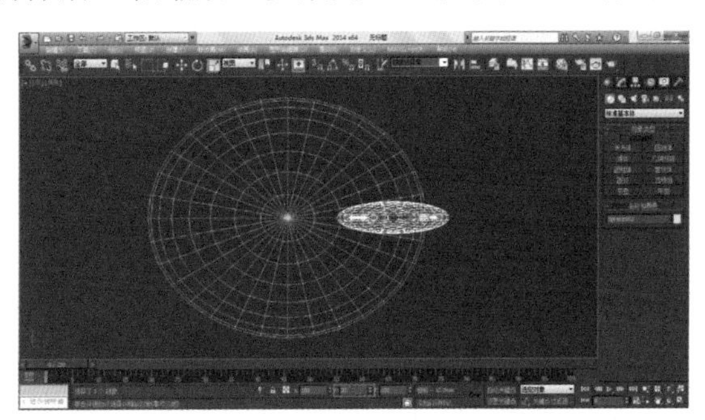

图0.2.49 调整右侧耳朵大小

05 按 T 键进入顶视图，按 F3 键显示实体效果，打开“材质编辑器”对话框，选择第一个材质球并将其命名为“黑色”，如图 0.2.50 所示；再单击按钮将材质赋予物体，如图 0.2.51 所示。

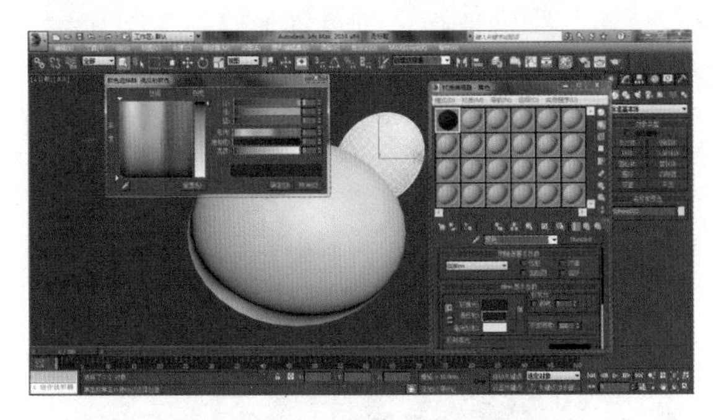

图0.2.50　设置右侧耳朵颜色

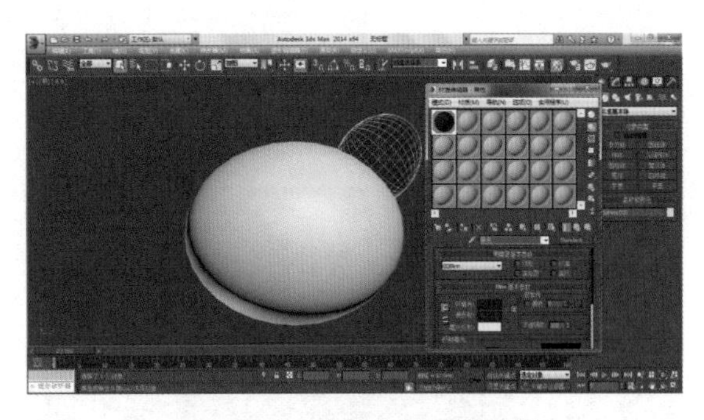

图0.2.51　赋予右侧耳朵材质

06 选择球体，打开“材质编辑器”对话框，选择横向第二个材质球并将其命名为“白色”，漫反射参数设置如图 0.2.52 所示，将材质赋予选定物体，结果如图 0.2.53 所示。

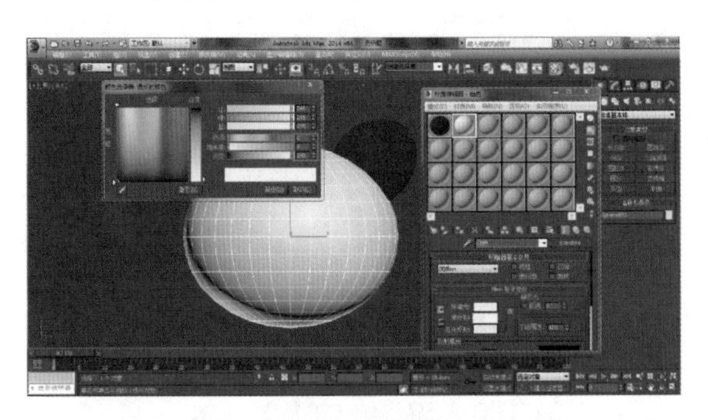

图0.2.52　设置右侧耳朵漫反射参数

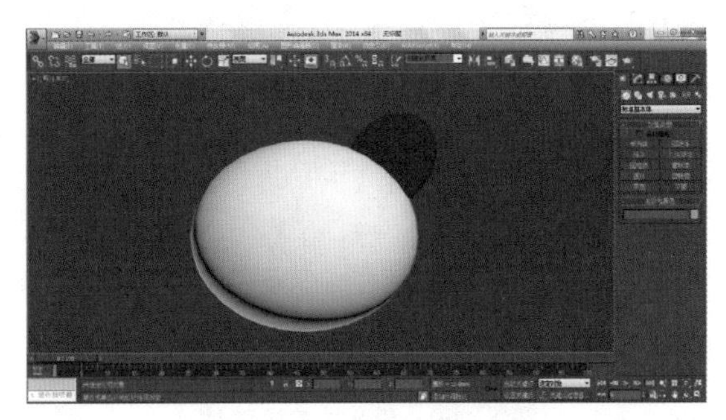

图0.2.53　赋予头部材质

07 按 F3 键切换为线框显示，选中大球体，按 E 键并单击“选择并旋转”按钮，按 A 键并单击“角度捕捉切换”按钮，按住 Shift 键，绕 *Y* 轴旋转 70°，复制出如图 0.2.54 所示物体；按 R 键并单击“选择并均匀缩放”按钮，将物体等比例缩放，参数为 X30、Y30、Z30，如图 0.2.55 所示。

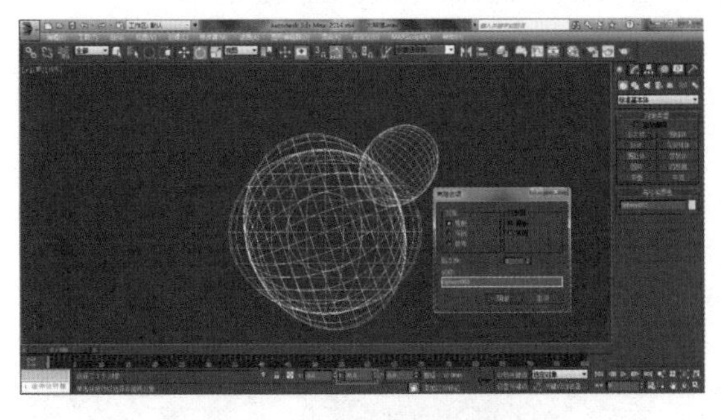

图0.2.54　复制出熊猫眼睛球体

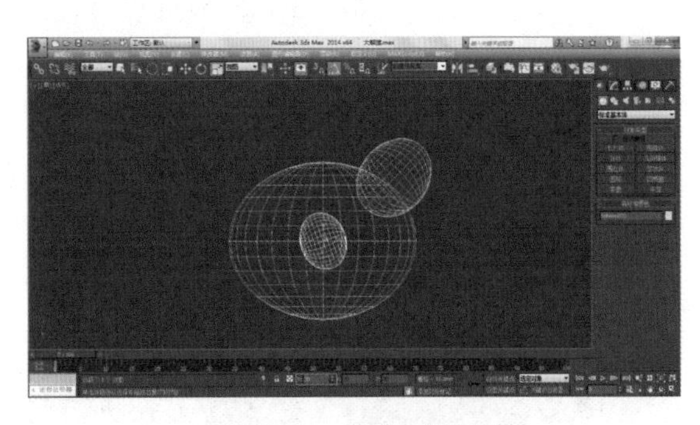

图0.2.55　缩放熊猫眼睛

08 按 W 键并单击“选择并移动”按钮，将物体沿 *X* 轴方向移动 120mm、沿 *Y* 轴方向移动 30mm，如图 0.2.56 所示；按 T 键进入顶视图，单击“选择并移动”按钮，将物体沿 *Y* 轴移动 -170mm，如图 0.2.57 所示；按 R 键并单击“选择并均匀缩放”按钮，将物体沿 *Y* 轴进行缩放，如图 0.2.58 所示；按 E 键并单击“选择并旋转”按钮，将物体绕 *Z* 轴旋转 30°，如图 0.2.59 所示。

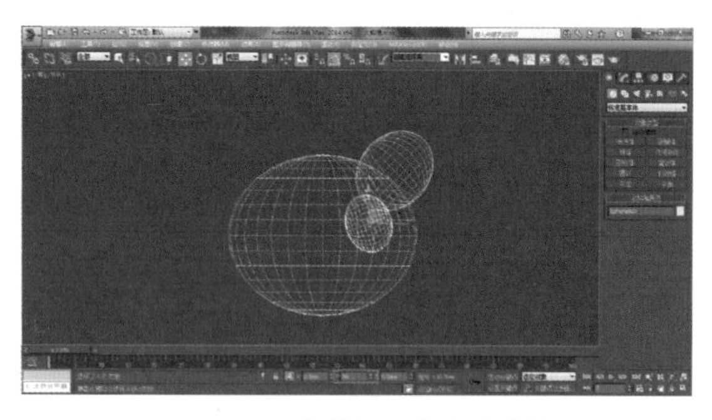

图0.2.56　在前视图中移动球体

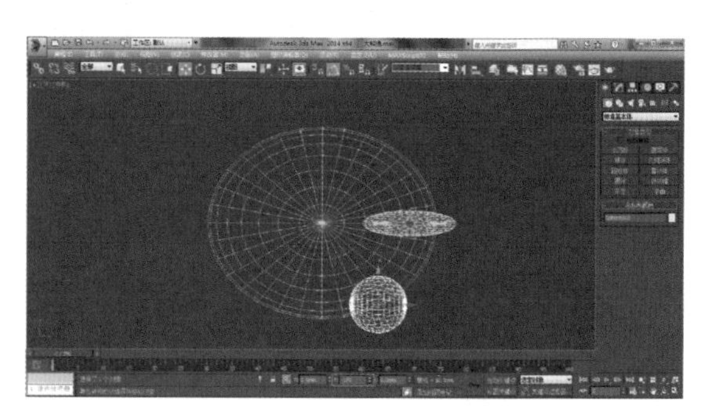

图0.2.57　在顶视图中移动球体

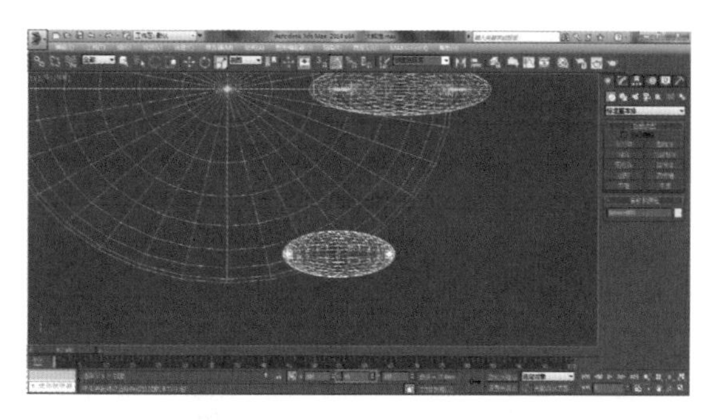

图0.2.58　沿 *Y* 轴缩放球体

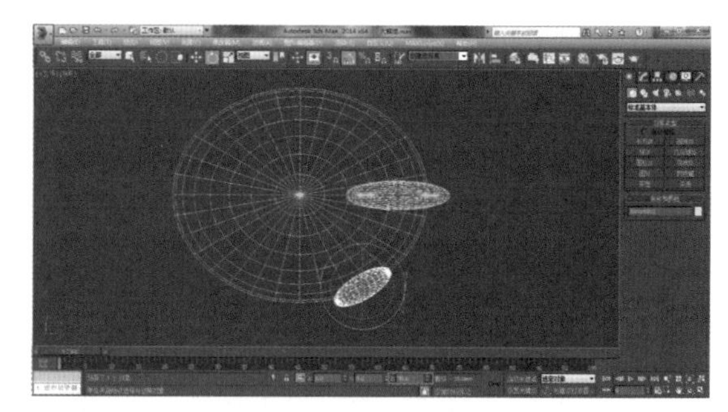

图0.2.59　绕 *Z* 轴旋转球体

09 单击工具栏中的“视图” 视图 下拉按钮，在弹出的下拉列表中将坐标轴向切换到“局部” 局部，按 E 键并单击“选择并旋转”按钮，将物体绕 *Z* 轴旋转 -10°，如图 0.2.60 所示；按 W 键并单击“选择并移动”按钮，将物体沿 *Y* 轴移动 10mm，如图 0.2.61 所示；打开“材质编辑器”对话框，选择“黑色”材质球，将材质赋予物体，如图 0.2.62 所示。

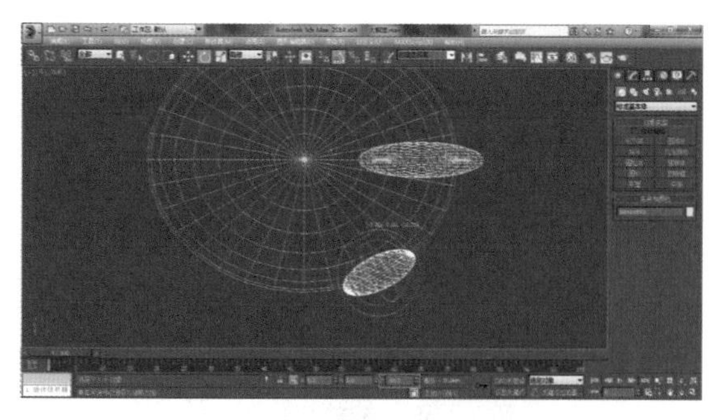

图0.2.60　绕 *Z* 轴旋转球体

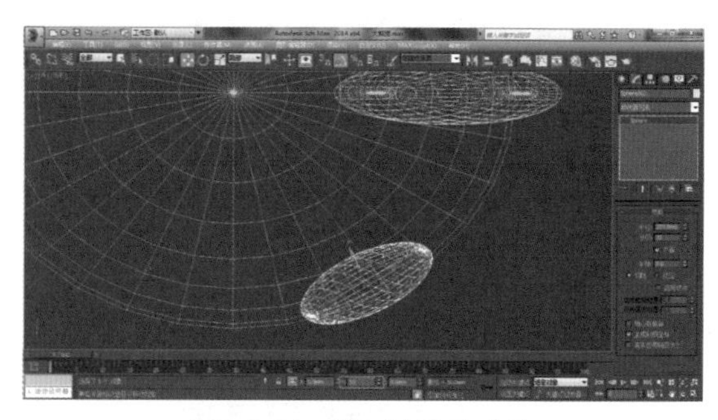

图0.2.61　沿 *Y* 轴移动球体

图0.2.62　赋予材质

10 按 F 键进入前视图，按 F3 键以线框显示；单击“几何体”面板中的“球体”按钮，在如图 0.2.63 所示的位置绘制出半径为 20mm、分段为 32 的球体；按 T 键进入顶视图，按 W 键并单击“选择并移动”按钮，将物体沿 *Y* 轴移动 -180mm，如图 0.2.64 所示；按 E 键并单击“选择并旋转”按钮，按 A 键并单击“角度捕捉切换”按钮，将物体绕 *Z* 轴旋转 20°，如图 0.2.65 所示。

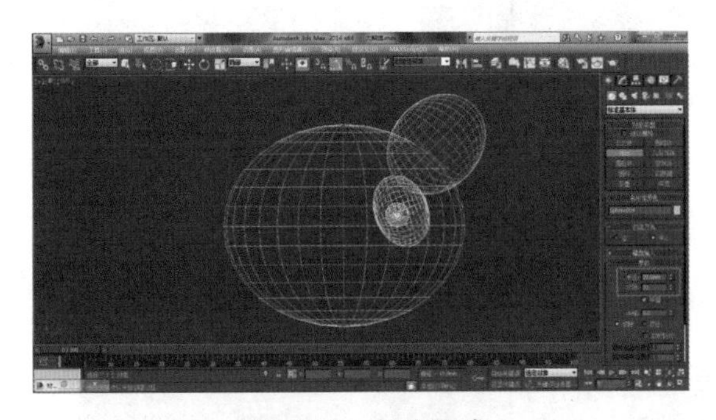

图0.2.63　创建眼球

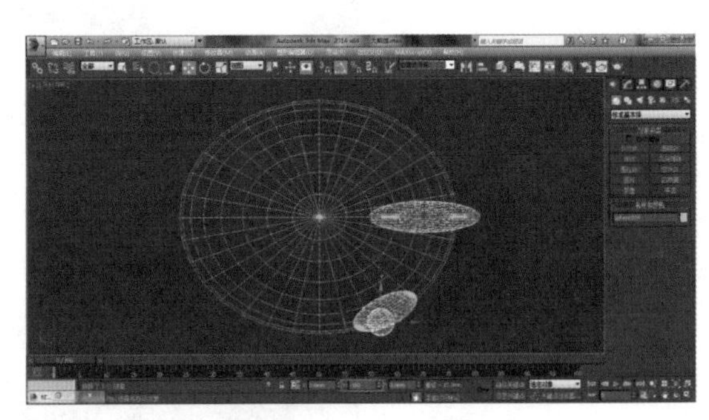

图0.2.64　沿*Y*轴移动眼球

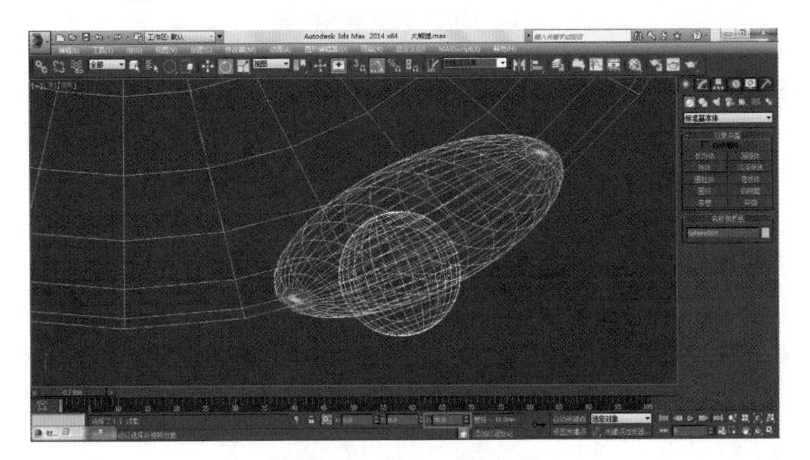

图0.2.65　绕*Z*轴旋转眼球

11 单击工具栏中的“视图”下拉按钮，在弹出的下拉列表中将坐标轴向切换到“局部”，按 E 键并单击“选择并旋转”按钮，将物体绕 *X* 轴旋转 -5°，如图 0.2.66 所示。按 R 键并单击“选择并均匀缩放”按钮，将球体沿 *Z* 轴缩小为 80mm，如图 0.2.67 所示。按 F 键进入前视图，按 F3 键切换到实体显示，打开“材质编辑器”对话框，选择“白色”材质球，将材质赋予物体，如图 0.2.68 所示。

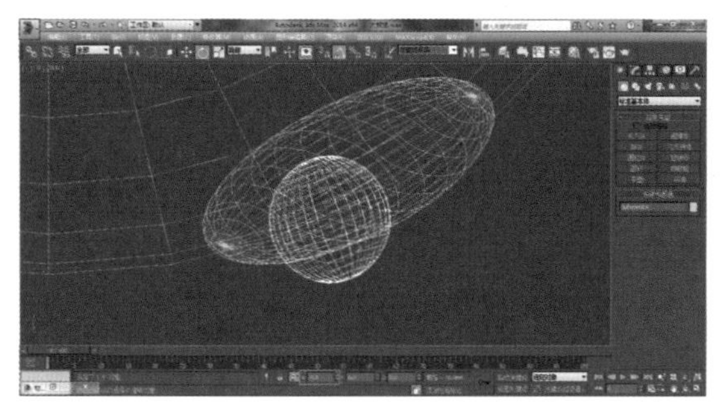

图0.2.66　绕*X*轴旋转眼球

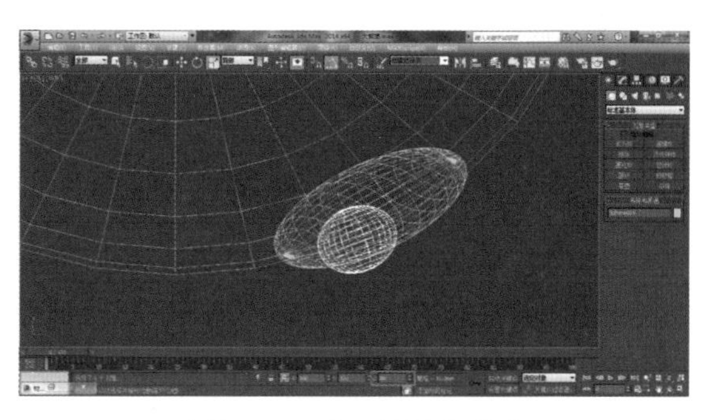

图0.2.67　沿*Z*轴缩小眼球

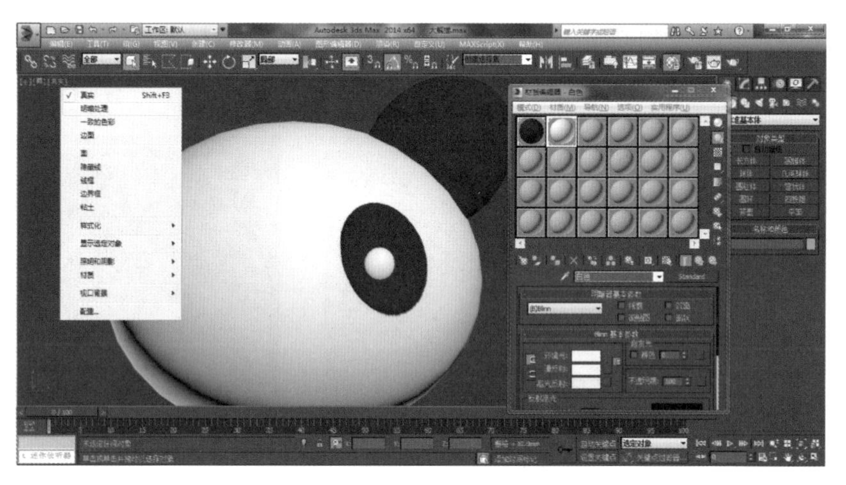

图0.2.68　赋予眼球材质

12 选择小球体，按 Ctrl+V 组合键将所选物体“克隆”出一个副本，如图 0.2.69 所示。按 R 键并单击“选择并缩放”按钮，将副本等比例缩放，参数为 X50、Y50、Z50，如图 0.2.70 所示。将坐标轴向切换到局部，按 W 键并单击“选择并移动”按钮，将副本沿 *Z* 轴移动 12mm，如图 0.2.71 所示。按 F 键进入前视图，按 F3 键切换到实体显示，单击“选择并移动”按钮将副本沿 *X* 轴移动 -5mm，如图 0.2.72 所示。按 T 键进入顶视图，将坐标轴向切换到局部，按 E 键并单击“选择并旋转”按钮，将副本绕 *Z* 轴旋转 -15°，如图 0.2.73 所示。打开“材质编辑器”对话框，选择“黑色”材质球，将材质赋予副本，如图 0.2.74 所示。

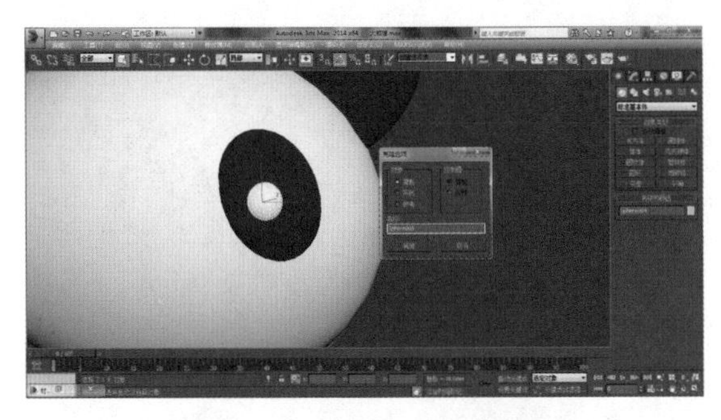

图0.2.69 “克隆”出眼球副本

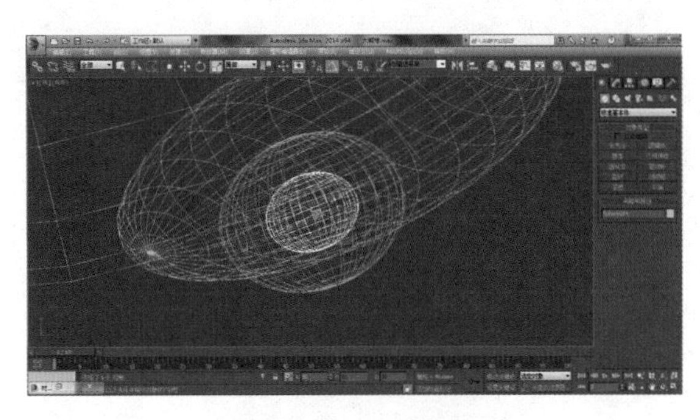

图0.2.70 缩小副本

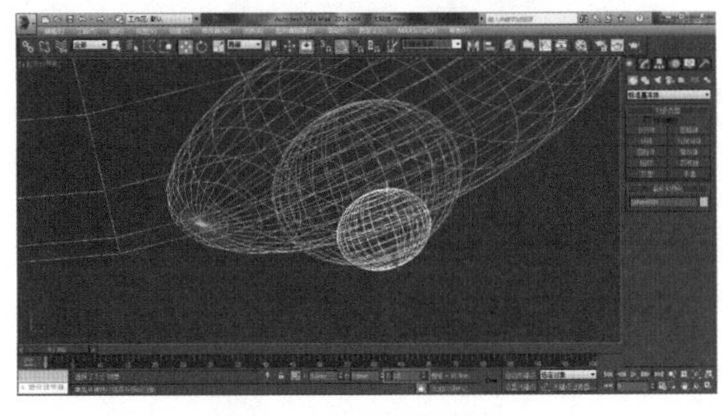

图0.2.71 沿*Z*轴移动副本

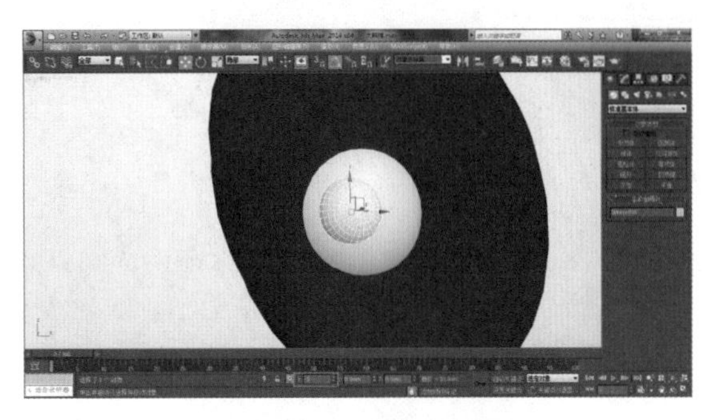

图0.2.72 沿*X*轴移动副本

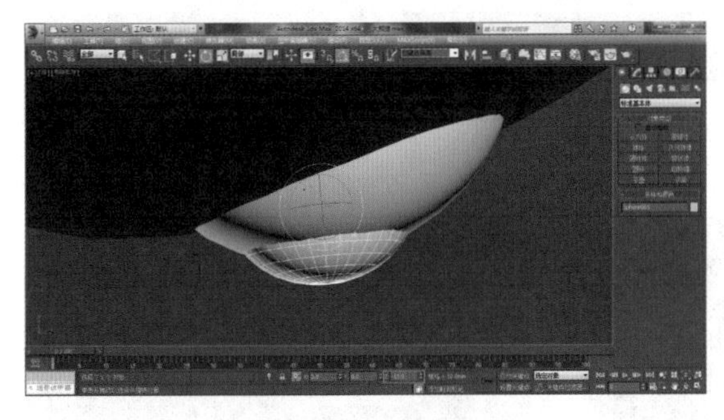

图0.2.73 绕*Z*轴旋转

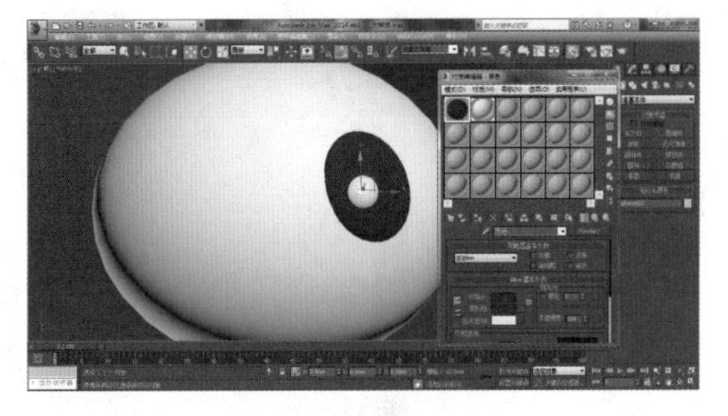

图0.2.74 赋予材质

13 按 F3 键切换为线框显示，选择如图 0.2.75 所示的物体，按 R 键并单击“选择并均匀缩放”按钮，在将物体等比例缩小（参数为 X40、Y40、Z40）的同时按住 Shift 键，复制出如图 0.2.76 所示的物体。按 T 键进入顶视图，将坐标轴向切换到局部，按 W 键并单击“选择并移动”按钮，将物体沿 *X* 轴移动 -4mm、沿 *Z* 轴移动 6mm，如图 0.2.77 所示。按 F3 键切换到线框显示，选择如图 0.2.78 所示的物体，单击“角度捕捉切换”和“选择并旋转”按钮，将物体绕 *Z* 轴旋转 -20°，如图 0.2.78 所示。按 F 键进入前视图，打开“材质编辑器”对话框，选择“白色”材质球，将材质赋予物体，如图 0.2.79 所示。

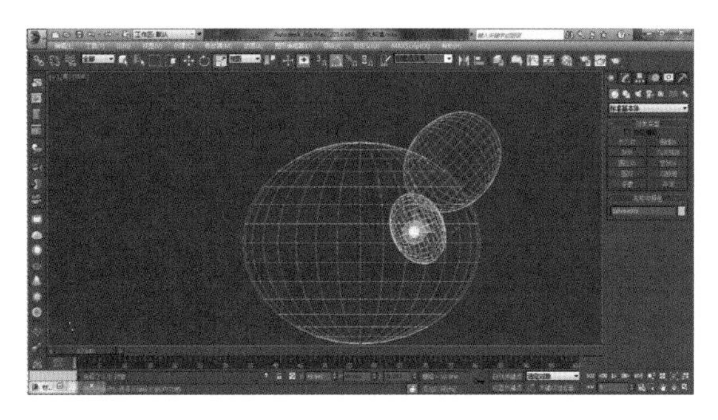

图0.2.75　选中球体

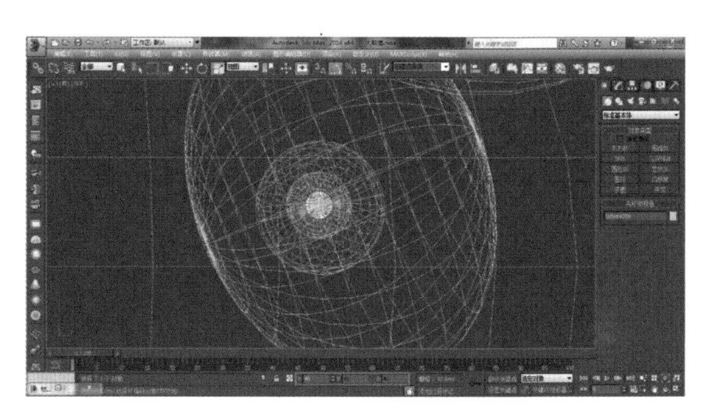

图0.2.76　缩小并复制球体

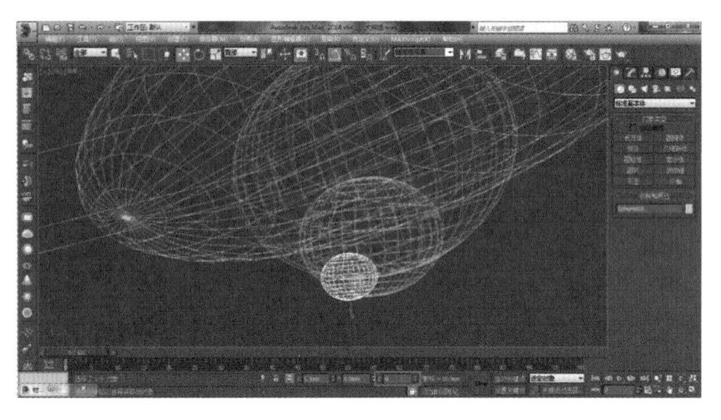

图0.2.77　沿*X*轴、*Z*轴移动球体

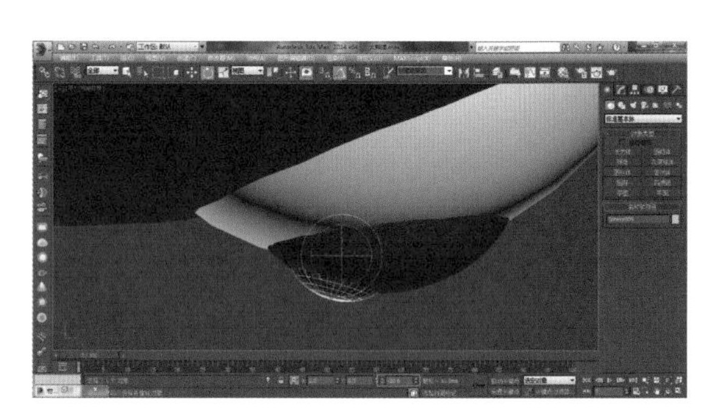

图0.2.78　绕*Z*轴旋转球体

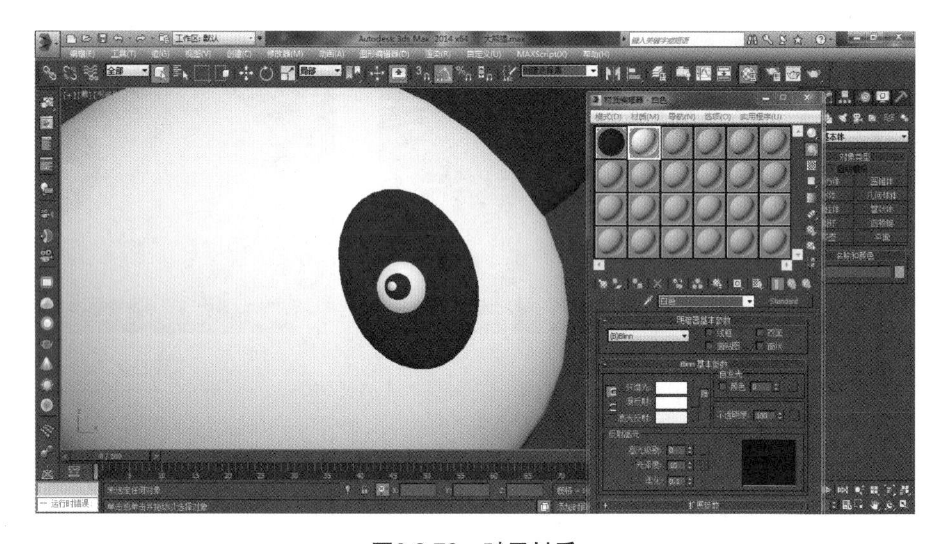

图0.2.79　赋予材质

14 按 F3 键切换为线框显示，选择如图 0.2.80 所示的物体，按 R 键并单击“选择并均匀缩放”按钮，并设置缩放参数为 X40、Y40、Z40，同时按住 Shift 键，复制球体。将坐标轴向切换到视图，按 W 键并单击“选择并移动”按钮，将物体沿 *X* 轴移动 2mm、沿 *Y* 轴移动 5mm，如图 0.2.81

所示。按 T 键进入顶视图，按 W 键并单击“选择并移动”按钮，将物体沿 *Y* 轴移动 -1mm，如图 0.2.82 所示。按 F3 键切换到实体显示，将坐标轴向切换为局部，按 E 键并单击“选择并旋转”按钮，将物体绕 *Z* 轴旋转 10°、绕 *X* 轴旋转 -30°，如图 0.2.83 所示。

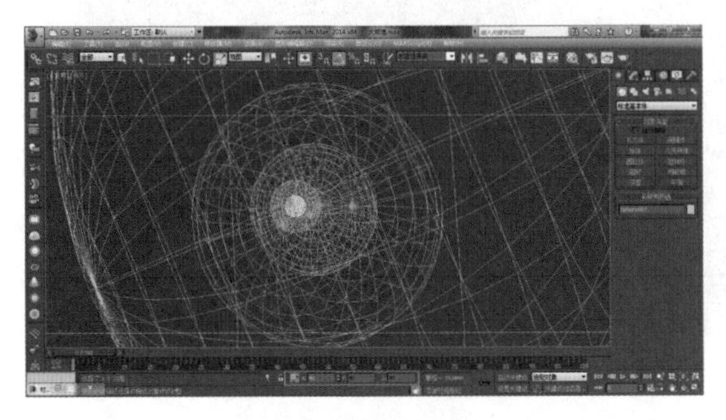

图0.2.80　选中球体

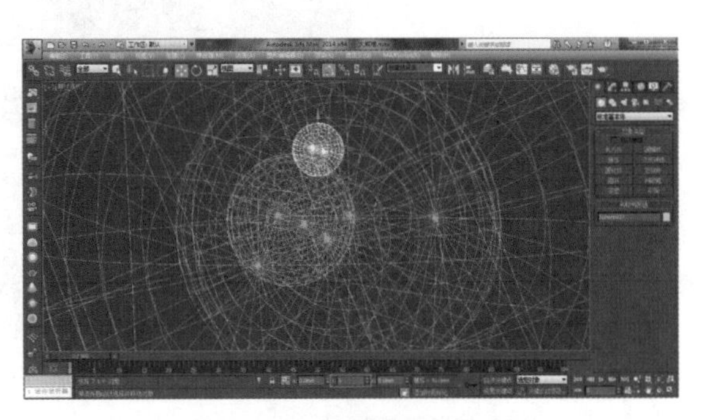

图0.2.81　复制并移动球体

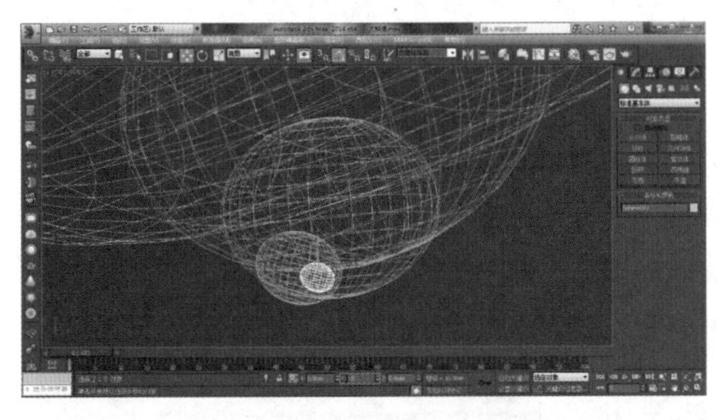

图0.2.82　沿*Y*轴移动球体

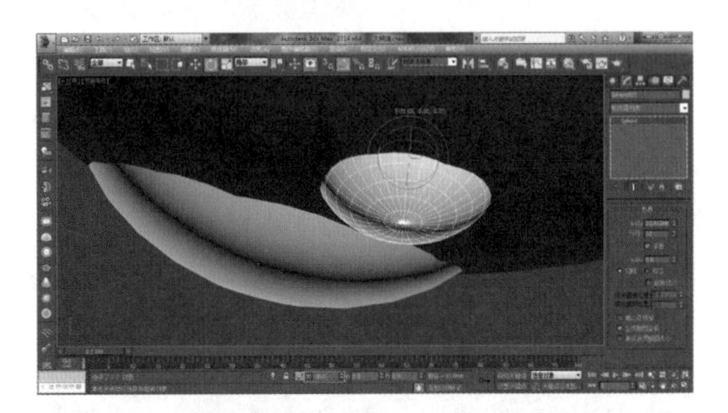

图0.2.83　绕*Z*轴、*X*轴旋转球体

15 进入前视图，选择如图 0.2.84 所示的物体，单击工具栏中的“镜像”按钮，使用镜像工具，沿 *X* 轴负方向复制出一个副本，如图 0.2.85 所示。按 W 键并单击“选择并移动”按钮，将物体沿 *X* 轴负方向移动到合适位置，如图 0.2.86 所示。

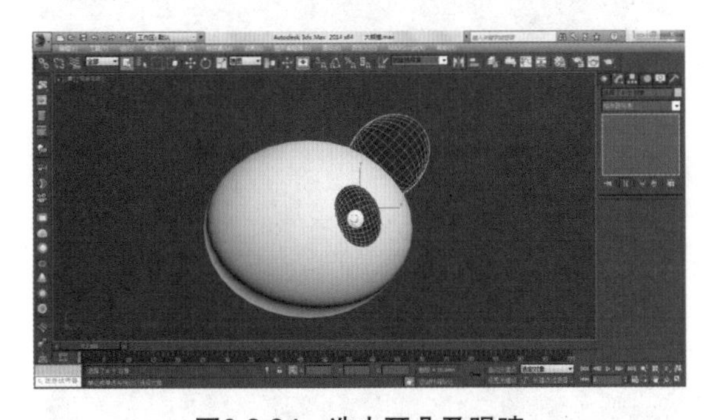

图0.2.84　选中耳朵及眼睛

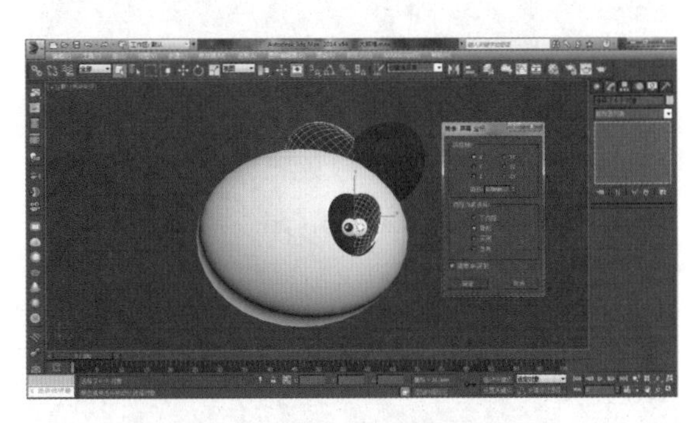

图0.2.85　复制耳朵及眼睛

图0.2.86 调整复制的耳朵及眼睛位置

16 按 F3 键切换为线框显示，选中如图 0.2.87 所示的熊猫头部，按 R 键并单击“选择并均匀缩放”按钮，并设置缩放参数为 X18、Y18、Z18，同时按住 Shift 键，复制熊猫鼻子，如图 0.2.88 和图 0.2.89 所示。单击“选择并移动”按钮，将物体沿 *Y* 轴移动 -40mm，如图 0.2.90 所示，再按 T 键进入顶视图，单击“选择并移动”按钮，将物体沿 *Y* 轴移动 -170mm，如图 0.2.91 所示。切换到实体显示，打开“材质编辑器”对话框，选择“黑色”材质球，将材质赋予物体，如图 0.2.92 所示。

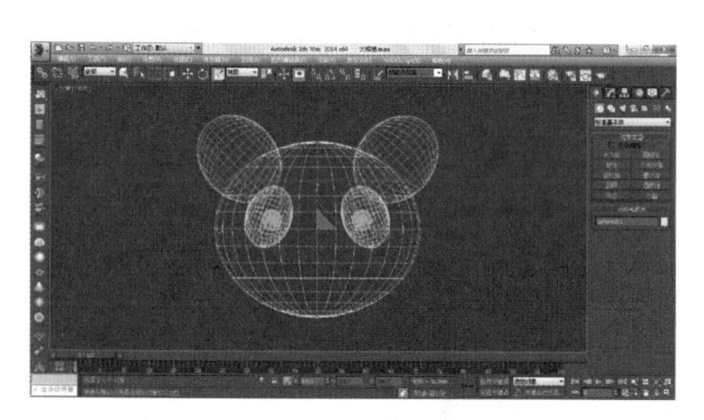

图0.2.87 选中熊猫头部

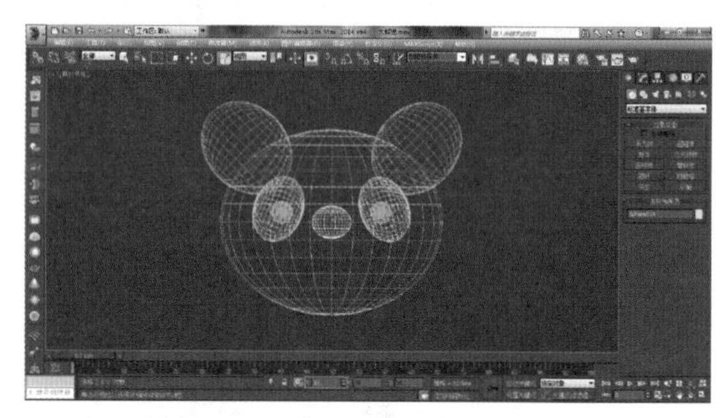

图0.2.88 设置缩放参数

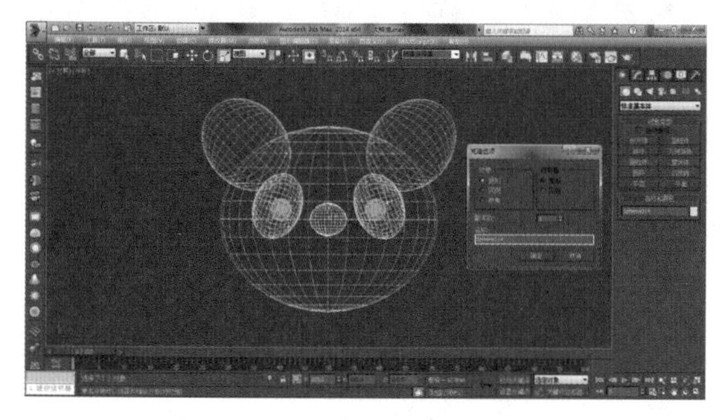

图0.2.89 复制熊猫鼻子

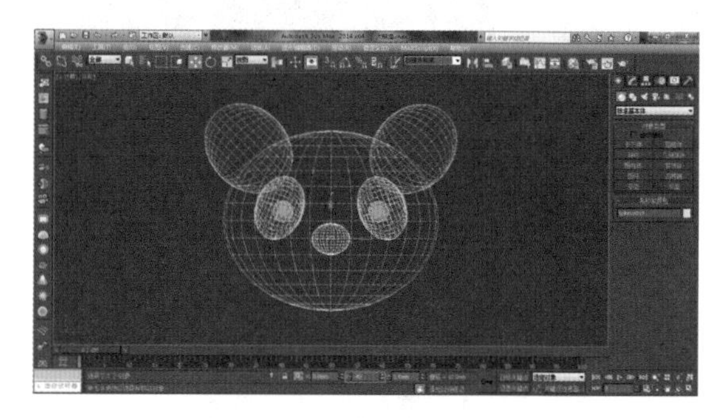

图0.2.90 沿*Y*轴移动物体

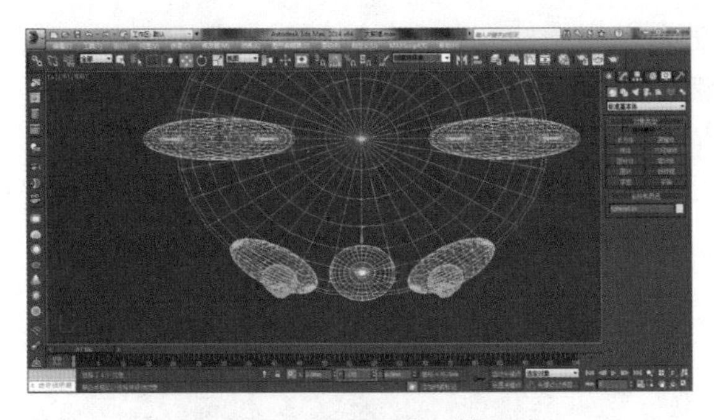

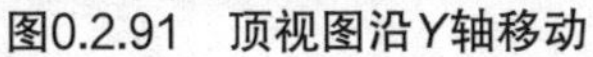
图0.2.91　顶视图沿Y轴移动

图0.2.92　赋予材质

17 按 F 键进入顶视图，单击“创建”→“几何体”中的“圆环”按钮，在前视图绘制参数如图 0.2.93 所示的圆环，再选中“启用切片”复选框，如图 0.2.94 所示。

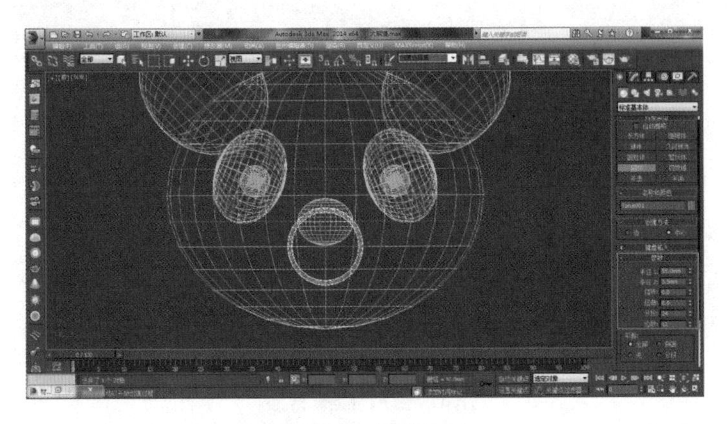

图0.2.93　创建圆环

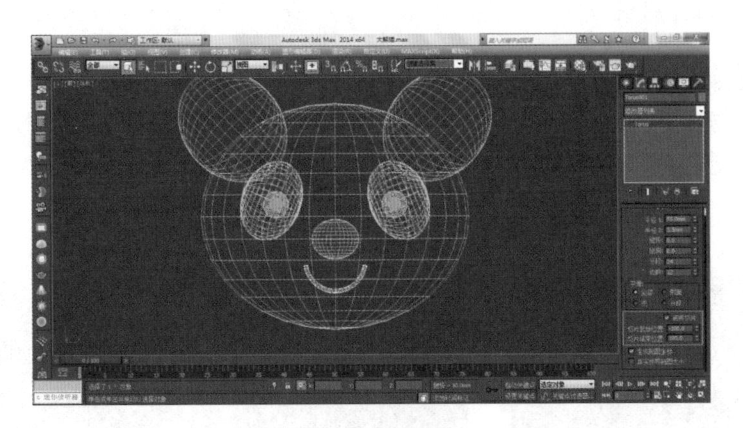

图0.2.94　选中“启用切片”复选框

18 按 L 键将视图切换为左视图，按 E 键并单击“选择并旋转”按钮，按 A 键并单击“角度捕捉切换”按钮，将物体绕 *X* 轴旋转 20°，如图 0.2.95 所示。切换到实体显示，单击“选择并移动”按钮，将物体沿 *X* 轴移动

-10mm，如图 0.2.96 所示。进入前视图，打开“材质编辑器”对话框，选择“黑色”材质球，将材质赋予物体，如图 0.2.97 所示。

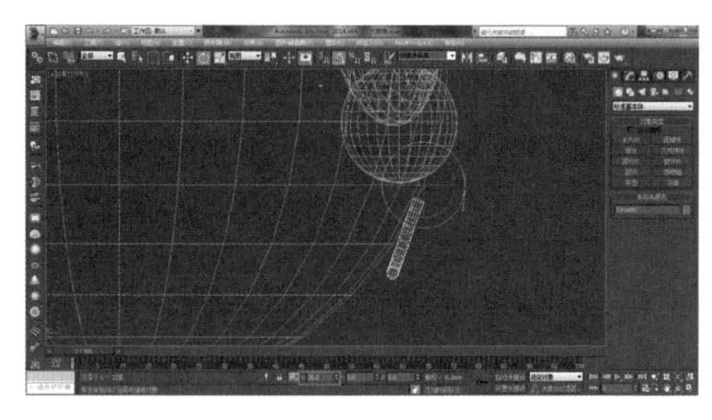

图0.2.95　旋转切片

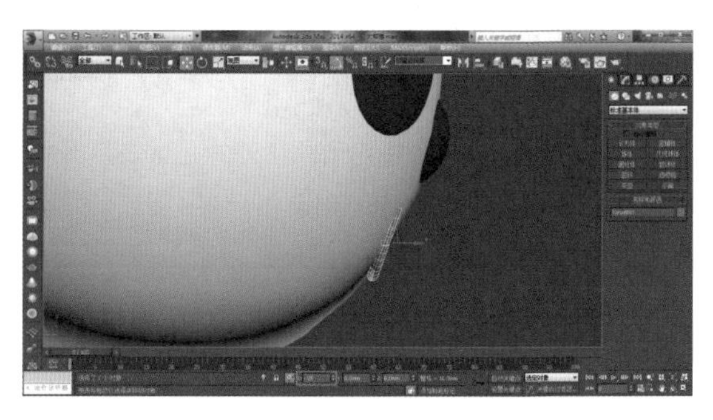

图0.2.96　移动切片

图0.2.97　赋予材质

2．制作熊猫身体

01 在前视图中选中熊猫的头部，如图 0.2.98 所示，按 Ctrl+V 组合键将所选物体“克隆”出一个副本。按 W 键并单击“选择并移动”按钮，将物体沿 *Y* 轴移动 -370mm，如图 0.2.99 所示。按 R 键并单击“选择并非均匀缩放”按钮，将物体沿 *Y* 轴放大 118mm，如图 0.2.100 所示。

图0.2.98　选中熊猫头部

图0.2.99　沿Y轴移动球体

图0.2.100　沿*Y*轴放大球体

02 按 L 键进入左视图，切换为线框显示，单击“创建”→“几何体”中的“圆锥体”按钮，在左视图中绘制出如图 0.2.101 所示的“圆台”。按 T 键进入顶视图，按 W 键并单击“选择并移动”按钮，将物体沿 *X* 轴移动 115mm，如图 0.2.102 所示。

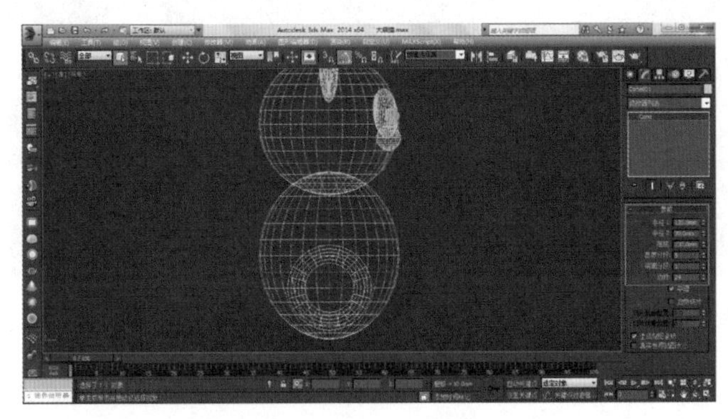

图0.2.101　创建圆台

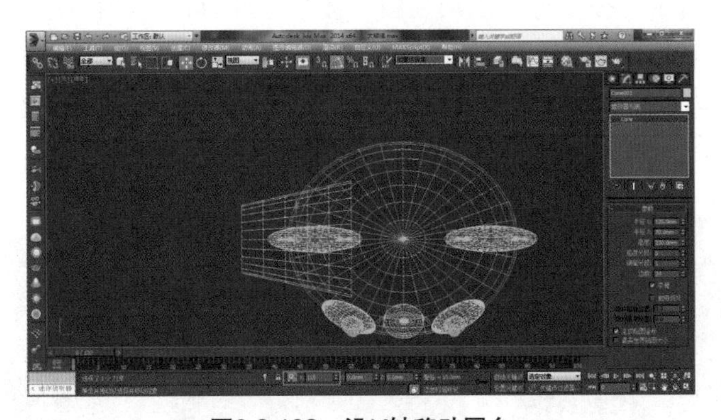

图0.2.102　沿*X*轴移动圆台

03 按 L 键进入左视图，单击“创建”→“几何体”中的“球体”按钮，在左视图绘制如图 0.2.103 所示的球体。按 F 键进入前视图，按 R 键并单击“选择并非均匀缩放”按钮，将物体沿 *X* 轴缩小 50mm，如图 0.2.104

所示。按 E 键并单击“选择并旋转”按钮，按 A 键并单击“角度捕捉切换”按钮，将物体绕 *Y* 轴旋转 -20°，如图 0.2.105 所示。

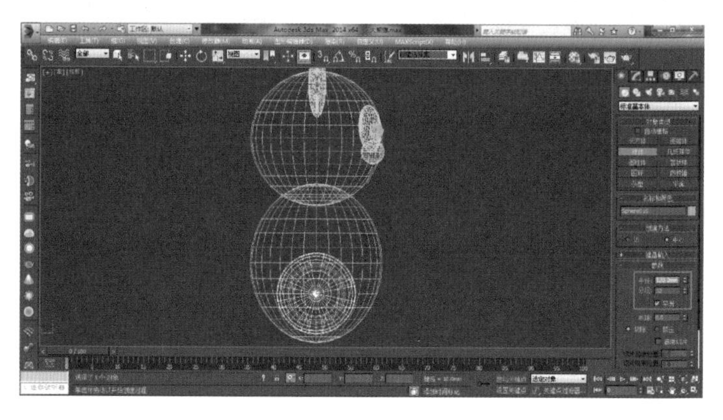

图0.2.103　创建球体

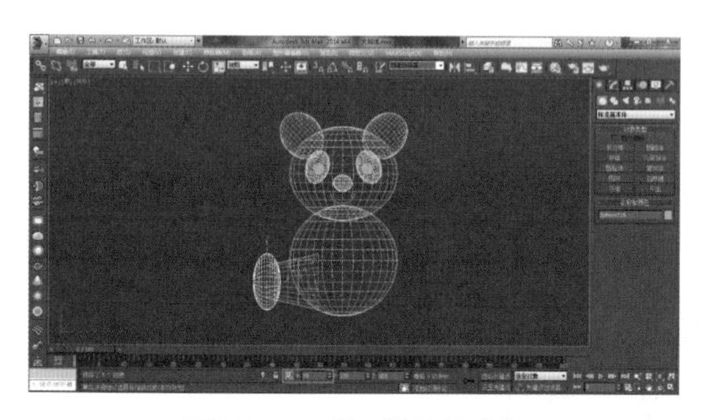

图0.2.104　沿*X*轴缩放球体

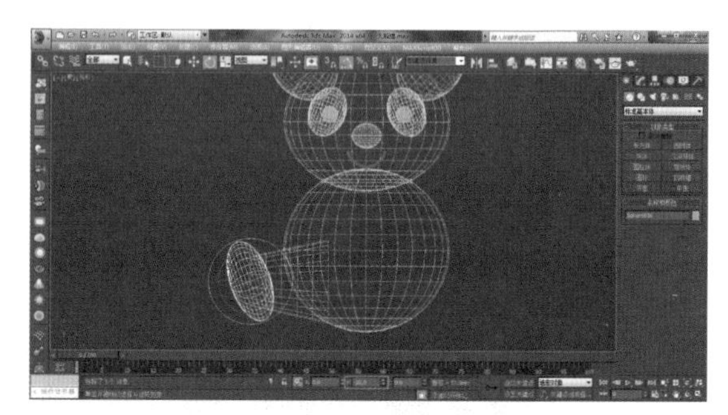

图0.2.105　绕*Y*轴旋转球体

04 选中如图 0.2.106 所示的物体，按 E 键并单击“选择并旋转”按钮，按 A 键并单击“角度捕捉切换”按钮，将物体绕 *Y* 轴旋转 -10°，如图 0.2.106 所示。按 T 键进入顶视图，按 E 键并单击“选择并旋转”按钮，将所选物体绕 *Z* 轴旋转 20°，如图 0.2.107 所示。按 F 键进入前视图，按 F3 键切换到实体显示，打开“材质编辑器”对话框，选择“黑色”材质球，将材质赋予物体，如图 0.2.108 所示。

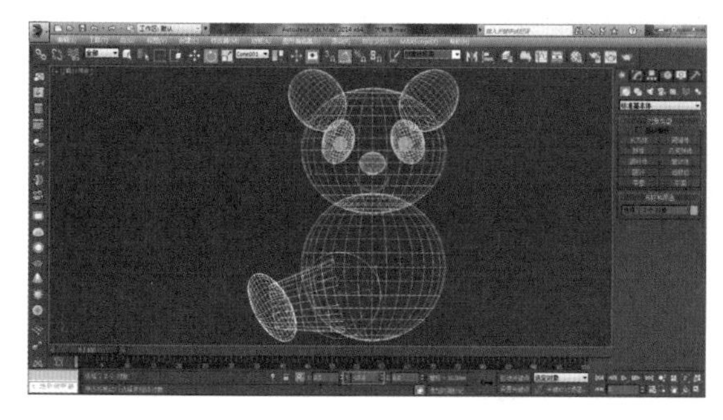

图0.2.106　选中腿脚部

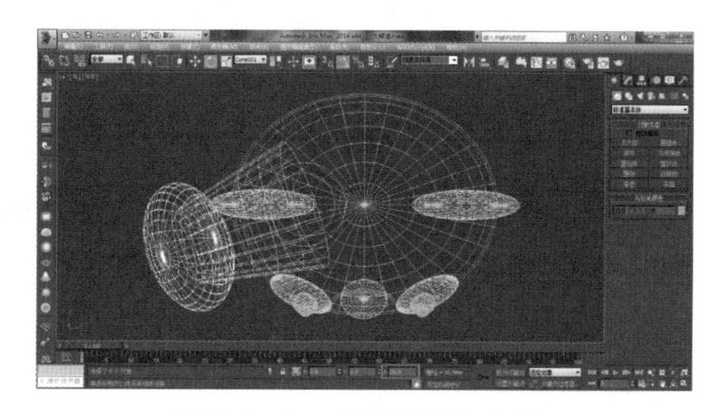

图0.2.107　调整腿脚部位置

图0.2.108 赋予材质

05 按 T 键进入顶视图，按 F3 键切换到线框显示，单击“创建”→“几何体”中的“圆环”按钮，在顶视图绘制如图 0.2.109 所示的圆环。按 F 键进入前视图，按 W 键并单击“选择并移动”按钮，将物体沿 Y 轴移动 -200mm，如图 0.2.110 所示。

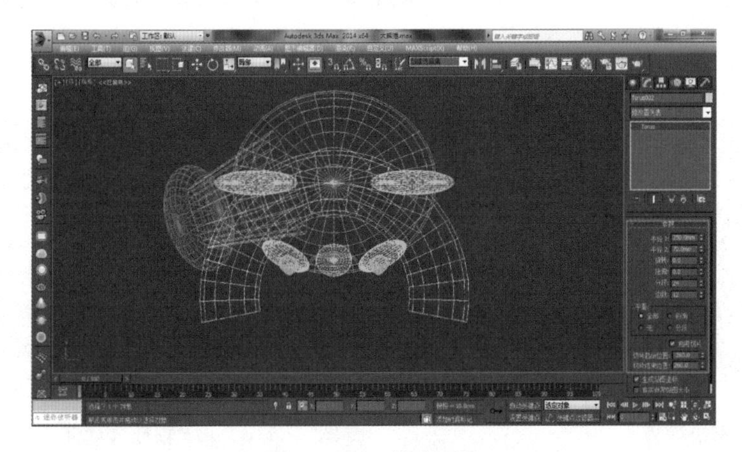

图0.2.109 创建圆环

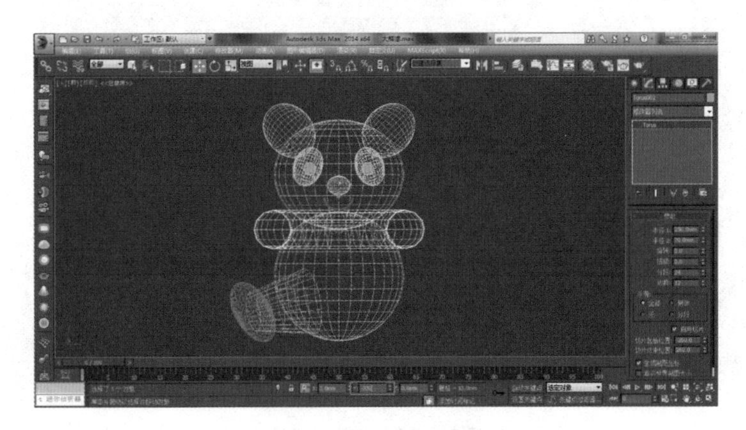

图0.2.110 移动圆环

06 按 T 键进入顶视图，单击“创建”→“几何体”中的“球体”按钮，在顶视图绘制如图 0.2.111 所示的球体。选择球体，按 R 键并单击“选择并非均匀缩放”按钮，将物体沿 *X* 轴缩小 90mm，如图 0.2.112 所示，再沿 *Y* 轴放大 110mm，如图 0.2.113 所示。按 F3 键切换到实体显示，如图 0.2.114 所示。

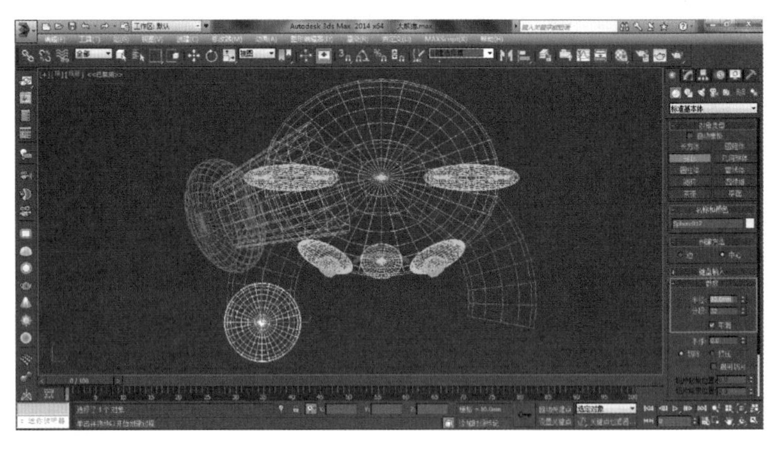

图0.2.111　创建球体

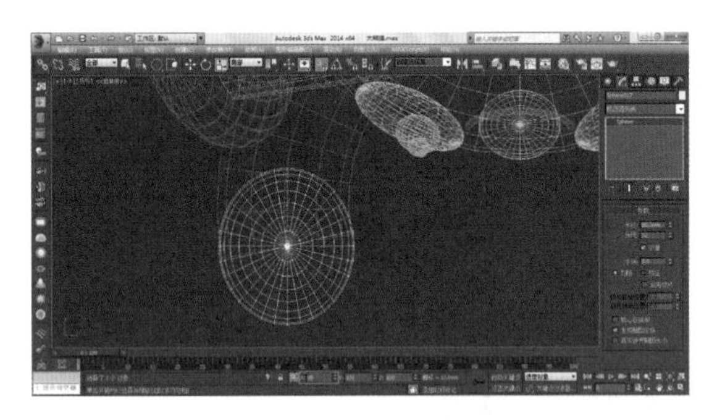

图0.2.112　沿*X*轴缩小球体

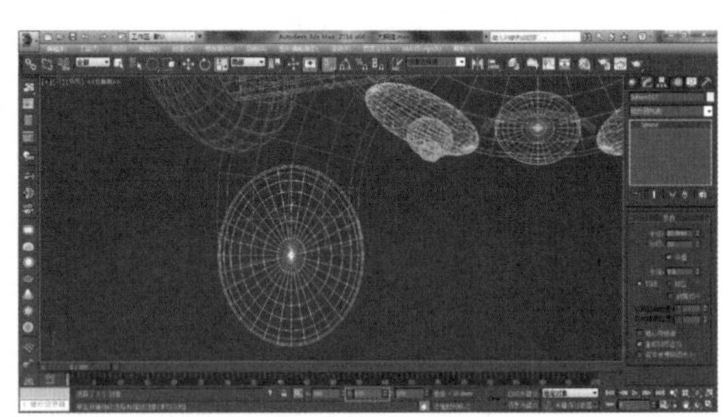

图0.2.113　沿*Y*轴放大球体

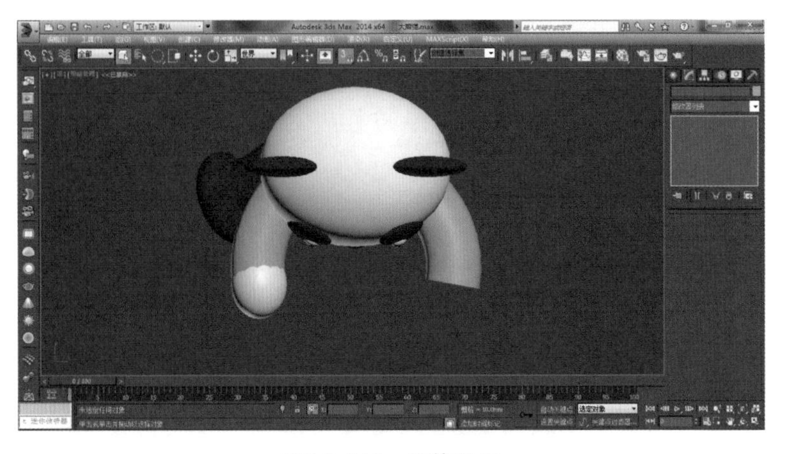

图0.2.114　实体显示

07 选择如图 0.2.115 所示的白色高光物体，选择菜单栏中的“组”→“组”选项，在弹出的“组”对话框中将所选物体成组，如图 0.2.115 所示。按 L 键进入左视图，单击“层次”面板中的“仅影响轴”按钮。再按 W 键并单击“选择并移动”按钮，将所选物体的坐标轴移动到如图 0.2.116 所示的位置，操作完成后再次单击“仅影响轴”按钮即可。

图0.2.115 成组

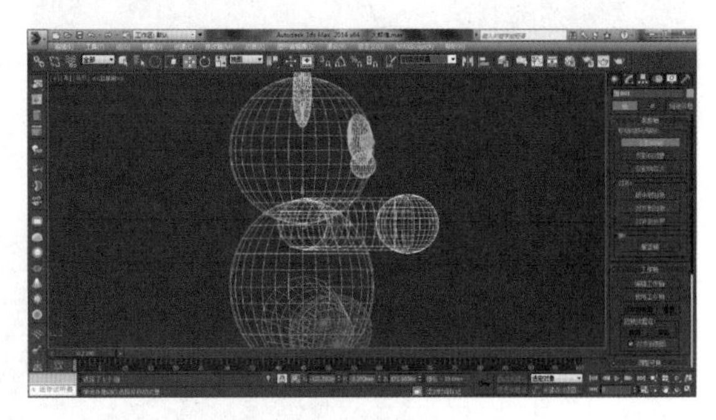
图0.2.116 移动坐标轴

知识窗

“层次”面板：在 3ds Max 中，所有模型都有自身的坐标轴和中心点，模型的移动、旋转、缩放等操作都以自身的轴心为中心点。利用“层次”命令可以改变模型自身的轴心。

08 单击“选择并旋转”按钮和“角度捕捉切换”按钮，将物体绕 X 轴旋转 40°，如图 0.2.117 所示。按 F 键进入前视图，按 F3 键切换到实体显示，如图 0.2.118 所示。

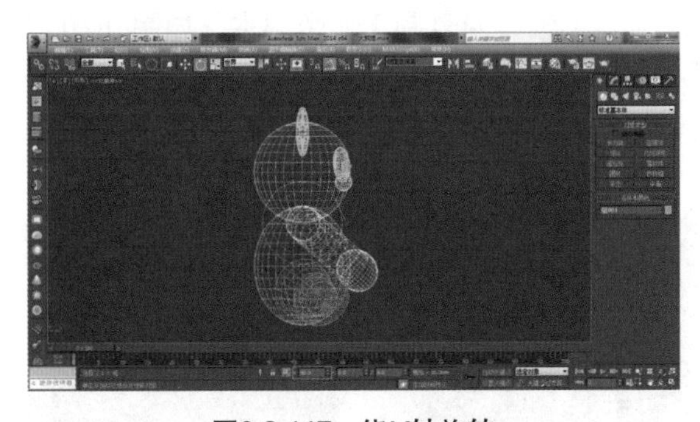
图0.2.117 绕 X 轴旋转

图0.2.118 实体显示

09 选中“组 001”物体，选择菜单栏中的“组”→“解组”选项，如图 0.2.119 所示，将所选物体解组。单击工具栏中的按钮，打开“材质编辑器”对话框，选择“黑色”材质球，如图 0.2.120 所示。单击按钮，将材质赋予物体，如图 0.2.121 所示。

图0.2.119　解组

图0.2.120　赋予材质

图0.2.121　效果图

10 选择如图 0.2.122 所示的物体，单击工具栏中的“使用选择中心”按钮，然后单击“镜像”按钮，沿 *X* 轴方向复制出一个副本，如图 0.2.123 所示。按 W 键并单击“选择并移动”按钮，将物体沿 *X* 轴负方向移动到合适位置，如图 0.2.124 所示。至此，熊猫模型创建完成，如图 0.2.125 所示。

（a）选中手及腿脚

（b）复制选中的物体

图0.2.122　复制熊猫的手及腿脚

图0.2.123　移动调整位置

图0.2.124　沿X轴负方向调整位置

图0.2.125　熊猫模型

任务 0.3　二维图形三维化——二维样条线建模操作

☞任务描述

样条线是3ds Max中用于绘制二维图形的工具，有11种类型，它们具有共同的属性，包含3个层级。样条线通常用于制作线条类型的装饰。本任务利用二维样条线进行建模，实现二维图形三维化。在熟练掌握本任务相关技能的基础上，应能制作出更复杂的雕花效果。

☞任务目标

掌握二维样条线的点、线、样条线3个层级几何体面板的运用方法，能利用二维图形配合修改器工具制作出三维物体。

0.3.1　制作铁艺——样条线点层级的运用

微课：制作铁艺

通过图 0.3.1 所示铁艺的制作，了解样条线的层级构成（由点、线、样条线 3 个层级构成）；掌握“顶点”层级中“Bezier 角点”的操作方法。

图0.3.1　铁艺模型绘制相关知识点与技能点图解

01 单击“创建”→“标准基本体”中的“平面”按钮，创建一个平面，参数可自行设置，如图 0.3.2 所示。

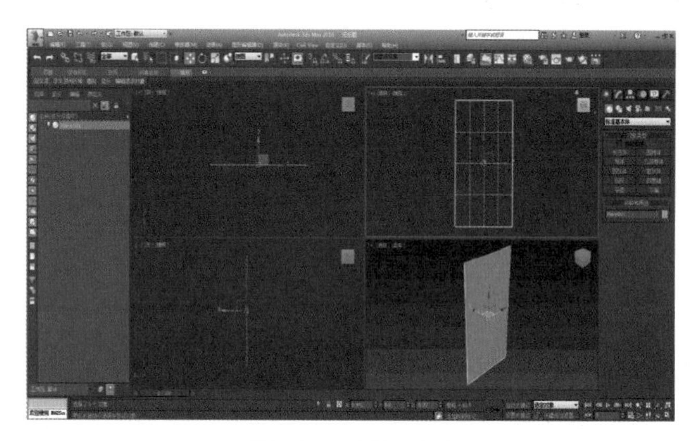

图0.3.2　创建平面

02 按 M 键，在弹出的“材质编辑器”对话框中选择第一个材质球，如图 0.3.3 所示，单击“漫反射”后面的小方块，在弹出的“材质 / 贴图浏览器”对话框中选择“标准”中的“位图”材质，如图 0.3.4 所示，然后单击“确定”按钮。

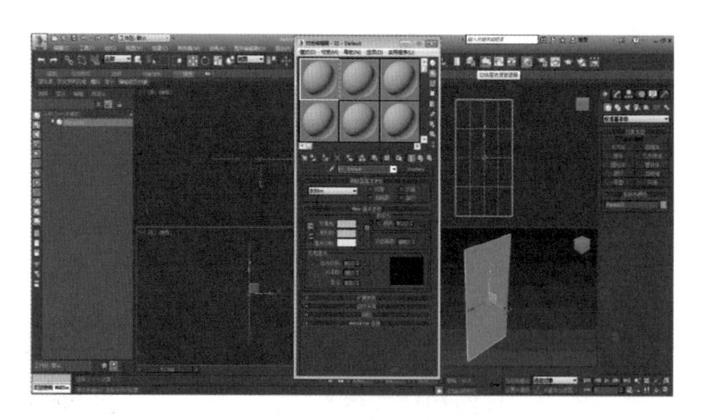

图0.3.3　材质设置界面

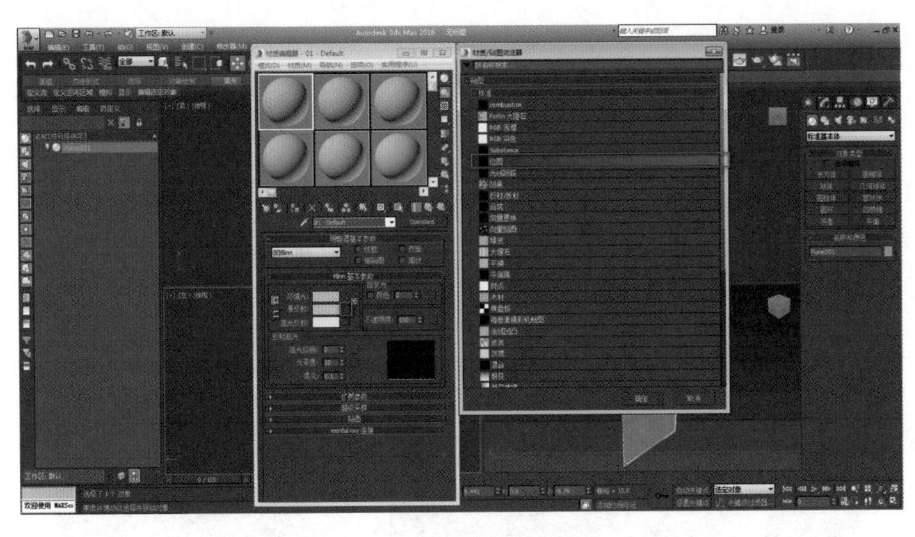

图0.3.4 选择“位图”材质

03 找到铁艺贴图材质所在的目录，将需要的贴图材质导入，如图 0.3.5 所示。此时“材质编辑器”对话框中的材质球已经被赋予了刚才导入的贴图材质，如图 0.3.6 所示。将材质赋予平面，如有变形，则需调整平面的尺寸，效果如图 0.3.7 所示（如果此时前视图中没显示，那么可以按 F3 键以实体方式展示贴图）。

图0.3.5 铁艺贴图

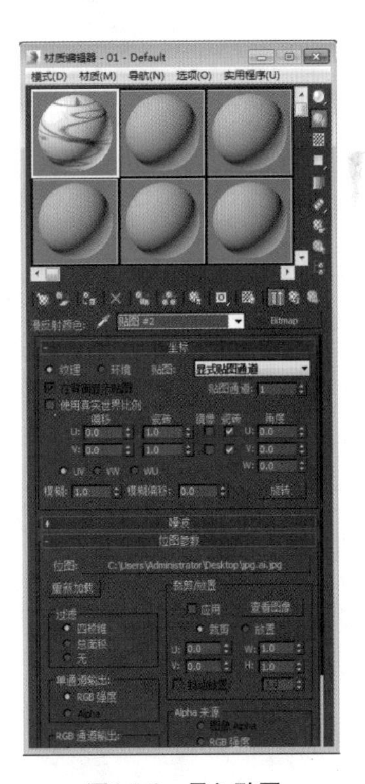

图0.3.6 导入贴图

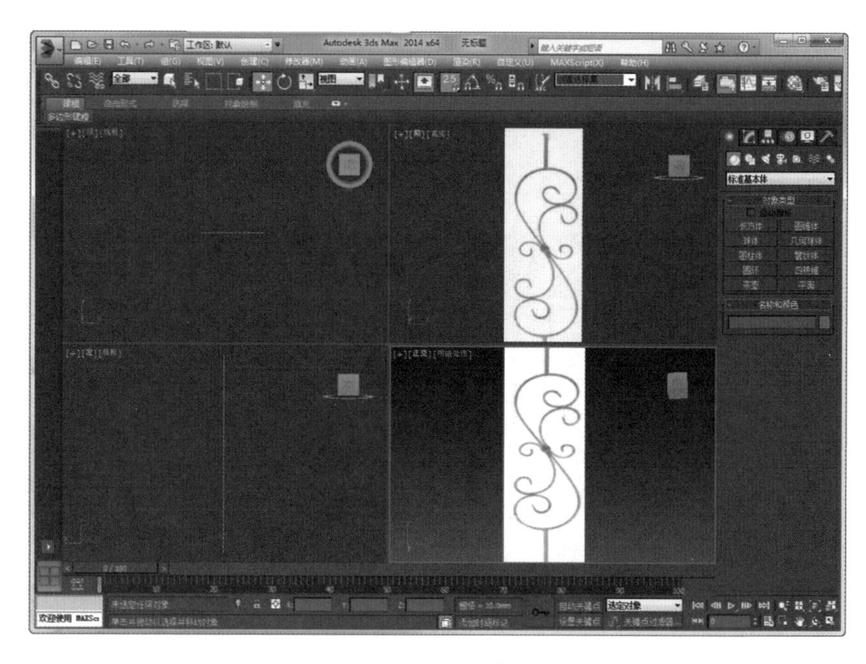

图0.3.7　展示贴图

2．以“描红”方式创建铁艺

01 选择前视图，单击“创建”→“图形”中的“线”按钮，然后单击图片上的铁花顶点，再单击末点，如图 0.3.8 所示。

02 为了使创建好的线便于观察，在右侧面板中，选中“在渲染中启用”和“在视口中启用”复选框，如图 0.3.9 所示。

图0.3.8　创建线

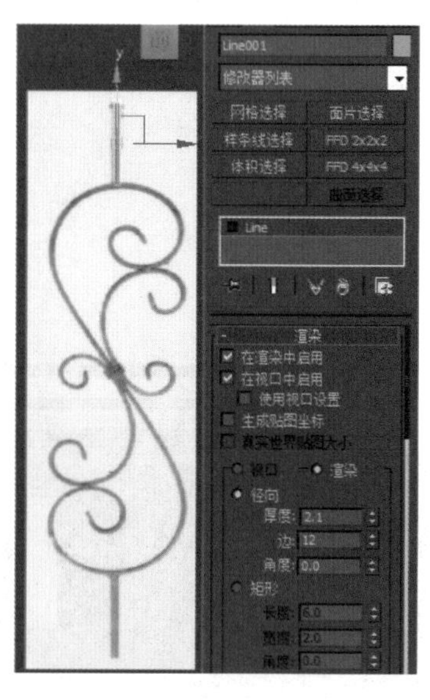

图0.3.9　渲染线

知识窗

1. 渲染

1）“渲染”参数栏如图 0.3.10 所示，其作用是将二维样条线转换为三维模型。

2）在渲染中启用：选中此复选框，样条线在渲染时具有实体效果。

3）在视口中启用：选中此复选框，样条线在视图中以实体显示。

4）径向：样条线渲染（或显示）截面为圆形（或多边形）的实体。

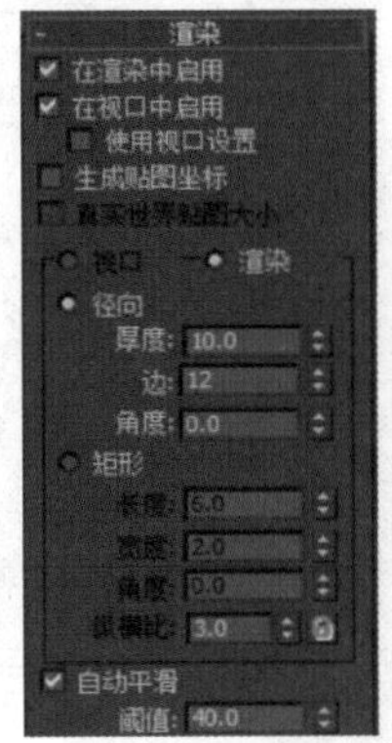

图0.3.10　“渲染”参数栏

2. 插值

1）插值：用来设置曲线的平滑程度，如图 0.3.11 所示。

图0.3.11　“插值”参数栏

2）步数：设置两顶点之间由多少个直线片段构成曲线。值越高，曲线越平滑。

3）优化：自动去除曲线上多余的步数片段。

4）自适应：根据曲度的大小自动设置步数。

03 使用“角点”+“Bezier”创建直线，如图 0.3.12 所示。

04 按 1 键进入线的“顶点”层级面板，选中全部的点并右击，在弹出的快捷菜单中选择“Bezier 角点”选项，如图 0.3.13 所示，调整两端操作手柄，得到如图 0.3.14 所示的图形。

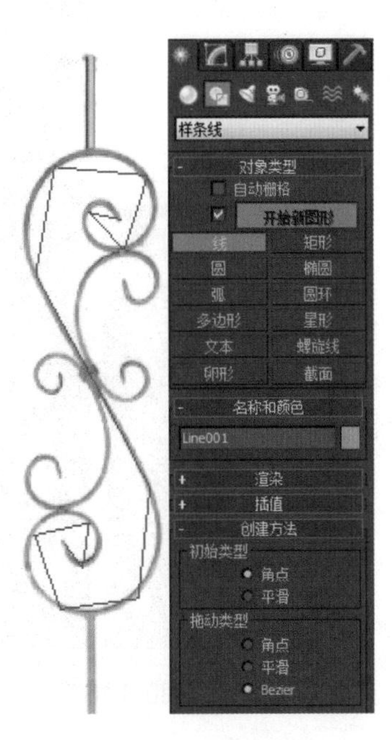

图0.3.12　创建直线

图0.3.13　选择“Bezier角点”选项

图0.3.14　曲线图形

知识窗

“线”有“顶点”、“线段”和“样条线”3个层级，3个层级分别对应3个不同的修改命令面板。

1.“顶点”层级的运用

1）创建完样条线后可按1键进入“顶点”层级面板，如图0.3.15所示。

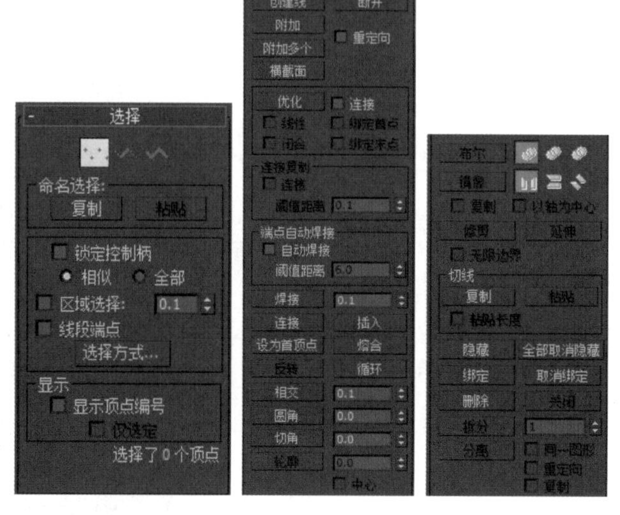

图0.3.15　“顶点”层级面板

2）顶点的“几何体”卷展栏中各选项的作用如下。

① 创建线：在已创建完成的线内部加线，新线和原来的线形成整体。

② 断开：将一个点打断后形成开放的两个点。

③ 附加：将不是整体的线附加成一个整体。

④ 附加多个：可以选择性附加。

⑤ 插入：在线上添加点。

⑥ 焊接：将两个断点焊接成一个点，但受距离的影响。

⑦ 连接：连接两个有距离开放性的点。

⑧ 熔合：将两个断点熔合在一起，但并没有焊接形成一个点。

⑨ 圆角：将一个点进行光滑处理后，一个点会形成两个点。

⑩ 直角：将一个点进行倒直角处理后，一个点会形成两个点。

2.“线段”层级的运用

1）按 2 键进入“线段”层级面板，如图 0.3.16 所示。

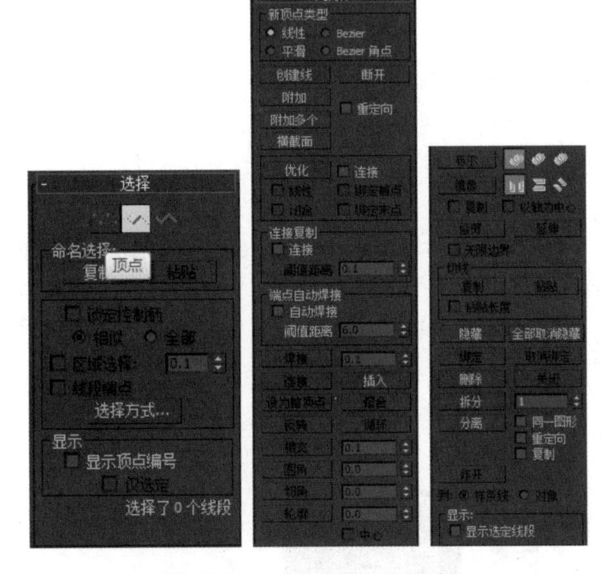

图0.3.16 “线段”层级面板

2）“线段”层级的“几何体”卷展栏中选项的作用如下。

① 拆分：把一条直线平均分段。

② 分离类型：同一图形，内部分离一段线，类似点的断开；重定向，把一段线分离成另一段线，同时可以将其命名；复制，这种方式类似复制一段线，也可以将其命名。

3.“样条线”层级的运用

1）按 3 键进入“样条线”层级面板，如图 0.3.17 所示。

2）“样条线”层级的“几何体”卷展栏中选项的作用如下。

① 轮廓：以原始的线为界向内外画出相同形状。

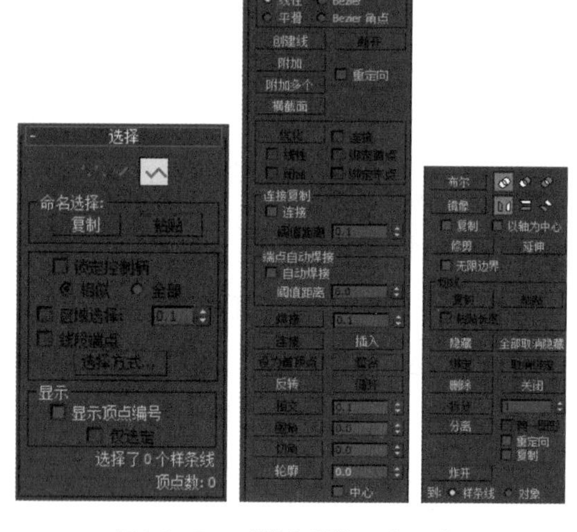

图0.3.17　“样条线”层级面板

② 修剪：用于两条线之间交叉部分。

③ 布尔运算：分别对交集、差集、并集进行图形的组合。

④ 镜像：有“水平”“垂直”“双向”3种镜像方式。例如，选中“复制”复选框，则内部镜像出相同图像。

05 选中“在渲染中启用”和“在视口中启用”复选框，若此时模型粗糙、不够光滑，则选中“自适应”复选框即可，如图0.3.18所示。

06 使用同样的方法制作出剩余模型，最终效果如图0.3.19所示。

图0.3.18　自适应调节

图0.3.19　铁艺模型

0.3.2 制作园林窗格——“壳”修改器的运用

微课：制作园林窗格

“壳”修改器是通过线条勾画轮廓，再将轮廓立体化来制作模型的。在建筑三维模型创建中，“壳”修改器常用来给平面物体增加厚度使其成为三维物体。本节制作如图 0.3.20 所示的园林窗格。

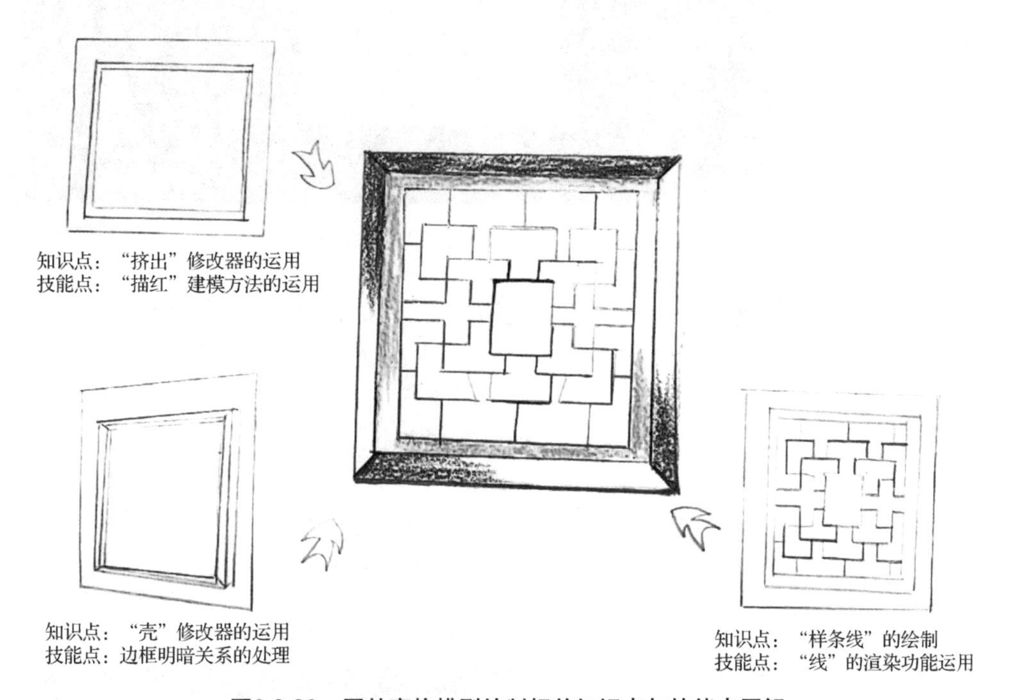

图0.3.20 园林窗格模型绘制相关知识点与技能点图解

1．导入窗格图片

01 按 F 键进入前视图，按 Alt+W 组合键将视口最大化显示；单击“创建”→“几何体”中的“平面”按钮，在前视图中绘制如图 0.3.21 所示的平面，按G键取消网格显示，按F3键切换到实体显示，如图 0.3.22 所示。

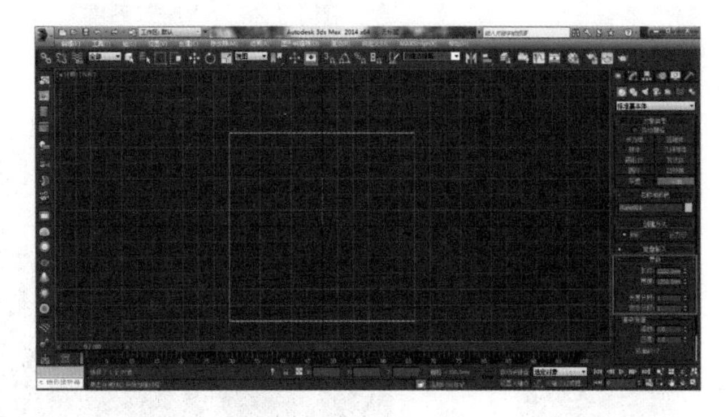

图0.3.21 创建平面

图0.3.22　实体显示

02 在工具栏中单击按钮，在弹出的“材质编辑器”对话框中选择第一个材质，命名为“窗参考”，如图 0.3.23 所示；单击“漫反射”后面的小方块，在弹出的“贴图”对话框中选择“位图”选项，单击“确定”按钮；在弹出的“选择位图图像文件”对话框中选择“窗”贴图，如图 0.3.24 所示；单击“打开”按钮，可见“窗”贴图已经显示到材质球上了，如图 0.3.25 所示。单击按钮将材质赋予物体，单击按钮在视口中显示真实的明暗处理材质，如图 0.3.26 所示。按 Z 键将所选平面最大化显示到视图中心位置，如图 0.3.27 所示。

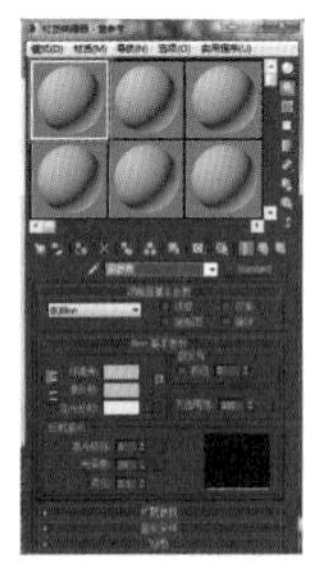

图0.3.23　“材质编辑器”对话框

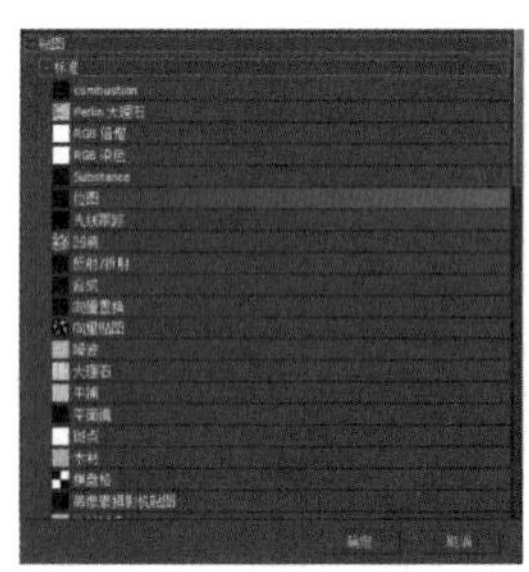

图0.3.24　“窗”贴图

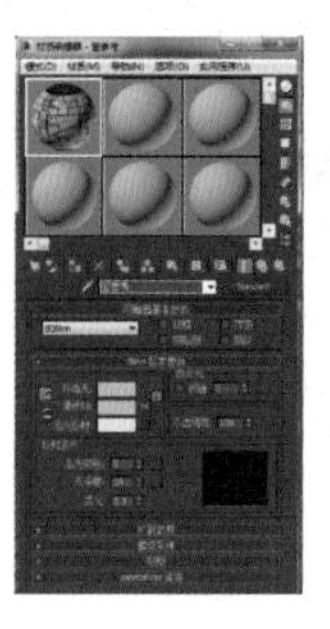

图0.3.25　材质球显示贴图

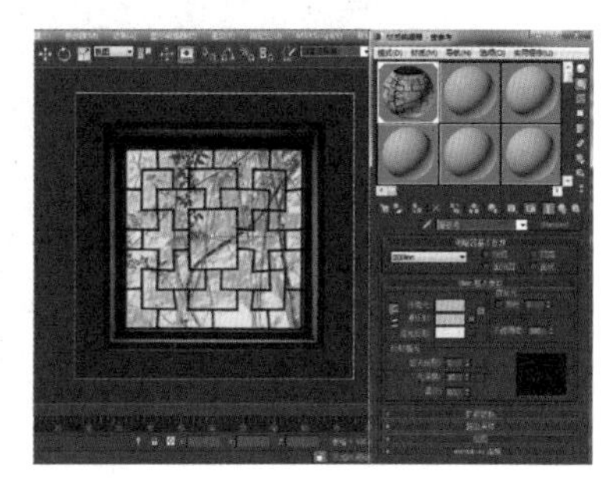

图0.3.26　视口显示贴图

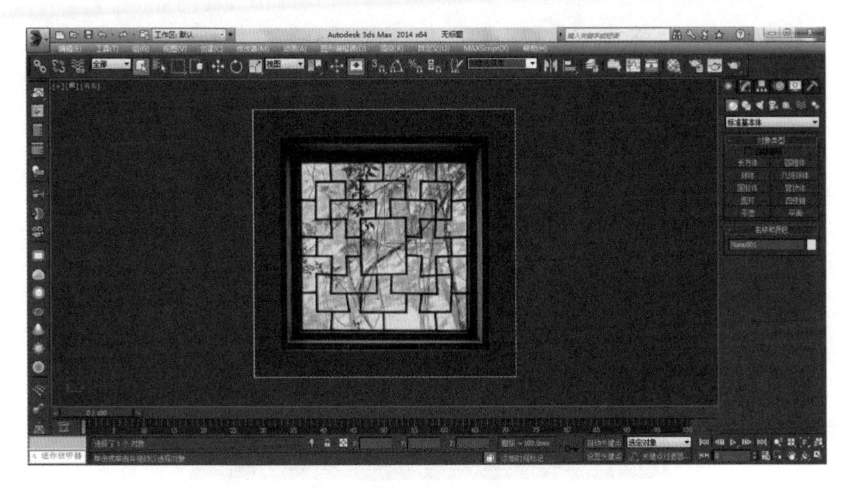

图0.3.27 最大化显示

2．制作外边框

01 在如图 0.3.27 所示的贴图上右击，在弹出的快捷菜单中选择“对象属性”选项，如图 0.3.28 所示。在弹出的“对象属性”对话框中取消选中“以灰色显示冻结对象”复选框，如图 0.3.29 所示，然后单击“确定”按钮。

图0.3.28 选择“对象属性”选项

图0.3.29 “对象属性”对话框

02 在如图 0.3.27 所示的贴图上右击，在弹出的快捷菜单中选择“冻结当前选择”选项，如图 0.3.30 所示。单击“创建”→“样条线”中的“矩形”按钮，在前视图沿窗框的位置绘制如图 0.3.31 所示的矩形。选择矩形，在“修改”面板中添加“挤出”修改器，如图 0.3.32 所示。添加“壳”修改器，参数设置如图 0.3.33 所示，然后旋转视图观察效果，如图 0.3.34 所示。

图0.3.30　选择“冻结当前选择”选项

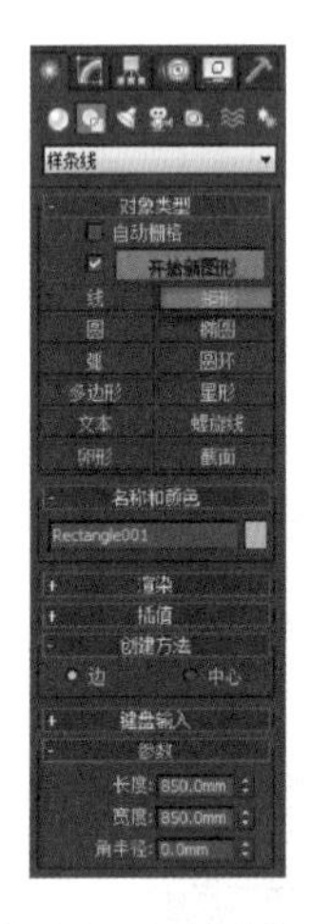

图0.3.31　创建矩形

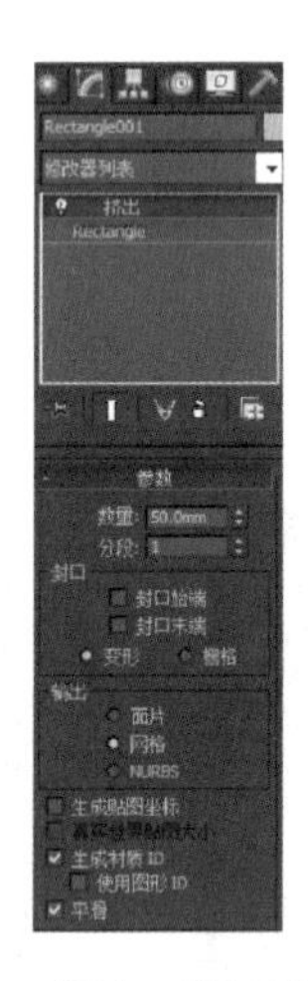

图0.3.32　添加“挤出”修改器

图0.3.33　添加“壳”修改器

图0.3.34　旋转视图观察效果

03 单击工具栏中的按钮，在弹出的“材质编辑器”对话框中选择横向第二个材质球，命名为“木材”，设置漫反射参数，单击按钮，将材质赋予物体，如图 0.3.35 所示。

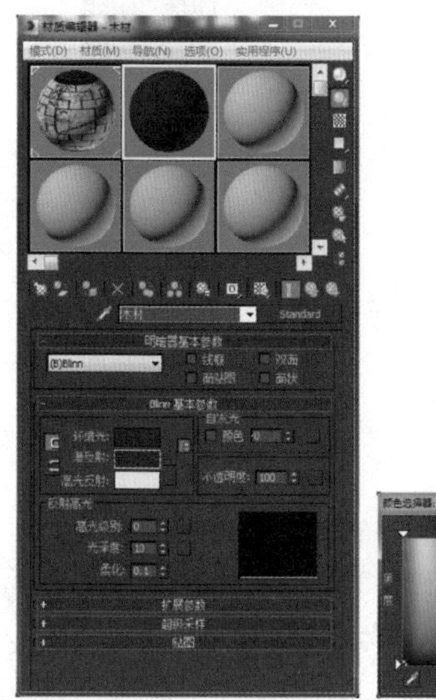
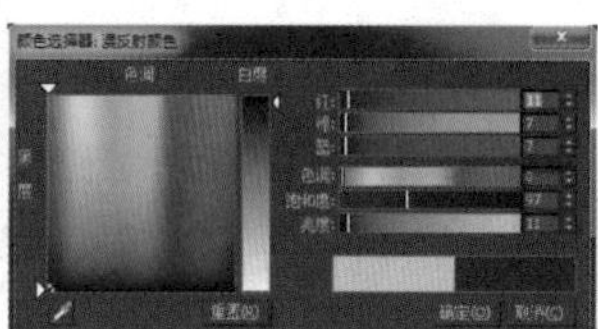

图0.3.35　赋予材质

3. 制作窗边框

01 按 F 键进入前视图，单击“创建”→“图形”中的“矩形”按钮，在前视图沿如图 0.3.36 所示的窗框位置绘制矩形。

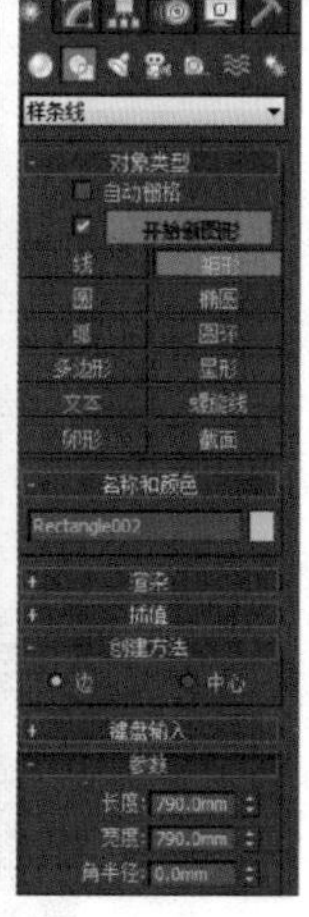

图0.3.36　创建矩形

02 选择矩形，在“修改”面板中添加“挤出”修改器，参数设置如图 0.3.37 所示；添加“壳”修改器，参数设置如图 0.3.38 所示；旋转视图观察效果，如图 0.3.39 所示。

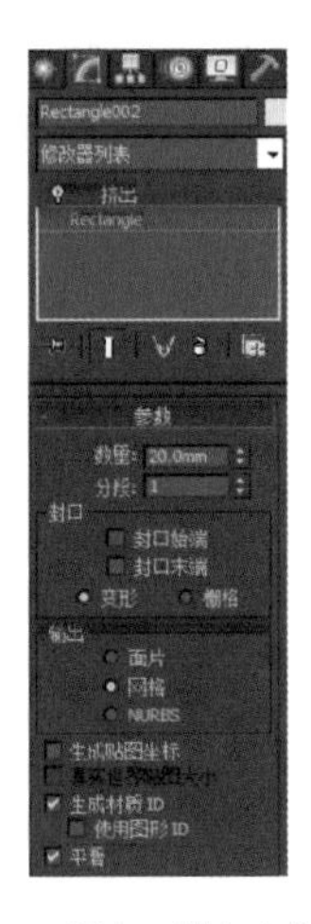

图0.3.37　添加“挤出”修改器

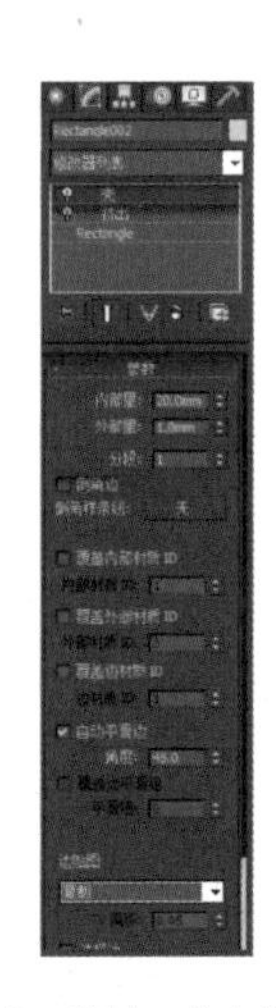

图0.3.38　添加“壳”修改器

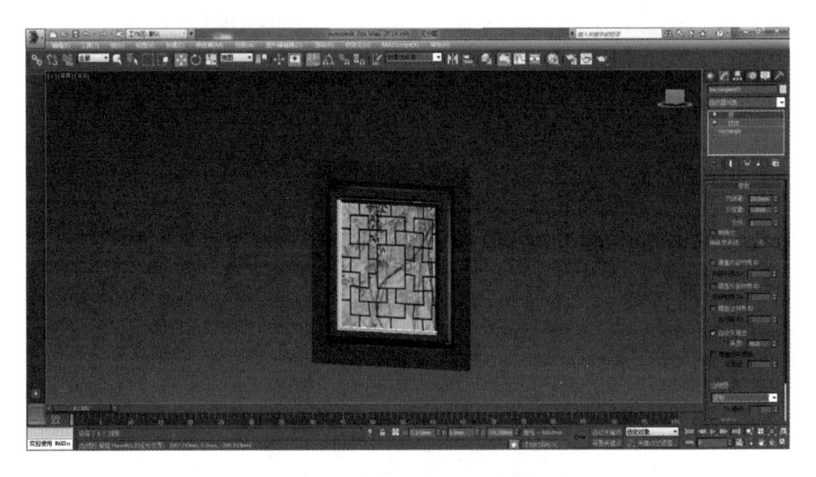

图0.3.39　旋转视图观察效果

03 打开“材质编辑器”对话框，选择横向第二个材质球，单击按钮，将材质赋予物体，如图 0.3.40 所示。单击工具栏中的“对齐”按钮，对齐如图 0.3.41 所示的物体，对齐参数设置如图 0.3.42 所示。内窗框和外窗框在 *Y* 轴方向进行了中心对齐，如图 0.3.43 所示。

图0.3.40　赋予材质

图0.3.41　选择“对齐”工具

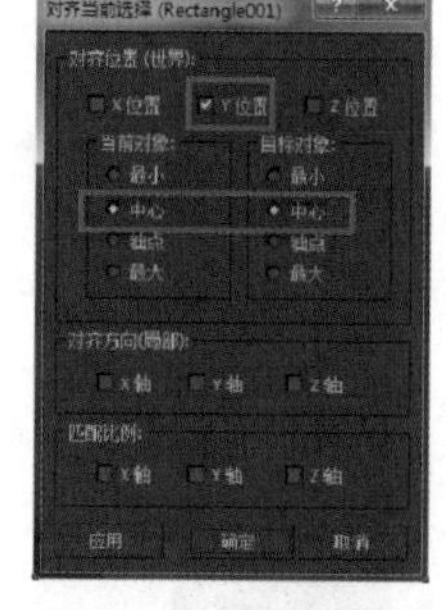

图0.3.42　对齐参数设置对话框

图0.3.43　对齐效果

04 单击左上角的[真实]按钮，在弹出的下拉列表中选择“明暗处理”选项，如图 0.3.44 所示。可观察到物体的阴影不再显示，如图 0.3.45 所示。

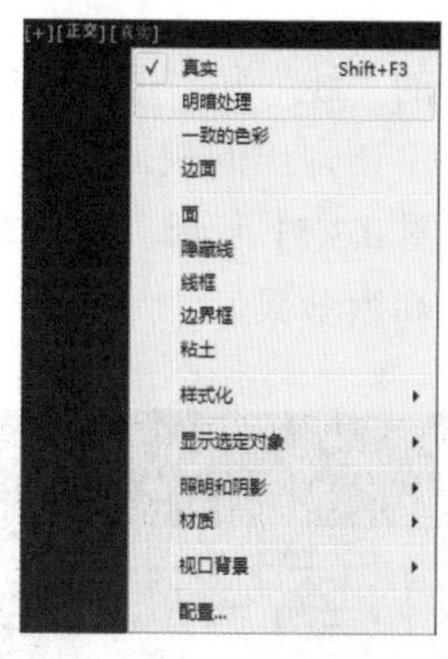

图0.3.44　选择“明暗处理”选项

图0.3.45　阴影消除后的效果

4．制作窗花

01 按 F 键进入前视图，单击“创建”→“图形”中的“线”按钮，在右侧面板中取消选中“开始新图形”复选框，如图 0.3.46 所示，在前视图绘制线，如图 0.3.47 所示。

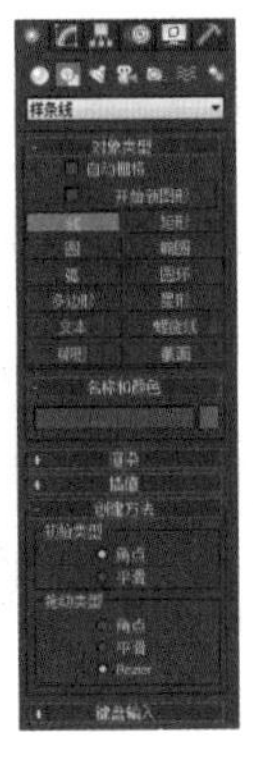

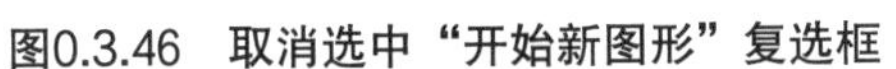
图0.3.46　取消选中“开始新图形”复选框

图0.3.47　绘制线

02 选中样条线，单击工具栏中的“镜像”按钮，在弹出的对话框中，沿 *X* 轴方向复制出副本，镜像参数设置如图 0.3.48 所示。按 W 键，使用移动工具将所复制的样条线移动到正确位置，如图 0.3.49 所示。

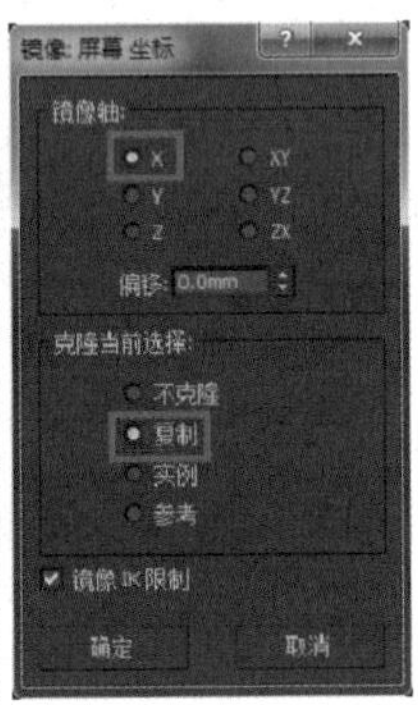

图0.3.48　镜像参数设置

图0.3.49　移动样条线

03 同理，单击“创建”→“图形”中的“线”和“矩形”按钮，绘制窗花，如图 0.3.50 所示。选择样条线，右击，在弹出的快捷菜单中选择“附加”选项，将所有的样条线附加在一起，如图 0.3.51 所示。单击右侧的“渲染”按钮，参数设置如图 0.3.52 所示，然后观察效果。

图0.3.50　绘制窗花

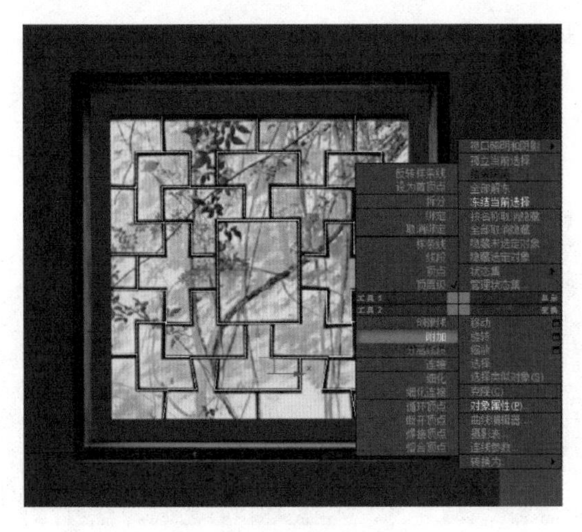

图0.3.51　附加样条线

图0.3.52　渲染参数设置

04 单击工具栏中的按钮，在弹出的“材质编辑器”对话框中选择横向第二个材质球，单击按钮，将材质赋予物体，如图 0.3.53 所示。

图0.3.53　赋予材质

5．合成园林窗格

01 单击工具栏中的“对齐”按钮，选中物体进行对齐操作，如图 0.3.54 所示；窗花和窗框在 *Y* 轴方向进行了中心对齐，如图 0.3.55 所示。

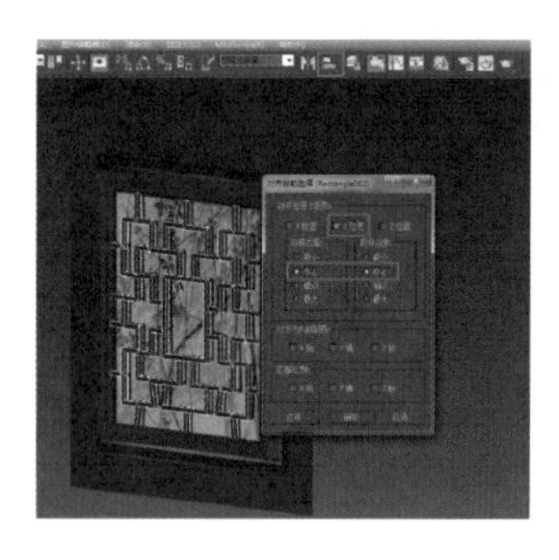

图0.3.54　对齐参数设置

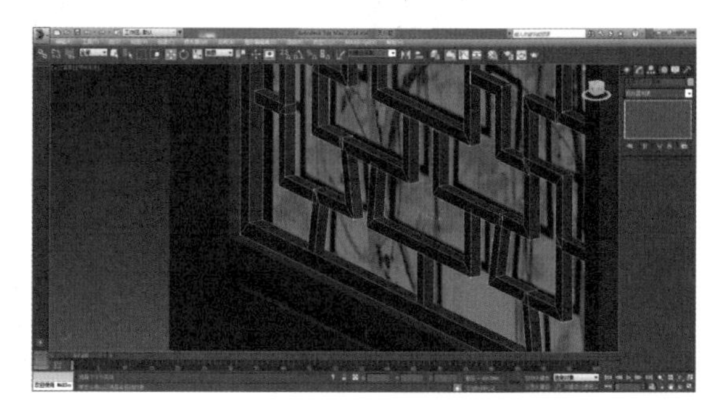

图0.3.55　对齐效果

02 按 F 键进入前视图，再按 Z 键最大化显示物体，在物体上右击，在弹出的快捷菜单中选择“全部解冻”选项，如图 0.3.56 所示。选择参考平面，右击，在弹出的快捷菜单中选择“隐藏选定对象”选项，如图 0.3.57 所示，将所选平面隐藏，效果如图 0.3.58 所示。

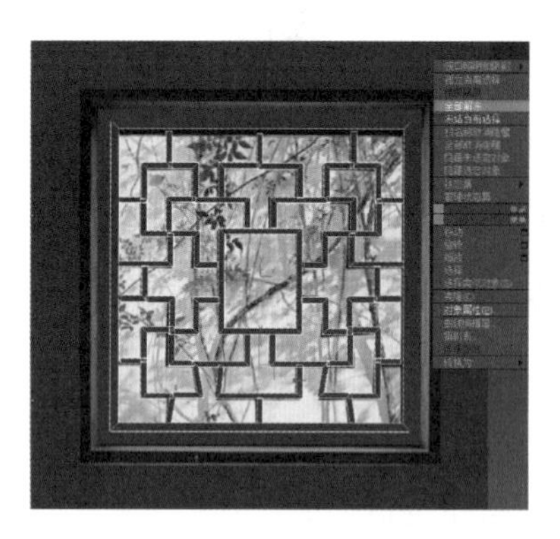

图0.3.56　解冻物体

图0.3.57　隐藏平面

图0.3.58　隐藏平面效果

03 旋转视图，按 P 键进入透视图，至此，园林窗格模型制作完成，如图 0.3.59 所示。

图0.3.59 园林窗格模型

0.3.3 制作室内软装模型——可编辑多边形的运用

可编辑多边形有点、线、边界、多边形、元素五大层级，大部分模型可通过层级的修改制作出来。这是建筑模型最常用的建模方法。

微课：制作相框

1. 制作相框

制作如图 0.3.60 所示的相框。

图0.3.60 相框模型绘制相关知识点与技能点图解

01 选择前视图，创建一个参数为 700mm×500mm×20mm 的长方体，如图 0.3.61 所示。

图0.3.61　创建长方体

02 选择长方体，右击，在弹出的快捷菜单中选择“转换为可编辑多边形”选项，右侧的“编辑几何体”列表中显示的即为与各个层级相关的面板，进入“多边形”层级，如图 0.3.62 所示。

图0.3.62　“多边形”层级

03 选择前视图，展开“编辑多边形”卷展栏并选择“多边形”选项，选中相框正面，单击“插入”后面的按钮，在弹出的“插入”文本框中输入 35，如图 0.3.63 所示，单击“确定”按钮。

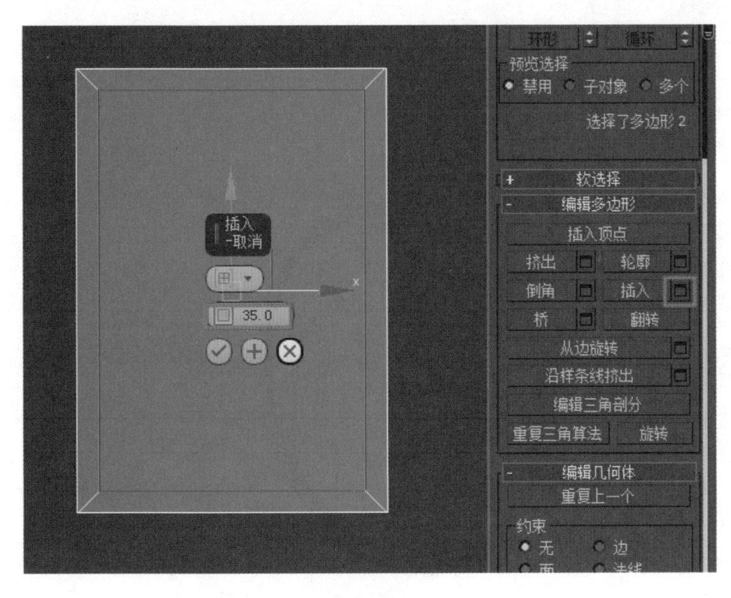

图0.3.63　在“插入”文本框中输入35

04 选中平面，单击“挤出”后面的按钮，在弹出的“挤出多边形”文本框中输入 -10，如图 0.3.64 所示，单击“确定”按钮，再单击“分离”按钮，将这个面分离出来。

05 选择分离出来的面，贴上贴图，如图 0.3.65 所示。

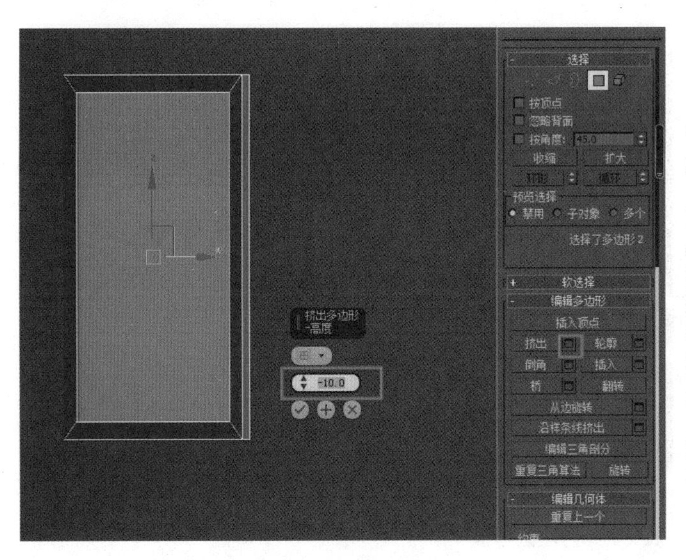

图0.3.64　挤出多边形

图0.3.65　相框模型

2．制作挂钟

微课：制作挂钟

制作如图 0.3.66 所示的挂钟。

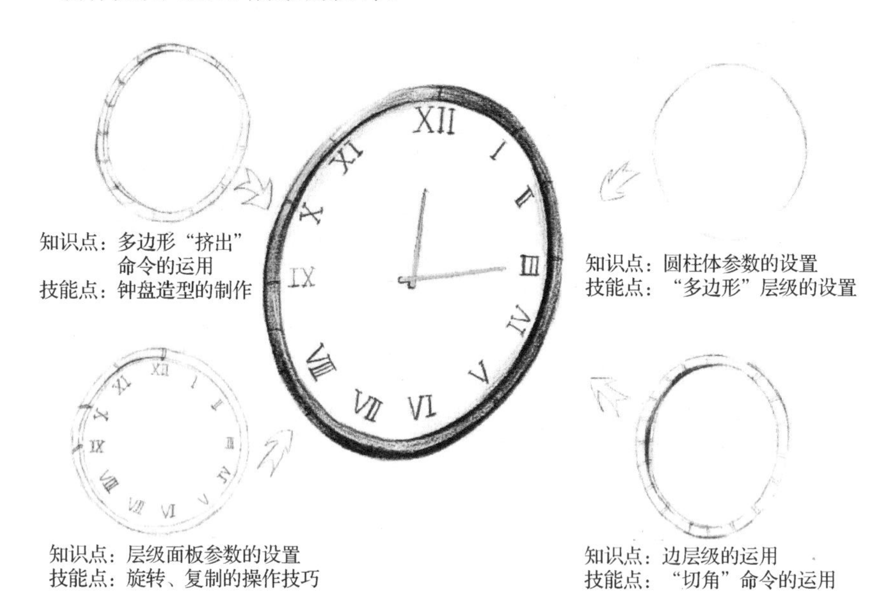

图0.3.66　挂钟模型绘制相关知识点与技能点图解

01 选择前视图，创建圆柱体，如图 0.3.67 所示。

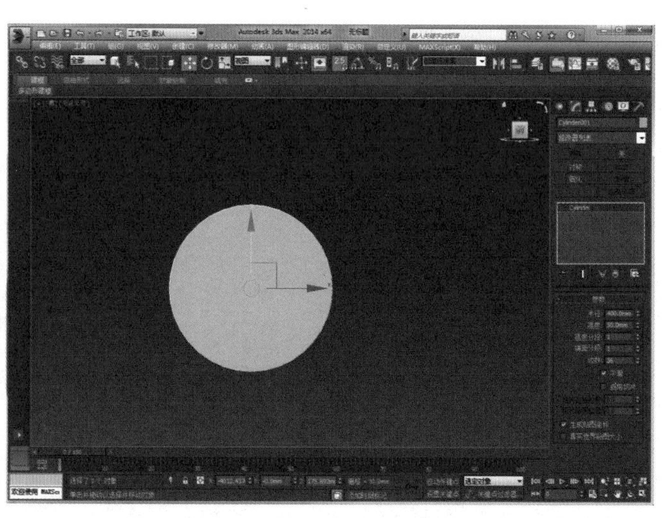

图0.3.67　创建圆柱体

02 选择前视图，将刚创建的圆柱体转换为“可编辑多边形”，按 4 键进入“多边形”层级。选中正面，选择“编辑多边形”卷展栏，单击“插入”后面的按钮，在弹出的“插入”文本框中输入 40，如图 0.3.68 所示，然后单击“确定”按钮。

03 单击“挤出”后面的按钮，向里面挤出 -30 的距离，如图 0.3.69 所示；再单击“分离”后面的按钮，将这个面分离出来。

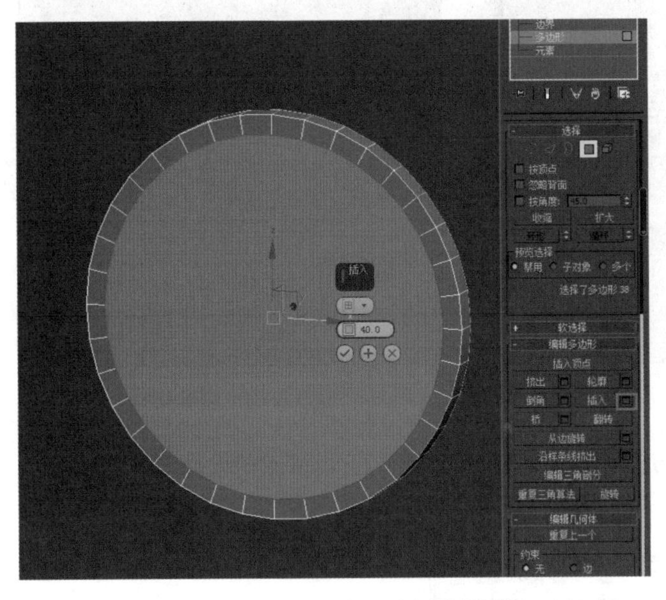

图0.3.68　在“插入”文本框中输入40

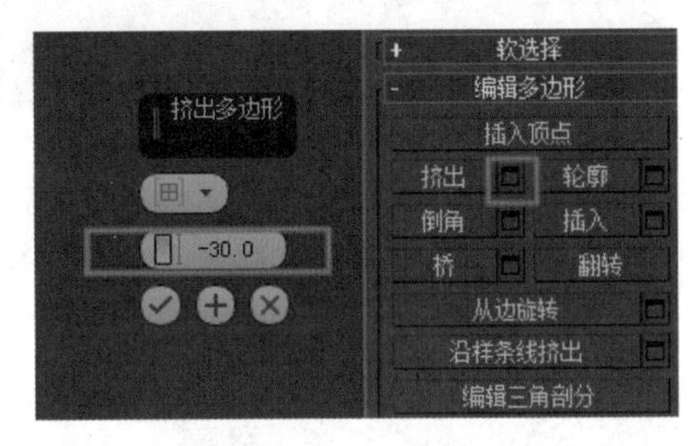

图0.3.69　挤出多边形

04 按 2 键进入“边”层级，选中外围的一圈边，如图 0.3.70 所示；然后单击“切角”后面的按钮，其参数设置如图 0.3.71 所示。

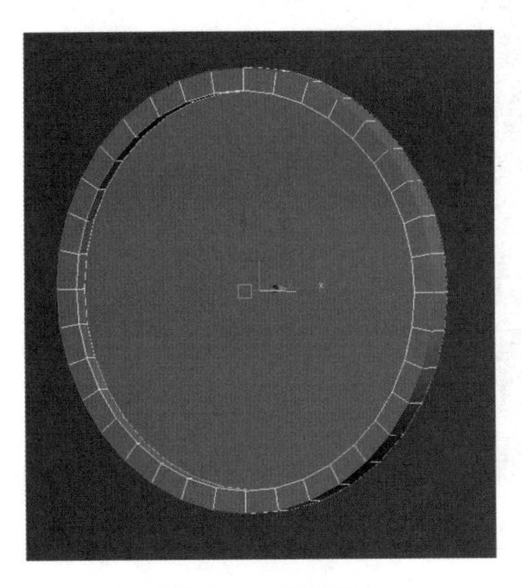

图0.3.70　选择边

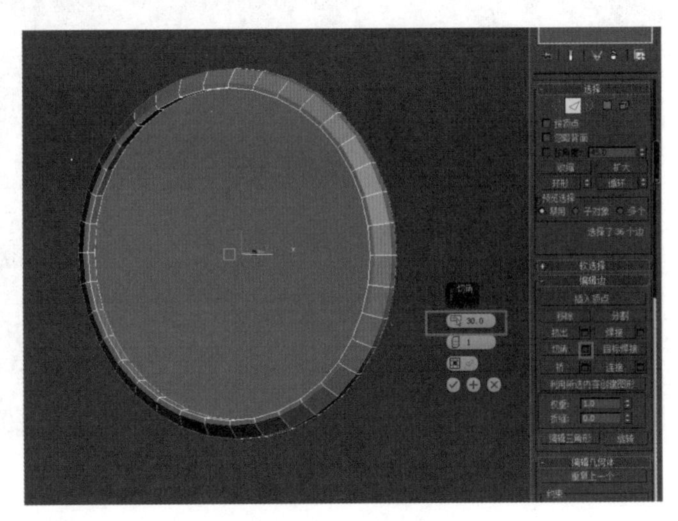

图0.3.71　切角操作

05 单击样条线“对象类型”卷展栏中的“文本”按钮，利用旋转、复制方式制作数字，并对应到适当的位置，如图 0.3.72 所示。

06 在前视图中创建长方体作为挂钟的指针，如图 0.3.73 所示。

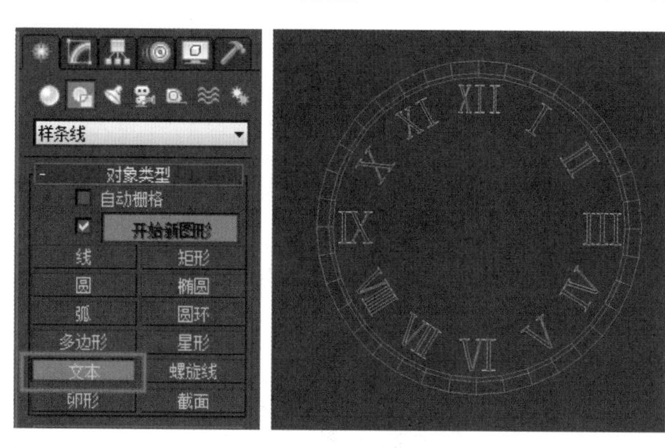

图0.3.72　创建文本

图0.3.73　创建指针

07 将步骤 3 分离出来的“面”复制、移动到挂钟最外边缘作为钟表外壳，并赋予玻璃材质，如图 0.3.74 所示，最终效果如图 0.3.75 所示。

图0.3.74　制作玻璃外壳

图0.3.75　挂钟模型

学习评价☞

评价内容		学生评价		教师评价	
		合格	不合格	合格	不合格
职业能力	了解 3ds Max 的应用领域				
	了解模型三维空间布局				
	熟练掌握 3ds Max 文件的基本操作				
	掌握改变视图布局的不同方法				
	识记视图转换的常用快捷键				
	熟练掌握移动、旋转、缩放、复制、镜像工具的使用方法				
	熟练掌握长方体的创建及修改方法				
	熟练掌握样条线的创建方法				
	熟练掌握线的“顶点”层级几何体命令面板的使用方法				
	熟练掌握标准基本体球体的变形操作				
通用能力	与人交流的能力				
	沟通、合作的能力				
	活动组织的能力				
	解决问题的能力				
	自我学习提升的能力				
	创新、革新的能力				

综合评价：

教师签字：

注：此表根据学习目标设计评价内容，评价主体包括学生与教师，综合评价由学生书写 300 字左右的自我学习评价。

思考与练习

一、单选题

1. 3ds Max是由（　　）公司开发设计的三维数字设计软件。

A. Adobe　　B. Autodesk　　C. Discreet　　D. Digimation

2. （　　）是场景对象的创作区域，同时也能对场景对象进行观察。

A. 标题栏　　B. 工具栏　　C. 视图区　　D. 命令面板

3. 单击视图控制区中的（　　）按钮，可以同时缩放4个视图。

A. 　　B. 　　C. 　　D.

4. 单击视图控制区中的（　　）按钮，可使所有视图最大化显示。

A. 　　B. 　　C. 　　D.

5. 3ds Max的选择区域形状有（　　）。

A. 1种　　B. 3种　　C. 4种　　D. 5种

6. 3ds Max的三原色颜色模式中不包含（　　）。

A. 红色　　B. 蓝色　　C. 绿色　　D. 黄色

7. 通过物体名称选择物体的快捷键是（　　）。

A. Alt+H　　B. H　　C. S　　D. P

8. （　　）视图不属于3ds Max默认的4个视图。

A. 透视图　　B. 左视图　　C. 顶视图　　D. 右视图

9. 不属于基本几何体的是（　　）。

A. 球体　　B. 圆柱体　　C. 立方体　　D. 异面体

10. 快速渲染的快捷键是（　　）。

A. F10　　B. F9　　C. F8　　D. F7

11. 3ds Max是一种运行于Windows操作系统平台的（　　）软件。

A. 文字处理　　B. 图像处理

C. 三维造型与动画制作　　D. 数据处理

12. 在标准几何体中，唯一没有高度的物体是（　　）。

A. 长方体　　B. 圆锥体　　C. 平面　　D. 四棱锥

13. 单击“几何体”中的“长方体”按钮，通过键盘输入长、宽、高均为100mm，然后单击“创建”按钮，即可创建出（　　）。

A. 四面体　　B. 梯形　　C. 正方形　　D. 正方体

14. 3ds Max默认的坐标系是（　　）。

A. 世界坐标系　　B. 视图坐标系　　C. 屏幕坐标系　　D. 网格坐标系

15. 利用“文件”→“保存”命令可以保存（　　）类型的文件。

A. MAX　　B. DXF　　C. DWG　　D. 3DS

16. 使用选择和移动工具时，利用（　　）键可以实现移动并复制。

A. Ctrl　　B. Shift　　C. Alt　　D. Ctrl+Shift

17. 可以对操作步骤执行“重做”命令的快捷键是（　　）。

A. Ctrl+Z　　B. Ctrl+Y　　C. Shift+X　　D. Shift+Y

18. 几何球体表面的构成图形是（　　）。

A. 正方形　　B. 三角形　　C. 圆形　　D. 星形

二、简答题

简述 3ds Max 的应用领域。

三、操作题

1. 制作圆台桌，如习题图 0.1 所示。

操作要求：

1）建立场景，设置场景大小。

2）创建圆台桌面模型。

3）制作圆台桌脚模型。

4）添加桌面玻璃材质、金属材质、瓷砖材质效果。

习题图0.1　圆台桌

2．制作电视机，如习题图 0.2 所示。

操作要求：

1）建立木质桌面和墙体背景。

2）创建电视机主体模型。

3）修改模型，制作电视机开关、商标和音响等。

4）添加效果，为模型添加材质，屏幕显示贴图。

习题图0.2　电视机

3．制作挂画，如习题图 0.3 所示。

操作要求：

1）建立场景，制作场景模型。

2）指定纹理贴图。

3）制作墙面、画框、油画笔触材质效果。

4）添加阴影效果。

习题图0.3　挂画

1 单元

我的地盘我做主——室内家具建模

单元导读

要做好家具模型，就需要了解家具材料、家具结构、家具生产工艺、人体工程学、造型法则、色彩、家具制图等一系列的相关知识。通过学习本单元内容，学生可了解不同家装风格的相关知识，掌握常见家具模型的建模和造型技能，并且能够独立完成家装效果图纸的制作和模型创建。

学习目标

通过本单元的学习，达到以下目标：

- 了解室内常见家装风格；
- 了解现代风格、欧式风格、中式古典风格等室内家装的特点；
- 掌握CAD家装设计图纸识读技巧并能对图纸进行简化；
- 熟练掌握二维图形的创建及参数修改方法；
- 熟悉“层次”命令面板中的各项功能，并能根据需要改变物体的“轴心”；
- 掌握阵列工具的操作方法；
- 掌握“波浪”修改器、“倒角”修改器、“车削”修改器和“FFD4”修改器的运用方法；
- 熟练掌握可编辑多边形的“点”“边”层级的运用方法；
- 掌握“扫描”修改器的运用方法。

思政目标

- 坚定技能报国、民族复兴的信念，立志成为祖国需要的行业拔尖人才；
- 培养职业认同感、责任感、使命感和荣誉感。

任务 1.1 装修风格我来定——室内设计基础知识

☞任务描述

本任务讲解常见的家装风格特点。通过本任务的学习，可拓展室内家居审美能力及延伸建筑美学知识，并掌握一定的家装设计相关知识，同时能对不同的家装风格进行相应分类和总结。

☞任务目标

能看懂CAD家装设计图纸，能看懂平面、立面、顶面CAD图纸，并能根据需要对图纸进行清理。

1.1.1 参观装修样板间——室内常见设计风格

家装设计是指家庭装修设计，在正式装潢开工前进行功能格局上的规划设计及各空间界面的装饰设计。

1．室内设计的内容

室内设计是指根据建筑的使用性质、所处环境和相应标准，运用各种技术手段和建筑美学原理来创造功能合理、舒适优美、能够满足人们物质和精神生活需要的室内环境。室内设计既包括视觉环境和工程技术方面的内容，也包括声、光、热等物理环境及氛围、意境等心理方面的内容。

（1）空间设计

空间设计是室内设计的起点，也是室内设计最基本的内容。室内空间布局示例如图 1.1.1 所示。空间设计主要包括对空间的利用和组织、空间界面处理两个部分。空间设计的标准要求是室内环境合理、舒适、科学，与使用功能相吻合，并且符合安全要求。

图1.1.1 室内空间布局示例

空间组织是根据原建筑设计的意图和建筑拥有者的具体意见对室内空间和平面布置予以完善、调整和改造。

空间界面主要是指墙面、隔断、地面和顶棚，它们的作用是分割空间和确定各功能空间之间的沟通范围。

（2）装饰材料与色彩设计

装饰材料的选择是室内设计中直接关系实用效果和经济效益的重要环节。在选择装饰材料时，首先考虑是否满足室内环境保护的要求，其次考虑是否符合整体设计思想，是否符合装饰功能的要求，是否在业主的经济条件允许范围内。

色彩是室内设计中最生动、最活跃的因素，它能对人的生理、心理及室内效果的体现产生很重要的影响。在色彩设计上，首先要从整体环境出发，然后考虑空间的功能特性、地域和民族审美习俗等因素。

色彩可分为暖色和冷色两大类。暖色给人以温暖的感觉，容易使人感到兴奋，如图 1.1.2 所示。冷色给人以清凉的感觉，使人感到沉静。室内的色彩设计虽然比较灵活，但是也要遵循一定的规律。例如，同一房间的主色调不要超过 3 种，天花板颜色不能比墙面颜色深，等等。

图1.1.2　室内暖色设计

（3）采光与照明设计

采光与照明设计的标准是，自然采光与人工光源相辅相成，照明应满足室内设计的照度标准，灯饰应符合功能要求，如图 1.1.3 所示。在进行室内照明设计时，应该根据室内使用功能、视觉效果及艺术构思来确定照明的布置方式、光源类型和灯具造型。根据灯具的布置方式可以把照明分为环境照明、重点照明和工作照明 3 种类型。

图1.1.3　室内采光设计

（4）陈设与绿化

室内陈设是指室内除固定于墙、地、顶面的建筑构件和设备外的一切实用或专供观赏的物品，如图 1.1.4 所示。设置陈设的主要目的是装饰室内空间，进而烘托和加强环境气氛，以满足精神需求，同时许多陈设还应具有实际的使用功能。

家具是最重要的陈设，作为现代室内设计的有机构成部分，它既是物质产品又是精神产品，是满足人们生活需要的功能基础。

室内绿化具有改善室内小气候的功能，更重要的是室内绿化可以使室内环境生机勃勃，令人赏心悦目。绿色陈设的表现形式多种多样，常见的有盆栽、盆景和插花等，如图 1.1.5 所示。

图1.1.4　室内陈设

图1.1.5　室内绿化陈设

2．室内设计风格

室内设计风格就是一个时期的室内设计特点及规律在设计中的表现。家庭环境所需要的风格和气氛主要是根据房间的用途和性质，以及居住者的职业、性格、文化程度、爱好等来确定的。室内设计风格的分类方法有很多，按照地域和文化可分为中式风格、欧式风格等，按照时代又可分为古典风格、现代风格和后现代风格。现如今装修风格包罗万象，下面介绍 5 种较常用的装修风格。

（1）中式风格

中国传统室内设计的特点是总体布局对称均衡、端正稳健、格调高雅，具有较高的审美情趣和社会地位象征，如图 1.1.6 所示。

图1.1.6 中式装修风格

由于现代建筑很少能够提供中国传统的室内构件，因此古典中式风格主要体现在家具、装饰和色彩方面。

中国传统室内家具有床、桌、椅、凳、案等，善用紫檀、楠木、胡桃等木材，表面施油而不施漆。中国传统室内陈设包括字画、牌匾、瓷器等。在装饰细节上崇尚精雕细琢、富于变化，追求一种修身养性的生活境界。

（2）欧式风格

古典欧式风格的特点首先是对比例与尺度的把握，其次是重视背景色调的作用。由墙纸、地毯、窗帘等装饰织物组成的背景色调对控制整体效果起到了决定性的作用。欧式装修风格如图 1.1.7 所示。

图1.1.7 欧式装修风格

新古典欧式风格是继承了古典风格中的精华部分并予以提炼的结果。它摒弃了古典风格的烦琐，但又不失豪华与气派。其特点是以直线为基调，追求整体比例的美，对复杂的装饰予以简化或抽象化，表现出注重理性、讲究节制、结构清晰的特点。

（3）现代风格

现代风格也可称为现代简约风格，它是当前最具影响力的一种设计风格。现代风格是现代派建筑的兴起，是在各种新型材料出现后而逐渐发展起来的。现代风格在居室设计中主张简洁、明快的格调，强调使用功能及造型的简洁化和单纯化。可以说，“少即是多”是对现代风格的最好概括。

在具体的设计中，现代风格特别重视对室内空间的科学、合理利用，强调室内按功能区分的原则，主张废弃多余的、烦琐的、与功能无关的附加装饰。材料方面大多采用最新工艺与科技生产的材料与家具，室内光线色彩以柔和、淡雅的色调为主，努力创造出一种宁静、舒适的整体室内环境气氛，如图 1.1.8 所示。

图1.1.8　现代装修风格

（4）后现代风格

后现代风格具有对现代主义纯理性的逆反心理，它反对现代风格所主张的“少即是多”的观点，认为现代风格所追求的简洁单一过于冷漠、缺少人性化。

后现代主义强调室内装饰效果，推崇多样化，反对简单化和模式化，追求色彩特色和室内意境。后现代风格使室内装饰的空间组合趋向繁多和复杂，天花板和墙面的装修选用加减法，营造一种空间相互穿插的感觉，使空间的整体联系感更加强烈，如图 1.1.9 所示。

图1.1.9　后现代装修风格

后现代风格还多用夸张、变形、断裂、叠加等手法，形成隐喻、象征意义的居室装饰格调。另外，后现代风格还常采用抽象而富有想象的装饰品，以起到画龙点睛的作用。

后现代风格家居极力张扬个人主义，其设计难点是如何能使多种风格在兼容并蓄中达到统一、和谐而不出现生硬感和拼凑感。

（5）自然风格

自然风格力求表现悠闲、舒畅、田园生活情趣，这种设计理念正好满足在快节奏中生活的现代人回归自然、贴近自然的愿望，使人们回到家中可以更好地减轻压力、舒缓身心，如图 1.1.10 所示。

图1.1.10　自然装修风格

自然风格的设计摒弃人造材料的制品，厅、窗、地面一般采用原木材质，木质以涂清油为主，透出原木特有的结构和纹理。局部墙面用粗犷的毛石或大理石同原木相配，使石材特有的粗犷纹理打破木材略显细腻和单薄的风格。

织物也是自然风格设计中的重要元素，在织物质地的选择上多采用棉、麻等天然制品。家具也多采用藤竹材质。除家具的材质外，自然风格还强调家具和陈列品的自然摆放。在绿化方面，自然风格注重与家具陈设的相互结合。

1.1.2　读懂室内装修图——认识 CAD 装修图

一套完整的室内施工图包括原始平面图、墙体改造图、平面布局图、家具尺寸图、布局图、地面铺贴图、灯位图、插座图、立面图、节点大样图等。

1．施工图的组成

施工图是施工人员计算工程量、安排施工量、编排施工进度及各项管理措施的主要依据。

施工图文件说明如下。

1）封面：写明室内装饰装修工程项目名称、设计单位名称、设计阶段、设计证书号、编制日期等，封面上要加盖设计单位的设计专用章。

2）图纸目录：逐一写明序号、图纸名称、图号、档案号、备注、标注编制日期、加盖设计单位的设计专用章。需要分册装订的可以以功能分区为单位进行编制，但是每个编制分册都应包括图纸总目录。

3）设计及施工说明书：包括工程概况、施工图设计说明、关于施工图设计图纸的有关说明、施工说明。

4）设计图纸：包括平面图、天花图、立面图、剖面图、局部大样图和节点详图。设计图纸应能全面、完整地作为施工的依据，所有施工图上都要标注设计出图日期，并加盖设计单位的设计专用章。

2．室内施工图的构成

（1）原始建筑测量图

原始建筑测量图包括房间的具体开间尺寸、墙体厚度、层高、房间梁柱位置尺寸、门窗洞口的尺寸位置、各项管井（上下水、煤气管道、空调暖管、进户电源）的位置、功能、尺寸等项目。它是一切设计图纸的基础，如果一开始的测量图纸出现偏差，那么此后的设计图纸和施工都会因此出现误差，这会导致整个工程无法正常进行。

（2）装饰平面布局图

装饰平面布局图中包括墙体定位尺寸、结构柱；门窗处应注明宽度尺寸，各区域要注明名称，如客厅、餐厅、休闲区等；房间名称要注全，如主卧、次卧、书房等；室内、外地面标高、墙体厚度应注明；如有楼梯，应标明平面位置的安排、上下方向示意及梯级计算；门的开启方向；活动家具布置及盆景、雕塑、工艺品等的配置等，如图 1.1.11 所示。

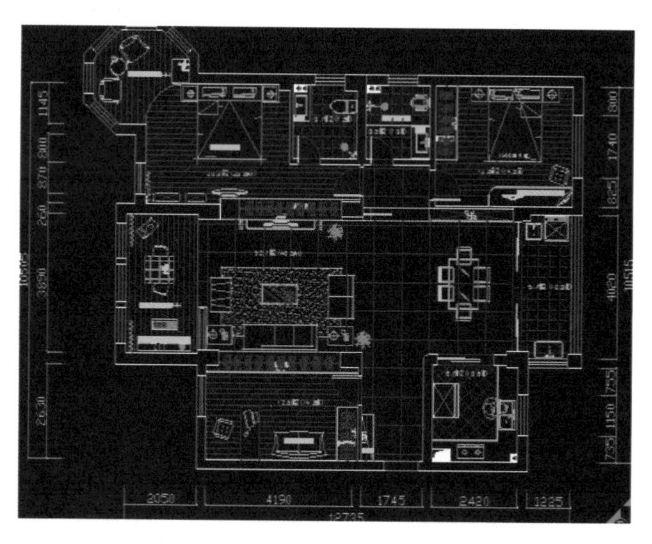

图1.1.11 装饰平面布局图

（3）天花吊顶布置图

天花吊顶布置图是天花吊顶装修项目中重要的图纸之一。它要求标明天花造型的尺寸定位、灯具位置及详图索引，并应标注天花底面相对于本层地面建筑面层的高度，同时还要注全各房间的名称，如图 1.1.12 所示。

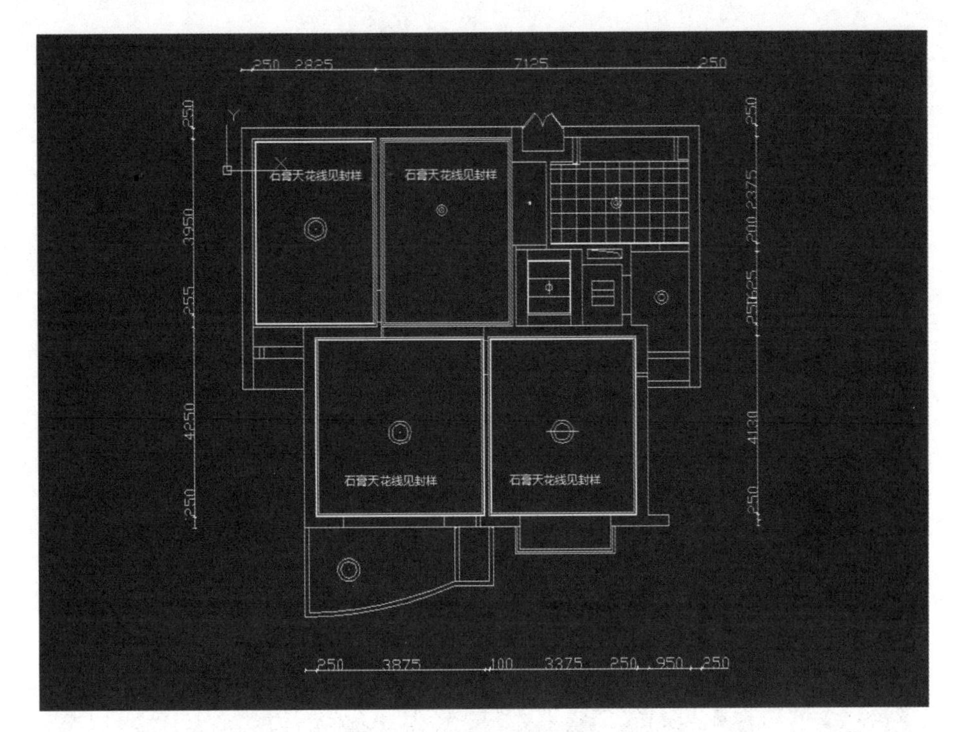

图1.1.12　天花吊顶布置图

（4）立面图的主要内容

立面图的内容包括墙面、柱面的装修做法，以及材料、造型、尺寸等；也包含门、窗及窗帘的形式和尺寸，隔断、屏风等的外观和尺寸，墙面、柱面上的灯具、挂件、壁画等装饰；表示山石、水体、绿化的做法形式等，如图 1.1.13 所示。

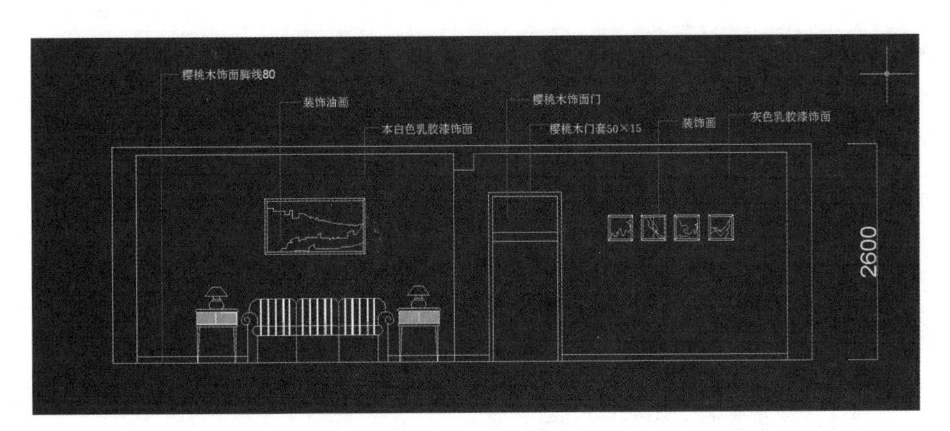

图1.1.13　立面图

（5）地面平面图

在地面平面图中应标明需要铺设的地面材料种类、地面拼花、材料尺寸及不同材料的分界线，表示建筑的墙、柱、门、窗洞口的位置；地面的形式、图案、材料、颜色；固定在地面的假山、水池等景观；固定于地面的设施设备等，如图 1.1.14 所示。

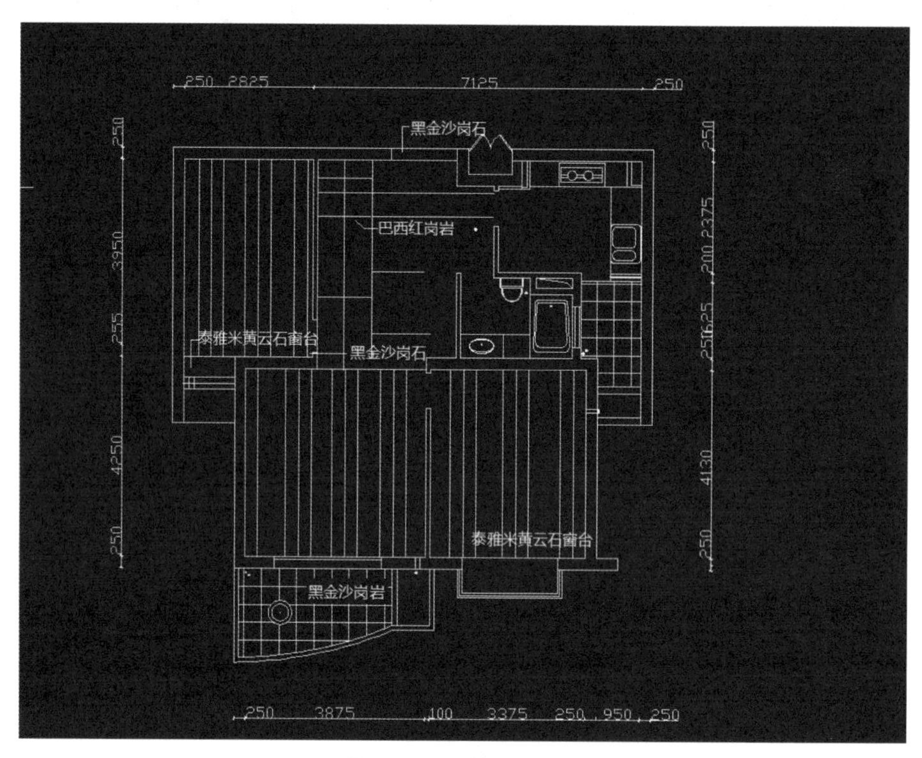

图1.1.14　地面平面图

任务 1.2　居家客厅精装修——客厅家装模型创建

任务描述

本任务中要求采用移动、旋转、缩放、阵列等常用工具创建客厅沙发、电视柜、吊灯、落地窗帘模型。

任务目标

通过简单模型的创建，培养家具模型的组装能力，掌握利用辅助线创建模型的方法，规范模型创建的操作流程。

微课：制作沙发

1.2.1　制作客厅沙发——切角长方体的运用

本节利用扩展基本体中的切角长方体制作简易客厅沙发，如图 1.2.1 所示，目的是通过单人沙发制作过渡到三人沙发，训练模型观察能力，掌握尺寸比例参数的设置技巧。

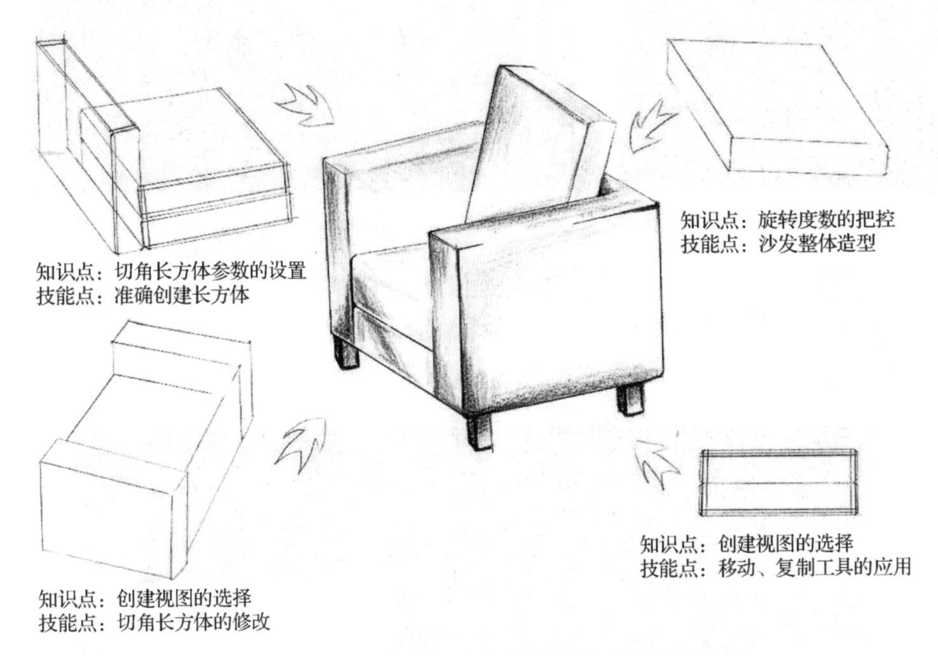

图1.2.1　单人沙发模型绘制相关知识点与技能点图解

1. 制作单人沙发

01 单击“创建”→“扩展基本体”中的“切角长方体”按钮，在顶视图创建一个切角长方体作为沙发底座，参数设置如图 1.2.2 所示。

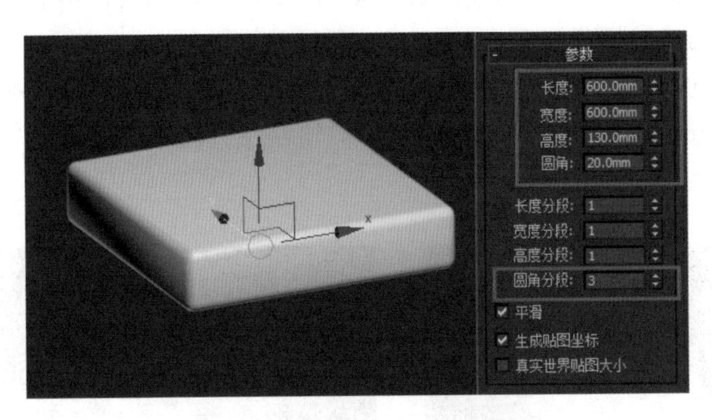

图1.2.2　切角长方体参数设置

02 选择前视图，按住 Shift 键并配合工具栏中的“选择并移动”按钮，沿 *Y* 轴方向以“实例”方式向上复制一个切角长方体作为沙发坐垫，并修改“圆角”为 30，如图 1.2.3 所示。

03 选择左视图创建一个如图 1.2.4 所示的切角长方体，作为沙发扶手。

图1.2.3　复制切角长方体

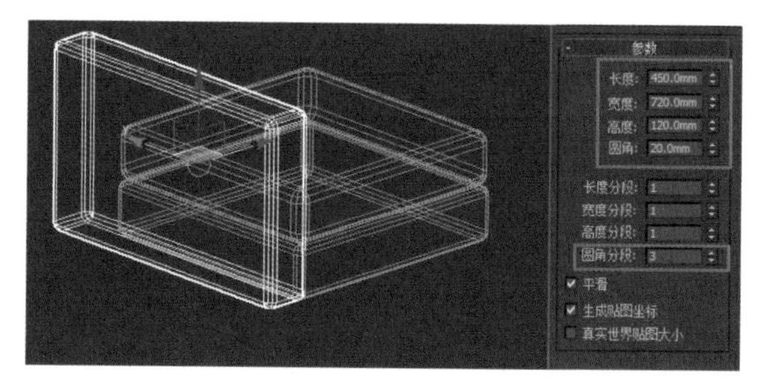

图1.2.4　制作扶手

04 选择顶视图，在刚创建的沙发扶手下面创建参数为40mm×40mm×100mm的长方体作为沙发腿，并运用复制的方式制作其余沙发腿，如图1.2.5所示。

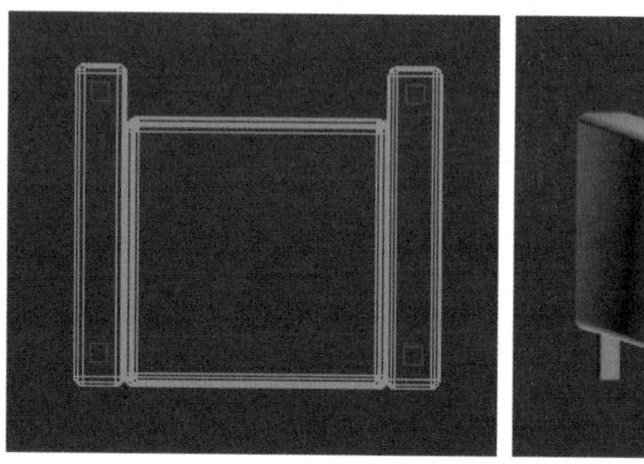

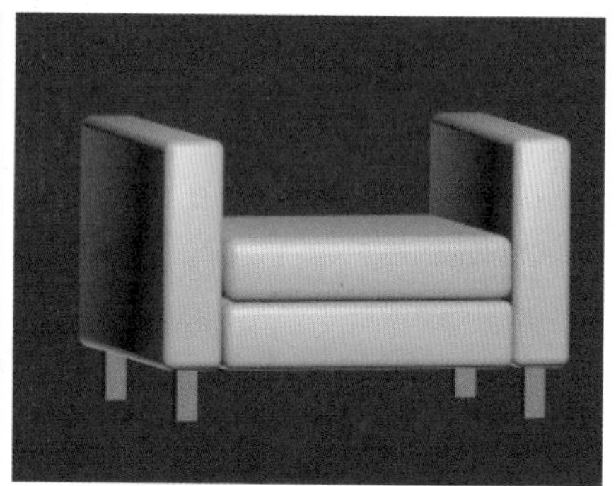

图1.2.5　制作沙发腿

05 选择前视图，创建参数为450mm×600mm×100mm×15mm的切角长方体作为沙发靠背挡板，如图1.2.6所示。

06 选择左视图，复制沙发靠背挡板，调整参数为380mm×600mm×100mm×22mm，利用“选择并旋转”按钮在左视图中调整位置，将其作为沙发靠背，如图1.2.7所示。

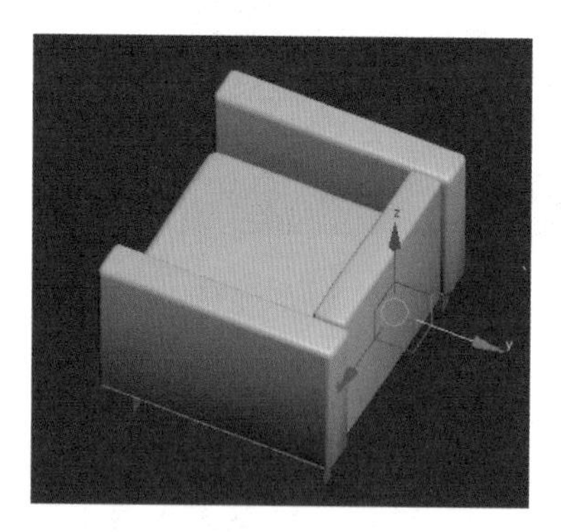

图1.2.6　制作沙发靠背挡板

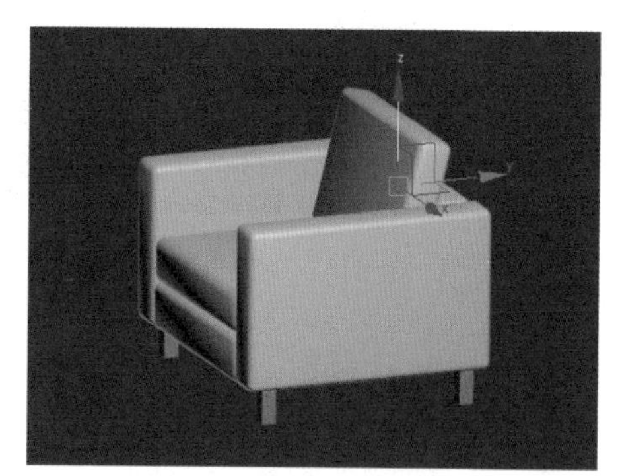

图1.2.7　制作沙发靠背

2. 制作双人沙发

同理，将单人沙发复制修改，即可得到客厅组合沙发（具体操作不再赘述），如图 1.2.8 所示。

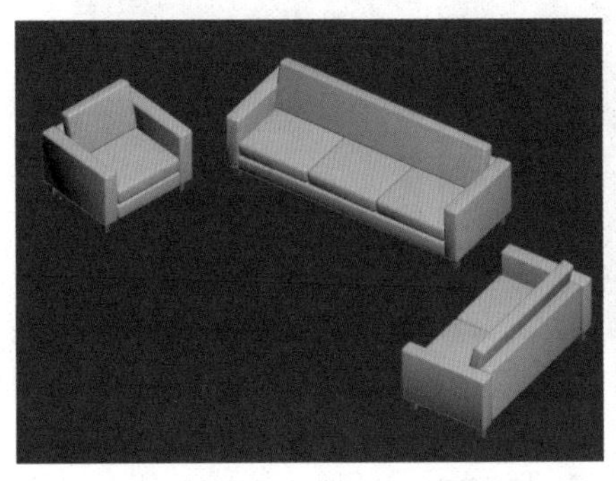

图1.2.8 组合沙发模型

1.2.2 制作客厅电视柜——长方体的运用

微课：制作电视柜

客厅中家具虽不宜多，但电视柜却是常备家具。本节将使用“长方体”按钮来制作电视柜，如图 1.2.9 所示。

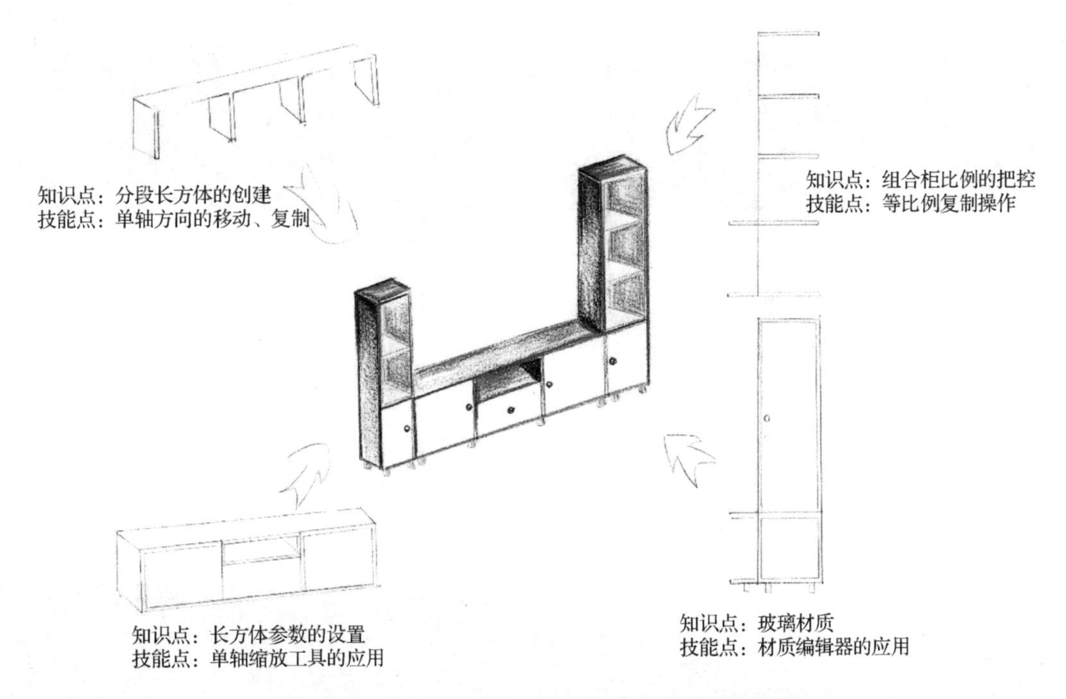

图1.2.9 电视柜模型绘制相关知识点与技能点图解

1. 制作客厅电视柜主柜

01 选择顶视图，单击“创建”→“几何体”中的“长方体”按钮，创建参数为 350mm×1800mm×20mm、“宽度分段”为 3 的长方体，并命名为“电视柜顶板”，如图 1.2.10 所示。

图1.2.10　创建电视柜顶板

02 选择左视图，创建一个参数为 350mm×350mm×20mm 的长方体，并命名为“电视柜侧挡板”。然后选择前视图，按住 Shift 键，配合“选择并移动”工具，将刚创建的“电视柜侧挡板”沿 *X* 轴方向均匀复制 3 块，如图 1.2.11 所示。

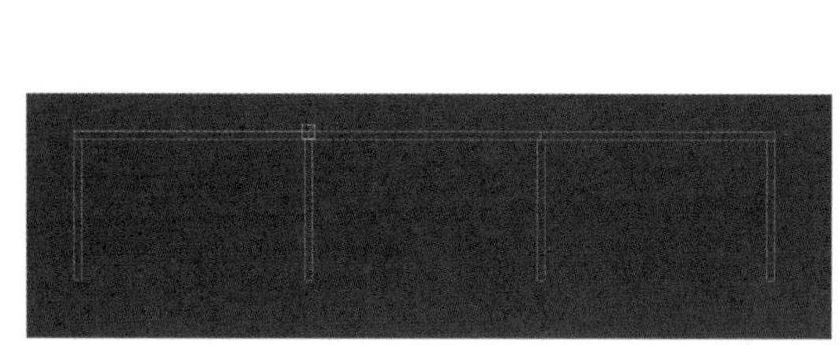
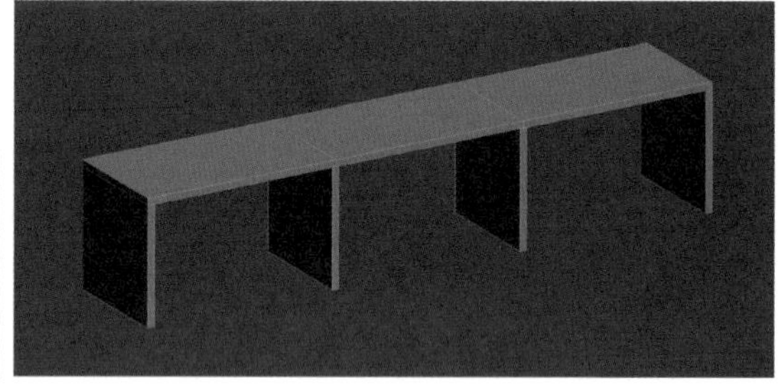

图1.2.11　创建电视柜侧挡板

03 选择前视图，将“电视柜顶板”的中间木板向下复制一个，修改参数为 350mm×600mm×20mm，再将“宽度分段”修改为 1，并命名为“电视柜搁板”，如图 1.2.12 所示。

04 选择顶视图，按住 Shift 键配合工具栏中的“选择并移动”按钮，以“实例”方式将“电视柜顶板”向下复制，并命名为“电视柜底板”，如图 1.2.13 所示。

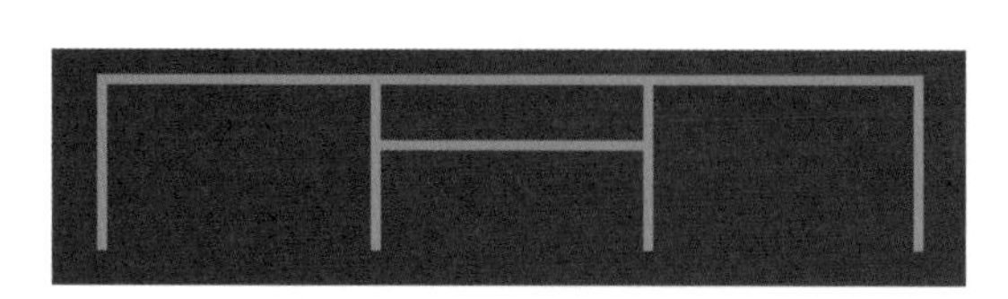

图1.2.12　创建电视柜搁板

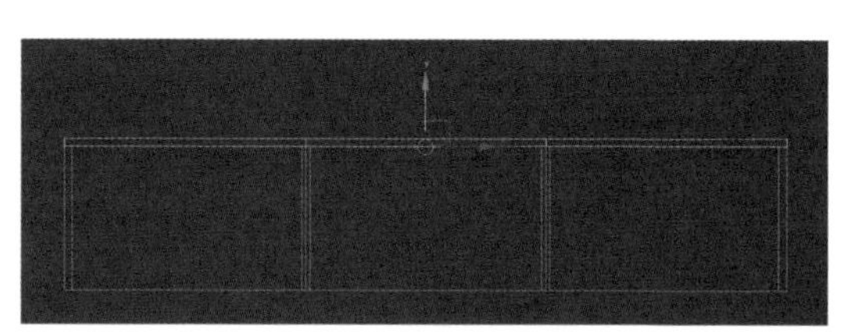

图1.2.13　创建电视柜底板

05 选择前视图，按住 Shift 键配合“选择并移动”工具以“实例”方式向下复制“电视柜顶板”，如图 1.2.14 所示，将其旋转 90° 移动至柜体背面，并修改其参数为 390mm×1800mm×20mm，命名为“电视柜背板”。

06 选择前视图，创建参数为 350mm×570mm×20mm 的长方体，并命名为“左侧柜门”，通过复制得到“右侧柜门”，如图 1.2.15 所示。

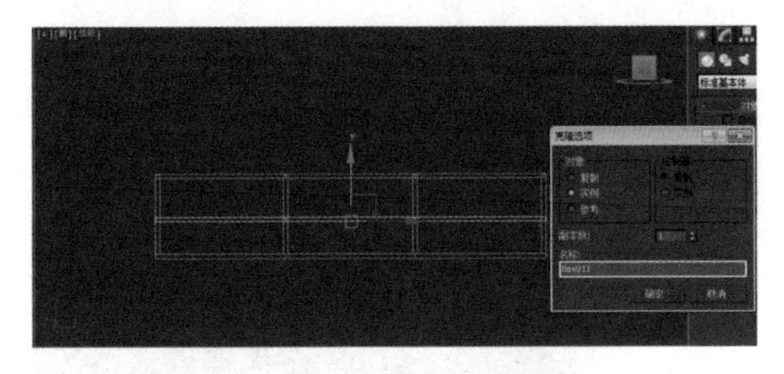

图1.2.14　创建电视柜背板

图1.2.15　创建左、右侧框门

07 选择前视图，创建参数为 220mm×580mm×20mm 的长方体，并命名为“抽屉门”，如图 1.2.16 所示。

08 选择前视图，创建圆柱体，并命名为“柜门拉手”，将其复制到其他柜门上，如图 1.2.17 所示。

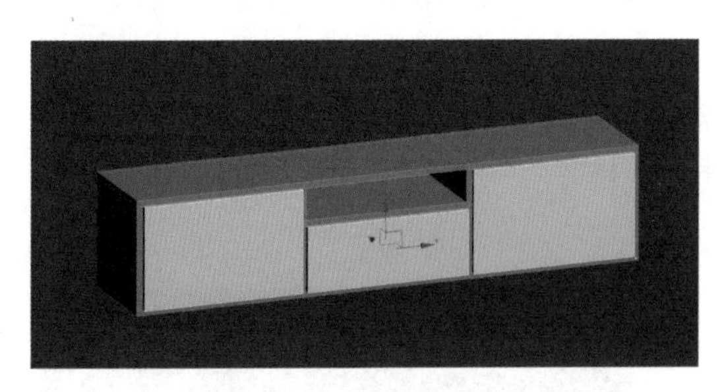

图1.2.16　创建抽屉门

图1.2.17　创建柜门拉手

09 选择顶视图，创建参数为 30mm×30mm×50mm 的长方体，并命名为“柜腿”，沿 *Y* 轴和 *X* 轴进行复制，结果如图 1.2.18 所示。

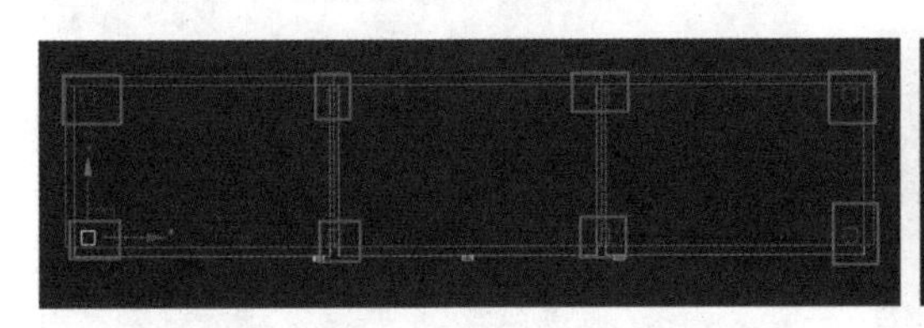

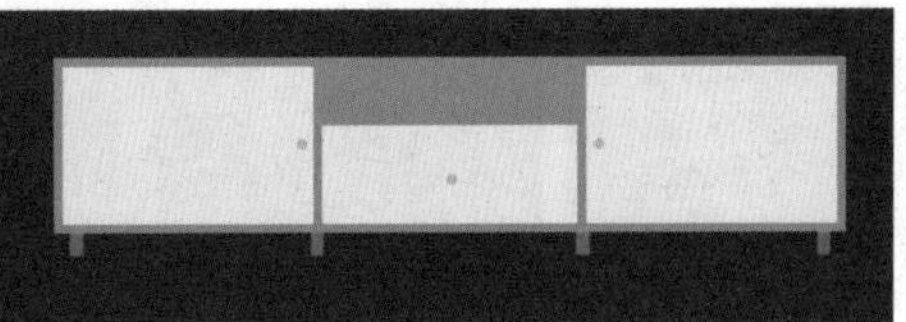

图1.2.18　创建柜腿

2．制作电视柜右侧柜

01 选择前视图，选中“右侧挡板”进行复制，并修改参数为 1440mm×350mm×20mm，将“长度分段”设置为 4，命名为“右边柜侧面挡板”。再复制“右边柜侧面挡板”并将其旋转 90°，修改参数为 350mm×350mm×20mm，并命名为“右侧柜底板”，沿 *X* 轴向上均匀复制 4 个，如图 1.2.19 所示。

02 选择前视图，将“右边柜侧面挡板”复制拖放到另一边，将右侧柜体密封；再制作“右边侧柜腿”，如图 1.2.20 所示。

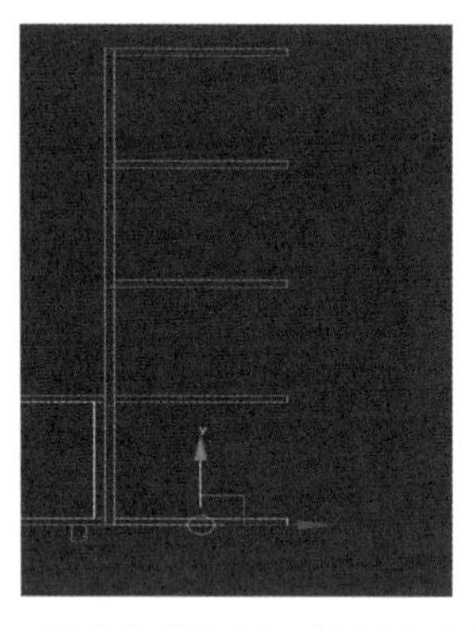

图1.2.19　创建右边柜侧面挡板和右侧柜底板

图1.2.20　创建右边侧柜腿

03 选择顶视图，复制“右侧挡板”，并旋转 90° 命名为“右侧柜背板”，根据需要修改其参数为 1440mm×390mm×20mm，将“长度分段”修改为 4，如图 1.2.21 所示。

04 同理，完成“右侧柜柜体门”的绘制。选择前视图，选中“右侧柜柜体门”，打开“材质编辑器”对话框，将柜门赋予“玻璃”材质，如图 1.2.22 所示。

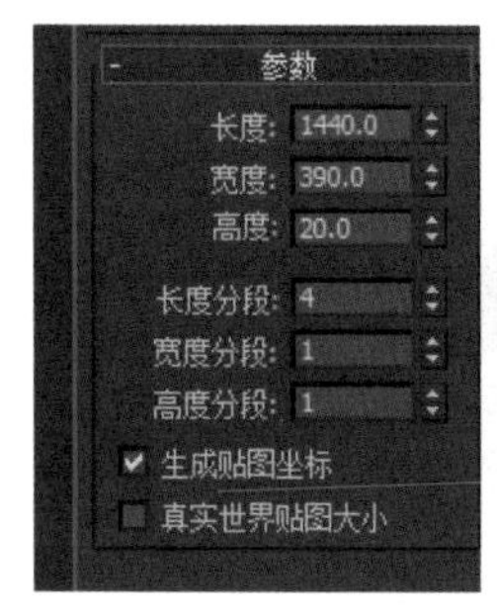

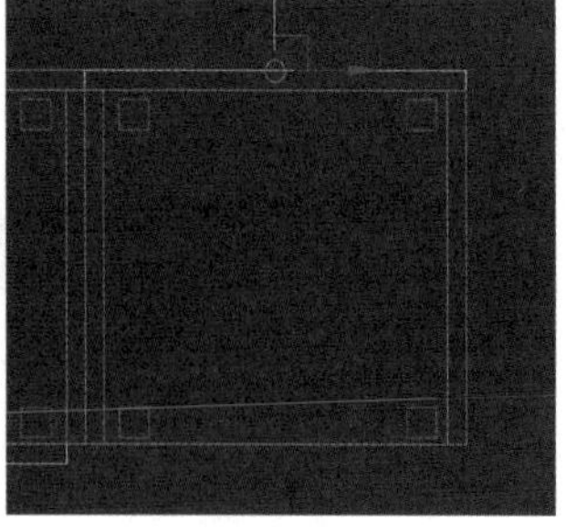

图1.2.21　创建右侧柜背板

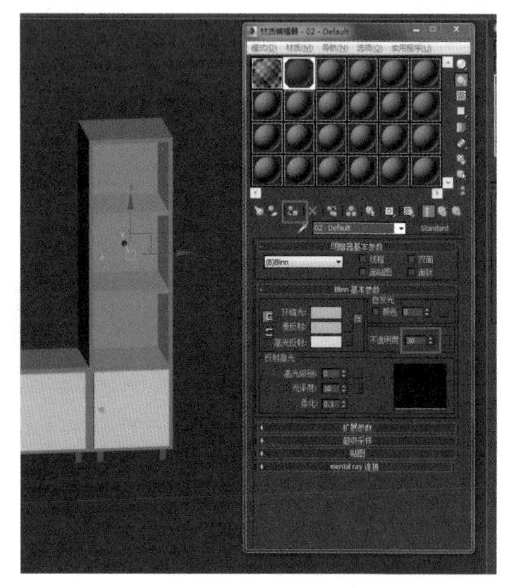

图1.2.22　赋予材质

05 选择前视图，将“右侧柜柜体”整体复制到左边，再修改参数得到如图 1.2.23 所示的电视柜。

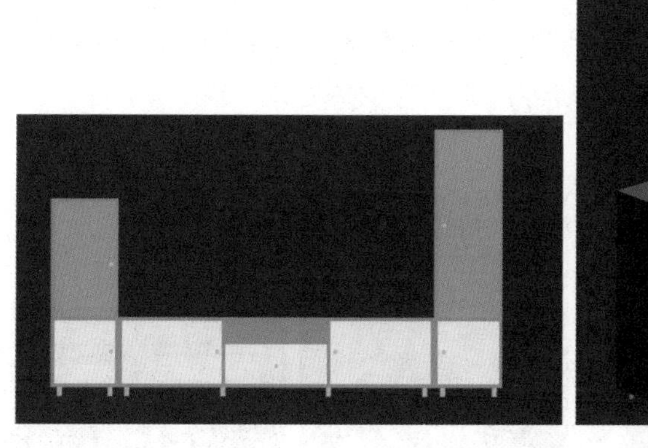
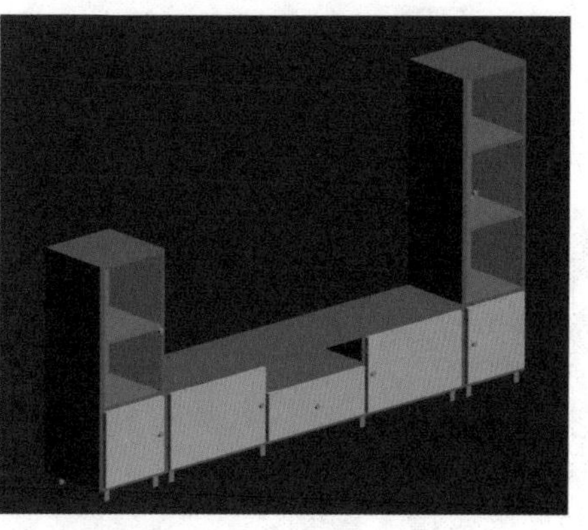

图1.2.23　电视柜模型

1.2.3　制作客厅吊灯——可编辑样条线的运用

微课：制作吊灯

客厅吊灯在房间装修中也是重点选择项目，并且通常构造较为复杂，体积相对较大。下面通过实例来介绍吊灯（图 1.2.24）的制作方法。

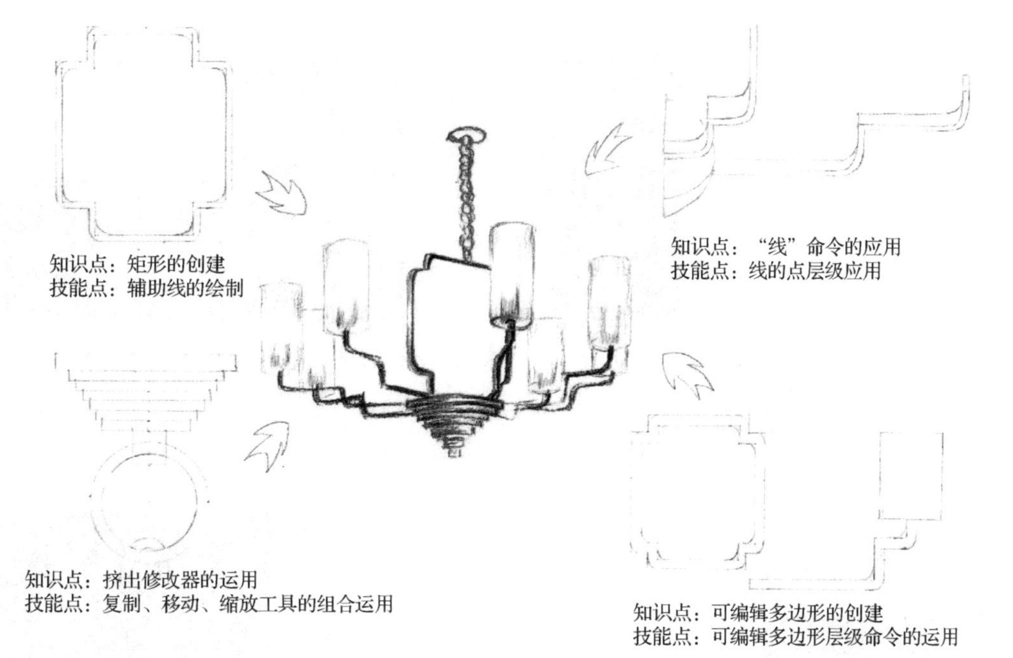

图1.2.24　吊灯模型绘制相关知识点与技能点图解

1．制作吊灯支架

01 选择前视图，单击"样条线"中的"矩形"按钮，在前视图创建 1 个参数为 300mm×145mm 的矩形和 4 个参数为 45mm×45mm 的矩形，作为吊灯支架的辅助线，如图 1.2.25 所示。

02 选择前视图，单击“样条线”中的“线”按钮，配合“捕捉”工具，将“辅助线”上标注的数字闭合，得到如图 1.2.26 所示的图形。选中图中的顶点，进行“圆角”处理，并命名为“吊灯大支架”。

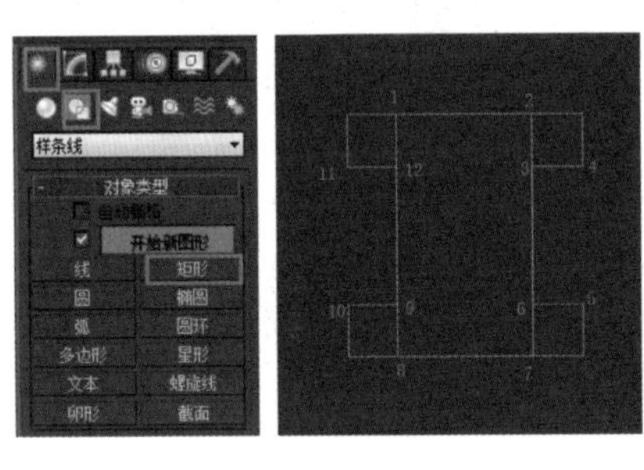

图1.2.25　吊灯支架辅助线

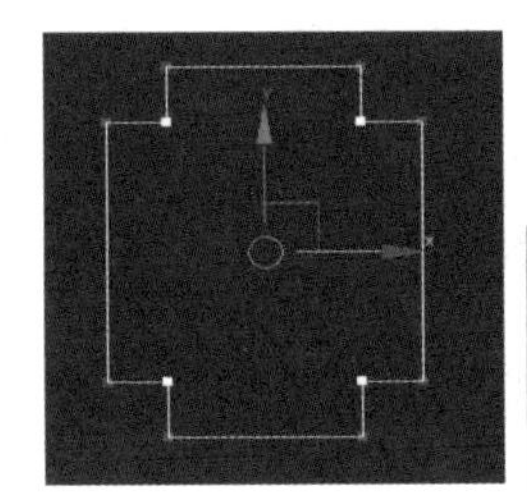

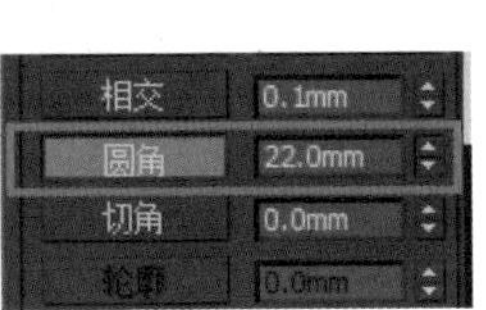

图1.2.26　吊灯大支架

03 选择前视图，退出“顶点”层级，为上一步制作的“吊灯大支架”添加“挤出”修改器，参数设置如图 1.2.27 所示。

04 再为“吊灯大支架”添加“壳”修改器，选中“将角拉直”复选框，参数设置如图 1.2.28 所示。

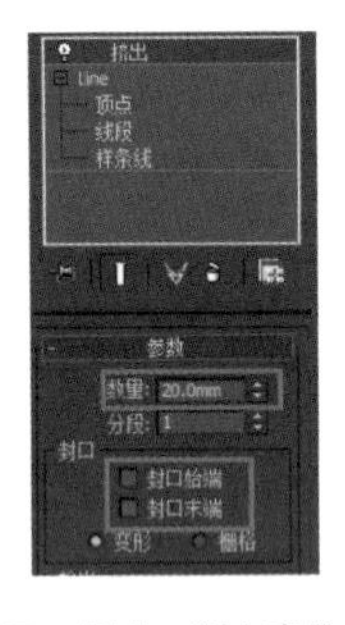

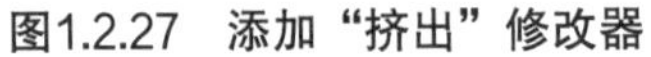

图1.2.27　添加“挤出”修改器

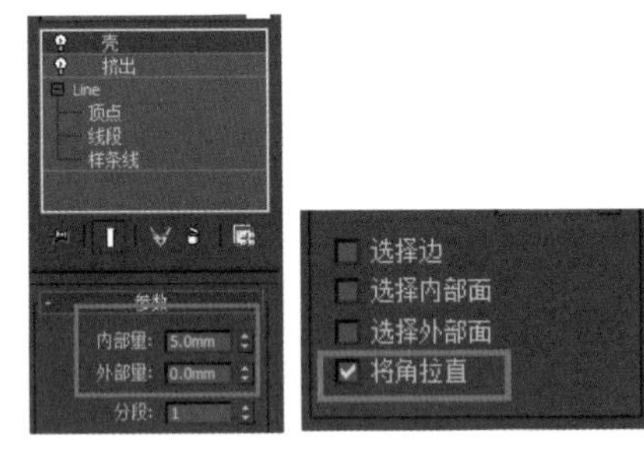

图1.2.28　添加“壳”修改器

05 选择顶视图，在刚制作好的“吊灯大支架”中间位置创建两个圆柱体，并命名为“吊灯螺栓”，如图 1.2.29 所示。

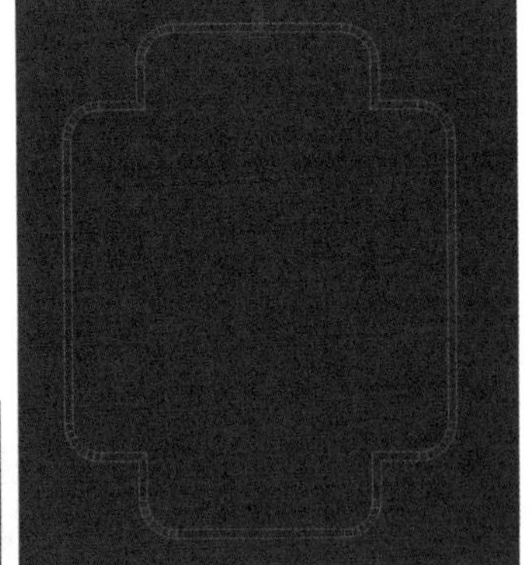

图1.2.29　创建吊灯螺栓

06 选择前视图，在“吊灯螺栓”中间创建圆，参数设置如图 1.2.30 所示，得到如图 1.2.31 所示的形状。

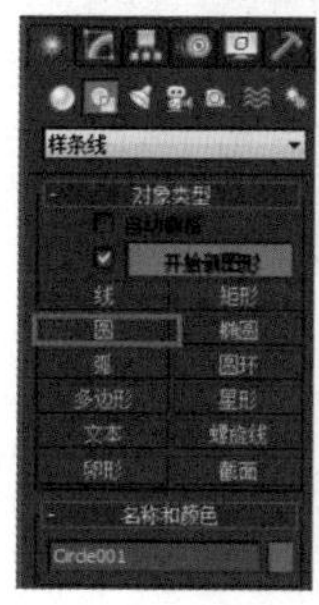
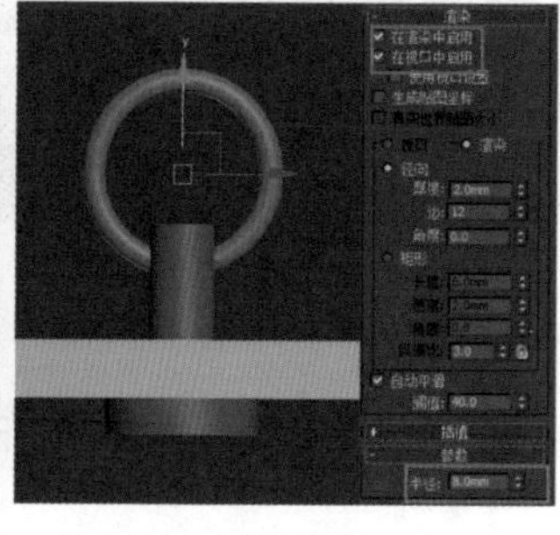

图1.2.30 吊灯螺栓参数设置

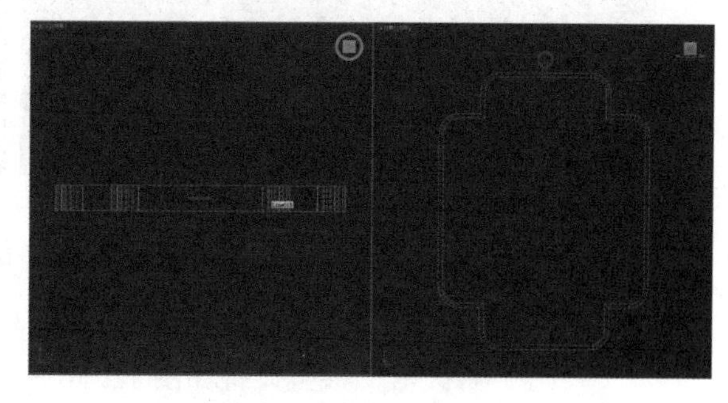

图1.2.31 吊灯螺栓形状

2. 制作灯吊链

01 选择前视图，创建椭圆作为“锁链”，并利用“选择并旋转”和“选择并移动”按钮将“锁链”连成如图 1.2.32 所示的形状。

02 选择顶视图，创建圆柱体作为“框架顶座”，并利用复制、缩放、移动工具制作出如图 1.2.33 所示的形状。

03 选择顶视图，按照上述方法在“吊灯大支架”底部制作“灯托盘”，如图 1.2.34 所示。至此，此灯支架的主体结构制作完成。

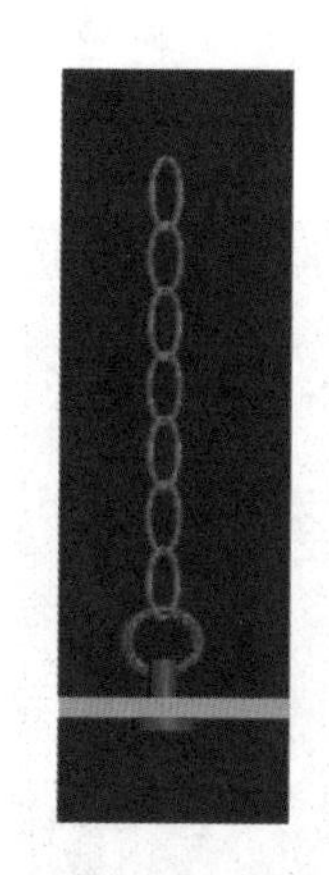

图1.2.32 锁链

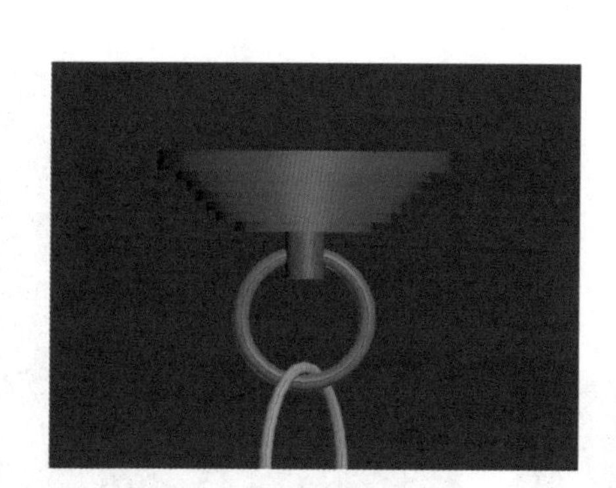

图1.2.33 框架顶座

图1.2.34 灯托盘

3. 制作吊灯灯具

01 选择前视图，利用“线”按钮制作出如图 1.2.35（a）所示的形状，按 1 键进入线的“顶点”层级，选中图中的红点进行倒圆角，得到如图 1.2.35（b）所示的形状。

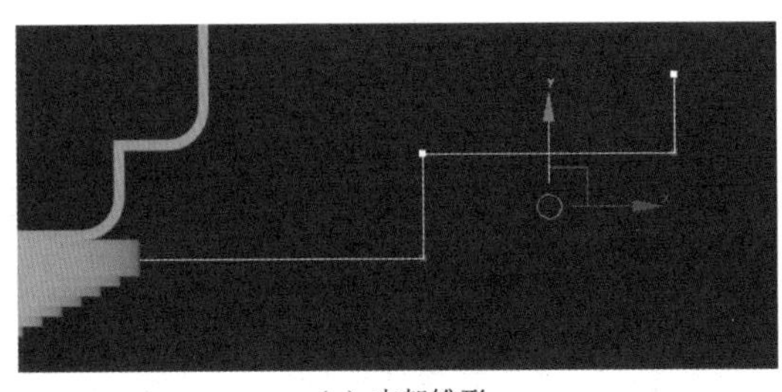

（a）支架雏形

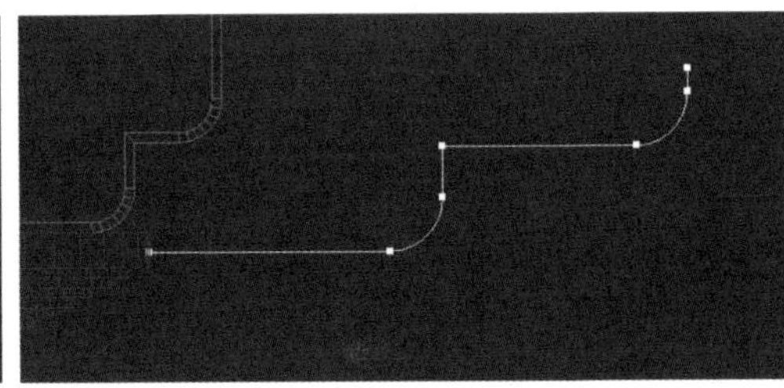

（b）支架形状

图1.2.35　吊灯支架

02 选择前视图，为上一步所做的支架样条线添加“挤出”和“壳”修改器，参数设置如图 1.2.36 所示。

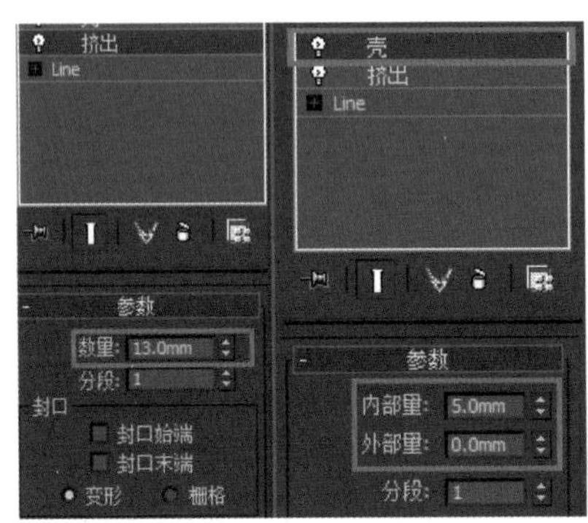

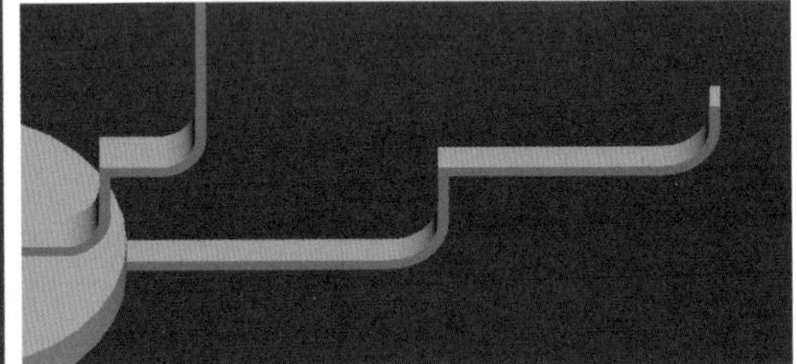

图1.2.36　添加“挤出”和“壳”修改器

03 选择顶视图，在如图 1.2.37 所示的位置创建“圆柱体”，参数为半径 50mm、高度 160mm、边数 32，制作出灯罩雏形，如图 1.2.38 所示。

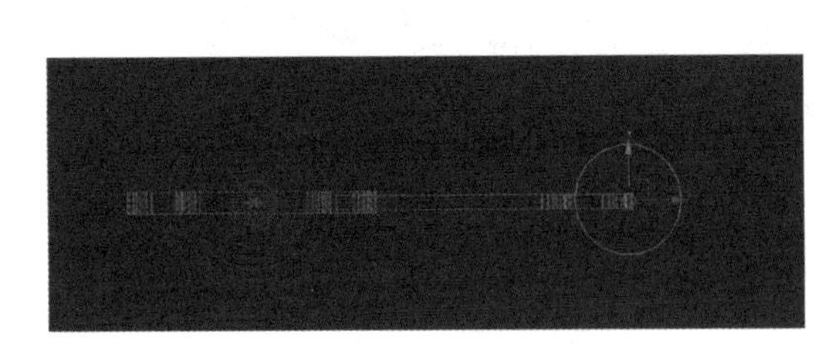

图1.2.37　创建圆柱体

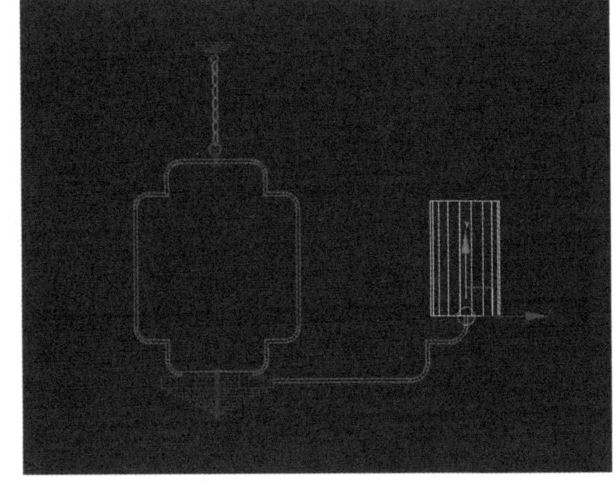

图1.2.38　灯罩雏形

04 选择前视图，选中刚刚制作的灯罩雏形，右击，在弹出的快捷菜单中选择“转换为”→“转换为可编辑多边形”选项，将其转换为可编辑多边形，如图 1.2.39 所示。按 4 键进入“多边形”层级，删除圆柱体的“顶部”，添加“壳”修改器，再转换为“可编辑多边形”，进入“多边形”层级，选择内部底面向上移动，制作出厚度感，如图 1.2.40 所示。

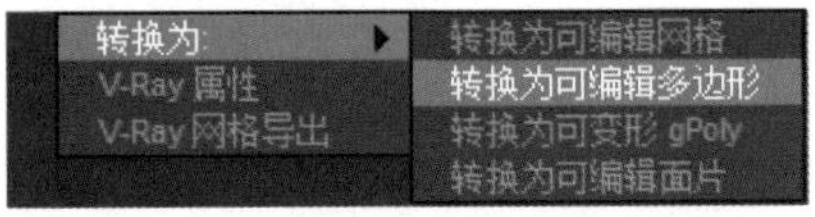

图1.2.39　将灯罩转换为可编辑多边形

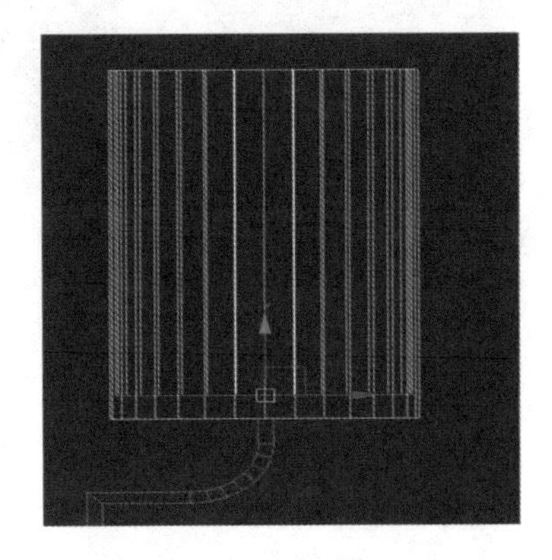

图1.2.40　具有厚度感的灯罩

05 在灯罩内再创建一个圆柱体作为灯源。选中灯源，赋予其“自发光”材质，如图 1.2.41 所示。选中灯罩，赋予其“玻璃”材质，如图 1.2.42 所示。选中其他模型，赋予其“金属”材质，如图 1.2.43 所示。

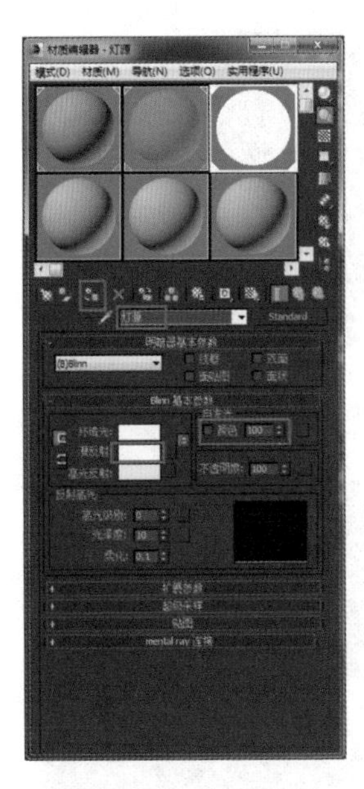

图1.2.41　赋予“自发光”材质

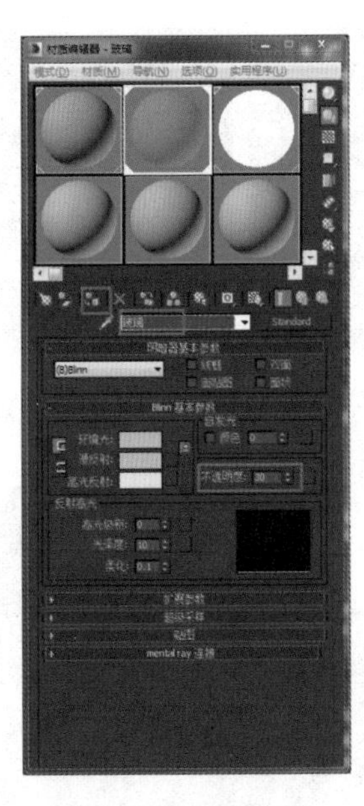

图1.2.42　赋予“玻璃”材质

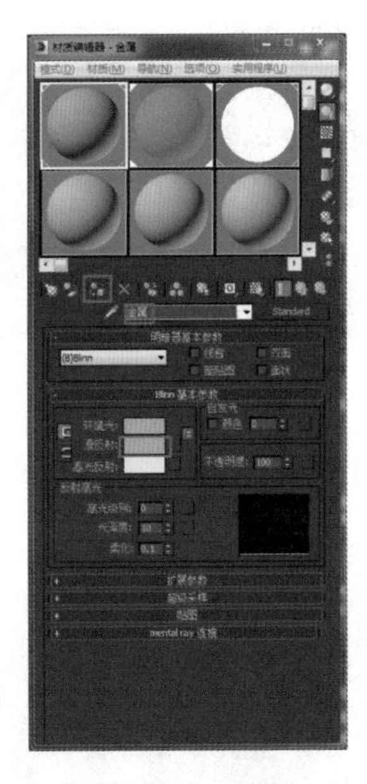

图1.2.43　赋予“金属”材质

06 选择前视图，选中灯罩、灯源、灯杆，选择菜单栏中的“组”→“组”选项，在弹出的“组”对话框中单击“确定”按钮。选择“层次”面板，调整“仅影响轴”，如图 1.2.44 所示，将“组”的轴心放置到“灯托盘”上，如图 1.2.45 所示，退出“层次”面板。

图1.2.44　“层次”面板

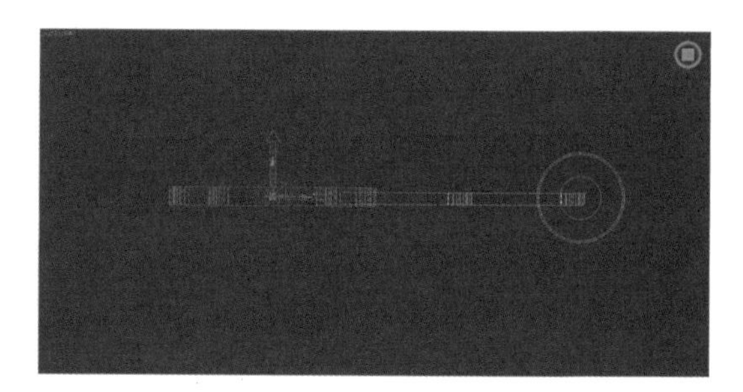

图1.2.45　移动“组”的轴心

知识窗

“层次”命令面板中“调整轴”的运用。

1）物体的“轴心”在自身，当需要让一个物体围绕另一个物体旋转、复制时，就需要改变物体的轴心，在软件中我们可以通过“层次”命令面板改变物体的轴心。

2）例如，我们制作球体围绕正方体一周，首先打开球体的“层次”面板，如图 1.2.46 所示，将球体的轴心放置到长方体上，再退出“仅影响轴”命令，按住 Shift 键配合工具栏中的“选择并旋转”按钮，制作出如图 1.2.47 所示的形体。

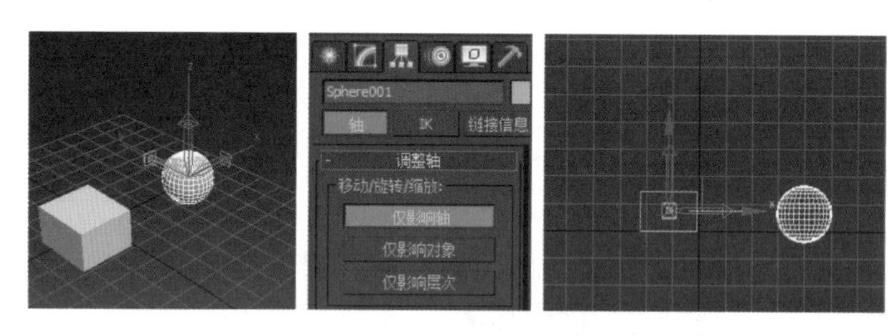

图1.2.46　球体的“层次”面板

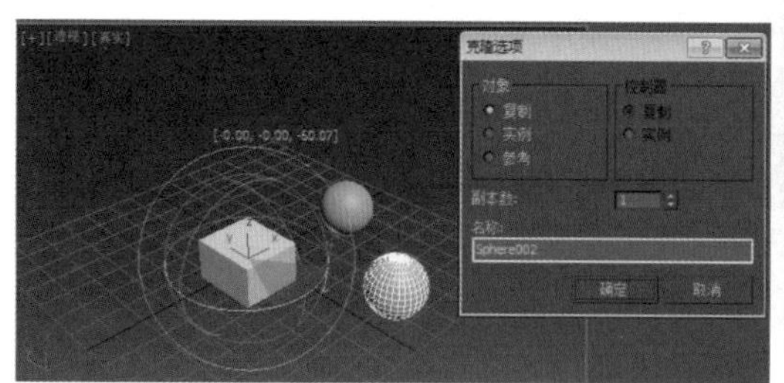

图1.2.47　复制球体

07 选择“工具”→“阵列”选项，在弹出的“阵列”对话框中设置阵列参数，如图 1.2.48 所示，然后单击“确定”按钮，完成吊灯整体的制作，得到最终效果，如图 1.2.49 所示。

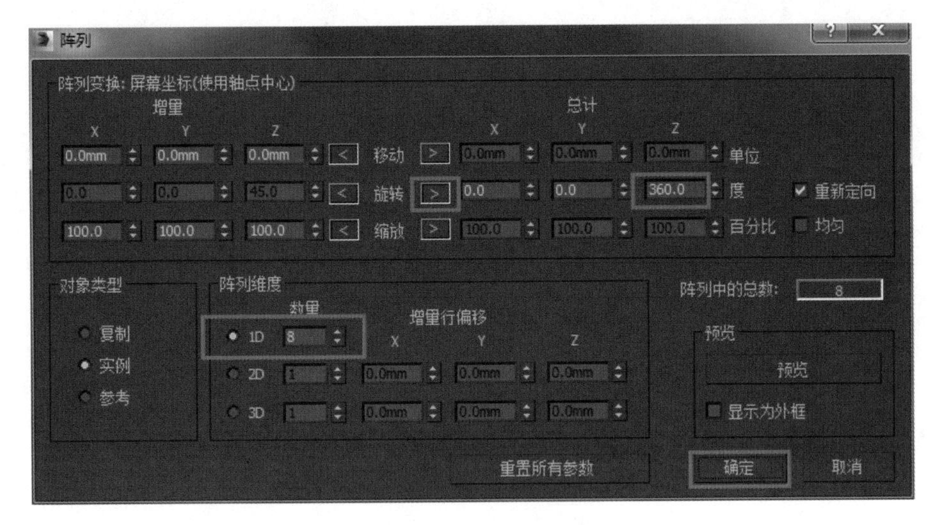

图1.2.48　阵列参数设置

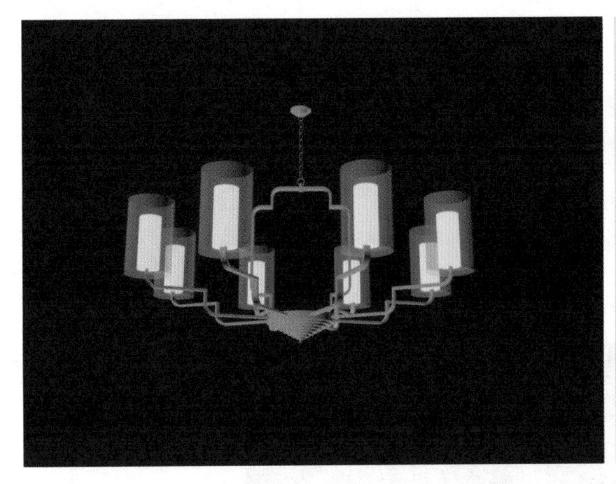

图1.2.49　吊灯整体效果

1.2.4　制作落地窗帘——平面模型的运用

窗帘在室内装修中必不可少，它具有保护隐私、遮挡光线、装饰墙面、吸音隔噪的作用，并且大部分窗帘具有两层结构，即一层窗纱、一层帘布，如图 1.2.50 所示。

微课：制作窗帘

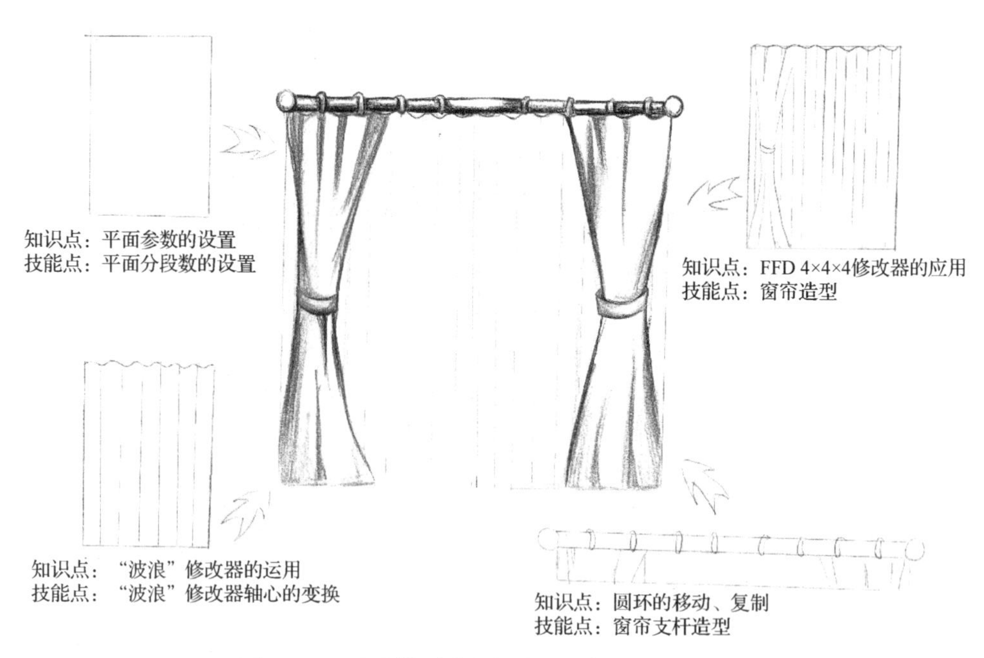

图1.2.50　窗帘模型绘制相关知识点与技能点图解

1．制作窗纱、窗布

01 选择前视图，创建参数为2800mm×1500mm、分段数为70mm×70mm的平面作为窗纱雏形，如图1.2.51所示。

02 选择前视图，为平面添加“波浪”修改器。单击“Wave”命令前的“+”，选择“Gizmo”选项，然后将轴心旋转45°，设置如图1.2.52所示的波浪参数。

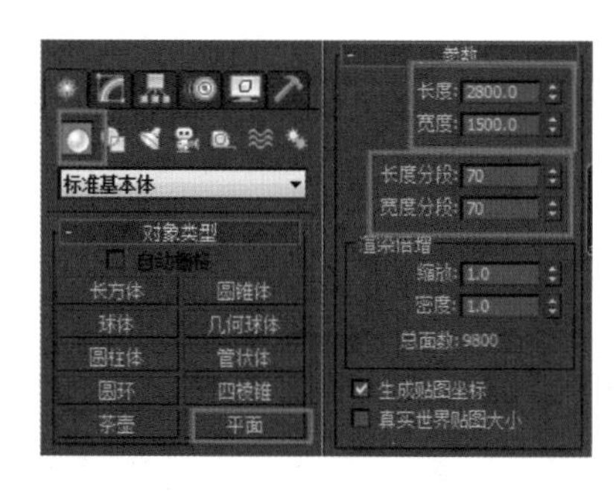

图1.2.51　设置平面参数

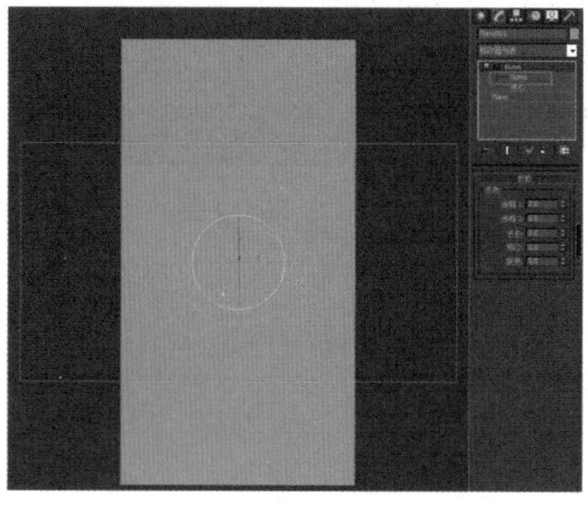

图1.2.52　添加“波浪”修改器

03 选择前视图，将窗纱颜色修改为灰白色，如图1.2.53所示。将其复制出一层作为窗帘，再将波浪修改器参数中的“波长”修改为200，然后将窗布的颜色修改为蓝色。

04 选择前视图，添加“FFD 4×4×4”修改器给窗布，选择“控制点”，再使用缩放工具调整点的位置，并移动窗布到左端，如图 1.2.54 所示。

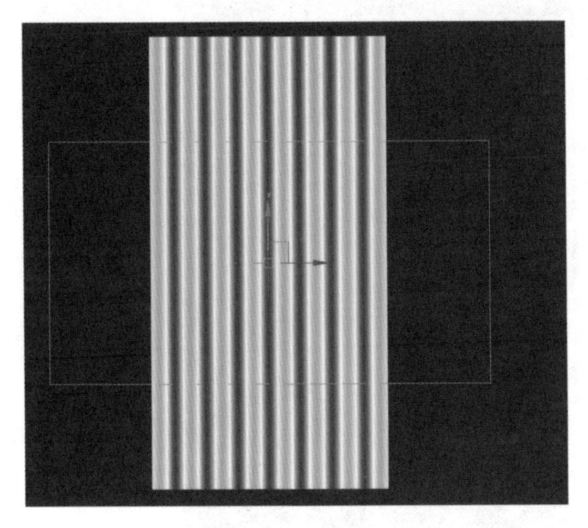

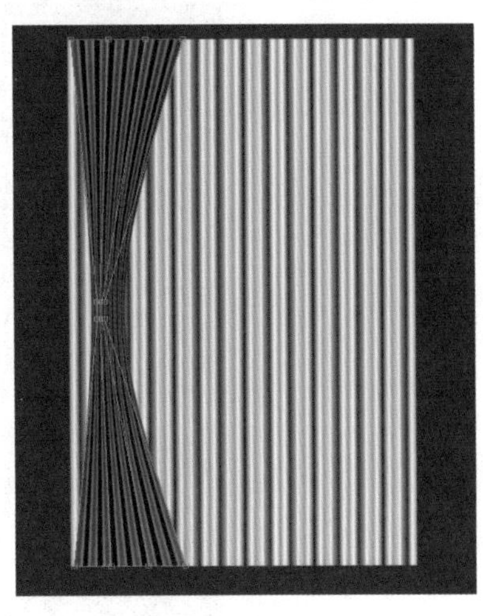

图1.2.53　窗纱　　　　图1.2.54　窗帘

05 选择顶视图，创建矩形作为窗帘绑带，大小以窗布最窄的尺寸为准，在“修改”面板中设置渲染参数，如图 1.2.55 所示。

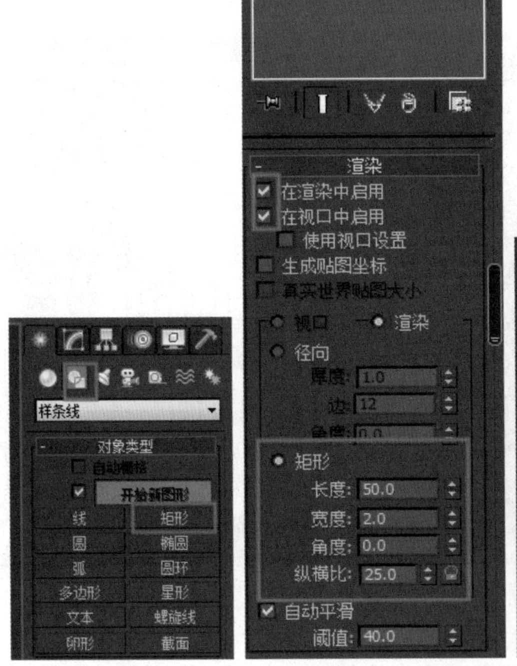

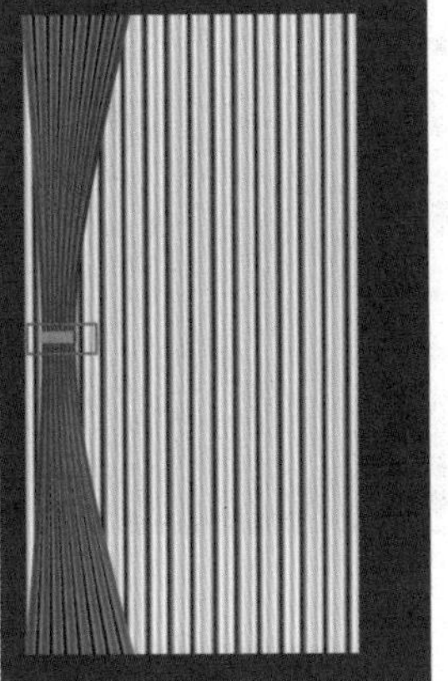

图1.2.55　窗帘绑带

06 选中制作完成的窗纱、窗帘，复制一套到右侧，如图 1.2.56 所示。

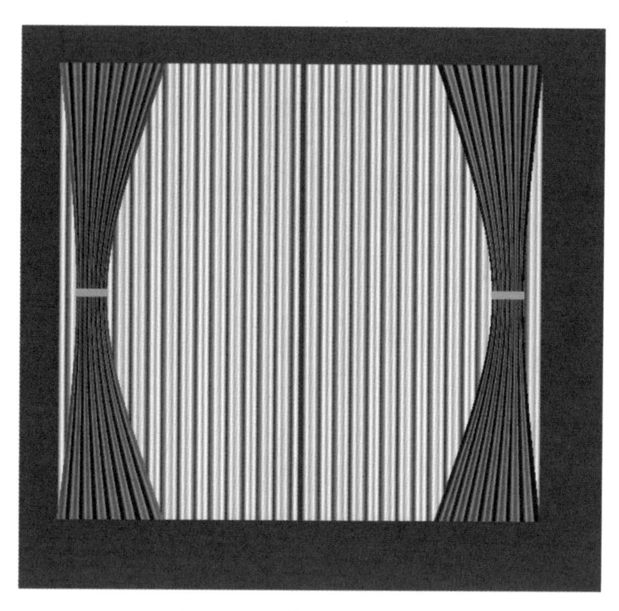

图1.2.56　复制窗纱、窗布

2. 制作窗帘支杆

01 选择左视图，创建圆柱体作为窗帘轨道，参数设置为半径 40mm、高度 3100mm，如图 1.2.57 所示。

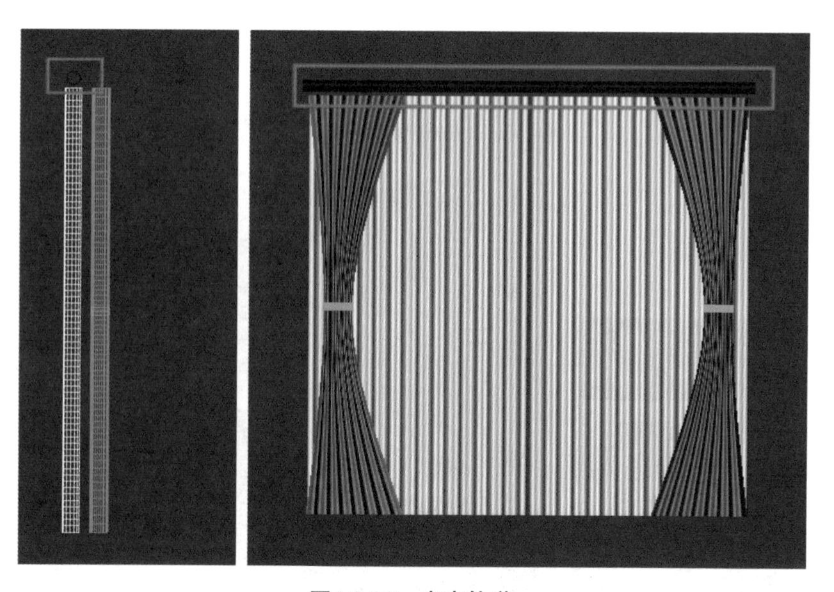

图1.2.57　窗帘轨道

02 选择左视图，创建圆环作为连接扣，如图 1.2.58 所示，将圆环进行复制，并摆放到合适位置，如图 1.2.59 所示。

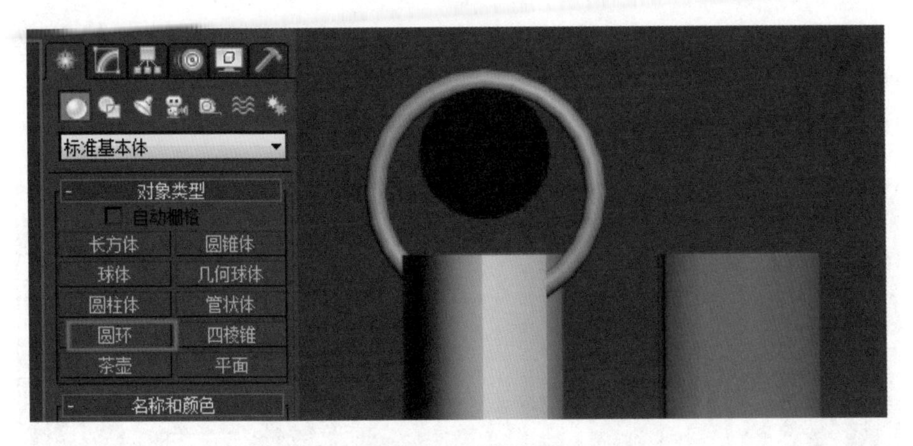

图1.2.58 连接扣

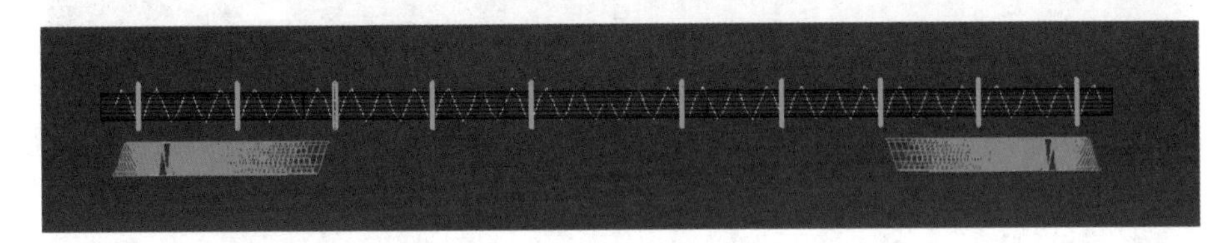

图1.2.59 复制连接扣

03 选择左视图，创建两个球体放置在两端，如图 1.2.60 所示。

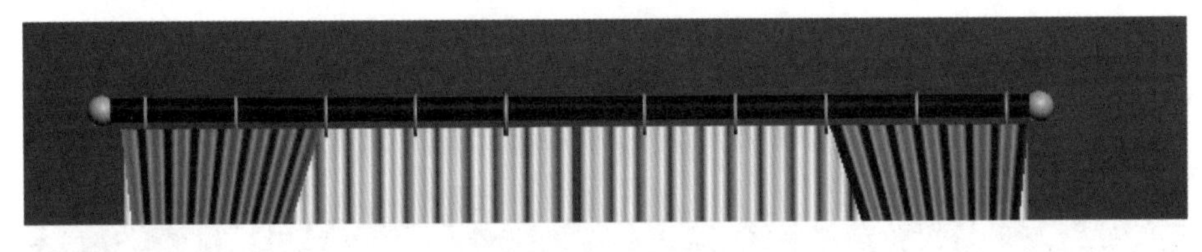

图1.2.60 完善窗帘轨道

04 选择顶视图，选中窗布的支杆，复制出一个窗帘，并调整连接扣的间距，如图 1.2.61 所示。

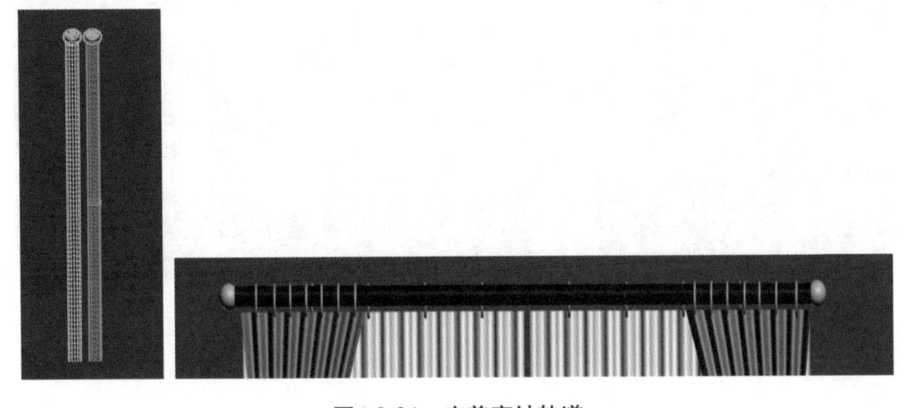

图1.2.61 完善窗纱轨道

05 选择窗纱，打开“材质编辑器”对话框，选择材质球，将“不透明度”设置为 50，如图 1.2.62 所示，并将材质赋予物体，得到如图 1.2.63 所示的窗帘。

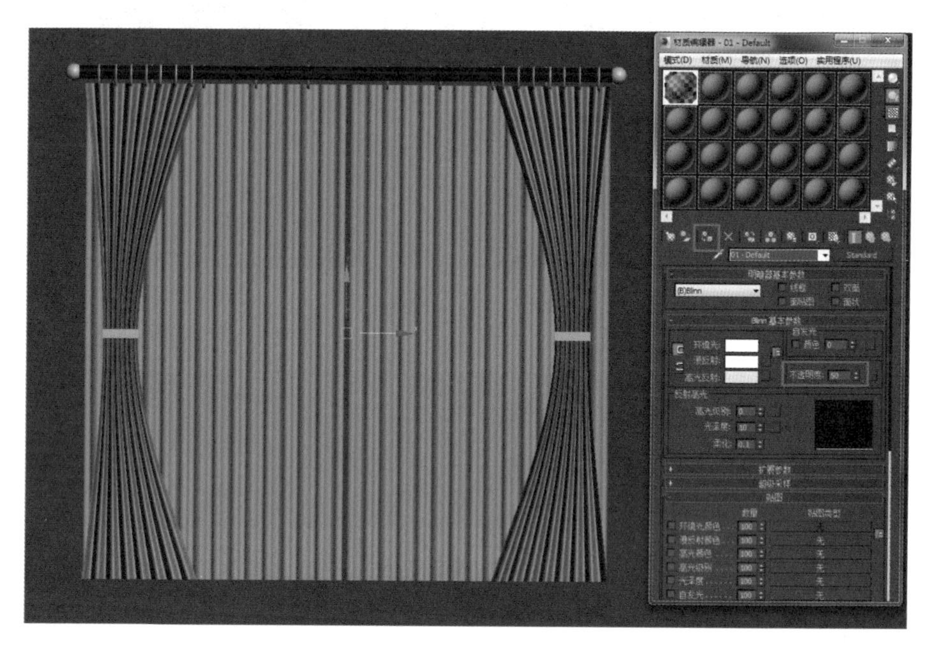

图1.2.62　赋予材质

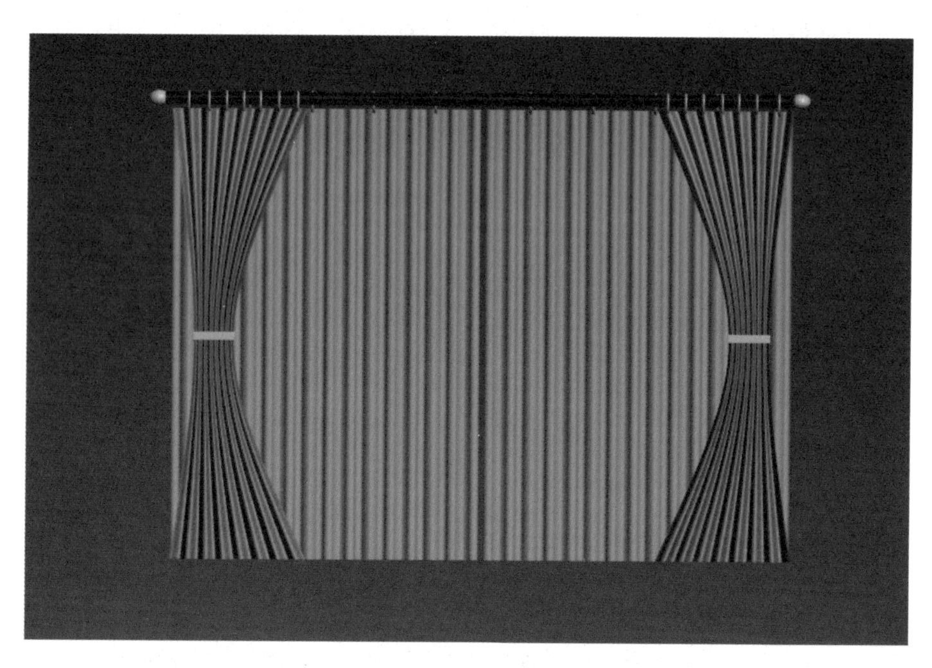

图1.2.63　窗帘模型

任务 1.3 梦幻卧室求温馨——卧室模型创建

☞任务描述

卧室主要用来休息、存放物品、更换衣物等。本任务中创建床、衣柜、梳妆台等卧室家具模型。

☞任务目标

通过本任务的学习，应掌握以床为中心对卧室进行合理的功能划分的方法，通过卧室模型创建掌握卧室布局的方法。

1.3.1 制作卧室双人床——“倒角”修改器的运用

微课：制作双人床

现代简约风格的家具应满足人们对空间环境感性的、本能的和理性的需求，尽可能不用装饰和取消多余的东西，并更多地强调服务与功能。本节制作如图 1.3.1 所示的双人床。

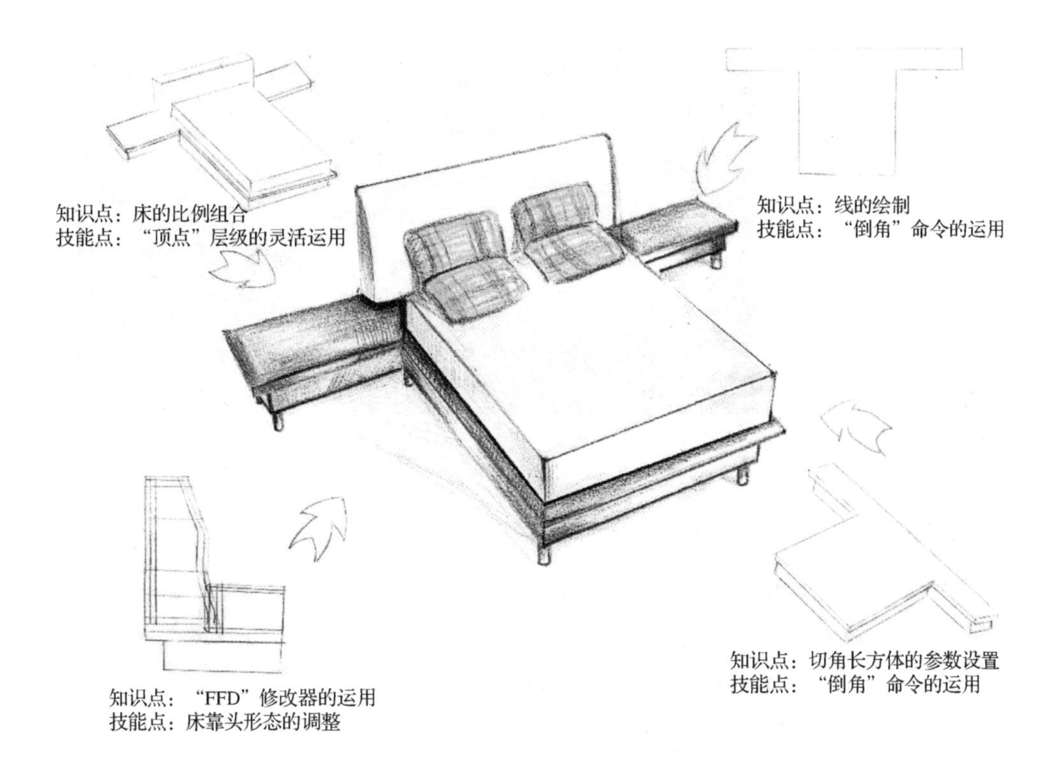

图1.3.1 双人床模型绘制相关知识点与技能点图解

1. 制作双人床轮廓

01 选择顶视图，单击“创建”→“图形”→“样条线”中的“线”按钮，绘制如图 1.3.2 所示的 T 形线，作为双人床的轮廓。

02 进入“修改”命令面板，在“修改器列表”下拉列表中选择“倒角”修改器，参数设置如图 1.3.3 所示。

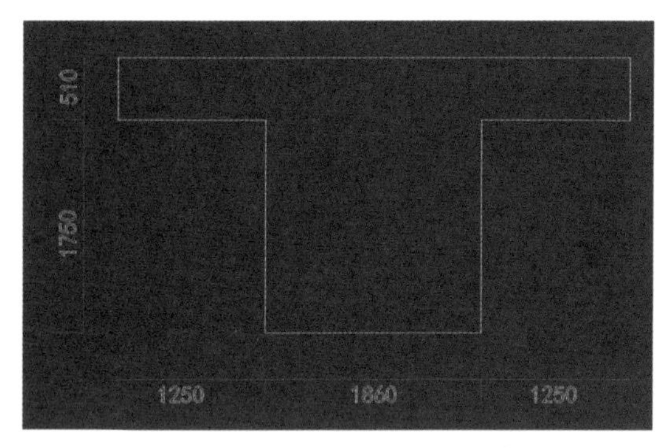

图1.3.2　创建 T 形线

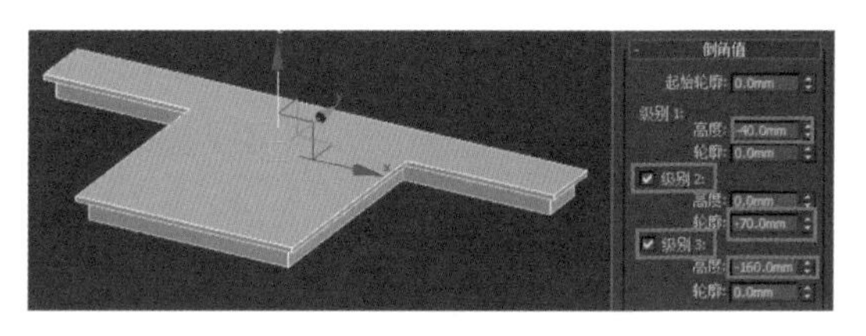

图1.3.3　“倒角”修改器

03 选择顶视图，创建参数为 2100mm×1800mm×260mm×30mm 的切角长方体，修改“长度分段”和“圆角分段”均为 3，将其作为床垫，并调整其位置，如图 1.3.4 所示。

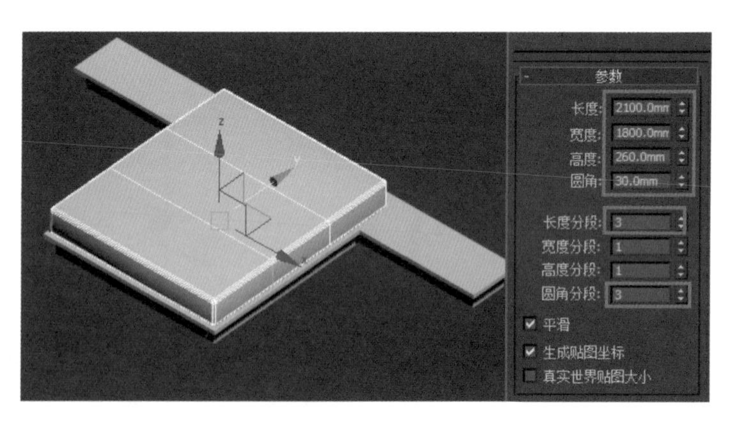

图1.3.4　创建床垫

2. 制作床靠头

01 选择顶视图，进入“创建”→“几何体”命令面板，单击“标准基本体”下拉按钮，在弹出的下拉列表中选择“扩展基本体”选项，创建参数为 20mm×2300mm×700mm×30mm 的切角长方体，并修改其“高度分段”为 10、“圆角分段”为 3，将其作为床靠头，如图 1.3.5 所示。

02 选择左视图，选择切角长方体使其处于选中状态，在“修改器列表”下拉列表中为其添加“FFD（长方体）”修改器，单击“设置点数”按钮，在弹出的“设置 FFD 尺寸”对话框中修改控制点为 2×2×6，然后单击“确定”按钮。进入“顶点”层级，在左视图调整床靠头形态，如图 1.3.6 所示。

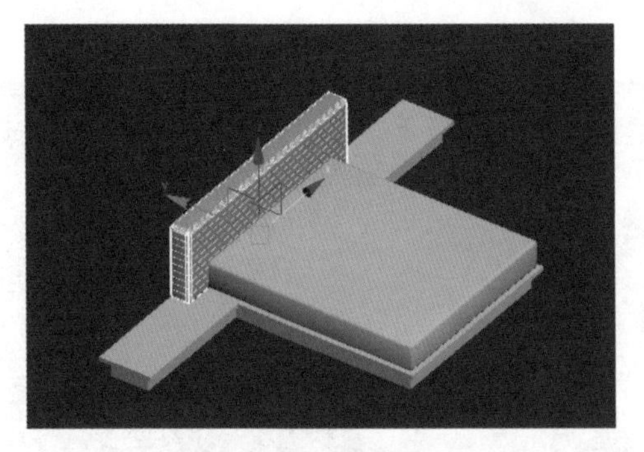

图1.3.5　创建床靠头

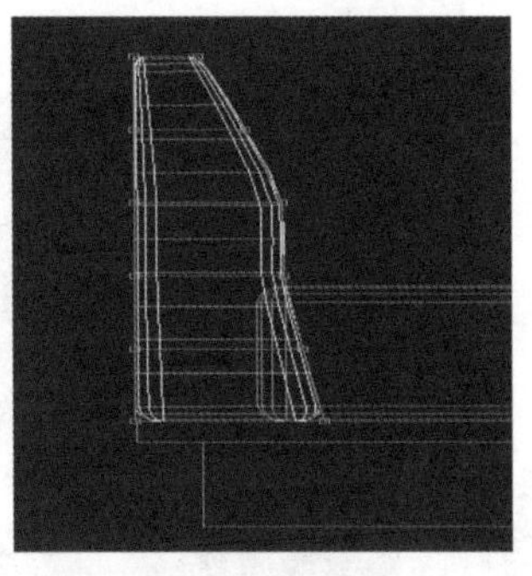

图1.3.6　调整床靠头形态

03 选择顶视图，创建参数为半径 30mm、高度 120mm 的圆柱体作为床腿，沿床底座的形态进行复制，得到如图 1.3.7 所示的效果。

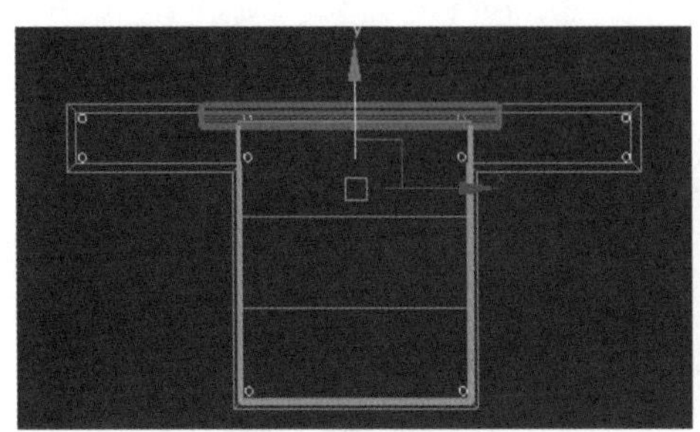

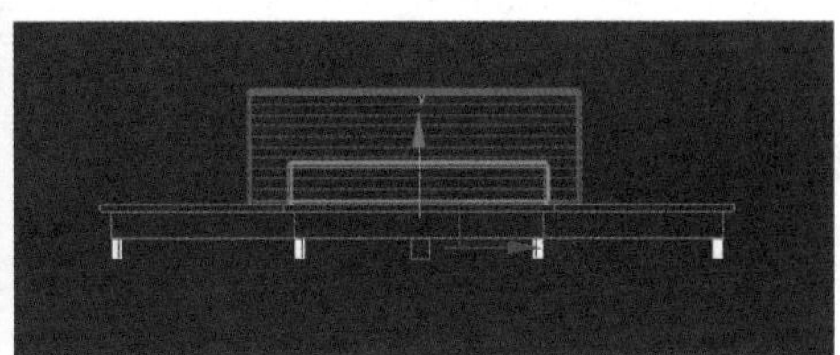

图1.3.7　创建床腿

3．制作枕头

01 选择顶视图，创建参数为 400mm×500mm×120mm×40mm、“长度分段”为 6、“宽度分段”为 9、“高度分段”为 2、“圆角分段”为 3 的切角长方体作为枕头，如图 1.3.8 所示。

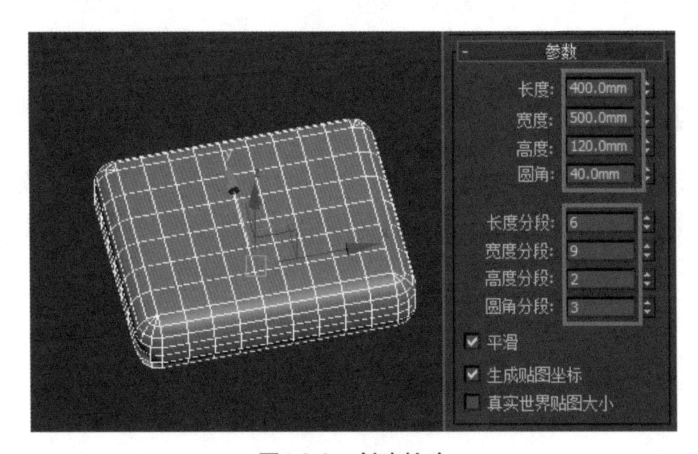

图1.3.8　创建枕头

02 添加“FFD（长方体）”修改器，点数设置如图 1.3.9 所示，然后单击“确定”按钮。按 1 键进入“顶点”层级，利用缩放工具，得到如图 1.3.10 所示的形状。

设置 FFD 尺寸
设置点数
长度: 5
宽度: 5
高度: 3
确定
取消

图1.3.9　点数设置

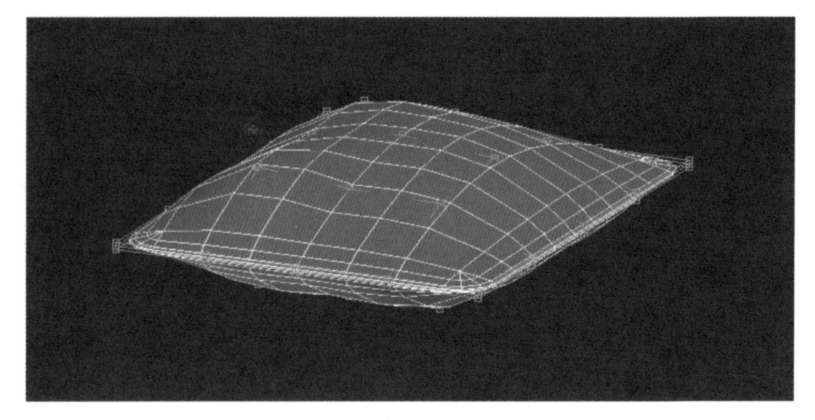

图1.3.10　调整枕头形状

03 将枕头放置到床头位置，进行复制，调整所复制枕头的位置和形状，得到如图 1.3.11 所示的双人床。

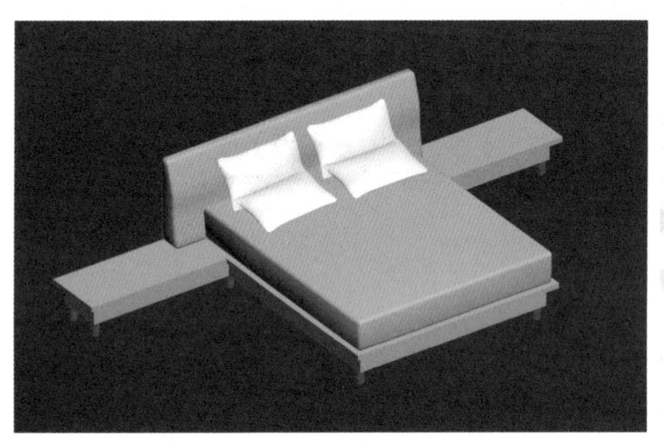

图1.3.11　双人床模型

1.3.2　制作台灯——“车削”修改器的运用

微课：制作台灯

台灯是人们生活中用来照明的，如图 1.3.12 所示。它一般分为两种：一种是立柱式，一种是夹置式。如今，居室的台灯已经不仅仅要求具有简单的照明功能，也要求具有更好的装饰作用。

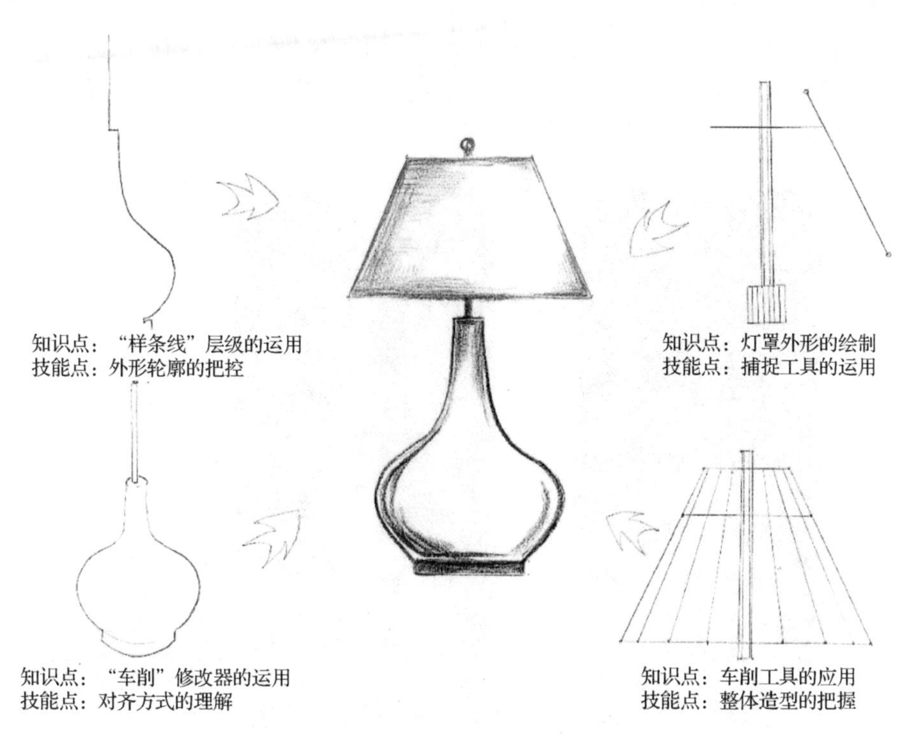

图1.3.12　台灯模型绘制相关知识点与技能点图解

1．制作台灯轮廓形状

01 选择前视图，单击“线”按钮，绘制如图 1.3.13 所示的形状。

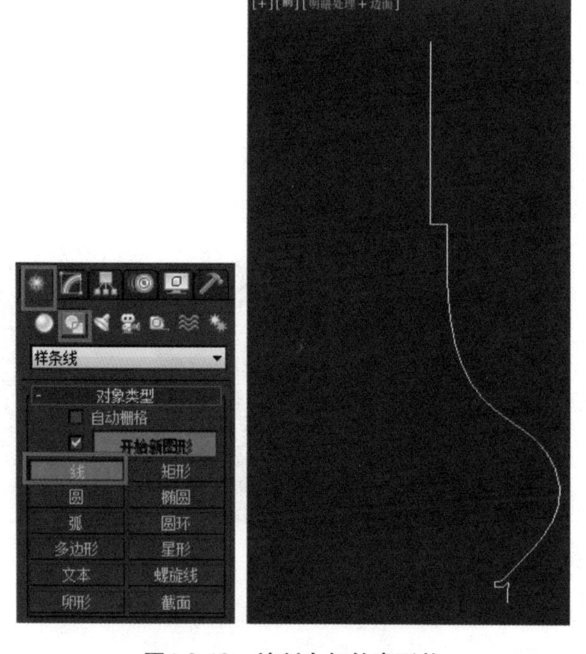

图1.3.13　绘制台灯轮廓形状

02 添加“车削”修改器，选择的对齐方式是“最小”，得到如图 1.3.14 所示的形状。按 1 键进入“顶点”层级，向右移动调整“轴”，得到如图 1.3.15 所示的形状。

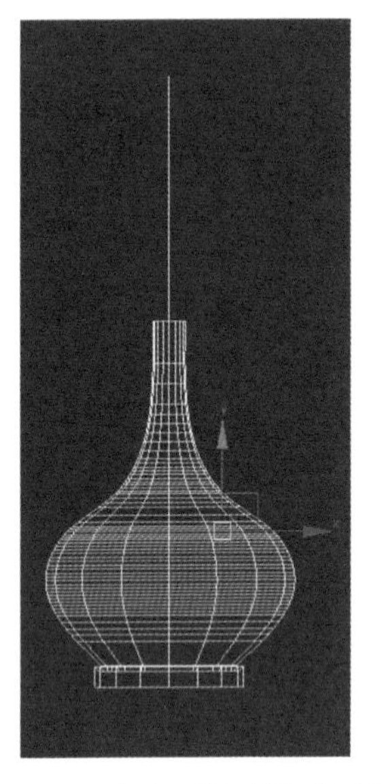

图1.3.14 添加“车削”修改器

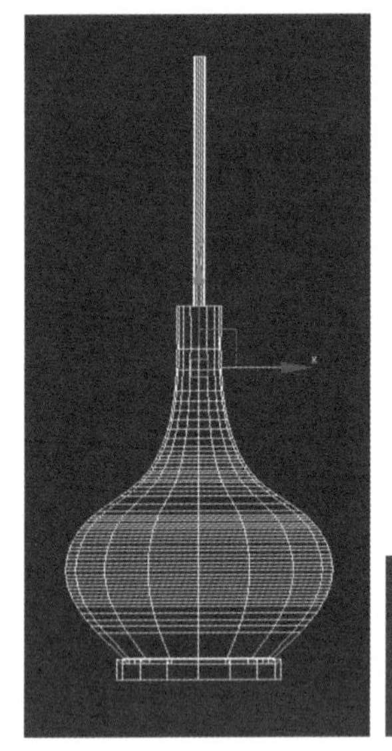

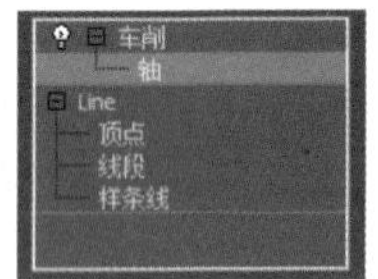

图1.3.15 调整“轴”

知识窗

“车削”修改器的参数面板如图 1.3.16 所示。

1）度数：控制旋转成形的度数，默认值是 360°，将二维图形旋转成一个完整环形，若小于 360° 则旋转成扇形，如图 1.3.17 所示。

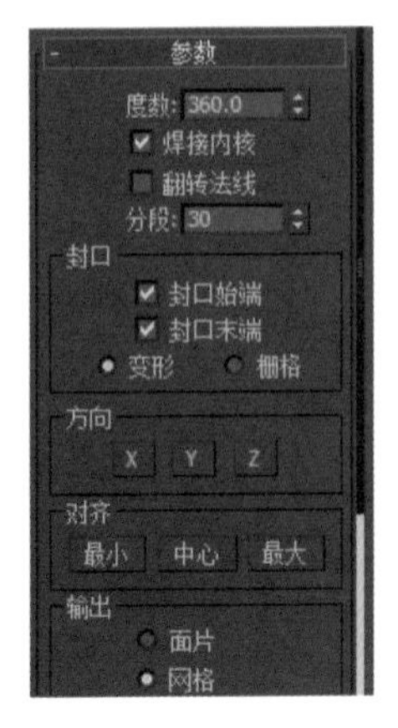

图1.3.16 “车削”修改器的参数面板

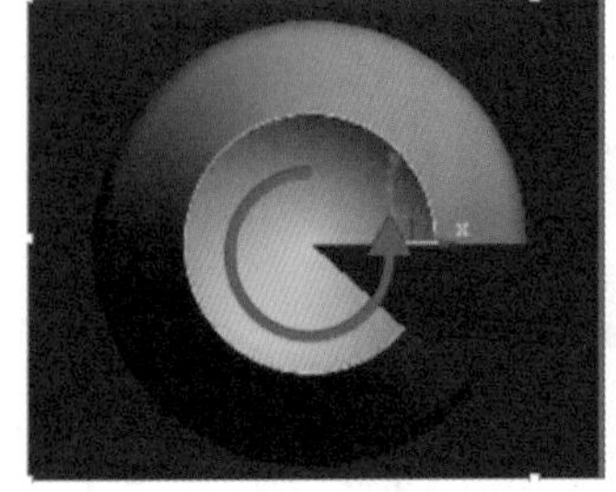

图1.3.17 度数控制

2）焊接内核：将旋转轴上重合的点进行焊接，以得到结构相对简单的模型，如图 1.3.18 所示。

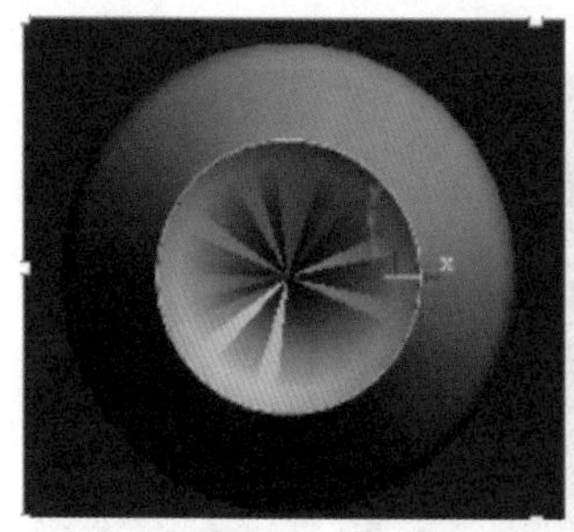

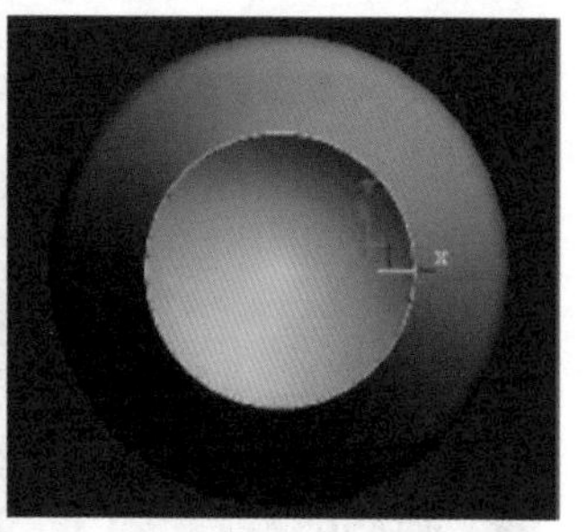

图1.3.18 焊接内核控制

3）翻转法线：翻转模型表面的法线方向，如图 1.3.19 所示。

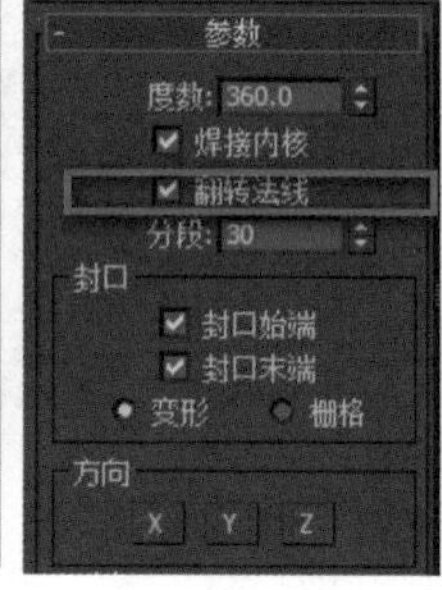

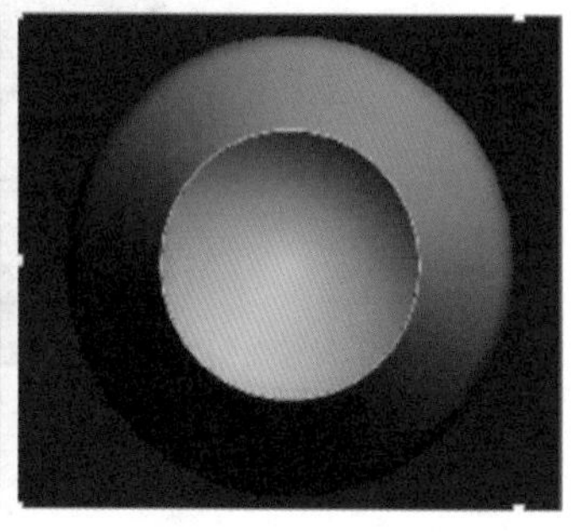

图1.3.19 翻转法线控制

4）分段：设置旋转圆周的段数，数值越高，得到的模型越光滑，如图 1.3.20 所示。

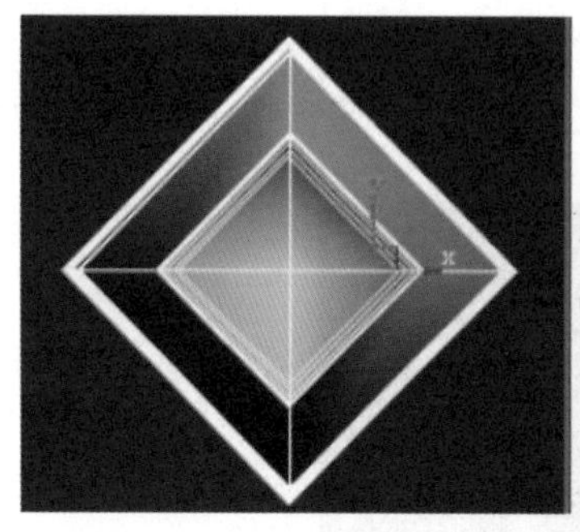

图1.3.20 设置旋转分段数

5）方向：设置旋转中心的轴向。

6）对齐：设置样条线与旋转轴心的对齐方式。

7）最小：轴心对齐样条线最右边，如图 1.3.21 所示。

8）中心：轴心对齐样条线中心，如图 1.3.22 所示。

9）最大：轴心对齐样条线最左边，如图 1.3.23 所示。

图1.3.21　最小对齐

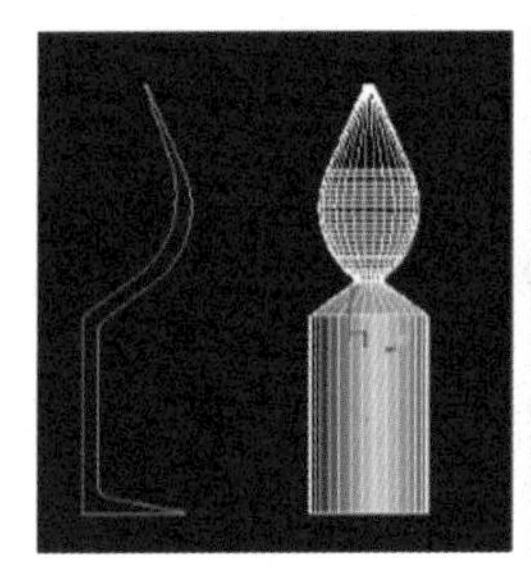
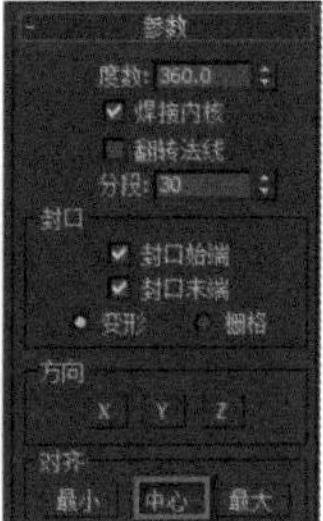

图1.3.22　中心对齐

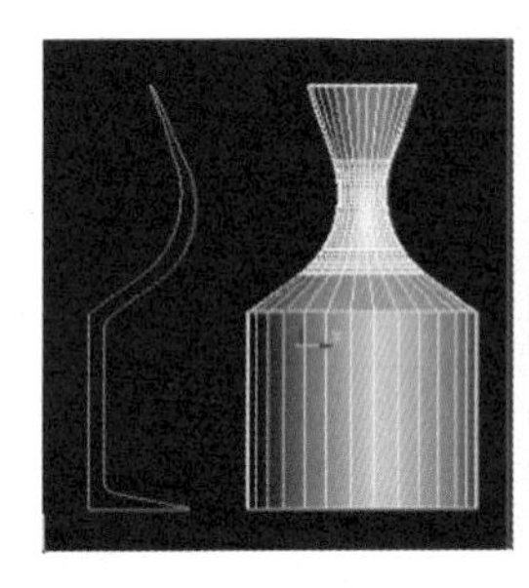
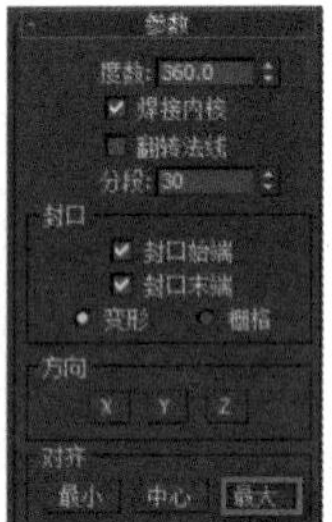

图1.3.23　最大对齐

03 选中瓶体，右击，在弹出的快捷菜单中选择“转换为可编辑多边形”选项，将其转换为可编辑多边形。按 3 键进入“边界”层级，选择上下两个端口，单击“封口”按钮。按 F 键进入前视图，创建“圆柱体”并复制两根，然后旋转 120° 作为台灯支架，如图 1.3.24 所示。

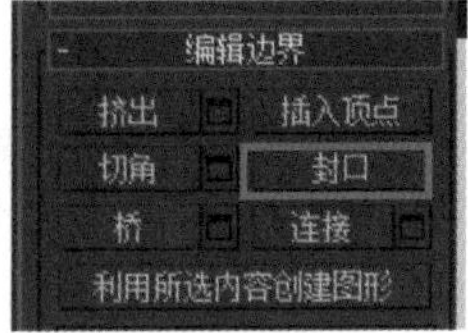

图1.3.24　创建台灯支架

2 制作灯罩

01 选择前视图，绘制如图 1.3.25 所示的斜线，与支架的一端对齐，再添加“车削”修改器，制作出如图 1.3.26 所示的形状。

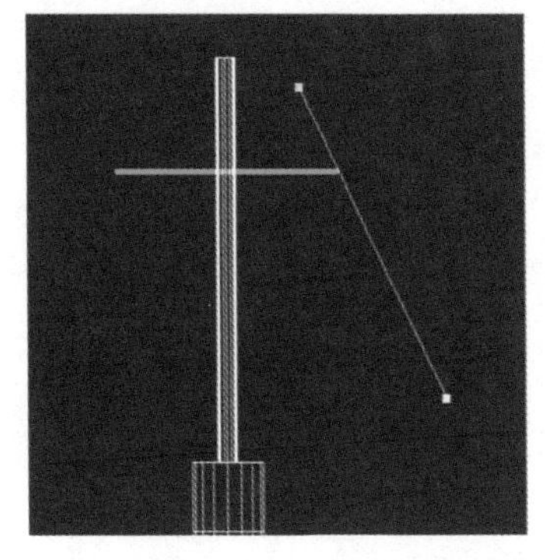

图1.3.25 绘制灯罩轮廓形状

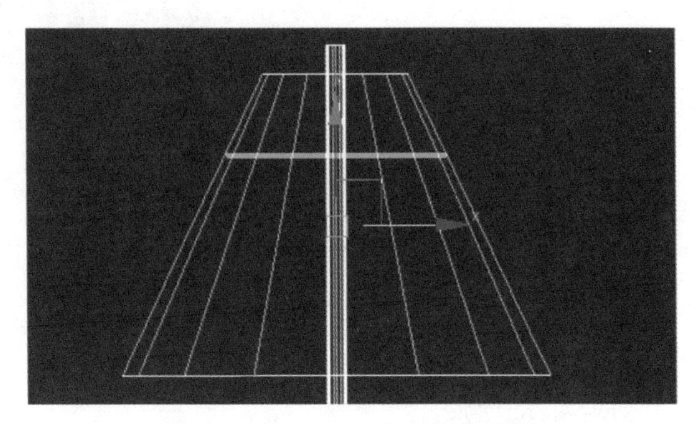

图1.3.26 添加“车削”修改器

02 选中灯罩，添加“壳”修改器，如图 1.3.27 所示。选择顶视图，创建一个球体并移动到灯柱最上端，最终效果如图 1.3.28 所示。

图1.3.27 添加“壳”修改器

图1.3.28 台灯模型

1.3.3 制作卧室衣柜——移动、复制工具的运用

衣柜是收纳、存放衣物的柜具，通常以实木（木香板、实木颗粒板、中纤板）、钢化玻璃、五金配件等为表面材料，内设挂衣杆、裤架、置物板、抽屉等，如图 1.3.29 所示。

微课：制作衣柜

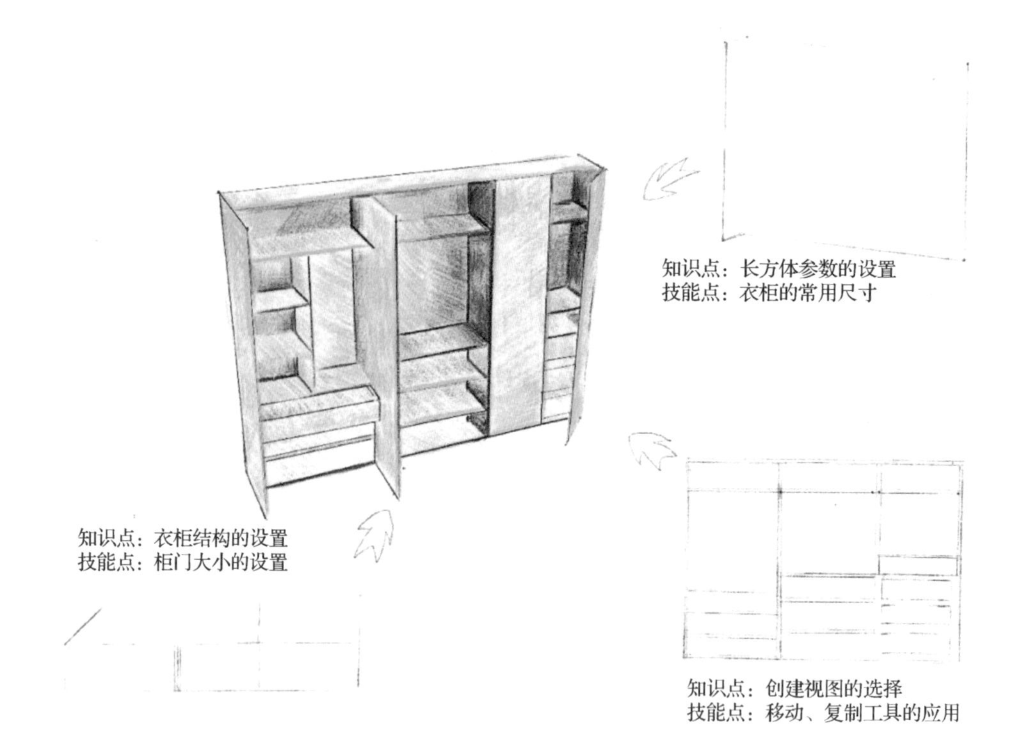

图1.3.29　衣柜模型绘制相关知识点与技能点图解

1．制作衣柜柜体

01 选择前视图，单击“创建”→“几何体”中的“长方体”按钮，创建参数为3000mm×4000mm×5mm的长方体作为衣柜背板，如图1.3.30所示。

02 选择左视图，创建参数为3000mm×600mm×20mm的长方体作为衣柜侧板，并与背板的一端对齐，如图1.3.31所示。

图1.3.30　创建衣柜背板

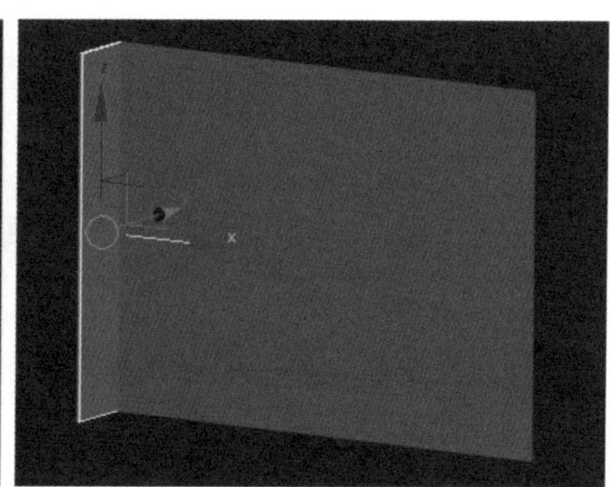

图1.3.31　创建衣柜侧板

03 对侧板进行复制、变形、修改参数等操作，得到如图 1.3.32 所示的图形。

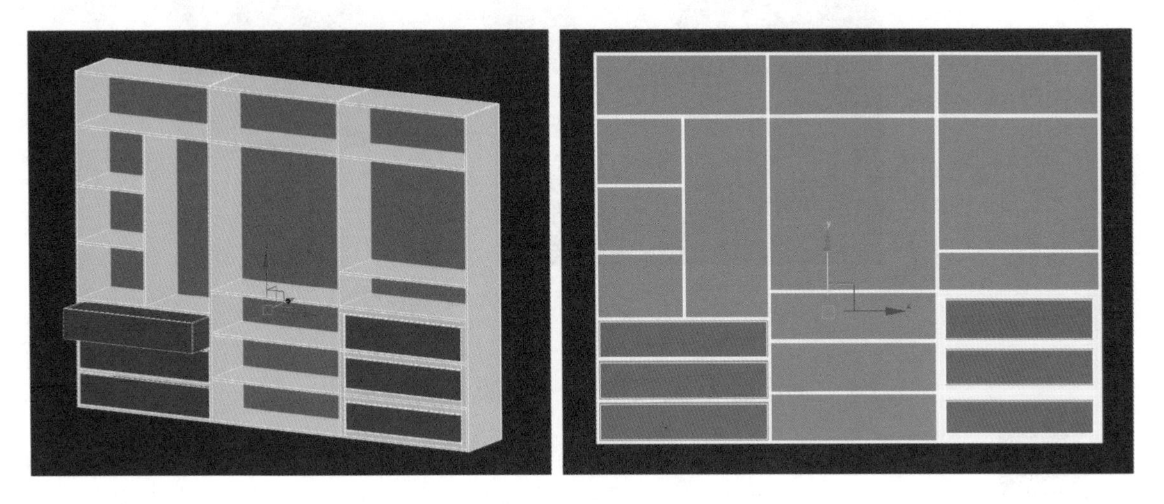

图1.3.32　创建衣柜柜体

2．制作柜门

01 选择前视图，创建参数为 3000mm×660mm×20mm×3mm 的切角长方体作为柜门，然后按住 Shift 键并配合“选择并移动”按钮得到如图 1.3.33 所示的柜门。

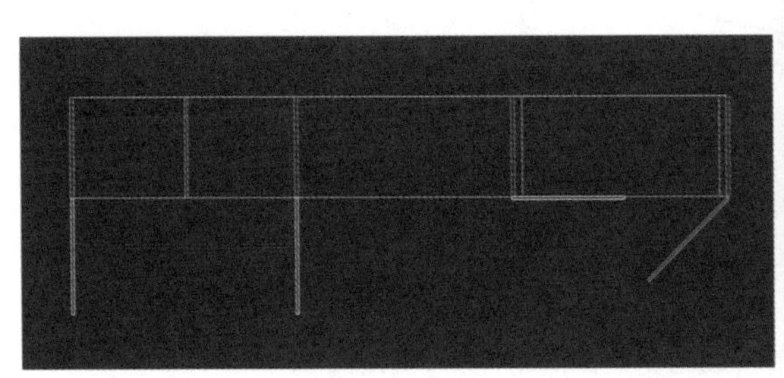

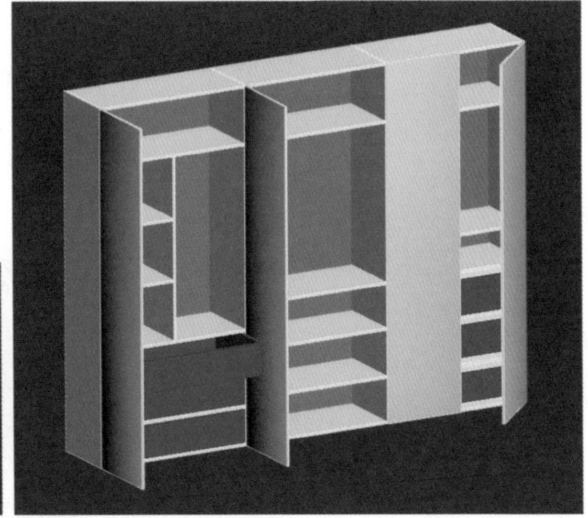

图1.3.33　创建柜门

02 选择前视图，利用“长方体”按钮制作柜门拉手，制作完成后的最终效果如图 1.3.34 所示。

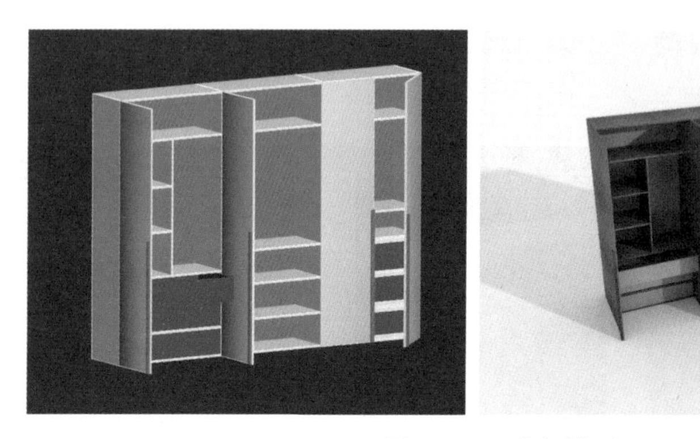

图1.3.34　衣柜模型

1.3.4　制作卧室梳妆台——镜像工具的运用

微课：制作梳妆台

梳妆台一般是供人们美容化妆使用的，但在小居室中，它也可作为写字台、床头柜使用。在居室内设置梳妆台，既提供了梳妆打扮的场所，也为居室增添了几分温馨，如图 1.3.35 所示。

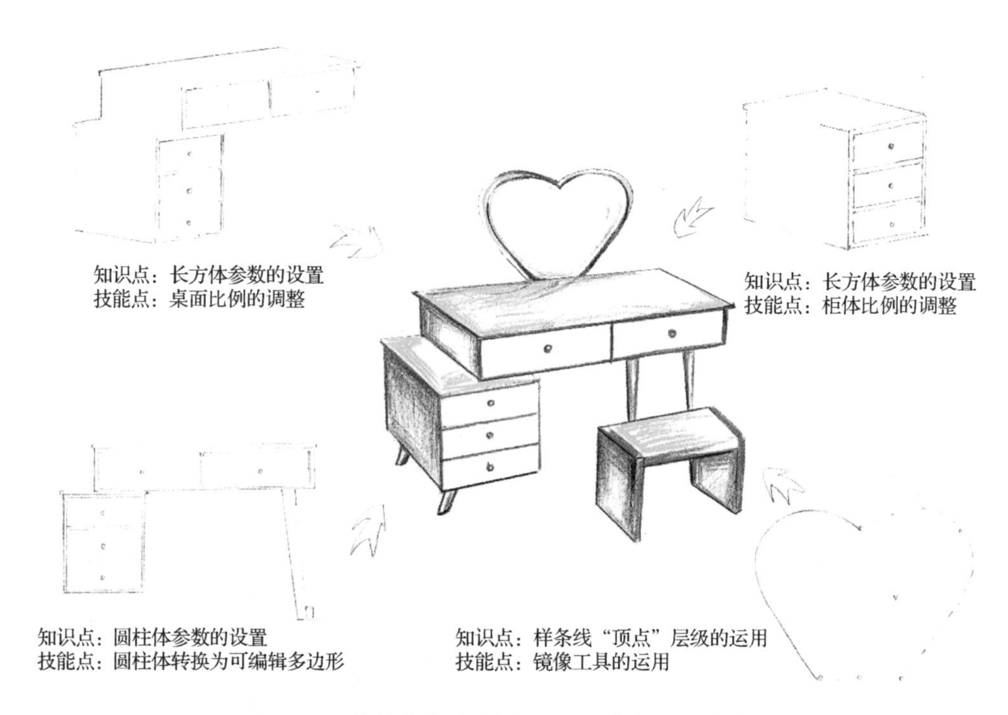

图1.3.35　梳妆台模型绘制相关知识点与技能点图解

1．制作梳妆台柜体

01 选择顶视图，创建参数为 550mm×400mm×450mm 的长方体作为抽屉柜体，并复制一个柜体，修改其参数后将其作为柜面，再利用“长方体”和“圆柱体”按钮制作出抽屉，得到如图 1.3.36 所示的形状。

02 选择顶视图，创建参数为 550mm×1050mm×200mm 的长方体作为桌面柜体，然后通过复制、修改参数等操作制作出抽屉和台面，再利用“圆柱体”按钮制作出抽屉把手，如图 1.3.37 所示。

图1.3.36　创建抽屉柜体

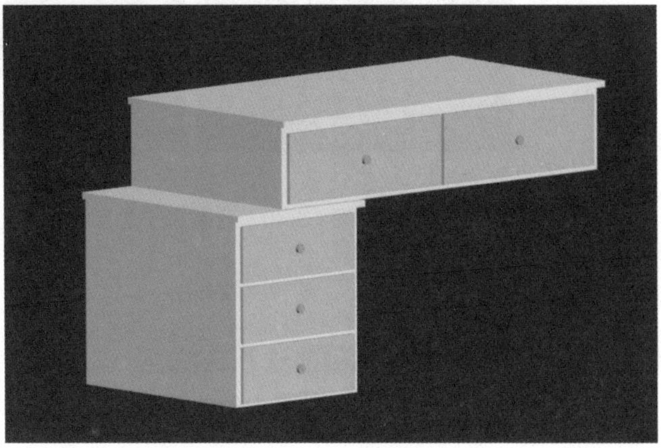

图1.3.37　创建桌台柜体

03 选择顶视图，创建参数为 30mm×600mm 的圆柱体作为桌腿，再将圆柱体转换为“可编辑多边形”，按 1 键进入“顶点”层级，选择底部的点进行缩放，然后向右移动，如图 1.3.38 所示。再使用同样的方法制作出左边的桌腿，如图 1.3.39 所示。

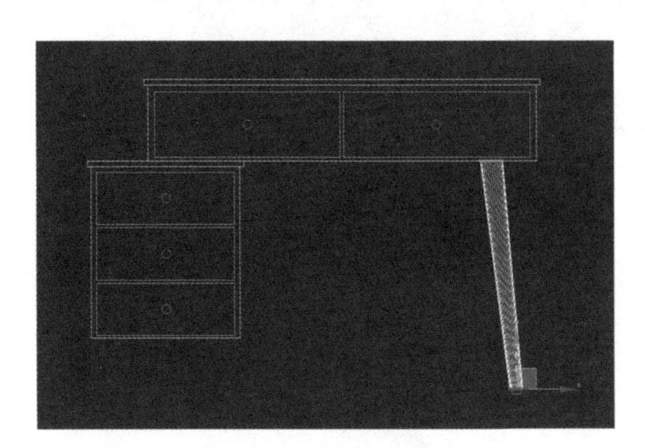

图1.3.38　梳妆台桌腿

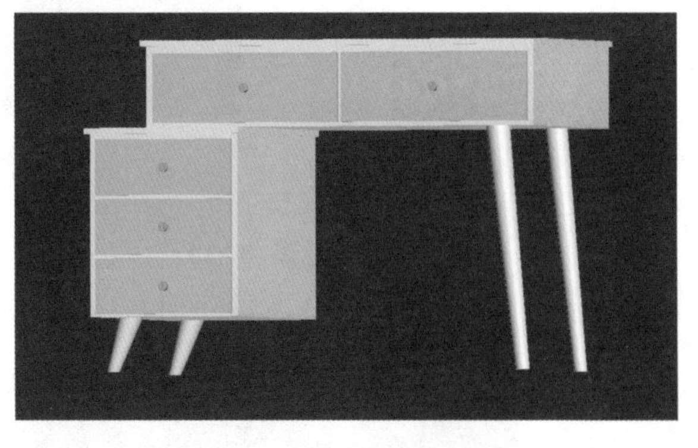

图1.3.39　梳妆台柜体

2．制作梳妆台镜子

01 选择前视图，利用“线”按钮绘制出如图 1.3.40（a）所示的形状，注意点 1 和点 2 要在同一垂直线上。使用捕捉工具进行对齐，按 3 键进入“样条线”层级，使用“镜像”按钮并移动，得到如图 1.3.40（b）所示的效果。按 1 键进入“顶点”层级，将未闭合点“焊接”。

02 选中桃心，添加“挤出”修改器，设置挤出参数为 30mm，再复制出一个桃心并修改参数，得到的镜面如图 1.3.41 所示。

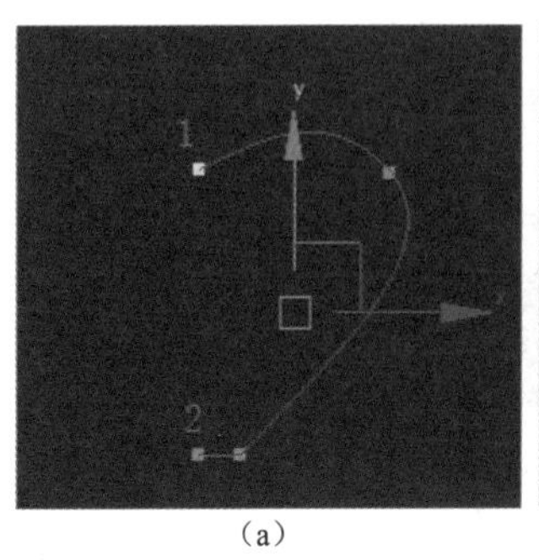

(a)

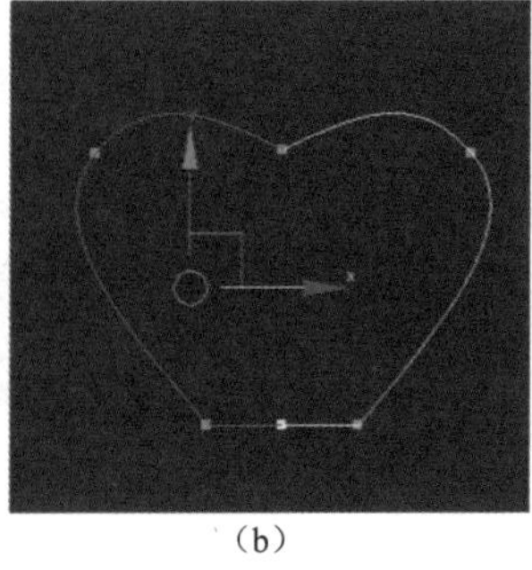
(b)

图1.3.40　绘制镜子轮廓形状

图1.3.41　镜面

3. 合成梳妆台

01 选择顶视图，创建参数为 260mm×400mm×30mm×5mm 的切角长方体作为凳座，复制凳座并修改参数，将其作为隔板及凳腿，效果如图 1.3.42 所示。

图1.3.42　梳妆台坐凳

02 将梳妆台与坐凳摆放到一起，如图 1.3.43 所示。至此，梳妆台制作完成。

图1.3.43　梳妆台模型

任务 1.4 卫生空间享舒适——卫生间模型的创建

☞任务描述

卫生间是商品房必不可少的元素，装修重点考虑干湿分区。本任务创建卫生间必备“三大件”洁具（马桶、洗脸池、浴缸）的模型。

☞任务目标

掌握通过样条线添加修改器制作模型雏形的方法；通过将模型雏形转换为可编辑多边形并对内容元素进行修改得到最终模型的学习，掌握二维图形转换为三维模型的制作方法。

1.4.1 制作坐便器——“扫描”修改器的运用

微课：制作马桶

坐便器又称马桶。马桶可分为分体马桶和连体马桶两种，一般情况下，分体马桶所占空间较大，连体马桶所占空间要小。本节所要制作的马桶如图 1.4.1 所示。

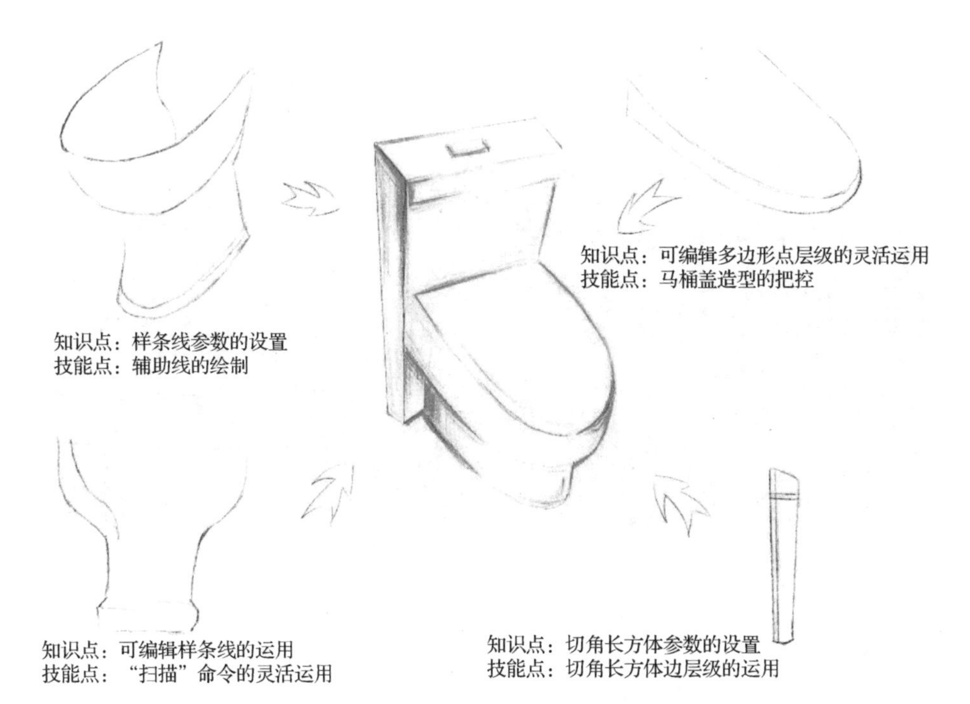

图1.4.1 马桶模型绘制相关知识点与技能点图解

1. 制作马桶座

01 选择顶视图，单击“创建”→“图形”中的“样条线”→“矩形”按钮，创建参数为 550mm×400mm×0mm 的矩形，如图 1.4.2 所示。

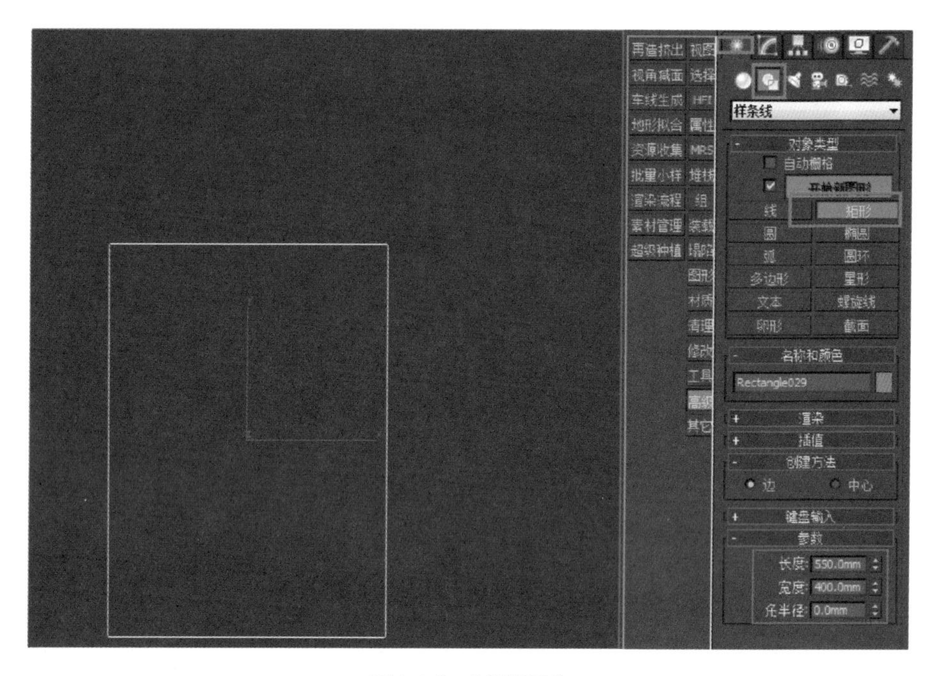

图1.4.2　创建矩形

02 选择顶视图，单击“样条线”中的“线”按钮，在刚绘制的矩形框内绘制如图 1.4.3 所示的图形。

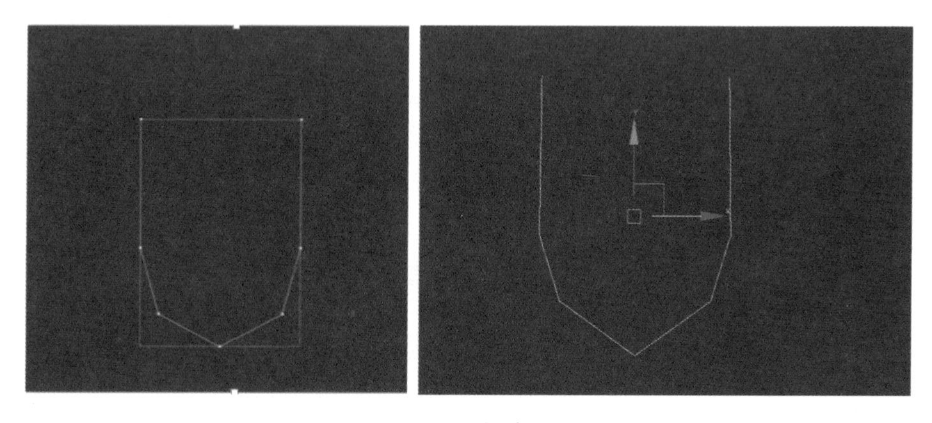

图1.4.3　马桶座雏形

03 选择刚绘制好的图形，进入线的“顶点”层级，将其转换为“Bezier 角点”，如图 1.4.4 所示。

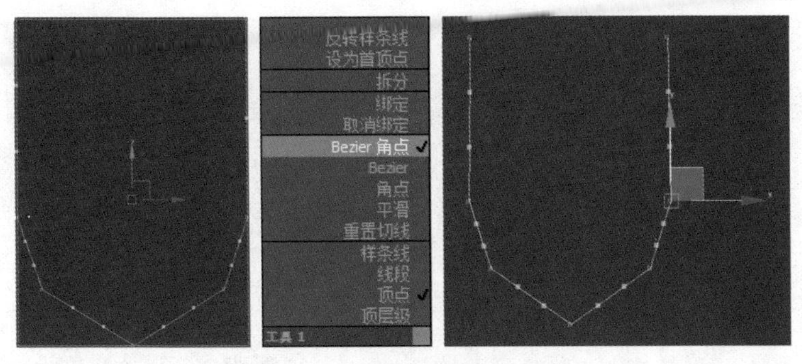

图1.4.4　设置“Bezier角点”

04 根据“Bezier 角点”的操作特点，将上一步制作的图形编辑成如图 1.4.5 所示的形状。

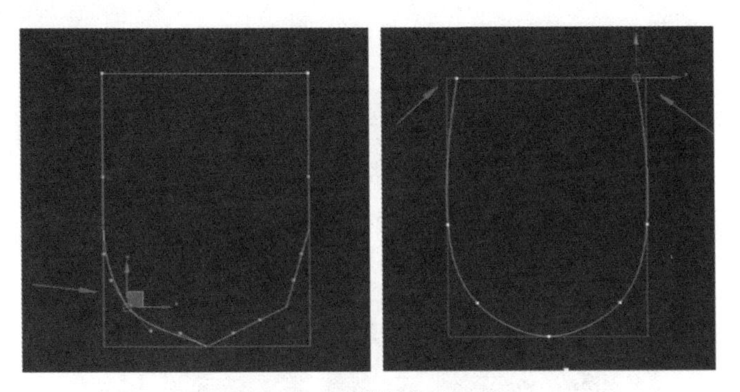

图1.4.5　调整马桶座形状

05 选择前视图，单击“样条线”中的“矩形”按钮，绘制 400mm×70mm 的矩形，并在矩形中绘制“线”作为放样的截面，如图 1.4.6 所示。

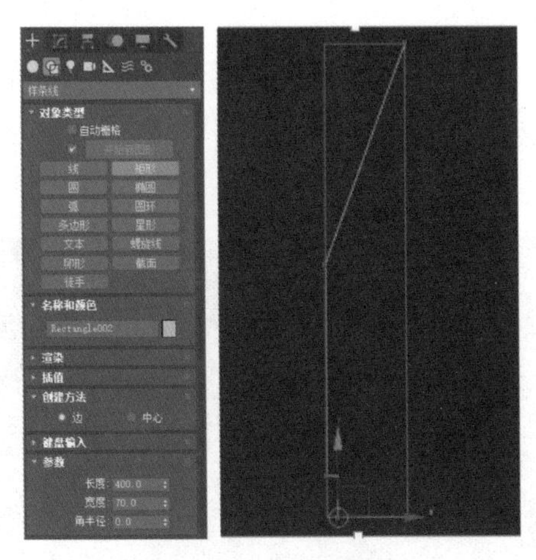

图1.4.6　放样截面

06 将红色标记的两点进行圆角处理，将其余点转换为“Bezier 角点”，如图 1.4.7 所示。

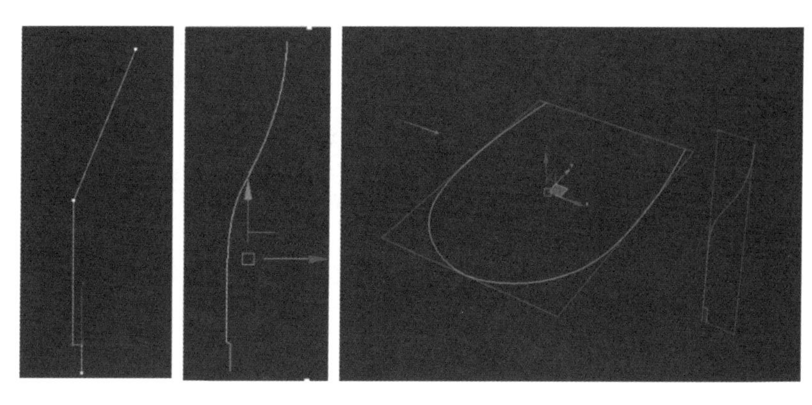

图1.4.7　圆角处理

07 选择顶视图，选中如图 1.4.8（a）所示的图形，在“修改器列表”下拉列表中为其添加“扫描”修改器，如图 1.4.8（b）所示。

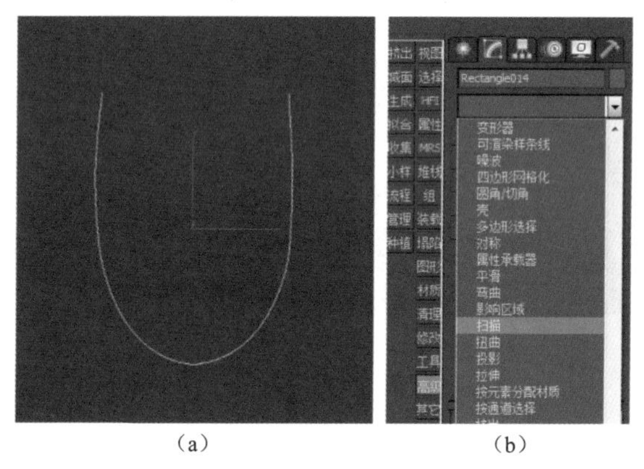

（a）　　（b）

图1.4.8　添加“扫描”修改器

08 进入“扫描”参数命令面板，如图 1.4.9 所示，选中“使用自定义截面”单选按钮，再单击“拾取”按钮，拾取右边的曲线，得到如图 1.4.10 所示的模型。

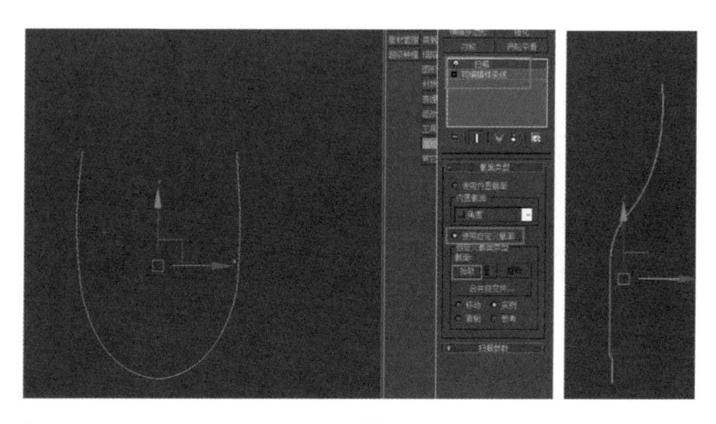

图1.4.9　扫描参数设置

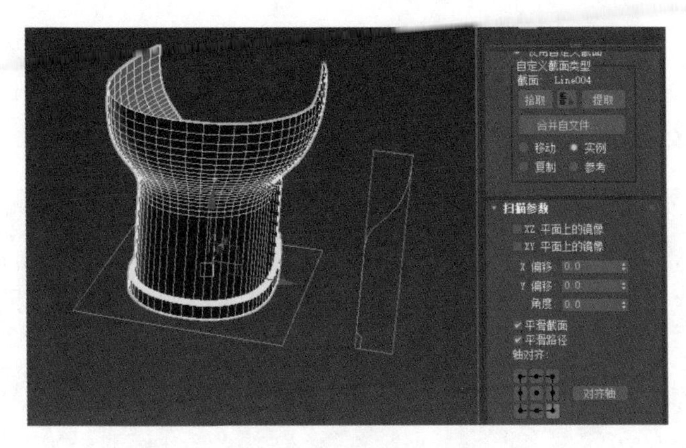

图1.4.10　马桶座模型

09 选择制作完成的放样截面，为其赋予“白色陶瓷”的材质，漫反射参数设置如图 1.4.11 所示，调整完成后单击按钮，将材质赋予马桶座，如图 1.4.12 所示。

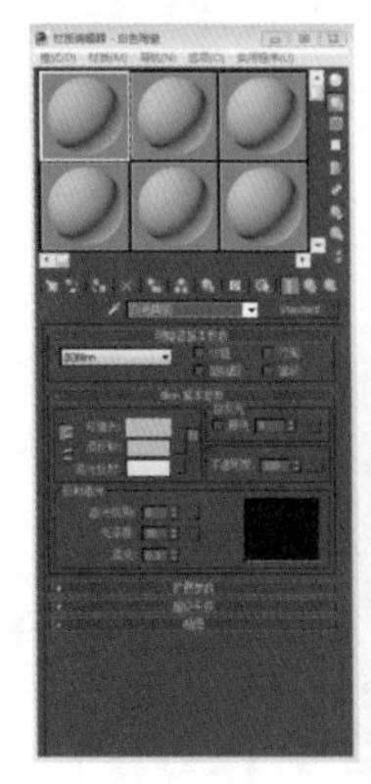

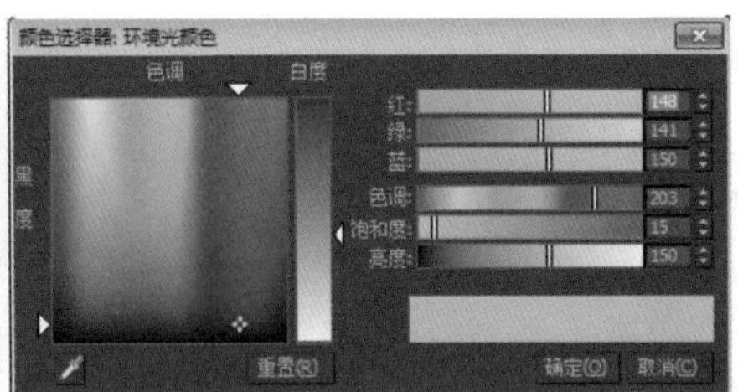

图1.4.11　漫反射参数设置

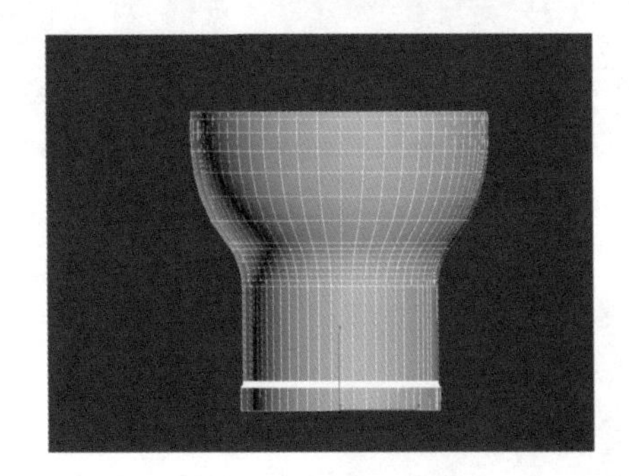

图1.4.12　赋予材质

2．制作马桶盖

01 选择顶视图，将刚制作好的马桶座转换为“可编辑多边形”。进入“顶点”层级，选择如图 1.4.13 所示的点，在工具栏单击“选择并均匀缩放”按钮，右击选择的点，在弹出的快捷菜单中选择“缩放”选项，弹出“缩放变换输入”对话框，在其中设置参数，然后单击“确定”按钮，最上面的边形成一条水平直线，如图 1.4.14 所示。

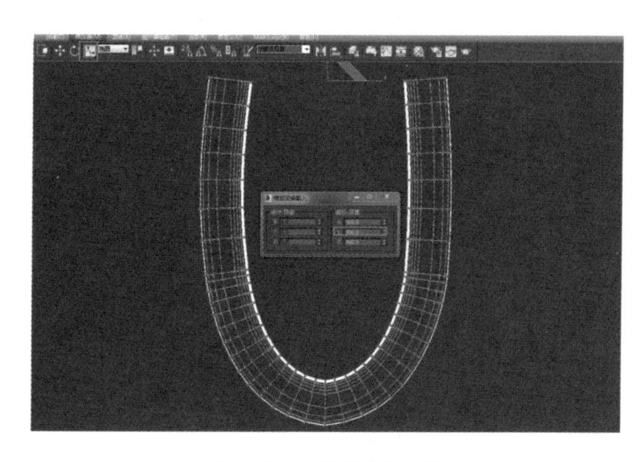

图1.4.13 “顶点”层级

图1.4.14 水平直线

02 选择前视图，进入多边形的“边”层级，选择马桶座最上面的一条边，如图 1.4.15 所示，右击，在弹出的快捷菜单中选择“创建图形”选项，如图 1.4.16 所示，在弹出的“创建图形”对话框中提取出样条线，如图 1.4.17 所示。

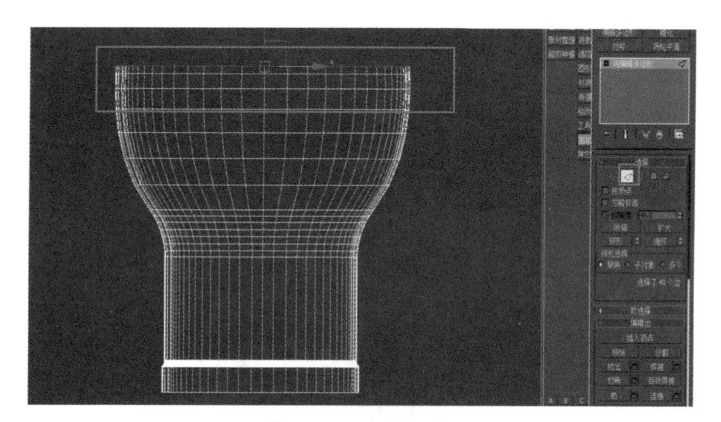

图1.4.15 选择边

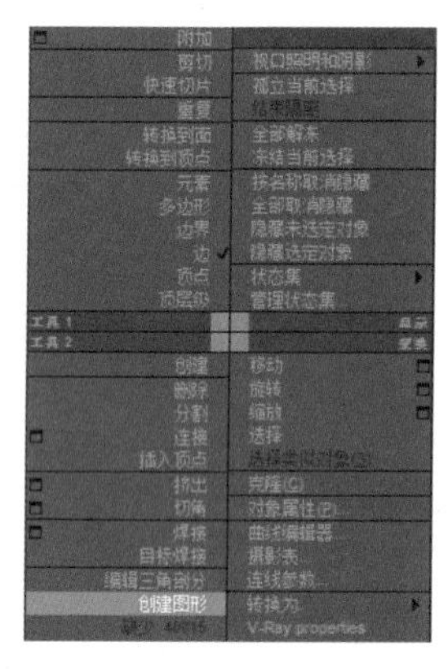

图1.4.16 选择“创建图形”选项

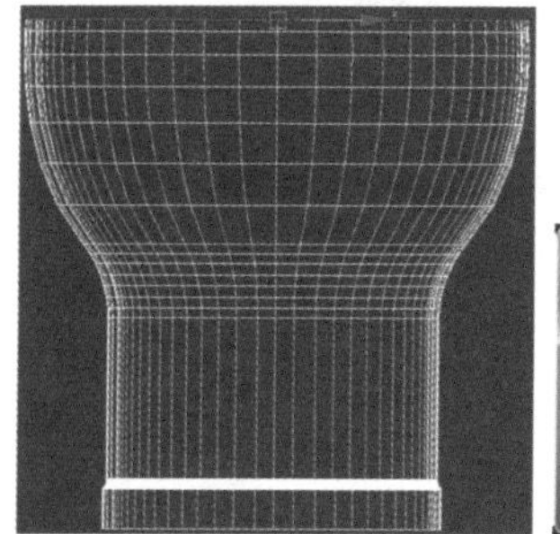

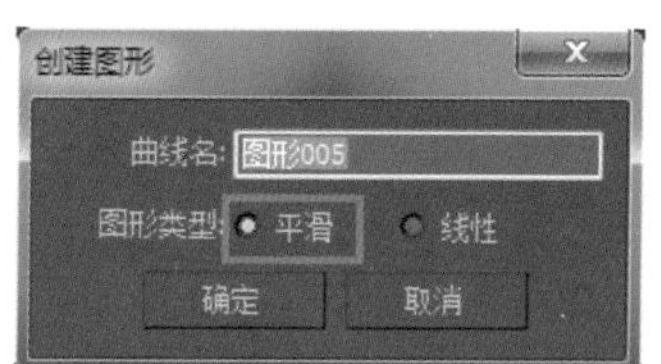

图1.4.17 提取出样条线

03 选择顶视图，选中如图 1.4.18 所示的线并右击，在弹出的快捷菜单中选择“连接”选项，连接最上面的两个点，如图 1.4.19 所示。为连接的线添加“挤出”修改器，设置参数为 30，作为马桶盖的雏形。

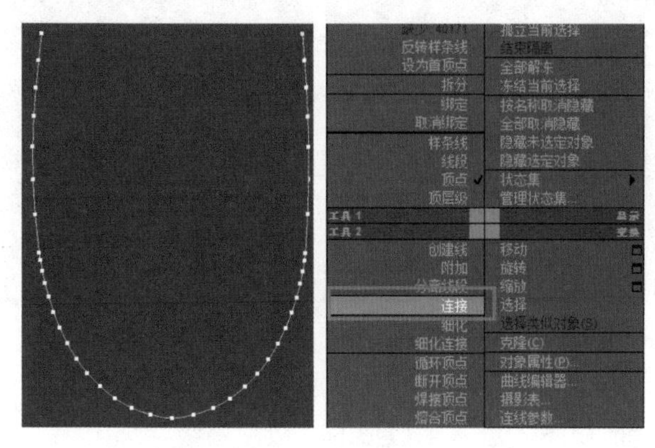

图1.4.18　选择“连接”选项

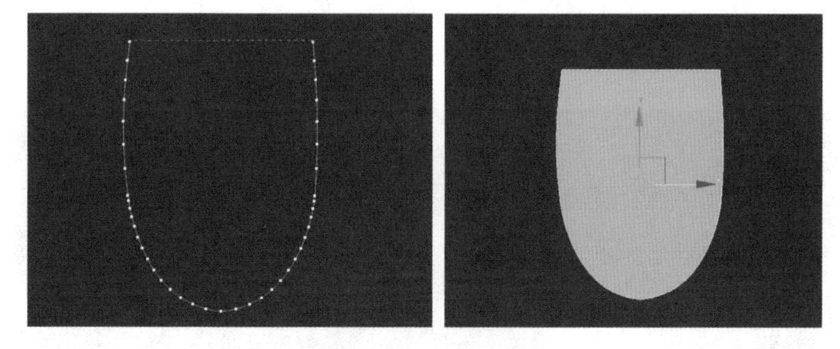

图1.4.19　马桶盖雏形

04 选择顶视图，将马桶盖雏形转换为“可编辑多边形”，进入“边”层级，选中如图 1.4.20 所示的边，右击，在弹出的快捷菜单中选择“连接”选项，再进入“可编辑多边形”的“边”层级，删除如图 1.4.21 所示的面。

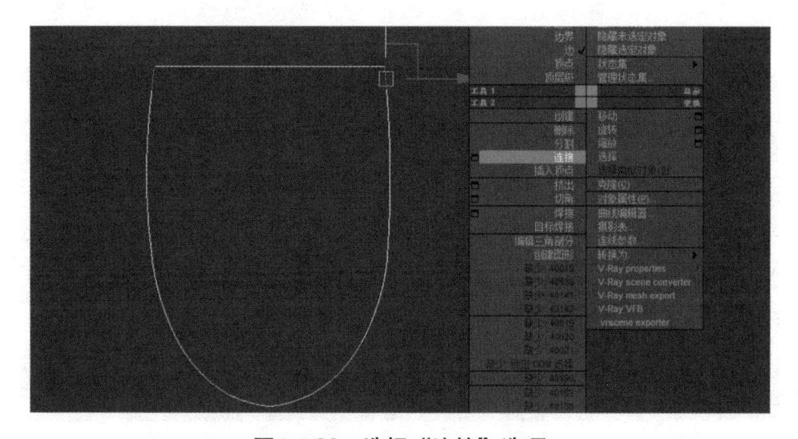

图1.4.20　选择“连接”选项

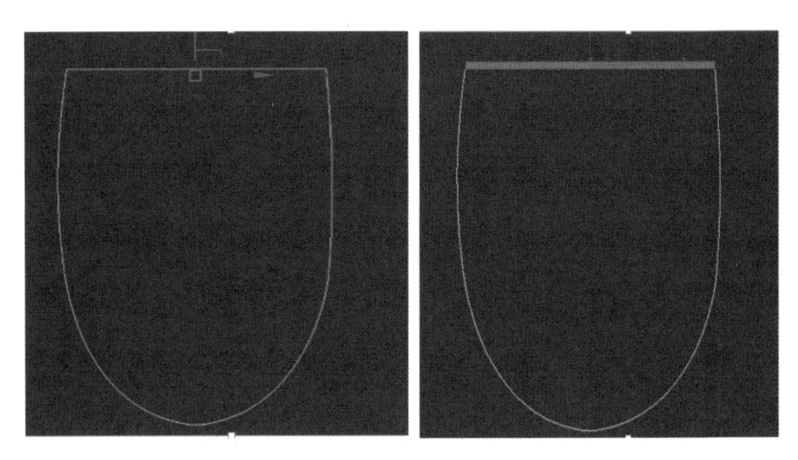

图1.4.21　删除面

05 选择前视图，进入多边形的“边”层级，选中上、下两条边，右击，在弹出的快捷菜单中单击“切角”选项前面的按钮，如图 1.4.22 所示。在弹出的“切角”文本框中输入相应的数值，如图 1.4.23 所示，单击“确定”按钮。再为马桶盖添加“平滑”修改器，如图 1.4.24 所示。

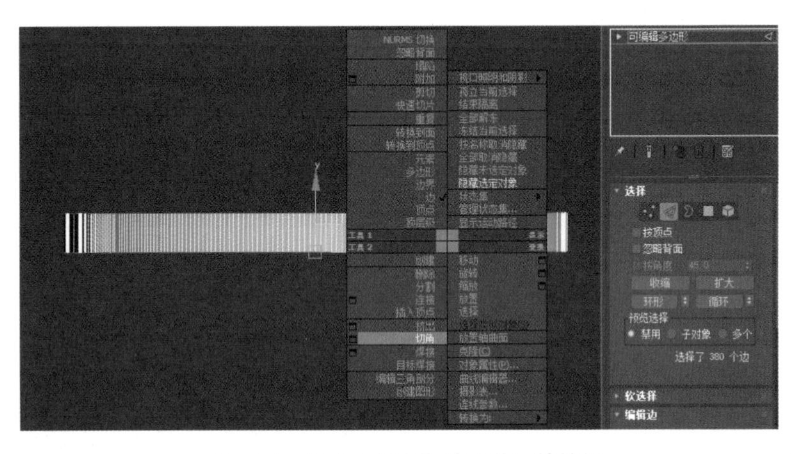

图1.4.22　单击“切角”选项前面的按钮

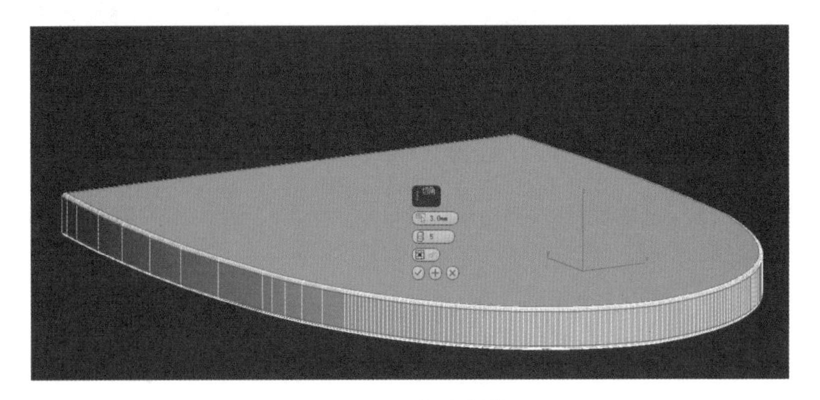

图1.4.23　切角操作

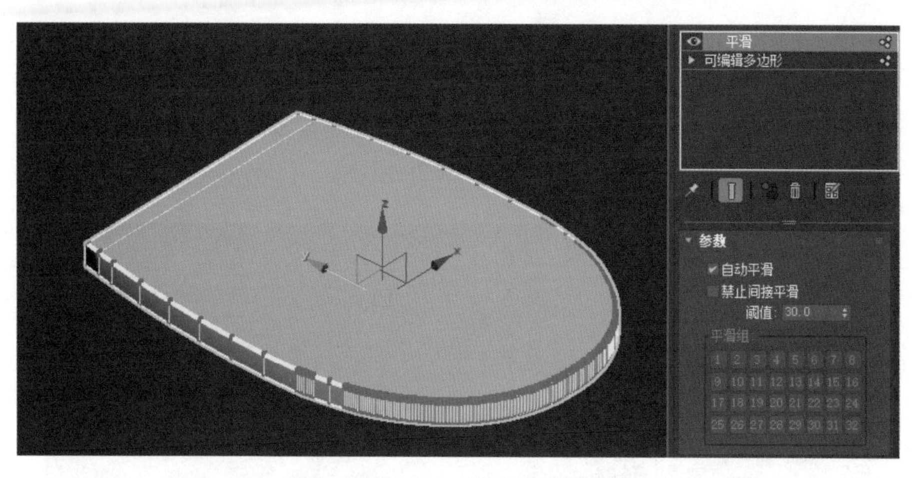

图1.4.24　添加“平滑”修改器

06 再次提取马桶座上面的线，如图 1.4.25 所示，将线转换为面；右击，在弹出的快捷菜单中选择“可编辑多边形”选项，如图 1.4.26 所示；再右击，在弹出的快捷菜单中选择“附加”选项，如图 1.4.27 所示。

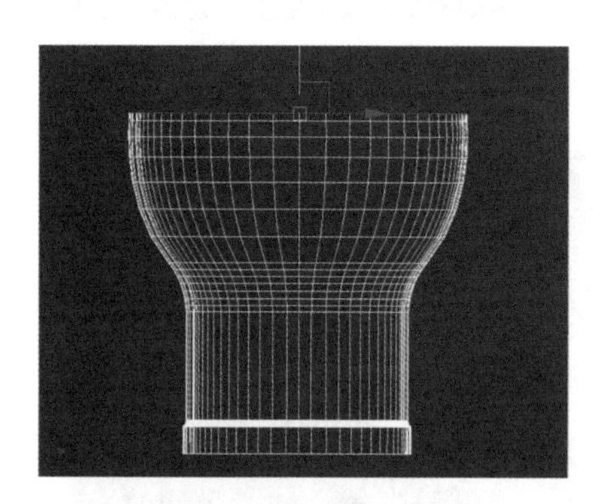

图1.4.25　选中线

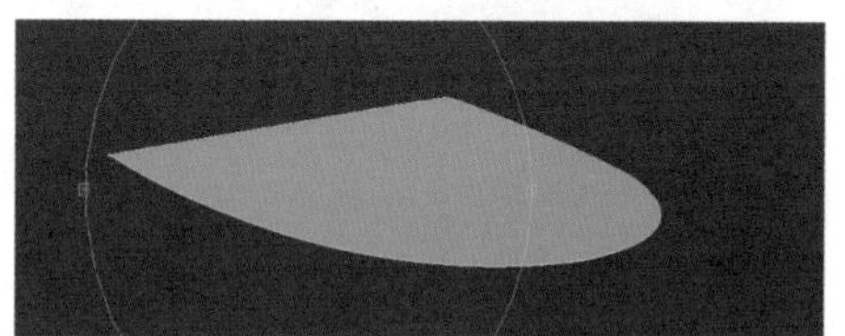

图1.4.26　转换为可编辑多边形

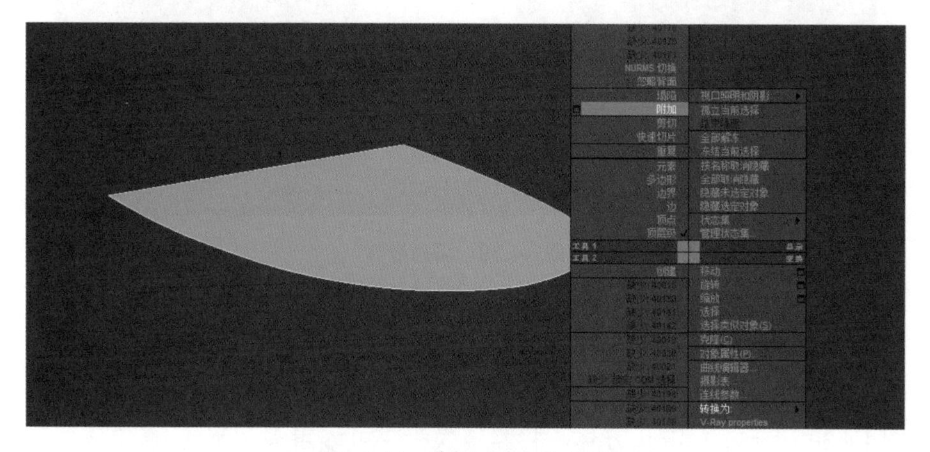

图1.4.27　选择“附加”选项

07 附加马桶（选择“附加”选项后，直接单击马桶），按 1 键进入“可编辑多边形”的“顶点”层级。右击马桶，在弹出的快捷菜单中选择“焊接”选项，如图 1.4.28 所示。按 2 键进入“可编辑多边形”的“边”层级，选中上面的边，进行切角操作，如图 1.4.29 所示。

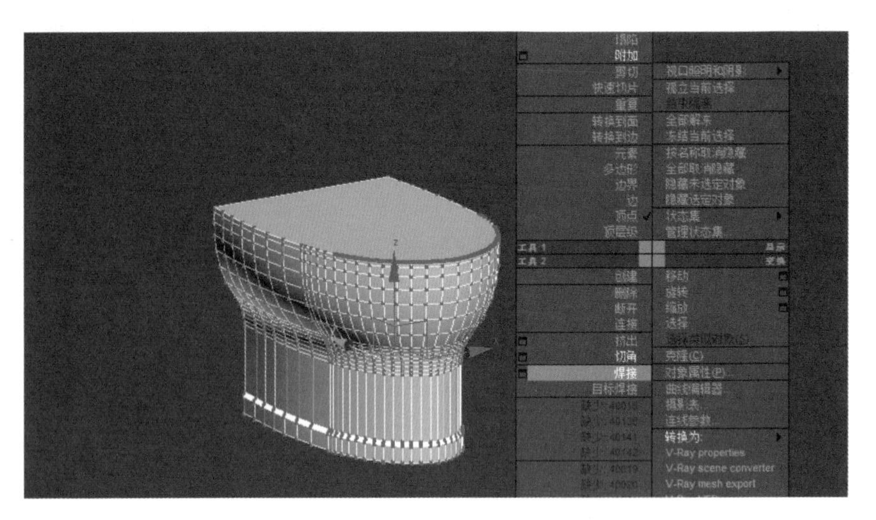

图1.4.28　选择“焊接”选项

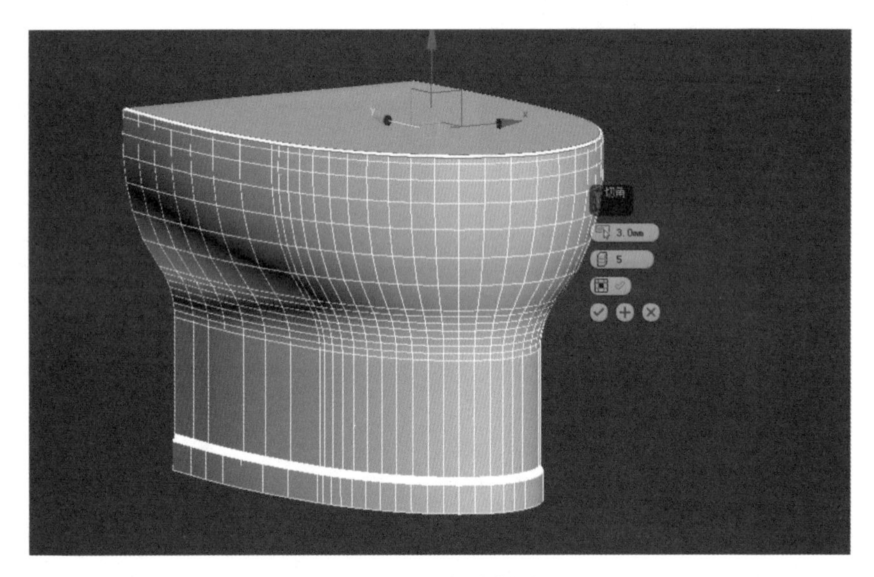

图1.4.29　切角操作

3. 制作马桶水箱

01 选择顶视图，创建参数为 100mm×400mm×700mm 的长方体，如图 1.4.30 所示。右击长方体，将其转换为“可编辑多边形”，按 2 键进入“边”层级，选中如图 1.4.31 所示的边，右击，在弹出的快捷菜单中选择“切角”选项，在弹出的“切角”文本框中输入相应数值，如图 1.4.32 所示。

图1.4.30　创建长方体

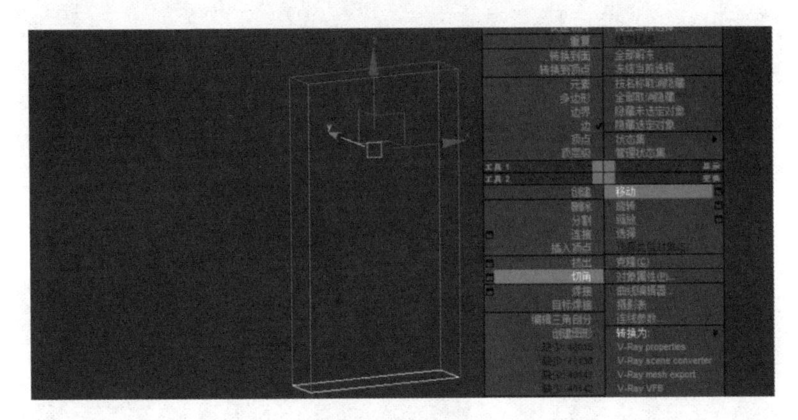

图1.4.31　选中边

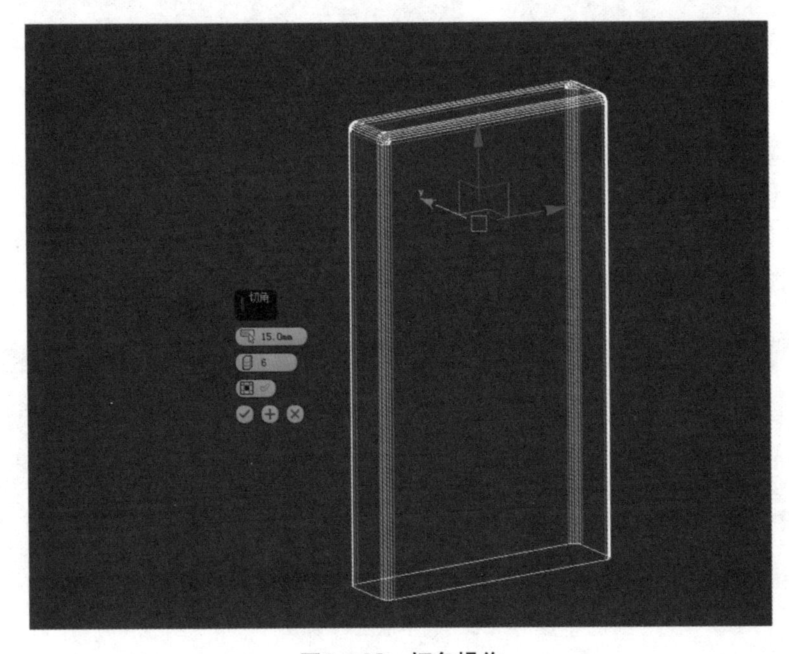

图1.4.32　切角操作

02 选中如图 1.4.33 所示的边，右击，在弹出的快捷菜单中选择“连接”选项。按 F 键切换到前视图，将连接的线向上移动，如图 1.4.34 所示。选中线，右击，在弹出的快捷菜单中选择“挤出”选项，在弹出的“挤出边”文本框中输入相应数值，如图 1.4.35 所示。

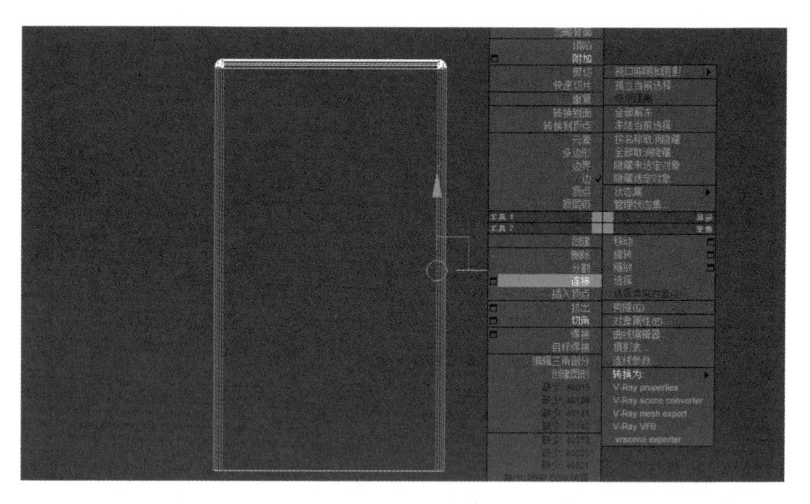

图1.4.33　选中边

图1.4.34　移动线

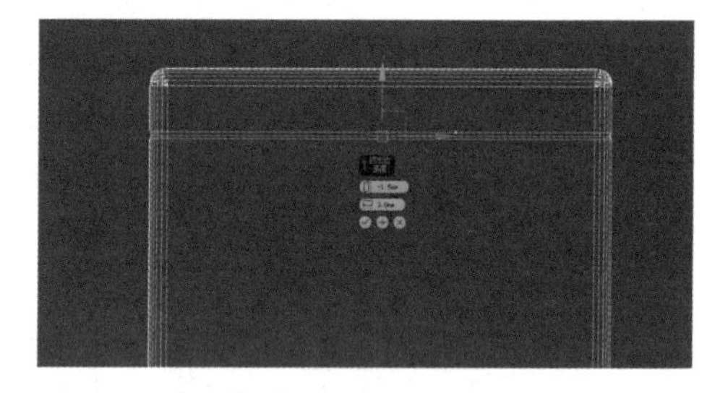

图1.4.35　挤出边操作

03 选择如图 1.4.36 所示的点，单击工具栏中的“选择并均匀缩放”按钮，右击选择的点，在弹出的快捷菜单中单击“缩放”后面的按钮，在弹出的“缩放变换输入”对话框中输入相应数值。按 L 键切换到左视图，选择如图 1.4.37 所示的点，将其沿 *Y* 轴方向移动 15mm，如图 1.4.38 所示。

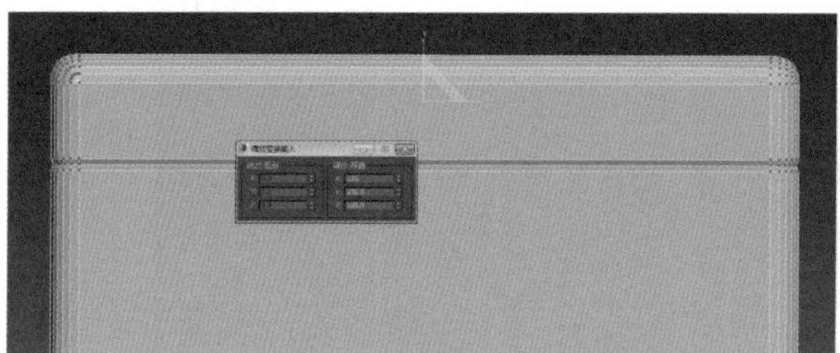

图1.4.36　选中点进行缩放

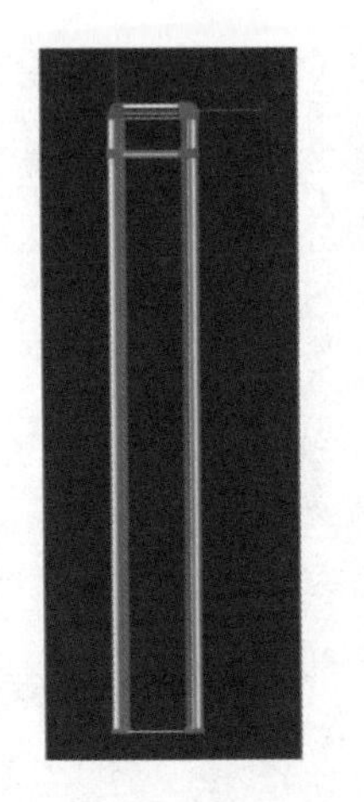

图1.4.37　选中点

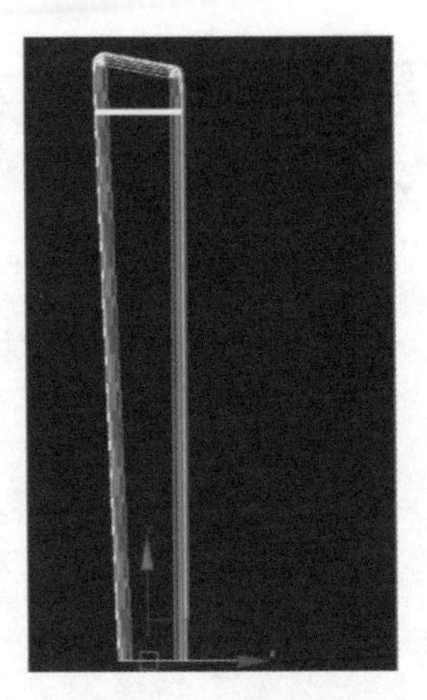

图1.4.38　沿Y轴移动点

04 选择顶视图，在水箱平面中间位置绘制参数为 35mm×50mm 的矩形，如图 1.4.39 所示。添加“挤出”命令，设置参数为 0.5，将其转换为可编辑多边形作为水箱冲水按钮。再选中按钮，右击，在弹出的快捷菜单中选择“倒角”选项，在弹出的“倒角”文本框中输入相应数值，如图 1.4.40 所示。

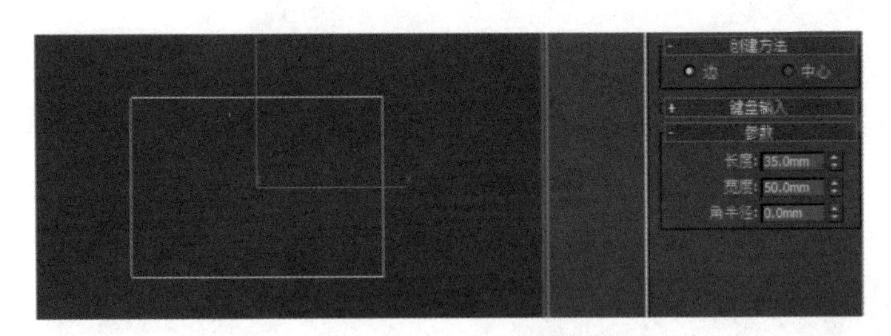

图1.4.39　创建矩形

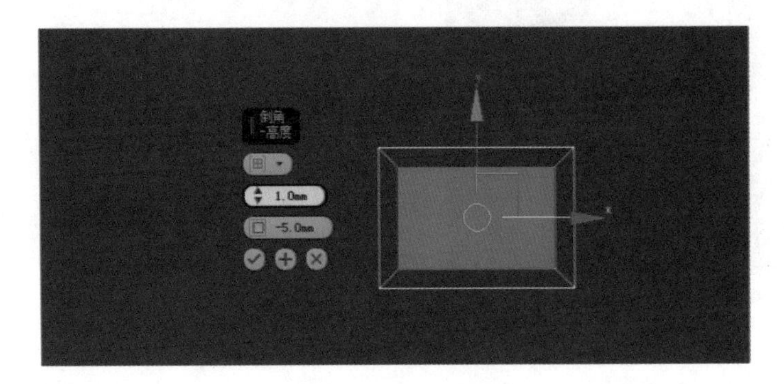

图1.4.40　倒角操作

05 选择左视图，选择按钮，添加“FFD 2×2×2”修改器，选择“控制点”，对按钮进行调整，如图 1.4.41 所示。切换到顶视图，复制一个按钮并调整位置，如图 1.4.42 所示。至此，马桶绘制完成，如图 1.4.43 所示。

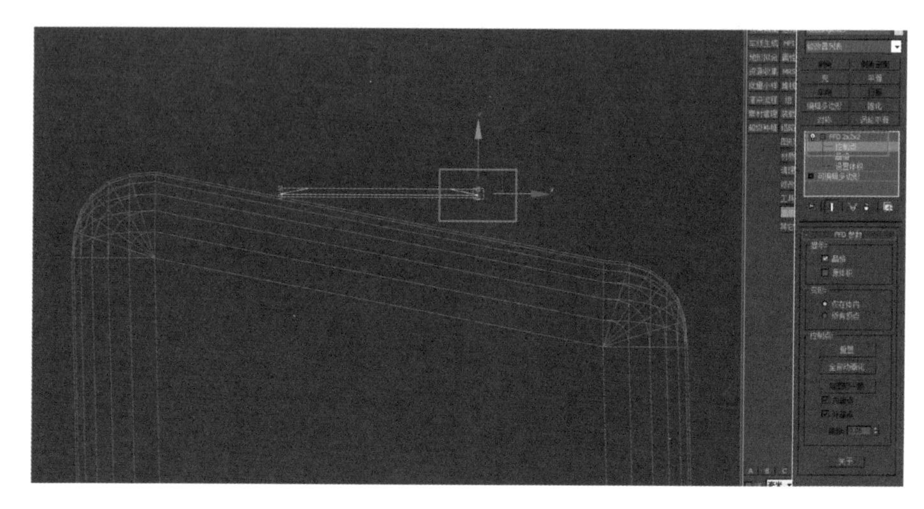

图1.4.41　调整水箱按钮

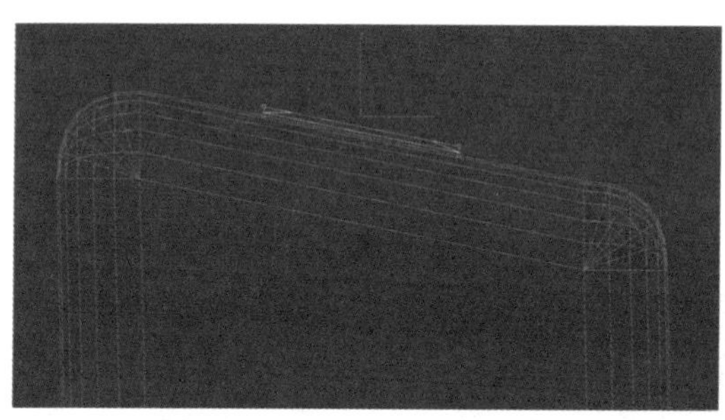

图1.4.42　复制水箱按钮

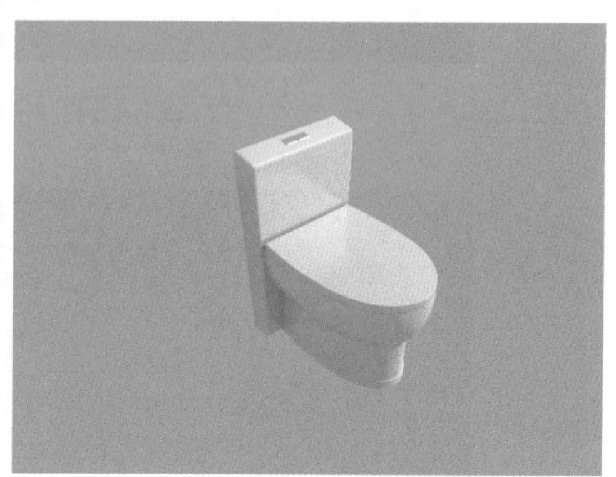

图1.4.43　马桶模型

1.4.2　制作洗脸池——可编辑多边形的运用

微课：制作洗脸池

洗脸池又称洗脸台、洗手池，一般由大理石或其他坚硬牢固的防水材料铺设而成，设有水塞和溢水口，如图 1.4.44 所示。

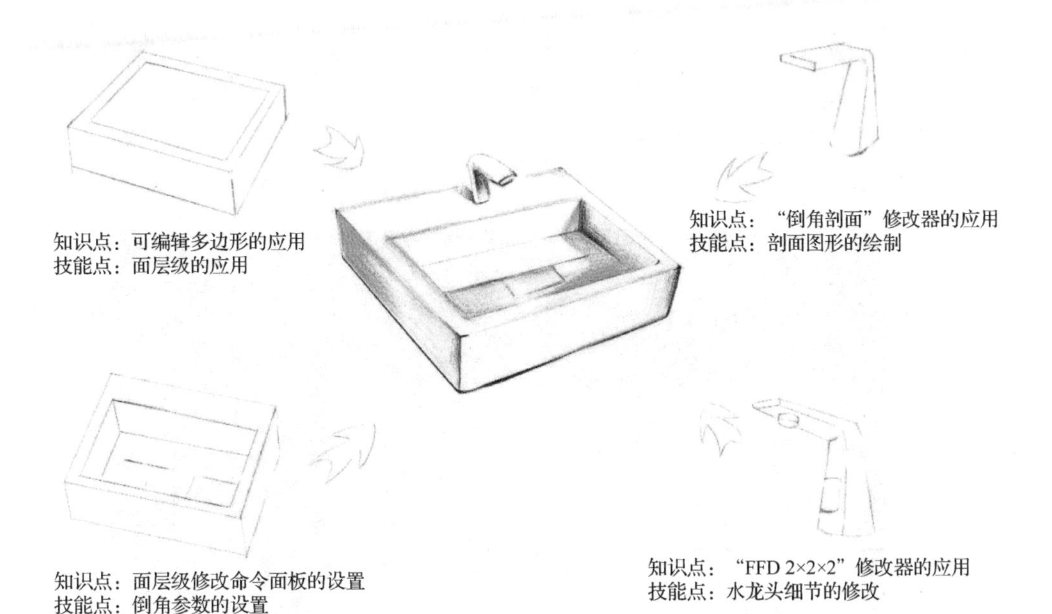

图1.4.44　洗脸池模型绘制相关知识点与技能点图解

1．制作洗脸池体

01 选择顶视图，按 Alt+W 组合键将其最大化显示，单击"几何体"→"标准基本体"中的"长方体"按钮，创建参数为 470mm×600mm×140mm 的长方体，如图 1.4.45 所示。

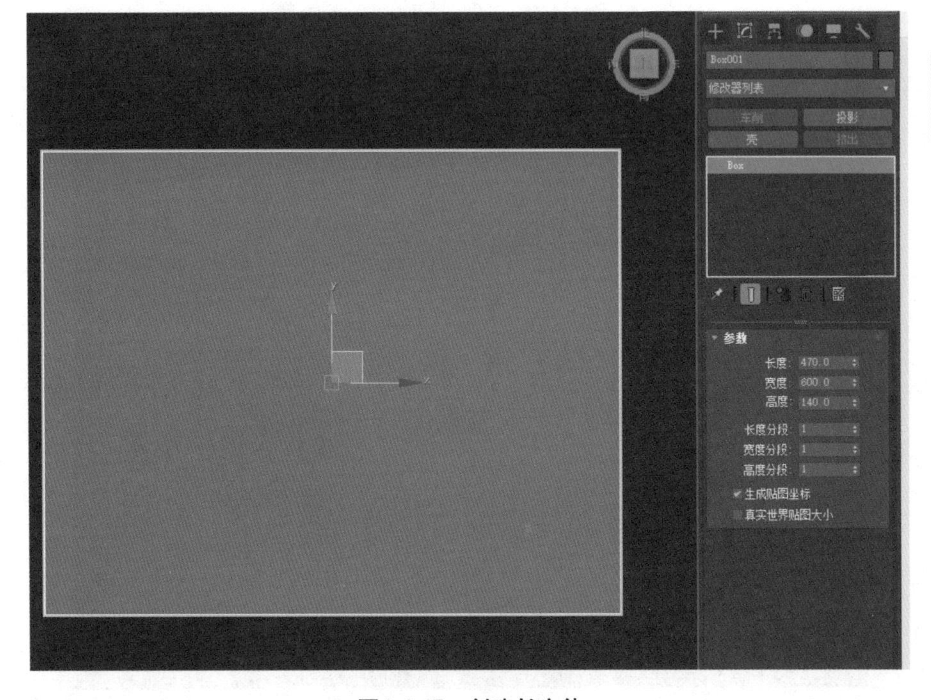

图1.4.45　创建长方体

小 贴 士

按G键，可取消网格显示。

02 选择顶视图，将长方体转换为“可编辑多边形”，进入“多边形”层级。选中上顶面，如图 1.4.46 所示，单击“插入”后面的按钮，在弹出的“插入”文本框中输入相应数值，如图 1.4.47 所示。再单击“倒角”后面的按钮，在弹出的“倒角”文本框中输入相应数值，如图 1.4.48 所示。

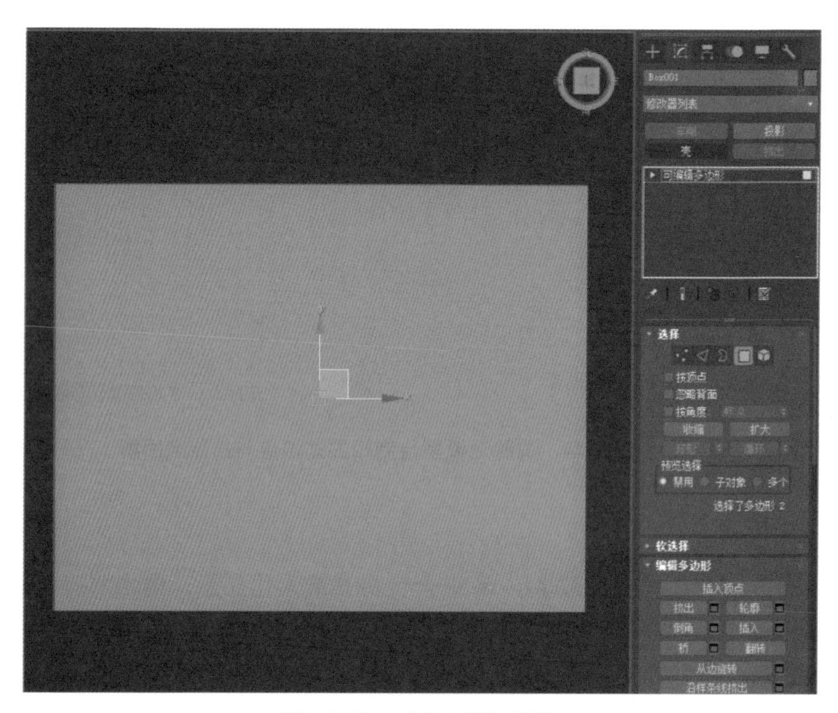

图1.4.46　“多边形”层级

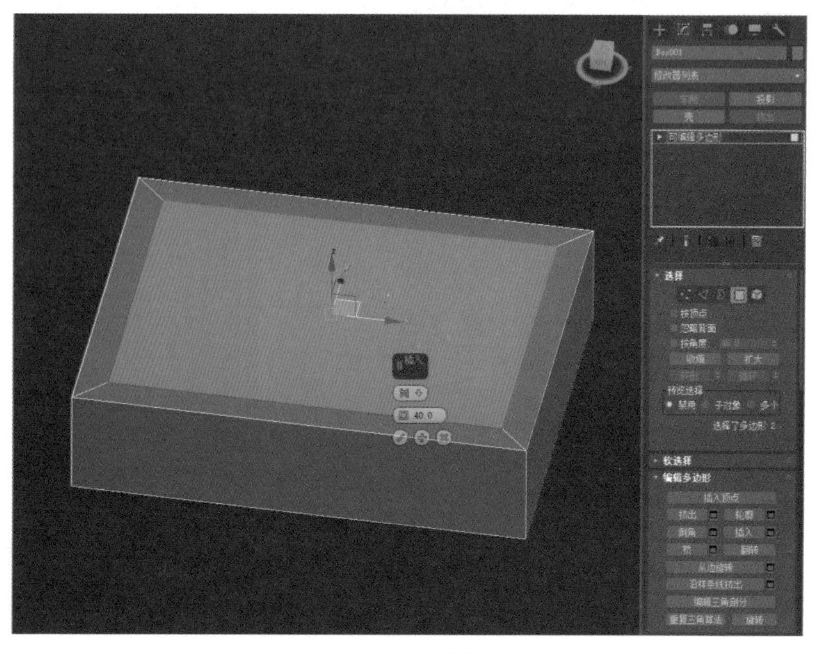

图1.4.47　插入操作

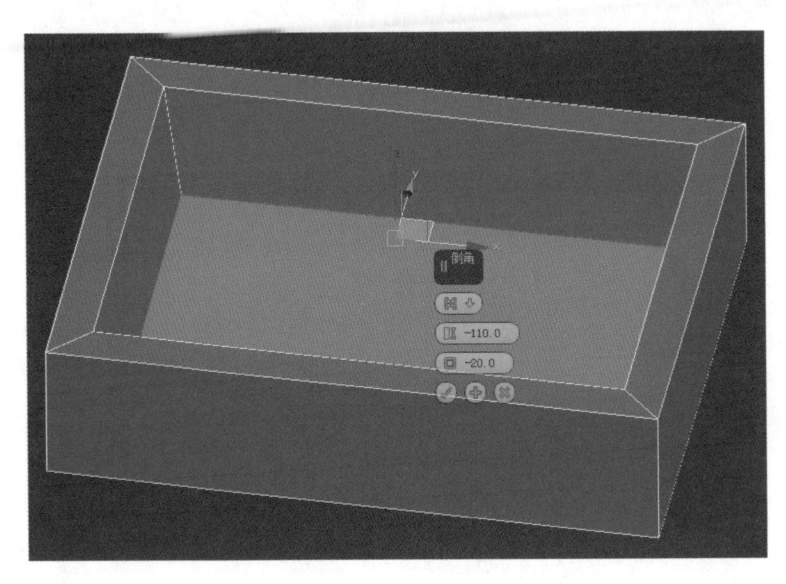

图1.4.48　倒角操作

03 选择顶视图，进入“可编辑多边形”的“顶点”层级，选中如图 1.4.49 所示的 4 个顶点，将 4 个顶点沿 *Y* 轴移动 -80mm，如图 1.4.50 所示，结果如图 1.4.51 所示。

知识窗

如果只需要在 *Y* 轴移动，那么可以按 Space 键锁定 *Y* 轴，这样就不能在 *X* 轴和 *Z* 轴移动了，可确保操作准确。

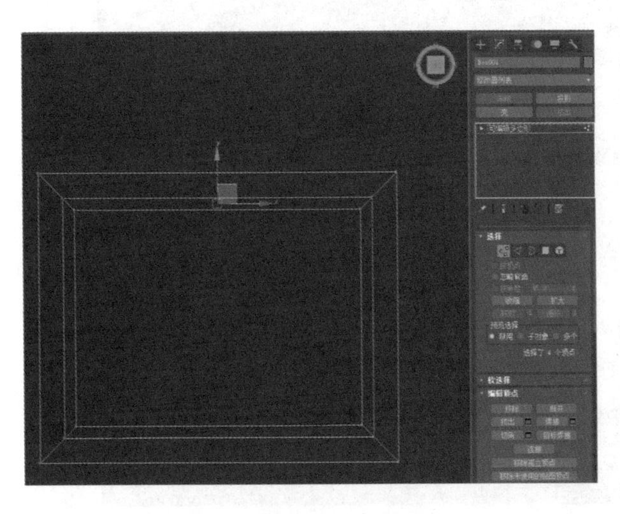

图1.4.49　选中4个顶点

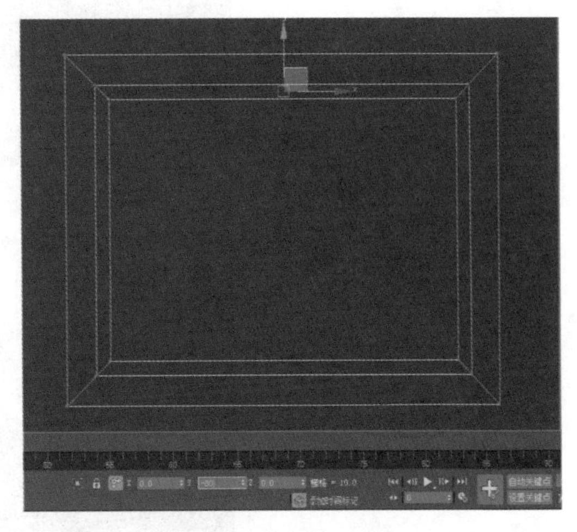

图1.4.50　沿 *Y* 轴移动

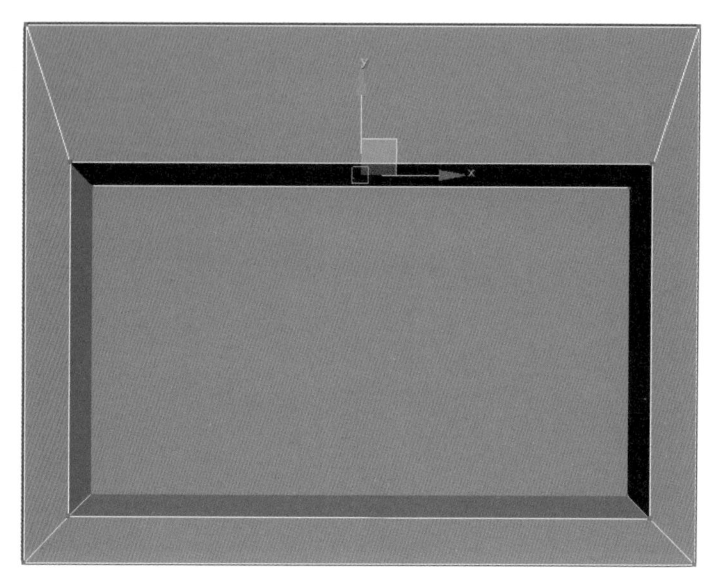

图1.4.51　点移动后效果

04 选择顶视图，进入“可编辑多边形”的“边”层级，选中如图 1.4.52 所示的边，再单击“连接”后面的按钮，在弹出的“连接边”文本框中设置参数，如图 1.4.53 所示。

05 选择顶视图，按 1 键进入“可编辑多边形”的“顶点”层级，选中如图 1.4.54 所示的顶点，选择缩放工具，将鼠标指针放在 *X* 轴上，出现黄色高光后，向左滑动，如图 1.4.55 所示，将点通过压缩的方式放到垂直线上，如图 1.4.56 所示。

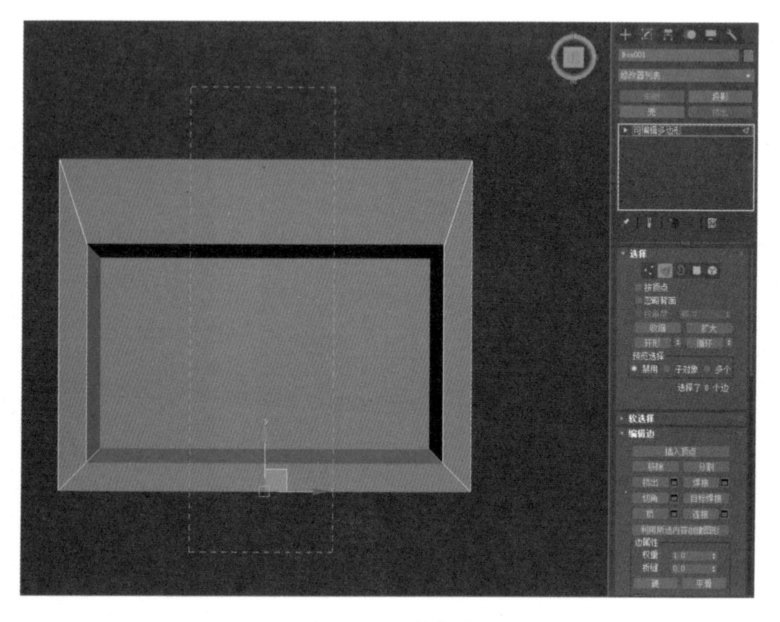

图1.4.52　选中边

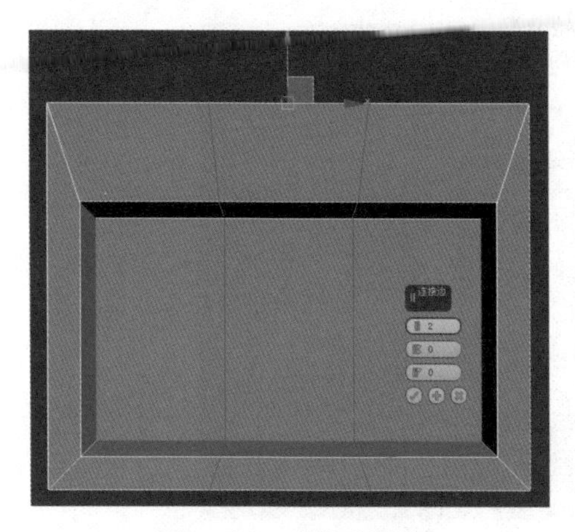

图1.4.53 连接边操作

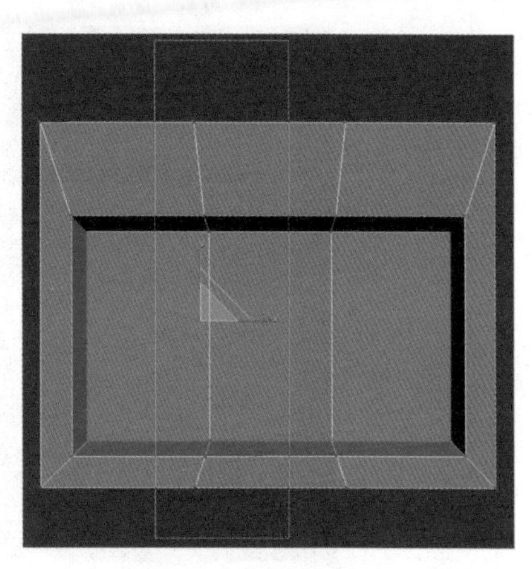

图1.4.54 选中点

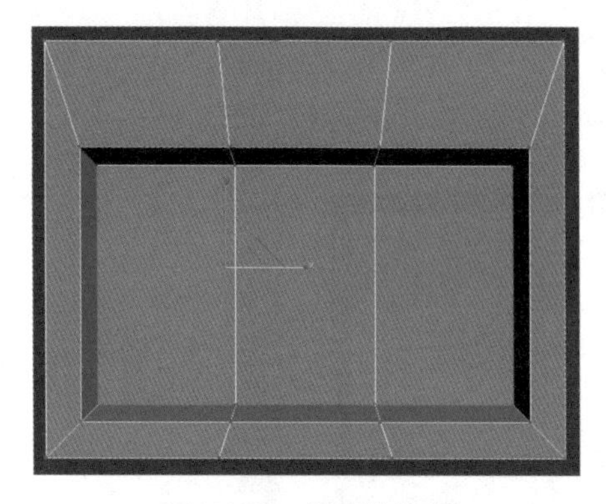

图1.4.55 沿X轴缩放

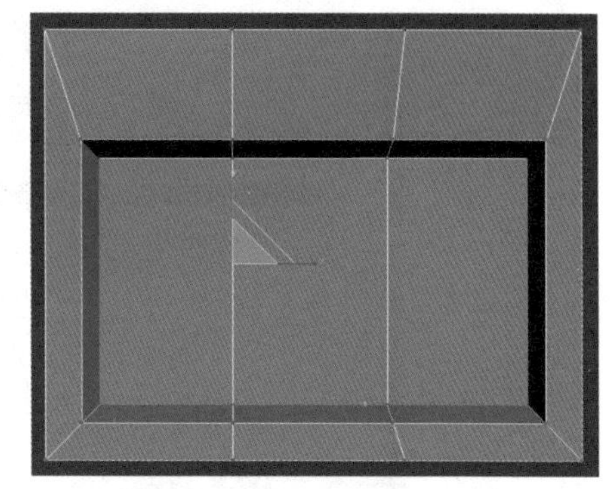

图1.4.56 点的垂直操作

06 使用相同的方法选中右侧的点，如图 1.4.57 所示，再使用缩放工具绘制出如图 1.4.58 所示的垂直线。

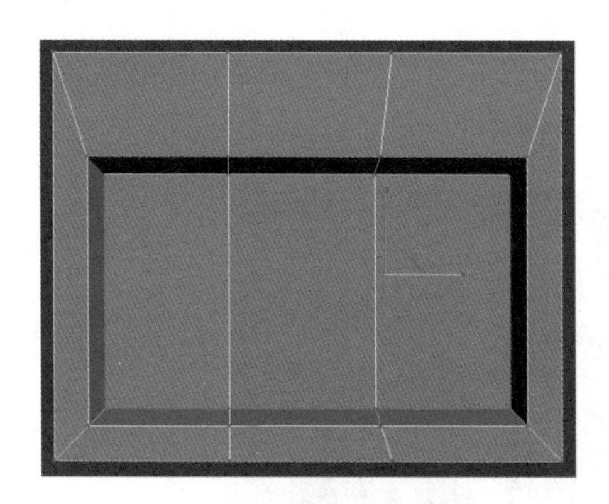

图1.4.57 选中右侧的点

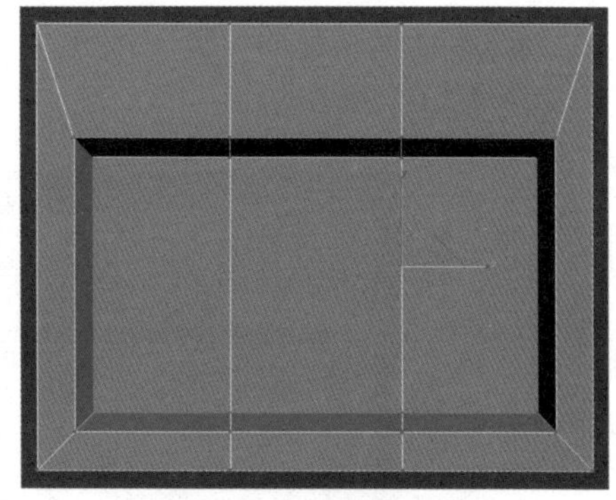

图1.4.58 点的垂直操作

07 按 2 键进入“可编辑多边形”的“边”层级，选中如图 1.4.59 所示的边，单击“连接”后面的按钮，在弹出的“连接边”文本框中输入相应数值，如图 1.4.60 所示。

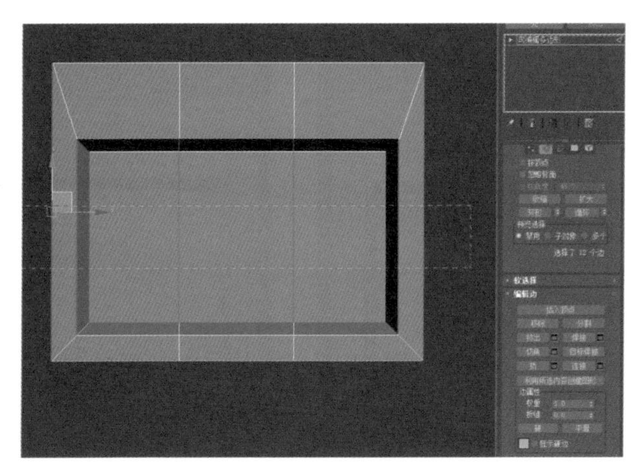

图1.4.59 选中边

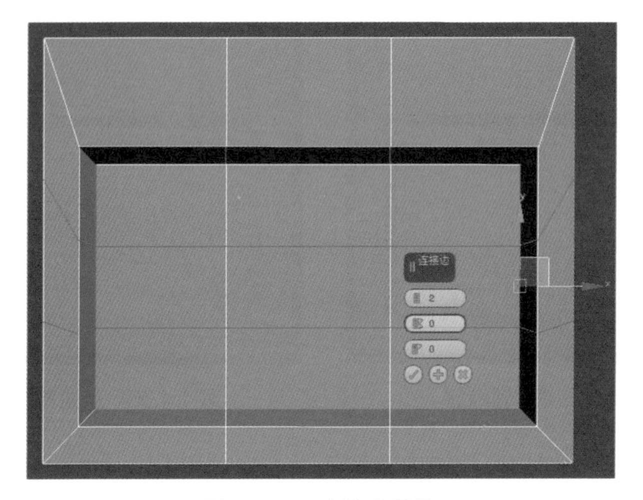

图1.4.60 连接边操作

08 选择顶视图，按 1 键进入“可编辑多边形”的“顶点”层级，选中如图 1.4.61 所示的点。

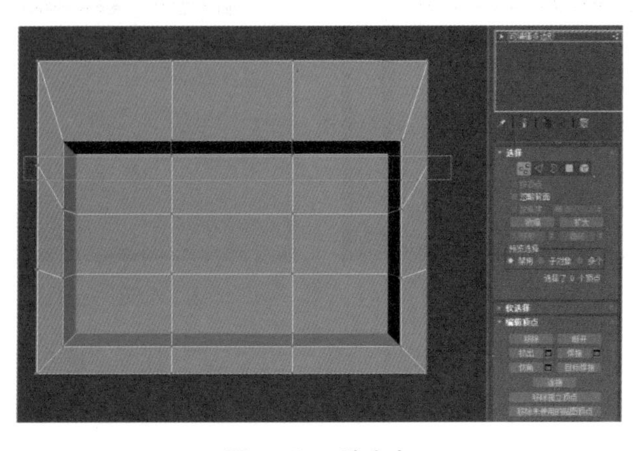

图1.4.61 选中点

09 按 S 键打开捕捉开关，将捕捉设置为 2.5 维，捕捉参数设置如图 1.4.62 所示。按 W 键并单击“选择并移动”按钮，按 Space 键锁定点，按 F6 键锁定 *Y* 轴，将选择的点通过移动捕捉的方法使其与同一条循环线上的点对齐，如图 1.4.63 所示。

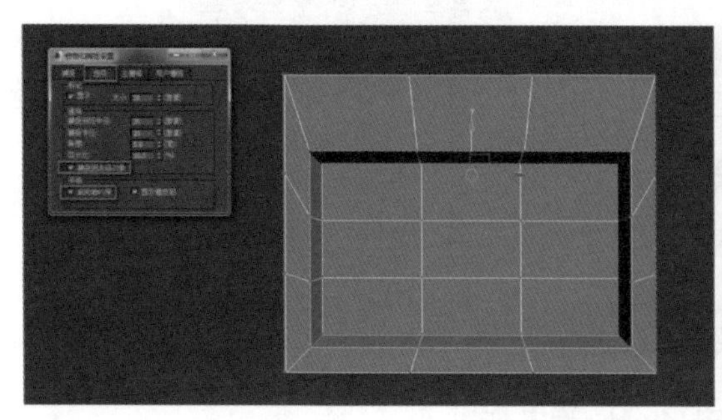
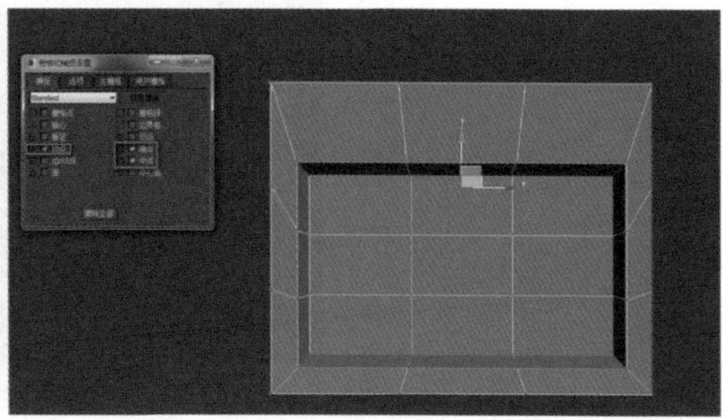

图1.4.62 捕捉参数设置

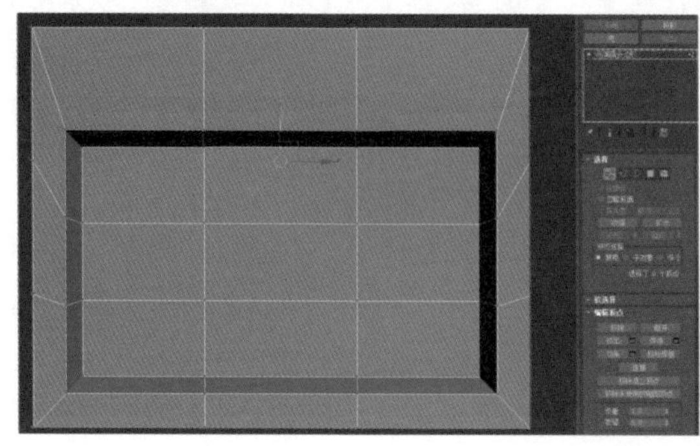
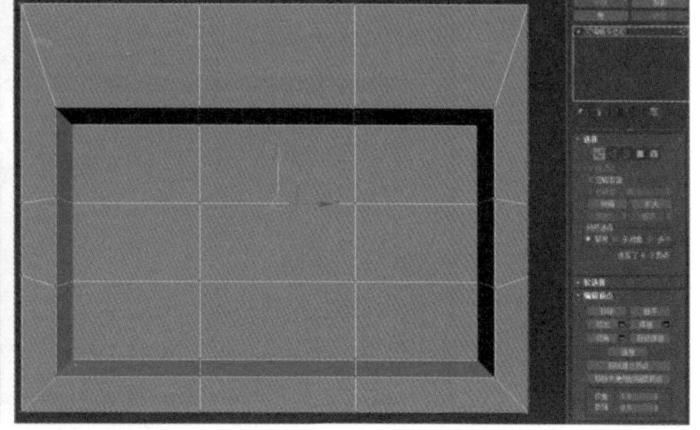

图1.4.63 点对齐操作

10 同理，将其余各点也调整到相应的位置，如图 1.4.64 所示。

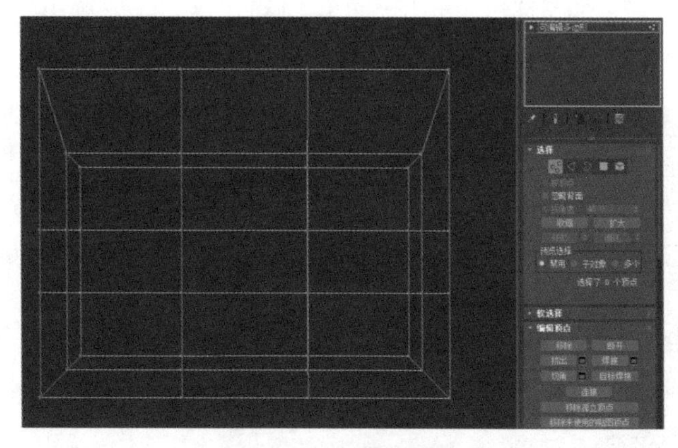

图1.4.64 调整点操作

11 按 2 键进入“可编辑多边形”的“边”层级，在透视图中选中如图 1.4.65 所示的环线。单击“切角”后面的按钮，在弹出的“切角”文本框中输入相应数值（图 1.4.66）形成如图 1.4.67 所示的模型。

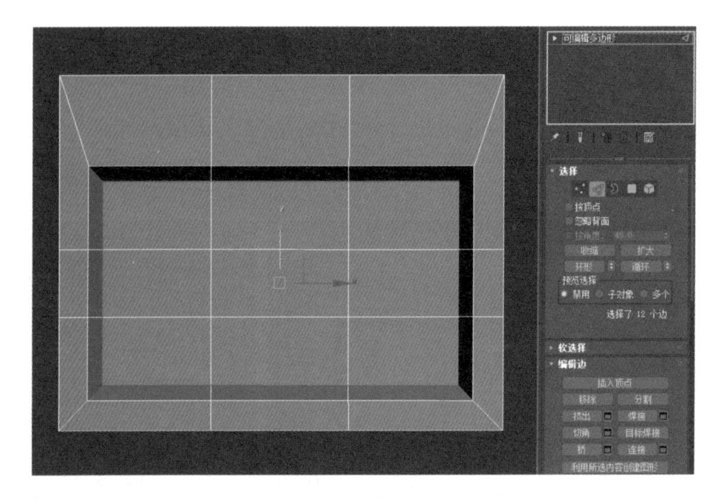

图1.4.65 选中环线

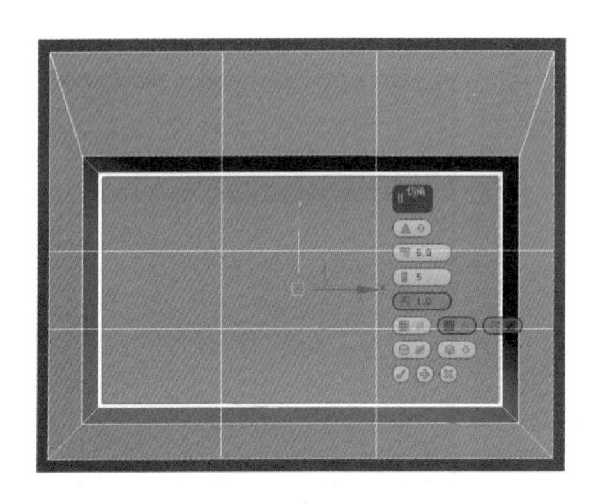

图1.4.66 切角操作

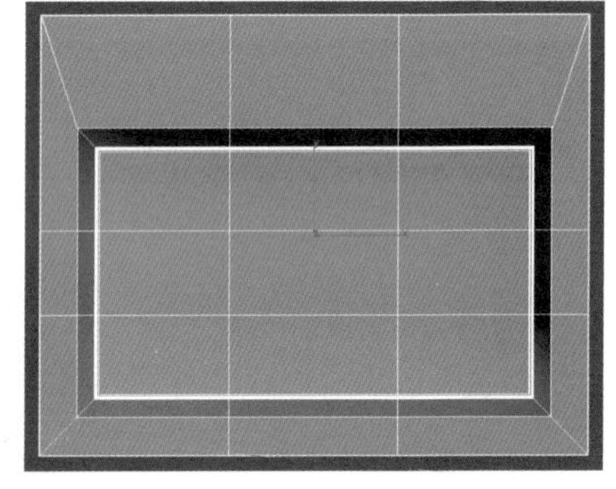

图1.4.67 切角后模型

12 按 2 键进入“可编辑多边形”的“边”层级，在透视图中双击，选中如图 1.4.68 所示的循环线。单击“切角”后面的按钮，在弹出的“切角”文本框中输入相应数值（图 1.4.69）形成如图 1.4.70 所示的洗脸池体。

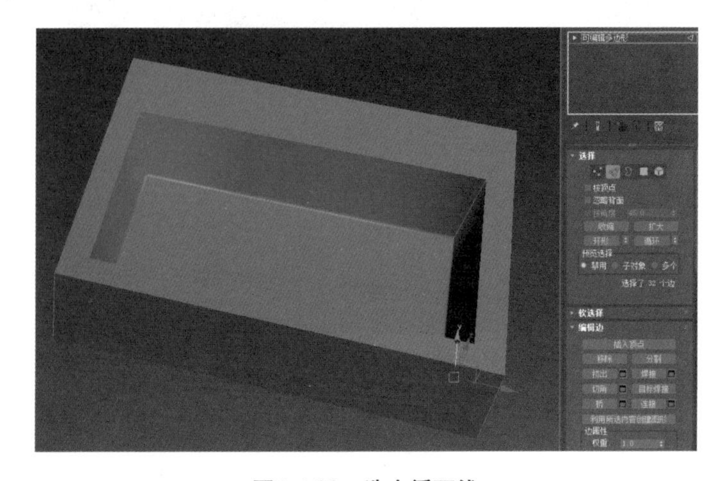

图1.4.68 选中循环线

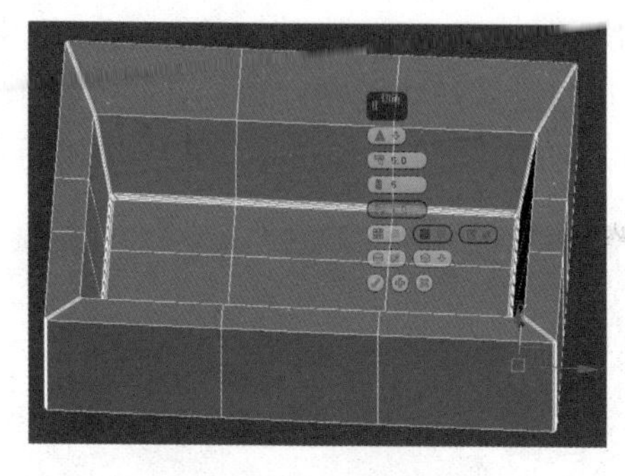

图1.4.69 切角操作

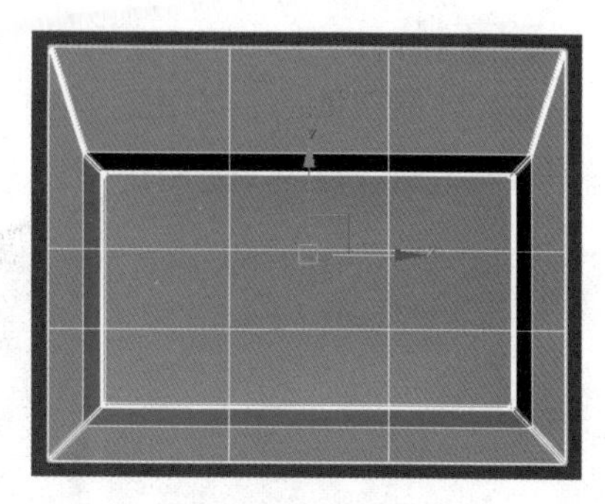

图1.4.70 洗脸池体模型

2．制作洗脸池水槽

01 按 4 键进入“可编辑多边形”的“多边形”层级，选中如图 1.4.71 所示的 3 个面，单击“倒角”后面的按钮，在弹出的“倒角”文本框中输入相应数值（图 1.4.72），结果如图 1.4.73 所示。

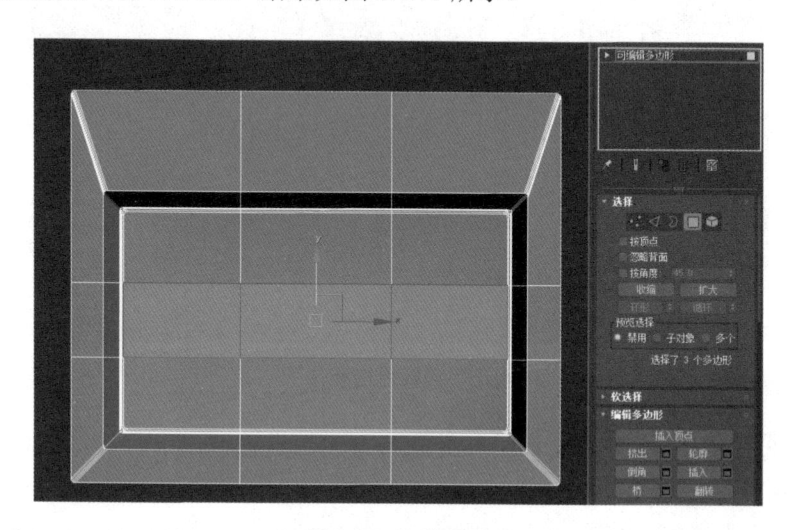

图1.4.71 选中面

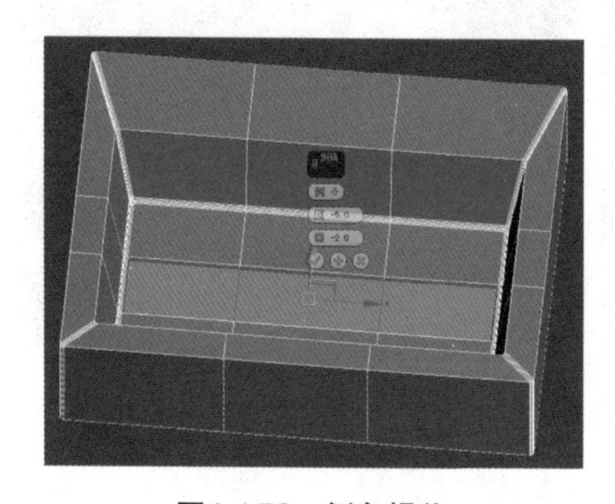

图1.4.72 倒角操作

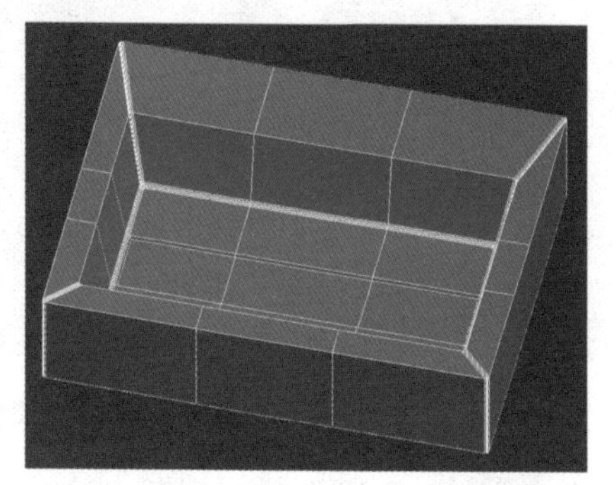

图1.4.73 倒角后的洗脸池体模型

02 按 1 键进入“可编辑多边形”的“顶点”层级，在透视图中选中如图 1.4.74 所示的点，右击，在弹出的快捷菜单中选择“目标焊接”选项，按住鼠标左键，将所选中点拖动到上端点的位置进行焊接，如图 1.4.75 所示。

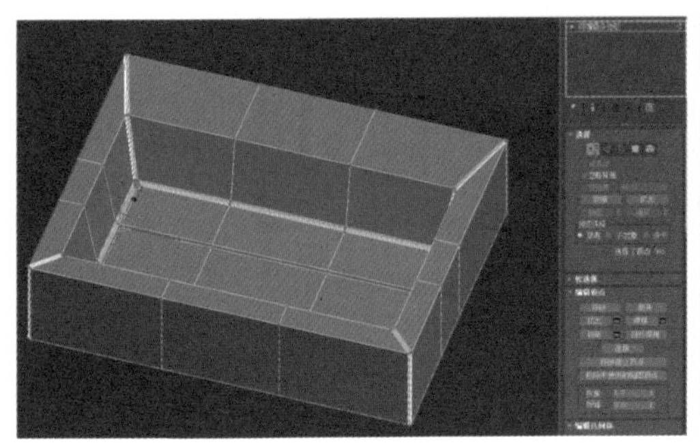

图1.4.74　选中点

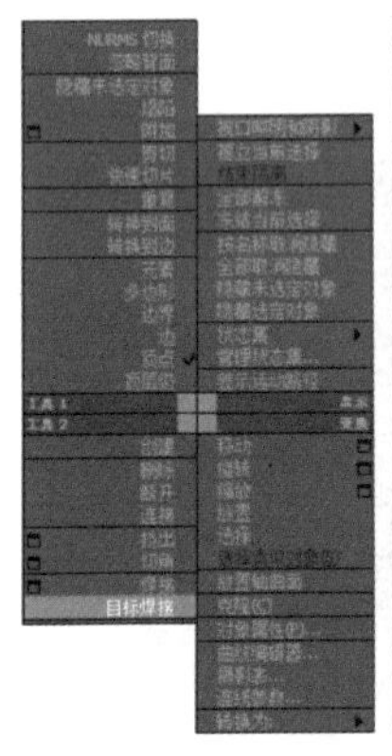

图1.4.75　目标焊接操作（一）

03 使用相同方法将长方形的其余 3 个点也依次进行目标焊接，如图 1.4.76 所示。

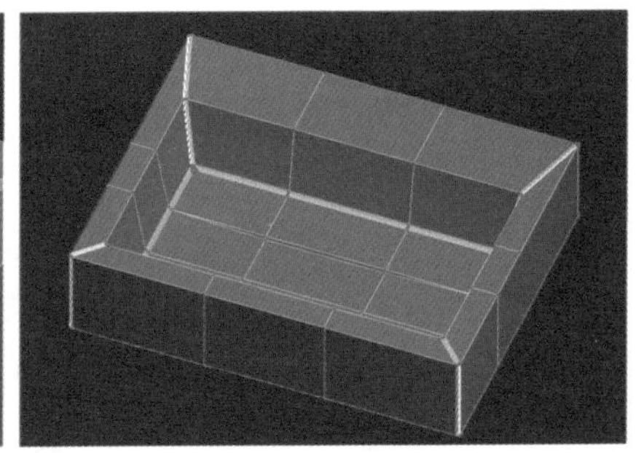

图1.4.76　目标焊接操作（二）

04 按 T 键选择顶视图，按 S 键并单击“捕捉开关”按钮，将三维捕捉打开，如图 1.4.77 所示。单击“创建”面板中的“矩形”按钮，沿着中心长方形的外轮廓创建一个长方形，如图 1.4.78 所示。

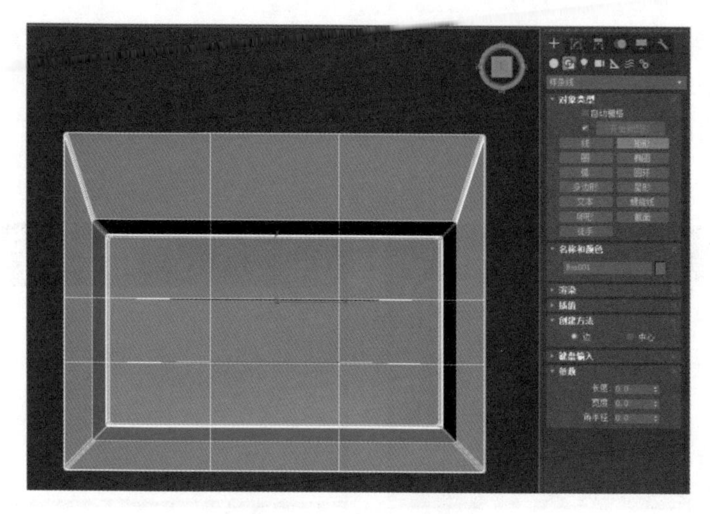

图1.4.77　打开三维捕捉

图1.4.78　创建长方形

05 为刚创建的长方形添加“挤出”修改器，将“数量”设置为-5.0mm，如图 1.4.79 所示。

（a）　　（b）

图1.4.79　添加“挤出”修改器

06 选择顶视图，按 Alt+Q 组合键将该物体“孤立”出来，将其转换为“可编辑多边形”并进入其“边”层级。选中如图 1.4.80 所示的边，单击“连接”后面的按钮，在弹出的“连接边”文本框中输入相应数值，如图 1.4.81 所示。

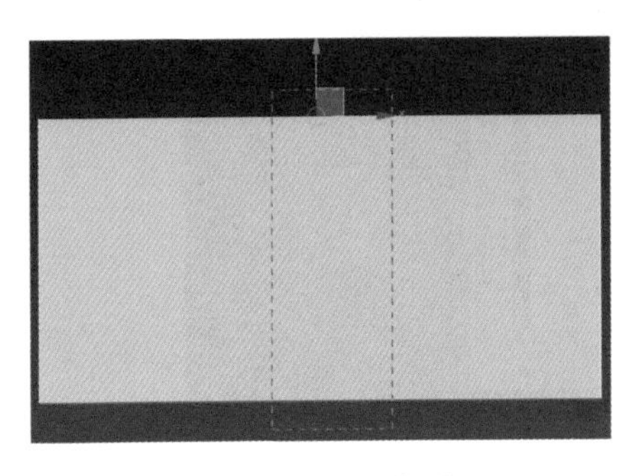

图1.4.80 孤立操作

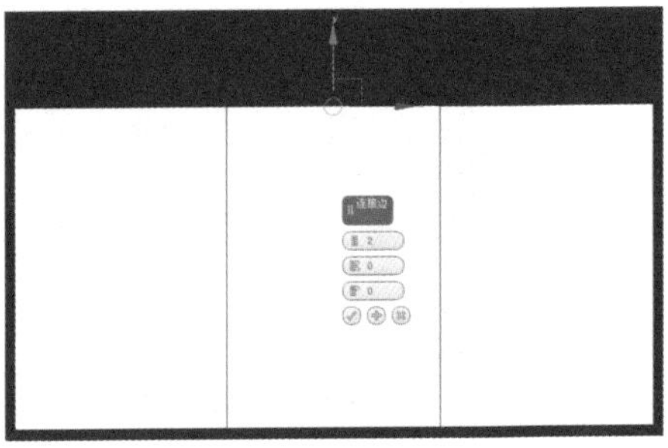

图1.4.81 连接边操作

07 选择前视图，进入“可编辑多边形”的“顶点”层级，选中 4 个端点，如图 1.4.82 所示，使用缩放工具，将其沿 *Y* 轴缩小，如图 1.4.83 所示。

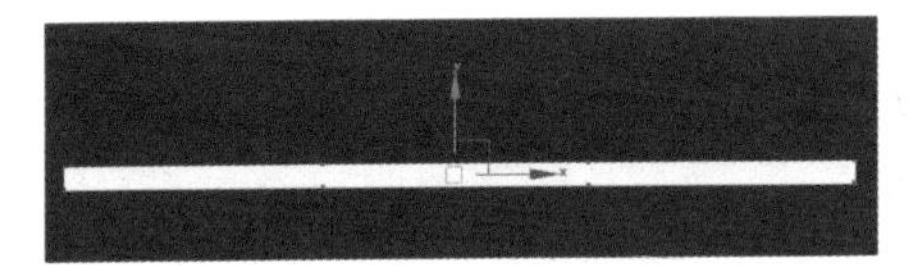

图1.4.82 选中4个端点

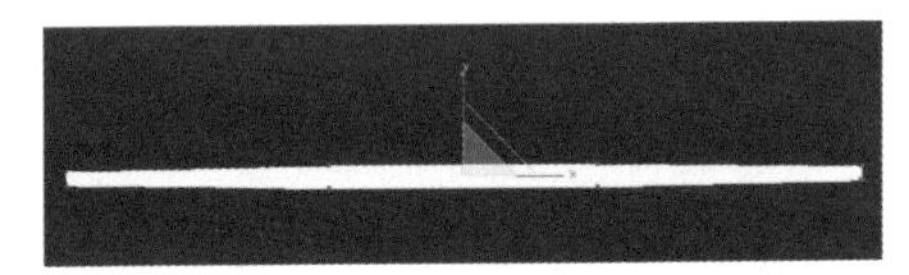

图1.4.83 沿Y轴缩小

08 选择透视图，进入“可编辑多边形”的“线”层级，按住 Ctrl 键选中如图 1.4.84 所示的边，单击“切角”后面的按钮，在弹出的“切角”文本框中输入相应数值，如图 1.4.85 所示。

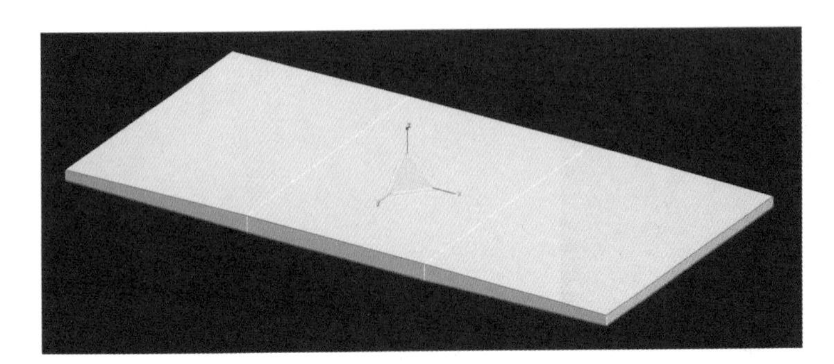

图1.4.84 选中边

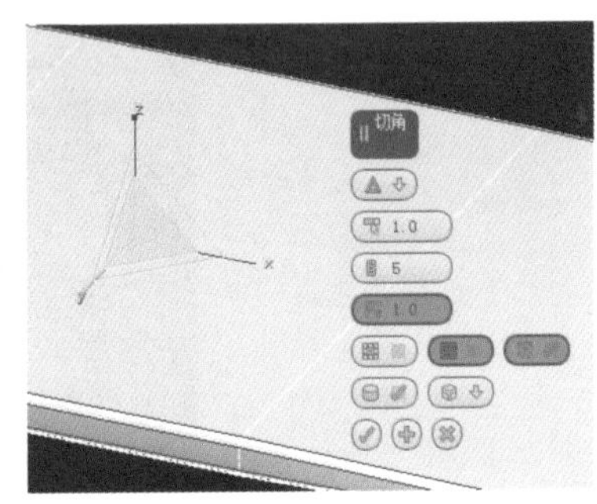

图1.4.85 切角操作

09 取消孤立显示；单击“材质编辑器”按钮，在弹出的“材质编辑器”对话框中选择第一个材质球，并命名为“灰色陶瓷”，漫反射参数设置如图 1.4.86 所示，然后单击按钮，将材质赋予物体。

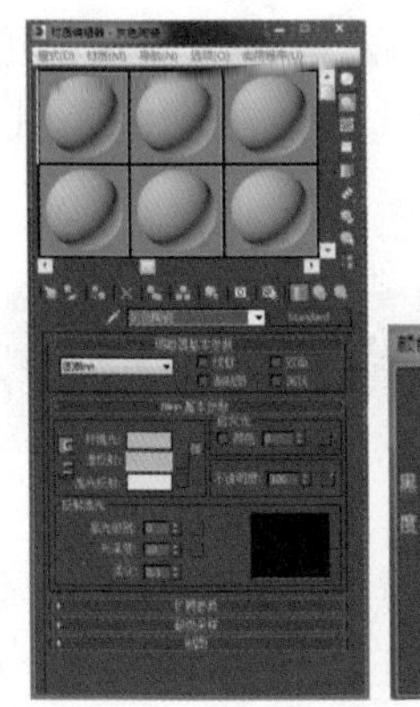
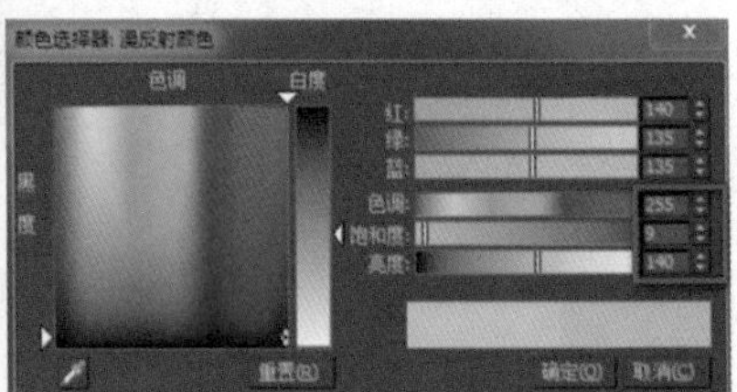

图1.4.86　赋予“灰色陶瓷”材质

10 在“材质编辑器”对话框中，选择横向第二个材质球，并命名为“白色陶瓷”，漫反射参数设置如图 1.4.87 所示，然后单击按钮将材质赋予水槽，结果如图 1.4.88 所示。

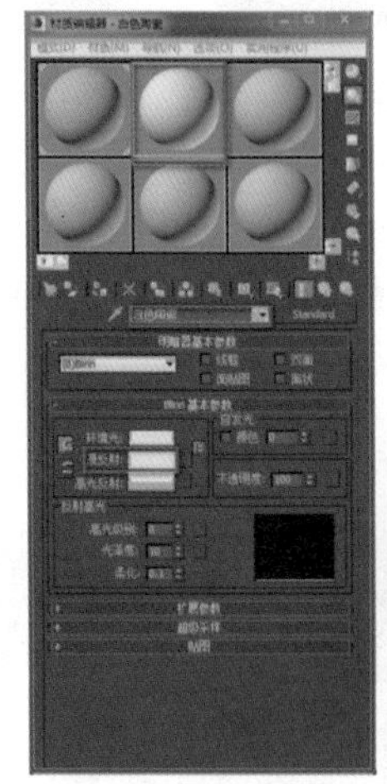
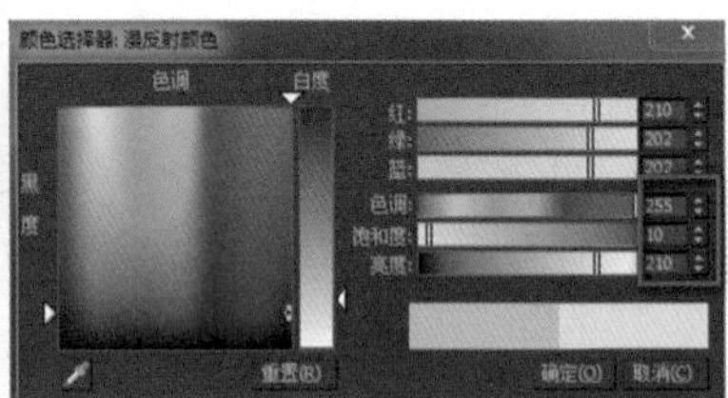

图1.4.87　赋予“白色陶瓷”材质

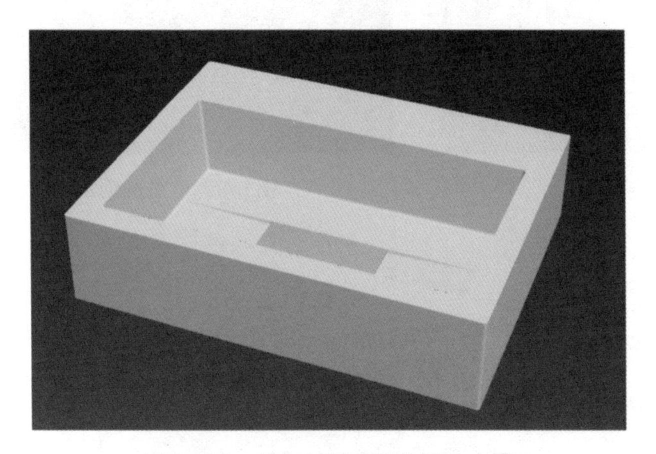

图1.4.88　赋予材质后的洗脸池水槽

11 选中洗脸池水槽，按 4 键，进入“多边形”层级。选择上顶面，单击“倒角”后面的按钮，在弹出的“倒角”文本框中输入相应数值，如图 1.4.89 所示。

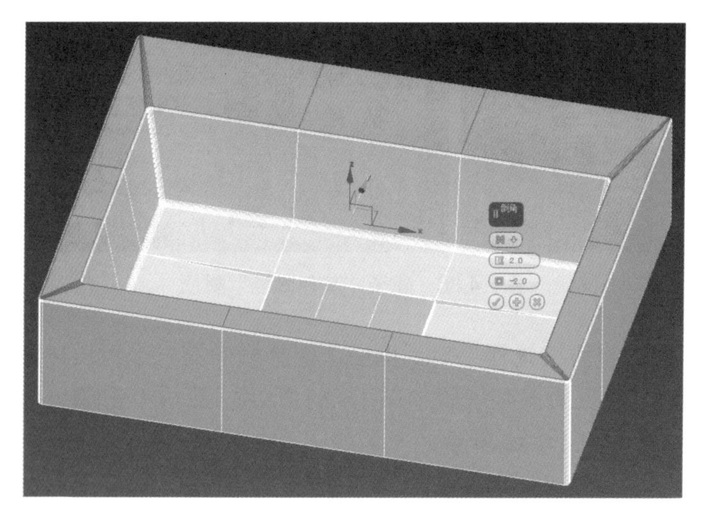

图1.4.89　多边形的倒角操作

12 按 2 键，进入“边”层级，选中上面的边，然后单击“切角”后面的按钮，在弹出的“切角”文本框中输入相应数值（图 1.4.90），得到的模型如图 1.4.91 所示。

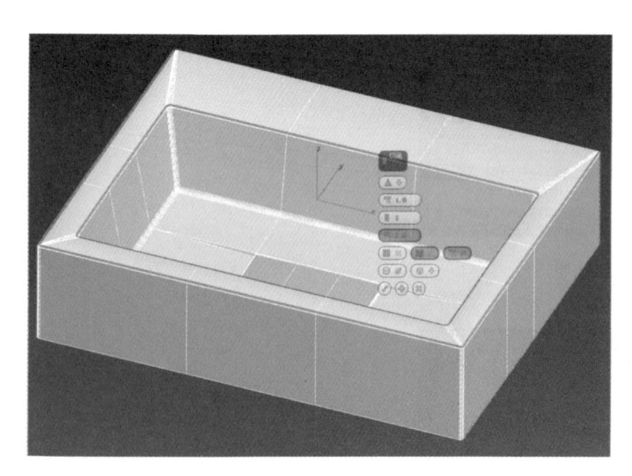

图1.4.90　边的切角操作

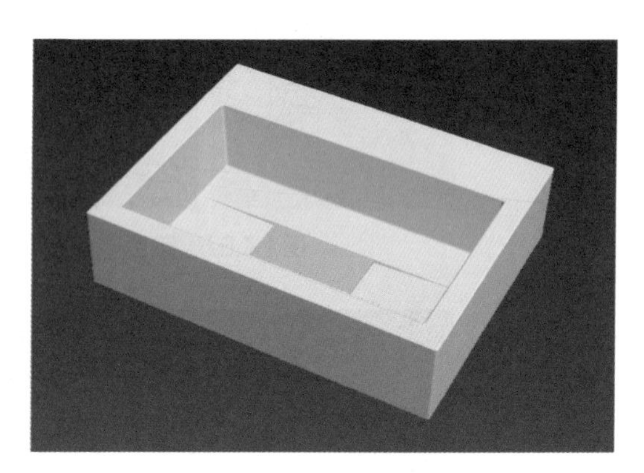

图1.4.91　洗脸池水槽模型

3．制作水龙头

01 选择前视图，单击“创建”→“图形”中的“矩形”按钮，创建参数为 150mm×120mm 的矩形，再将其转换为“可编辑样条线”，如图 1.4.92 所示。

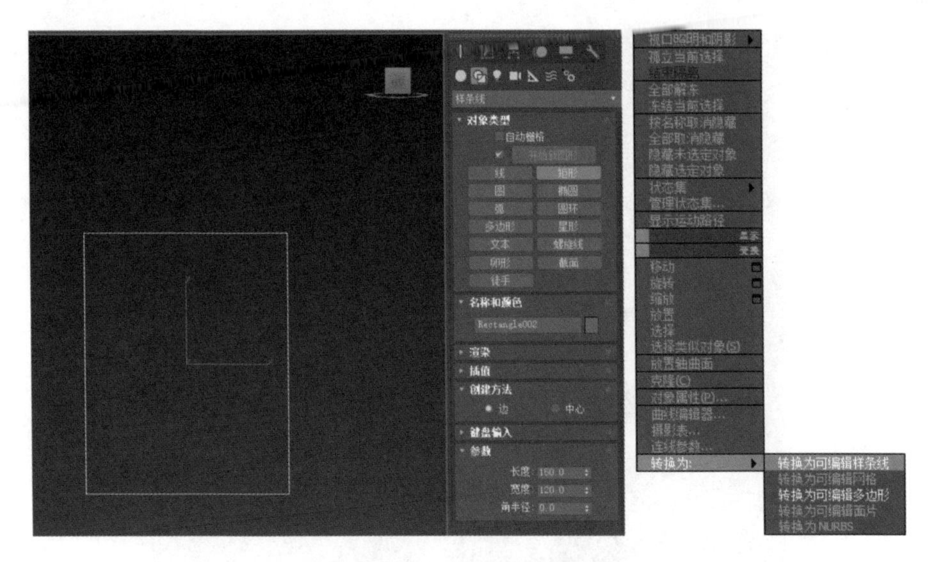

图1.4.92　可编辑样条线

02 按 2 键进入“线段”层级，选中如图 1.4.93（a）所示的线段并将其删除，结果如图 1.4.93（b）所示。

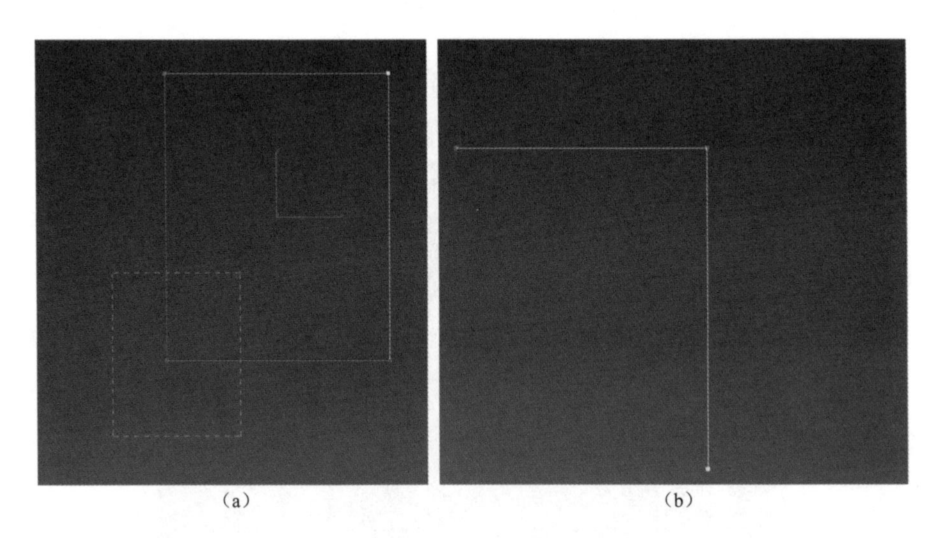

图1.4.93　水龙头雏形

03 选择左视图，创建参数为 15mm×40mm 的矩形，如图 1.4.94 所示，将其转换为“可编辑样条线”。按 1 键进入样条线的“顶点”层级，选中如图 1.4.95 所示的点，在“修改”面板中的“圆角”文本框中输入 7.425。

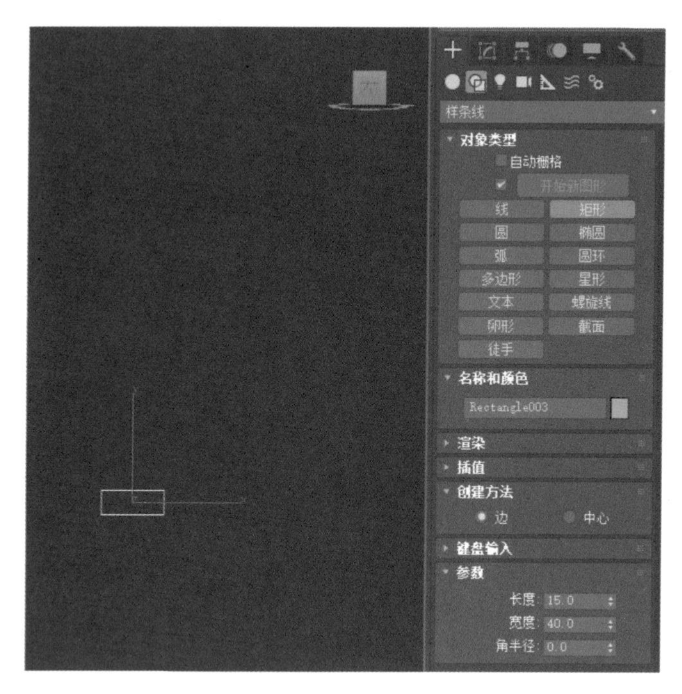

图1.4.94　创建矩形

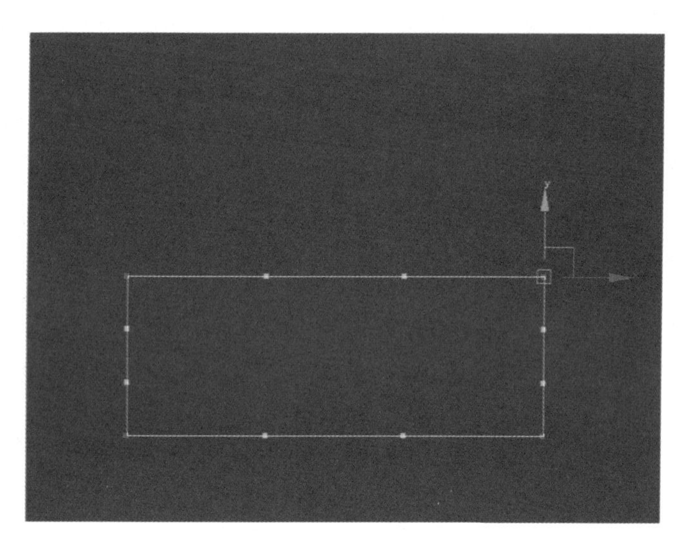

图1.4.95　矩形顶点圆角操作

04 选中如图 1.4.96 所示的两个点，在“修改”面板中使用“熔合”按钮，单击“焊接”按钮，将两个点焊接成一个点。使用相同方法，将右侧的两个点也焊接成一个点，如图 1.4.97 所示。

05 选择透视图，选中 7 形线，在“修改器列表”下拉列表中为其添加“倒角剖面”修改器，如图 1.4.98（a）所示，然后单击“拾取剖面”按钮，拾取椭圆形线，得到几何体，如图 1.4.98（b）所示。

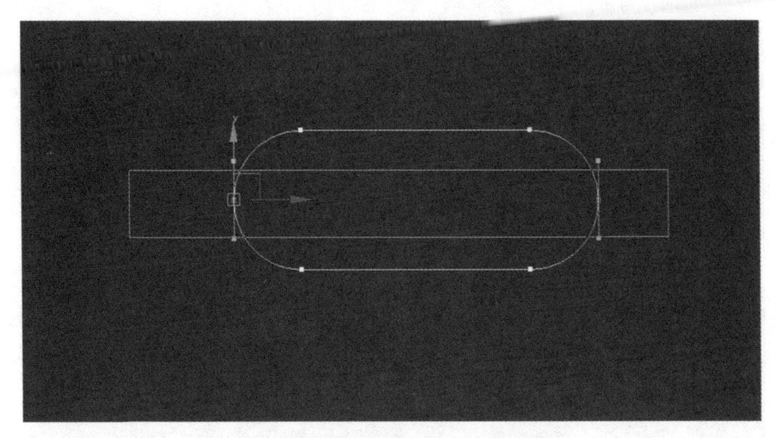

图1.4.96　焊接点（一）

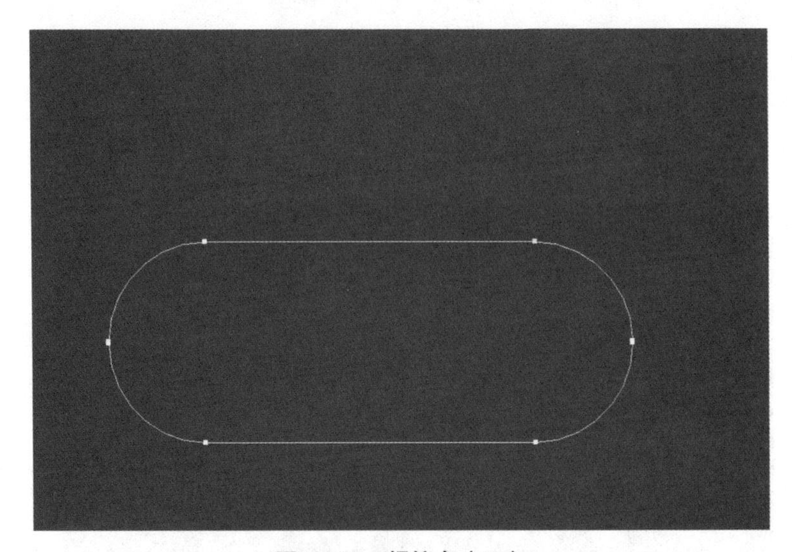

图1.4.97　焊接点（二）

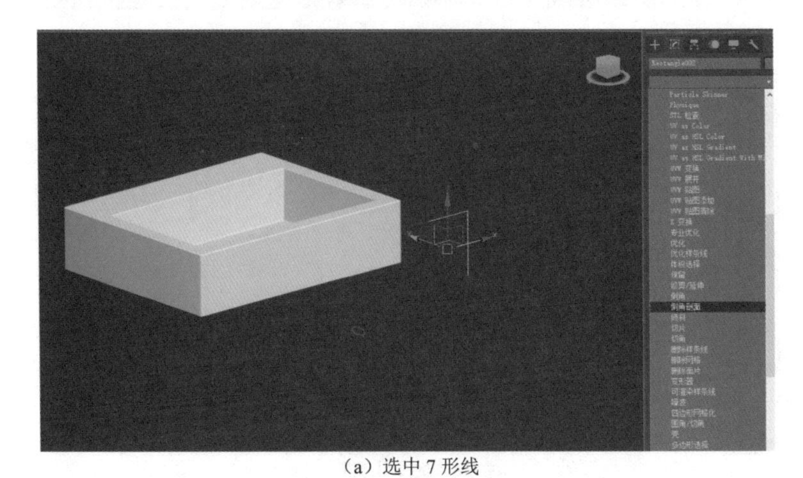

（a）选中 7 形线

图1.4.98　选中7形线并进行倒角剖面操作

（b）添加“倒角剖面”修改器

图1.4.98（续）

06 选择顶视图，单击“倒角剖面”修改器前的“+”，选择“剖面 Gizmo”选项，使用旋转工具沿逆时针方向旋转 90°，如图 1.4.99 所示。

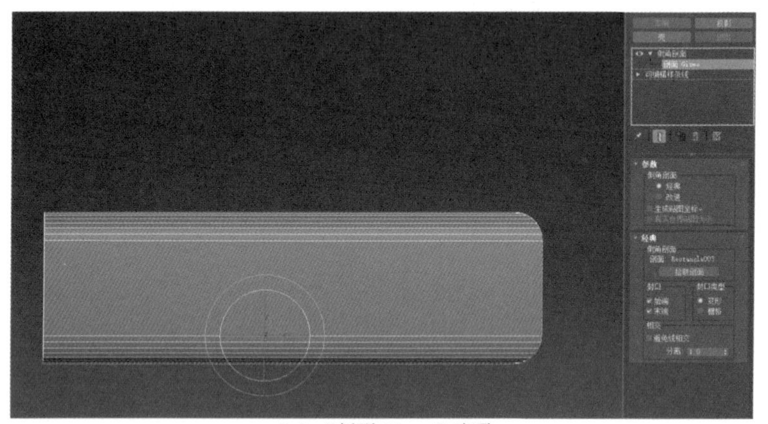

（a）“剖面 Gizmo”选项

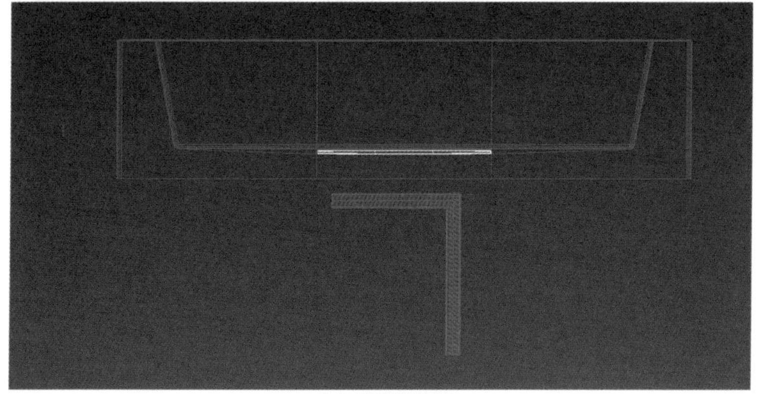

（b）旋转后效果

图1.4.99　选中剖面并逆时针旋转90°

07 选择前视图，选中 7 形线，单击“可编辑样条线”前的“+”，进入“顶点”层级。选中如图 1.4.100 所示的点，在“修改”面板中的“圆角”文本框中输入 30（图 1.4.101），得到模型如图 1.4.102 所示。

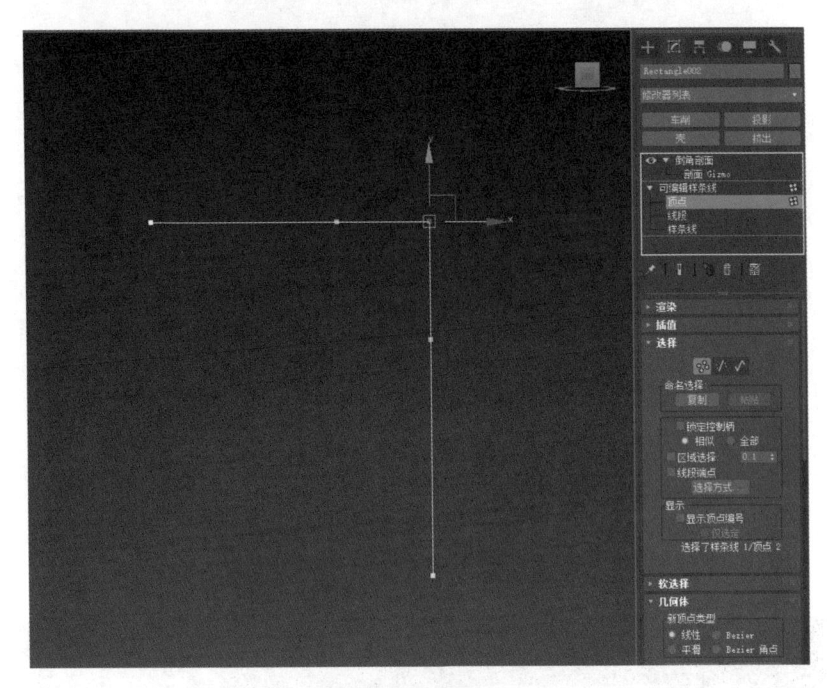

图1.4.100　选中点

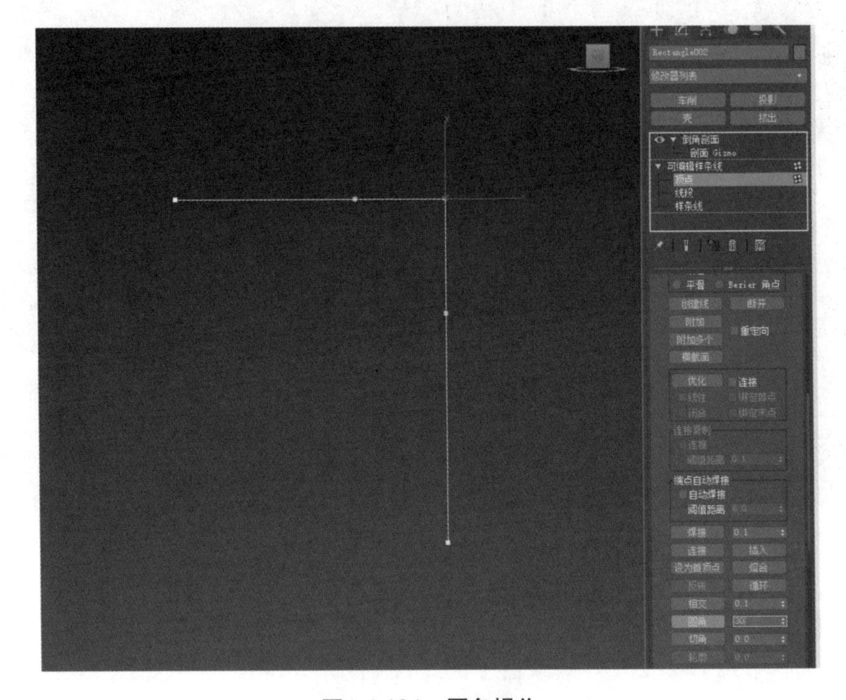

图1.4.101　圆角操作

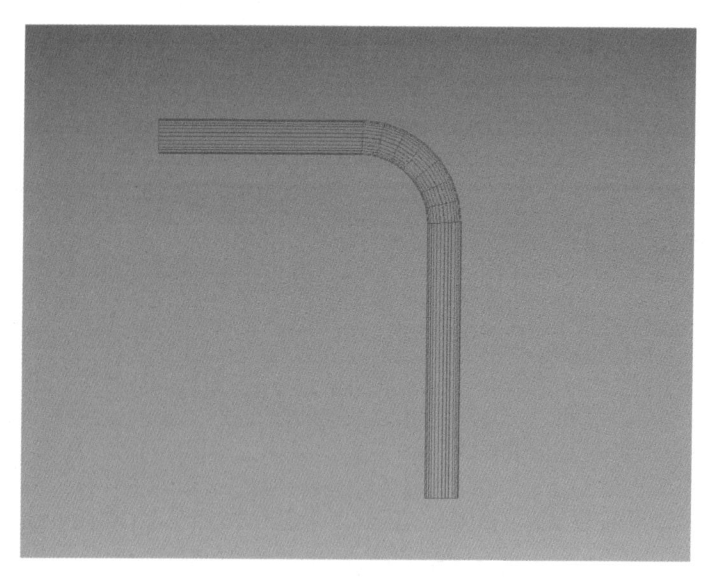

图1.4.102　水龙头模型

08 在“修改器列表”下拉列表中添加“编辑多边形”修改器，按 1 键进入编辑多边形的“顶点”层级，选中如图 1.4.103 所示的点。

图1.4.103　选中点（一）

09 在“修改器列表”下拉列表中添加“FFD 2×2×2”修改器，按 1 键或选择“FFD 2×2×2”修改器下的“控制点”选项。选中如图 1.4.104 所示的点，使用移动工具将其沿 *X* 轴方向移动 -15mm，如图 1.4.105 所示。

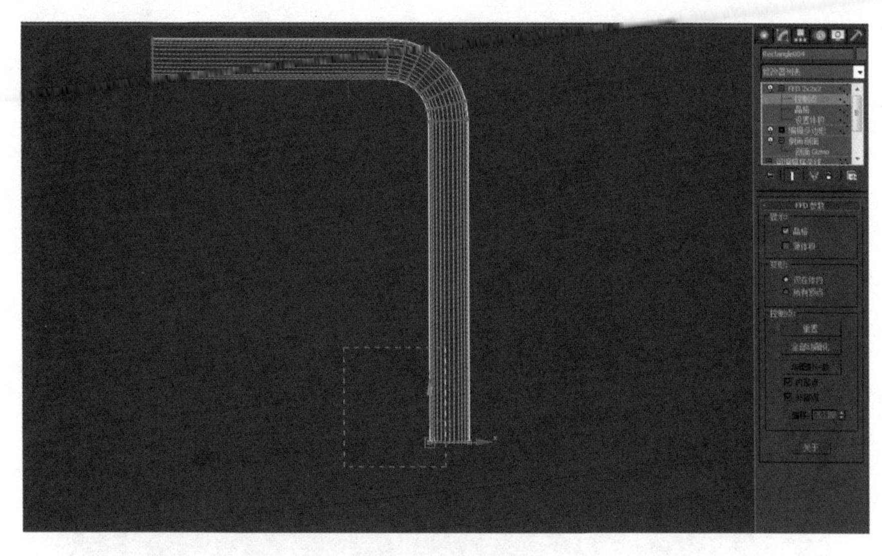

图1.4.104　选中点（二）

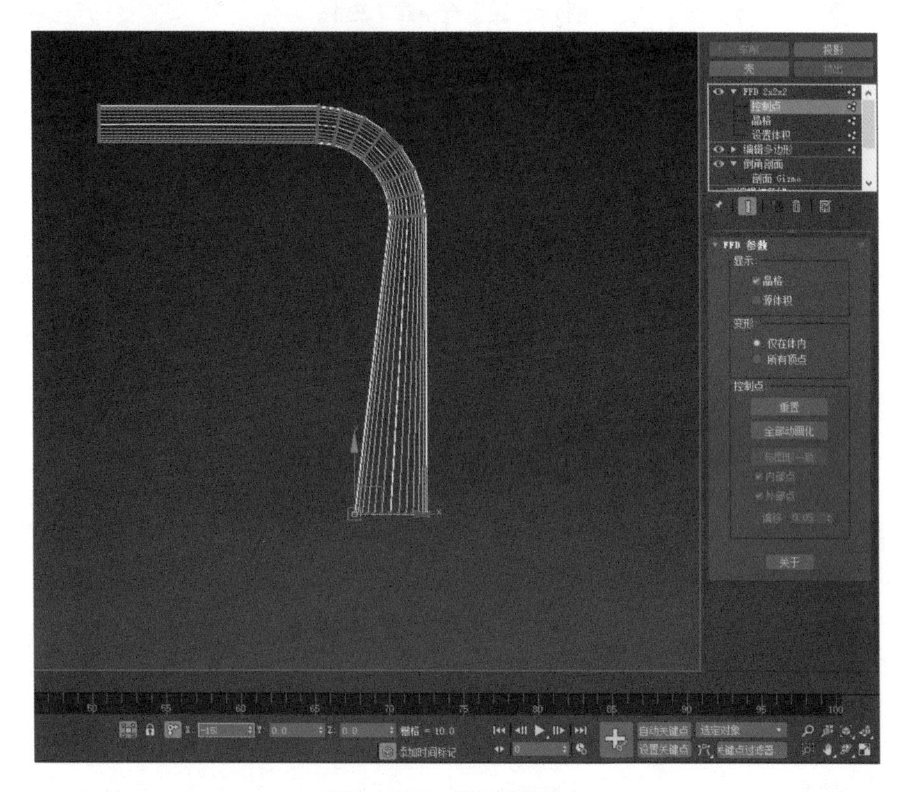

图1.4.105　沿*X*轴移动点

10 右击物体，在弹出的快捷菜单中选择“可编辑多边形”选项，按 1 键进入“顶点”层级，选中如图 1.4.106 所示的点。在“修改器列表”下拉列表中添加“FFD 2×2×2”修改器，按 1 键或选择“控制点”选项，使用移动工具将其沿 *Y* 轴移动 5mm，如图 1.4.107 所示。

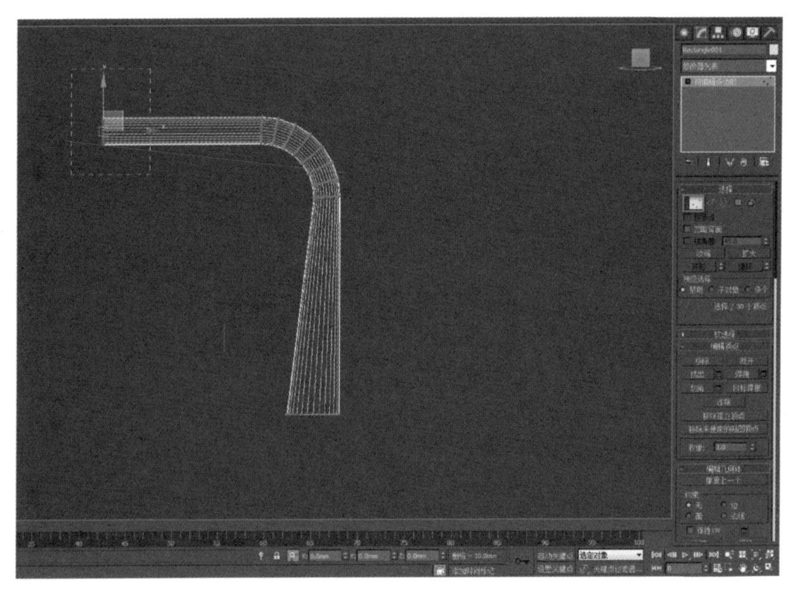

图1.4.106　选中点（三）

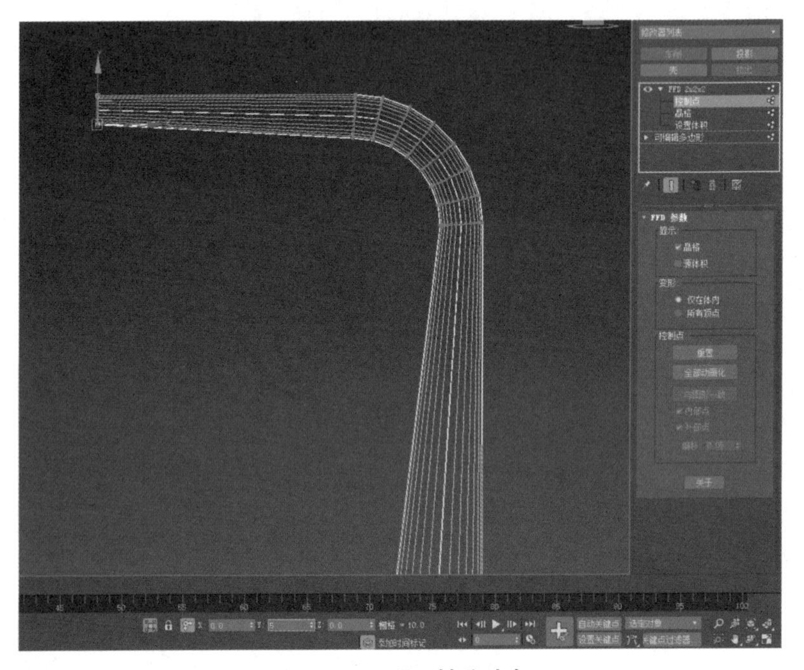

图1.4.107　沿Y轴移动点

11 右击图形，在弹出的快捷菜单中选择“可编辑多边形”选项。按3键进入“边界”层级，选中如图1.4.108所示的边界并右击，在弹出的快捷菜单中选择“封口”选项，将其封闭。

12 按4键进入“多边形”层级，选中如图1.4.109所示的面，单击“修改”面板中的“倒角”按钮，在弹出的文本框中输入相应数值，如图1.4.110所示。

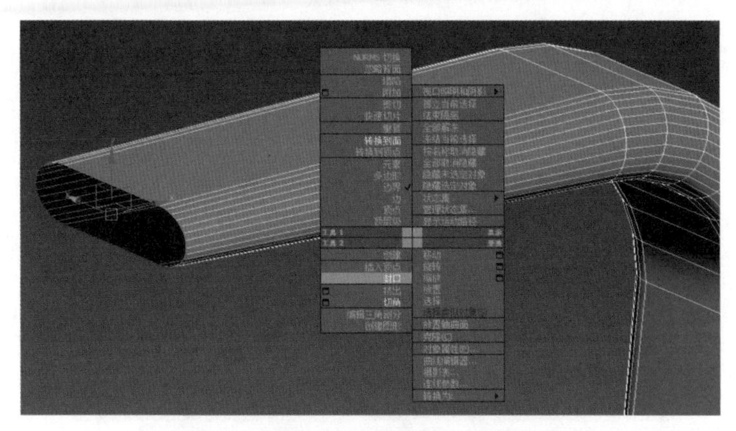

图1.4.108 选中边界进行封口操作

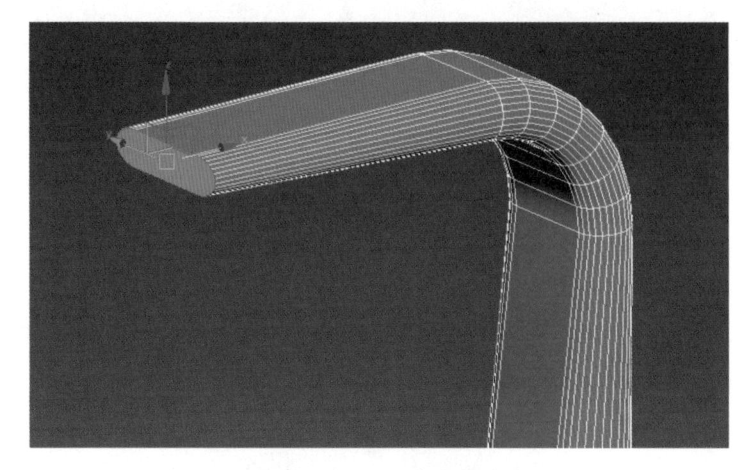

图1.4.109 选中面

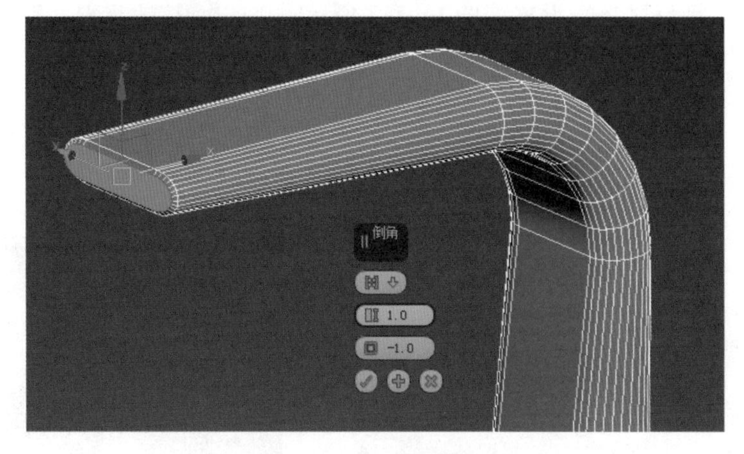

图1.4.110 倒角操作

13 按 2 键进入“边”层级，选中如图 1.4.111 的边，单击“修改”面板中的“切角”按钮，在弹出的文本框中输入相应数值，如图 1.4.112 所示。

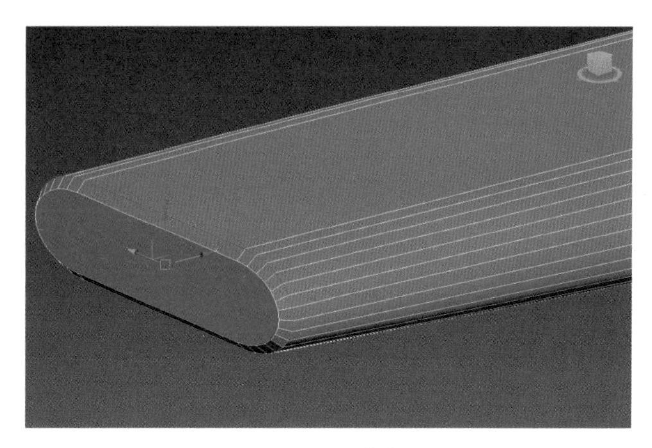

图1.4.111 选中边

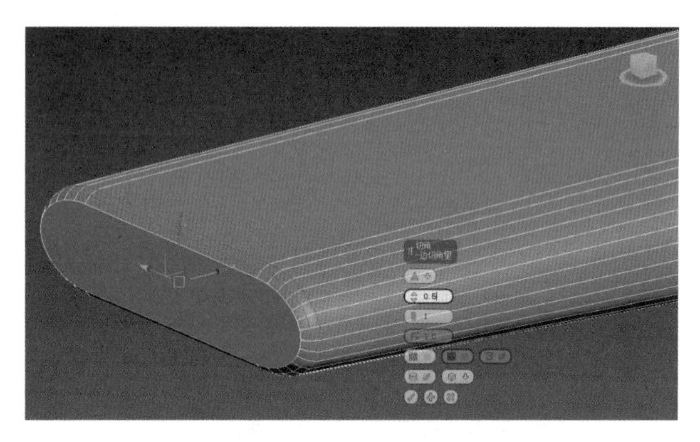

图1.4.112 切角操作

14 打开“材质编辑器”对话框，选择横向第三个材质球，并命名为“金属”，漫反射参数设置如图 1.4.113 所示，单击按钮将材质赋予水龙头，结果如图 1.4.114 所示。

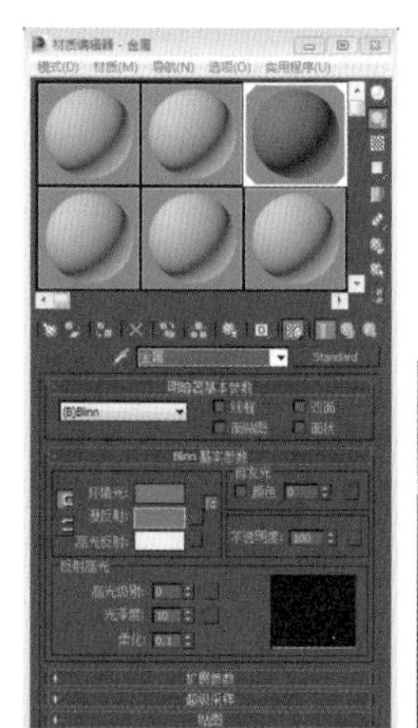

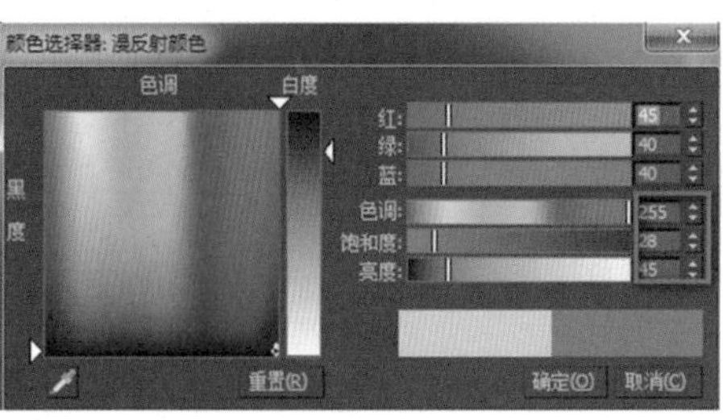

图1.4.113 漫反射参数设置

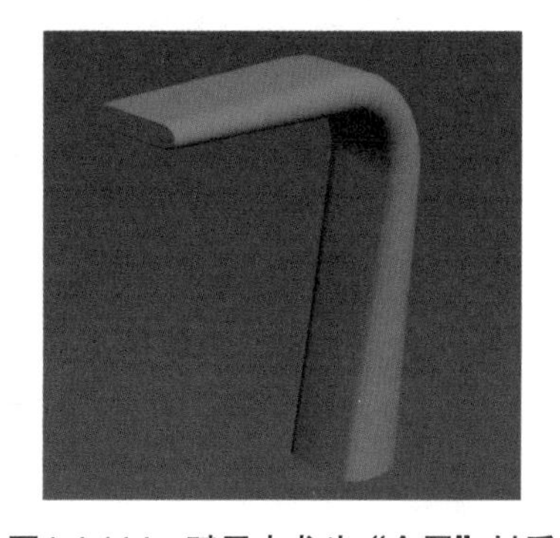

图1.4.114 赋予水龙头“金属”材质

15 切换到左视图，按 2 键进入“边”层级，选中如图 1.4.115 所示的边，单击“修改”面板中的“连接”按钮，在弹出的文本框中输入相应数值，如图 1.4.116 所示。

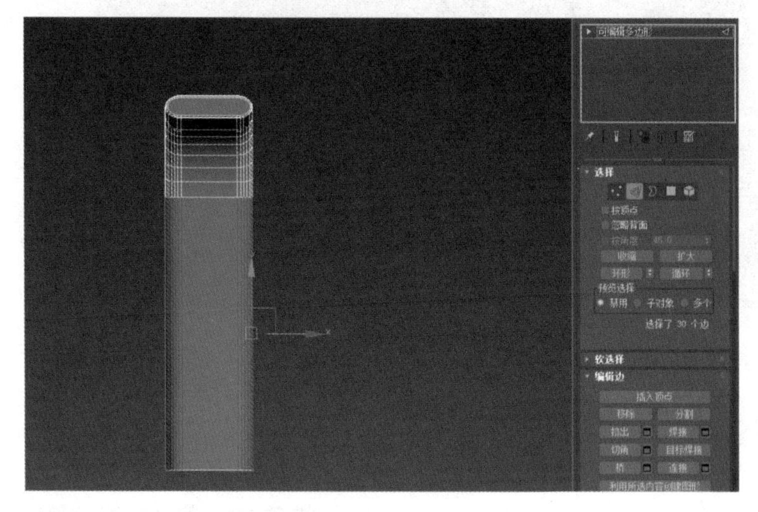

图1.4.115　选中边

图1.4.116　连接边

16 按 4 键进入“多边形”层级，选中如图 1.4.117 所示的面，单击“修改”面板中的“倒角”按钮，在弹出的文本框中输入相应数值，如图 1.4.118 所示。选中如图 1.4.119 所示的面，单击“修改”面板中的“分离”按钮，将面从整体中分离出来。

17 选中单独分离出来的面，在“材质编辑器”对话框中选择第二行第一个材质球，并命名为“黑色玻璃”，漫反射参数设置如图 1.4.120 所示，单击按钮，将材质赋予物体，所得模型如图 1.4.121 所示。

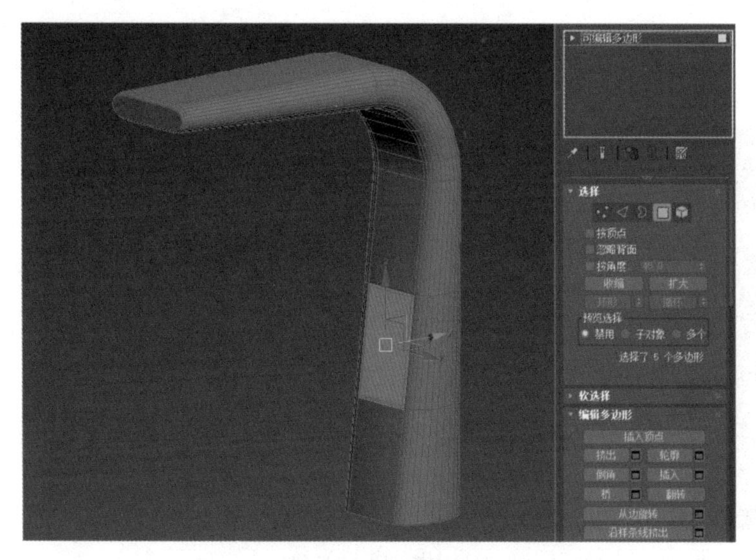

图1.4.117　选中面

图1.4.118　倒角操作

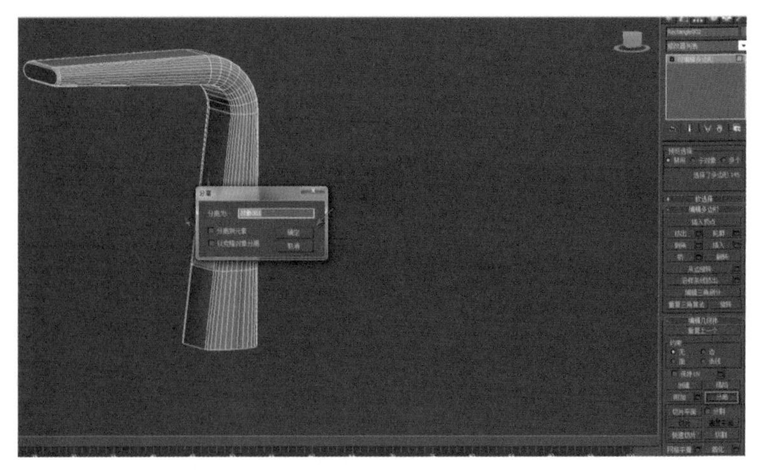

图1.4.119　分离面

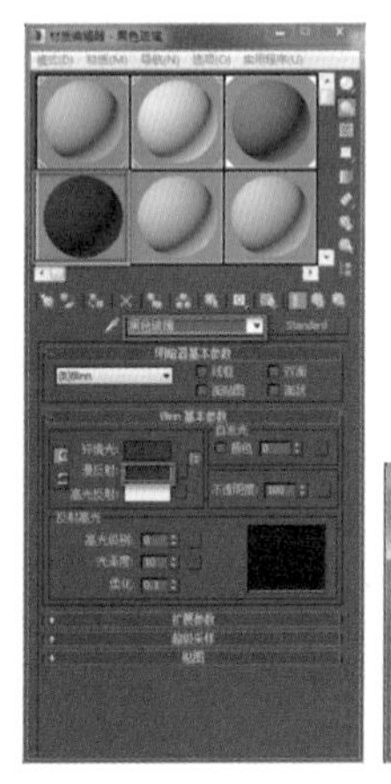

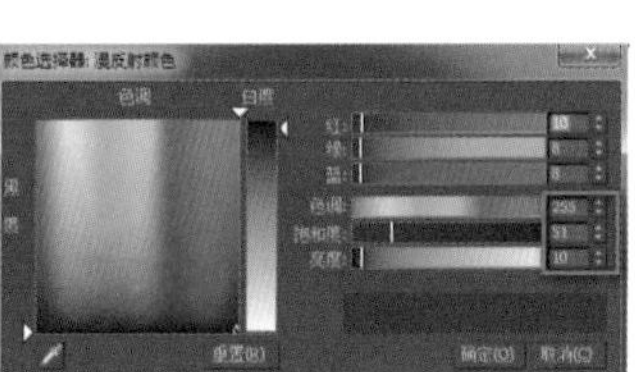

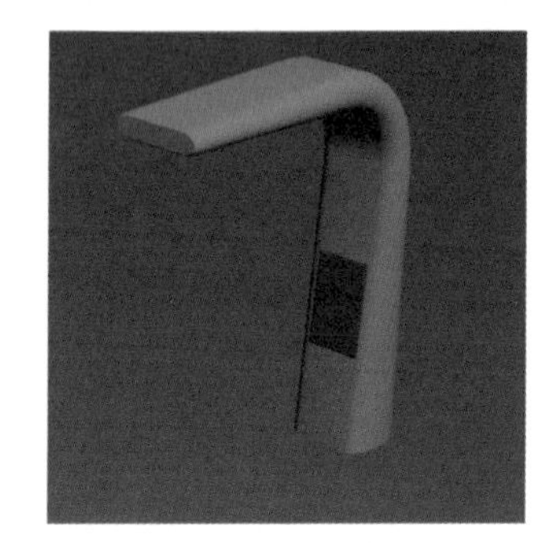

图1.4.120　漫反射参数设置　　图1.4.121　水龙头模型

18 选中水龙头，在“修改器列表”下拉列表中添加“平滑”修改器，选中“自动平滑”复选框，如图 1.4.122 所示。

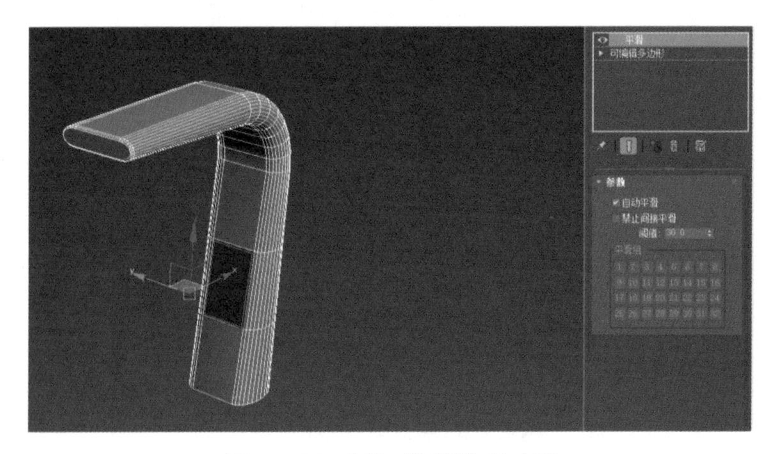

图1.4.122　添加“平滑”修改器

19 选择顶视图，单击“创建”→“几何体”中的“圆柱体”按钮，在顶视图中绘制一个参数如图 1.4.123 所示的圆柱体，在顶、前视图中调整其到合适的位置，如图 1.4.124 所示。

图1.4.123　创建圆柱体

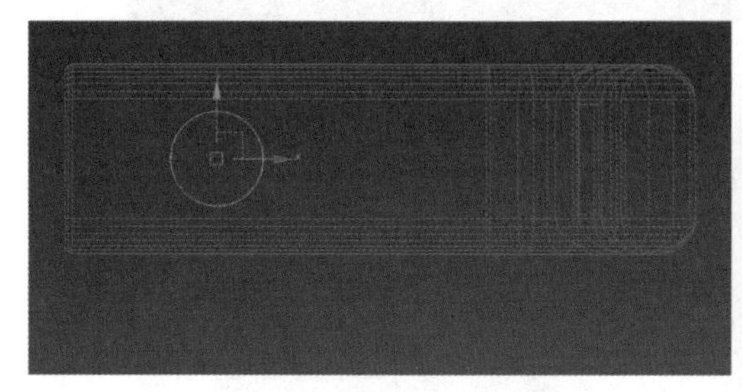
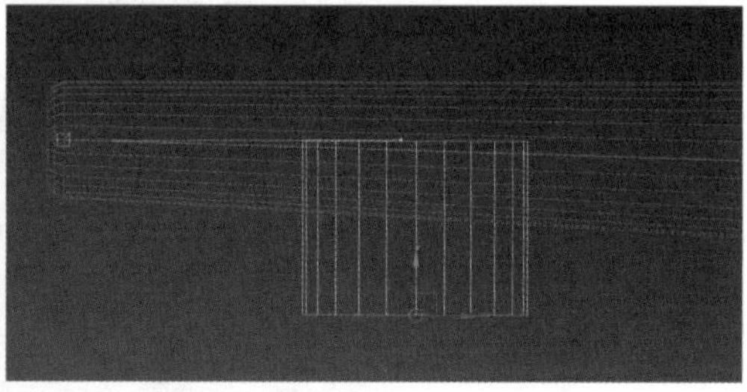

图1.4.124　调整圆柱体位置

20 进入透视图，将圆柱体转换为“可编辑多边形”，进入“多边形”层级。选中如图 1.4.125 所示的底面，单击“修改”面板中的“插入”按钮，在弹出的文本框中输入相应数值，如图 1.4.126 所示。选中局部法线，再单击“修改”面板中的“挤出”按钮，在弹出的文本框中输入相应数值，如图 1.4.127 所示。

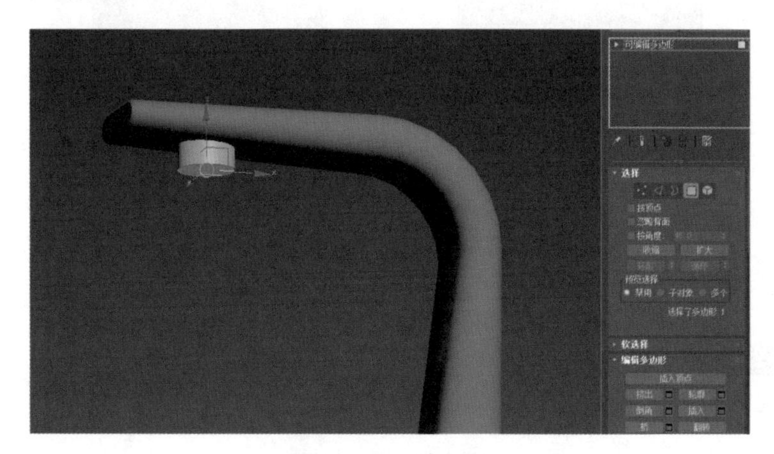

图1.4.125　选中面

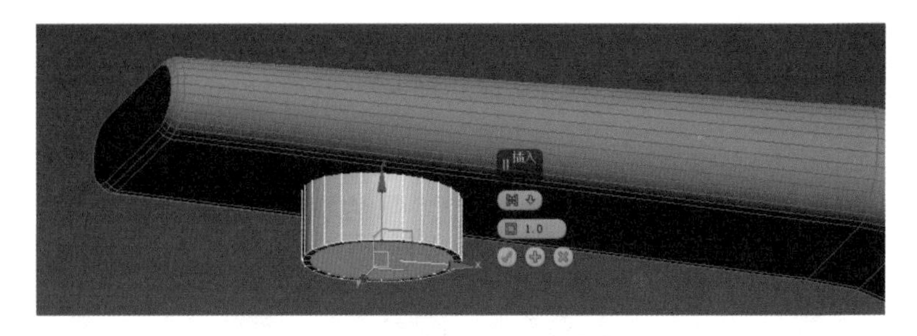

图1.4.126　插入操作

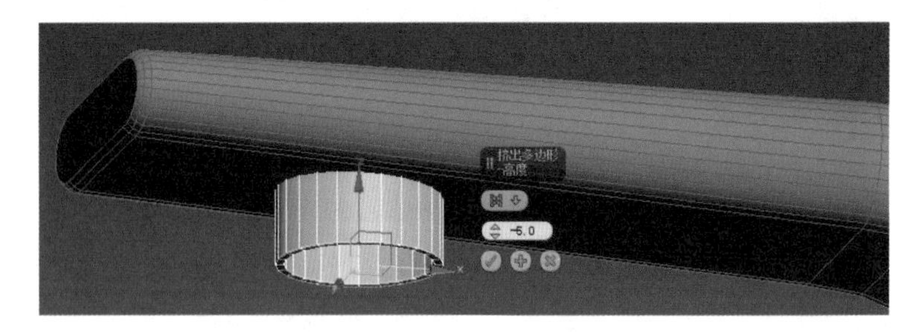

图1.4.127　挤出操作

21 在“材质编辑器”对话框中选择“金属”材质球，单击按钮，将材质赋予物体，如图 1.4.128 所示。在“修改”面板中添加“平滑”修改器，选中“自动平滑”复选框，如图 1.4.129 所示。

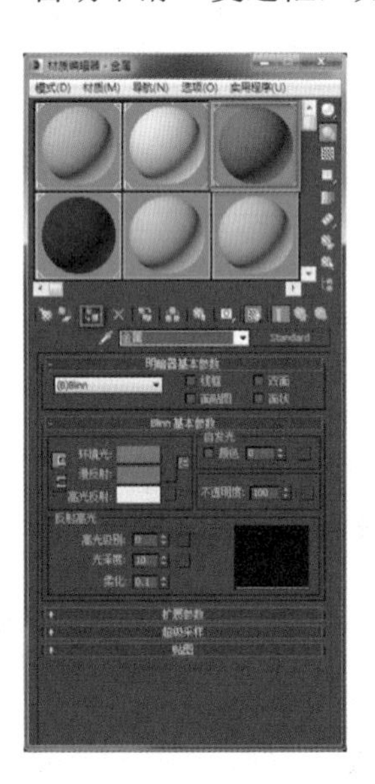

图1.4.128　赋予“金属”材质

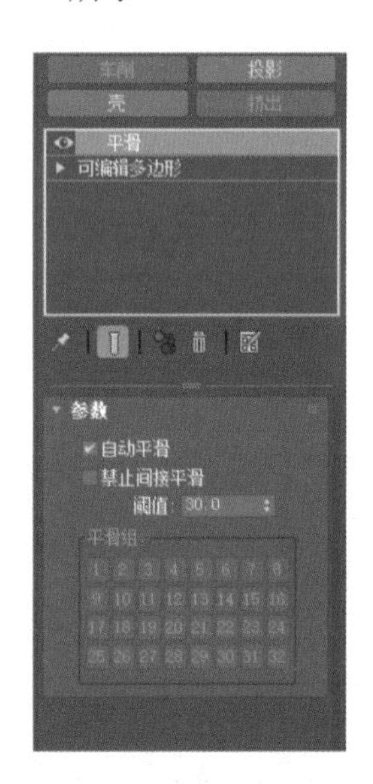

图1.4.129　添加“平滑”修改器

22 选择左视图，选中椭圆形线并将其删除，如图 1.4.130 所示，框选水龙头的全部组件，将其成组，如图 1.4.131 所示。

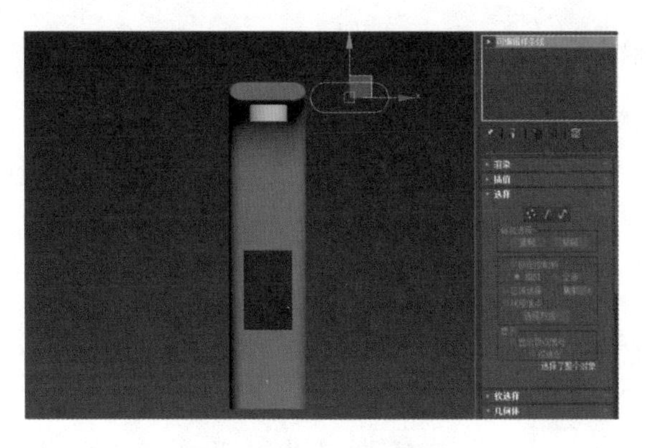

图1.4.130 删除椭圆形

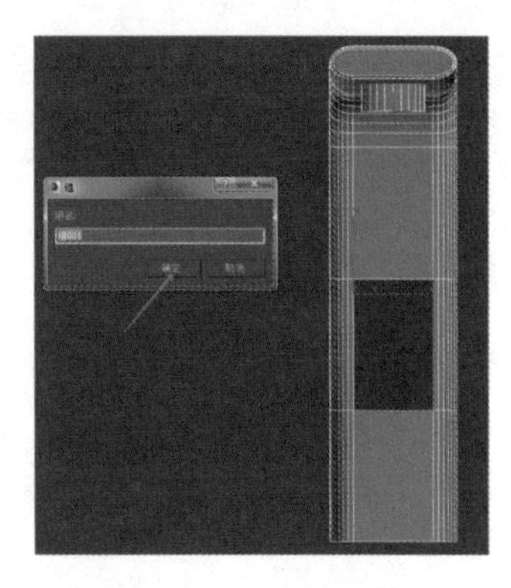

图1.4.131 成组操作

4．组合成形

按 T 键选择顶视图，按 F3 键以线框方式显示物体，将水龙头放置在水槽的合适位置，如图 1.4.132（a）所示。按 F 键选择前视图，将水龙头放置在水槽的合适位置，如图 1.4.132（b）所示。

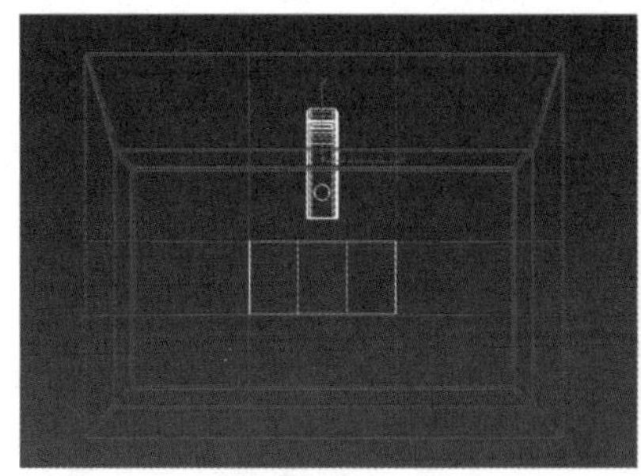

（a）顶视图调整位置

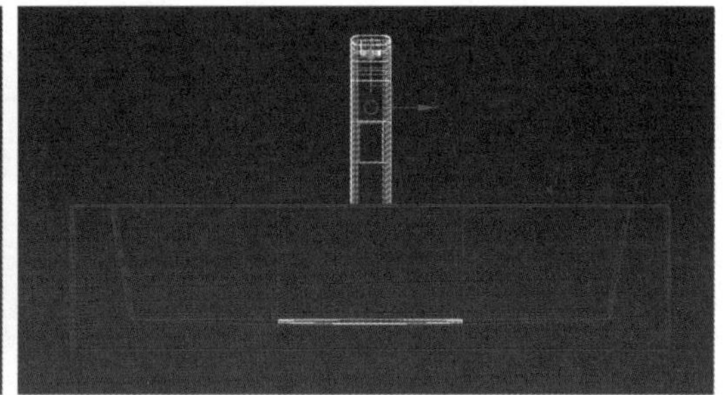

（b）前视图调整位置

图1.4.132 调整水龙头位置

至此，洗脸池模型创建完成，如图 1.4.133 所示。

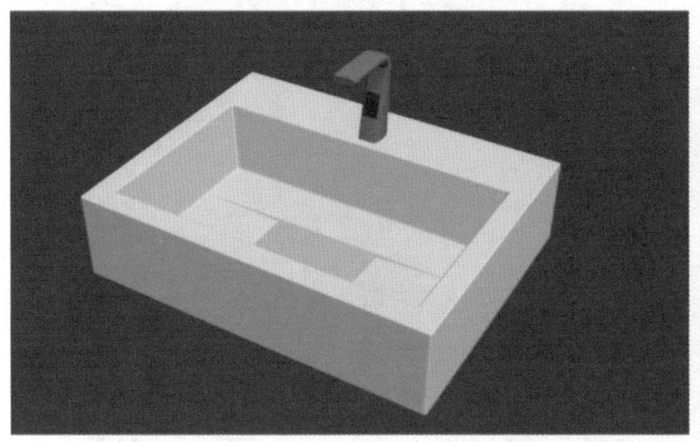

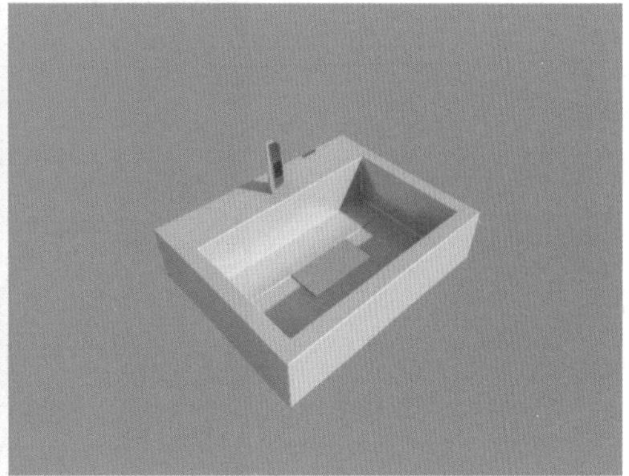

图1.4.133 洗脸池模型

1.4.3　制作浴缸——可编辑多边形的运用

微课：制作浴缸

制作如图 1.4.134 所示的浴缸。

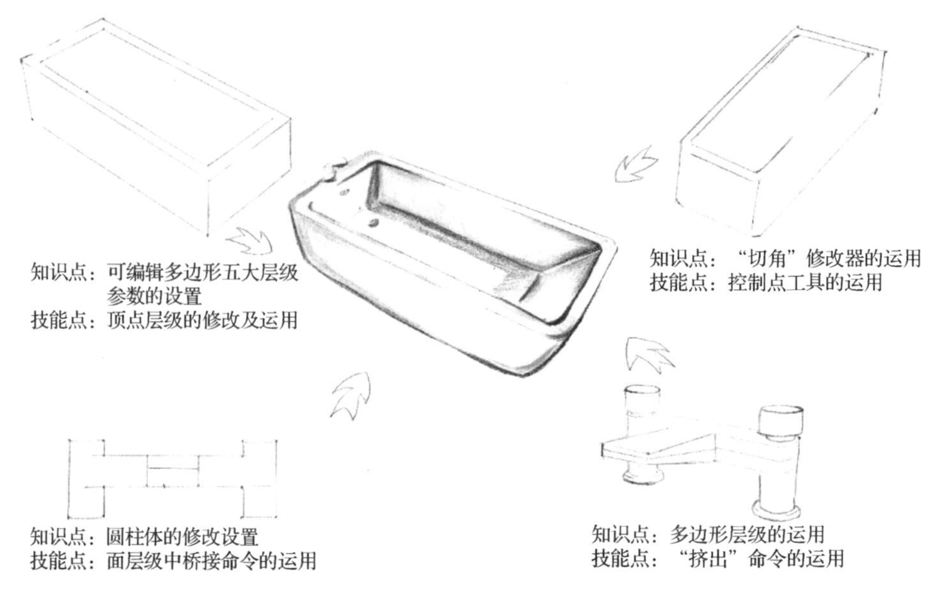

图1.4.134　浴缸模型绘制相关知识点与技能点图解

1．制作缸体

01 按 Alt+W 组合键将顶视图最大化显示，创建参数为 1700mm×750mm×600mm 的长方体，如图 1.4.135 所示；再将其转换为"可编辑多边形"，进入"可编辑多边形"的"多边形"层级，选中上顶面，如图 1.4.136 所示。

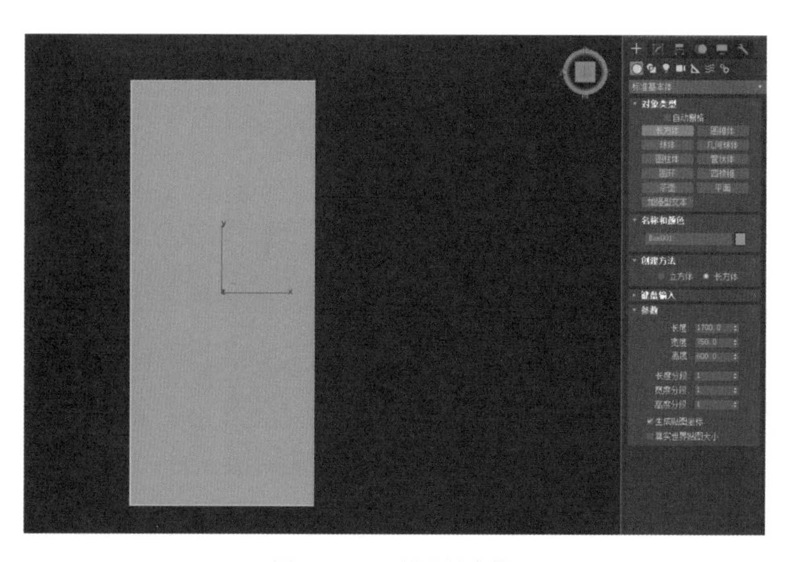

图1.4.135　创建长方体

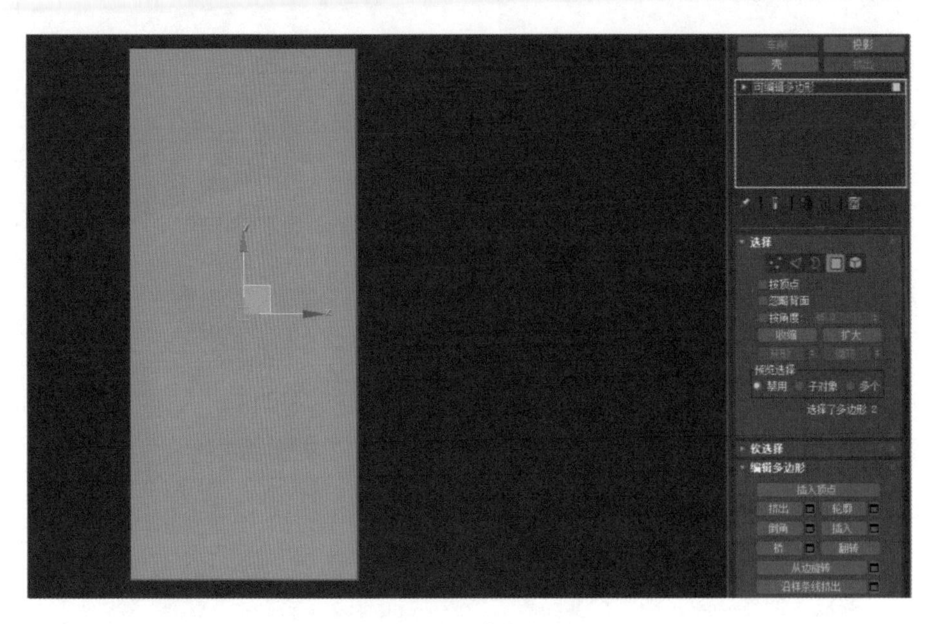

图1.4.136　选中上顶面

02 在“可编辑多边形”命令面板中，单击“插入”后面的按钮，在弹出的文本框中输入相应数值，如图 1.4.137 所示。单击“倒角”按钮后面的按钮，在弹出的文本框中输入相应数值，如图 1.4.138 所示。

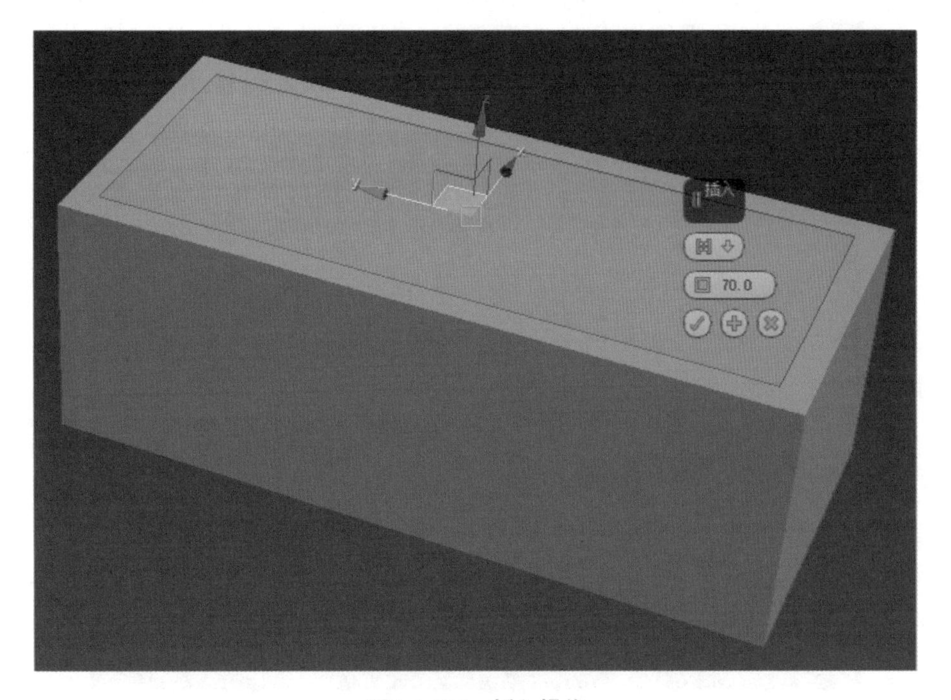

图1.4.137　插入操作

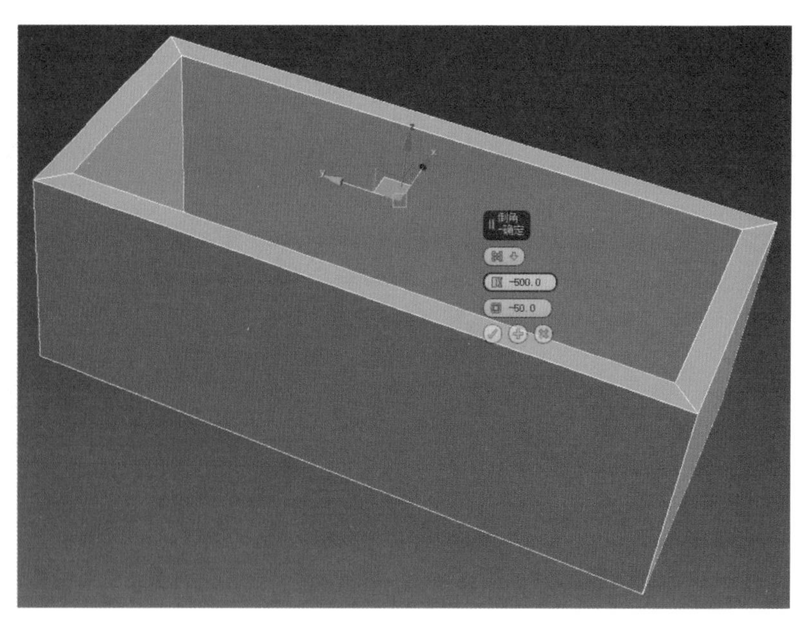

图1.4.138　倒角操作

03 选择顶视图，进入多边形的“顶点”层级，选中如图 1.4.139 所示的 4 个点，沿 *Y* 轴移动 30mm。利用相同方法，在顶视图中框选择下方对称的 4 个顶点，将 4 个顶点沿 *Y* 轴向上移动 30mm，如图 1.4.140 所示。

04 选择顶视图，进入“可编辑多边形”的“边”层级，选中如图 1.4.141 所示的边，将其沿 *Y* 轴移动 200mm，如图 1.4.142 所示。

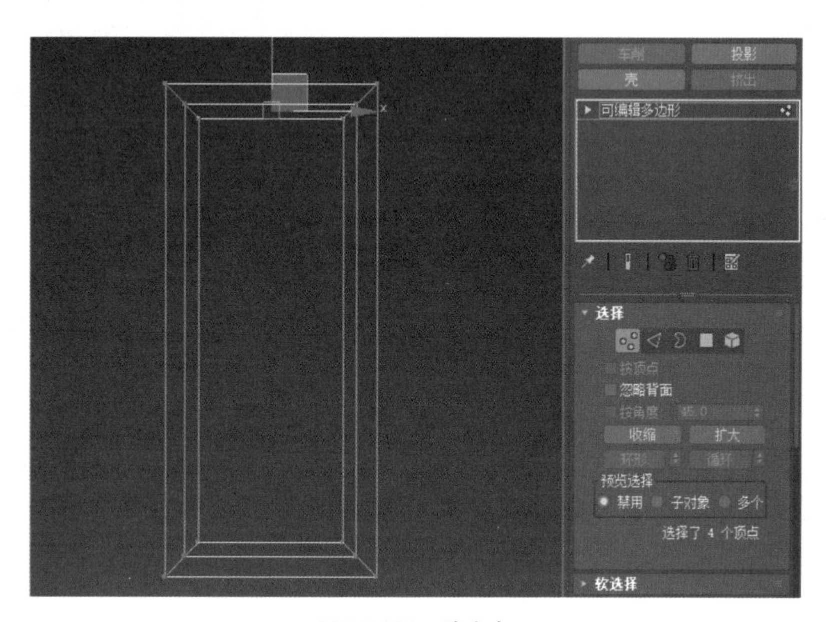

图1.4.139　选中点

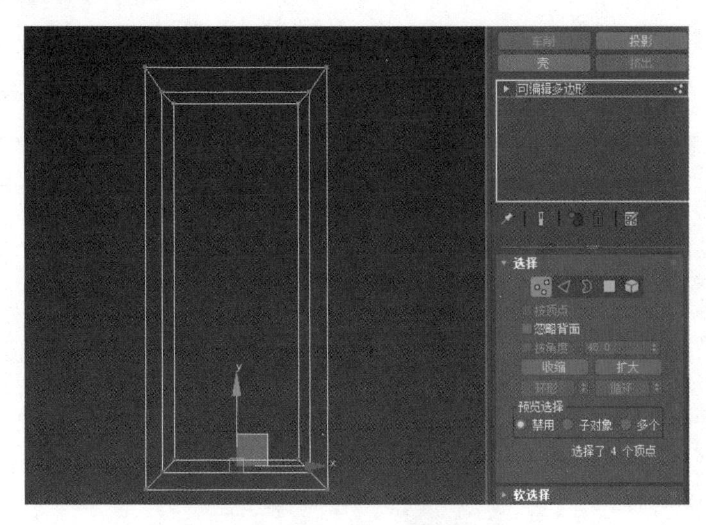

图1.4.140　沿Y轴移动点

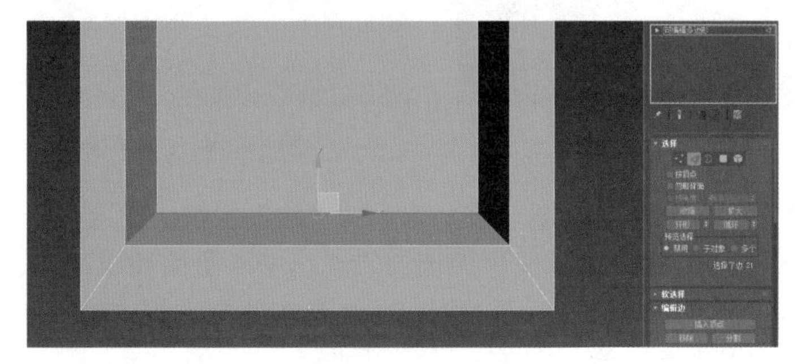

图1.4.141　选中边

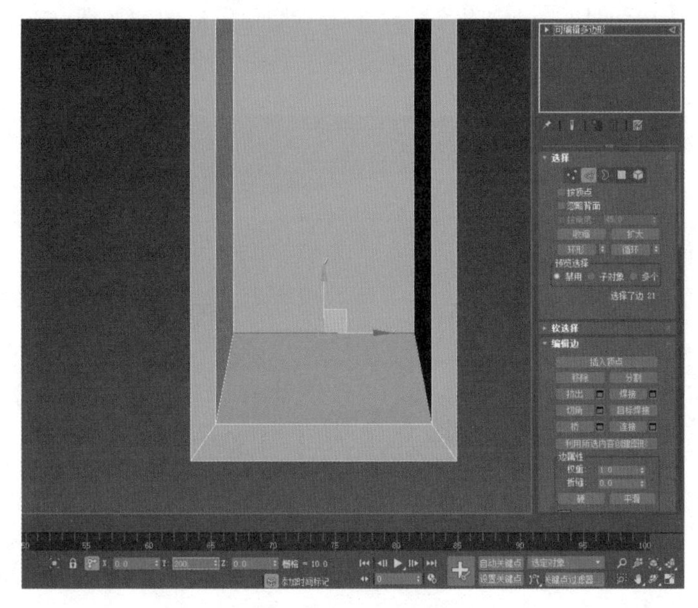

图1.4.142　沿Y轴移动边

05 选择透视图，按 Ctrl 键加选如图 1.4.143 所示的 3 条边，单击“切角”后面的按钮，在弹出的文本框中输入相应数值，如图 1.4.144 所示。

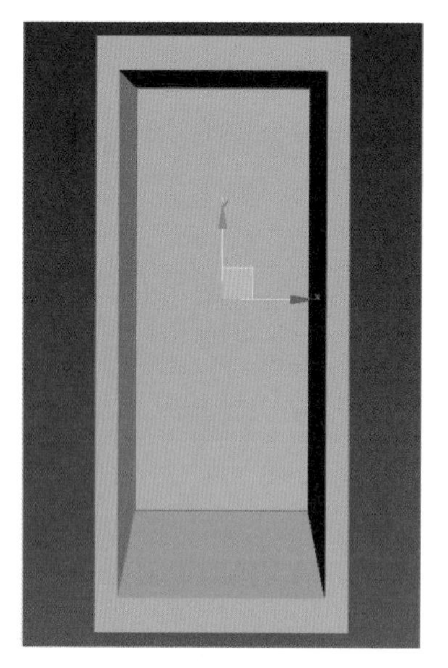

图1.4.143　选中边

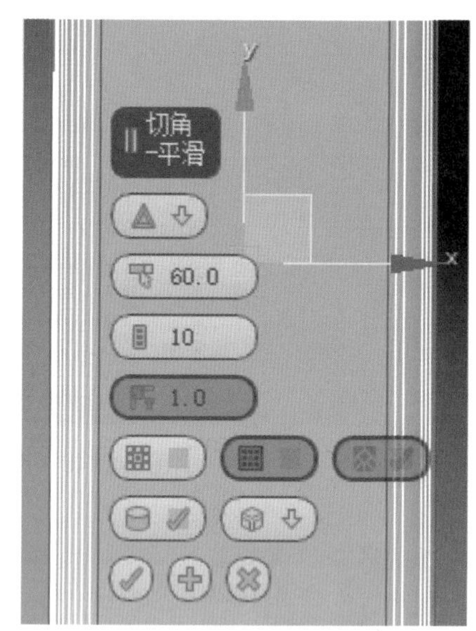

图1.4.144　切角操作

06 按 2 键进入“可编辑多边形”的“边”层级，在透视图中双击如图 1.4.145 所示的边，可以使用加选的方式选中 4 条循环线，如图 1.4.146 所示。然后单击“切角”后面的按钮，在弹出的文本框中输入相应数值，如图 1.4.147 所示。

07 按 2 键进入“可编辑多边形”的“边”层级，在透视图中双击如图 1.4.148 所示的边，选中循环线，单击“切角”后面的按钮，在弹出的文本框中输入相应数值，如图 1.4.149 所示。

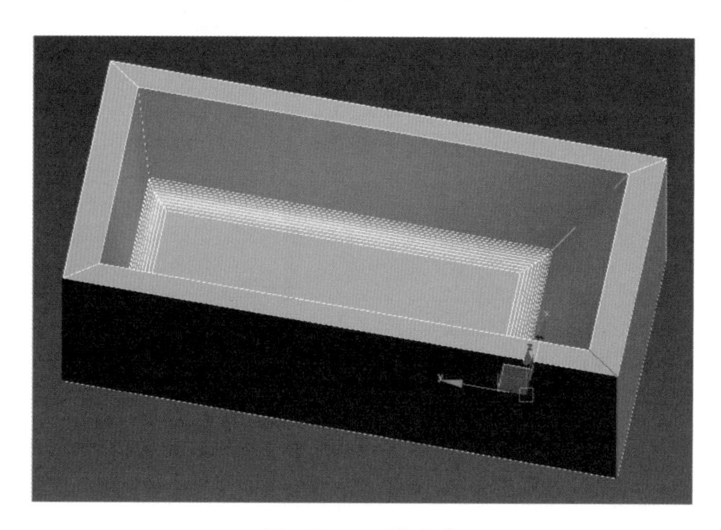

图1.4.145　选中边

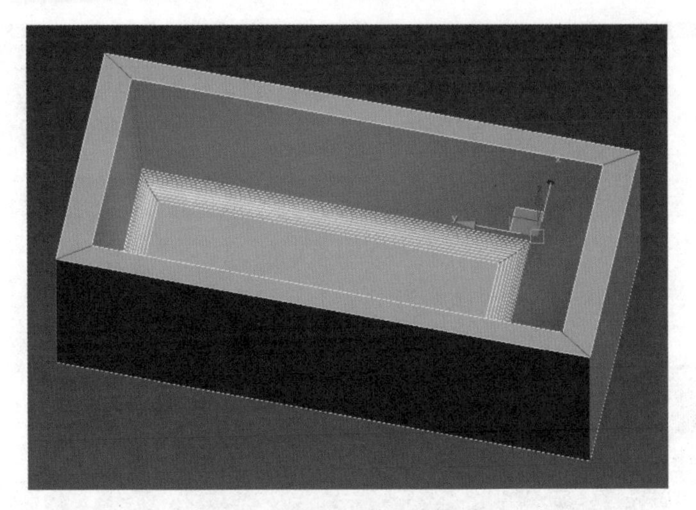

图1.4.146　选中4条循环线

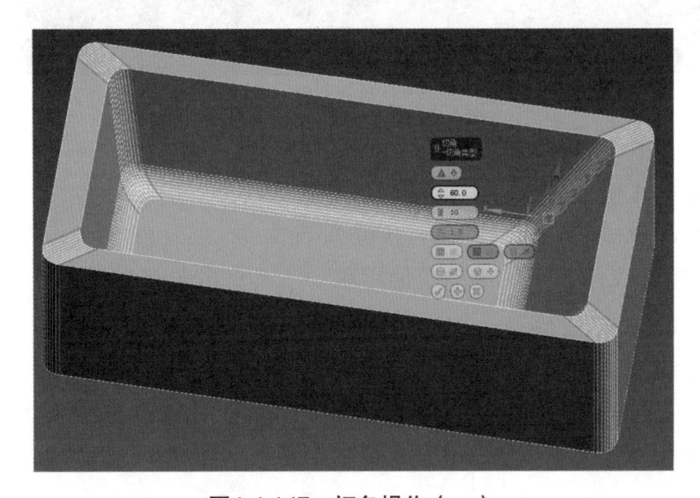

图1.4.147　切角操作（一）

图1.4.148　切角操作（二）

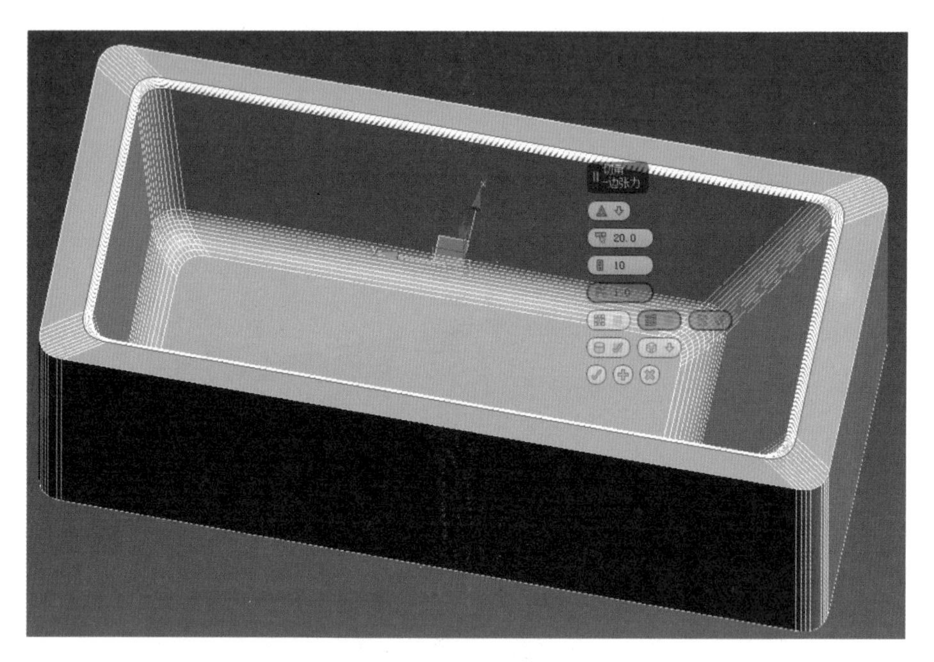

图1.4.149　切角参数设置

08 按 1 键进入“可编辑多边形”的“顶点”层级，选中如图 1.4.150 所示的点，在“修改器列表”下拉列表中添加“FFD 2×2×2”修改器，按 1 键或选择“控制点”选项，使用移动工具将其沿 *Y* 轴移动 -15mm，如图 1.4.151 所示。

09 选择“FFD 2×2×2”修改器中的“控制点”选项，使用移动工具将其沿 *Y* 轴移动 35mm，如图 1.4.152 所示；沿 *Z* 轴移动 -100mm，如图 1.4.153 所示，所得模型如图 1.4.154 所示。

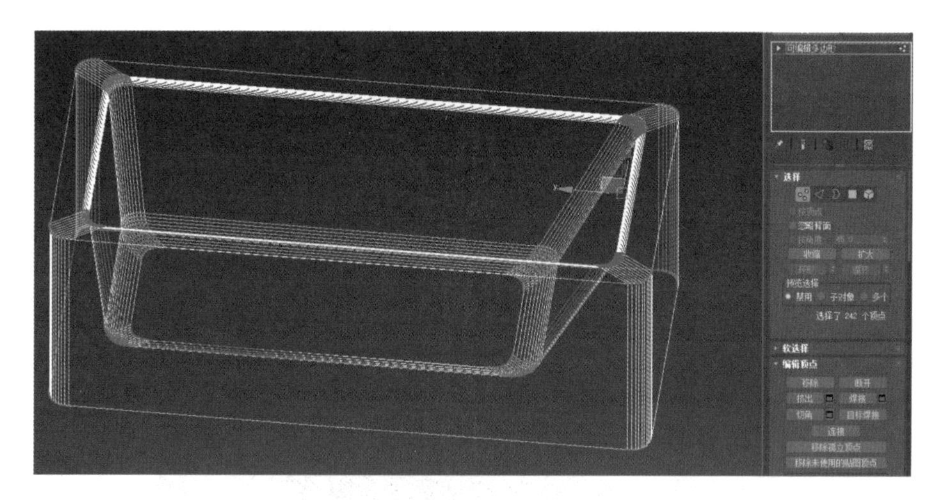

图1.4.150　选中点

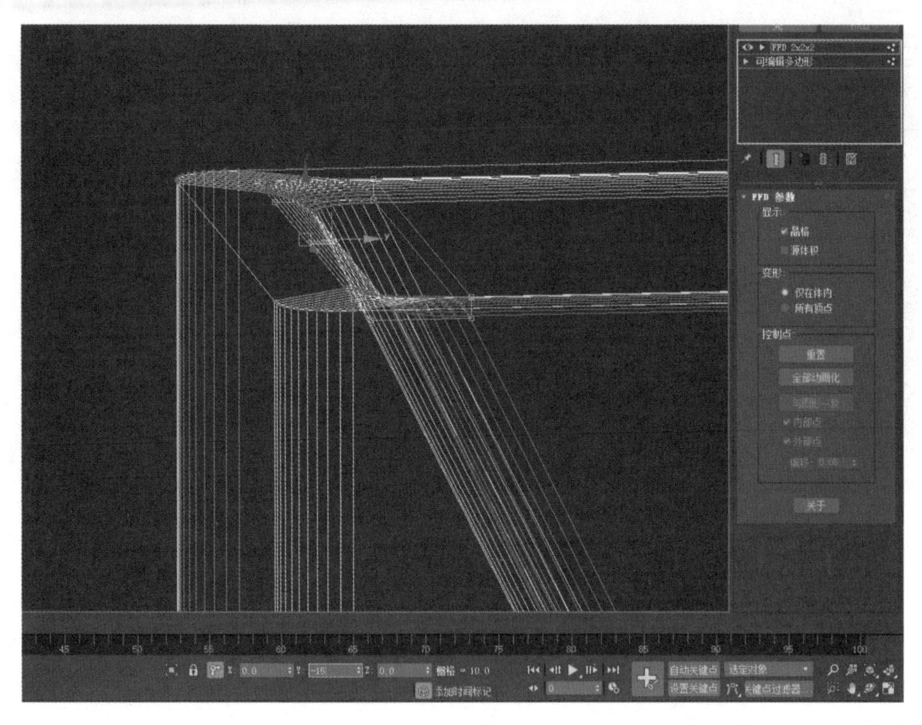

图1.4.151 沿Y轴移动点（一）

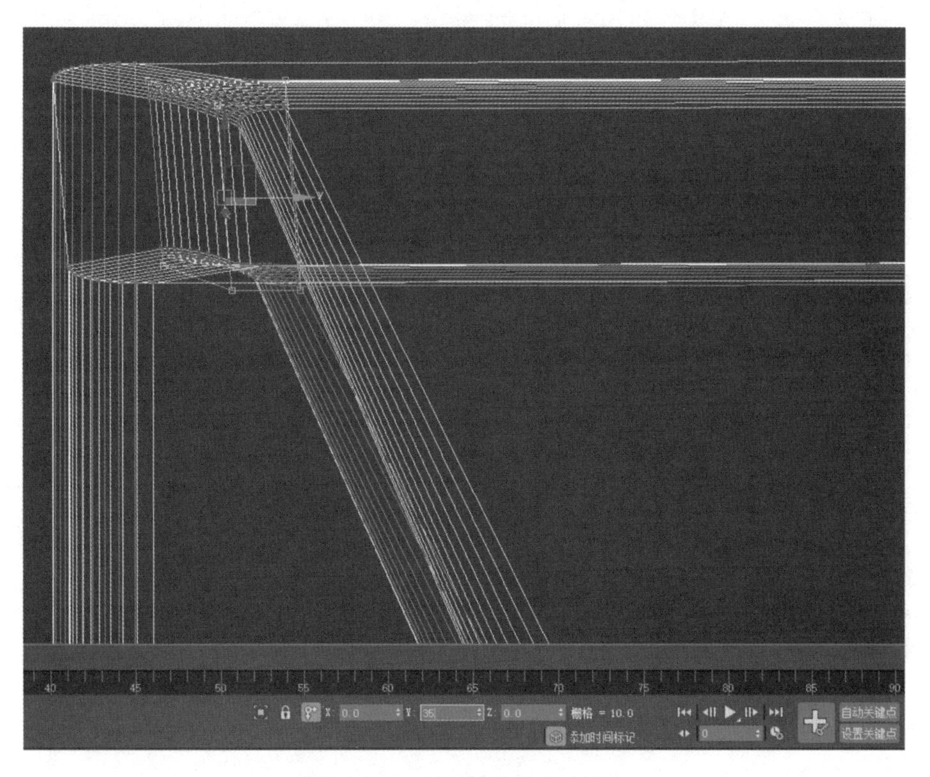

图1.4.152 沿Y轴移动点（二）

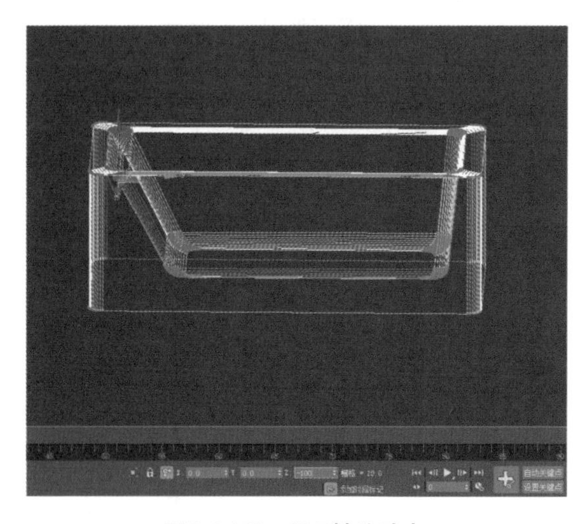

图1.4.153　沿Z轴移动点

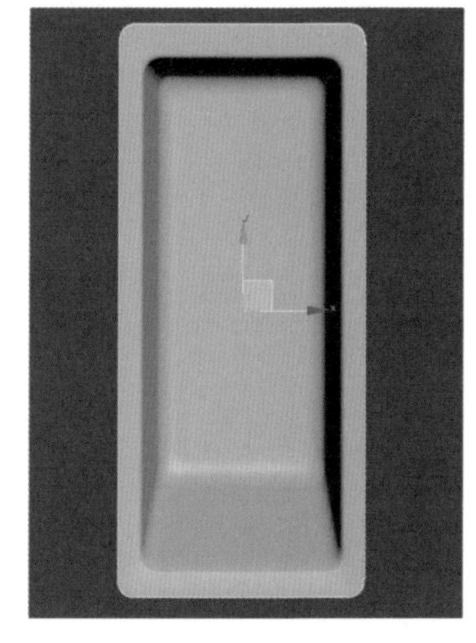

图1.4.154　缸体模型

10 右击物体，在弹出的快捷菜单中选择“可编辑多边形”选项，按 2 键进入“边”层级。选择前视图，按 F3 键以线框方式显示，选中如图 1.4.155 所示的边，然后单击“连接”后面的按钮，在弹出的文本框中输入相应数值，如图 1.4.156 所示。

11 按 4 键进入“可编辑多边形”的“多边形”层级，选中如图 1.4.157 所示的“面”。单击“挤出”后面的按钮，在弹出的文本框中输入相应数值（图 1.4.158），所得模型如图 1.4.159 所示。

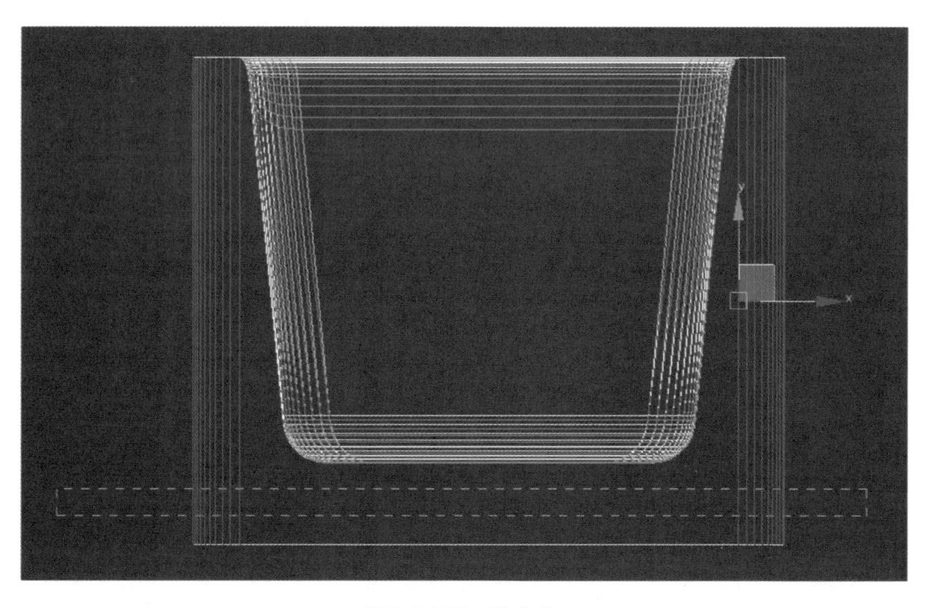

图1.4.155　选中边

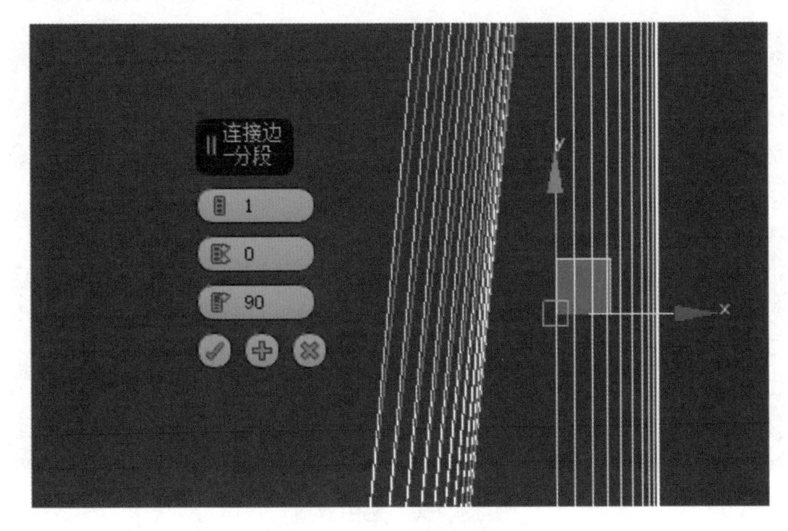

图1.4.156　连接操作

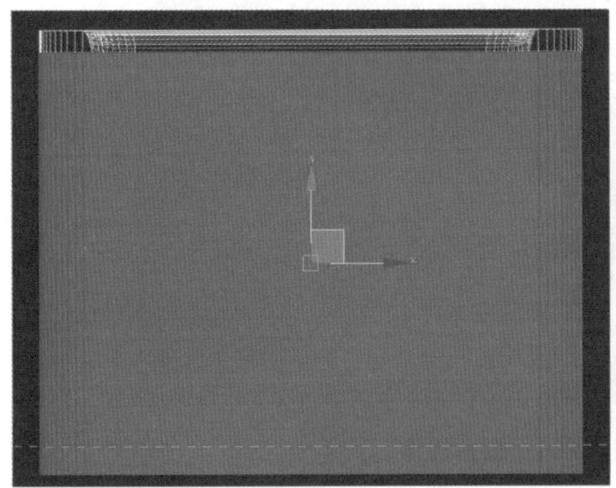

图1.4.157　选中面

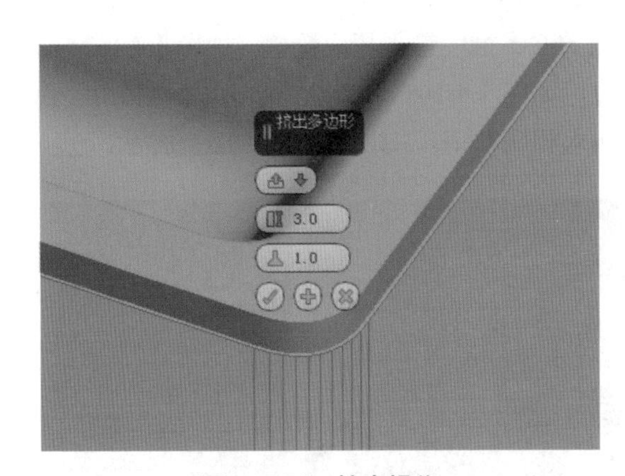

图1.4.158　挤出操作

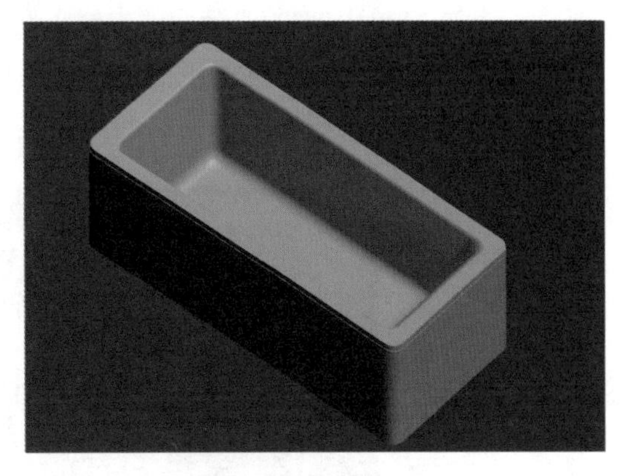

图1.4.159　浴缸模型

12 按 4 键进入“多边形”层级，选中如图 1.4.160 所示的顶面，单击“倒角”后面的按钮，在弹出的文本框中输入相应数值，如图 1.4.161 所示。

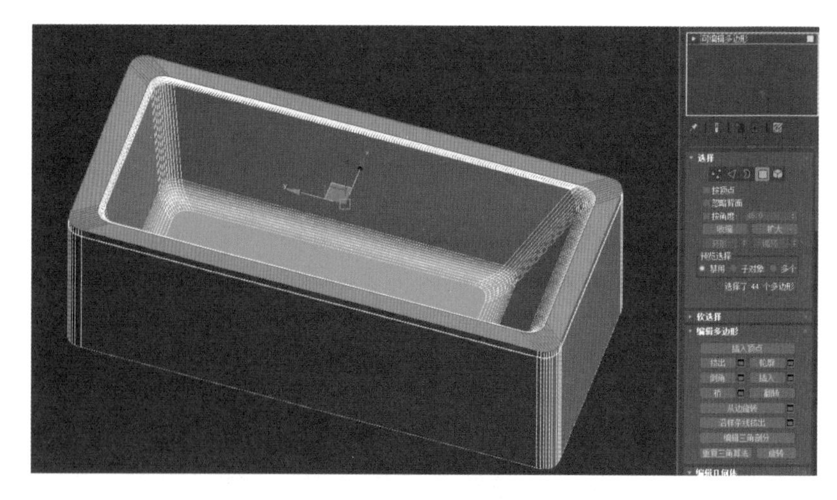

图1.4.160　选中顶面

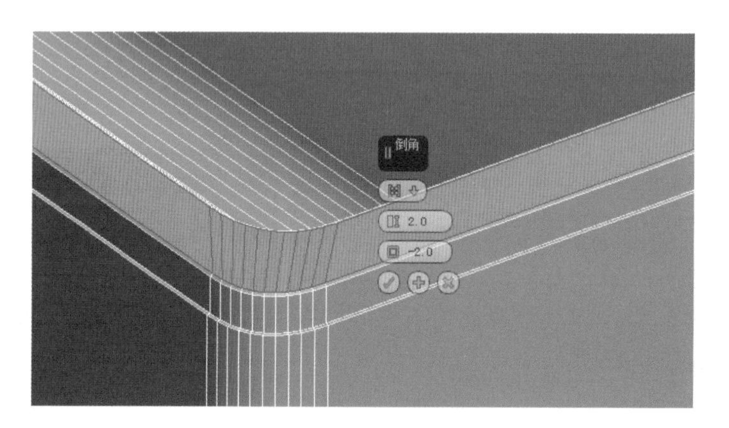

图1.4.161　倒角操作

13 按 2 键进入“边”层级，选中如图 1.4.162（a）所示的 2 条循环边，单击“切角”后面的按钮，在弹出的文本框中输入相应数值，如图 1.4.162（b）所示。再选中下面的 1 条循环边，如图 1.4.163（a）所示，单击“切角”后面的按钮，在弹出的文本框中输入相应数值，如图 1.4.163（b）所示。

（a）选中 2 条循环边　　（b）切角操作

图1.4.162　对选中的2条循环边进行切角操作

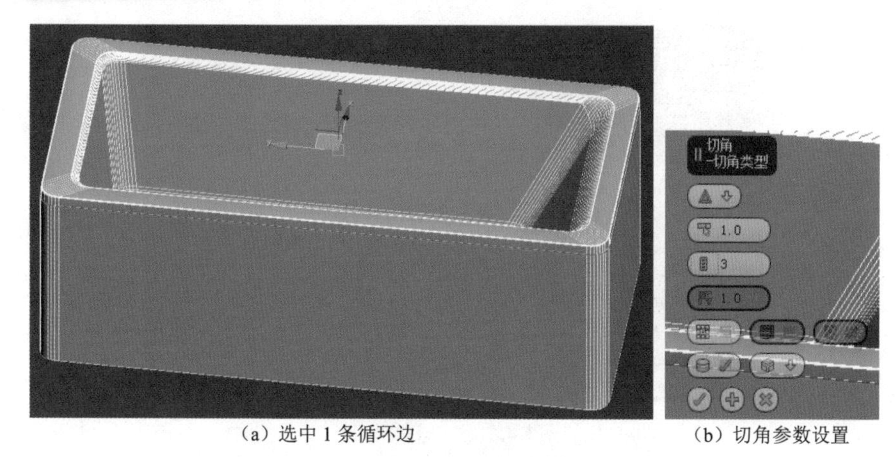

（a）选中 1 条循环边　　（b）切角参数设置

图1.4.163　对选中的1条循环边进行切角操作

14 选中浴缸，在“修改器列表”下拉列表中添加“平滑”修改器，选中“自动平滑”复选框。打开“材质编辑器”对话框，将“模式”修改为“精简材质编辑器”，选择第一个材质球，并命名为“白色陶瓷”，漫反射及其他参数设置如图 1.4.164 所示，单击按钮，将材质赋予浴缸，所得模型如图 1.4.165 所示。

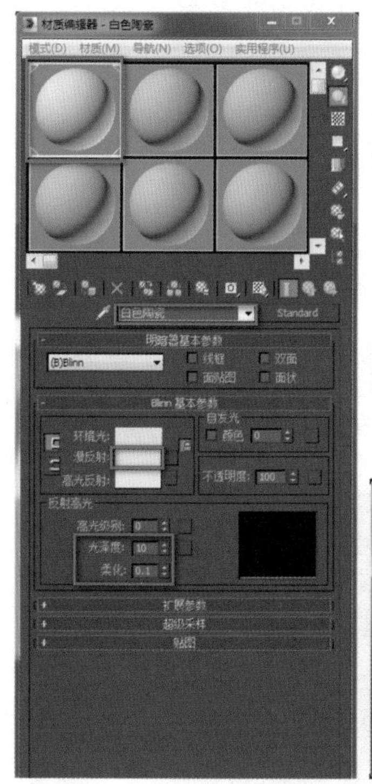

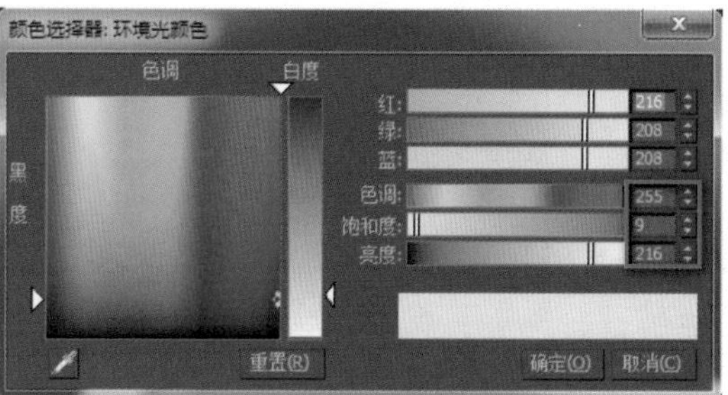

图1.4.164　赋予“白色陶瓷”材质

图1.4.165　缸体模型

2．制作水龙头

01 按 T 键切换到顶视图，单击“创建”→“几何体”中的“圆柱体”按钮，在顶视图中创建如图 1.4.166 所示的圆柱体。按 F 键切换到前视图，选中圆柱体并右击，在弹出的快捷菜单中选择“可编辑多边形”选项，使用复制、移动方式将圆柱体沿 X 轴移动 200mm，如图 1.4.167 所示。

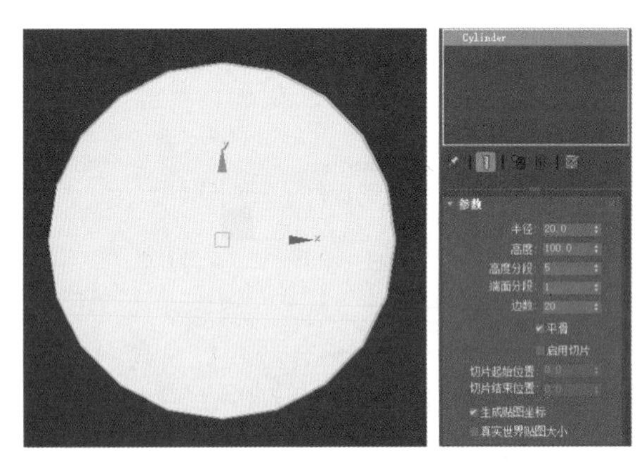

图1.4.166　创建圆柱体

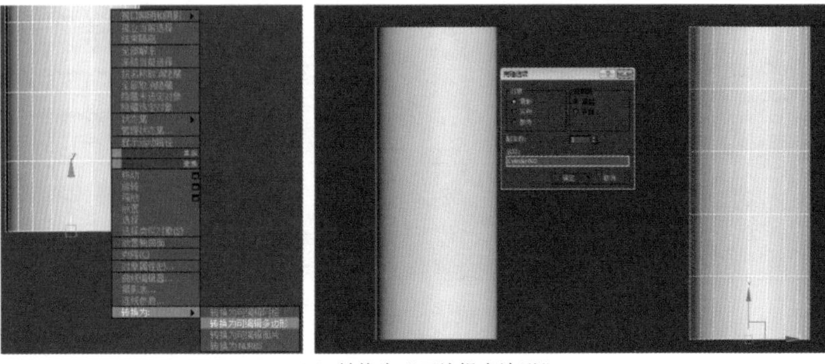

（a）转换为“可编辑多边形”

图1.4.167　选中并移动圆柱体

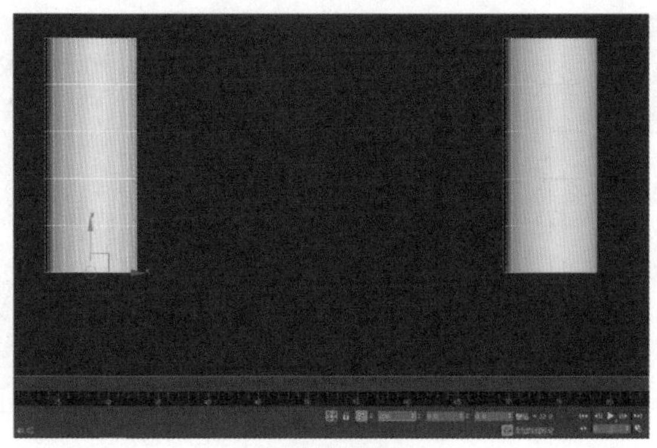

（b）复制圆柱体

图1.4.167（续）

02 选中左侧的圆柱体并右击，在弹出的快捷菜单中选择“附加”选项，如图 1.4.168 所示，将右侧的圆柱体和它附加在一起。

图1.4.168　圆柱体附加操作

03 按 4 键进入“多边形”层级，选择顶视图，选中如图 1.4.169 所示的面，在前视图中减选如图 1.4.170 所示的面。单击“桥”按钮，将选中的面桥接起来，如图 1.4.171 所示。

图1.4.169　选中面

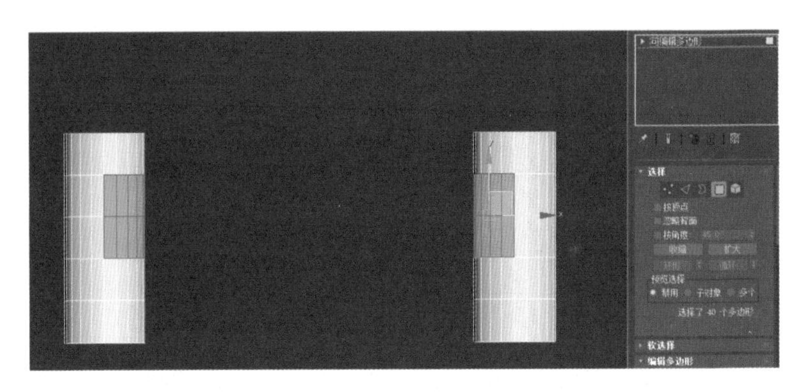

图1.4.170 减选面

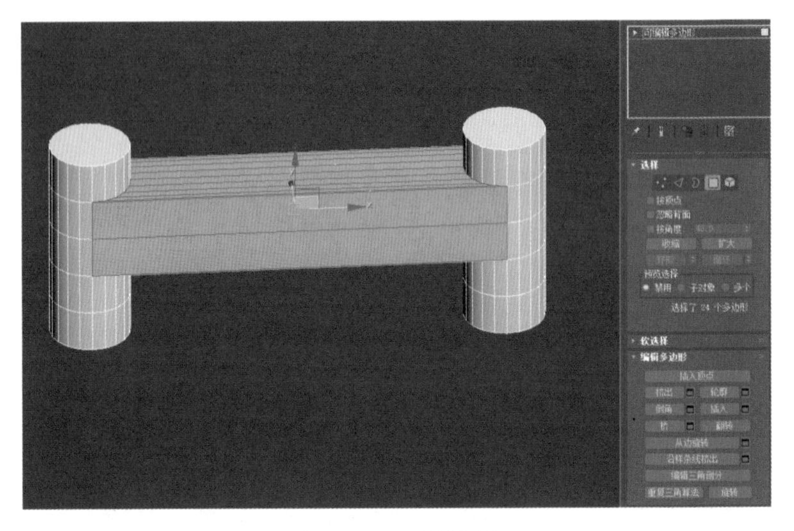

图1.4.171 桥接操作

04 在顶视图中，按 2 键进入“可编辑多边形”的“边”层级，选中如图 1.4.172 所示的边，单击“连接”后面的按钮，在弹出的文本框中输入相应数值，如图 1.4.173 所示。

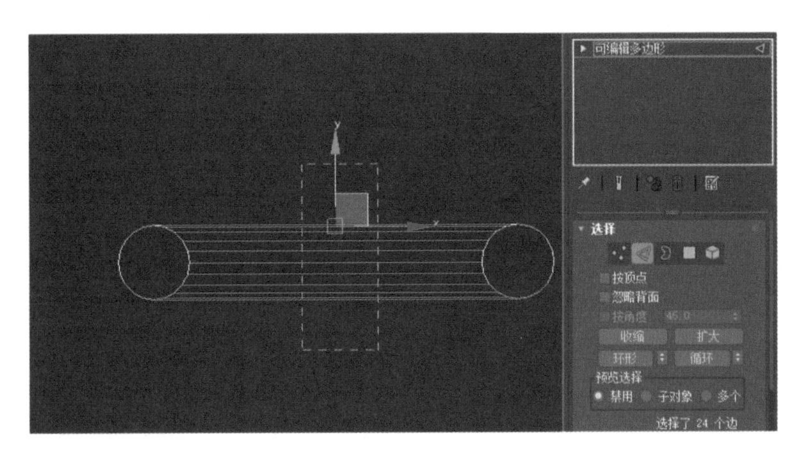

图1.4.172 选中边

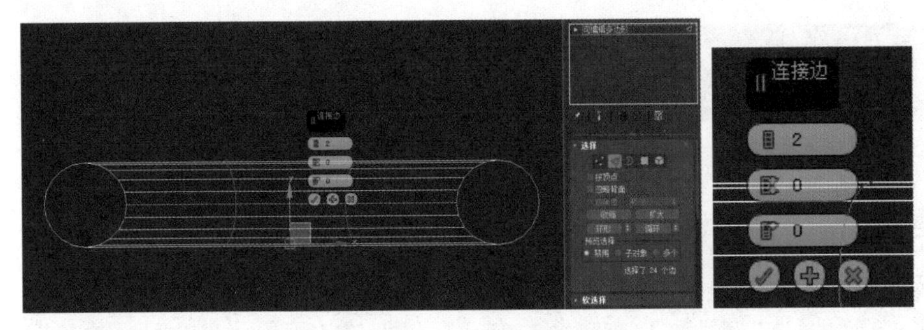

图1.4.173　连接操作

05 按 1 键进入“可编辑多边形”的“顶点”层级，选中如图 1.4.174 所示的点。将鼠标指针放在 *X* 轴，使用缩放工具向左滑动鼠标，将点压缩到一条垂直线上，如图 1.4.175 所示。使用相同方法，选中右侧的点，也将它压缩到一条直线上，如图 1.4.176 所示。

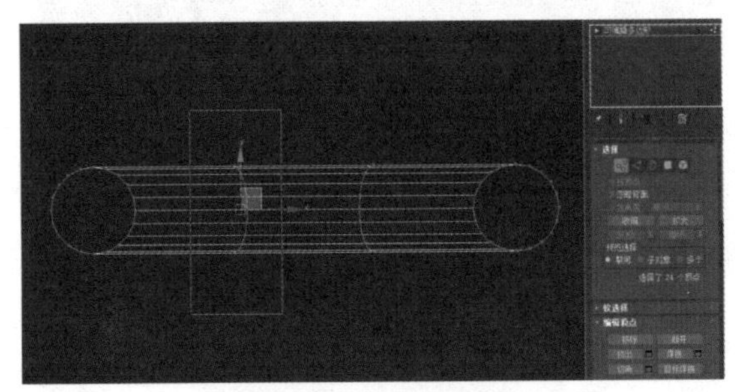

图1.4.174　选中点

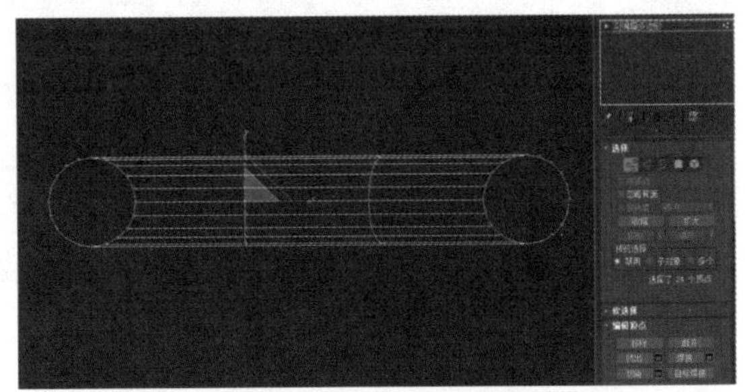

图1.4.175　缩放点操作

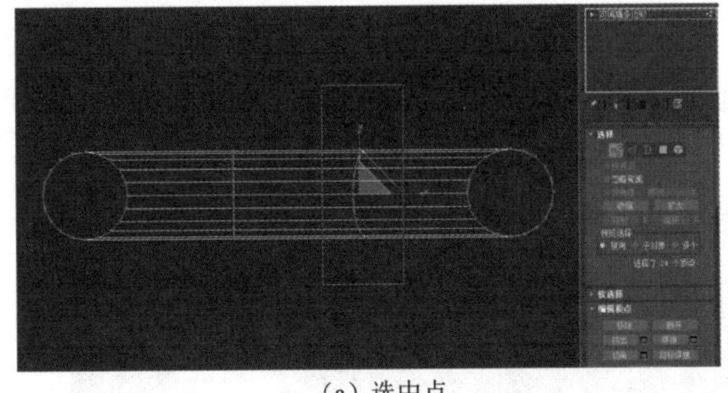

（a）选中点

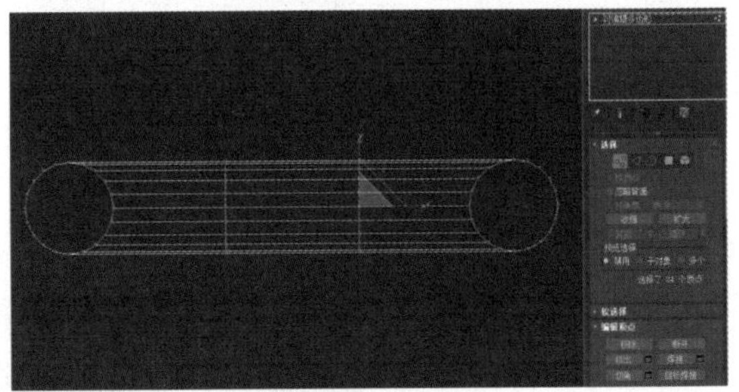

（b）缩放点操作

图1.4.176　选中点并进行缩放

06 按 4 键进入“可编辑多边形”的“多边形”层级，在前视图中选中如图 1.4.177 所示的面，单击“挤出”后面的按钮，在弹出的文本框中输入相应数值，如图 1.4.178 所示。

07 按 1 键进入“可编辑多边形”的“顶点”层级，在左视图中选择如图 1.4.179（a）所示的“点”，在“修改器列表”下拉列表中添加“FFD 2×2×2”修改器。选择“FFD 2×2×2”修改器中的“控制点”选项，使用移动工具将其沿 *Y* 轴移动 20mm，如图 1.4.179（b）所示，再将其转换为“可编辑多边形”。

图1.4.177　选中面

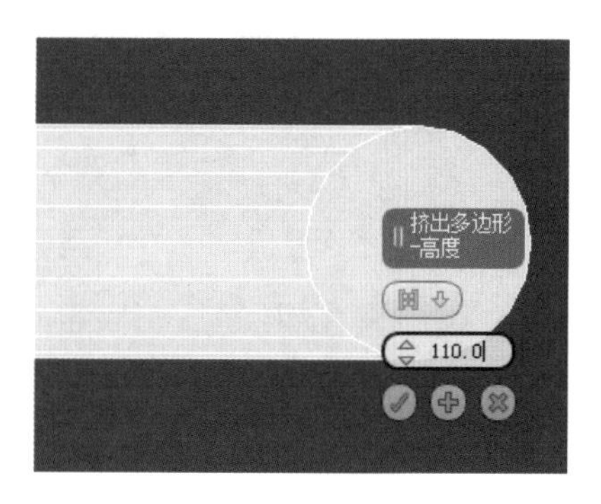

图1.4.178　挤出操作

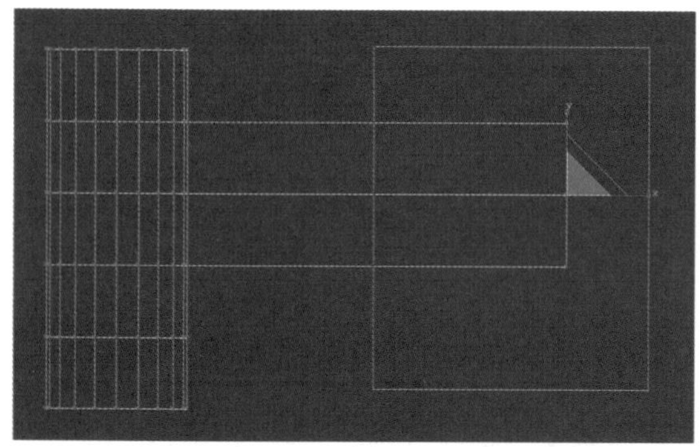

（a）选中点

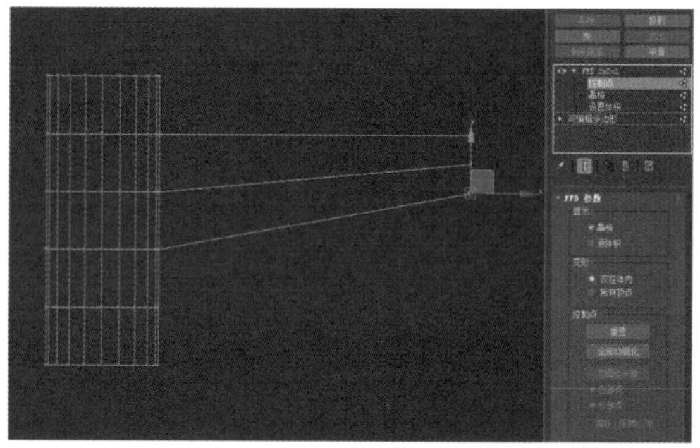

（b）移动点

图1.4.179　选中点并沿Y轴移动

08 选择前视图，按 1 键进入“可编辑多边形”的“顶点”层级，选中如图 1.4.180 所示的点，将其沿 Y 轴移动 -20mm，如图 1.4.181 所示。

09 按 2 键进入“可编辑多边形”的“边”层级，在前视图选中如图 1.4.182 所示的边，单击“连接”后面的按钮，在弹出的文本框中输入相应数值，如图 1.4.183 所示。

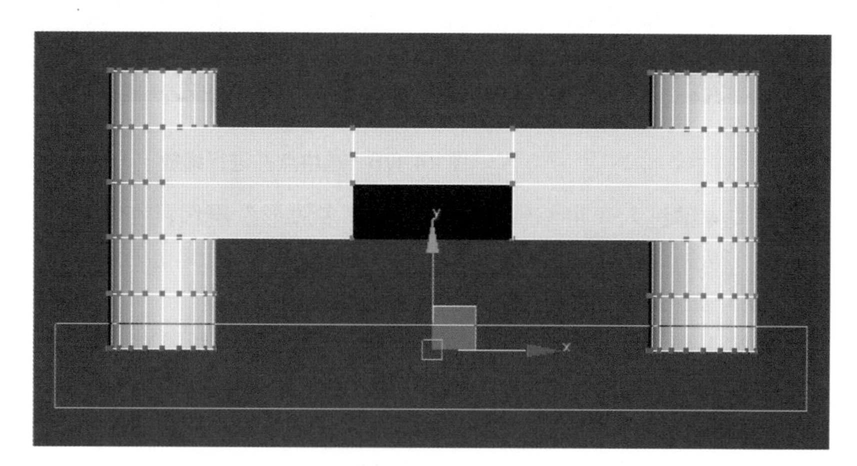

图1.4.180　选中点

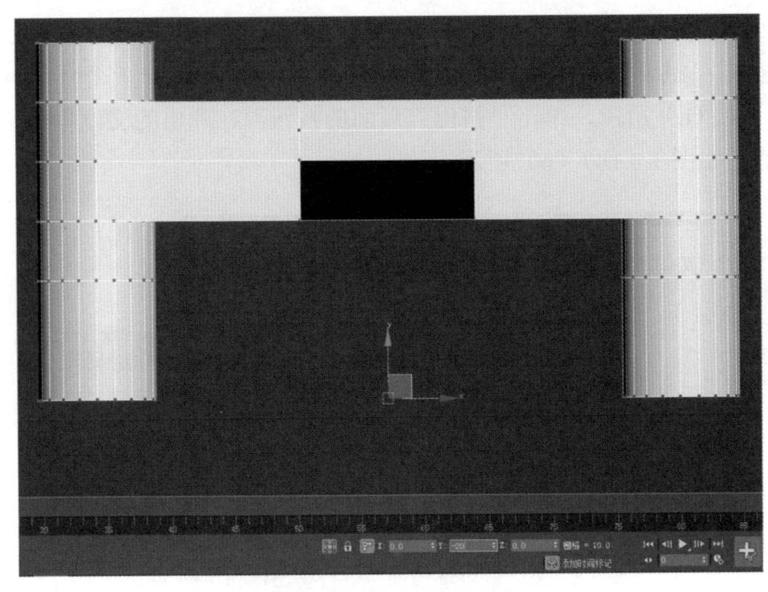

图1.4.181 沿Y轴移动点

图1.4.182 选中边

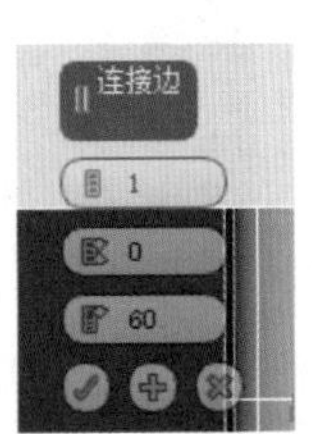

图1.4.183 连接操作

10 选择前视图，选中如图 1.4.184 所示的边，单击“连接”后面的按钮，在弹出的文本框中输入相应数值，如图 1.4.185 所示。

图1.4.184 选中边

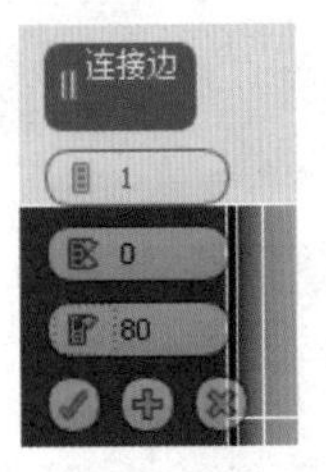

图1.4.185 连接操作

11 按 4 键进入“可编辑多边形”的“多边形”层级，选中前视图中的环形面，如图 1.4.86（a）所示，单击“挤出”后面的按钮，在弹出的文本框中输入相应数值，如图 1.4.186（b）所示。再次选中一个环形面，如图 1.4.187（a）所示，单击“挤出”后面的按钮，在弹出的文本框中输入相应数值，如图 1.4.187（b）所示。

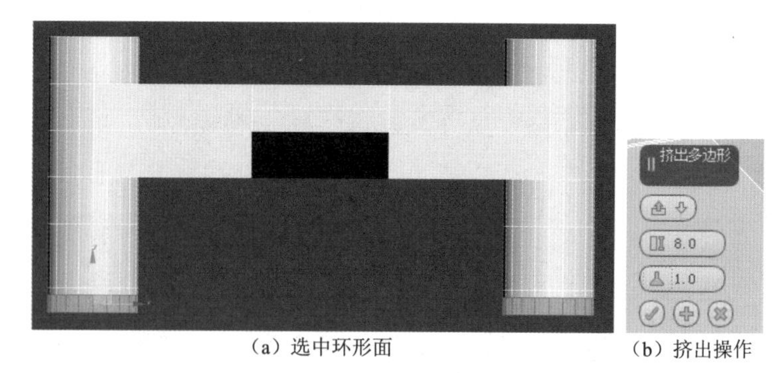

（a）选中环形面　（b）挤出操作

图1.4.186　选中环形面并进行挤出操作（一）

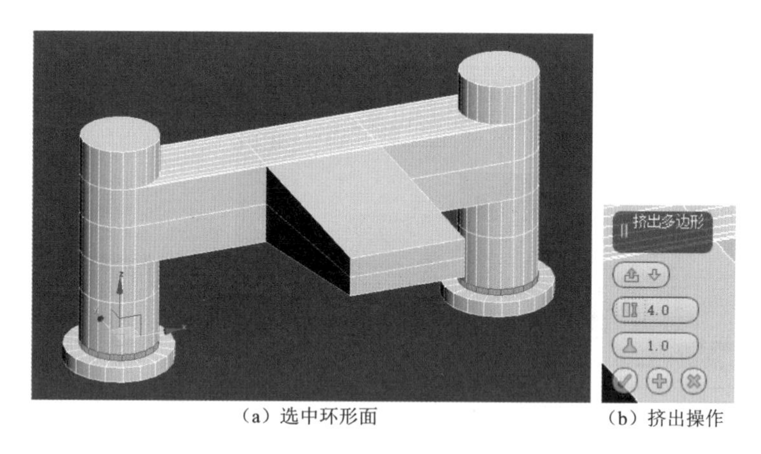

（a）选中环形面　（b）挤出操作

图1.4.187　选中环形面并进行挤出操作（二）

12 选择前视图，按 1 键进入“可编辑多边形”的“顶点”层级，选中如图 1.4.188（a）所示的点，将其沿 *Y* 轴移动 15mm，如图 1.4.188（b）所示。

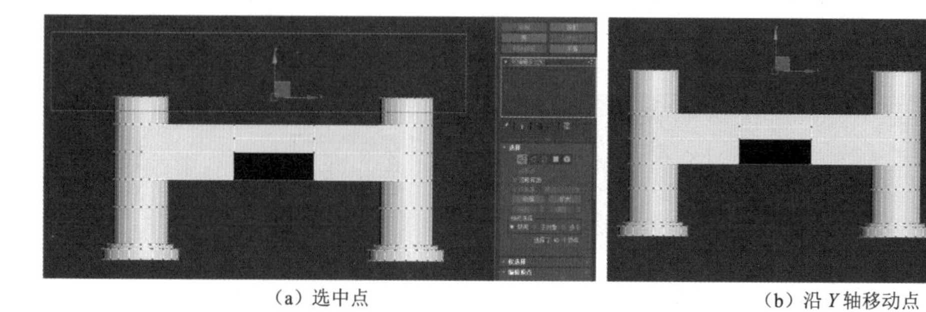

（a）选中点　（b）沿 *Y* 轴移动点

图1.4.188　选中点并沿*Y*轴进行移动

13 按 4 键进入“可编辑多边形”的“多边形”层级，在前视图中选中如图 1.4.189（a）所示的环形面，单击“挤出”后面的按钮，在弹出的文本框中输入相应数值，如图 1.4.189（b）所示。

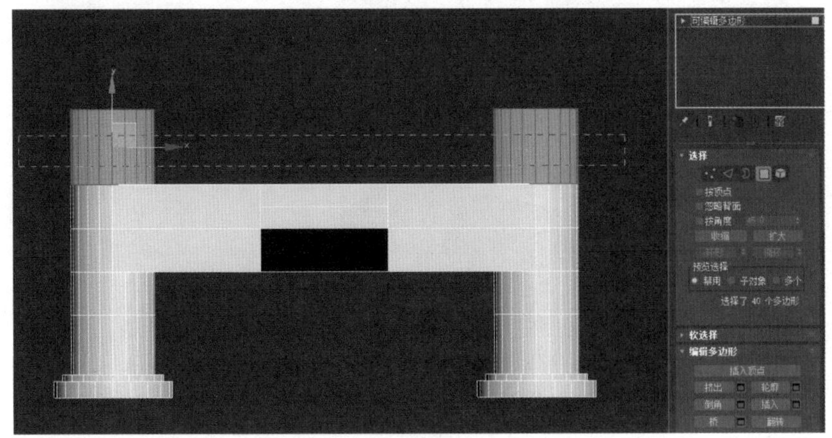

（a）选中环形面

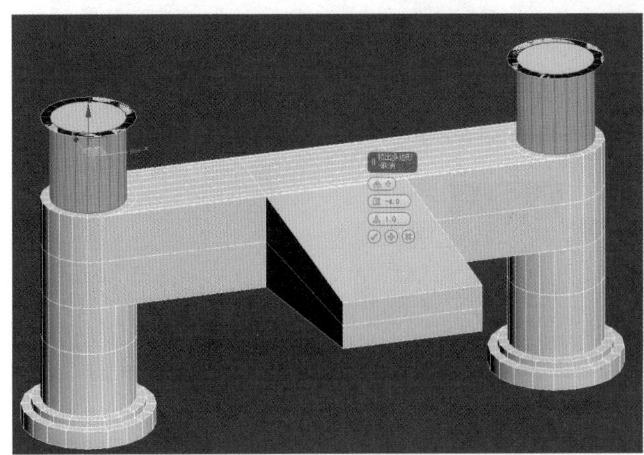

（b）挤出操作

图1.4.189　选中面并进行挤出操作

14 选中如图 1.4.190（a）所示的顶面并将其删除。选择前视图，按 2 键进入“可编辑多边形”的“边”层级，选中如图 1.4.190（b）所示的边，单击“连接”后面的按钮，在弹出的文本框中输入相应数值，如图 1.4.190（c）所示。

15 按 4 键进入“可编辑多边形”的“多边形”层级，选择前视图，选中如图 1.4.191（a）所示的环形面，单击“挤出”后面的按钮，在弹出的文本框中输入相应数值，如图 1.4.191（b）所示。再单击“倒角”后面的按钮，在弹出的文本框中输入相应数值，如图 1.4.191（c）所示。

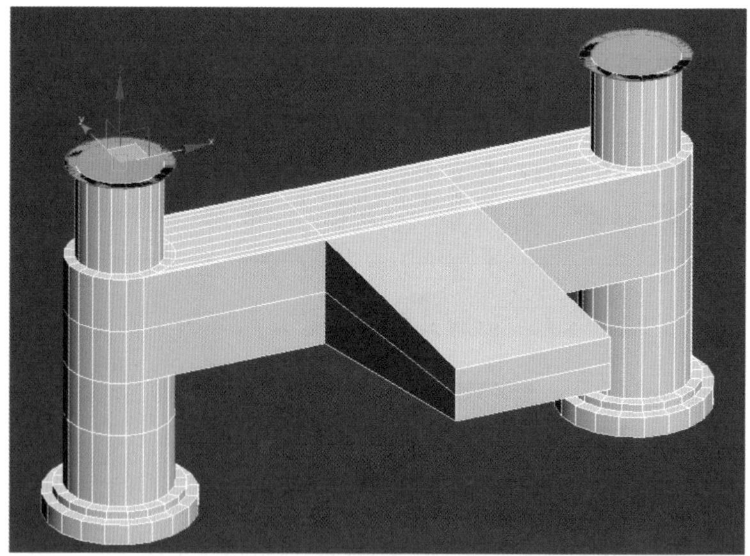

（a）删除选中的面

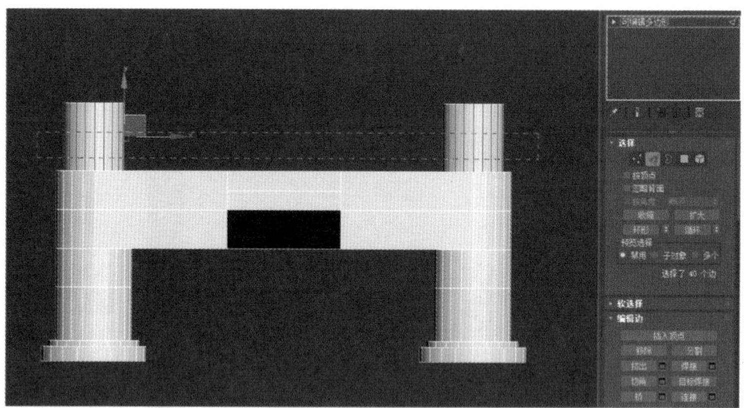

（b）选中边

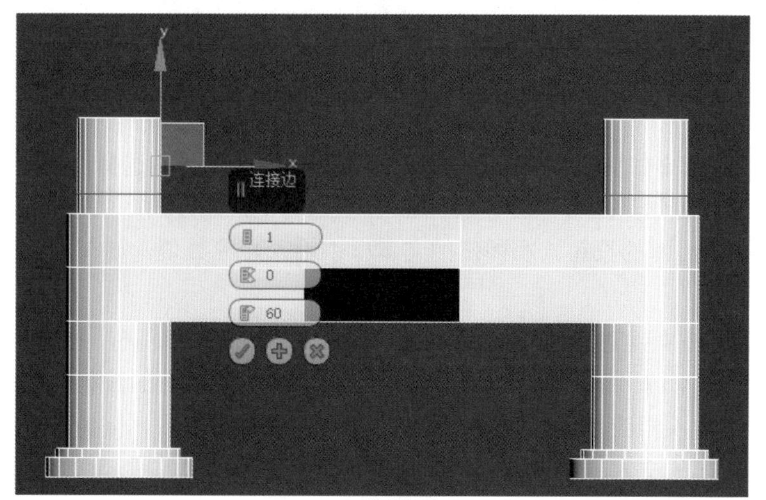

（c）连接操作

图1.4.190　选中边并进行连接操作

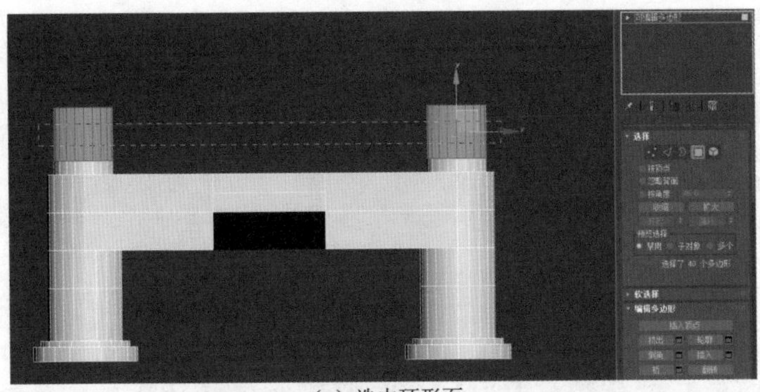

（a）选中环形面

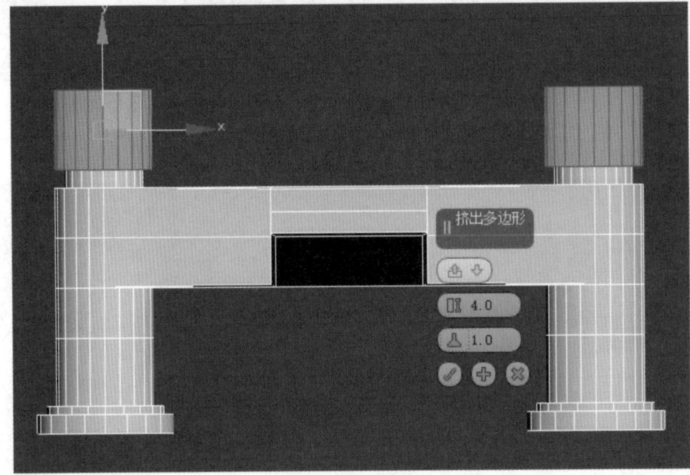

（b）挤出操作

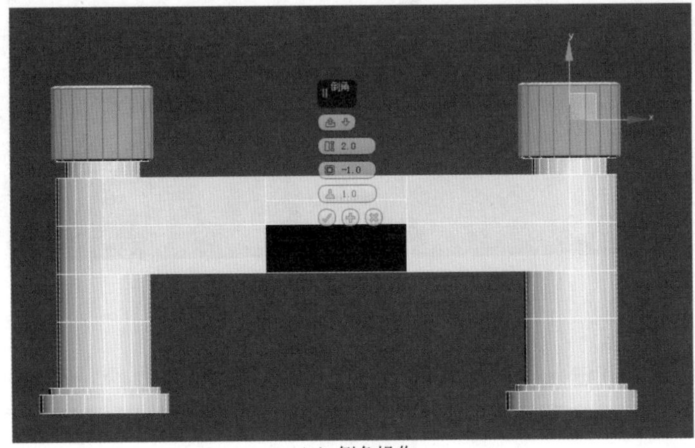

（c）倒角操作

图1.4.191　选中面并进行挤出和倒角操作

16 按 3 键进入“可编辑多边形”的“边界”层级；在透视图中选中如图 1.4.192 所示的边界并右击，在弹出的快捷菜单中选择“封口”选项，将其封闭，如图 1.4.193 所示。

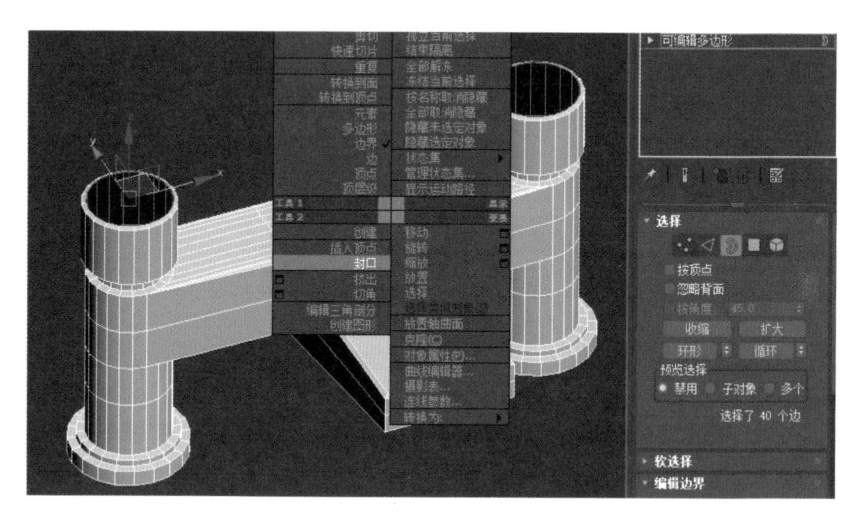

图1.4.192　选中边

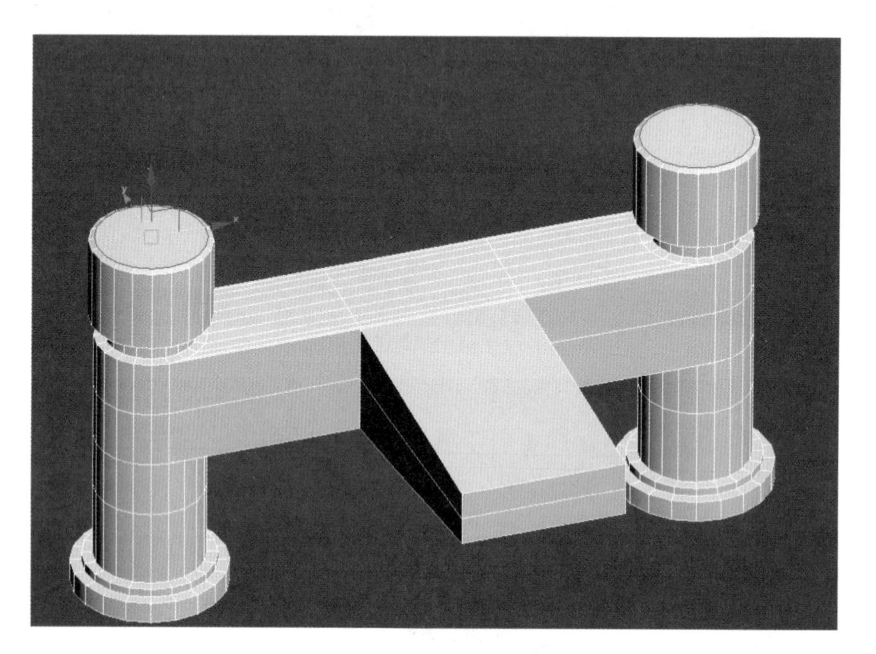

图1.4.193　封口操作

17 按 4 键进入“可编辑多边形”的“多边形”层级，在透视图中选中如图 1.4.194（a）所示的面，单击“倒角”后面的按钮，在弹出的文本框中输入相应数值，如图 1.4.194（b）所示。

18 选择前视图，按 1 键进入“可编辑多边形”的“顶点”层级，右击选中的点，在弹出的快捷菜单中选择“目标焊接”选项，按住鼠标左键并拖动，将突出的几个点焊接，如图 1.4.195 所示。选中水龙头，添加“平滑”修改器，选中“自动平滑”复选框，如图 1.4.196 所示。

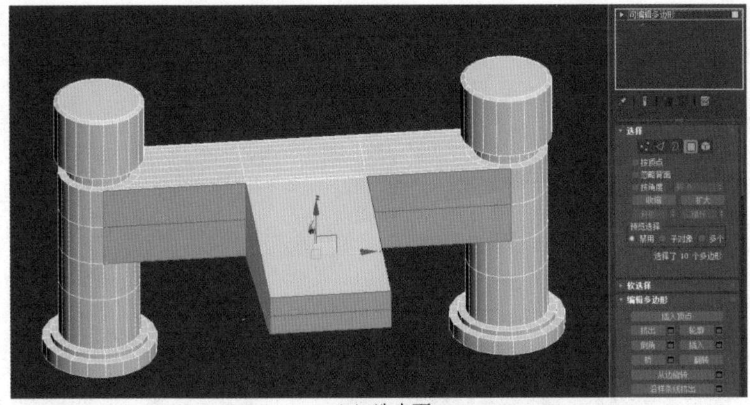
(a) 选中面

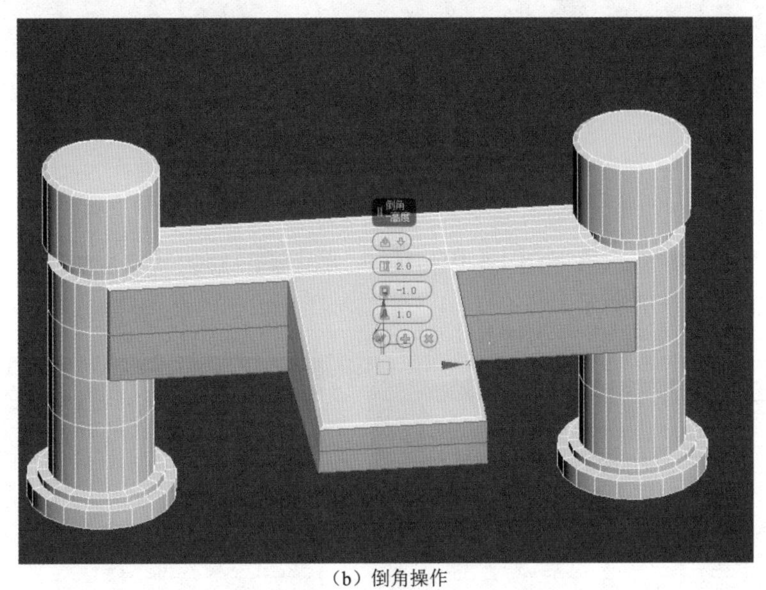

(b) 倒角操作

图1.4.194　选中面并进行倒角操作

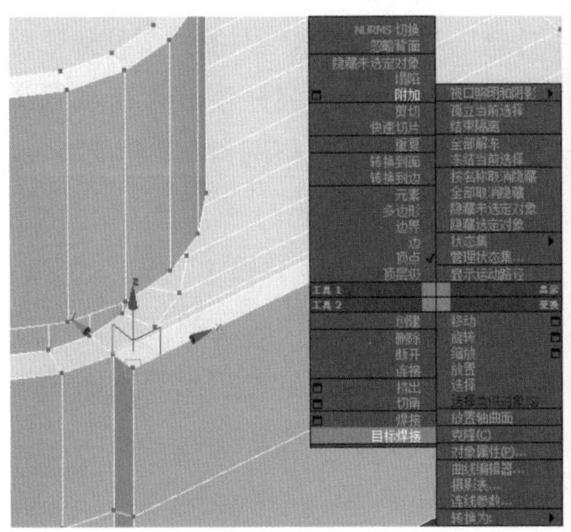

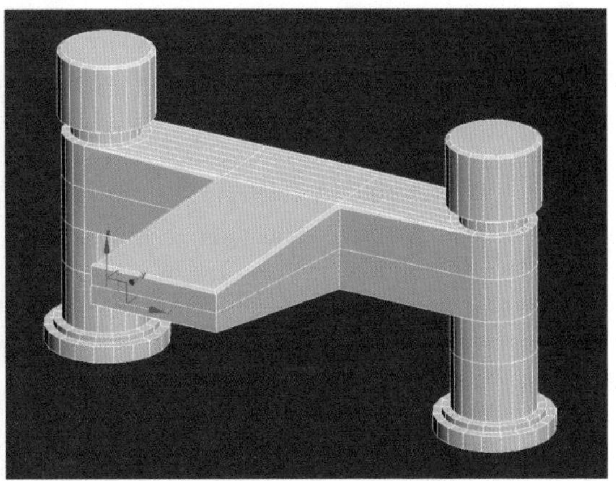

图1.4.195　焊接点

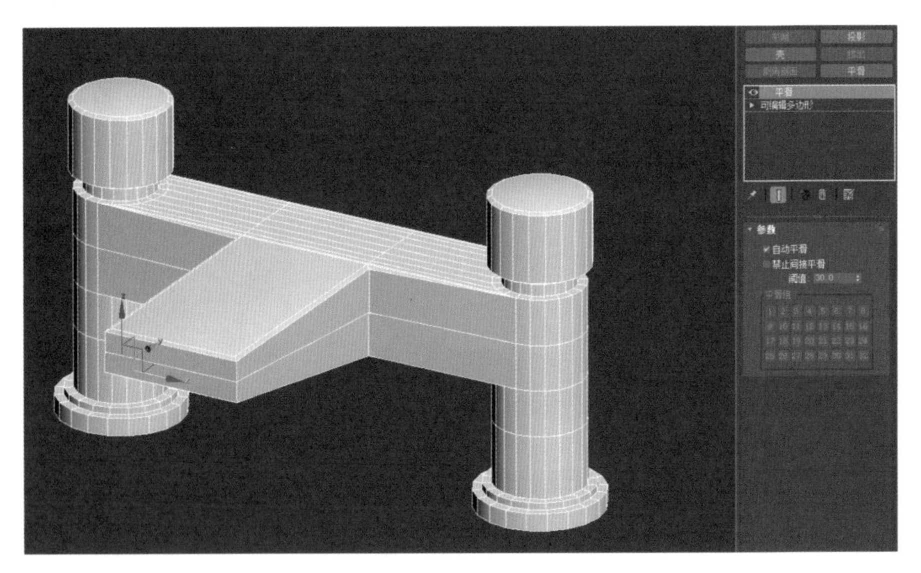

图1.4.196　添加“平滑”修改器

19 打开“材质编辑器”对话框，选择第二个材质球，并命名为“金属”，漫反射参数设置如图 1.4.197 所示，单击按钮，将材质赋予水龙头，结果如图 1.4.198 所示。

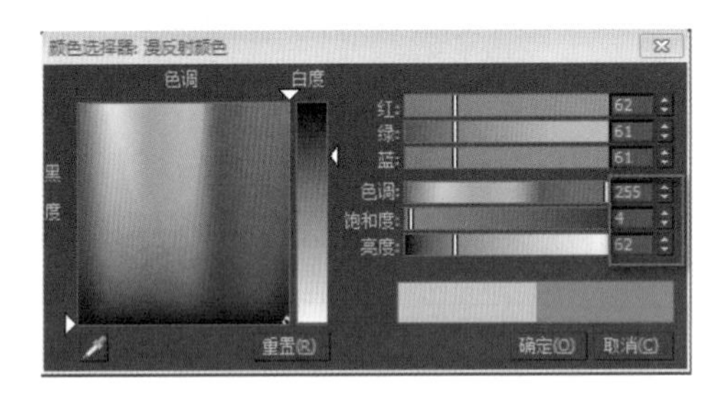

图1.4.197　漫反射参数设置

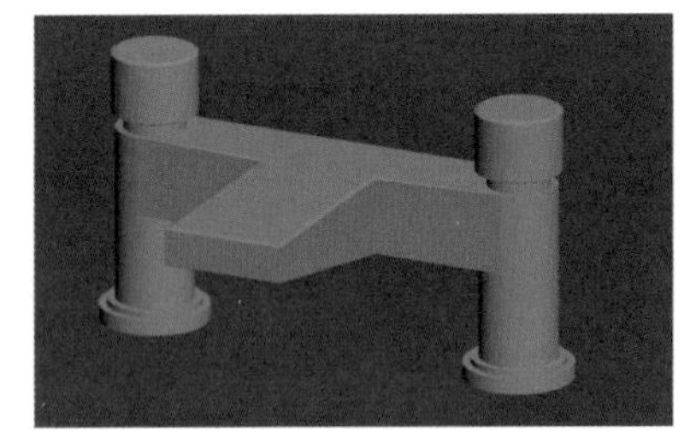

图1.4.198　赋予“金属”材质

20 按 T 键进入顶视图，单击“创建”→“几何体”中的“圆柱体”按钮，在顶视图绘制一个如图 1.4.199 所示的圆柱体。将圆柱体放置在水龙头的合适位置，如图 1.4.200（a）所示，再选择前视图调整圆柱体的位置，如图 1.4.200（b）所示。

21 右击圆柱体，在弹出的快捷菜单中选择“可编辑多边形”选项，然后进入“多边形”层级。选择下底面，单击“插入”后面的按钮，在弹出的文本框中输入相应数值，如图 1.4.201 所示。再单击“挤出”后面的按钮，在弹出的文本框中输入相应数值，如图 1.4.202 所示。

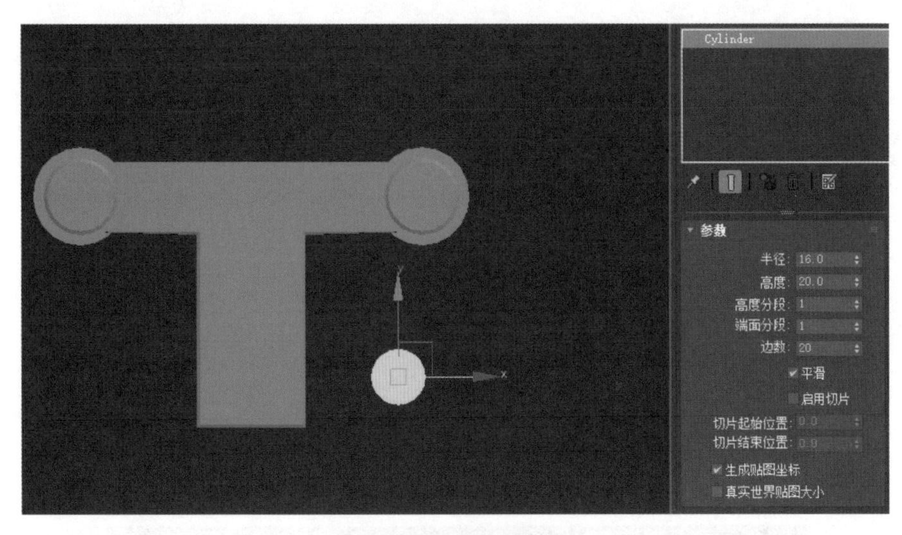

图1.4.199 创建图柱体

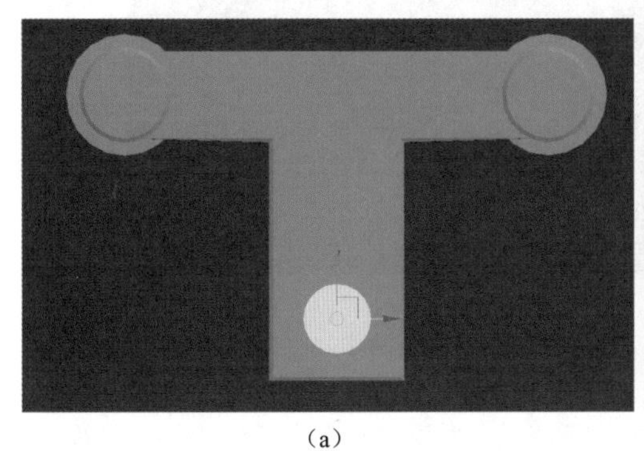

（a）

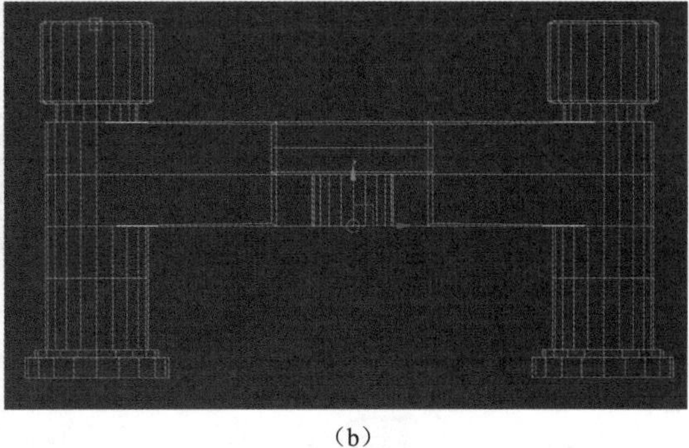

（b）

图1.4.200 调整圆柱体位置

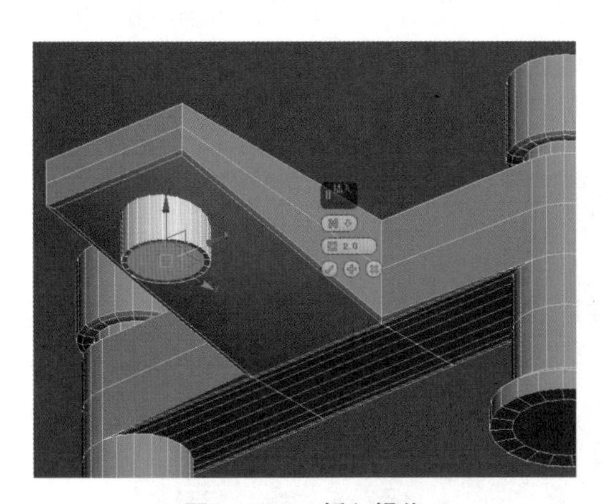

图1.4.201 插入操作

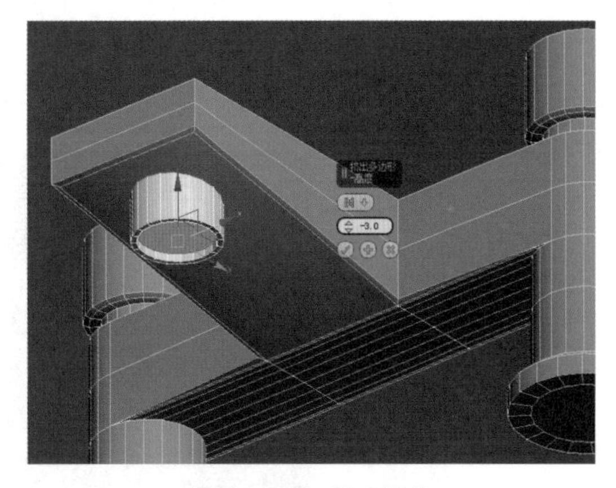

图1.4.202 挤出操作

22 选择前视图，按 2 键进入“可编辑多边形”的“边”层级。选中如图 1.4.203（a）所示的边，单击“连接”后面的按钮，在弹出的文本框中输入相应数值，如图 1.4.203（b）所示。

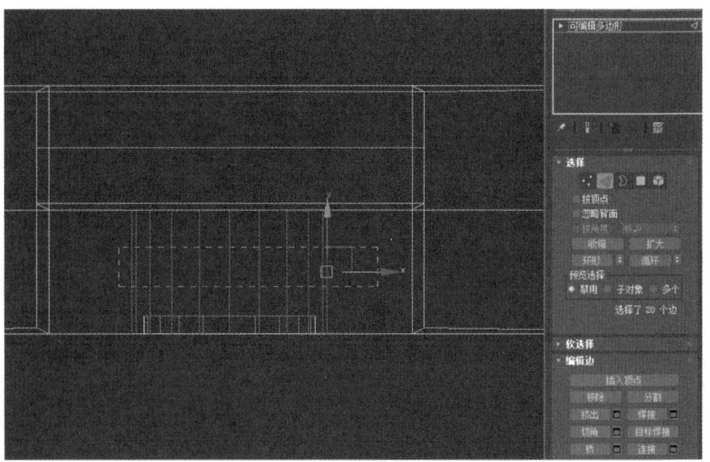

（a）选中边

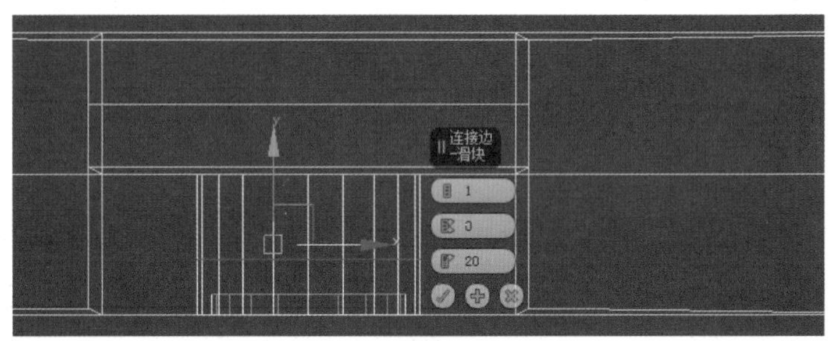

（b）连接操作

图1.4.203　选中边并进行连接操作

23 按 4 键进入“可编辑多边形”的“多边形”层级，选择前视图，选中如图 1.4.204（a）所示的环形面，单击“挤出”后面的按钮，在弹出的文本框中输入相应数值，如图 1.4.204（b）所示。打开“材质编辑器”对话框，选择“金属”材质球，单击按钮将材质赋予物体，再添加“平滑”修改器，选中“自动平滑”复选框，如图 1.4.204（c）所示。

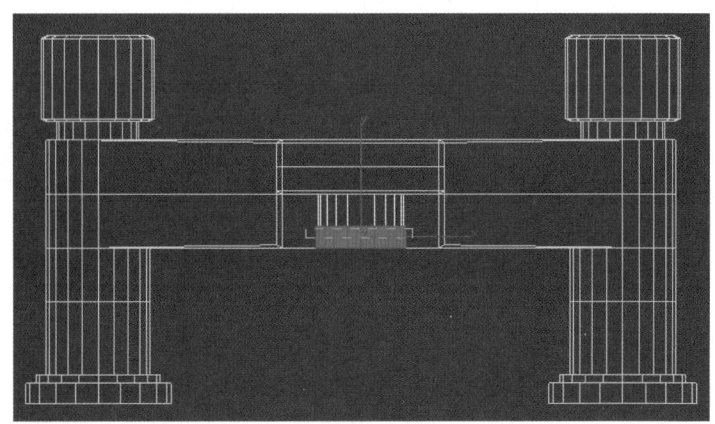
（a）选中环形面

图1.4.204　挤出操作和添加“平滑”修改器

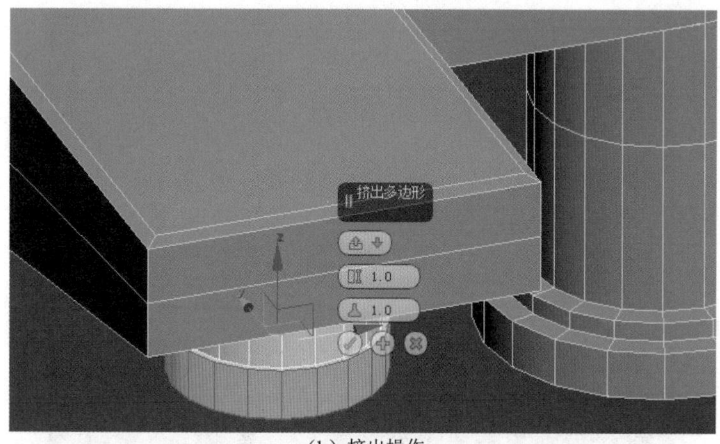

（b）挤出操作

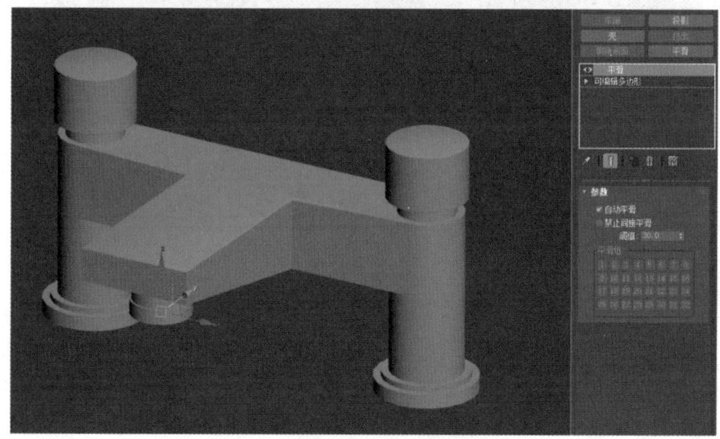
（c）添加“平滑”修改器

图1.4.204（续）

24 在前视图中选中水龙头的全部组件，将其成组，如图 1.4.205 所示。按 T 键进入顶视图，按 F3 键以线框方式显示，将水龙头放置在浴缸的合适位置，如图 1.4.206 所示。再选择前视图，调整水龙头到合适位置，如图 1.4.207 所示。

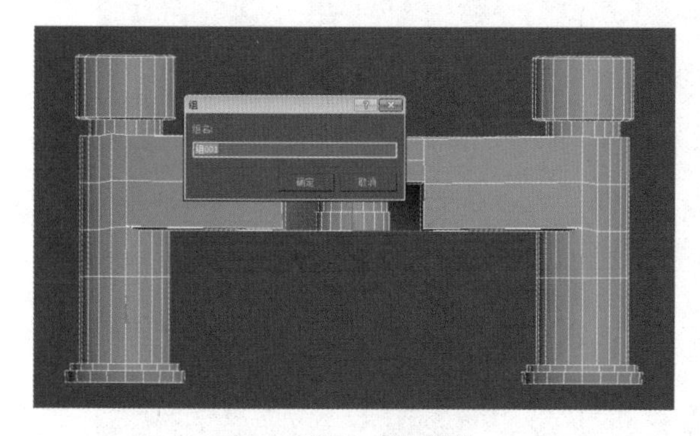
图1.4.205 成组操作

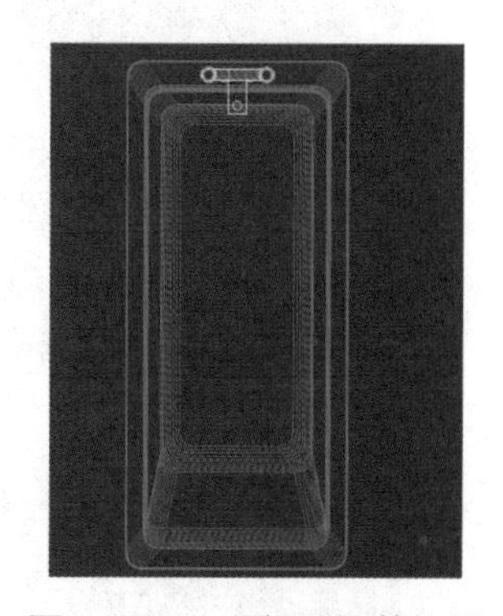
图1.4.206 顶视图调整位置

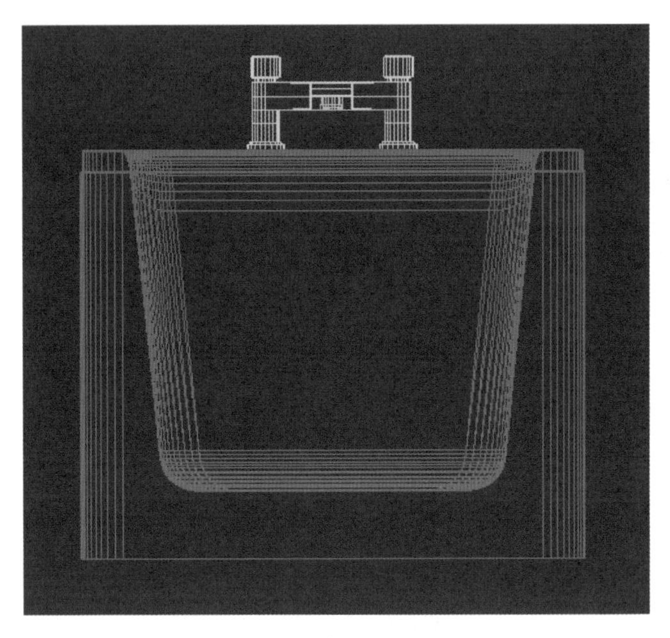

图1.4.207　前视图调整位置

3．制作水漏

01 选择前视图，单击“创建”→“图形”中的“星形”按钮，创建一个如图 1.4.208 所示的星形。添加“挤出”修改器，设置参数为 40mm，如图 1.4.209 所示，然后右击，在弹出的快捷菜单中选择“可编辑多边形”选项。

02 选择顶视图，按 2 键进入“可编辑多边形”的“边”层级，选中如图 1.4.210 所示的边，单击“连接”后面的按钮，在弹出的文本框中输入相应数值，如图 1.4.211 所示。

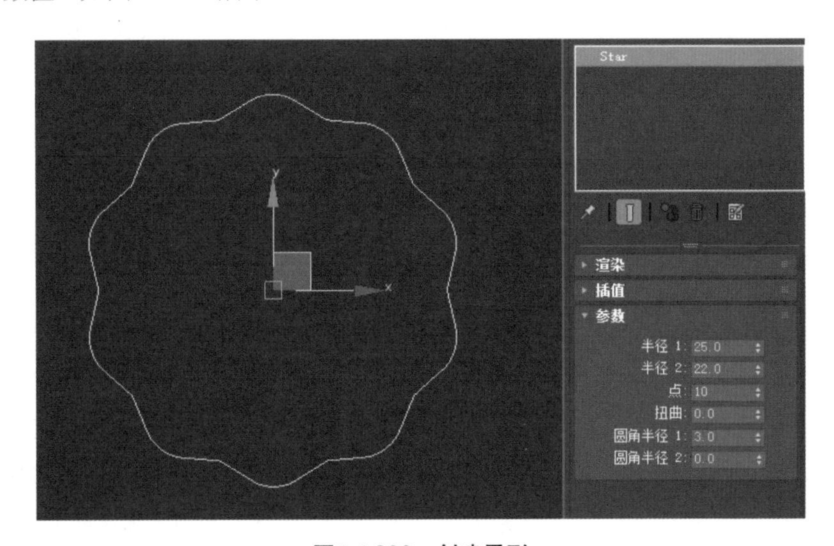

图1.4.208　创建星形

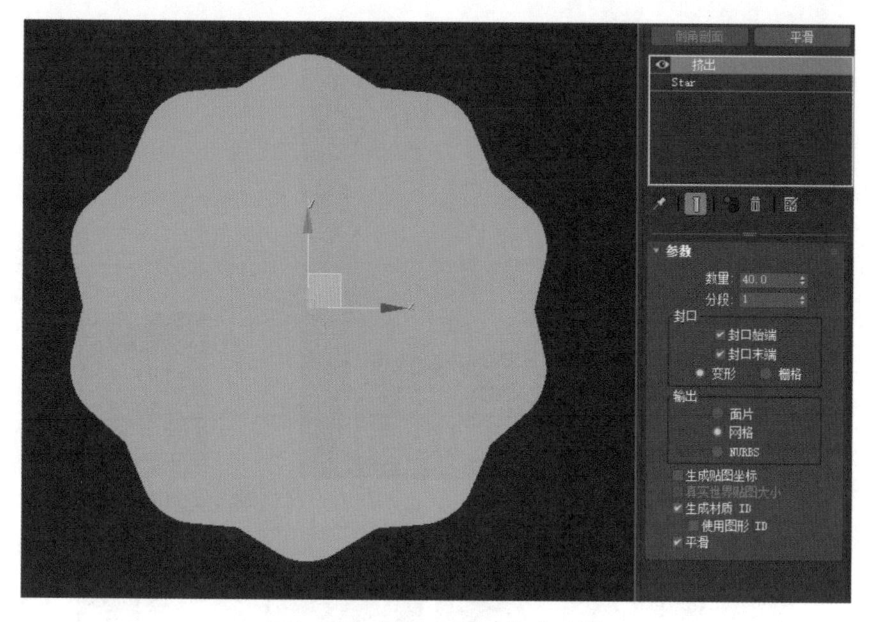

图1.4.209 添加“挤出”修改器

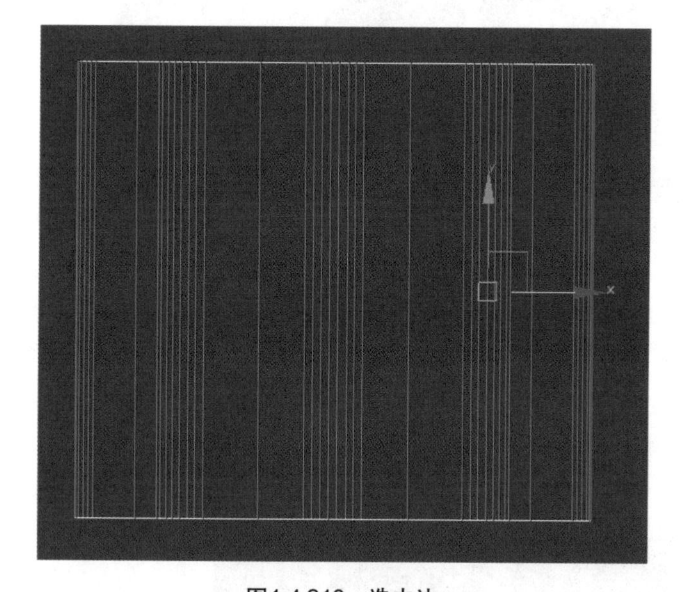

图1.4.210 选中边

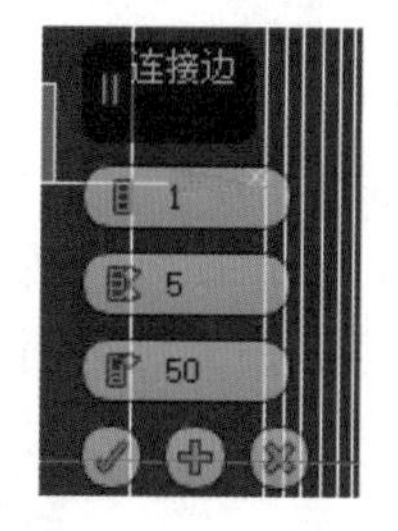

图1.4.211 连接操作

03 按 4 键进入“可编辑多边形”的“多边形”层级，选中如图 1.4.212 所示的面，单击“挤出”后面的按钮，在弹出的文本框中输入相应数值，如图 1.4.213 所示。

04 选择透视图，选中如图 1.4.214（a）所示的面并将其删除，如图 1.4.214（b）所示。

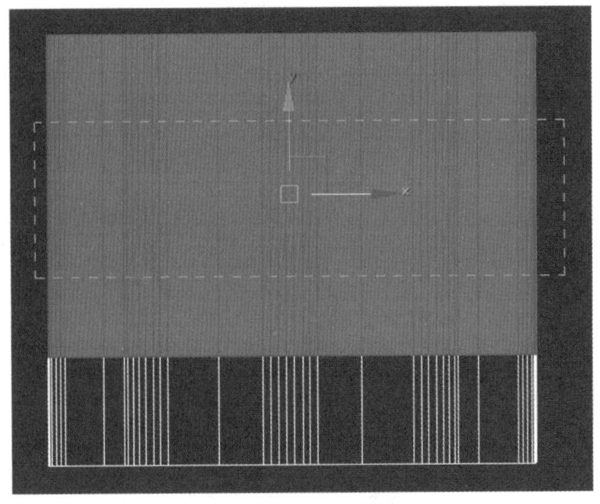

图1.4.212　选中面

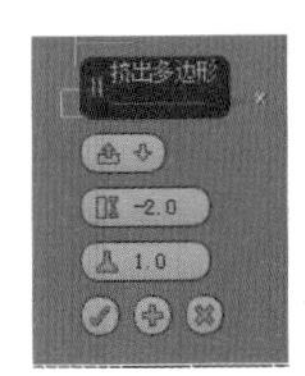

图1.4.213　挤出操作

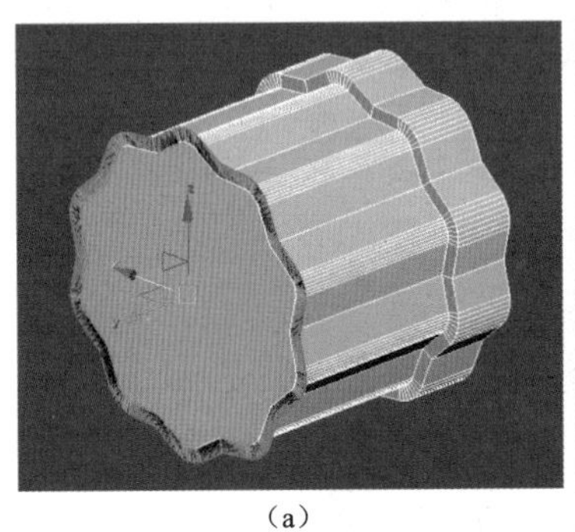

（a）

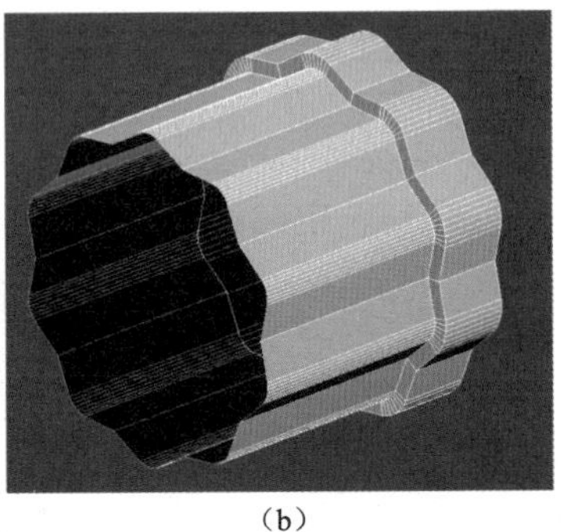

（b）

图1.4.214　删除选中面

05 选中如图 1.4.215（a）所示的面，单击“倒角”后面的按钮，在弹出的文本框中输入相应数值，如图 1.4.215（b）所示。打开“材质编辑器”对话框，选择“金属”材质球，单击按钮将材质赋予物体，如图 1.4.216（a）所示；添加“平滑”修改器，选中“自动平滑”复选框，如图 1.4.216（b）所示。

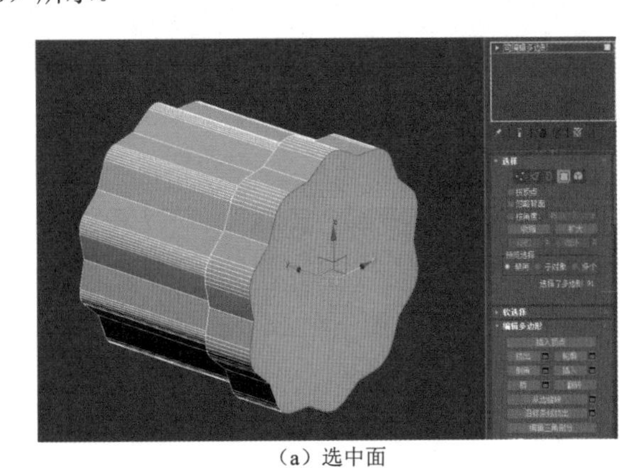

（a）选中面

图1.4.215　选中面并进行倒角操作

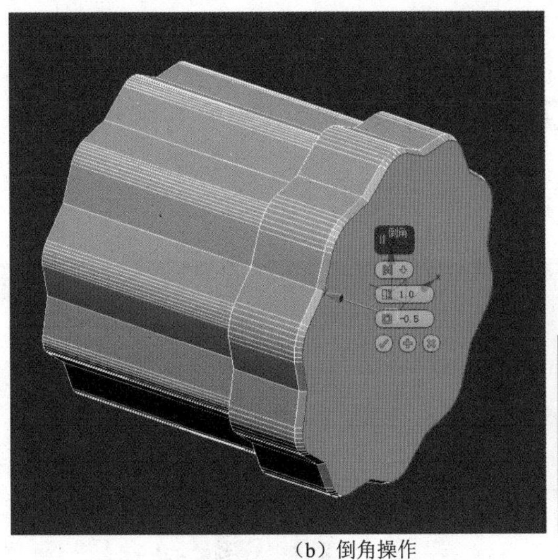

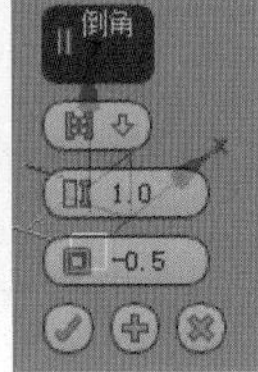

（b）倒角操作

图1.4.215（续）

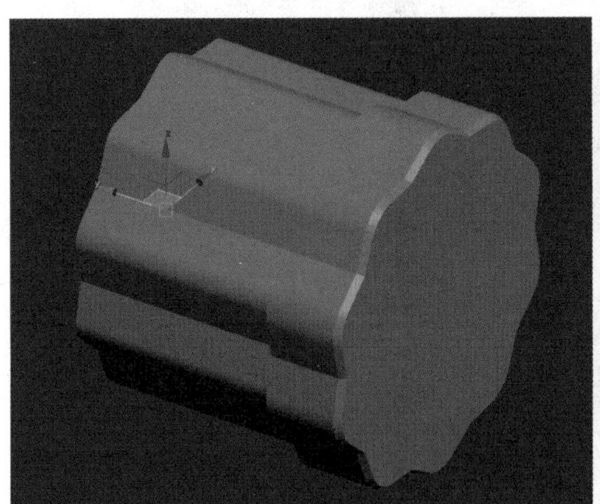

（a）赋予“金属”材质

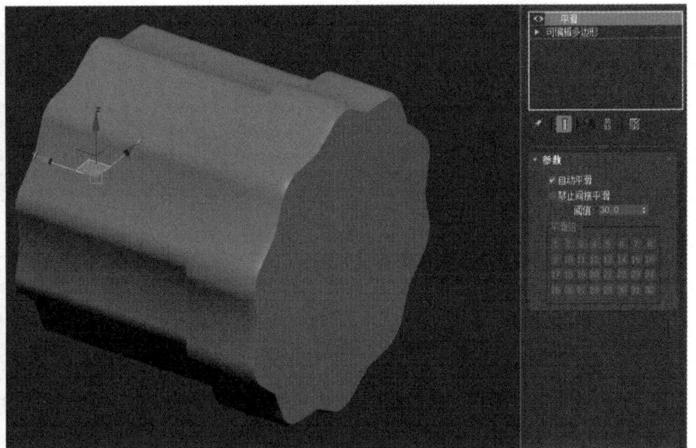

（b）添加“平滑”修改器

图1.4.216 赋予材质并添加“平滑”修改器

06 按 F3 键以线框方式显示，通过不同角度调整出水口在浴缸中的位置，如图 1.4.217 所示。

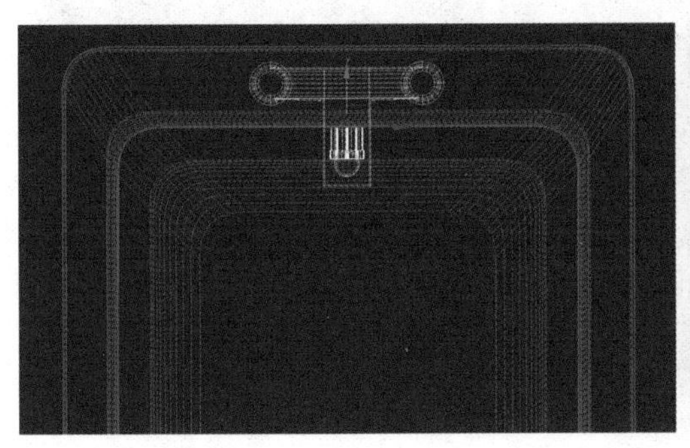

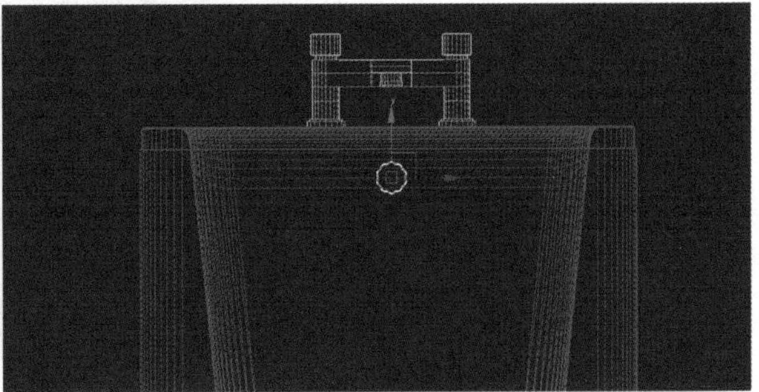

图1.4.217 调整出水口的位置

07 按 T 键进入顶视图，单击“创建”→“几何体”中的“球体”按钮，在顶视图创建半径为 40mm 的球体。选择前视图，选中球体，选择“选择非均匀缩放”工具，沿 *Y* 轴将其缩小到原来的 10%，如图 1.4.218 所示。打开“材质编辑器”对话框，选择“金属”材质球，将材质赋予物体，再将制作好的出水口放到浴缸的合适位置，如图 1.4.219 所示。

(a)

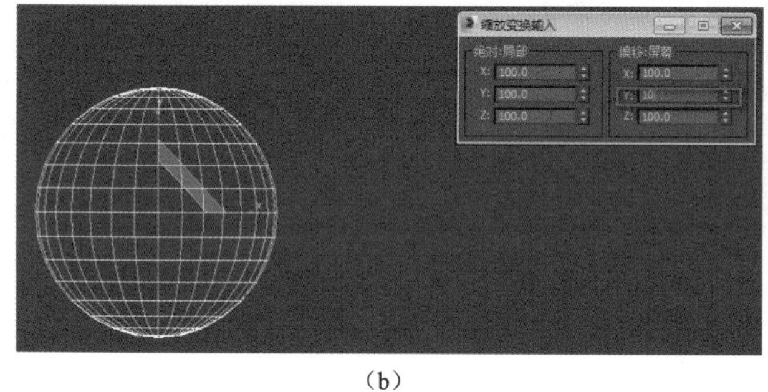

(b)

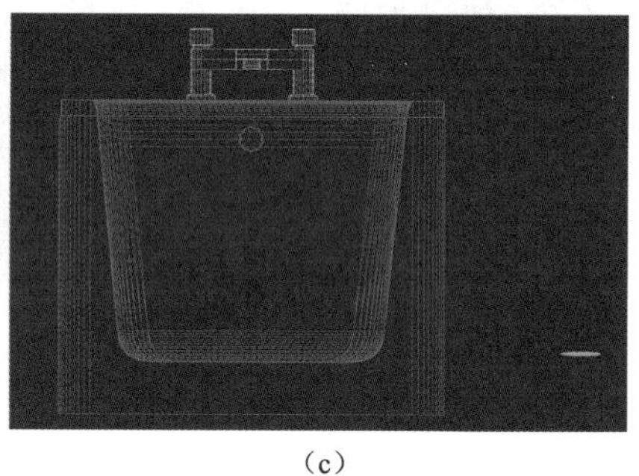

(c)

图1.4.218　创建并缩小球体

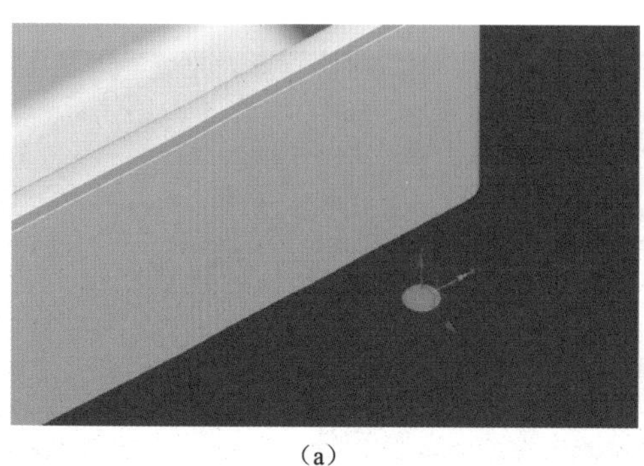

(a)

(b)

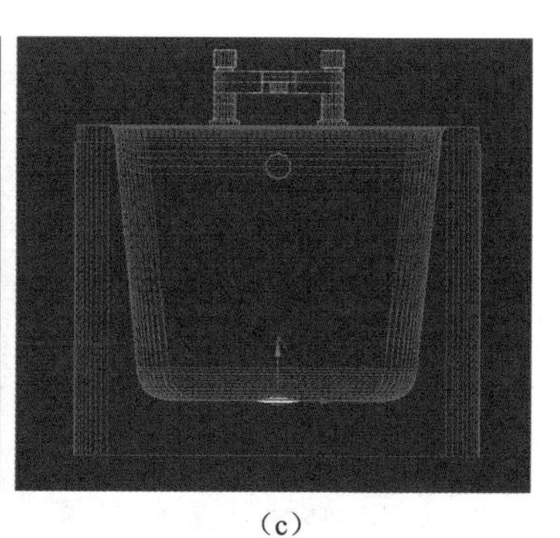

(c)

图1.4.219　赋予材质并调整出水口位置

至此，浴缸制作完成，如图 1.4.220 所示。

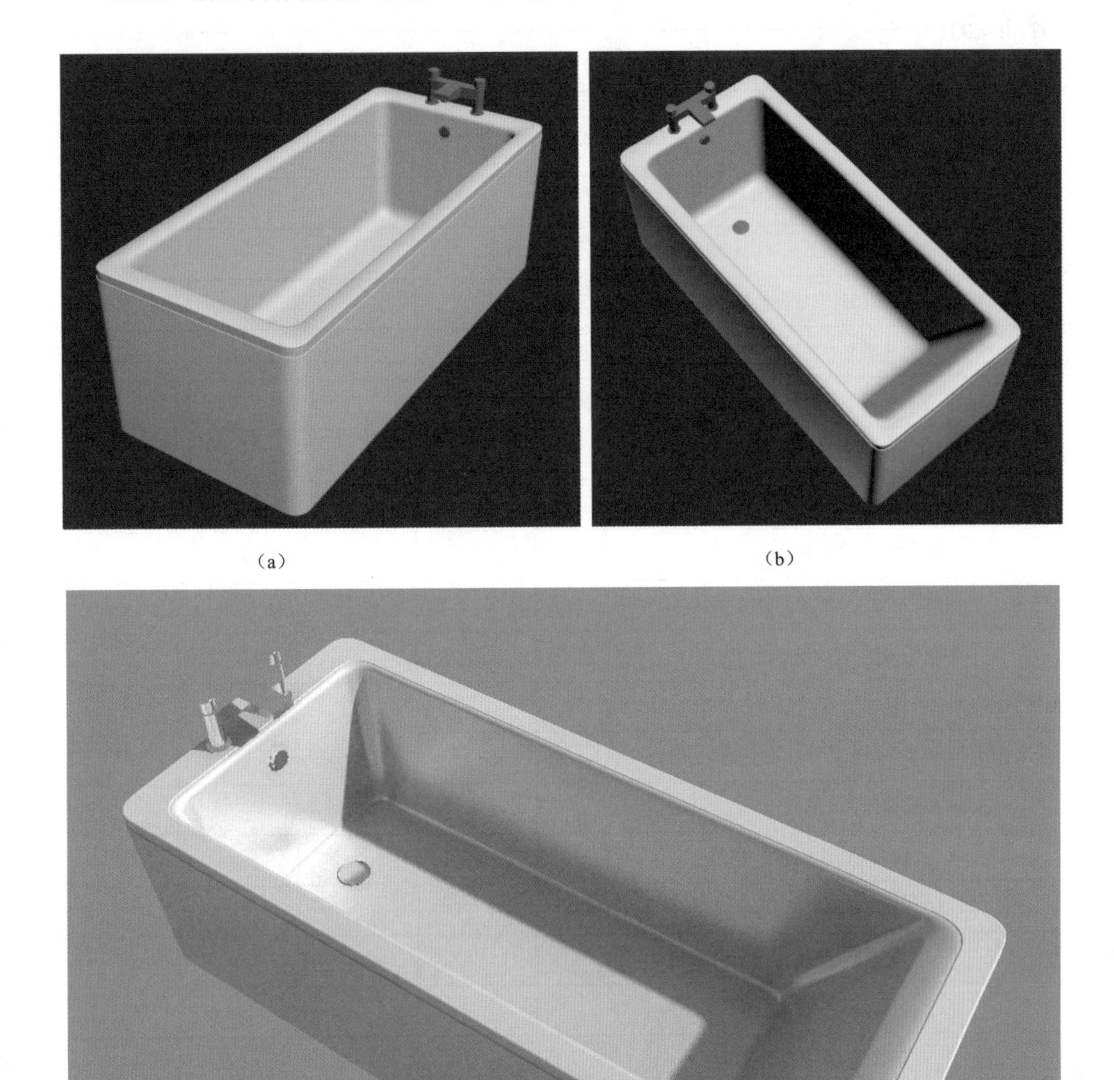

（a）　（b）

（c）

图1.4.220　浴缸模型

学习评价

评价内容		学生评价		教师评价	
		合格	不合格	合格	不合格
职业能力	能读懂 CAD 家装的设计图纸				
	熟练掌握标准基本体的创建方法并能够进行参数修改				
	熟练掌握二维图形的创建方法并能够进行参数设置				
	熟练掌握改变模型“轴心”的操作方法				
	掌握阵列工具的操作方法				
	掌握“波浪”修改器的使用方法				
	掌握“倒角”修改器的使用方法				
	掌握“车削”修改器的使用方法				
	掌握“FFD”修改器的使用方法				
	掌握“扫描”修改器的使用方法				
	熟练掌握“可编辑多边形”的“顶点”层级的运用方法				
	熟练掌握“可编辑多边形”的“边”层级的运用方法				
通用能力	与人交流的能力				
	沟通、合作的能力				
	活动组织的能力				
	解决问题的能力				
	自我学习提升的能力				
	创新、革新的能力				

综合评价：

教师签字：

注：此表根据学习目标设计评价内容，评价主体包括学生与教师，综合评价由学生书写 300 字左右的自我学习评价。

思考与练习

1．制作如习题图 1.1 所示的玻璃储物柜。玻璃储物柜的长度约为 760mm，宽度约为 360mm，高度约为 1680mm。

操作要求：

1）创建门。门框采用放样方法创建，然后转换成多边形面并添加“自由变形”修改器，修改成如习题图 1.1 所示的形状。放样路径矩形约为 380mm×1500mm，截面约为 20mm×55mm，倒角为 5。玻璃尺寸大小自行设定。

2）创建左右框架体。放样成初始形体，再编辑修改成上下端略宽。放样路径矩形为 300mm×1440mm，截面为 20mm×65mm，倒角为 5。玻璃尺寸大小自行设定。

3）创建顶板。以高、宽为 60mm×40mm 的矩形为界绘制轮廓线，然后使用“斜切倒角”命令创建出顶板形体。

4）创建底座。以高、宽为 100mm×30mm 的矩形为界绘制轮廓线，然后使用“斜切倒角”命令创建出底座形体。

5）创建其他形体。创建后背板和 4 块玻璃隔板，尺寸大小应与整体匹配。

6）形体赋予木头材质，玻璃赋予透明玻璃材质。

习题图1.1　玻璃储物柜

2．制作如习题图 1.2 所示的室内场景。

操作要求：

1）创建墙、地面、天花板、窗洞、门洞。

① 墙：房间内空间长 6000mm、宽 5000mm、高 3000mm，墙厚 240mm，材质白色。

② 地面和天花板：厚 200mm，长宽与房间匹配，可以用长方体创建。

③ 窗洞：高 1500mm、长 2000mm。

④ 门洞：宽 900mm、高 2000mm。

2）创建窗框和玻璃。

① 窗框：大小与窗洞匹配，宽 60mm、厚 40mm，材质自定。

② 玻璃：大小与窗洞匹配，厚 200mm，材质为透明质地。

3）创建窗帘与窗帘板。

① 窗帘：客厅的窗帘高 3500mm、宽 2500mm。

② 窗帘板：长 5000mm、高 300mm、厚 20mm。

4）创建吸顶灯。

灯座长宽为 500mm，其他尺寸自定，灯罩的材质为白色自发光材质，灯座的材质自定。

5）创建门与门框。

① 门大小与门框匹配，厚 200mm。

② 门框大小与门洞匹配，宽 100mm、厚 240mm。

6）创建沙发。

① 靠背：长 1100mm、高 950mm、厚 200mm，倒角 100。

② 扶手：高 600mm、宽 720mm、厚 200mm，倒角 50。

③ 底座：长 800mm、宽 700mm、厚 200mm，倒角 50。

④ 坐垫：长 800mm、宽 700mm、厚 150mm，倒角 30。

7）创建方桌子。尺寸大小与材质自行设定。

8）创建玻璃瓶。材质为玻璃，大小自行设定。

9）创建背景。自定义一张图片作为背景贴图。

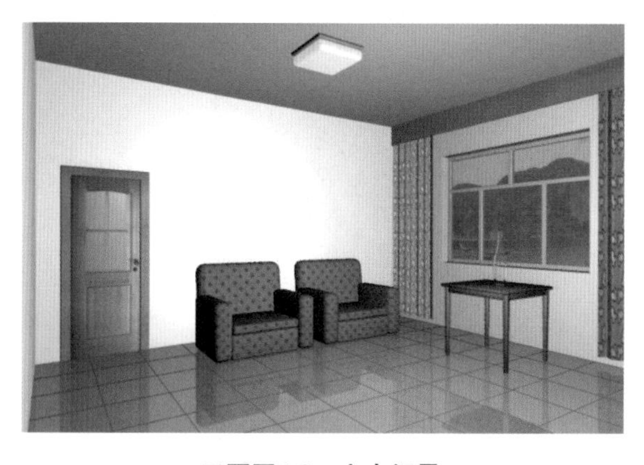

习题图1.2 室内场景

单元

建筑房屋由我建——小高层商品房建模

单元导读

无论什么类型的住宅，都具有一定的规律性。大部分住宅首先由标准层组建出整体构造，再根据设计要求对立面进行处理和变化，最后加上屋顶的设计就构成了一栋住宅。不同类型的住宅，具有不同的建模方法。对于一般小高层商品住宅，通常采用“平面竖墙”叠加“标准层”，最后“封顶加饰线”的方法建模。具体制作过程：先根据标准层平面图挤出实体墙；再完成标准层的各个构件，如阳台、凹窗、凸窗、落地窗、百叶窗等基本构件，还有窗台墙高、窗套等；最后绘制楼梯间、女儿墙、墙线等。

学习目标

通过本单元的学习，达到以下目标：

- 了解住宅房屋的基本组成；
- 能读懂住宅设计图纸并能对其进行简化处理；
- 熟练掌握 CAD 图纸的二次加工方法；
- 熟练掌握 CAD 图纸导入 3ds Max 的操作流程；
- 熟练掌握墙体的绘制技巧。

思政目标

- 养成专注、细致、严谨、负责的工作态度；
- 培养规范意识、标准意识、创新意识，自觉践行行业道德规范。

任务 2.1 看懂建筑施工图——CAD软件的基本运用

☞任务描述

建筑施工图是用来表示房屋的规划位置、外部造型、内部布置、内外装修、细部构造、固定设施及施工要求等的图纸。本任务讲解建筑施工图基本知识，以及CAD软件的基本运用。

☞任务目标

能够根据施工图首页、总平面图、平面图、立面图、剖面图和详图对CAD建筑图纸进行必要的简化，并将简化的CAD图纸导入3ds Max中组合成房屋整体构造的三维模型。

2.1.1 了解房屋构造功能——建筑识图基础知识

建筑工程图纸就是用于展示建筑物内部的布置情况，外部的形状，以及装修、构造和施工要求等内容的图纸。

1. 房屋的基本组成

虽然不同类型房屋的使用要求、空间组合、外形处理、结构形式和规模大小等各有不同，但基本上都是由基础（地基）、墙、柱、楼面、屋面、门、窗、楼梯，以及台阶、散水、阳台、天沟、勒脚、踢脚板等组成的，如图 2.1.1 所示。

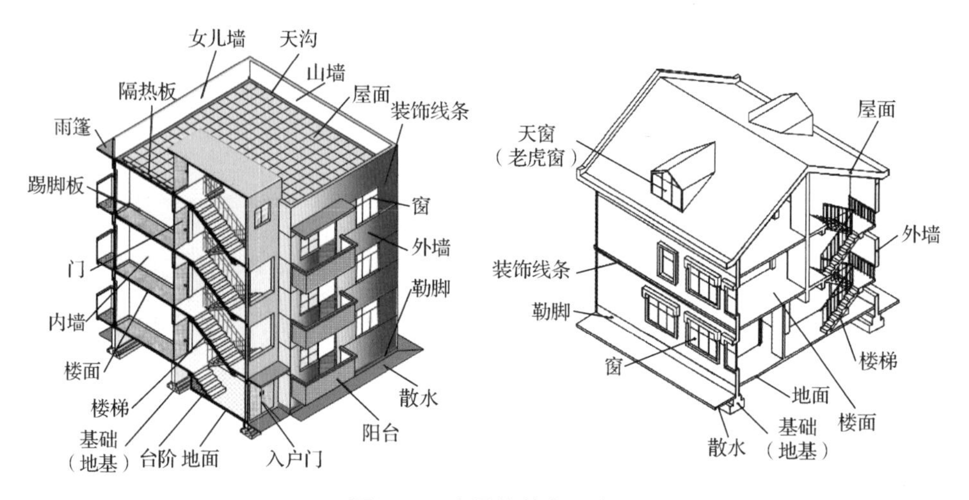

图2.1.1 房屋的基本组成

2．房屋各部分的作用

1）基础（地基）起承受和传递荷载的作用。
2）屋顶、外墙、雨篷等起隔热、保温、遮风挡雨的作用。
3）屋面、天沟、散水等起排水的作用。
4）台阶、门、走廊、楼梯起沟通房屋内外、上下交通的作用。
5）窗主要用于采光和通风。
6）墙群、勒脚、踢脚板等起保护墙身的作用。

3．常见的建筑术语

1）横墙：沿建筑宽度方向的墙。
2）纵墙：沿建筑长度方向的墙。
3）进深：纵墙之间的距离，以轴线为基准。
4）开间：横墙之间的距离，以轴线为基准。
5）女儿墙：外墙从屋顶上高出屋面的部分。
6）层高：相邻两层的地坪高度差。
7）净高：构件下表面与地坪（楼地板）的高度差。
8）建筑面积：建筑占地面积 × 层数。
9）使用面积：房间内的净面积。
10）绝对标高：青岛市外黄海海平面年平均高度为 +0.000 标高。
11）相对标高：建筑物底层室内地坪为 +0.000 标高。

4．总平面图的识读顺序

1）看图名、比例、图例及有关的文字说明。
2）了解拟建建筑、原有建筑物的位置、形状。
3）了解地形情况和地势高低。
4）了解拟建房屋的平面位置和定位依据。
5）了解拟建房屋的朝向和主要风向。
6）查看新建房屋的标高。
7）了解道路交通及管线布置的情况。
8）了解绿化、美化的要求和布置情况。
9）剖面图的剖切位置线和投射方向及其编号，表示房屋朝向的指北针（这些仅在底层平面图中表示）。
10）详图索引符号。
11）施工说明等。

2.1.2 知道建筑施工图内容——施工图的必备图例

施工图是建筑房屋的依据，是“工程的语言”，它明确规定了要建造一栋什么样的建筑物，并且规定了形状、尺寸、做法和技术要求。

1. 建筑平面图

1）建筑平面图的定义：假想用水平面剖切房屋，沿各层窗台以上洞口处切开，移去剖切平面以上的部分，向下投影所形成的水平剖面图，称为建筑平面图，如图 2.1.2 所示。

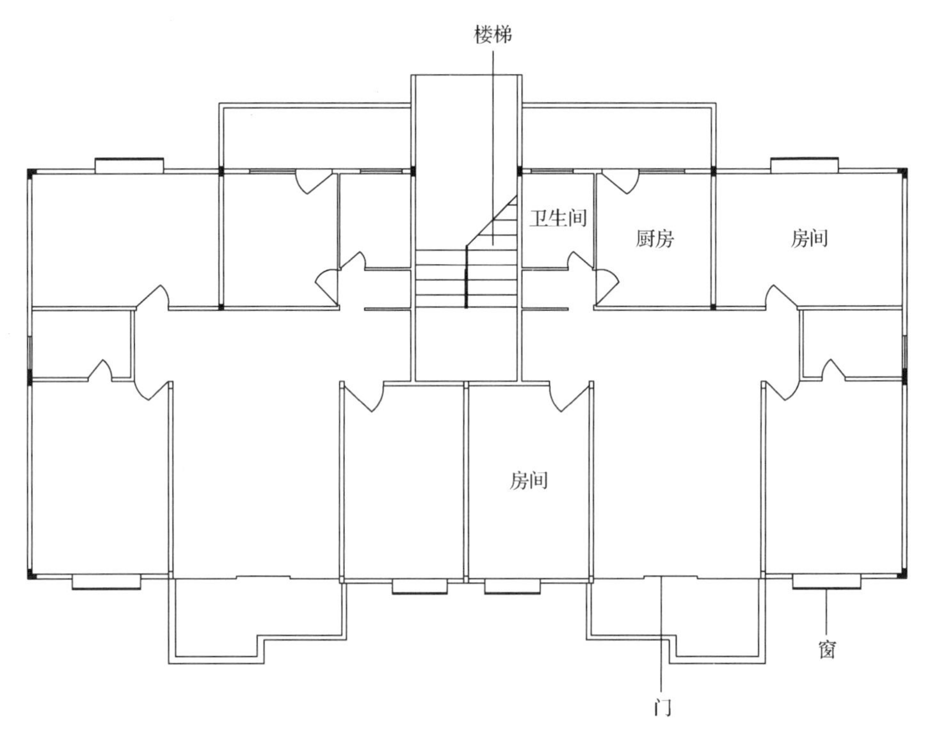

图2.1.2 建筑平面图

2）平面图中使用的线型：剖切到的墙体、柱体用粗实线绘制；可见部分轮廓线、门扇、窗台的图例线用中粗实线绘制；较小的配件图例线、尺寸线等用细实线绘制。常见的门窗及小开间图例如图 2.1.3 和图 2.1.4 所示。

3）平面图绘制比例采用 1 ∶ 50、1 ∶ 100、1 ∶ 200，其中 1 ∶ 100 应用最广泛。

4）底层平面图：可以看出该建筑物底层的平面形状，各室的平面布置情况，出入口、走廊、楼梯的位置，各种门、窗的布置等。

5）标准层平面图：楼层平面图的图示内容一般情况下与底层平面图相同，但有些建筑物底层是商用性质的，标准层才代表居家层。

6）屋顶平面图标明屋顶的形状，屋面排水方向及坡度，天沟或檐沟的位置，还有女儿墙、屋檐线、雨水管理、上人孔及水箱的位置等。

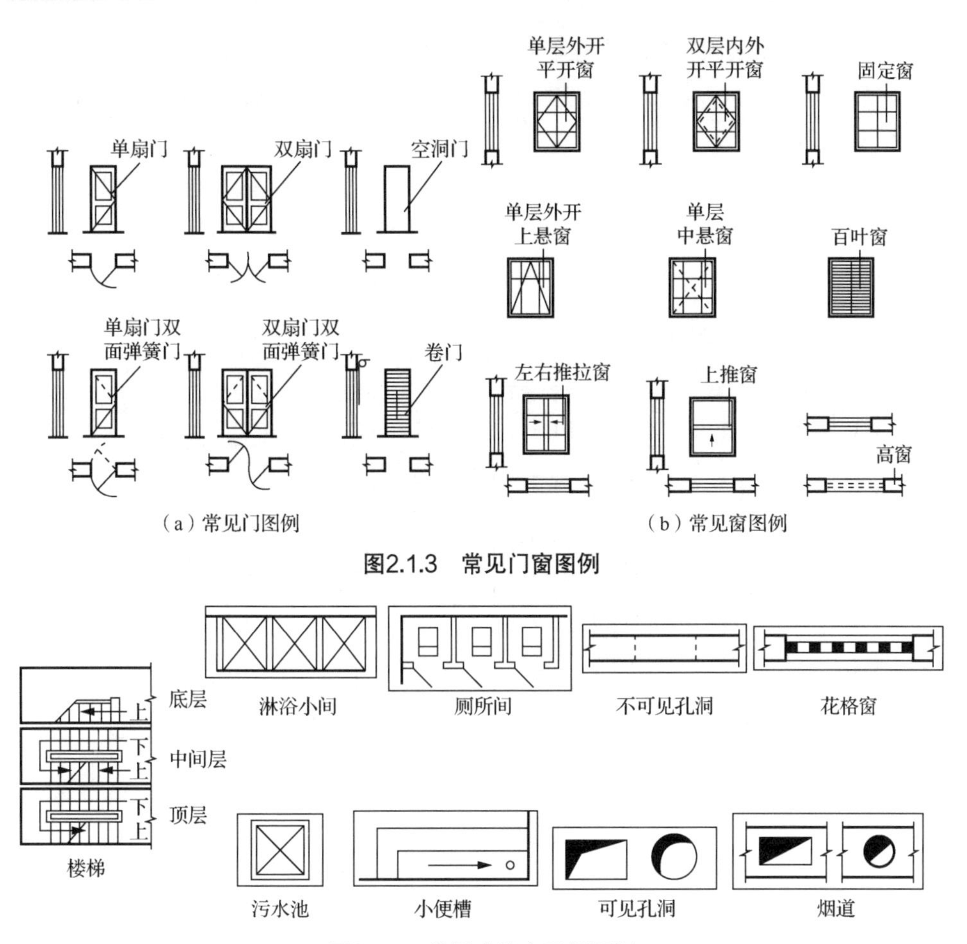

图2.1.3　常见门窗图例

图2.1.4　常见建筑小开间图例

2. 建筑立面图

1）立面图是正投影图，一栋房屋有正立面和侧立面两种立面图，它能表示建筑物的体型和外貌并表明外墙装修要求，如图 2.1.5 所示。

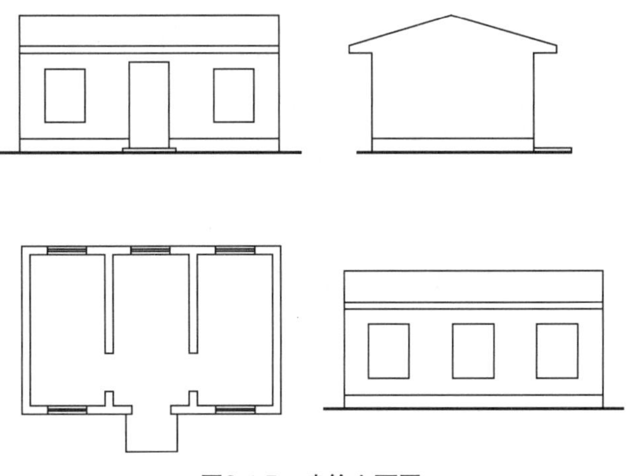

图2.1.5　建筑立面图

2）立面图中的绘图线要求如下：外形轮廓用中粗实线；阳台、雨篷、门窗洞、台阶、花坛等用细实线；门窗扇、墙面分格线、雨水管及墙面用引条线等。

3）立面图中需要标注各主要部位的标高，如室外地坪、出入口地面、各层楼面、檐口、窗台、窗顶、雨篷底、阳台面等的标高，如图 2.1.6 所示。

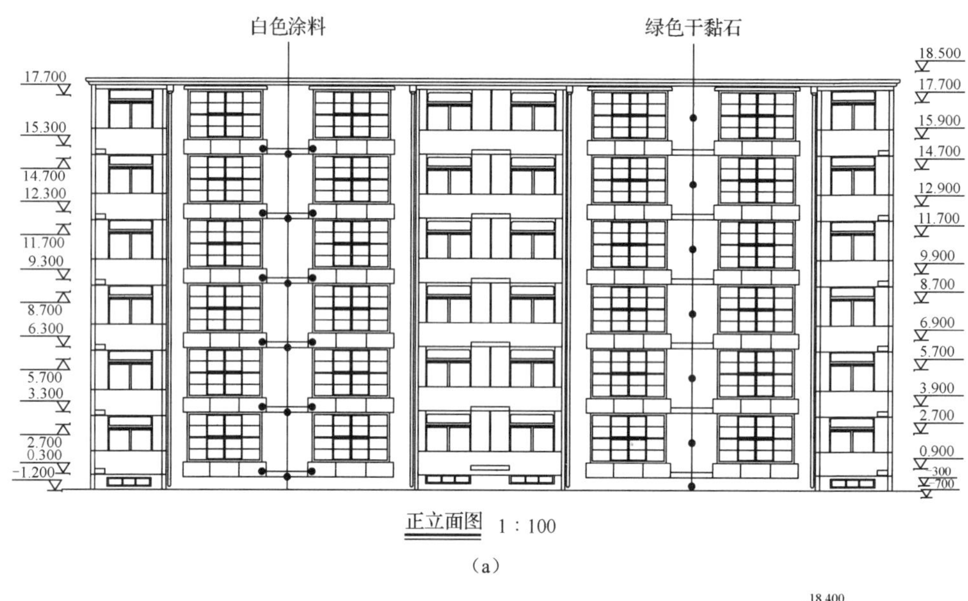

正立面图 1：100

（a）

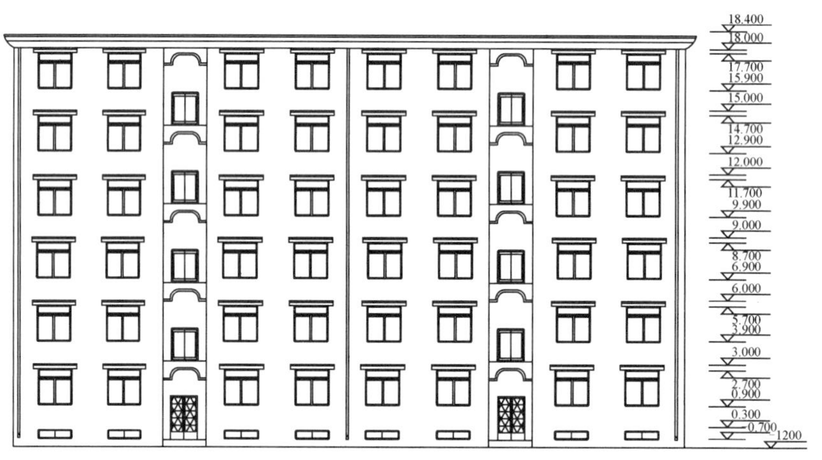

背立面

（b）

图2.1.6　立面图尺寸标注

3．建筑剖面图

1）建筑剖面图的定义：假想用一个垂直平面从屋顶剖切房屋，把留下的部分与剖切平面所得到的正投影图称为建筑剖面图，简称剖面图。

2）建筑剖面图用来表达建筑物内部垂直方向的结构形式、分层情况、内部构造及各部位的高度等，如图 2.1.7 所示。

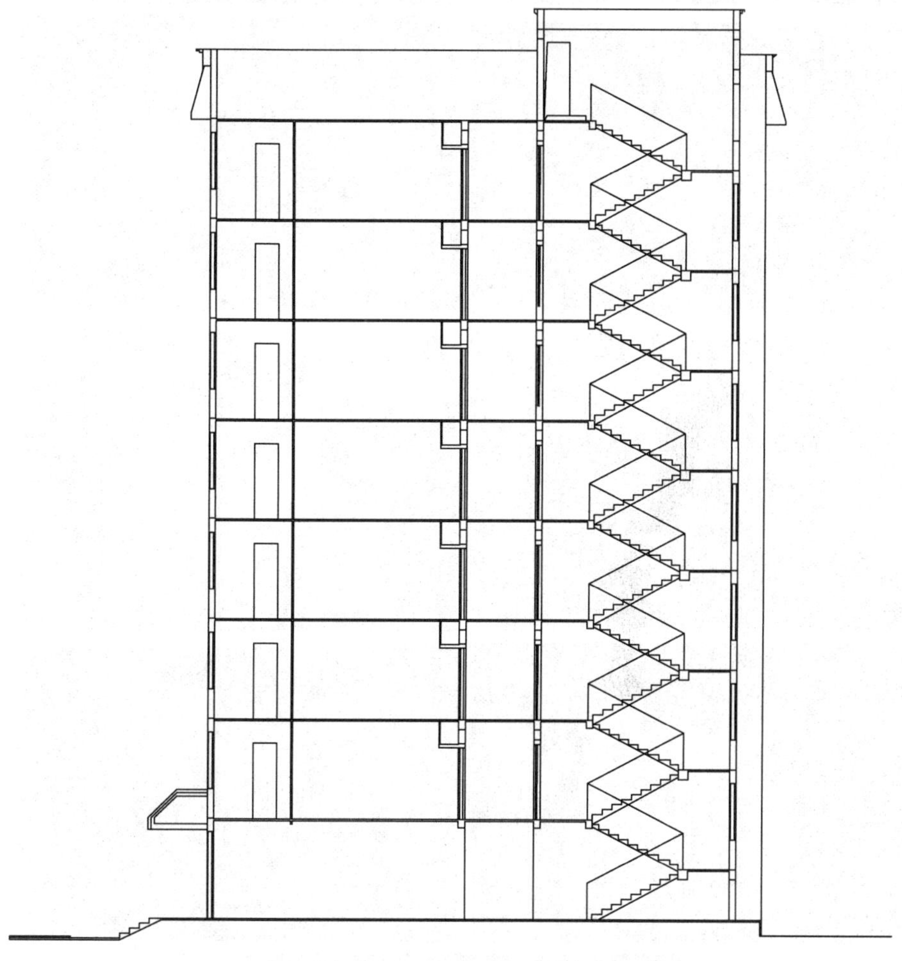

图2.1.7 剖面图示例

2.1.3 CAD 图纸的二次加工——施工图纸去繁留简

建筑施工 CAD 图纸包括施工图首页、总平面图、各层平面图、立面图、剖面图及详图，如图 2.1.8 所示。因为对于房屋外观的模型创建不需要内部布局构造，所以可以对图纸进行简化后再导入 3ds Max 中。

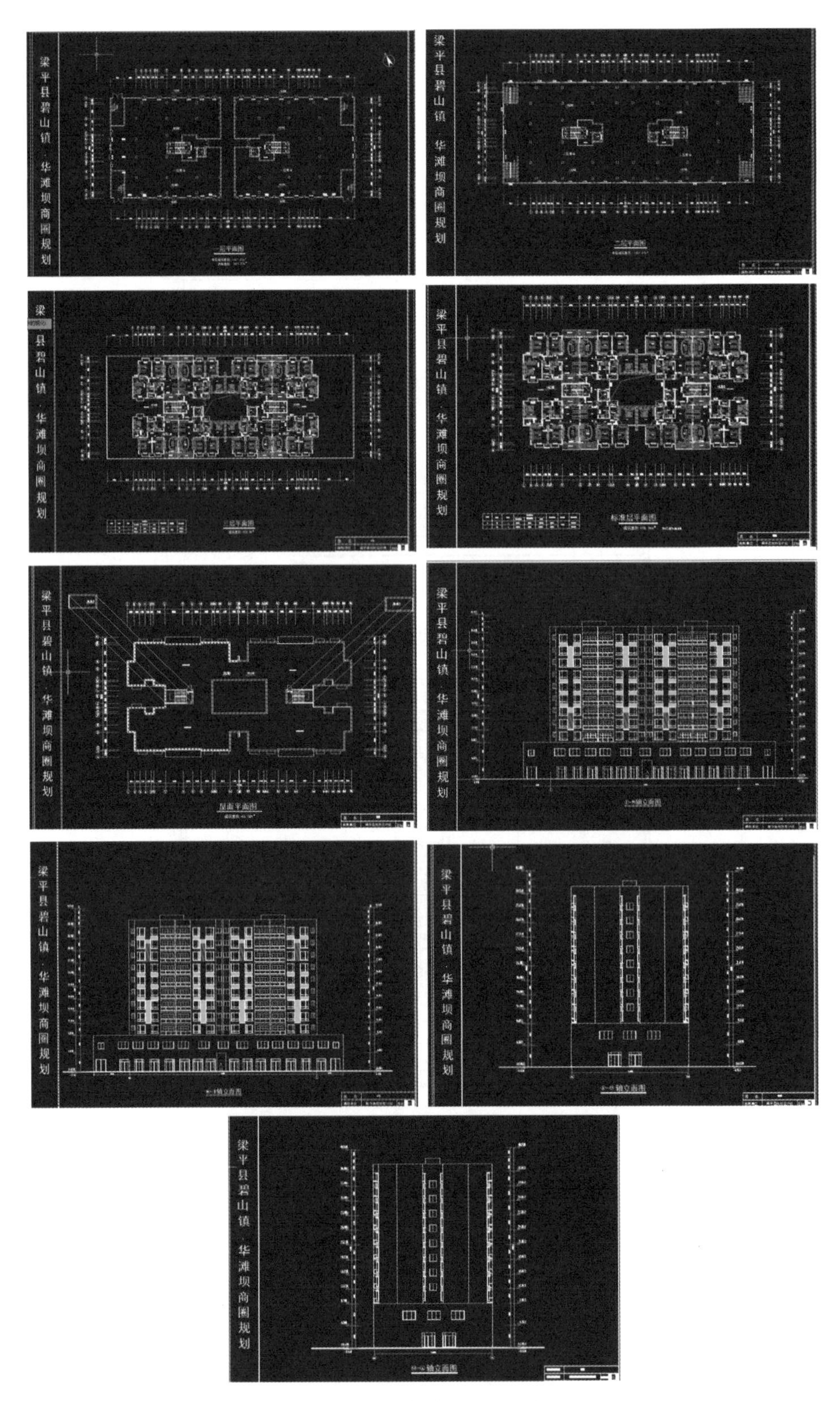

图2.1.8　建筑施工CAD图纸

1．分析CAD图纸

微课：小高层（CAD图纸导入）

CAD 图纸的 4 个立面是我们正对建筑物所看到的 4 个图形，根据平面的轴线可以判断出正立面图、背立面图、右立面图和左立面图，如图 2.1.9 所示。

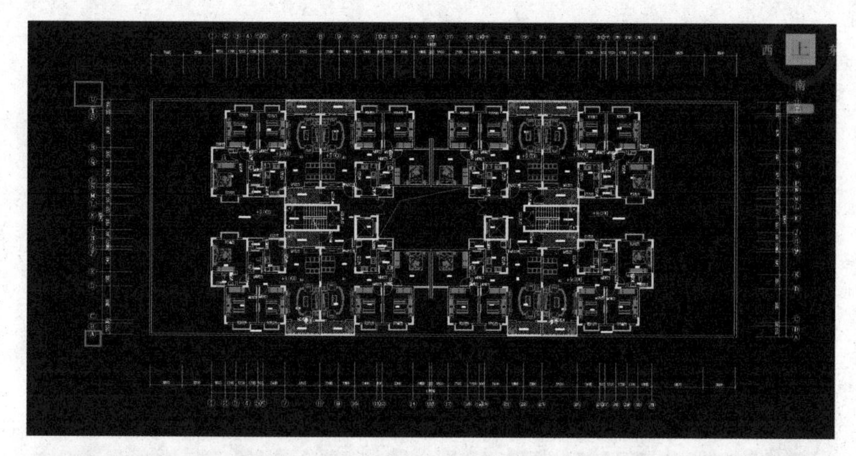

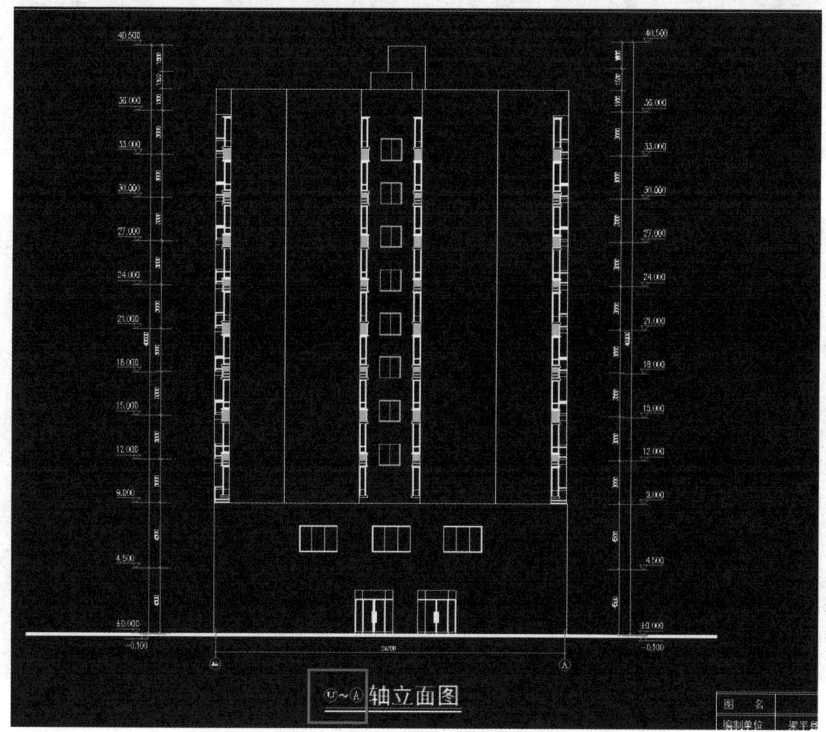

图2.1.9　建筑物CAD图纸

01 清理 CAD 图纸。打开“天正 CAD”软件，将“文字”或“轴线”等选中，按 1 键将其隐藏，也可以直接删除。选中不需要的 CAD 图形，按 Delete 键可以直接删除，只留下窗框、阳台、门、百叶、墙线等，留下建筑外表面看得见的 CAD 线，删除建筑内部的 CAD 线。选中粗线，按 X 键后再按 Enter 键炸开，如图 2.1.10 所示。

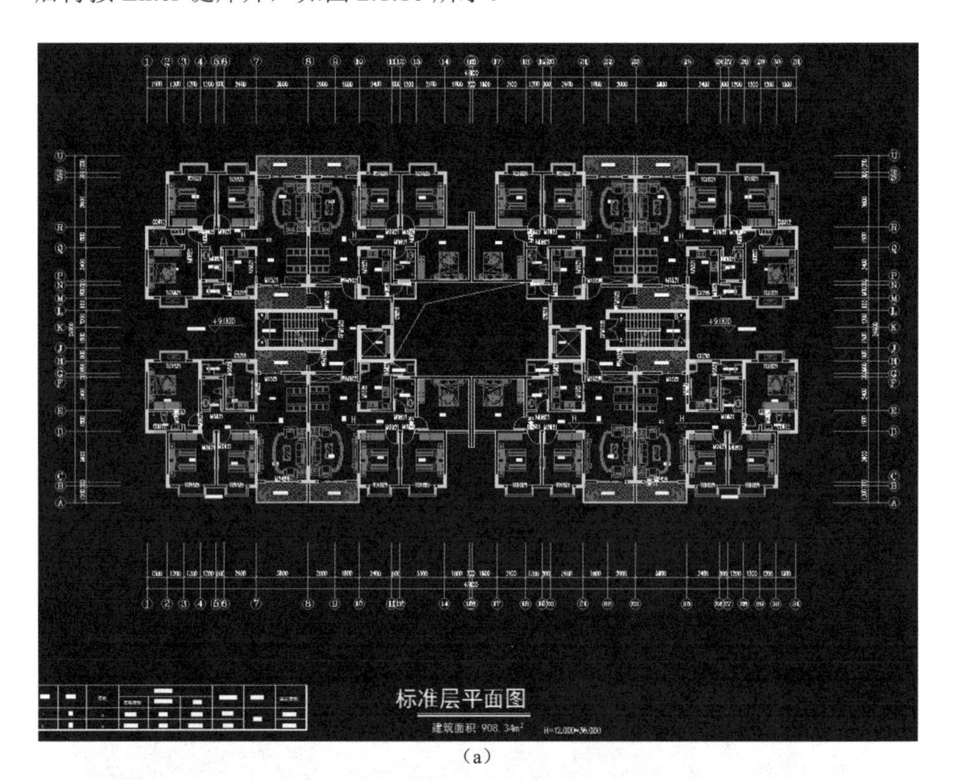

（a）

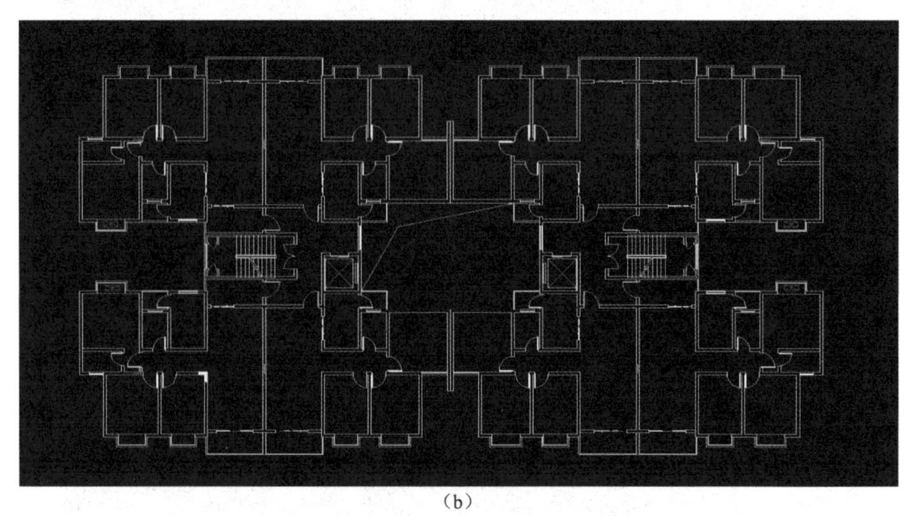

（b）

图2.1.10　删除内部CAD线

02 通过观察，可发现此建筑左右对称，前、后立面相同，因而只需要清理正立面和侧立面两个立面图。清理完 CAD 图后，按图层进行匹配，按 M+A+Enter 组合键，然后单击任意图层，出现如图 2.1.11 所示的红框中的符号。

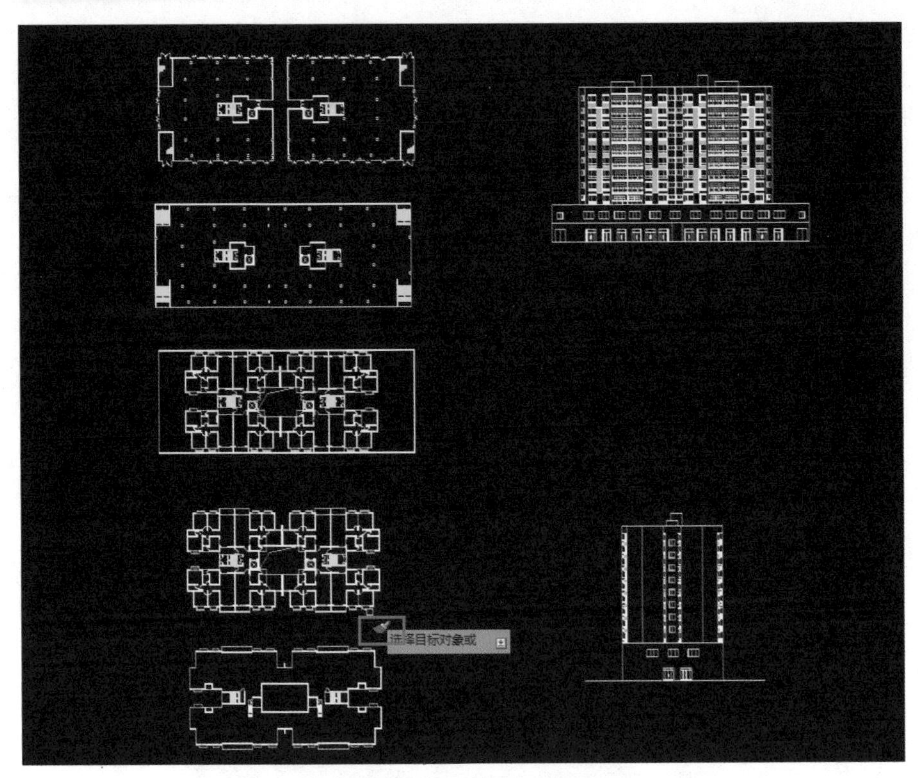

图2.1.11 清理完成后的CAD图

03 从界面右下方向左上方拖动鼠标，使全部CAD图变成一个颜色；如果还存在其他颜色，按X键，再按Enter键让其炸开，再继续从右下方向左上方拖动鼠标，如图2.1.12所示。

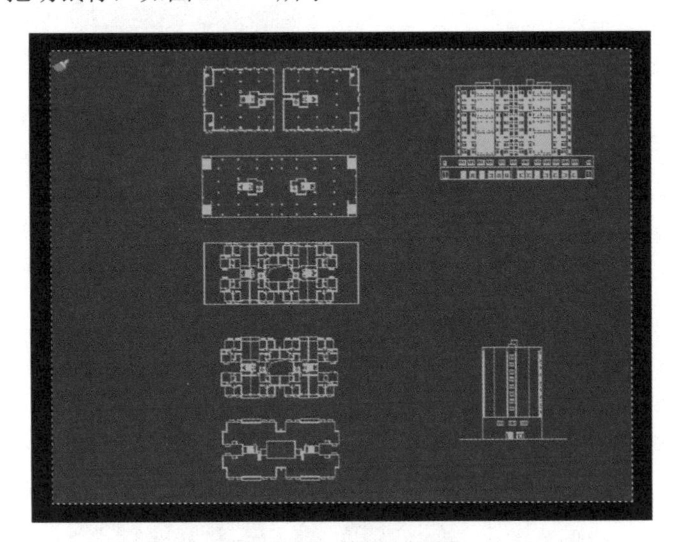

图2.1.12 炸开CAD图

04 将CAD图全部选中，按W键，再按Enter键进行输出，在弹出的“写块”对话框中设置文件的名称和存储路径，如图2.1.13所示。

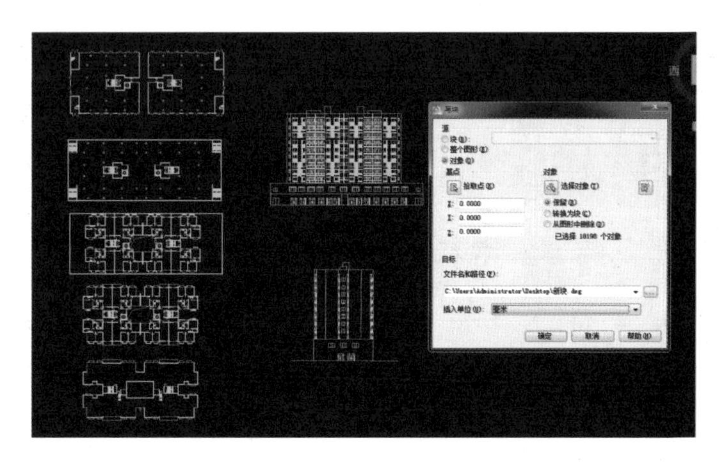

图2.1.13　“写块”对话框

2．CAD图纸导入3ds Max

微课：CAD图纸导入3ds Max

01 打开 3ds Max 2014，从如图 2.1.14 所示的路径找到需要输出的 CAD 文件，进行导入。

（a）　　（b）

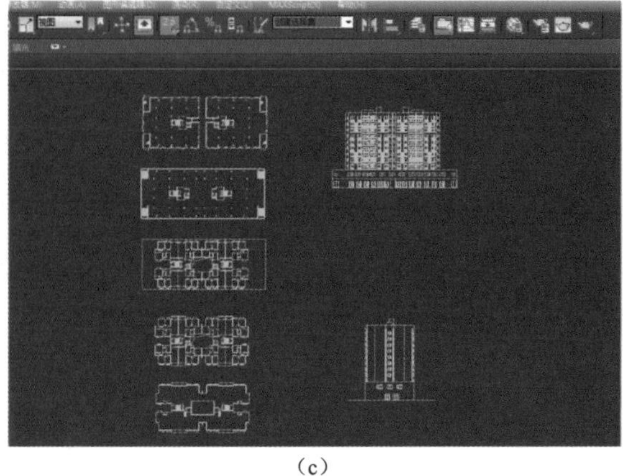

（c）

图2.1.14　导入CAD图

02 选中所有的线，按 2 键进入线的“线段”层级，如图 2.1.15 所示。右击选择的线，在弹出的快捷菜单中选择“分离线段”选项，如图 2.1.16 所示，将所有平面和立面单独分开，并将 CAD 图纸颜色设为灰色。

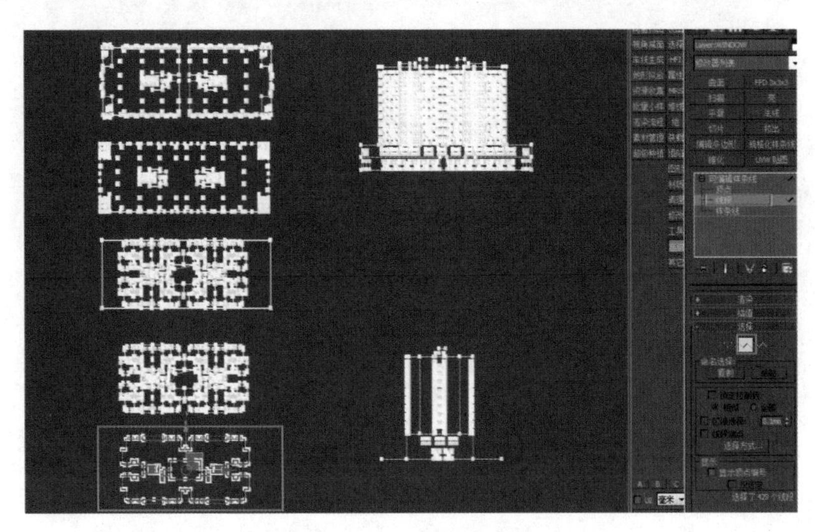

图2.1.15 “线段”层级

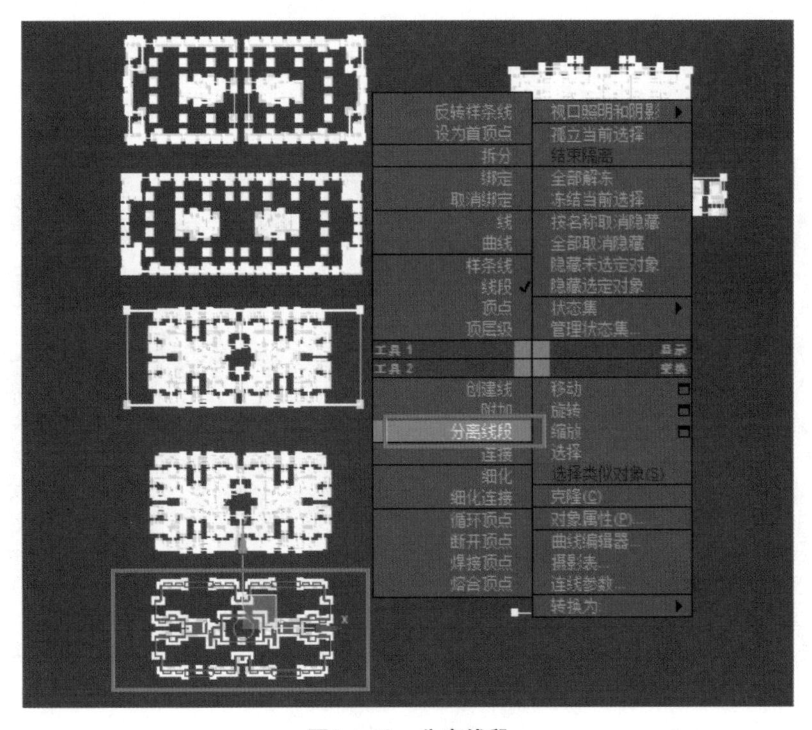

图2.1.16 分离线段

03 单击“层管理器”按钮，弹出“层”对话框，单击“新建层”按钮，CAD 图纸中包括 4 个平面和 2 个立面，共需要 6 个图层，选中“0（默认）”复选框作为当前图层，如图 2.1.17 所示。

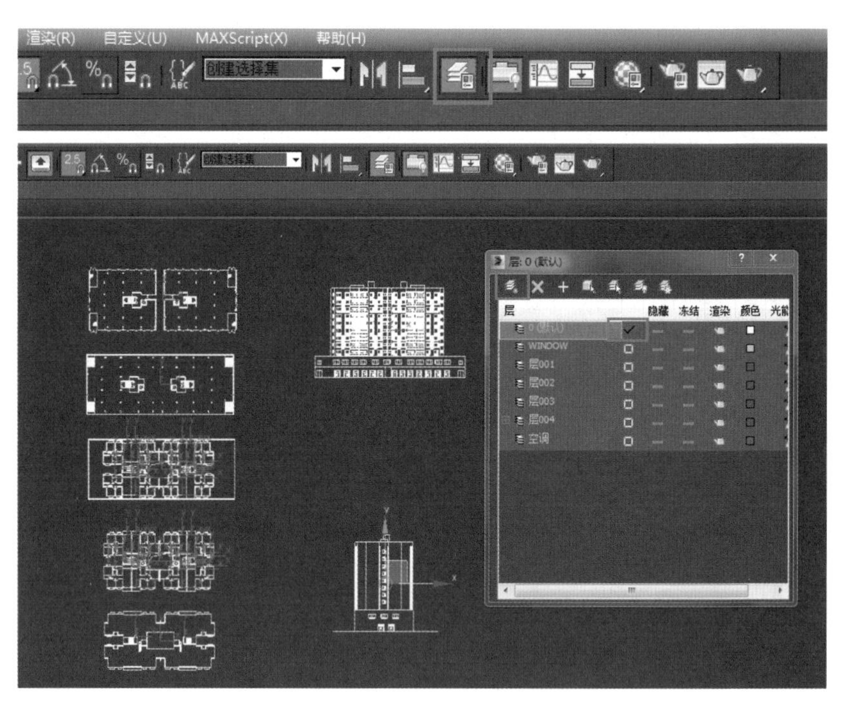

图2.1.17　层管理器

04 双击图层，依次修改名称为“1 层”“2 层”“3 层”“顶层”“左立面”“标准层”“正立面”，如图 2.1.18 所示。

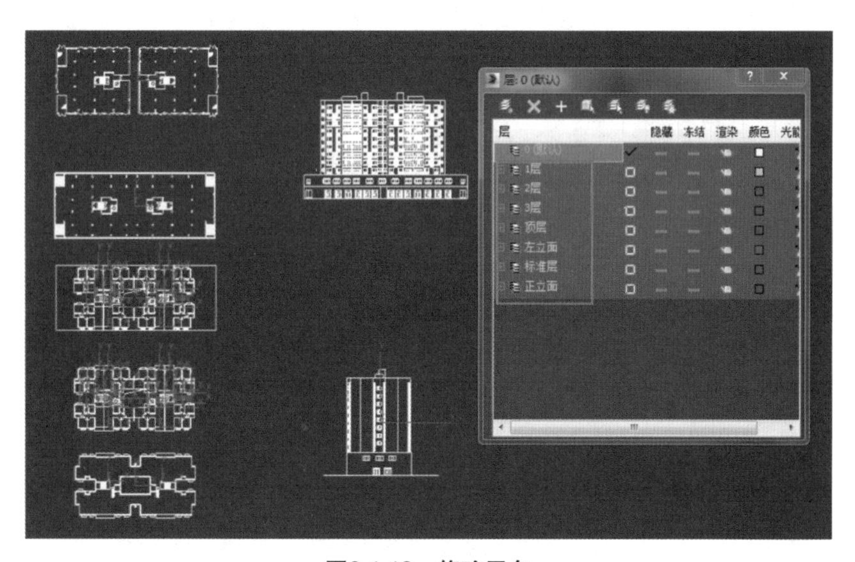

图2.1.18　修改层名

05 将 CAD 图纸归入对应的图层，选择右侧的“1 层”图层，同时选择左侧的 1 层 CAD 图纸，如图 2.1.19 所示，再单击如图 2.1.20 所示的“+”按钮，这样左侧的 1 层 CAD 图纸就进入了右侧的“1 层”图层。使用同样方法，将其余 CAD 图纸都归入对应的图层。

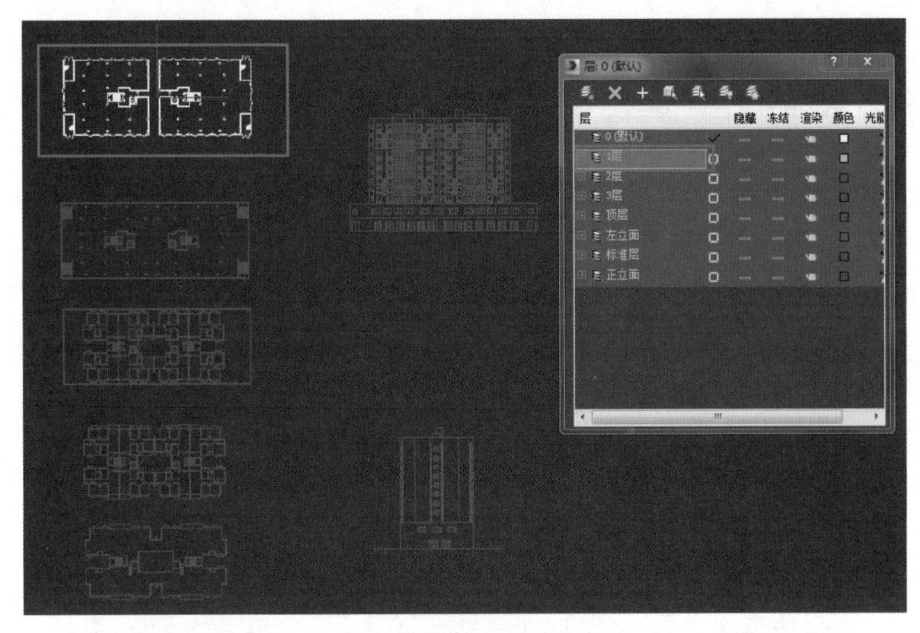

图2.1.19　CAD图纸归层（一）

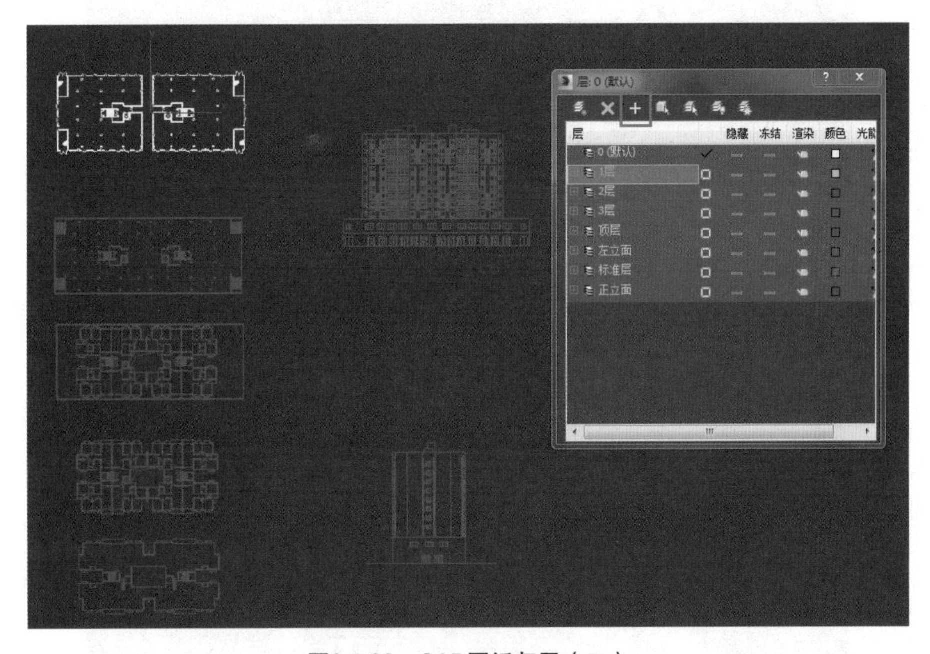

图2.1.20　CAD图纸归层（二）

06 选择 1 层 CAD 图纸，在工具栏中单击“选择并移动”按钮，右击图纸，弹出如图 2.1.21 所示的“移动变换输入”对话框，将左侧“绝对：世界”的坐标值设置为 0，从而将 1 层 CAD 图纸归零。

07 将其余平面的楼梯间用“捕捉”方式对齐 1 层的楼梯间，如图 2.1.22 所示。

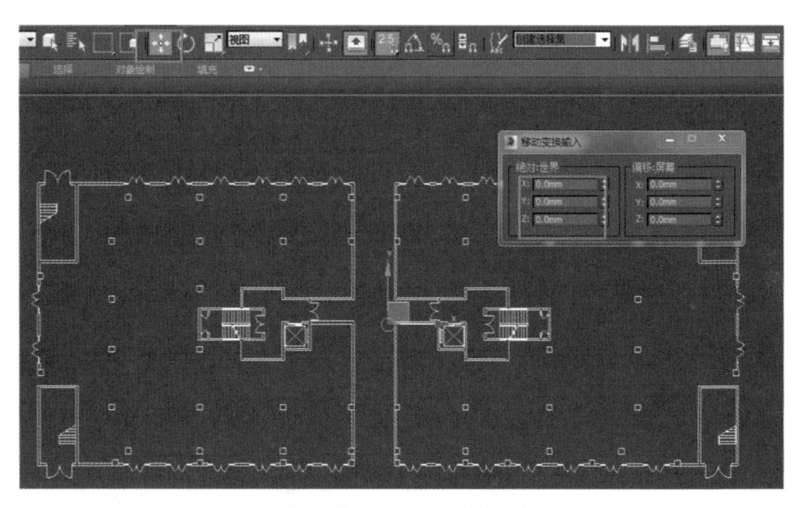

图2.1.21 CAD图层归零

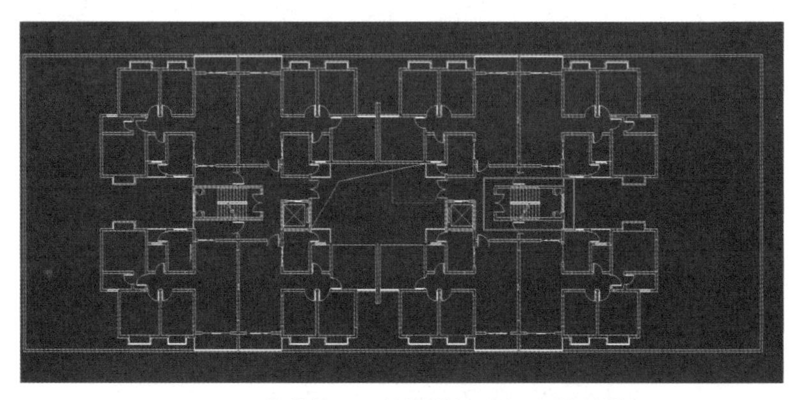

图2.1.22 将其他平面的楼梯间对齐1层的楼梯间

08 将正立面的两端对齐 1 层平面的两端，如图 2.1.23 所示。

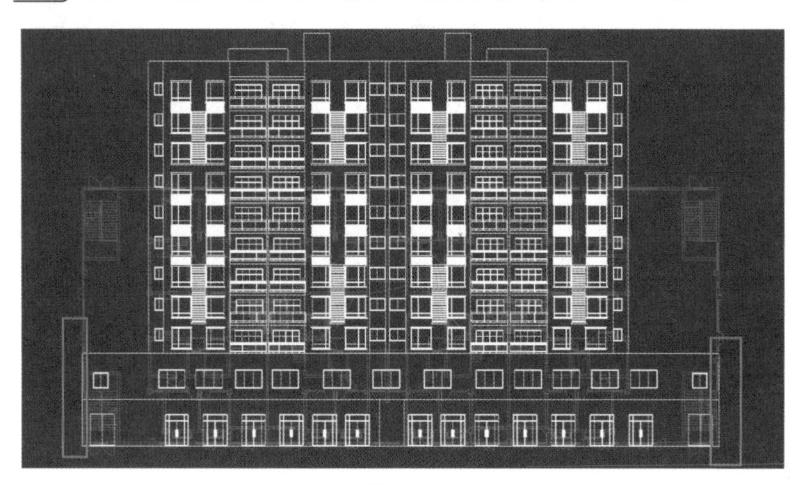

图2.1.23 将正立面的两端对齐1层平面的两端

09 单击工具栏中的“选择并旋转”按钮，然后右击图纸，弹出“旋转变换输入”对话框，将 X 轴旋转 90°，如图 2.1.24 所示，使其在顶视图上成为一条线。

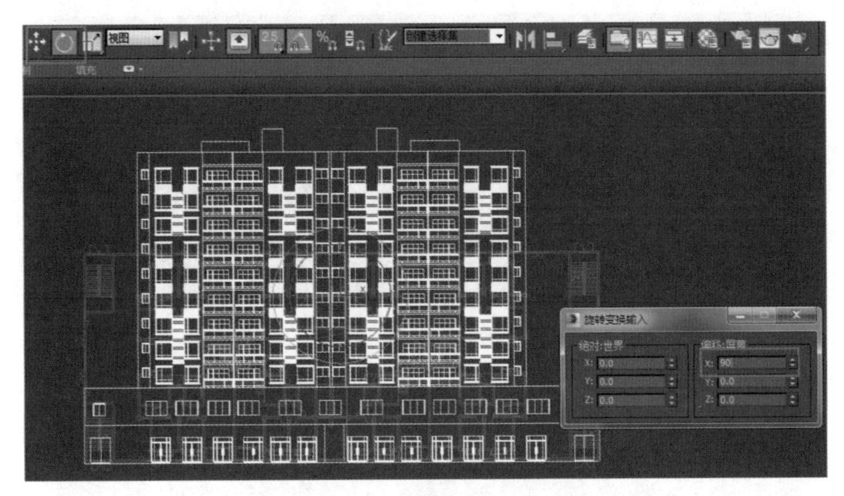

图2.1.24　旋转变换输入设置

10 旋转后，正立面在顶视图上看起来是一条线，将它移动到靠后的位置，以便在操作时不影响视线，如图 2.1.25 所示。

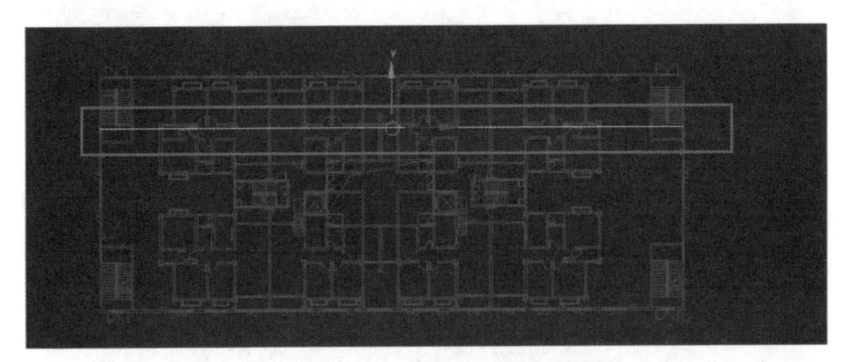
图2.1.25　移动正立面图层

11 选择前视图，将正立面下端与 1 层 CAD 平面对齐，如图 2.1.26 所示。

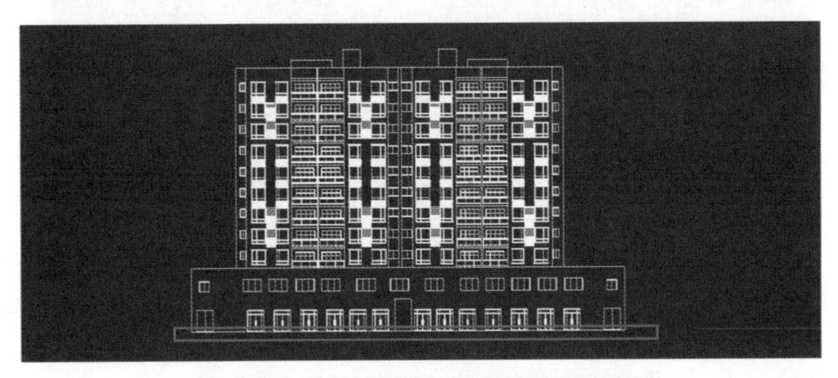
图2.1.26　将正立面下端与1层CAD平面对齐

12 选择顶视图，将左立面绕 Z 轴旋转 −90°，如图 2.1.27 所示；然后对齐一层平面上下边，如图 2.1.28 所示。

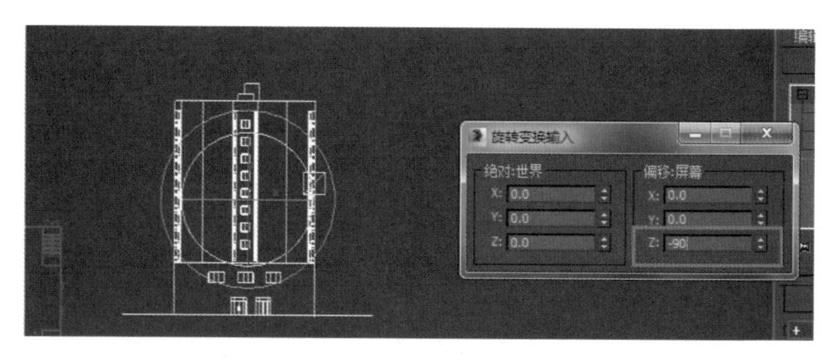

图2.1.27　左立面绕Z轴旋转

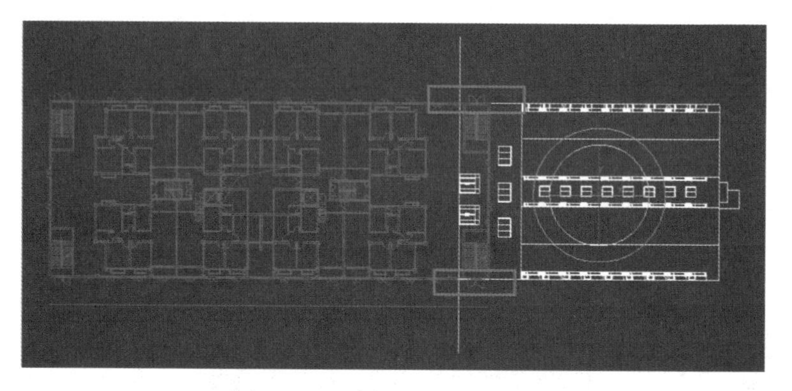

图2.1.28　对齐一层平面上下边

13 将左立面绕 Y 轴旋转 90°，然后放置到靠右的位置上，以便在左视图上操作时不影响观察，将左立面上下端与1层CAD平面对齐，如图2.1.29 所示。

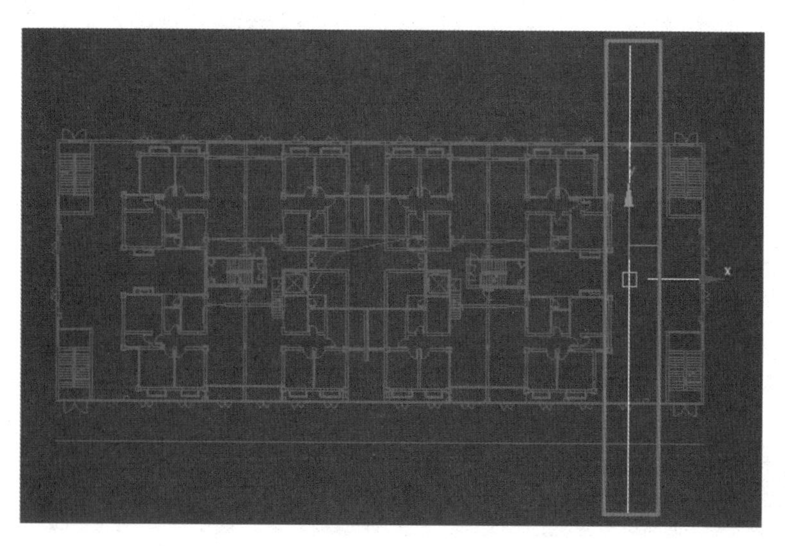

图2.1.29　将左立面上下端与1层CAD平面对齐

14 打开“层”对话框，0 图层不冻结、不隐藏，将其余图层冻结；再将 1 层 CAD 平面和 CAD 正立面显示，其余平面和立面都隐藏，如图 2.1.30 所示。

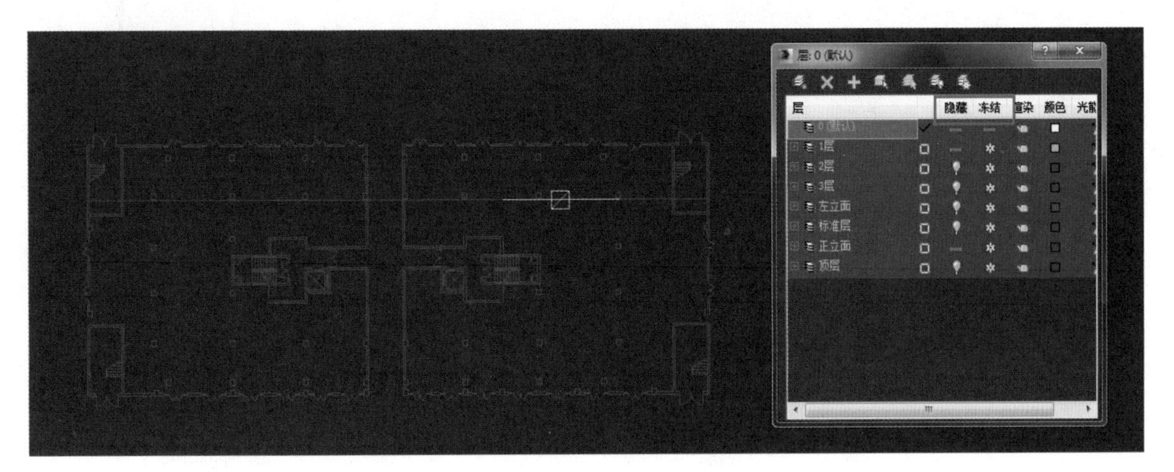

图2.1.30　显示1层CAD平面和CAD正立面

任务 2.2　商住空间巧设计（一）——商业层的制作

任务描述

在创建模型前，首先要把商业层的CAD图导入3ds Max中，然后进行修正、去文字等操作，还要去掉一些对模型创建没有意义的线条。本任务进行商业层的制作，通过成组复制的方式完成整个模型。

任务目标

掌握通过绘制样条线再添加“挤出”修改器及“壳”修改器制作墙体的方法。

2.2.1　制作商业层第一层——样条线的运用

制作如图 2.2.1 所示的墙、窗。

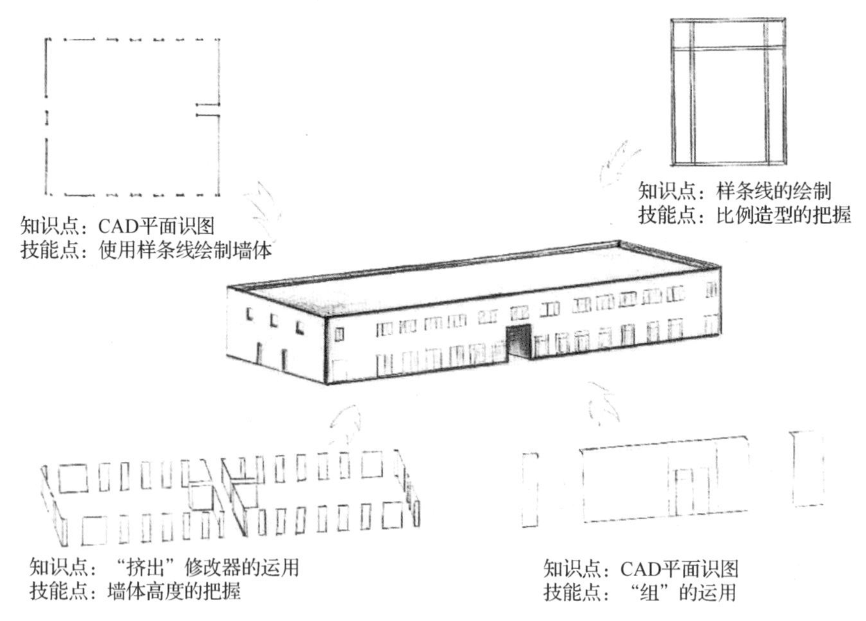

图2.2.1　商业层模型绘制相关知识点与技能点图解

微课：制作商业层一层

1．制作墙体

01 打开图层管理器，将 0 图层显示出来，并将其余图层冻结，再将 1 层平面和正立面显示出来，其余平面和立面都隐藏，如图 2.2.2 所示。

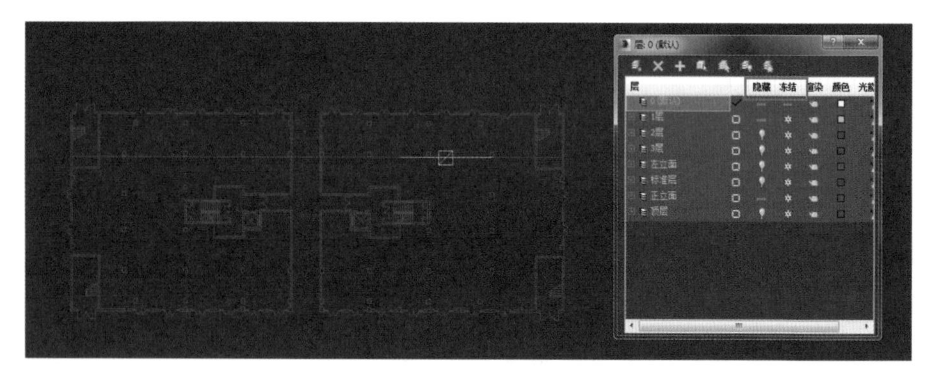

图2.2.2　显示默认图层

02 根据 1 层平面绘制线，打开捕捉工具，单击“创建”面板中的“线”按钮，取消选中“开始新图形”复选框，如图 2.2.3 所示。当绘制到门窗时，右击，在弹出的快捷菜单中选择“断开”选项，再重新绘制，将门、窗位置留出空隙，如图 2.2.4 所示。添加“挤出”修改器，设置“数量”为 4500mm，如图 2.2.5 所示。再添加“壳”修改器，设置“外部量”为 200mm、“内部量”为 0mm，并选中“将角拉直”复选框，如图 2.2.6 所示。

图2.2.3　取消选中“开始新图形”复选框

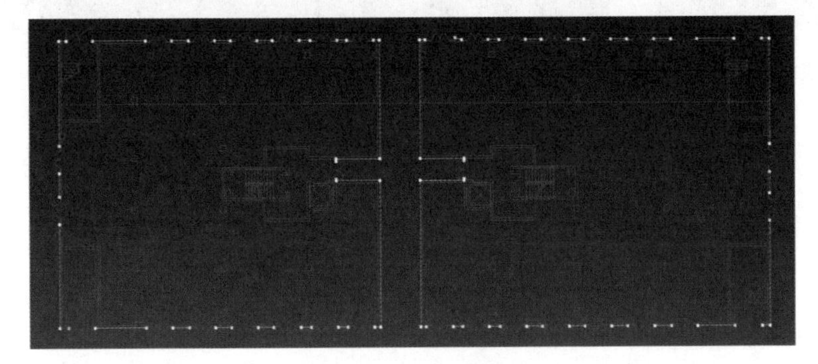

图2.2.4　绘制墙线

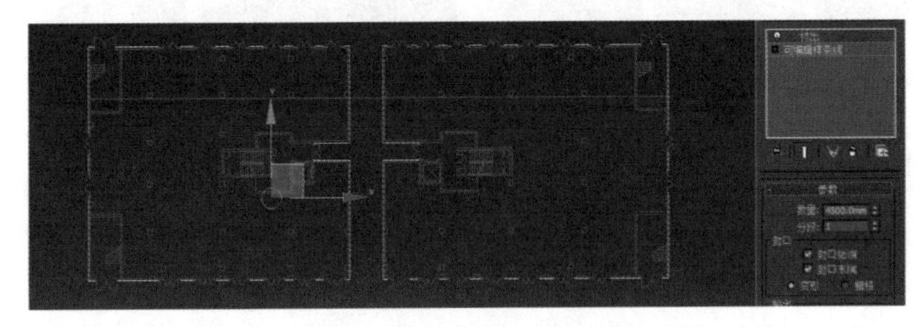

图2.2.5　添加“挤出”修改器

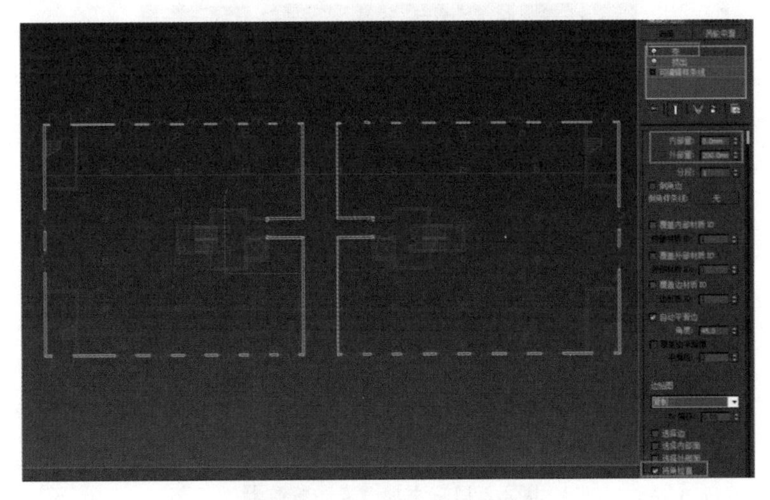

图2.2.6　添加“壳”修改器

03 按 M 键，在弹出的“材质编辑器”对话框中选择一个材质球并命名为“墙体”，设置漫反射参数并调整颜色，如图 2.2.7 所示，将材质赋予物体，结果如图 2.2.8 所示。

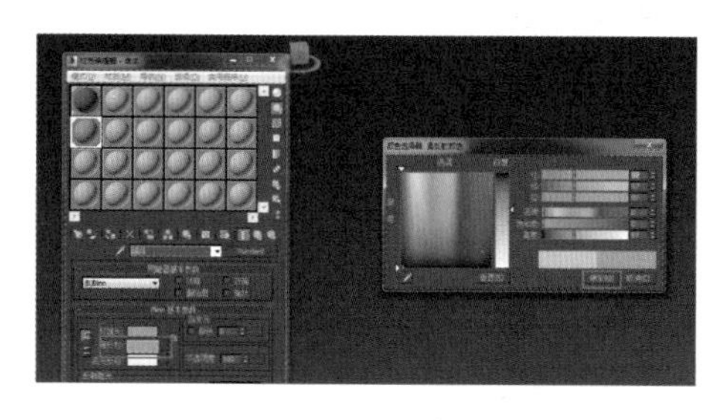

图2.2.7　漫反射参数设置

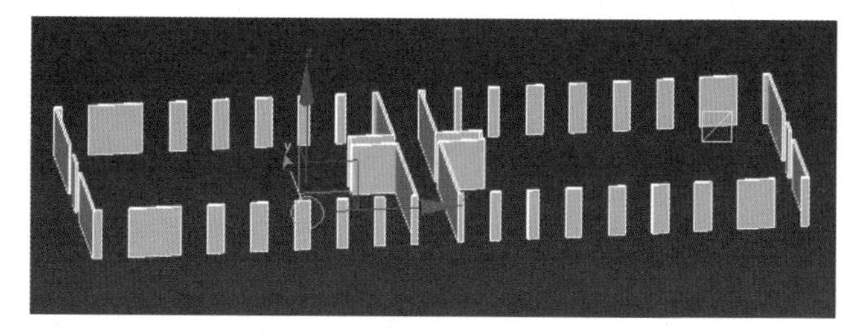

图2.2.8　赋予“墙体”材质

2．制作门、窗

01 选择前视图，根据正立面CAD图创建如图2.2.9所示的矩形。添加“挤出”修改器，设置“数量”为50mm，且不封口，如图 2.2.10 所示。再添加“壳”修改器，设置“内部量”为 50mm、“外部量”为 0mm，并选中“将角拉直”复选框，如图 2.2.11 所示。

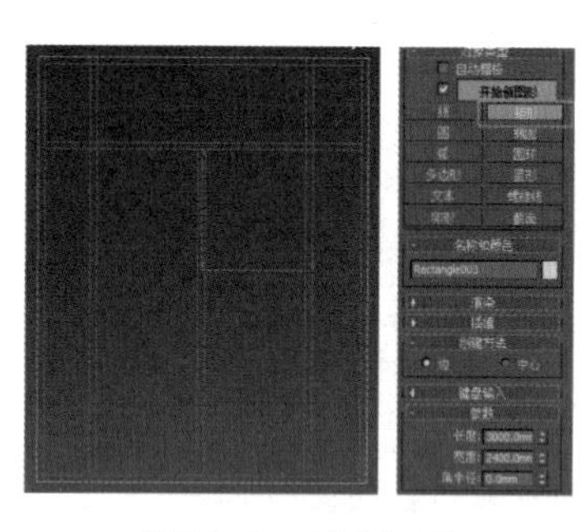

图2.2.9　创建矩形

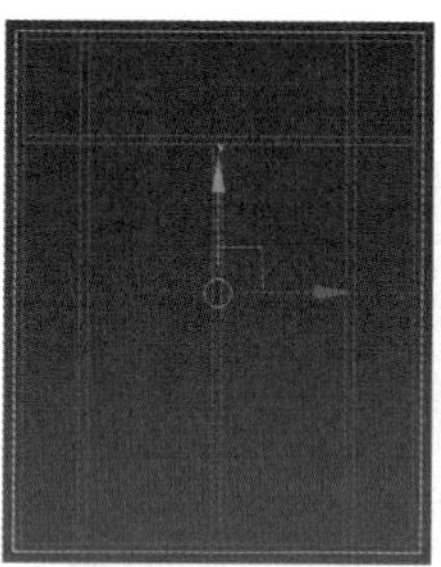
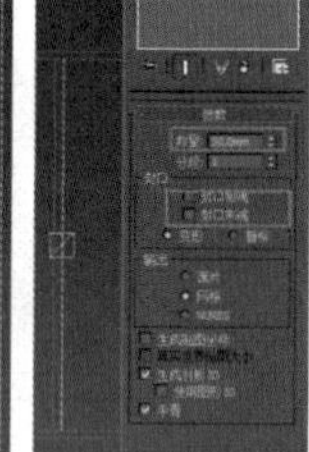

图2.2.10　添加“挤出”修改器

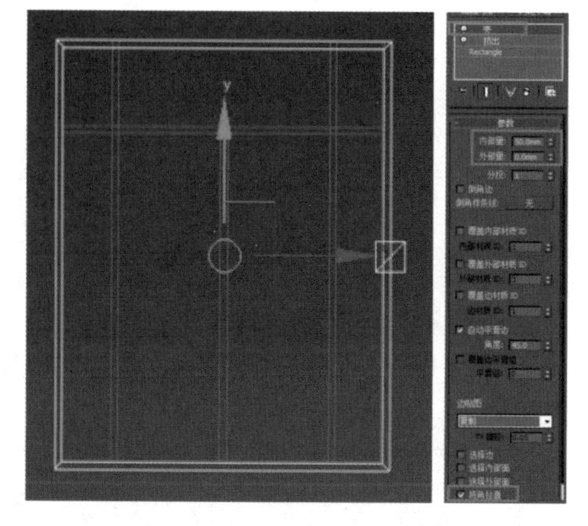

图2.2.11　添加“壳”修改器

02 添加“编辑网格”修改器，进入“多边形”层级，选中右侧的竖立面，如图 2.2.12 所示。按住 Shift 键并配合移动工具，向左拖动制作左侧的窗框，如图 2.2.13 所示，然后按 Space 键确定。使用同样方法，制作出窗框中的其余框架，如图 2.2.14 所示。

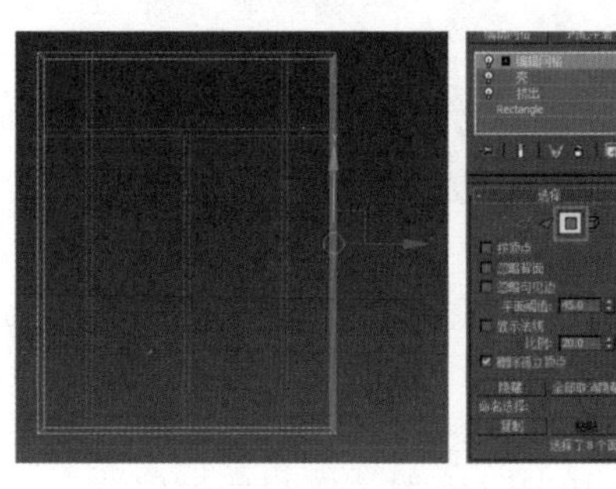
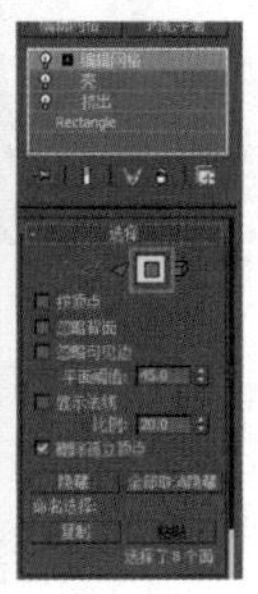

图2.2.12　选中右侧面

图2.2.13　移动并复制

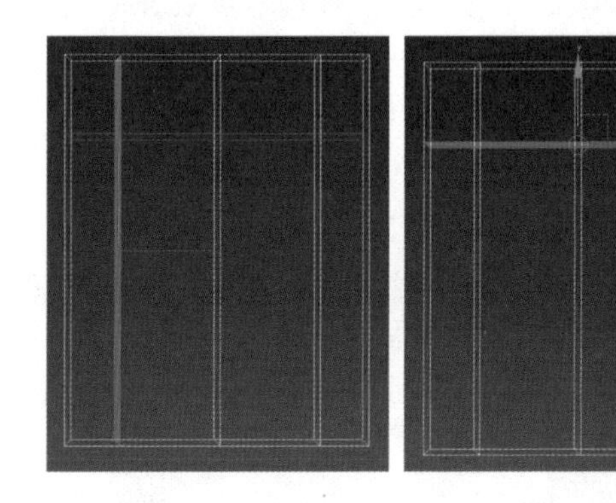

图2.2.14　窗框中的框架

03 按 1 键进入“顶点”层级，选择如图 2.2.15（a）所示的点，向下拖动并利用捕捉工具对齐到如图 2.2.15（b）所示的位置。按 M 键，在弹出的“材质编辑器”对话框中选择材质球并命名为“门框”，调整“漫反射”颜色后将材质赋予物体，如图 2.2.16 所示。

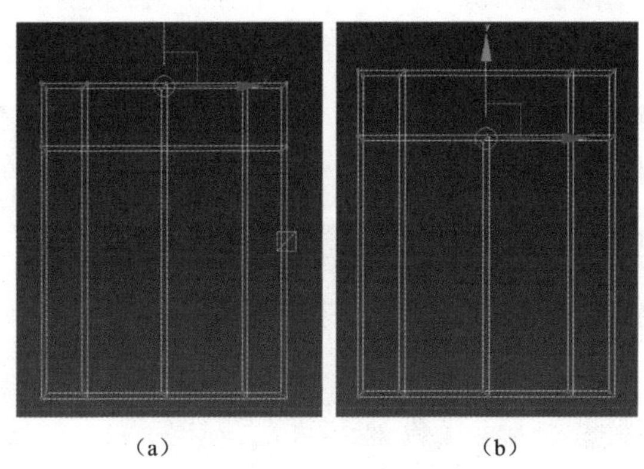

（a）　　（b）

图2.2.15　对齐点操作

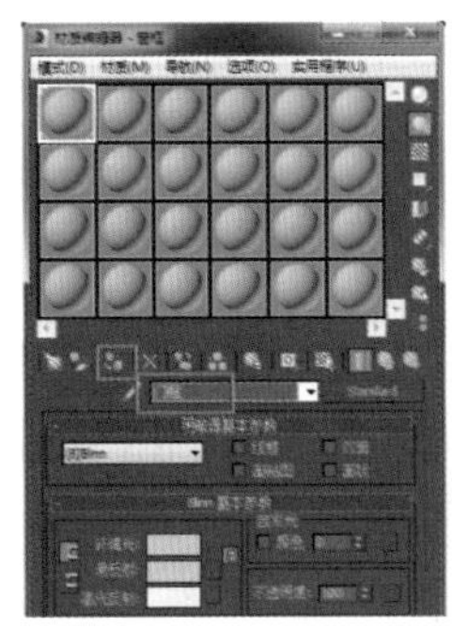
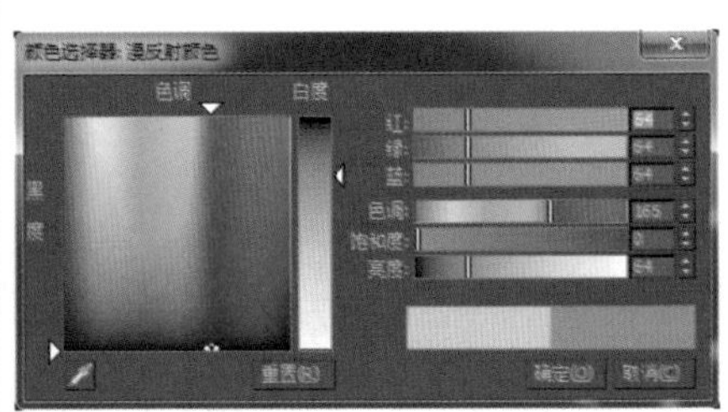

图2.2.16　赋予材质

04 选中门框并右击，在弹出的快捷菜单中选择“隐藏选定对象”选项，如图 2.2.17 所示。绘制矩形框，制作玻璃面并右击，在弹出的快捷菜单中选择“可编辑多边形”选项，如图 2.2.18 所示。打开“材质编辑器”对话框，选择一个材质球并命名为“玻璃”，对基本参数进行调整后将材质赋予物体，如图 2.2.19 所示。右击图形，在弹出的快捷菜单中选择“全部取消隐藏”选项，如图 2.2.20 所示，在弹出的“全部取消隐藏”对话框中单击“否”按钮，如图 2.2.21 所示。只选中门框并按 T 键，切换到顶视图，将玻璃移动到门框中间，如图 2.2.22 和图 2.2.23 所示。

05 选中门框和玻璃，选择顶视图，将玻璃和门框移动到墙线中间位置（这个 CAD 图纸门、窗平面和立面位置有差异，这里以平面为准），隐藏门框和玻璃，如图 2.2.24 所示。

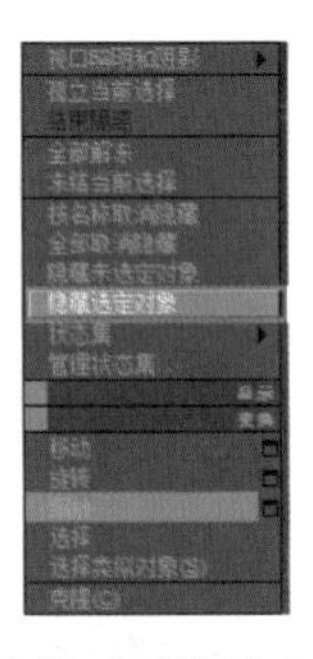

图2.2.17　选择“隐藏选定对象”选项

图2.2.18　转换为可编辑多边形

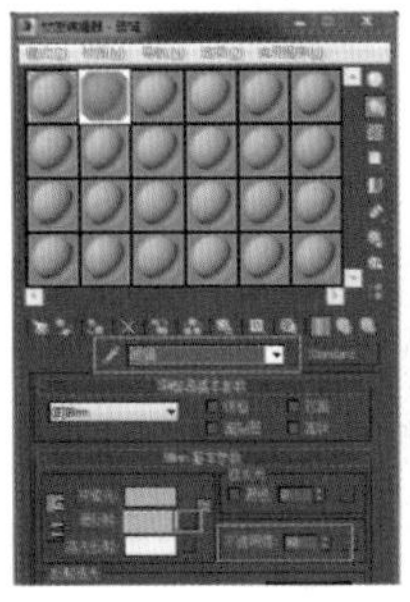
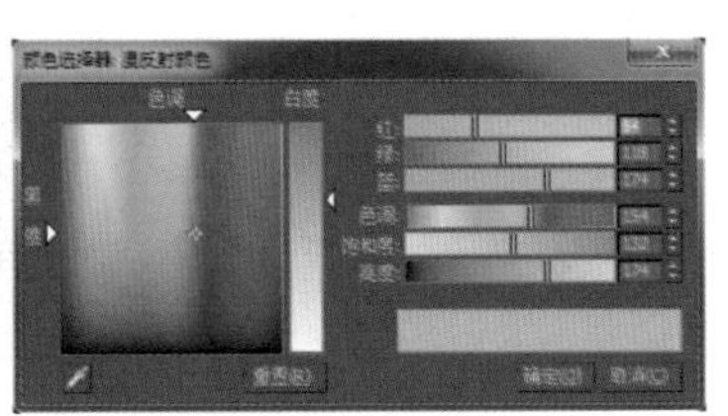

图2.2.19　赋予材质

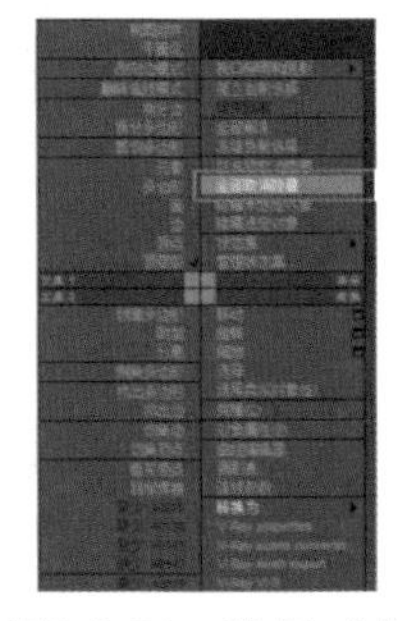

图2.2.20　选择“全部取消隐藏”选项

图2.2.21　“全部取消隐藏”对话框

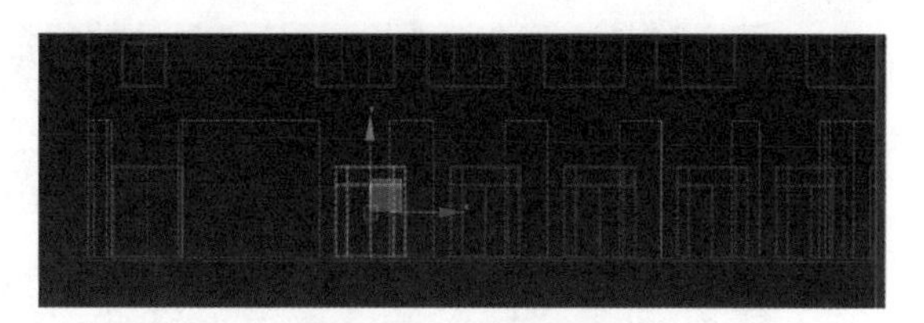

图2.2.22　选中门框

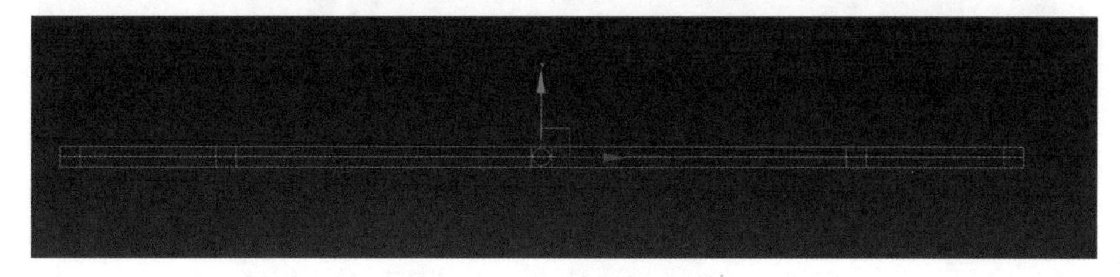

图2.2.23　顶视图移动玻璃

图2.2.24　隐藏门框和玻璃

3．制作门上的墙体

01 选择顶视图，将墙放置到门框处，利用捕捉工具创建矩形并右击，在弹出的快捷菜单中选择“可编辑样条线”选项，然后添加“挤出”修改器，设置“数量”为 1500mm，将其封口作为门上的墙体，如图 2.2.25 所示。

02 右击图形，在弹出的快捷菜单中选择“全部取消隐藏”选项，在弹出的“全部取消隐藏”对话框中单击“否”按钮。选择前视图，将墙体移动到门框上面，并赋予其“墙体材质”，如图 2.2.26 所示。同时选中门上墙、门框、玻璃，然后选择“组”→“组”选项，将其组成一体，如图 2.2.27 所示。

图2.2.25　制作门上墙体

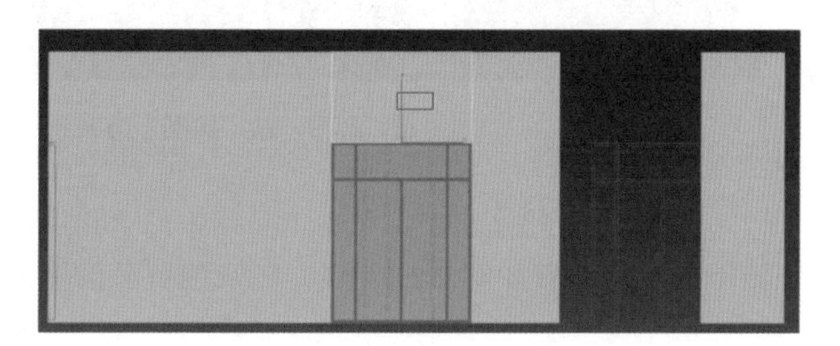

图2.2.26　移动墙体并赋予材质

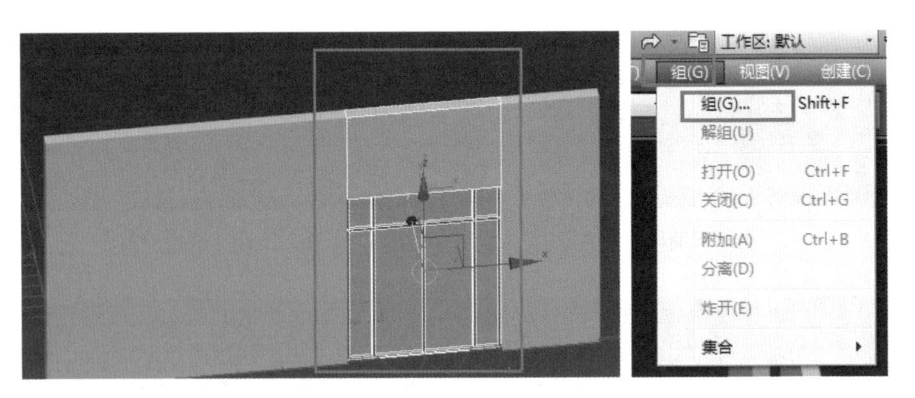

图2.2.27　成组操作

03 选中门框组件，使用捕捉工具，移动鼠标指针，使左下角出现黄色方框，按住 Shift 键的同时配合移动工具向右拖动，如图 2.2.28 所示。当右侧墙角出现十字光标时，释放鼠标左键确定位置，如图 2.2.29 所示，在弹出的“克隆选项”对话框中以“实例”方式进行复制。

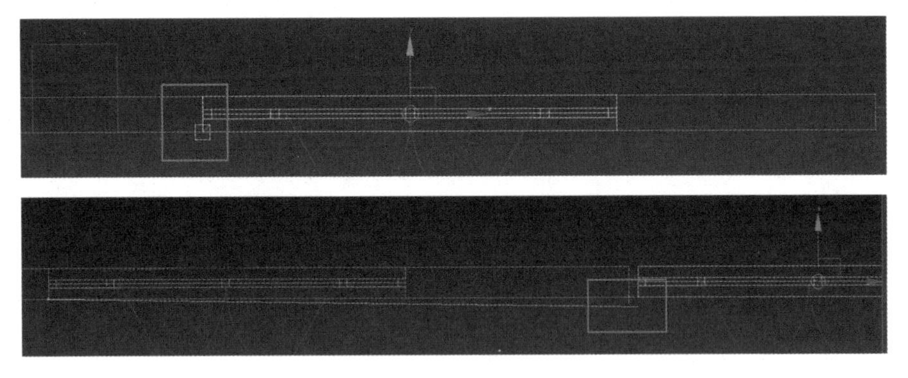

图2.2.28　拖动门框组件

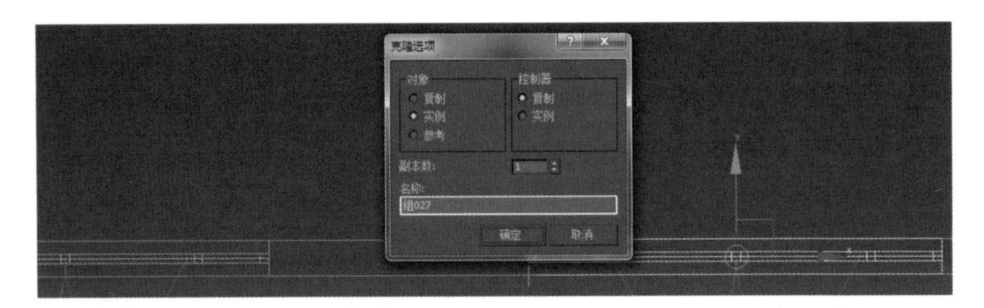

图2.2.29　以“实例”方式进行

04 选中门框组件，单击工具栏中的“角度捕捉切换”和“选择并旋转”按钮，沿着如图 2.2.30（a）所示的黄色圆圈顺时针方向旋转 90°，同时按住 Shift 键进行旋转复制操作，如图 2.2.30（b）所示。将复制的门框组件移动到左侧，如图 2.2.31 所示。

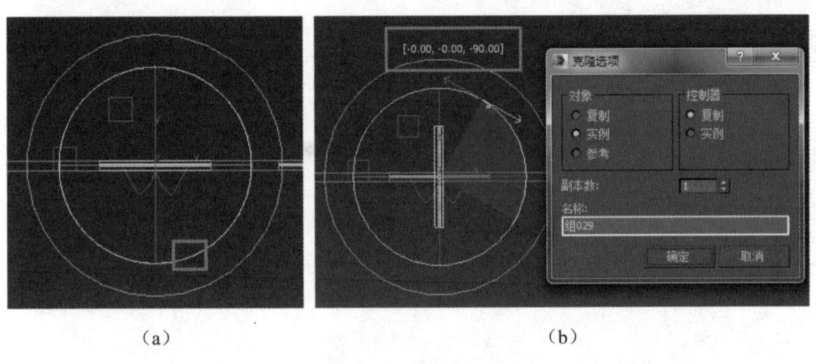

（a） （b）

图2.2.30 旋转复制门框组件

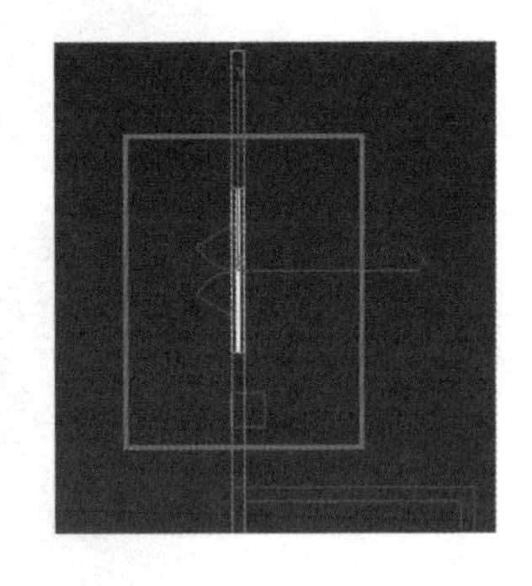

图2.2.31 移动所复制的门框组件

05 使用相同方法，选中侧面门框组件，沿顺时针方向旋转 90°，使用捕捉工具和移动工具将其移动到背面，如图 2.2.32 所示。

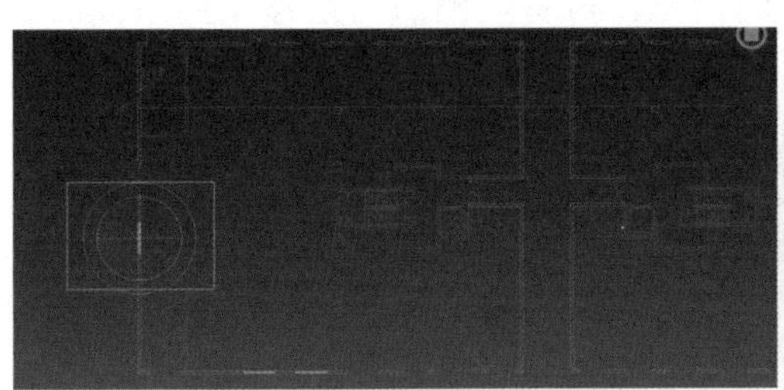

图2.2.32 将侧面门框组件移动到背面

06 使用相同方法，制作完成尺寸和样式一样的门框组件，如图 2.2.33 所示。

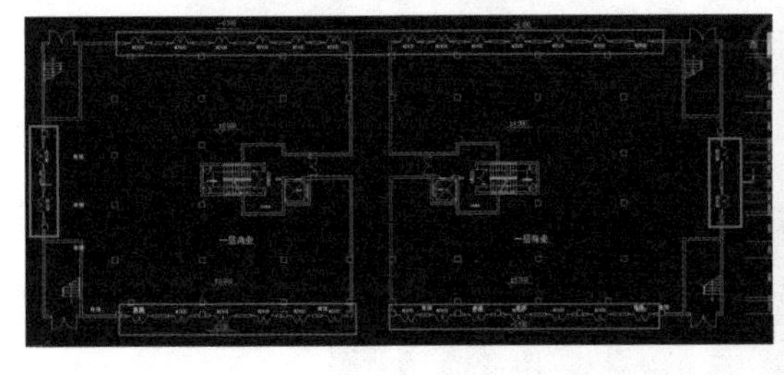

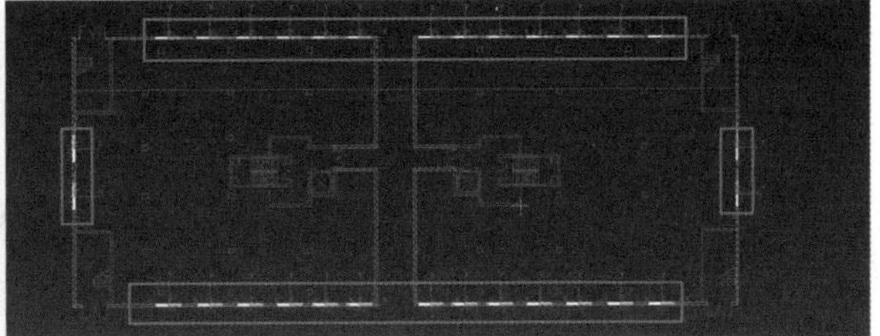

图2.2.33 完成所有门框组件的制作

4．制作边角门框

01 选中门框组件，使用捕捉方式将其移动复制到最左侧门洞处，如图 2.2.34 所示。选中左侧门洞处的门框组件并右击，在弹出的快捷菜单中选择“隐藏未选定对象”选项，如图 2.2.35 所示。

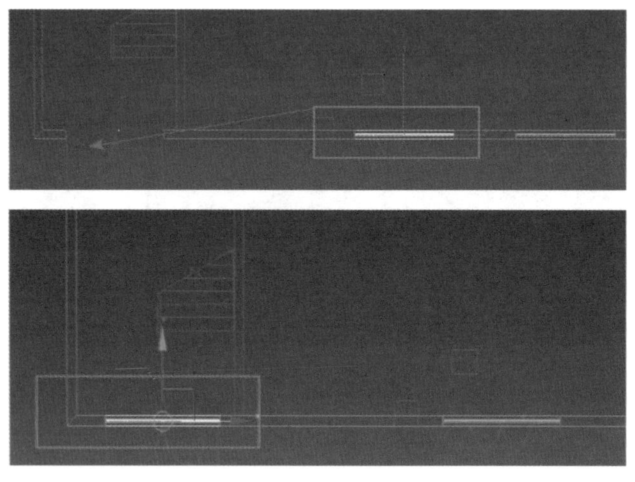

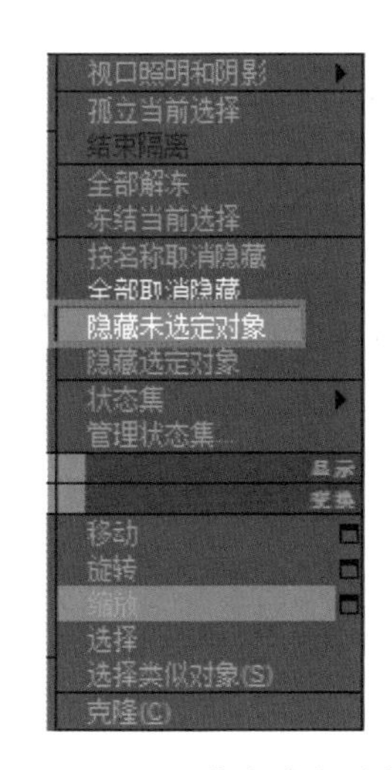

图2.2.34 制作左侧门框组件

图2.2.35 隐藏未选定对象

02 在前视图中，选中最左侧的门框组件，添加“编辑网格”修改器（修改门框样式），进入“元素”层级，选中门框，如图 2.2.36 所示（按住 Ctrl 键可加选），删除已选中的门框，再将左侧的门框移动到中间，如图 2.2.37 所示。

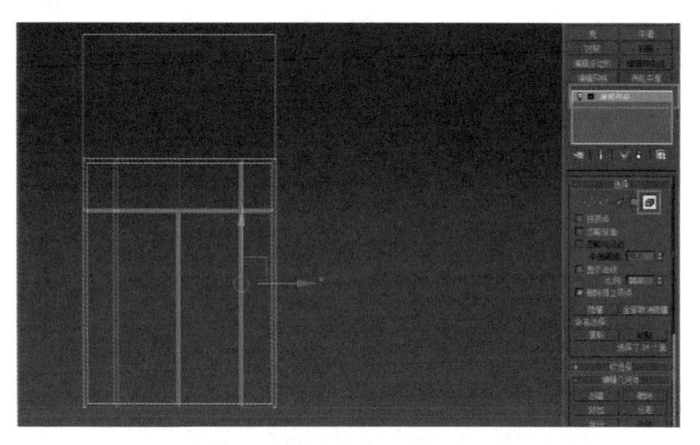

图2.2.36 选中门框

图2.2.37 将左侧的门框移动到中间

03 选择顶视图，使用平移复制或旋转复制的方法，复制尺寸和样式一样的边角门框，如图 2.2.38 所示。

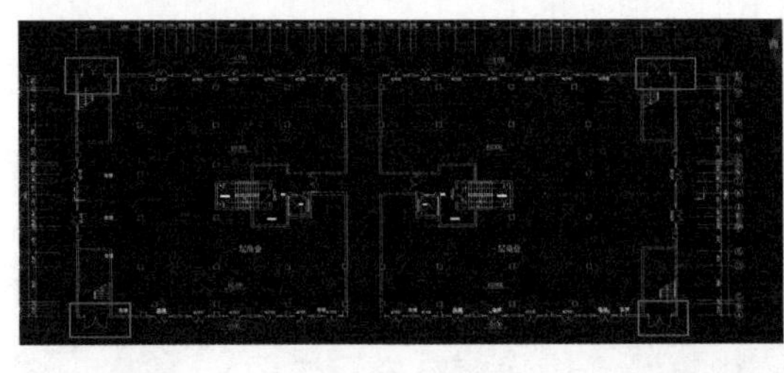
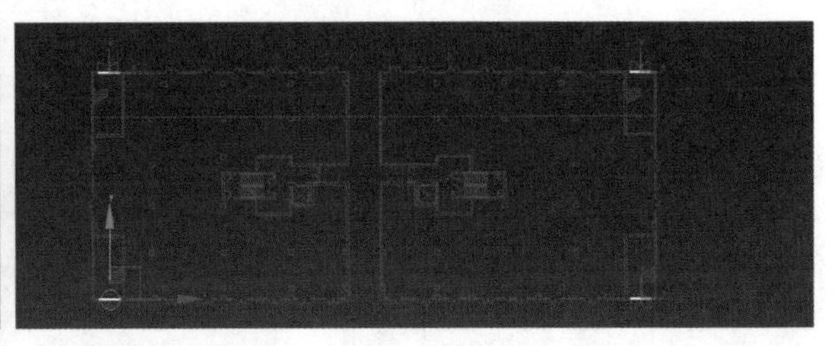

图2.2.38　制作边角门框

04 选择顶视图，选中左侧门框组件，按住 Shift 键并使用旋转工具，沿如图 2.2.39（a）所示的方向逆时针旋转 90°；将复制出的门框组件移动到如图 2.2.39（b）所示的位置。按 1 键进入“编辑网格”修改器的“顶点”层级，选中顶点，移动捕捉到正确位置，如图 2.2.40 所示，再选中中间点，移动捕捉到门框中间，如图 2.2.41 所示。

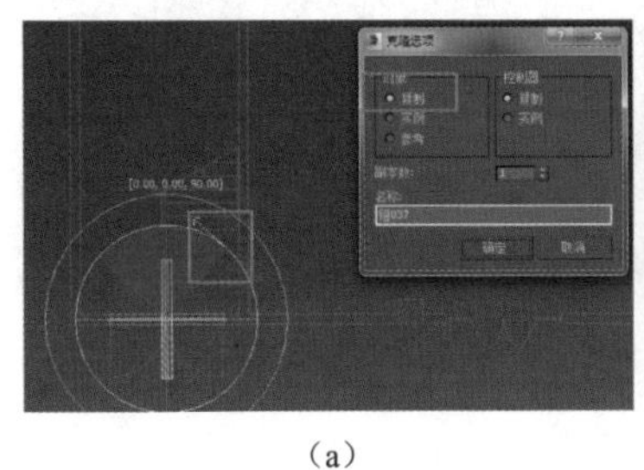

（a）

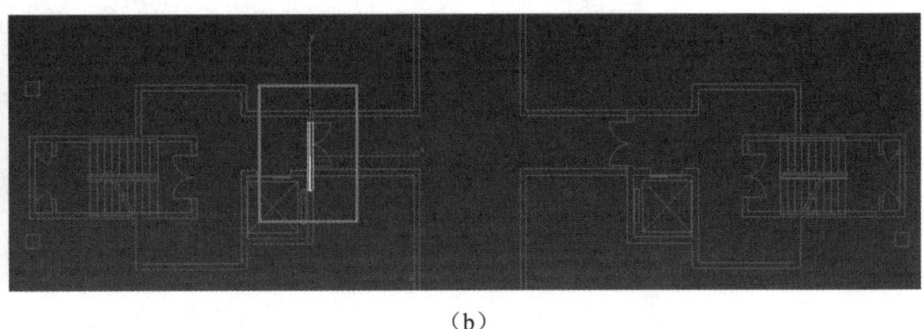

（b）

图2.2.39　移动复制门框组件

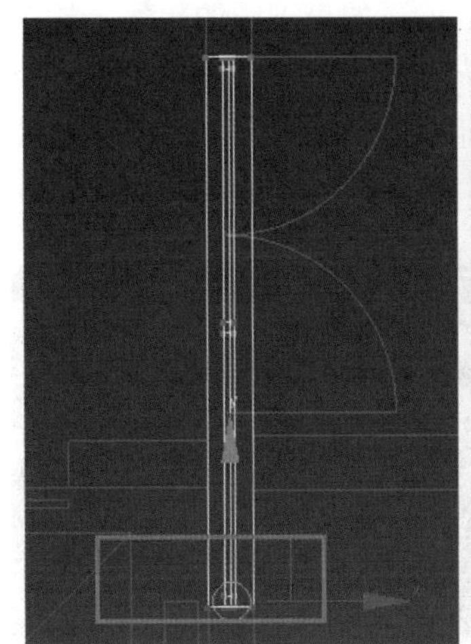
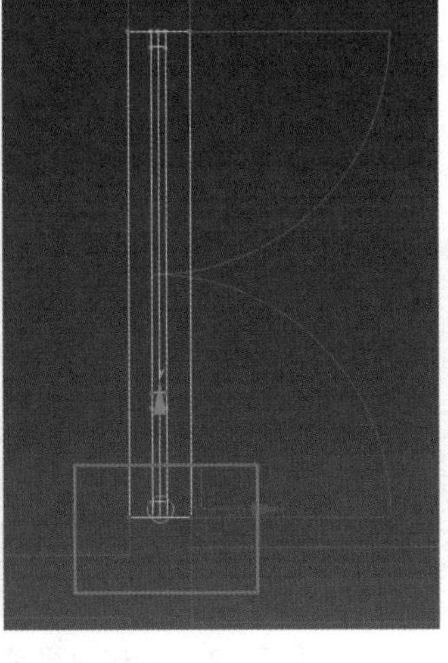

图2.2.40　移动捕捉顶点

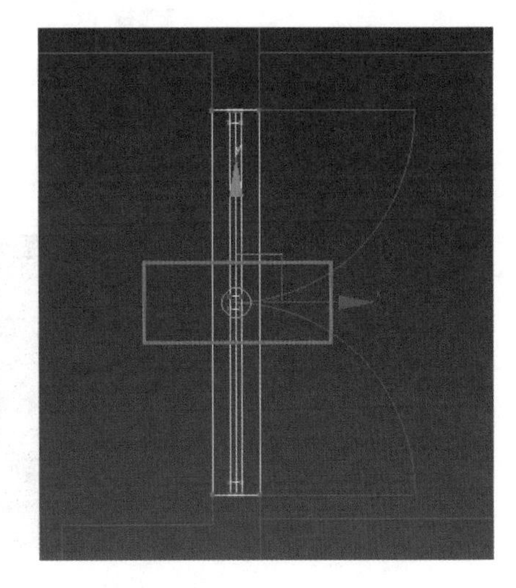

图2.2.41　移动捕捉中间点

05 退出“顶点”层级，单击工具栏中的“镜像”按钮，在 X 轴运用“实例”方式进行复制，如图 2.2.42 所示；再将复制的物体向右侧移动，如图 2.2.43 所示；右击物体，在弹出的快捷菜单中选择“全部取消隐藏”选项，所得模型如图 2.2.44 所示。

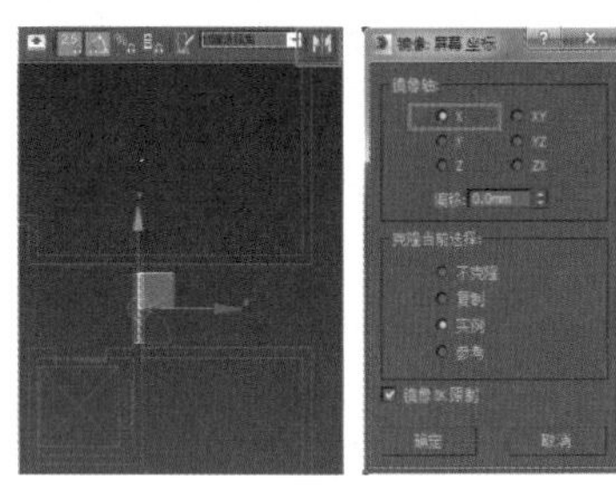

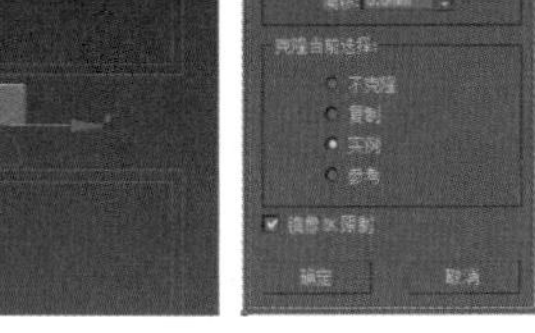

图2.2.42　复制门框组件

图2.2.43　右移门框组件

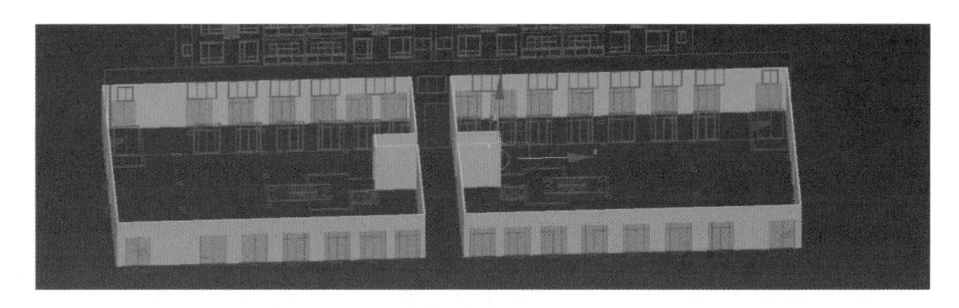

图2.2.44　底层模型

5．制作底层墙角

01 显示 CAD 正立面图，选中如图 2.2.45 所示的最下面的粗线，按 X 键，再按 Enter 键将其炸开，这时可以观察到与地面相接部分有 100mm 的墙角，如图 2.2.46 所示。选择顶视图，沿内部墙体绘制墙角线，如图 2.2.47 所示。

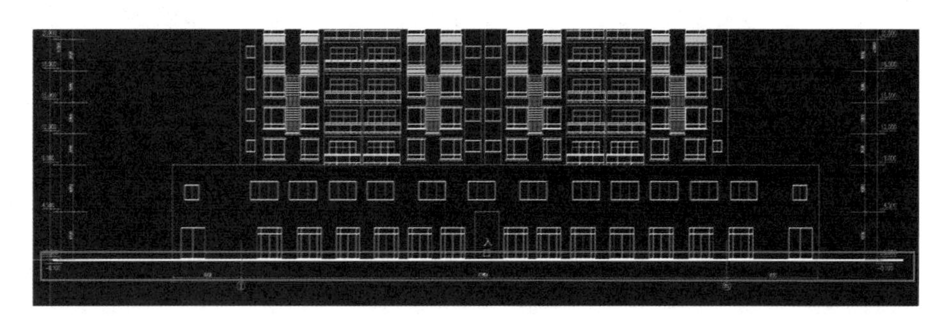

图2.2.45　选中粗线

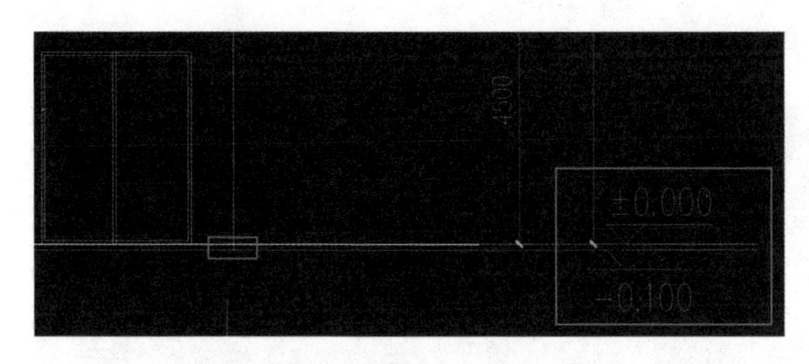

图2.2.46 与地面相接部分的墙角

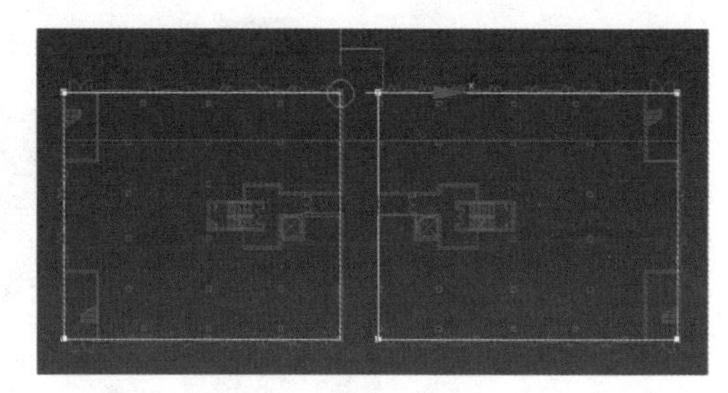

图2.2.47 绘制墙角线

02 为绘制出的墙角线添加“挤出”修改器，设置“数量”为 100mm 且不封口；再添加“壳”修改器，设置“内部量”为 0mm、“外部量”为 200mm。选择前视图，将底层墙放到最下面，如图 2.2.48 所示。

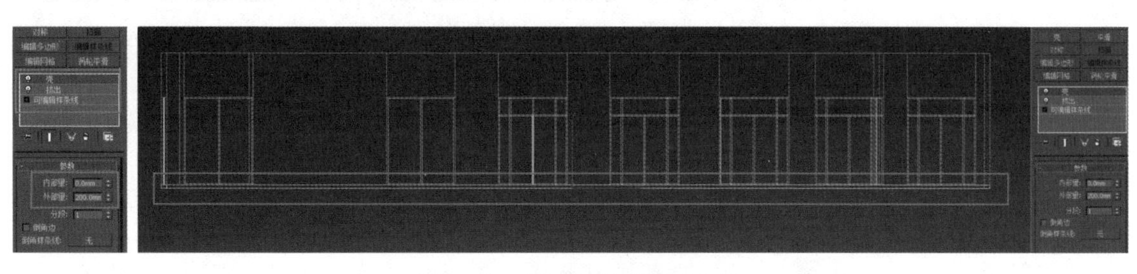

图2.2.48 将底层墙放到最下面

03 选择底层墙，按 Ctrl+V 组合键原地复制，删除复制的底层墙的“壳”修改器，如图 2.2.49 所示。再取消选中“挤出”修改器的“封口始端”和“封口末端”复选框，如图 2.2.50 所示。按 M 键，在弹出的“材质编辑器”对话框中选择一个材质球并命名为“楼板”，调整“漫反射”的参数，并将材质赋予物体，如图 2.2.51 所示。

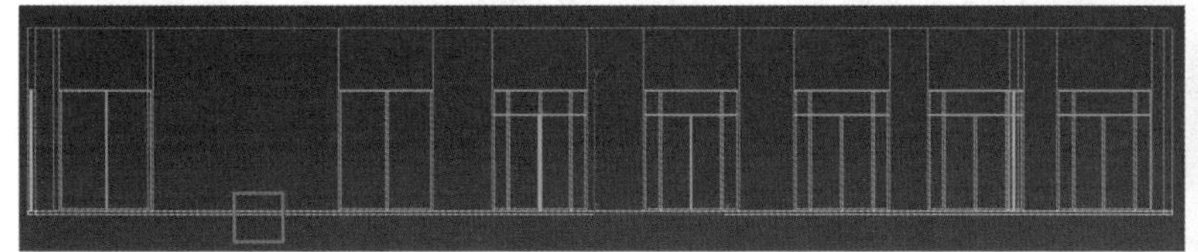

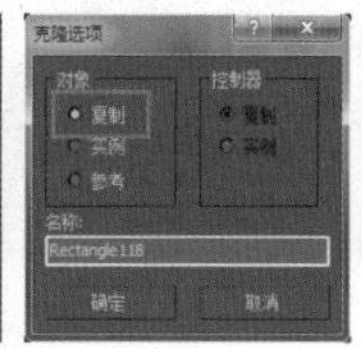

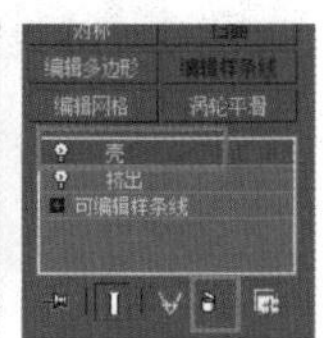

图2.2.49 复制底层墙并删除“壳”修改器

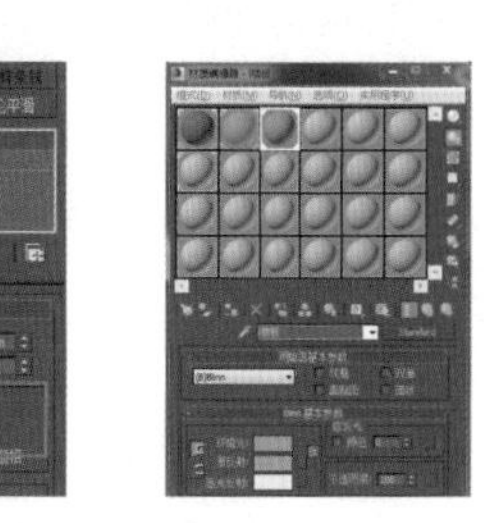

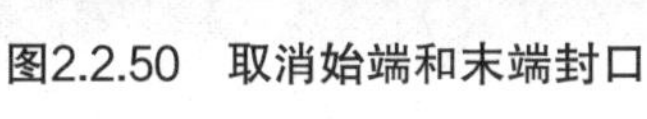

图2.2.50 取消始端和末端封口

图2.2.51 赋予材质

04 显示第一层的模型，将其组成一组，如图 2.2.52 所示。

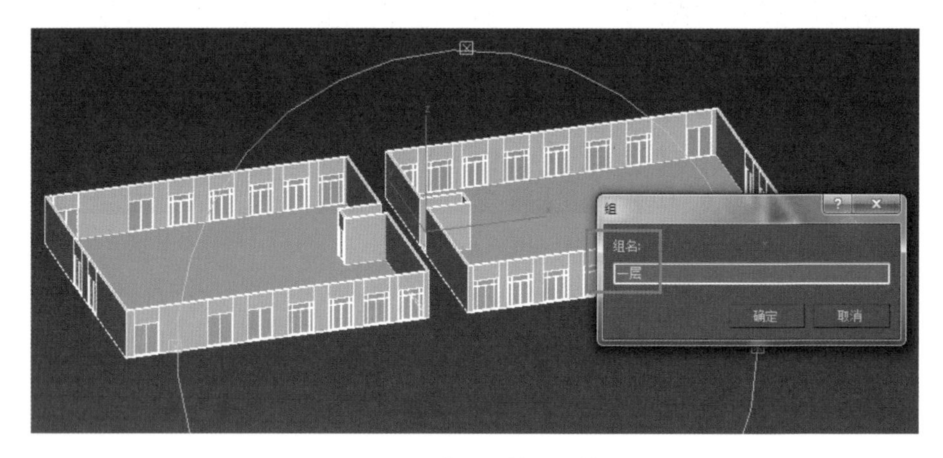

图2.2.52　商业层第一层模型

2.2.2　制作商业层第二层——可编辑网格的运用

微课：制作商业层二层

1．制作第二层墙体

01 将 1 层隐藏，打开图层管理器，显示 2 层 CAD 平面和正立面，将其余图层隐藏，如图 2.2.53 所示。使用捕捉工具，选择顶视图，绘制 2 层平面的线，将窗洞位置预留出来，如图 2.2.54 所示。添加“挤出”修改器，挤出高度为 4.5m、不封口，再添加“壳”修改器，设置“内部量”为 0mm、“外部量”为 200mm，如图 2.2.55 所示。

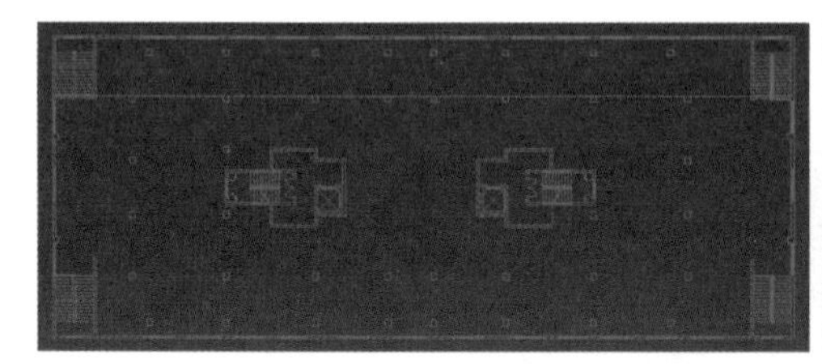

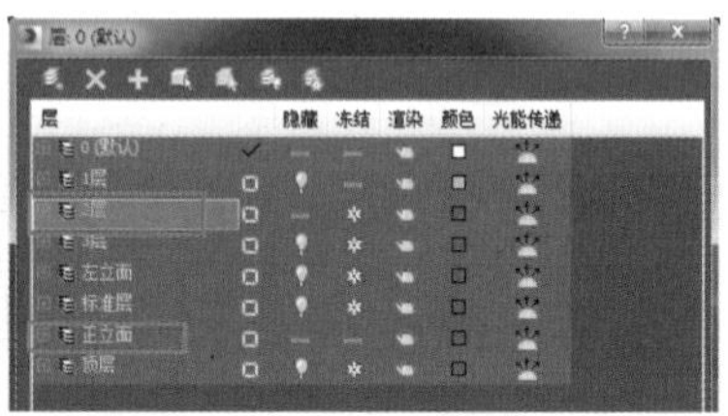

图2.2.53　显示2层CAD图

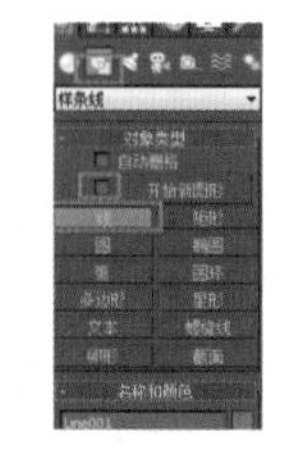

图2.2.54　绘制2层平面线

图2.2.55　添加“挤出”和“壳”修改器

02 选择前视图，使用捕捉移动方法，将 2 层平面线放置到正确的位置，如图 2.2.56 所示，并为其赋予墙体材质，如图 2.2.57 所示。

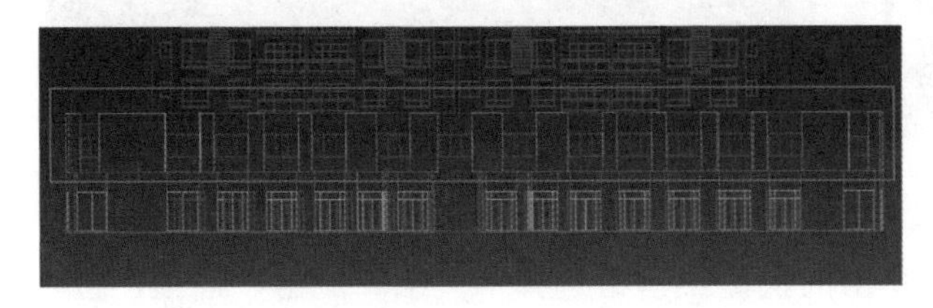

图2.2.56　上下层对齐

图2.2.57　赋予材质

2．制作第二层窗

01 选择前视图，利用二维样条线中的“矩形”按钮创建窗框，如图 2.2.58 所示。添加“挤出”修改器，设置参数为 50mm、不封口，再添加“壳”修改器，设置“外部量”为 0、“内部量”为 50mm，利用第一层商业层制作门框和玻璃的方法制作第二层商业层窗户，如图 2.2.59 所示。

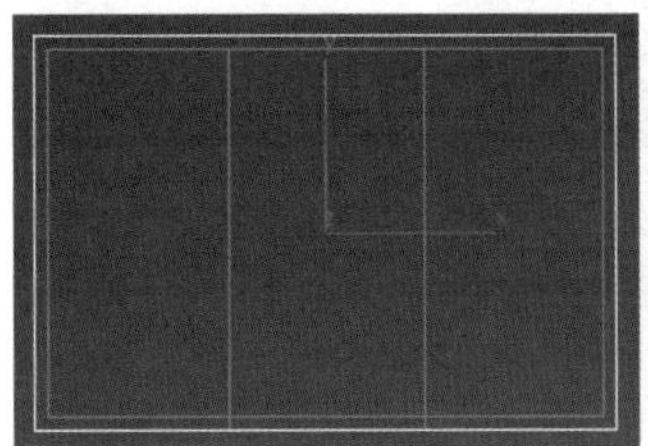

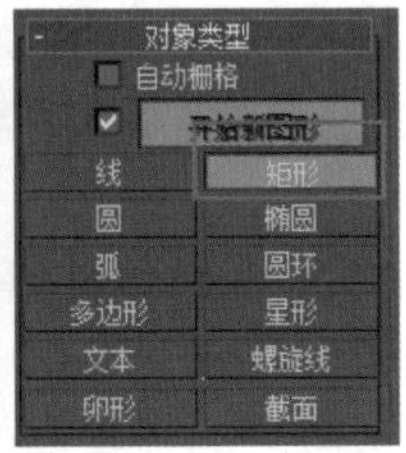

图2.2.58　创建窗框

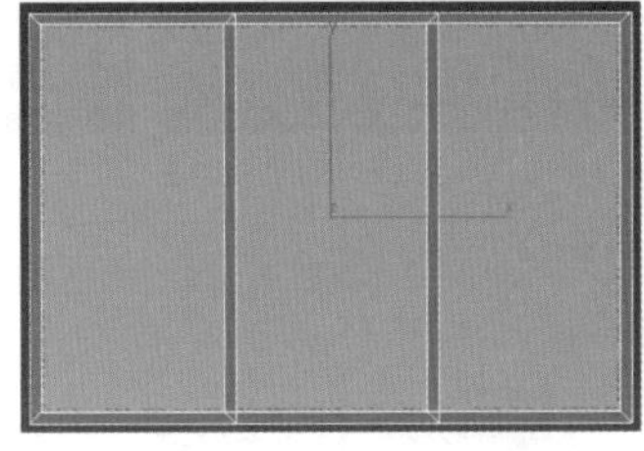

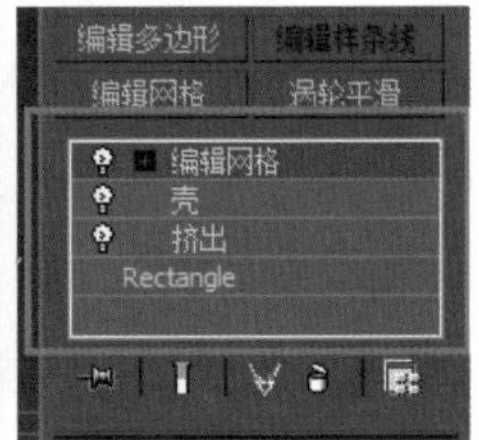

图2.2.59　创建窗户整体

02 选择顶视图，可以看到 CAD 平面窗和立面窗的宽度不一样，以平面为准，使用“可编辑网格”的“顶点”层级中的相关命令进行操作，使立面窗与平面窗吻合，如图 2.2.60 所示。

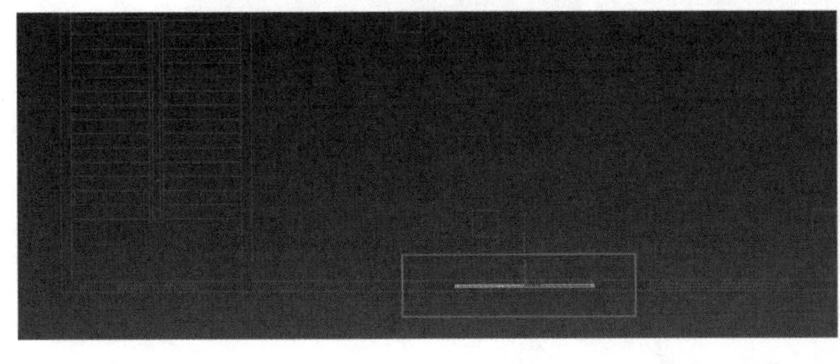

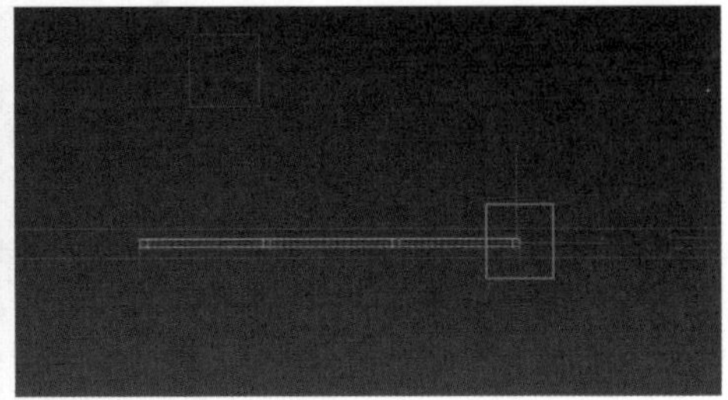

图2.2.60　使立面窗与平面窗吻合

03 选择顶视图，绘制矩形，添加“挤出”修改器，设置参数为 1600mm、两端封口，作为窗上的墙，如图 2.2.61 所示。选择前视图，将其移动到正确位置，如图 2.2.62 所示。

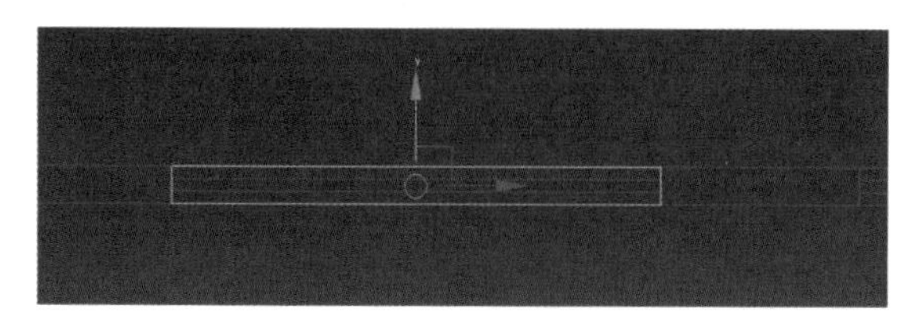

图2.2.61　制作窗上墙体

图2.2.62　将窗上墙体放至正确位置

04 右击图形，在弹出的快捷菜单中选择“可编辑网格”选项，按 5 键进入“可编辑网格”的“元素”层级。按住 Shift 键，向下拖动可编辑网格，并按 Space 键确定，如图 2.2.63 所示。

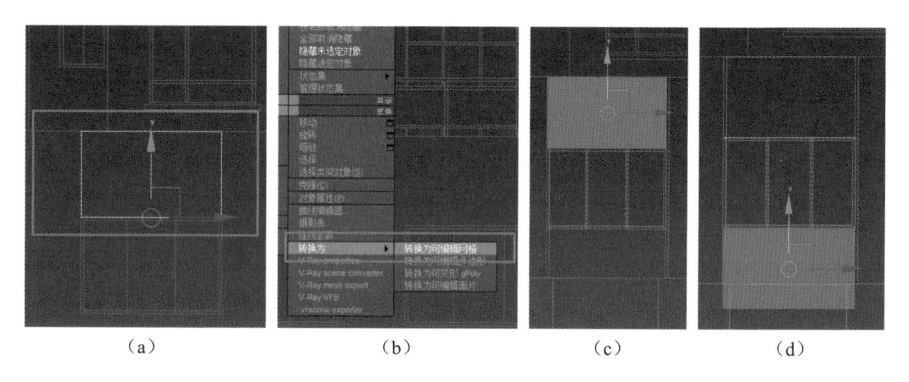

（a）　（b）　（c）　（d）

图2.2.63　拖动可编辑网格

05 按 1 键进入“可编辑网格”的“顶点”层级，使用捕捉和移动工具将可编辑网格摆放到正确位置，如图 2.2.64 所示，然后指定材质。

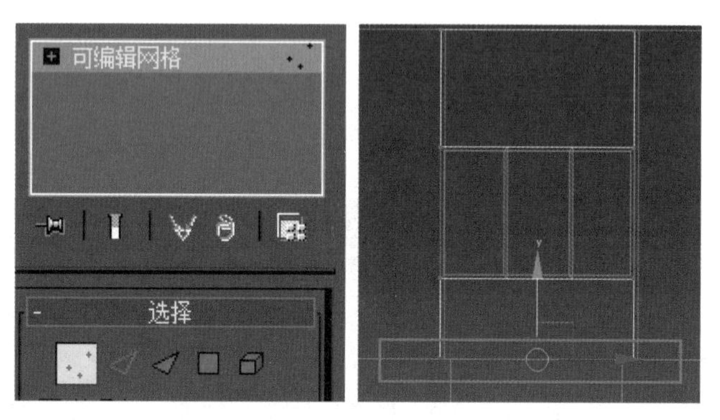

图2.2.64　放至正确位置

06 选中窗框、玻璃及窗上墙和下墙，进行成组操作，如图 2.2.65 所示。选中窗组件，按 Ctrl+I 组合键反选物体，将其“隐藏”。选择顶视图，按住 Shift 键，使用移动复制的方式制作相同的窗组件，如图 2.2.66 所示。

07 选中窗组件，按 Ctrl+I 组合键反选物体，将其“隐藏”。选择顶视图，按住 Shift 键，使用移动复制的方式制作左侧窗户，如图 2.2.67 所示。

图2.2.65 成组操作

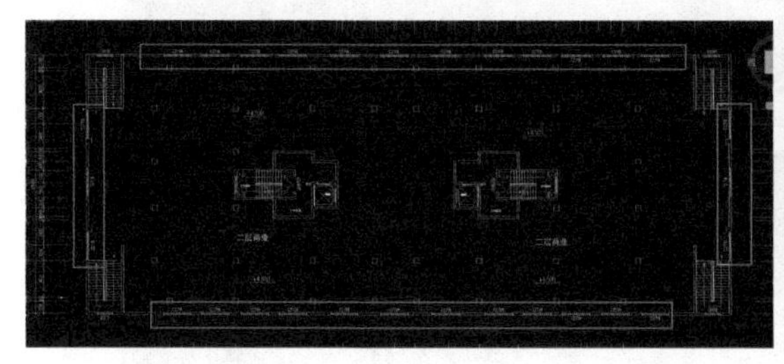
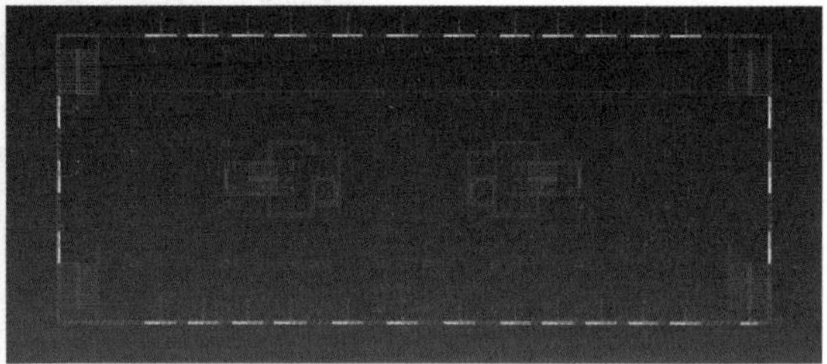

图2.2.66 移动复制窗组件

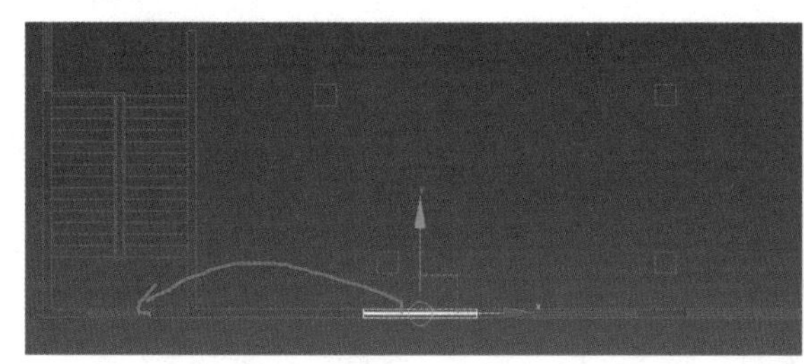
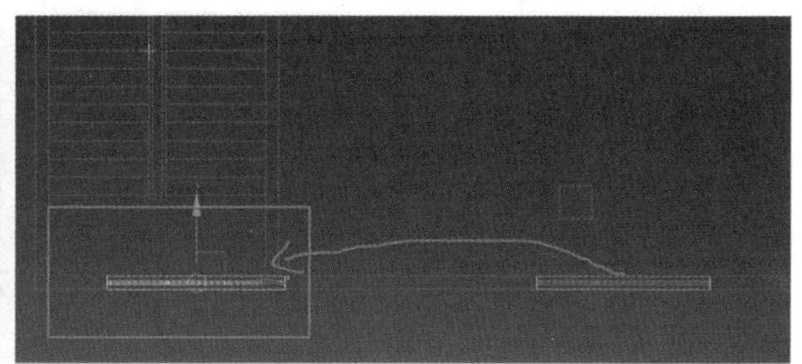

图2.2.67 制作左侧窗户

08 通过观察可以发现，最左侧红色框内的窗尺寸和形式与右侧红色框内的源窗不同，如图 2.2.68（a）所示。选择源窗，添加“编辑网格”修改器，进入“顶点”层级，如图 2.2.68（b）所示，将选中的窗格条删除，如图 2.2.68（c）所示。再利用移动捕捉工具对源窗中的点进行位置的改变，如图 2.2.68（d）～（f）所示，最终结果如图 2.2.68（g）所示。

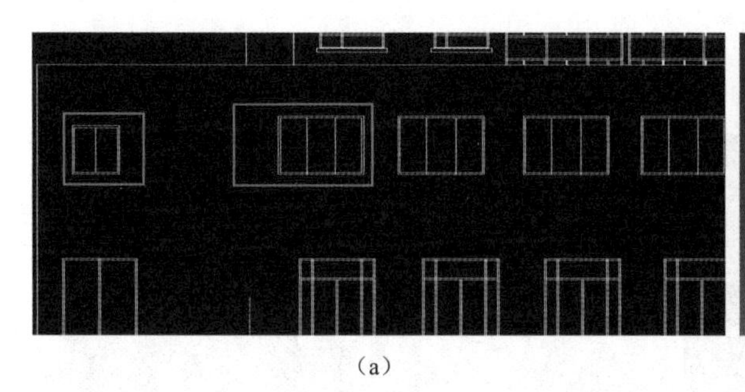

（a）

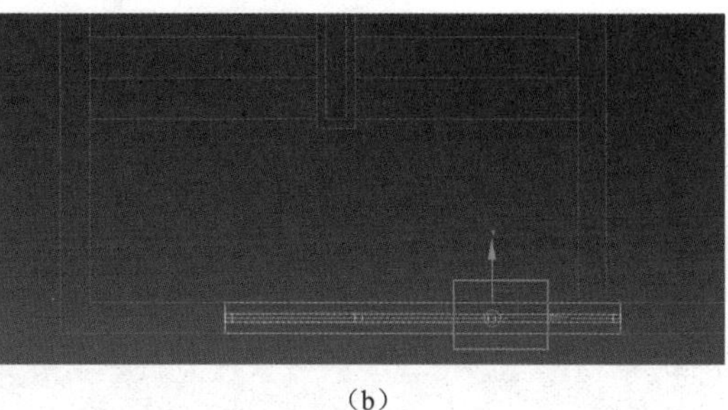

（b）

图2.2.68 调整左侧窗户

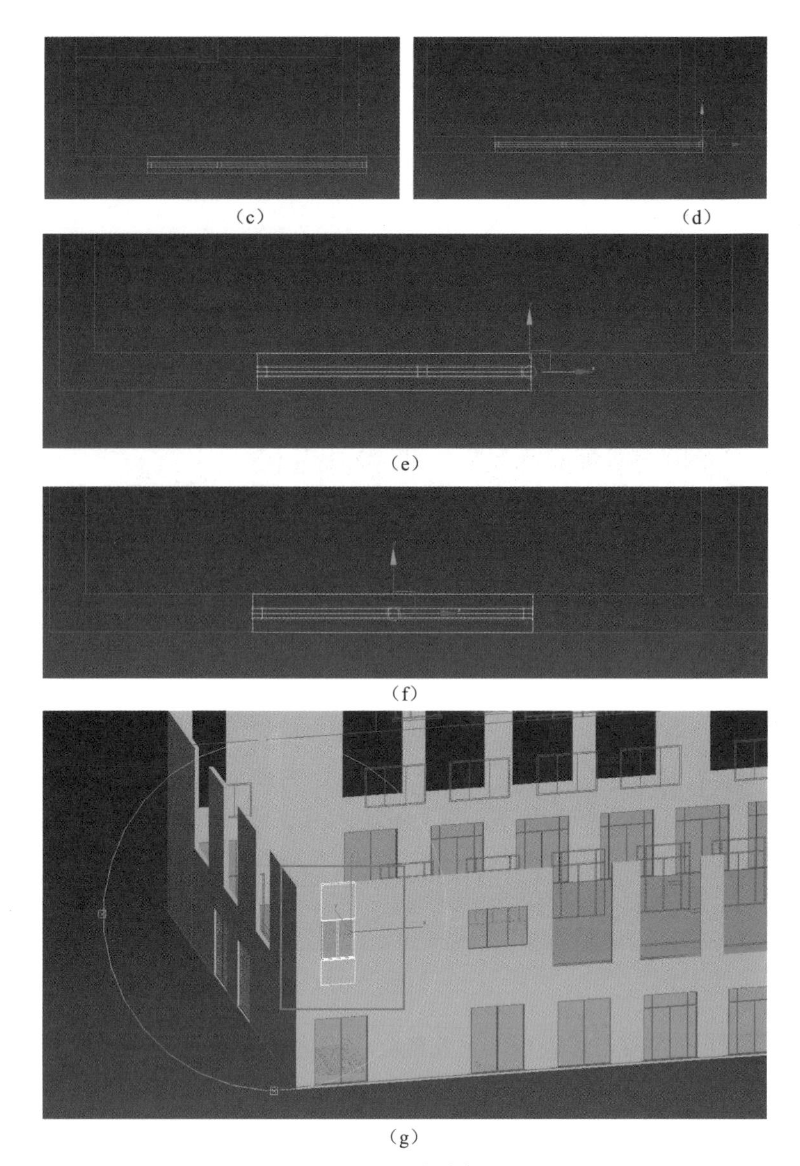

（c）　（d）

（e）

（f）

（g）

图2.2.68（续）

09 通过移动复制的方式制作如图 2.2.69 所示的窗组件，再创建 2 层楼板，将窗户、楼板、墙全部成组，组名为“二层”，并指定材质，如图 2.2.70 所示。

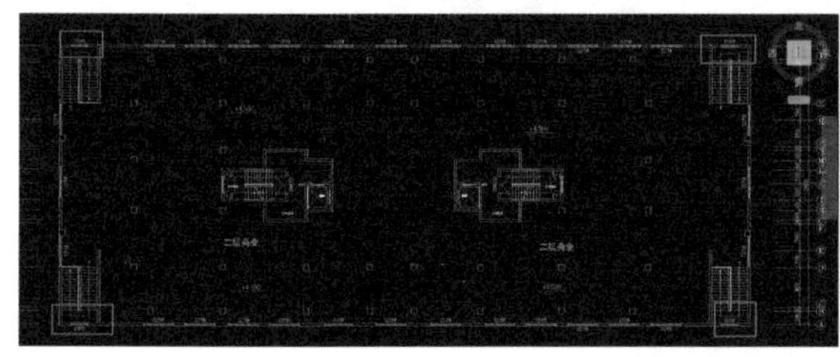

图2.2.69　完成窗组件的制作

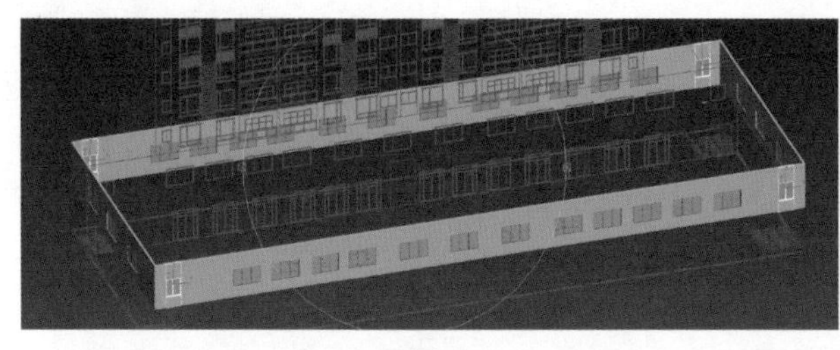

(a)

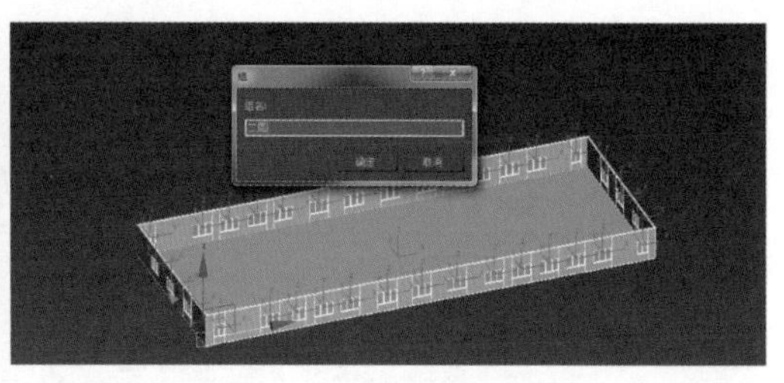

(b)

(c)

图2.2.70　成组并赋予材质

10 将 1 层和 2 层显示，并组成商业层，如图 2.2.71 所示。

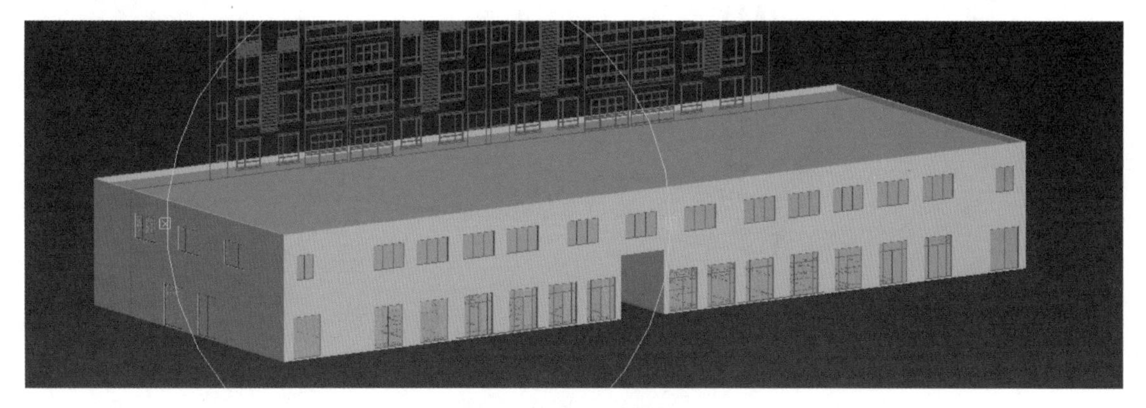

图2.2.71　商业层模型

任务 2.3　商住空间巧设计（二）——标准层的制作

☞任务描述

现代的商品房中，住宅所用楼层的房间结构是相同的。本任务先制作出标准层的墙、窗、门、阳台等，再进行复制操作，从而制作出其余楼层。

☞任务目标

能导入CAD设计图纸，掌握通过CAD图纸绘制相应的墙线，然后添加修改器制作出墙体的方法。

本任务制作如图 2.3.1 所示的商品房。

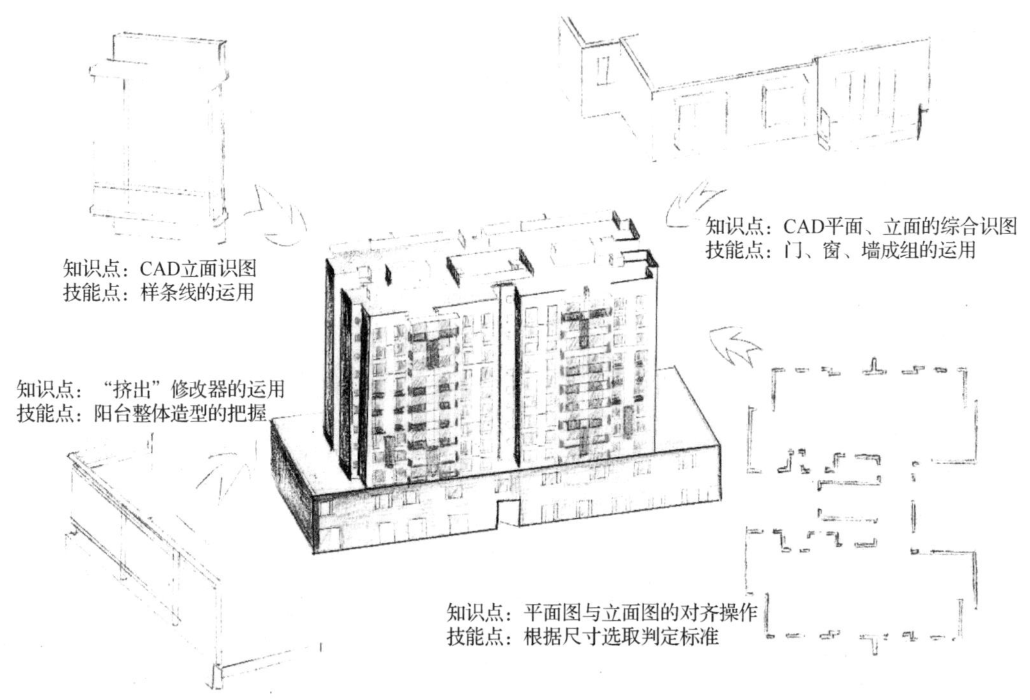

图2.3.1　商品房模型绘制相关知识点与技能点图解

2.3.1　制作标准层窗户——“壳”修改器的运用

微课：制作标准层墙、窗

1．制作墙体

01 打开图层管理器，显示标准层 CAD 和正立面 CAD，其余图层和物体都隐藏，如图 2.3.2 所示。商业层上的楼层是对称建筑，我们只需要制作一半模型，在顶视图中绘制墙线，将门、窗、阳台位置预留出来，如图 2.3.3 所示。

02 添加“挤出”修改器，设置参数为 3000mm、不封口；再添加“壳”修改器，设置“内部量”为 0、“外部量”为 200mm，并指定墙体材质，如图 2.3.4 所示。选择前视图，在立面图中调整墙体高度，如图 2.3.5 所示。

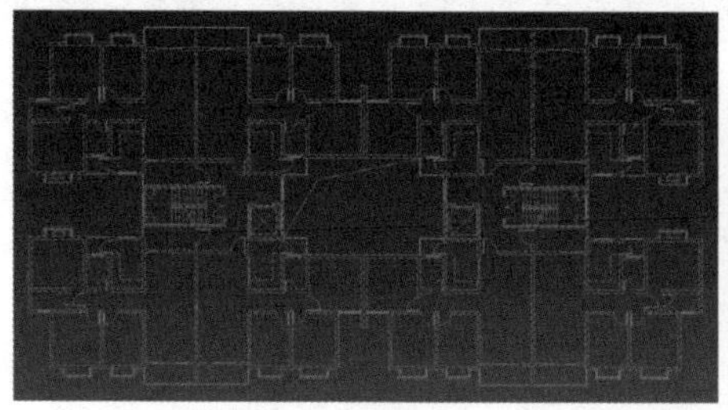

图2.3.2　显示标准层图纸

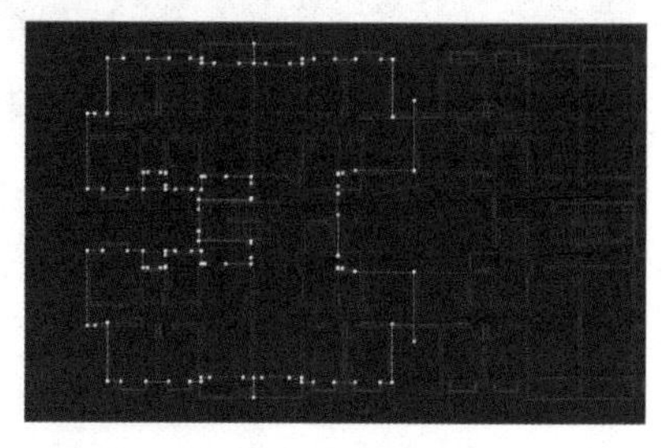

图2.3.3　绘制墙线

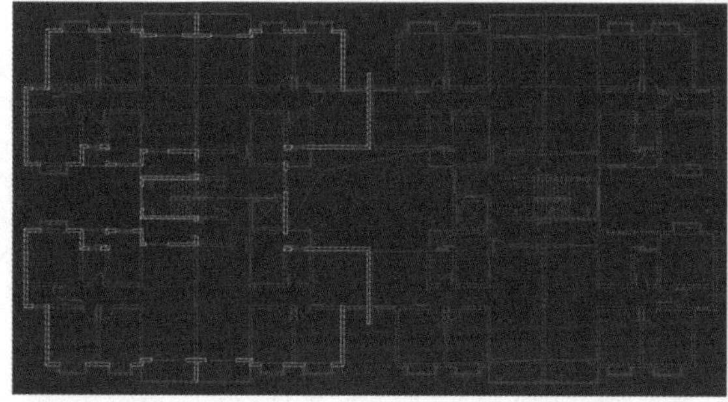

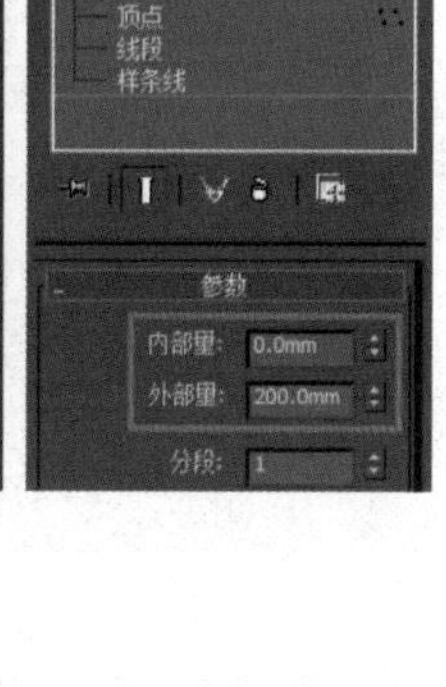

图2.3.4　制作墙体

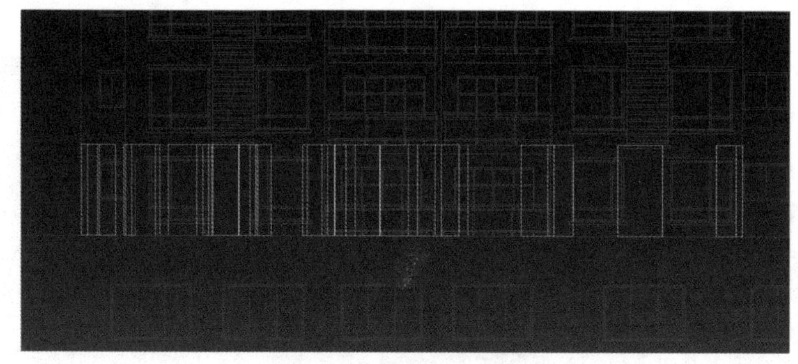

图2.3.5　调整墙体高度

2．制作凸窗

01 选择顶视图，利用“线”工具绘制凸窗玻璃，如图 2.3.6 所示。添加“挤出”修改器，设置参数为 2000mm，并指定玻璃材质（高度以

CAD 立面尺寸为准），凸窗的宽度以平面为准，如图 2.3.7 所示。

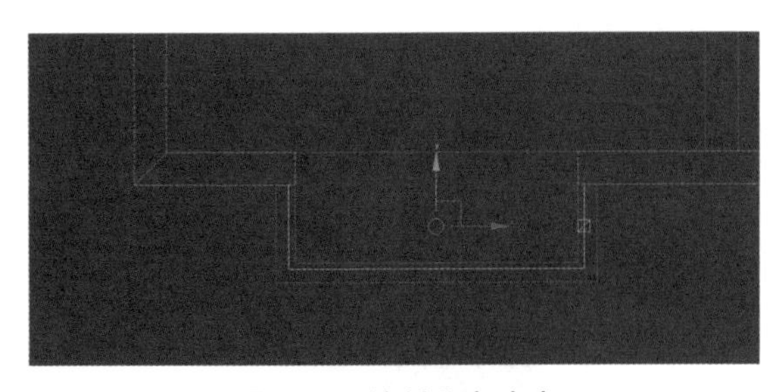

图2.3.6　绘制凸窗玻璃

图2.3.7　添加“挤出”修改器

02 选中凸窗玻璃，按 Ctrl+C 和 Ctrl+V 组合键以“复制”方式原地复制凸窗玻璃，如图 2.3.8 所示。修改挤出高度为 50mm，再添加“壳”修改器，设置“内部量”为 25mm、“外部量”为 25mm，制作横向窗框并指定窗框材质，如图 2.3.9 所示；再复制横向窗框并移动到玻璃上部，如图 2.3.10 所示。

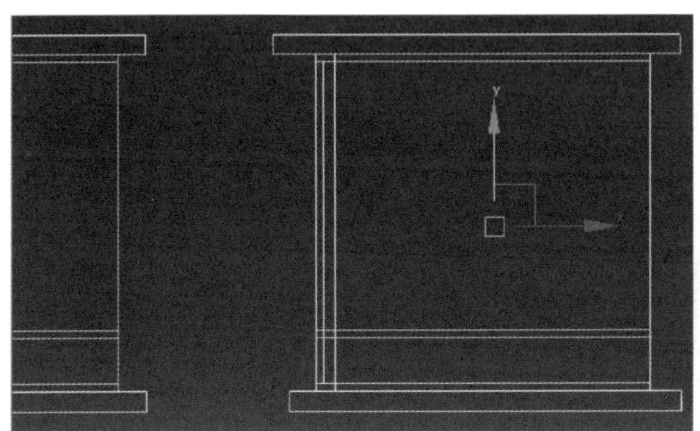

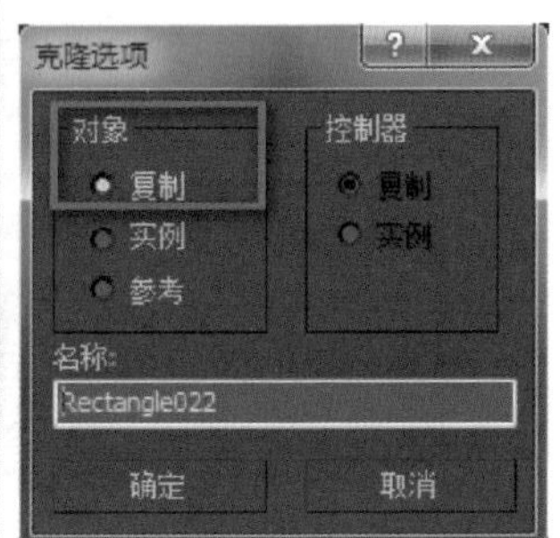

图2.3.8　复制凸窗玻璃

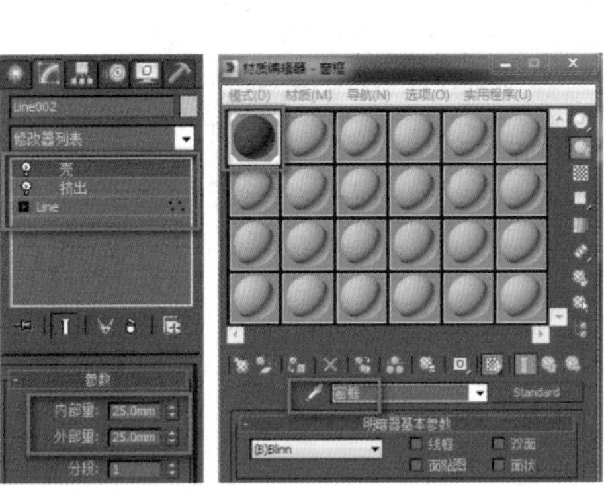

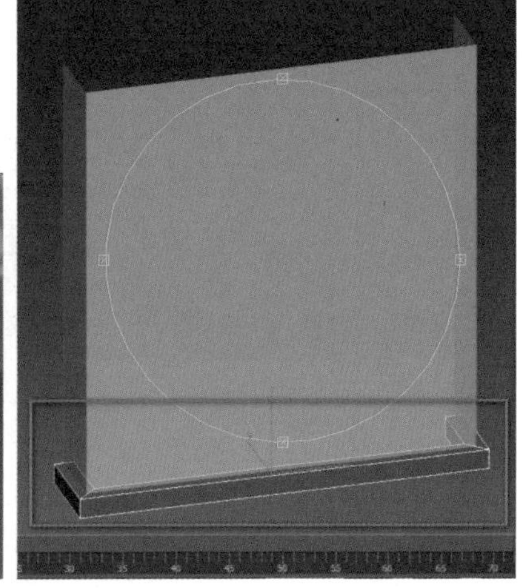

图2.3.9　制作横向窗框并指定材质

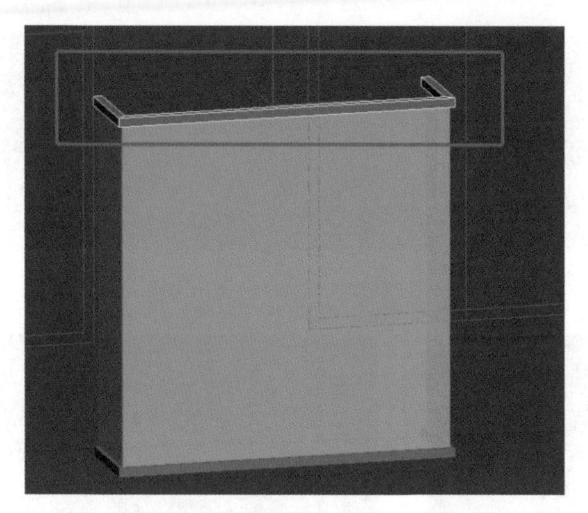

图2.3.10 复制并移动横向窗框

03 选择顶视图，绘制参数为 50mm×50mm 的矩形，作为竖向窗框，如图 2.3.11 所示。添加“挤出”修改器，挤出高度为 1900mm，并放在上、下横向窗框之间，如图 2.3.12 所示。

图2.3.11 制作竖向窗框

图2.3.12 添加“挤出”修改器

04 选择顶视图，利用捕捉工具移动复制竖向窗框杆，如图 2.3.13 所示。

图2.3.13 移动复制竖向窗框杆

05 选择前视图，移动复制横向杆件和竖向杆件，如图 2.3.14 所示。

06 选择顶视图，使用“矩形”工具绘制窗台板，如图 2.3.15 所示。添加“挤出”修改器，设置高度为 100mm，制作凸窗的下窗台板，选择前视图，调整高度，长度以平面 CAD 为准，如图 2.3.16 所示。选择前视图，使用移动复制的方法制作上窗台板，如图 2.3.17 所示；再指定材质并赋予窗台板，如图 2.3.18 所示。

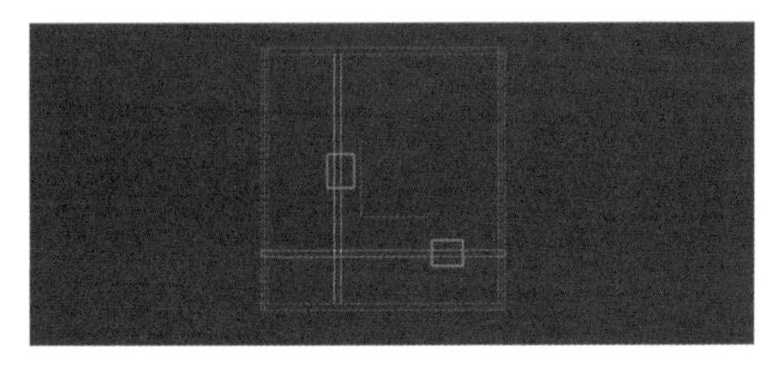

图2.3.14　制作窗杆

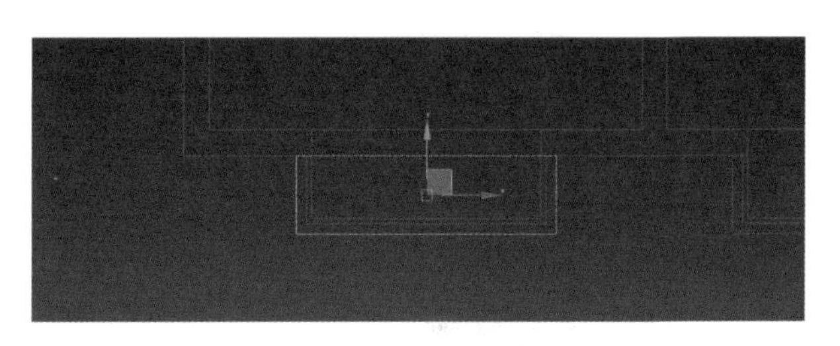

图2.3.15　窗台板

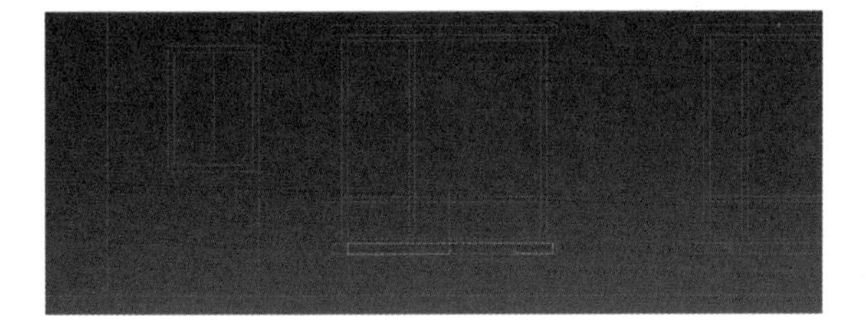

图2.3.16　制作下窗台板

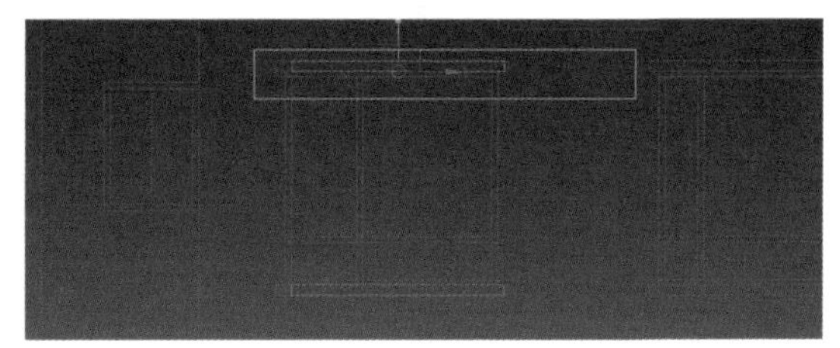

图2.3.17　制作上窗台板

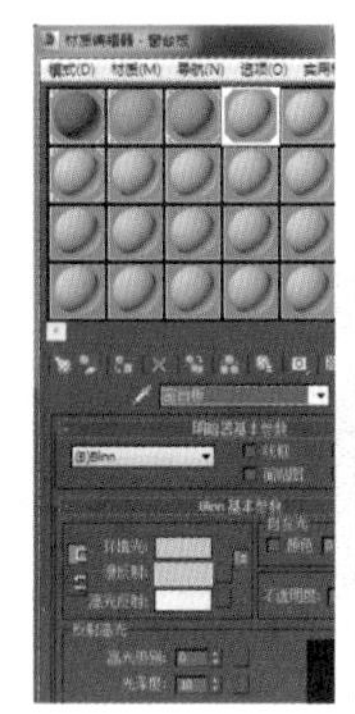

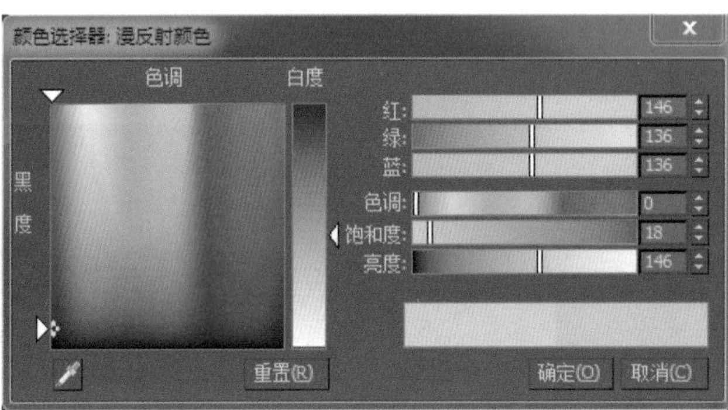

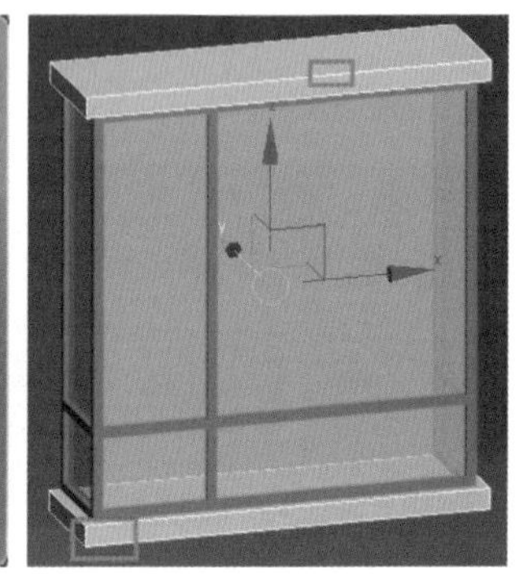

图2.3.18　赋予材质

07 选择顶视图，绘制矩形，如图 2.3.19 所示；添加“挤出”修改器，设置高度为 500mm，作为凸窗上墙，如图 2.3.20 所示。选择前视图，将凸窗上墙放至正确的高度和位置，复制凸窗上墙并移动，作为凸窗下墙并指定材质，如图 2.3.21 所示。

08 选中凸窗玻璃、玻璃杆件、凸窗上墙、凸窗下墙，进行成组操作，如图 2.3.22 所示。

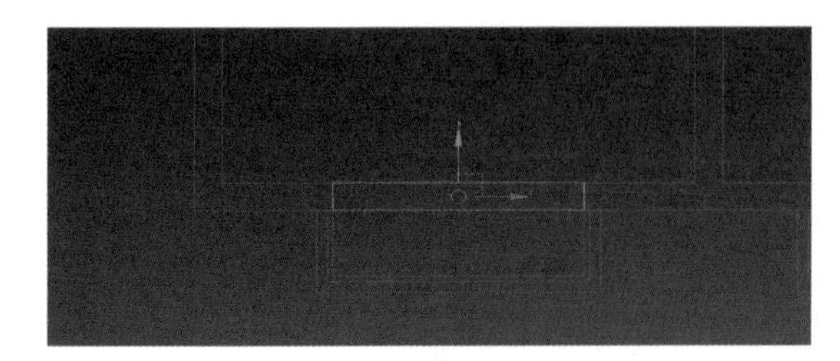

图2.3.19　绘制矩形

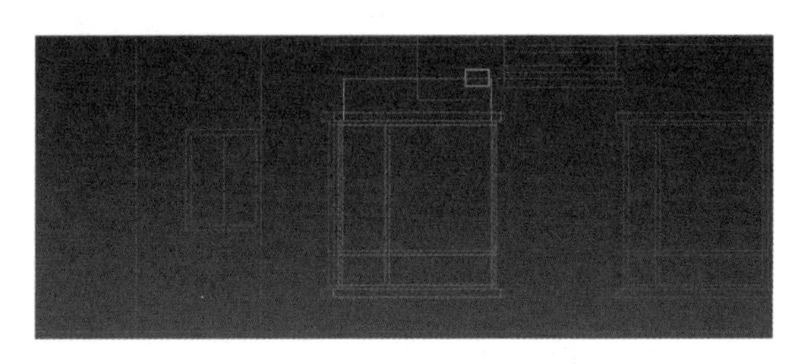

图2.3.20　制作凸窗上墙

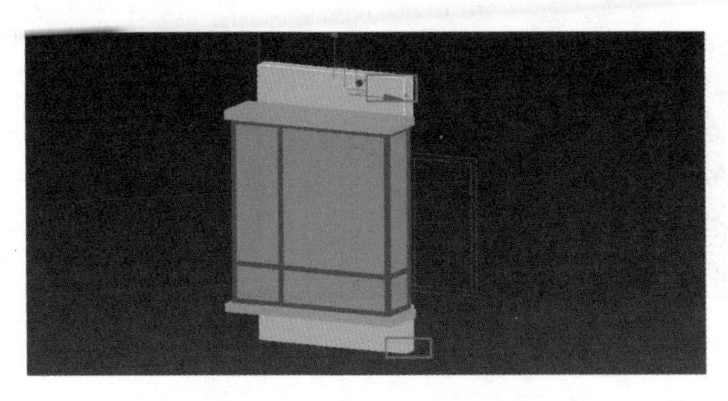

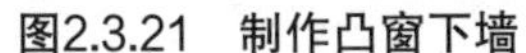

图2.3.21　制作凸窗下墙

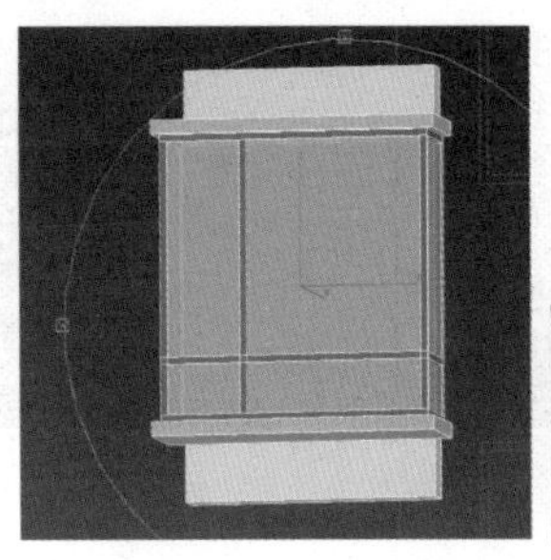

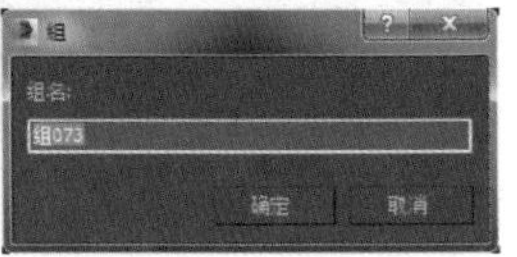

图2.3.22　成组操作

3．制作平窗

01 选择前视图，利用“矩形”工具绘制窗框及玻璃，添加“挤出”修改器（高度为 50mm），再添加“壳”修改器，再添加“编辑网格”修改器进行编辑（方法和制作商业平窗的方法相同），指定材质并成组，如图 2.3.23 所示。

（a）　　　　（b）

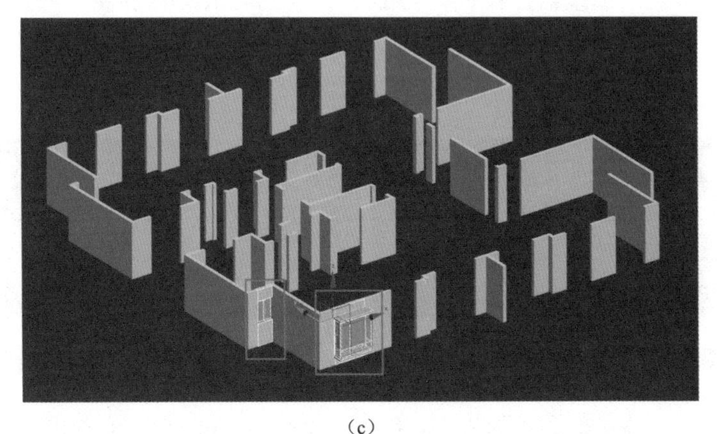

（c）

图2.3.23　制作窗框及玻璃

02 制作标准层门（方法和制作商业层门的方法相同），门的宽度以平面 CAD 图为准，如图 2.3.24 所示。

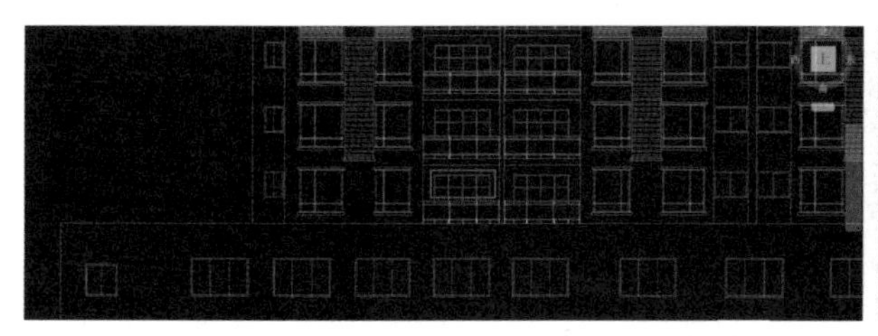

图2.3.24 制作标准层门

微课：制作标准层阳台

2.3.2 制作标准层阳台——“挤出”修改器的运用

1．制作阳台

01 选择顶视图，绘制如图 2.3.25 所示的线；添加“挤出”修改器，设置高度为 650mm，作为阳台玻璃。再选择前视图，设置阳台玻璃高度并指定玻璃材质，如图 2.3.26 所示。

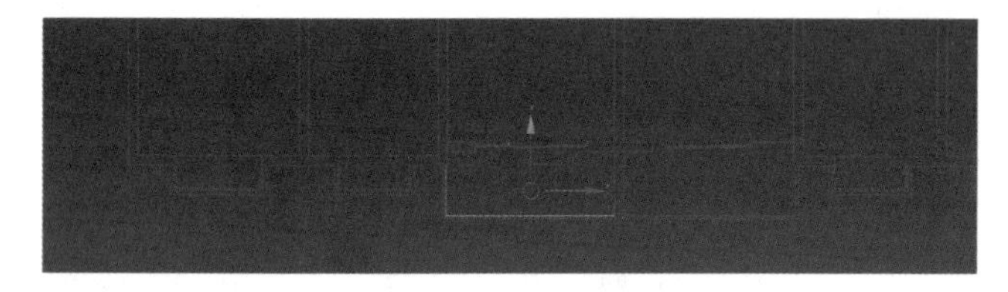

图2.3.25 绘制阳台线

图2.3.26 添加“挤出”修改器

02 按 Ctrl+V 组合键复制阳台玻璃，修改挤出高度为 50mm，再添加“壳”修改器，设置“内部量”为 25mm、“外部量”为 25mm，作为栏杆横向杆件，并指定栏杆材质，如图 2.3.27 所示。选择横向杆件，按住 Shift 键向上移动复制，如图 2.3.28 所示。

图2.3.27 制作栏杆横向杆件

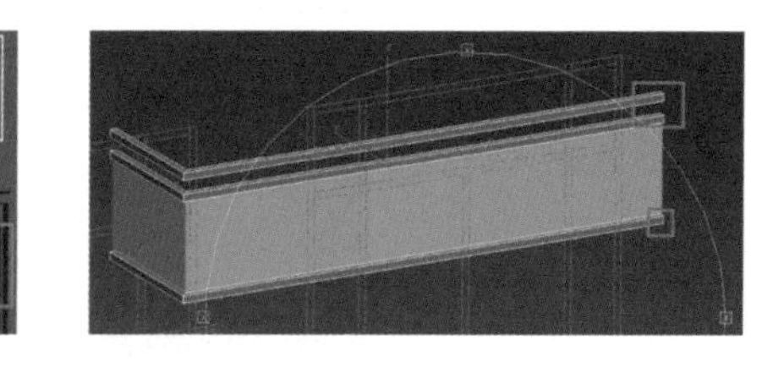

图2.3.28 移动复制栏杆横向杆件

03 选择顶视图，绘制参数为 50mm×50mm 的矩形，添加“挤出”修改器，设置挤出高度为 1000mm，作为栏杆竖向杆件，如图 2.3.29 所示。利用移动复制的方法制作其他竖向杆件，如图 2.3.30 所示。

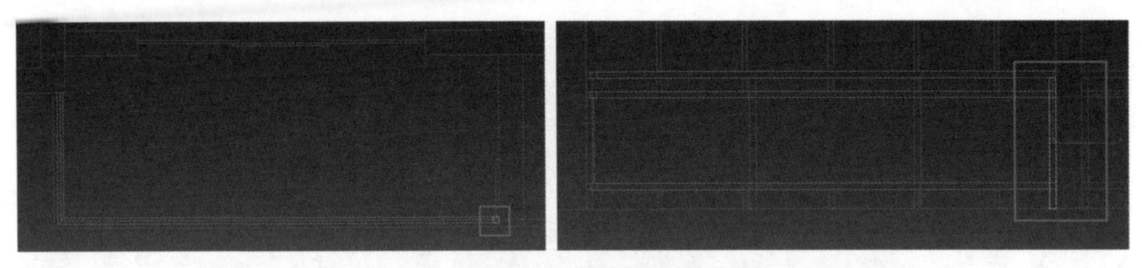

图2.3.29　制作栏杆竖向杆件

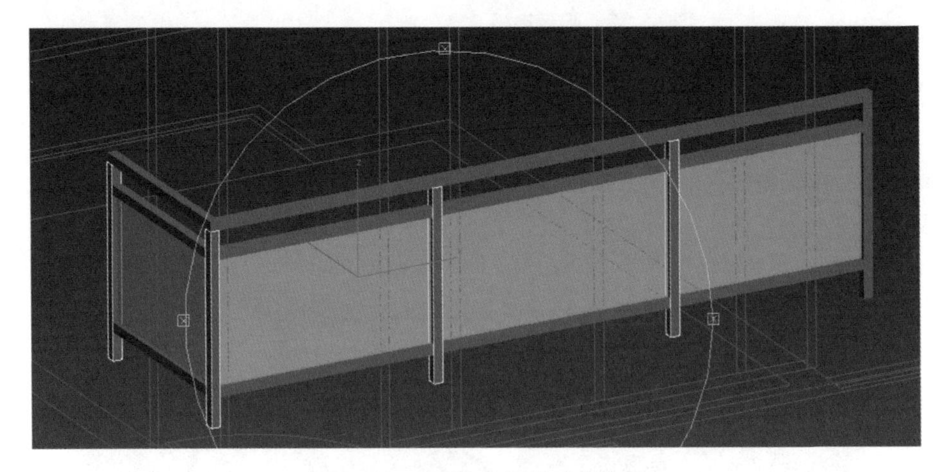

图2.3.30　移动复制栏杆竖向杆件

2．制作阳台梁和阳台地板

01 选择前视图，根据立面 CAD 图确定阳台梁的高度，如图 2.3.31 所示。选中阳台玻璃，按 Ctrl+V 组合键复制玻璃，设置挤出高度为 300mm；再添加“壳”修改器，设置“内部量”为 40mm、“外部量”为 60mm，并指定材质，如图 2.3.32 所示。

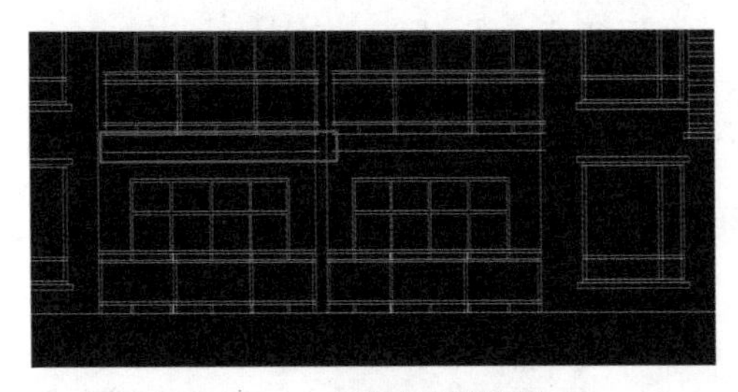

图2.3.31　确定阳台梁的高度

图2.3.32　制作阳台梁

02 选择顶视图，绘制矩形框，添加“挤出”修改器，设置参数为 100mm 并指定材质，如图 2.3.33 所示。选中阳台的地板、栏杆、梁、玻璃，进行成组操作，如图 2.3.34 所示。

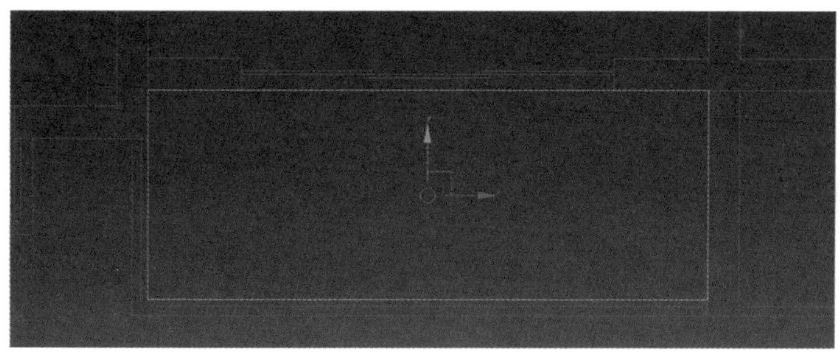
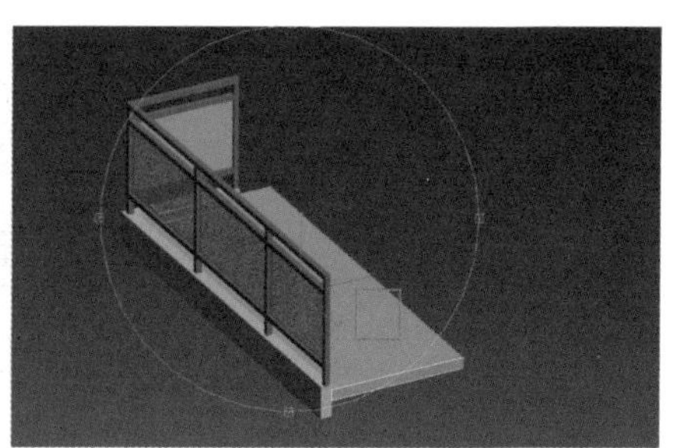

图2.3.33　阳台地板

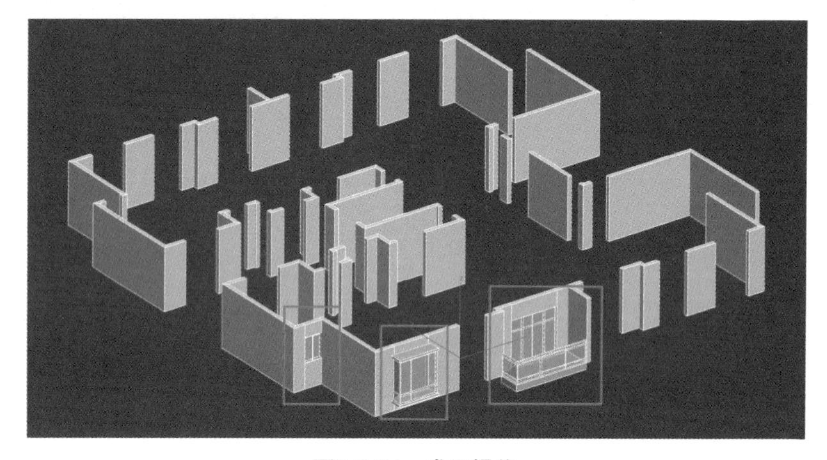

图2.3.34　成组操作

03 选择顶视图，选中凸窗组件，按住 Shift 键向右拖动复制，如图 2.3.35 所示。添加“编辑网格”修改器，进入“顶点”层级进行编辑，如图 2.3.36 所示。

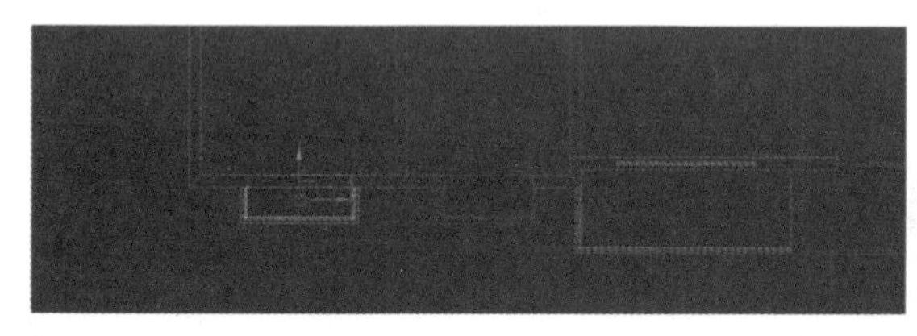
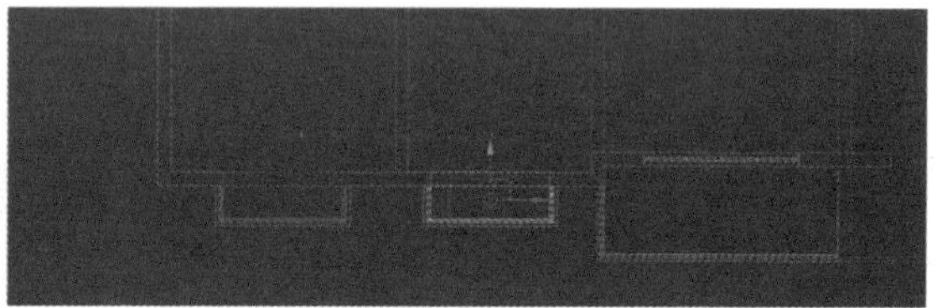

图2.3.35　复制凸窗组件

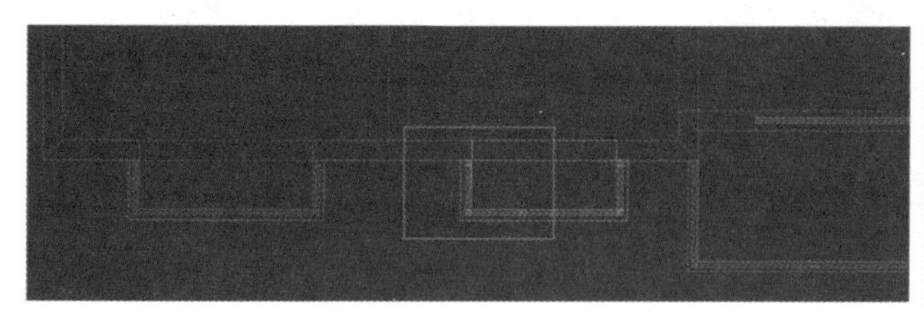

图2.3.36　对齐相关点

3．制作标准层所有阳台

01 选择顶视图，选中阳台组件，然后单击工具栏中的“镜像”按钮，选择镜像轴 *X* 轴进行复制，如图 2.3.37 所示。使用移动工具和捕捉工具向右复制，如图 2.3.38 所示。

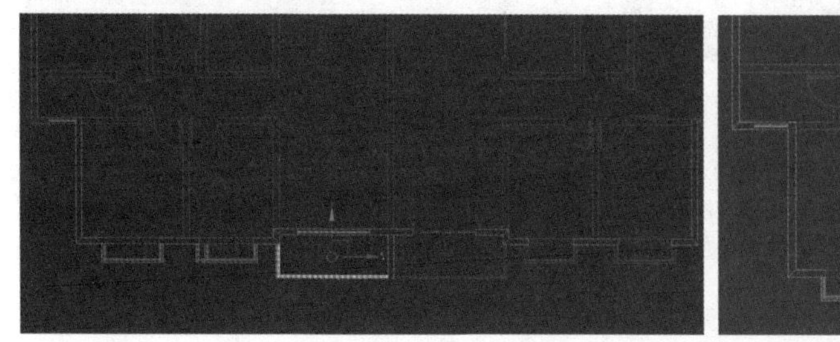

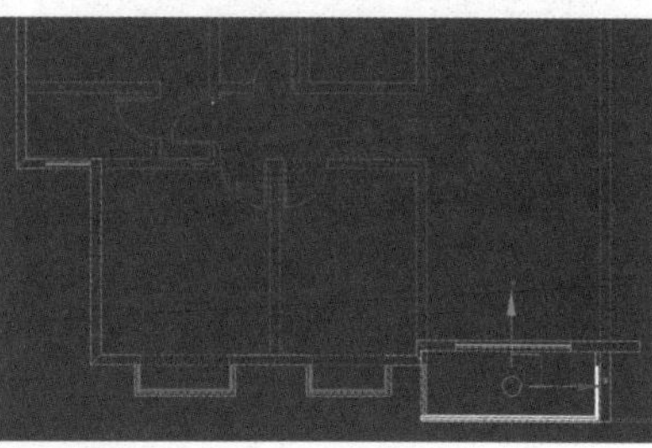

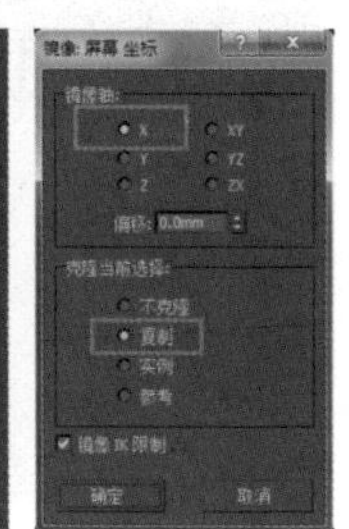

图2.3.37 镜像复制阳台组件

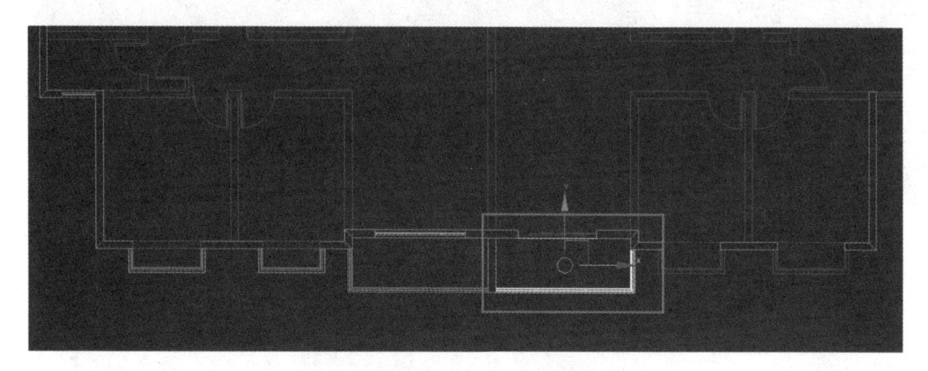

图2.3.38 移动复制阳台组件

02 选择顶视图，选中阳台组件，按住 Shift 键向上拖动复制，如图 2.3.39 所示。添加“编辑网格”修改器，进入“面”层级，选中侧面并将其删除，再进行阳台组件尺寸调整，如图 2.3.40 所示。

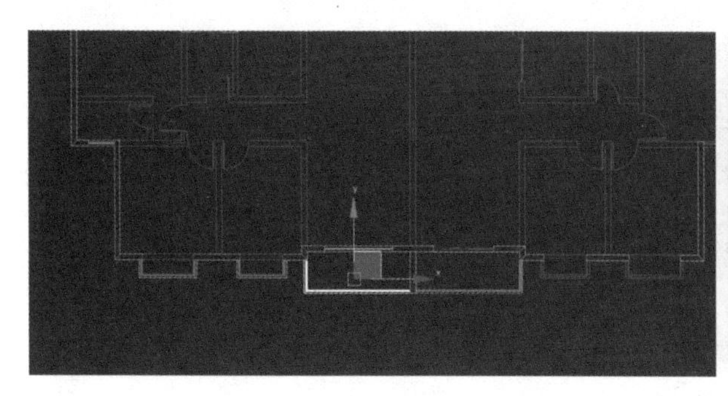

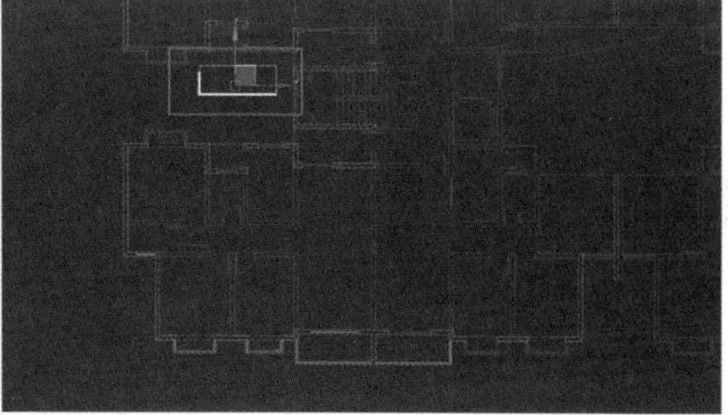

图2.3.39 拖动复制阳台组件

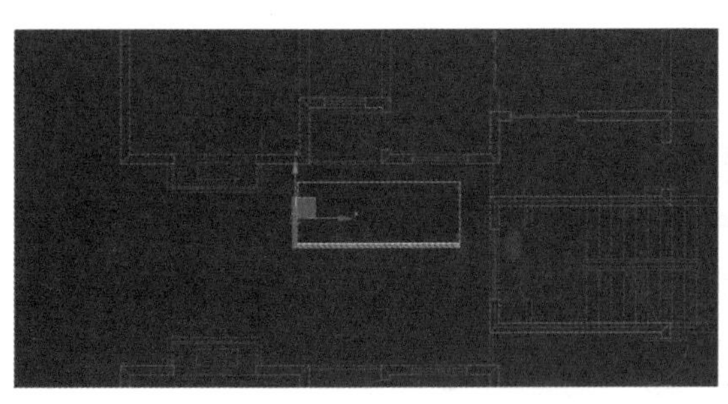
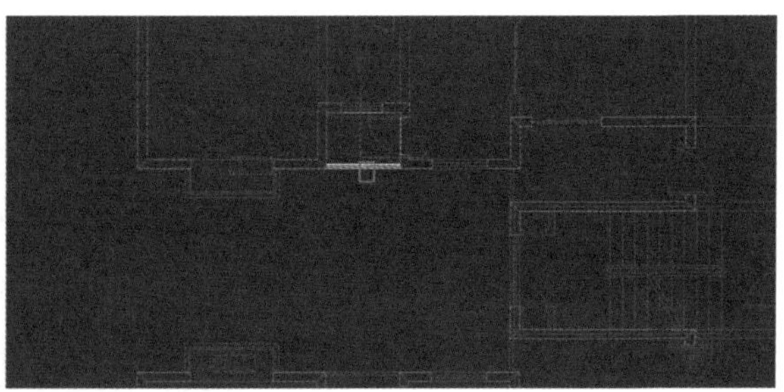

图2.3.40　调整阳台组件尺寸

03 选中如图 2.3.41（a）所示的阳台组件，沿顺时针方向旋转 90° 移动到右侧如图 2.3.41（b）所示的位置。选择菜单栏中的“组”→“打开”选项，然后进入“顶点”层级，根据平面图调整阳台地板，如图 2.3.42 所示。

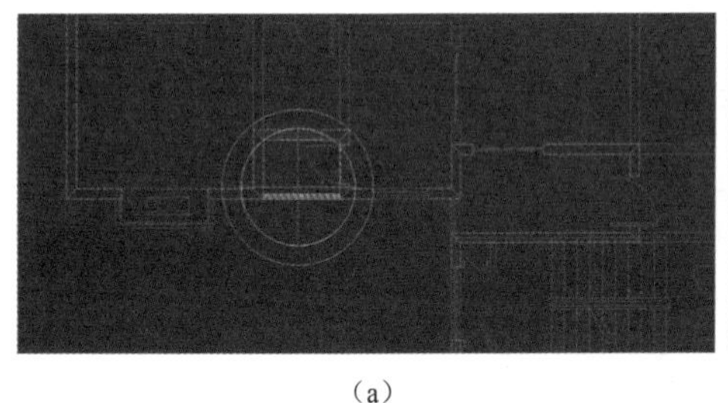

（a）

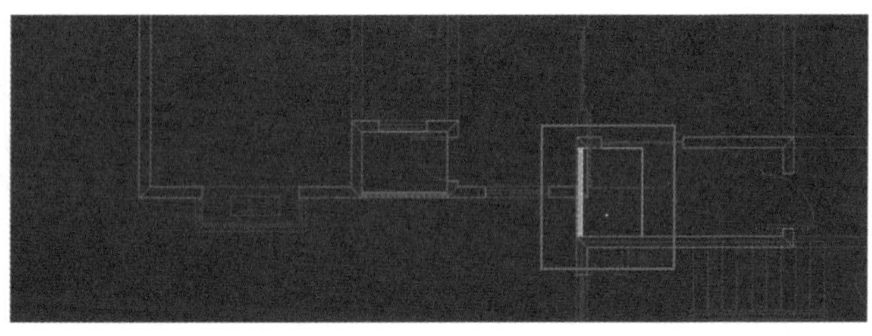

（b）

图2.3.41　旋转移动阳台组件

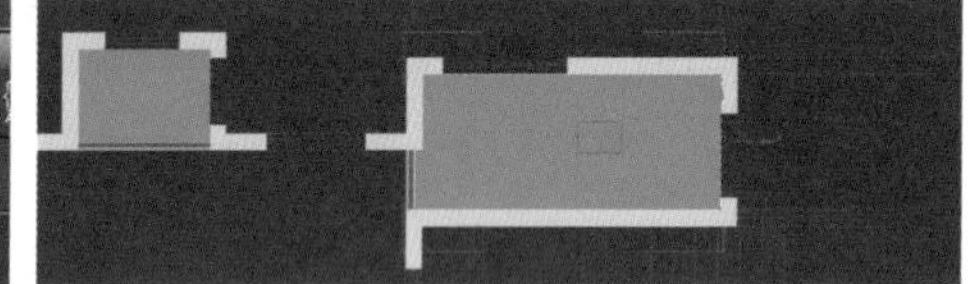

图2.3.42　调整阳台地板

04 退出“顶点”层级，选中阳台栏杆、玻璃、梁，进行相关编辑，如图 2.3.43 所示。

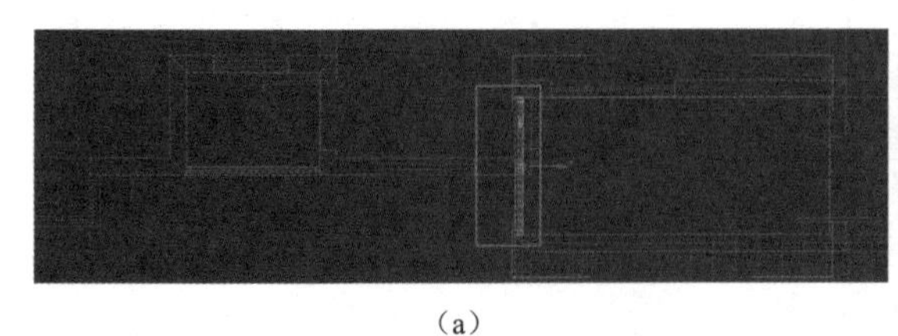

（a）

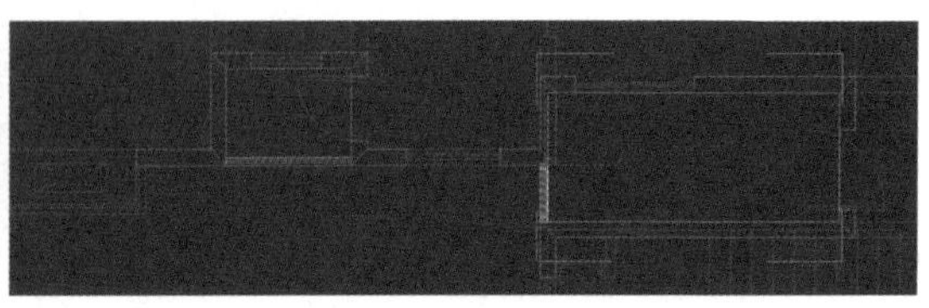

（b）

图2.3.43　编辑阳台栏杆、玻璃、梁

05 使用相同方法，运用“复制”“旋转”“镜像”等命令，将平窗组件、阳台组件、门组件和凸窗组件在顶视图中进行编辑安放，最后所得模型如图 2.3.44 所示。

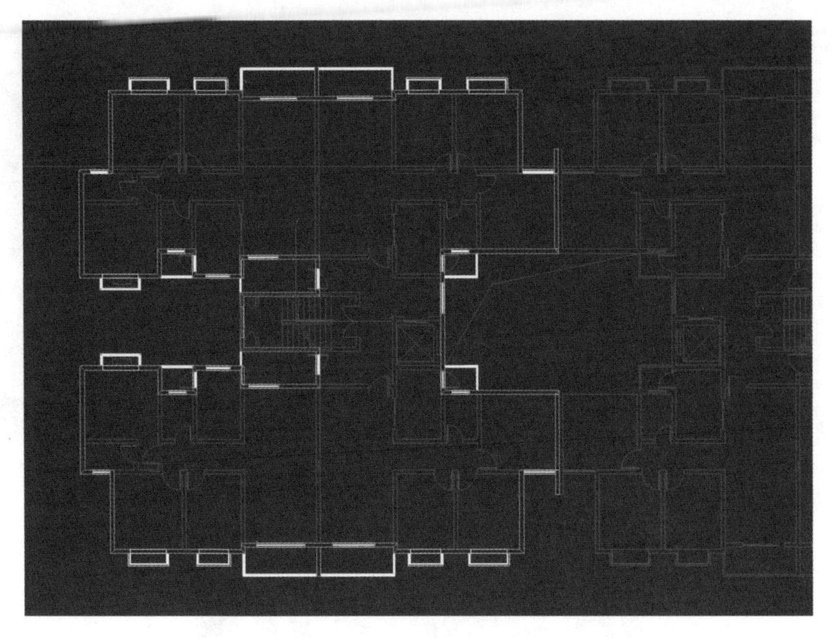

图2.3.44 标准层模型

2.3.3 制作楼体底层和顶层——成组工具的运用

微课：制作楼房顶层和底层

1. 制作整体标准楼层

01 在顶视图中，沿着墙体内部绘制线，添加“挤出”修改器，设置挤出高度为 100mm，作为楼板并指定材质。将楼板放置到底部正确位置，并选中标准层所有物体，进行成组操作，如图 2.3.45 所示。

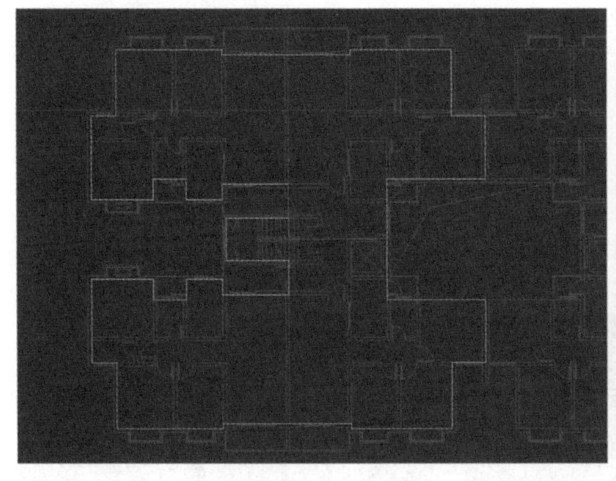

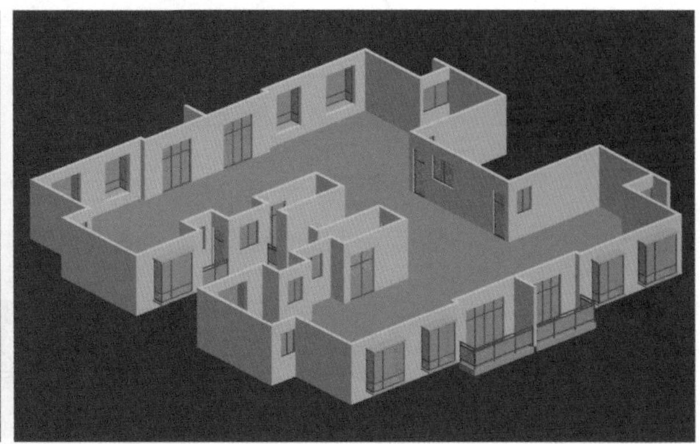

图2.3.45 制作标准层楼板

02 选择前视图，选中标准层，选择菜单栏中的“工具”→“阵列”选项，弹出“阵列工具”对话框，参数设置如图 2.3.46 所示，所得模型如图 2.3.47 所示。

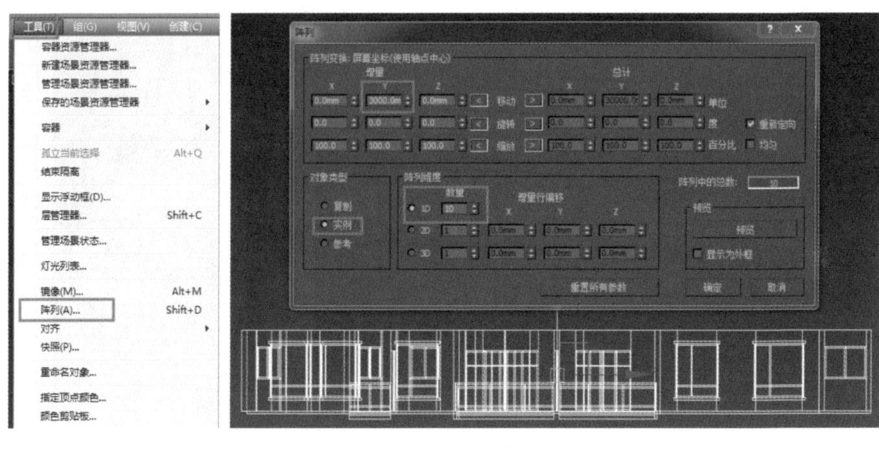

图2.3.46　阵列参数设置

图2.3.47　标准楼层整体模型

2．制作楼顶层

01 选中顶层，选择“组”→“解组”选项，保留部分阳台地板、阳台梁，其余全部删除，如图 2.3.48 所示。

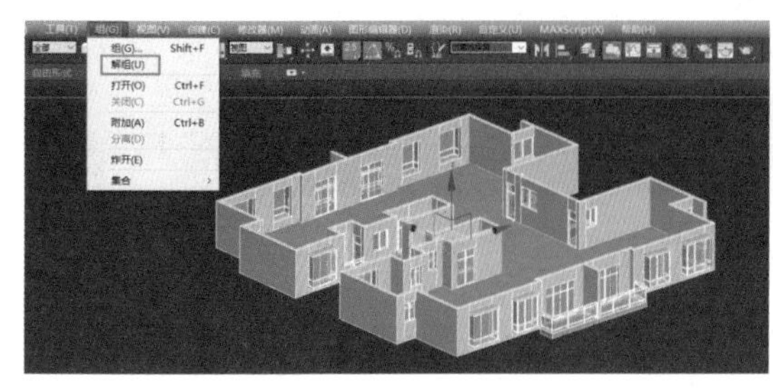

图2.3.48　保留部分模型

02 显示屋顶CAD图层，关闭标准层CAD图层；在顶视图中，根据屋顶CAD绘制线，制作屋顶楼板，挤出高度为100mm并放在屋面，如图2.3.49所示。

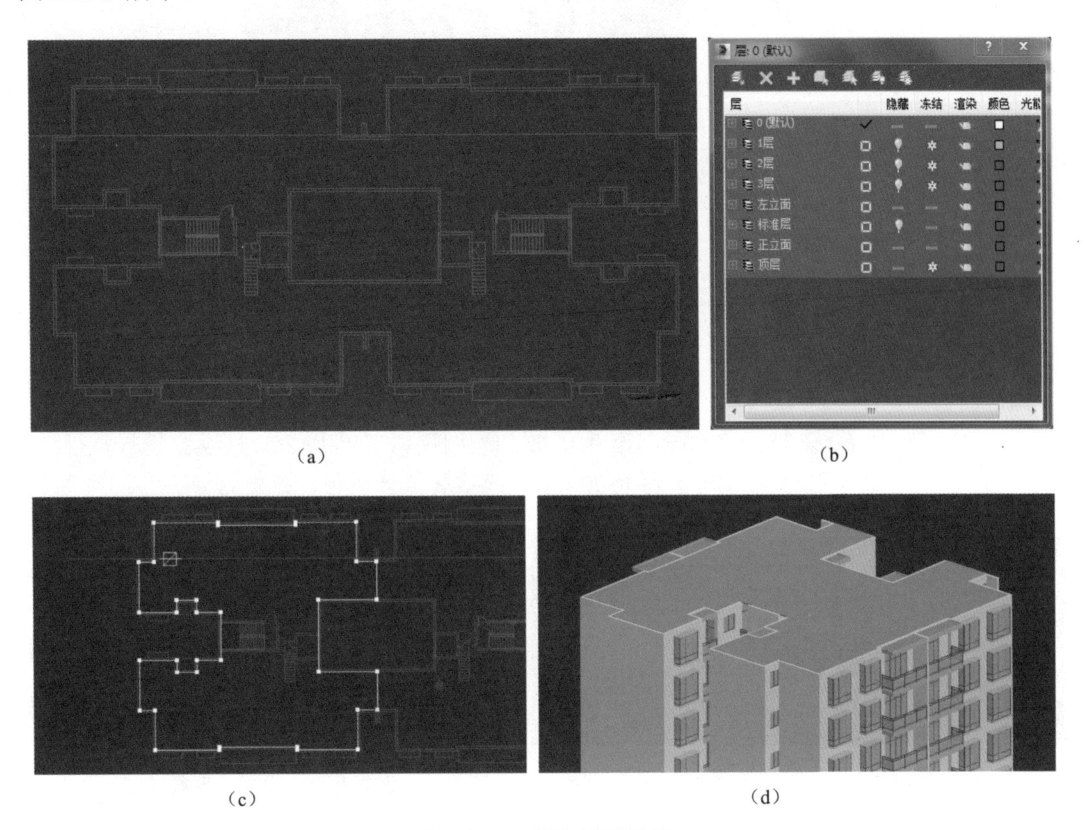

(a) (b)

(c) (d)

图2.3.49　制作屋顶楼板

3．制作女儿墙

01 按Ctrl+V组合键复制屋顶楼板，删除如图2.3.50（a）所示的线段，用于制作屋顶女儿墙，挤出高度为1500mm。添加“壳”修改器，并设置参数，指定材质，如图2.3.50（b）所示，然后将女儿墙移动到上部，如图2.3.51所示。

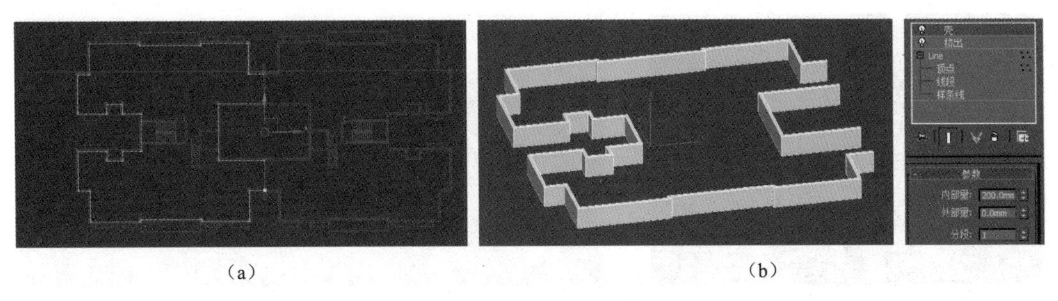

(a) (b)

图2.3.50　制作女儿墙

图2.3.51 移动女儿墙

02 打开立面图，修补女儿墙周边墙体，如图 2.3.52 所示。选择顶视图，绘制矩形，挤出高度为 1500mm，调整其位置，如图 2.3.53 所示。

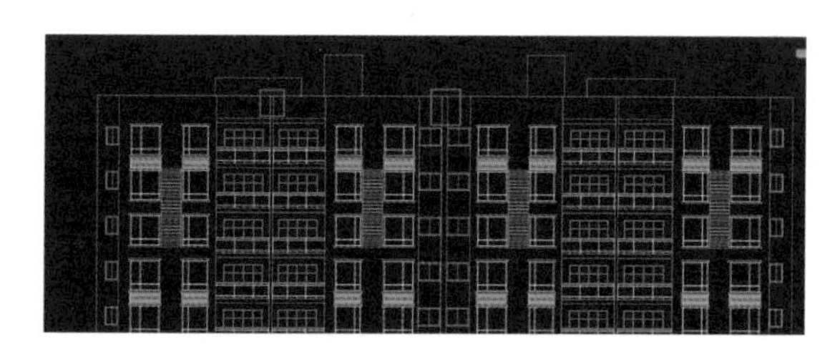

图2.3.52 女儿墙周边墙体修补

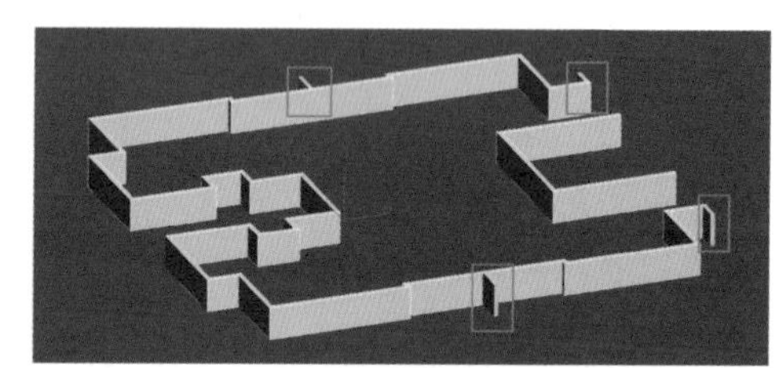

图2.3.53 绘制矩形并挤出

2.3.4 制作楼体合成——CAD 图纸的运用

微课：楼体合成（一）

1．制作楼梯间窗

01 通过观察，可以发现侧面楼梯间的窗与每层户型的窗的高度不一致，如图 2.3.54 所示。打开左立面 CAD 图层，绘制平窗，如图 2.3.55 所示，选中平窗，按住 Shift 键移动复制，如图 2.3.56 所示。

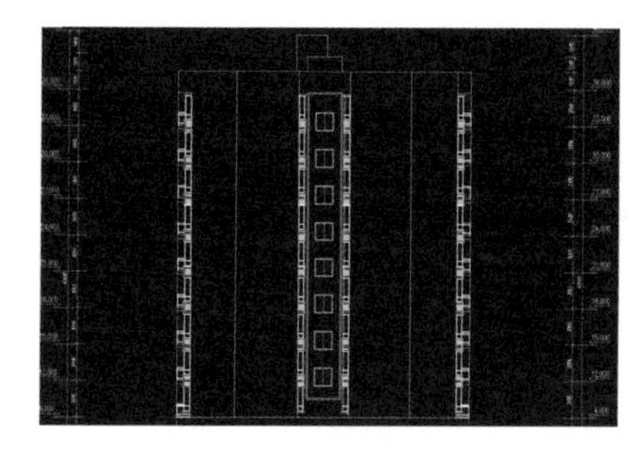

图2.3.54 楼梯间窗

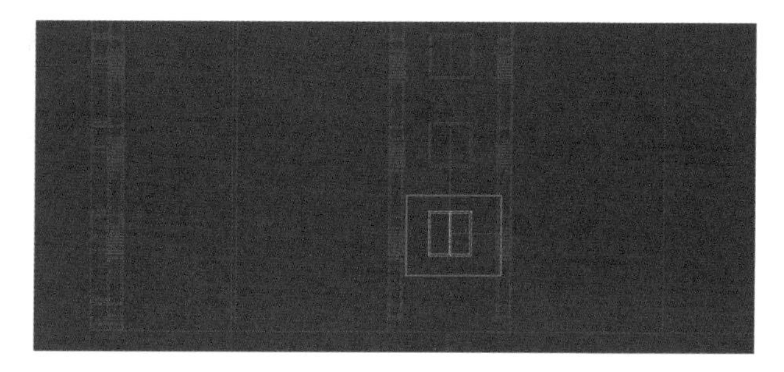

图2.3.55 CAD平窗

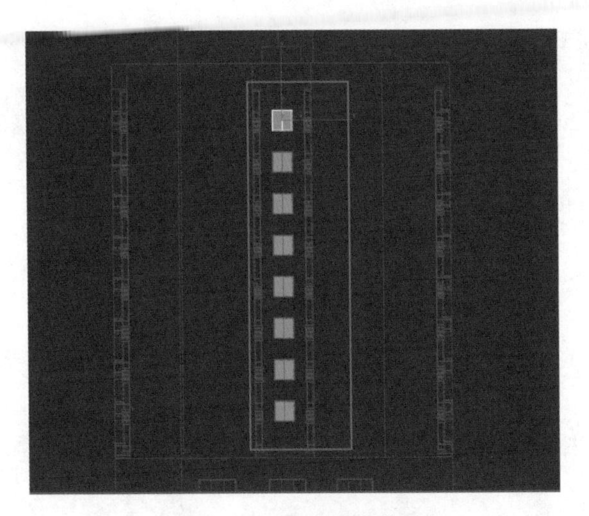

图2.3.56　楼梯间窗模型

微课：楼体合成（二）

02 修补窗之间的间隔墙，如图 2.3.57 所示。

图2.3.57　修补窗之间的间隔墙

2．制作楼梯间墙

01 选择顶视图，绘制屋顶楼梯间墙线，如图 2.3.58 所示，挤出高度为 2700mm，再添加“壳”修改器，并指定墙体材质，如图 2.3.59 所示，然后将其放置到楼顶正确位置，如图 2.3.60 所示。

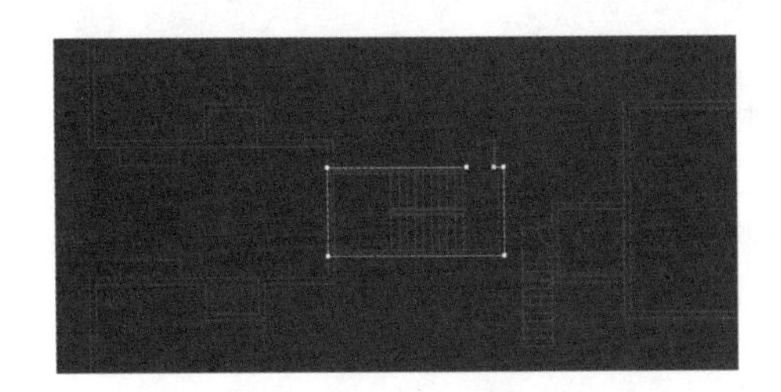

图2.3.58　绘制屋顶楼梯间墙线

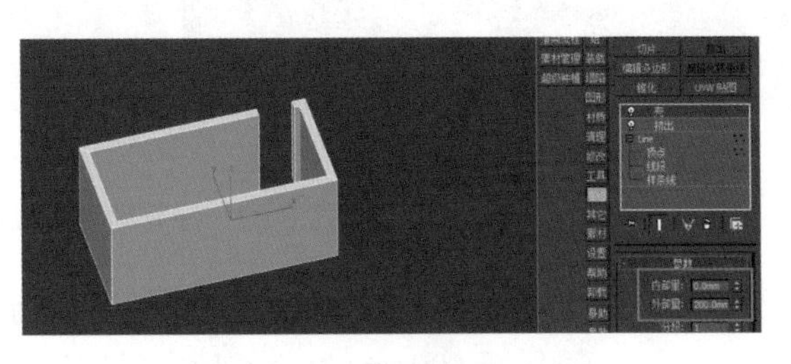

图2.3.59　屋顶楼梯间墙体模型

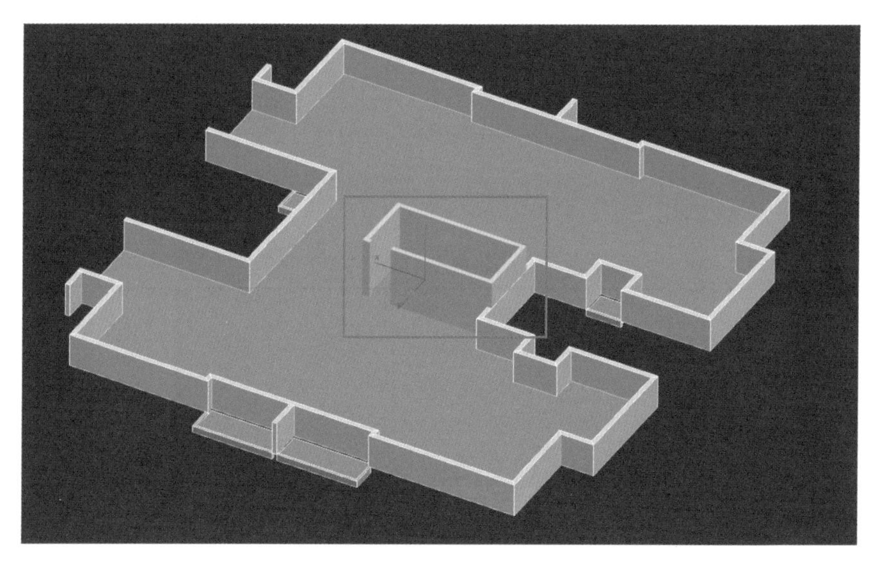

图2.3.60 放置对位

02 选中女儿墙与楼梯墙线间重合的部分并删除，如图 2.3.61（a）所示。选择顶视图，使用“加点”方法制作女儿墙与楼梯间重合的部分，如图 2.3.61（b）和（c）所示；再复制一个门放到屋顶楼梯间，如图 2.3.61（d）所示。

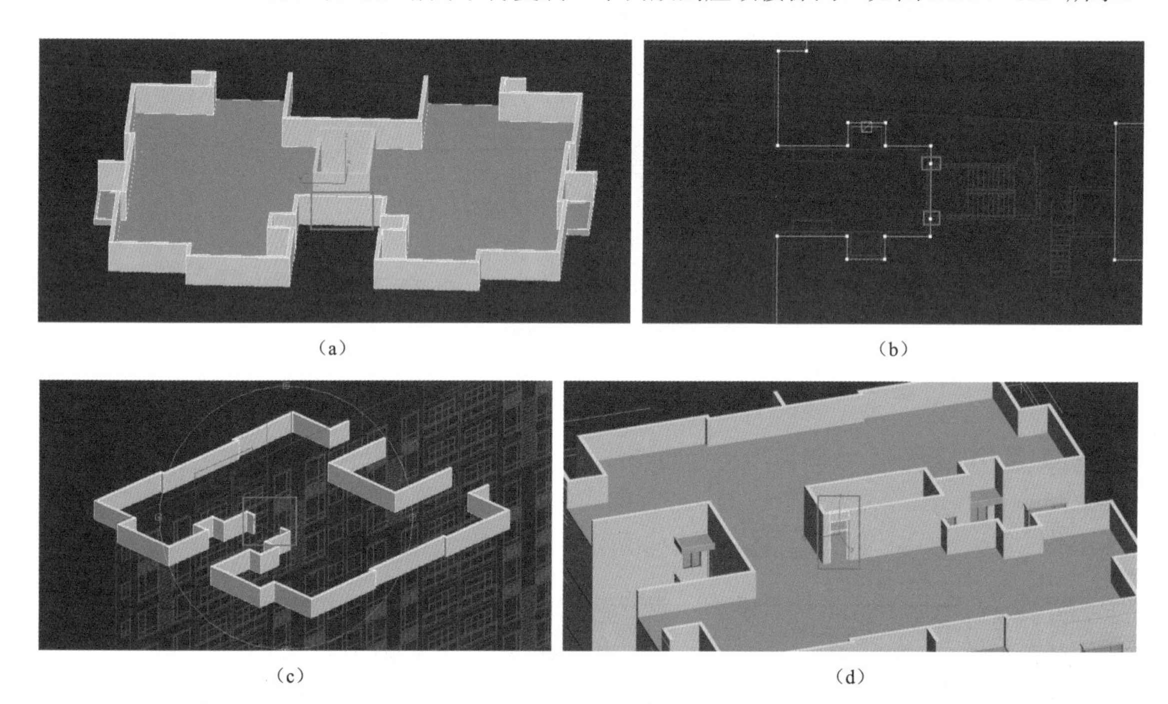

（a） （b）

（c） （d）

图2.3.61 完善楼梯间墙体模型

03 绘制矩形框，挤出高度为 100mm，作为楼梯间楼板，放在距楼梯间顶部 600mm 处，并指定楼板材质，如图 2.3.62 所示。

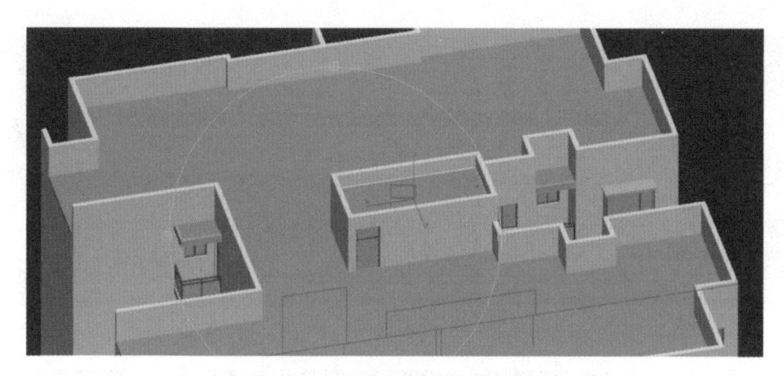

图2.3.62 制作楼梯间楼板

3．制作百叶窗

01 复制一个凸窗，将它从组中分离出来，如图 2.3.63（a）所示；删除图 2.3.63（b）中所选中的部分，得到如图 2.3.63（c）所示的物体；按 M 键，弹出“材质编辑器”对话框，选择一个材质球并命名为“百叶贴图”，将材质赋予物体，如图 2.3.63（d）所示。

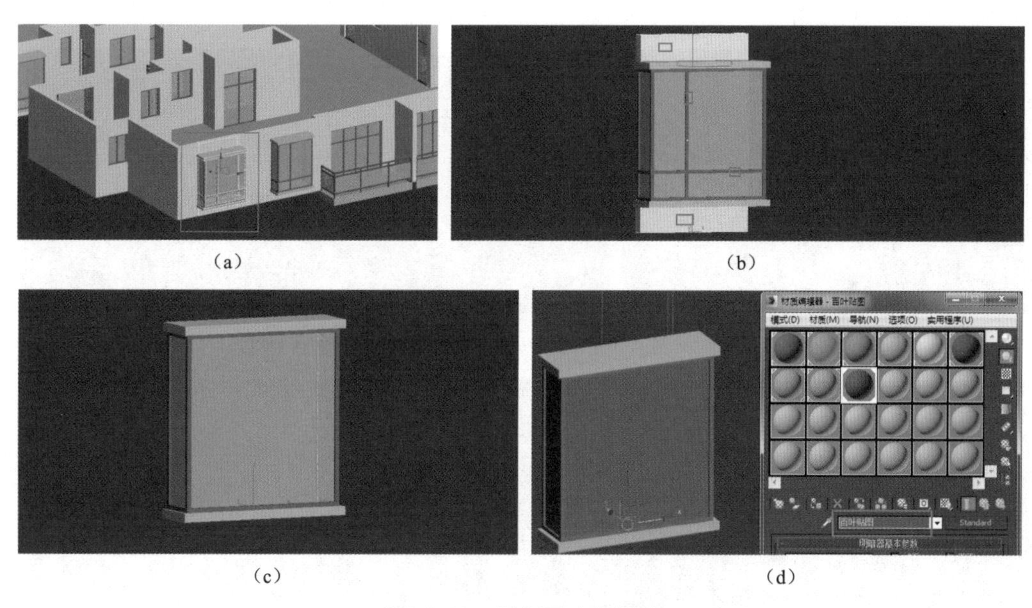

（a） （b） （c） （d）

图2.3.63 制作百叶窗雏形

02 关闭组件，选择前视图，如图 2.3.64（a）所示；根据正立面 CAD 图，添加“编辑网格”修改器，进行相应修改，如图 2.3.64（b）所示；再通过不同视图进行移动复制，完成整体百叶窗的制作，如图 2.3.64（c）和（d）所示。

03 删除上下板，如图 2.3.65（a）所示。选择顶视图，制作上下层凸窗之间的百叶窗，如图 2.3.65（b）所示，再选择前视图进行编辑调整，如图 2.3.65（c）所示。选择前视图，将百叶窗放置到正确的置，如图 2.3.65（d）所示。

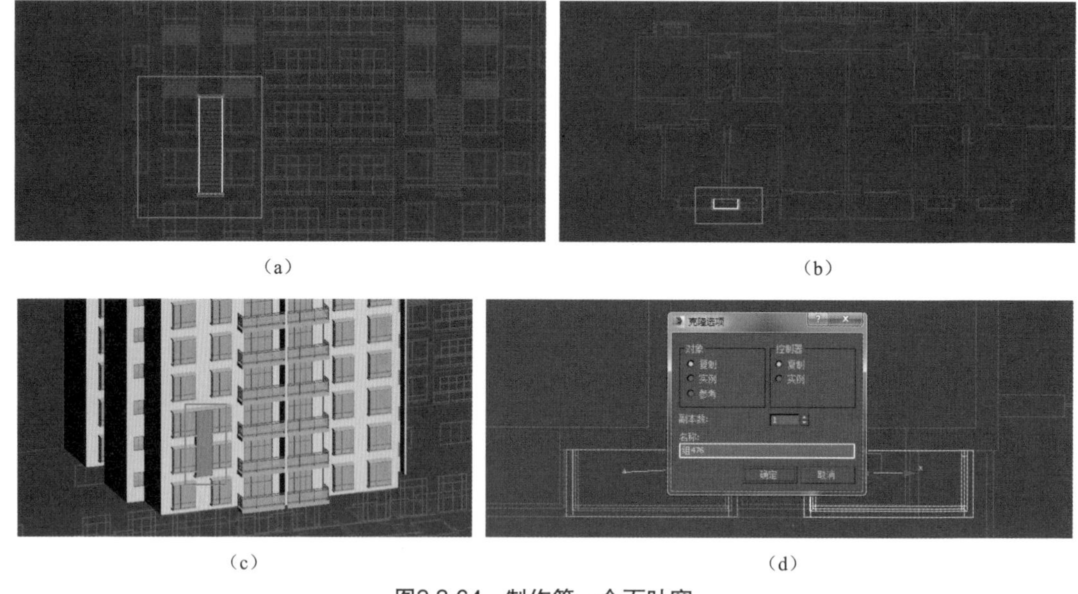

（a）　（b）　（c）　（d）

图2.3.64　制作第一个百叶窗

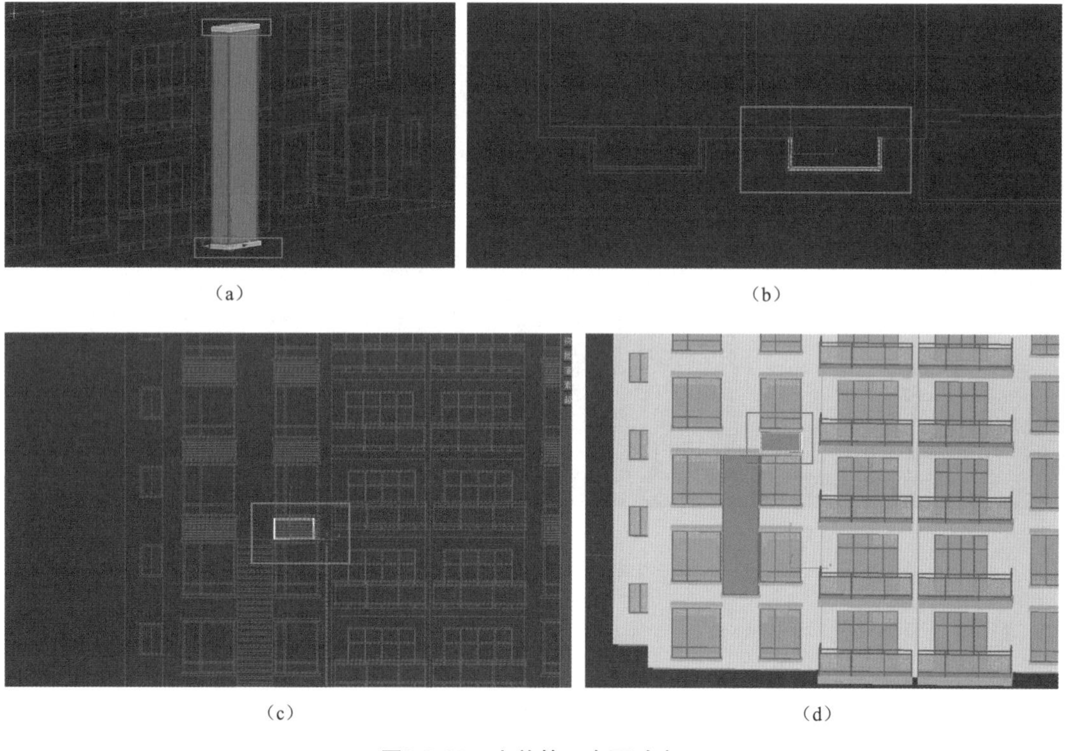

（a）　（b）　（c）　（d）

图2.3.65　完善第一个百叶窗

04 选择顶视图，复制第一个百叶窗，进行相应编辑后放置到一层凸窗板上面，如图 2.3.66 所示。利用“阵列”工具制作完成所有楼层的百叶窗，如图 2.3.67 所示。

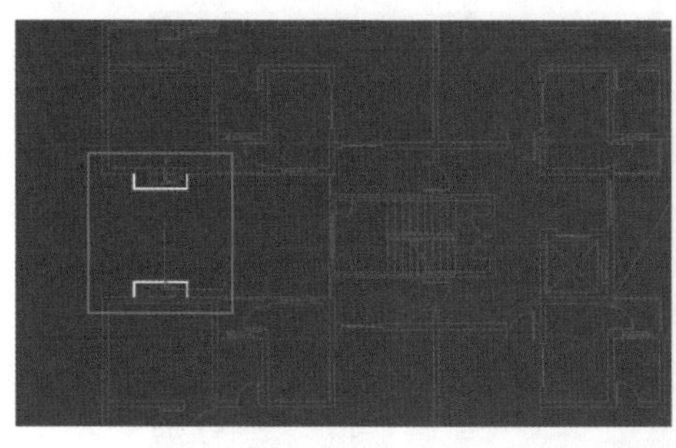
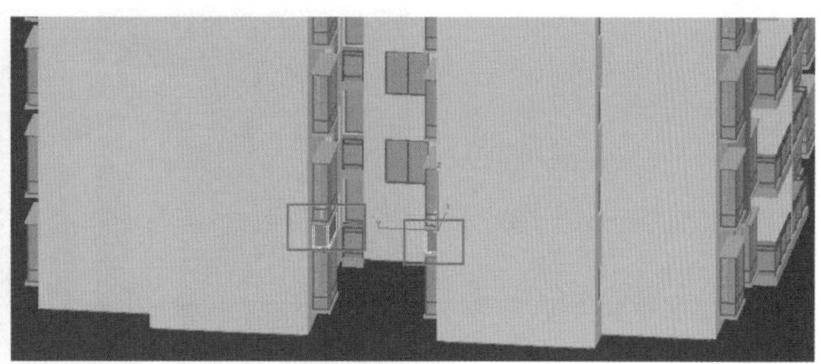

图2.3.66 复制并编辑第一个百叶窗

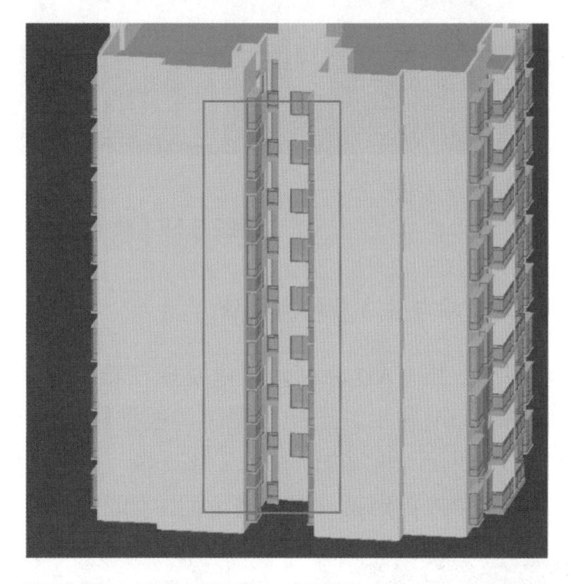

图2.3.67 使用“阵列”工具添加所有楼层的百叶窗

05 在前视图和后视图中，根据立面 CAD 图对百叶窗的位置进行调整，如图 2.3.68 所示。

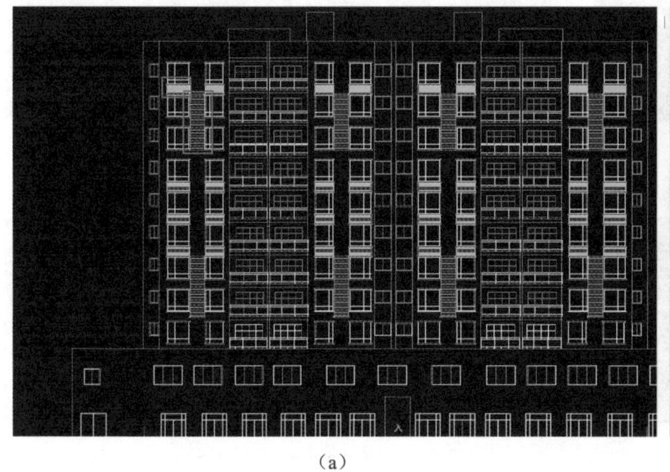

（a）

（b）

图2.3.68 调整百叶窗位置

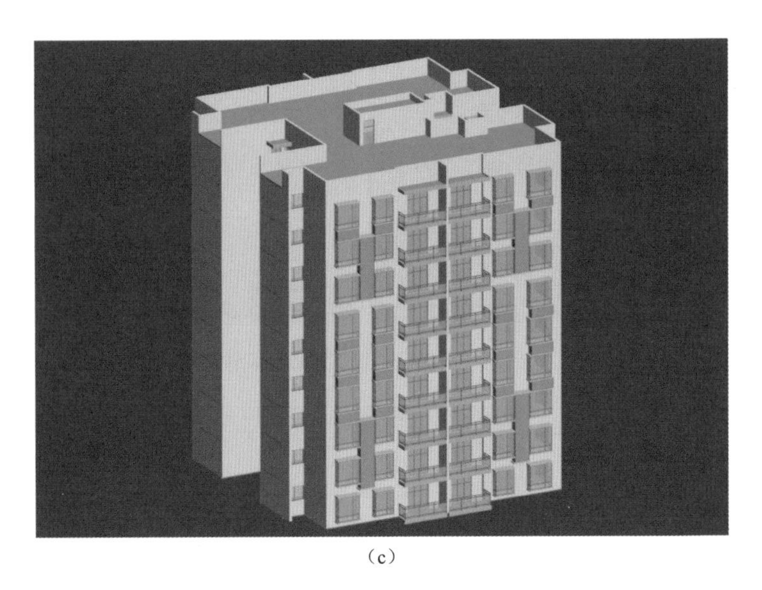

（c）

图2.3.68（续）

4．商业层与住房层的衔接墙

观察第三层 CAD 标高，可以发现在第三层下面有一圈高 400mm 的墙角，如图 2.3.69 所示。选择顶视图，根据标准层 CAD 图绘制出墙角形状，如图 2.3.70 所示。再添加“挤出”修改器，挤出高度为 400mm，如图 2.3.71 所示。将墙角放置到第一层住宅下面，如图 2.3.72 所示。

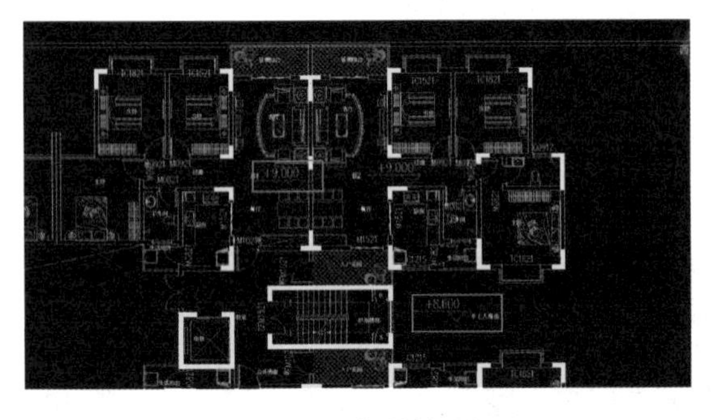

图2.3.69 衔接墙图纸

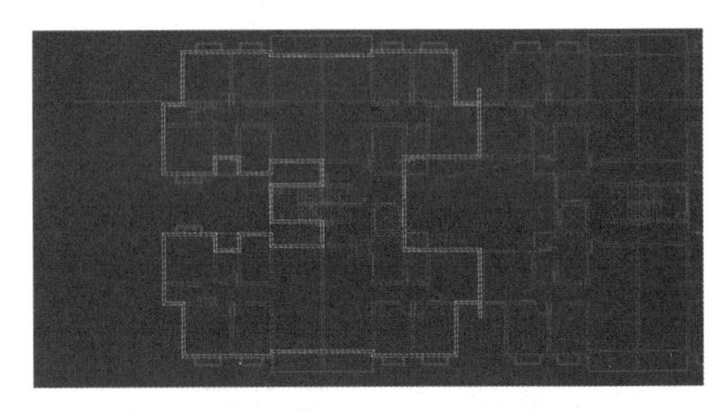

图2.3.70 绘制出墙角形状

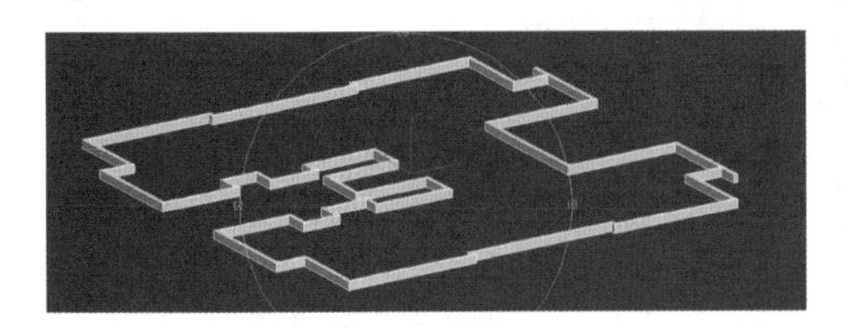

图2.3.71 挤出墙体

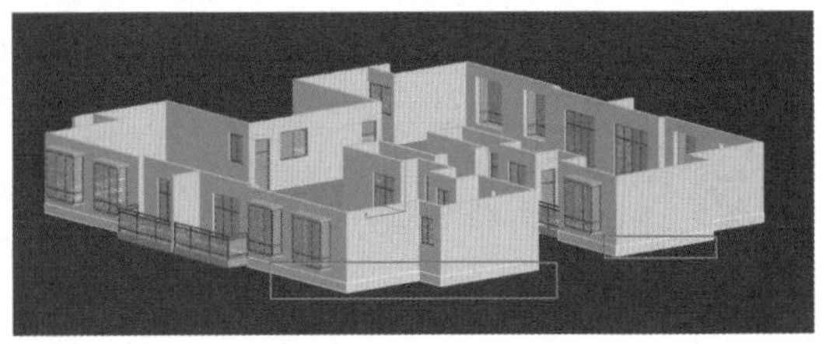

图2.3.72 放置对位

5．小高层整体合成

将住宅左半侧成组，如图 2.3.73 所示。选择顶视图，单击工具栏中的“镜像”按钮，沿 *X* 轴镜像复制并拼接，如图 2.3.74 和图 2.3.75 所示。

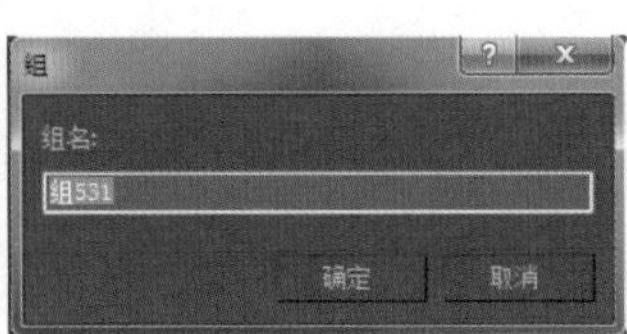

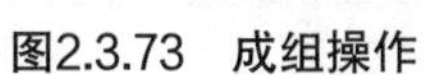

图2.3.73　成组操作

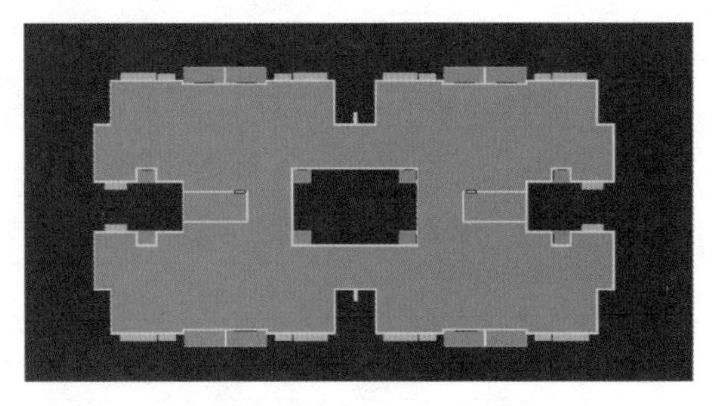

图2.3.74　复制拼接楼层

图2.3.75　商品房模型

学习评价☞

评价内容		学生评价		教师评价	
		合格	不合格	合格	不合格
职业能力	了解住宅房屋的基本组成				
	了解常见的建筑术语				
	能读懂住宅设计图纸并能对其进行简化处理				
	熟练掌握 CAD 图纸的二次加工方法				
	熟练掌握 3ds Max 中的图层管理命令使用方法				
	熟练掌握 CAD 图纸导入 3ds Max 的操作流程				
	熟练掌握墙体的绘制技巧				
	熟练掌握捕捉工具的运用技巧				
	熟练掌握“壳”修改器的运用方法				
	熟练掌握可编辑多边形“多边形”层级的运用方法				
	熟练掌握可编辑多边形“元素”层级的运用方法				
	了解小高层商品房的建模流程				
	了解我国不同地理环境的建筑风貌				
通用能力	与人交流的能力				
	沟通、合作的能力				
	活动组织的能力				
	解决问题的能力				
	自我学习提升的能力				
	创新、革新的能力				

综合评价：

教师签字：

注：此表根据学习目标设计评价内容，评价主体包括学生与教师，综合评价由学生书写 300 字左右的自我学习评价。

思考与练习☞

制作如习题图 2.1 所示的高层商品房。

操作要求：

1）将建筑的 CAD 图纸进行整理，把不利于建模又占大量数据的物体、参考线、标注等删除，留下需要的参考线。

2）打开 3ds Max 并导入已经整理好的 CAD 图纸，在软件窗口中排布好 CAD 图纸的位置。

3）根据 CAD 图纸制作底层。

4）根据 CAD 图纸制作标准层。

5）根据屋顶 CAD 图纸制作屋顶。

6）模型整体合成。

习题图2.1　高层商品房

读书笔记

3

单元

我为城市添风采——城市小品建筑建模

单元导读

随着生活水平的提高和建筑设计事业的发展，建筑的类别越来越多，而小品建筑正是在这样一种多学科交织的状态下逐步凸现的。提到小品建筑，大家都很熟悉，因为在日常生活中，小品建筑已广泛存在。小品建筑是针对桥梁、高层建筑、别墅等大型建筑而言具有观赏性、功能意义、装饰性的小型建筑物，如小区里的亭子、小桥及公园里的树池、花台、路灯等小型建筑物。小品模型能满足人们对审美情趣的要求及环境艺术设计的要求，它在城市建筑中能为环境的整体协调增添光彩。

学习目标

通过本单元的学习，达到以下目标：

- 会识读和规划 CAD 图纸并能准确清理区域；
- 掌握 CAD 规划图纸导入 3ds Max 后的坐标归零操作；
- 熟练掌握样条线的绘制方法；
- 熟练掌握线的“顶点”层级几何体命令面板的使用方法；
- 熟练掌握线的“线段”层级几何体命令面板的使用方法；
- 熟练掌握线的“样条线”层级几何体命令面板的使用方法；
- 熟练掌握“车削”修改器的运用方法；
- 熟练掌握多边形建模的运用方法。

思政目标

- 感受我国建筑之美，提升文化自信，增强民族自豪感；
- 提升审美情趣，坚持以人为本的生态理念。

任务 3.1 我为城市做规划——规划图与城市标志创建

任务描述

本任务利用样条线层级命令制作道路和地形，以及利用长方体造型制作城市小品标志。

任务目标

能准确导入清理干净的CAD图纸，能根据图纸标注的尺寸绘制并创建出各个大的区域，并能在后期对模型进行渲染美化。

微课：制作道路（上）

微课：制作道路（中）

微课：制作道路（下）

3.1.1 制作道路和地形——样条线层级命令的运用

在 3ds Max 中制作的地形一般是用 CAD 设计的某一小区、某一城市或某一地域的规划图，这些规划图中有些是简单的平面设计图。有了地形，就可以很容易地布景、规划，让整个场景更加真实。本小节制作如图 3.1.1 所示的道路和地形。

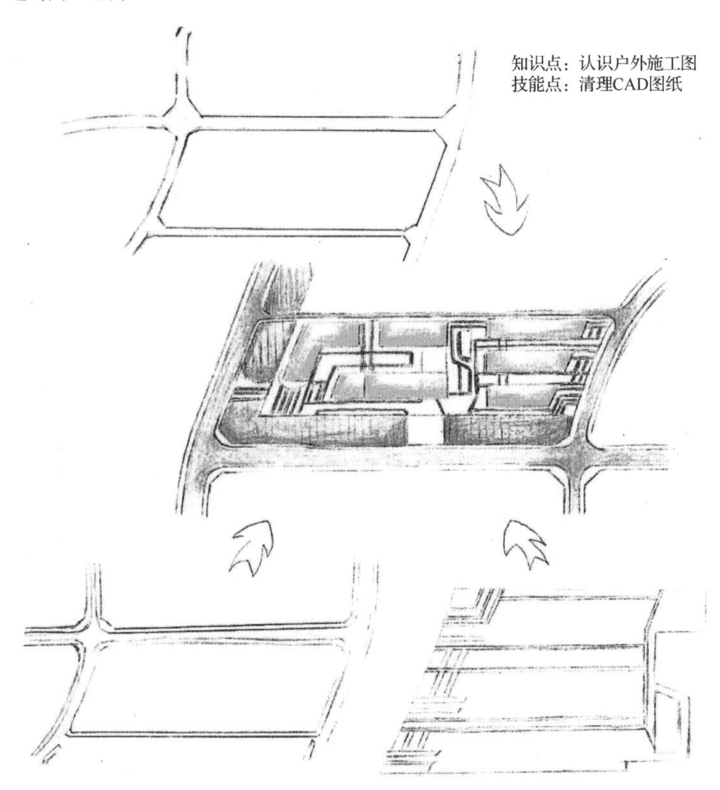

图3.1.1 规划图模型绘制相关知识点与技能点图解

1．清理CAD图纸

微课：清理导出CAD

01 打开“区域规划”图纸，清理 CAD 图纸，保留道路线、铺地线、水景线、河道线、河道线及建筑轮廓线等，将清理后的 CAD 线输出，如图 3.1.2 所示。

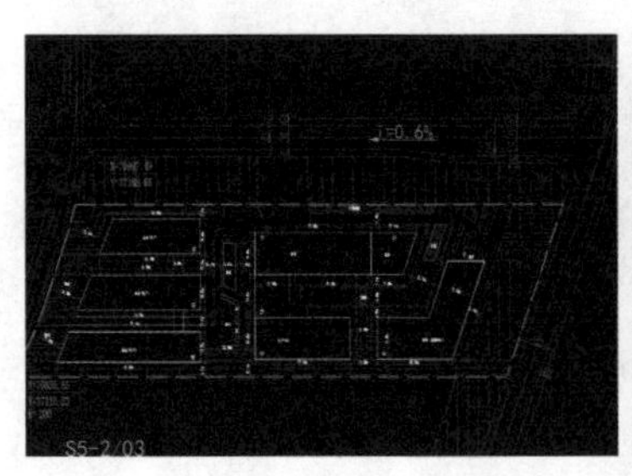

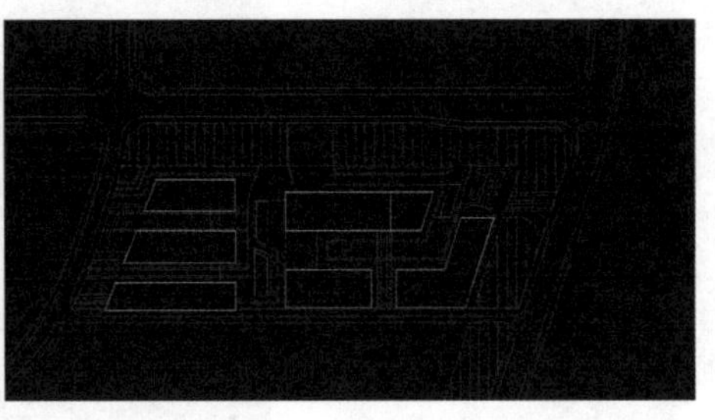

图3.1.2 清理CAD图纸并输出

02 在 CAD 软件中，选择清理后的 CAD 图纸，按 W+Space 组合键，弹出“写块”对话框，如图 3.1.3 所示；设置文件的名称和保存路径，然后单击“确定”按钮，结果如图 3.1.4 所示。

图3.1.3 “写块”对话框

图3.1.4 保存块

03 打开 3ds Max，选择“导入”选项，弹出“AutoCAD DWG/DXF 导入选项”对话框，如图 3.1.5 所示，选择存储的 CAD 道路图纸，将其导入 3ds Max 界面中，如图 3.1.6 所示。

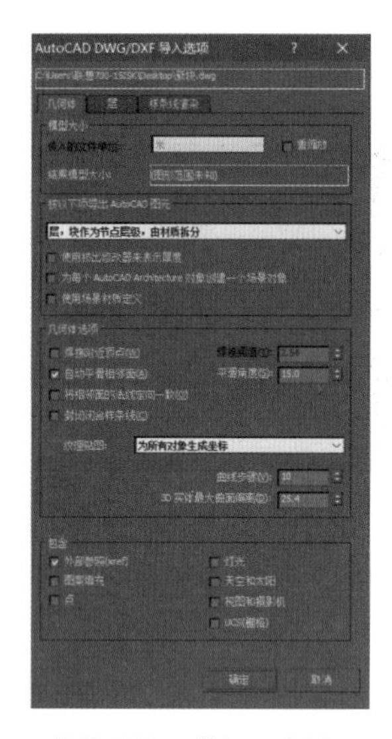

图3.1.5　“AutoCAD DWG/DXF导入选项”对话框

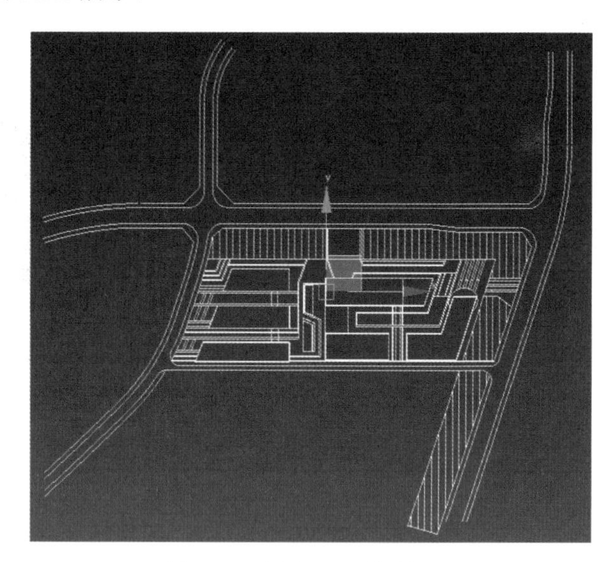

图3.1.6　导入CAD道路图纸

04 将 CAD 图纸成组、坐标归零，如图 3.1.7 所示，然后冻结，如图 3.1.8 所示。

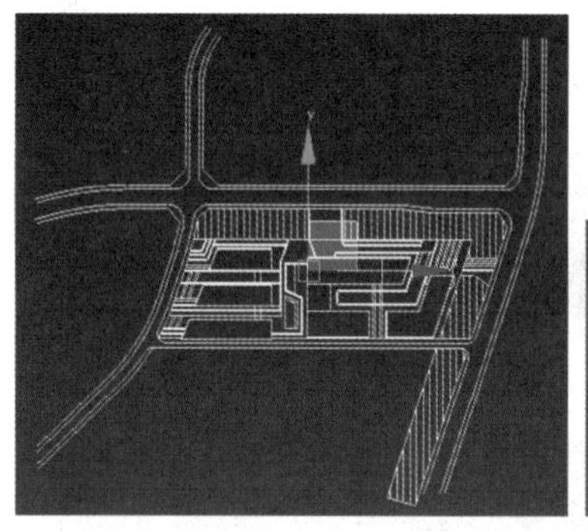

图3.1.7　图纸成组、坐标归零

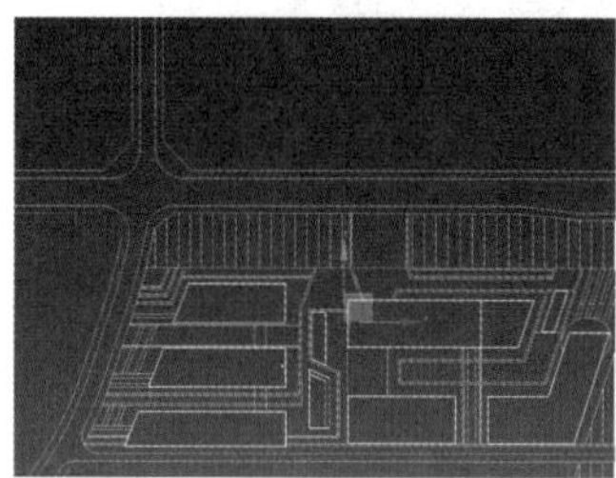

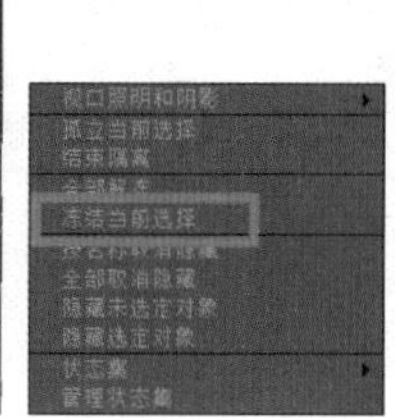

图3.1.8　图纸冻结

2．创建道路

01 单击“创建”→“图形”中的“线”按钮，并设置参数，如图 3.1.9 所示，根据 CAD 图绘制如图 3.1.10 所示的道路。

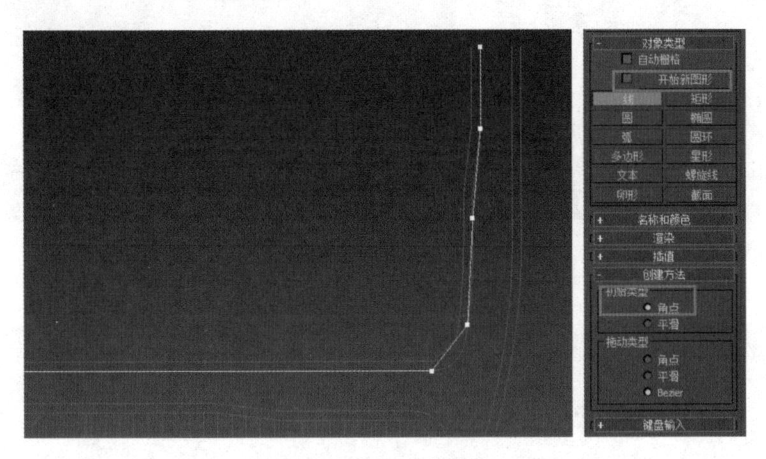

图3.1.9　创建道路线

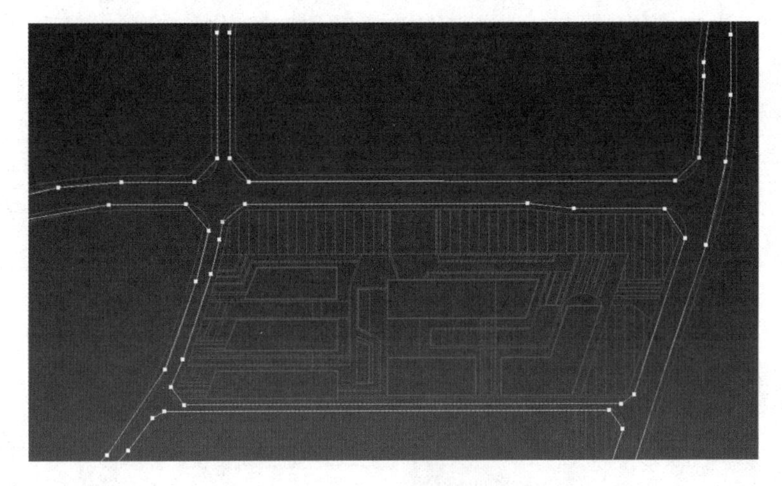

图3.1.10　绘制道路

02 将所有的点转换为“Bezier 角点”，根据 CAD 线绘制重合的道路线，如图 3.1.11 所示。右击线，在弹出的快捷菜单中选择“可编辑多边形”选项，按 M 键，在弹出的“材质编辑器”对话框中选择空白材质球并命名为“路”，然后将材质赋予物体，如图 3.1.12 所示。

03 选中道路，按 3 键进入“边界”层级，选择如图 3.1.13 所示的边界并右击，在弹出的快捷菜单中选择“创建图形”选项，在弹出的“创建图形”对话框中选中“线性”单选按钮，如图 3.1.14 所示，然后单击“确定”按钮。

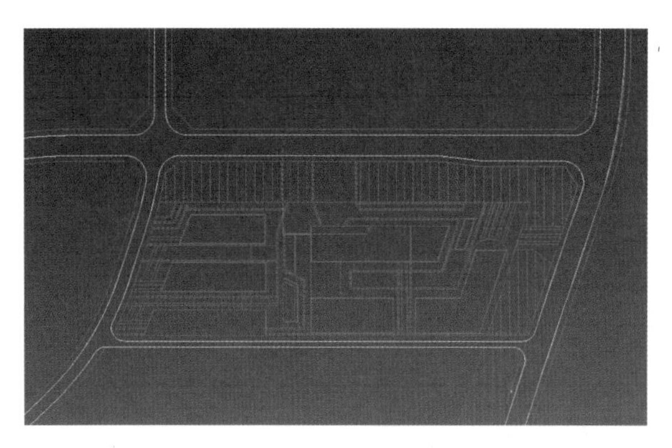

图3.1.11　绘制重合的道路线

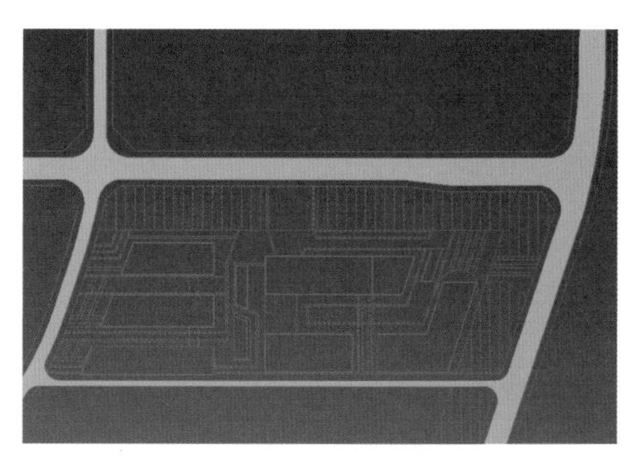

图3.1.12　赋予材质

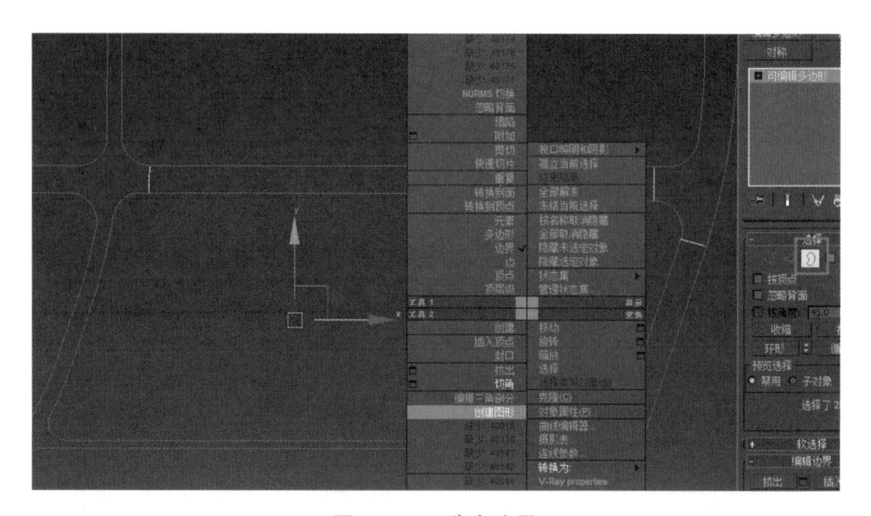

图3.1.13　选中边界

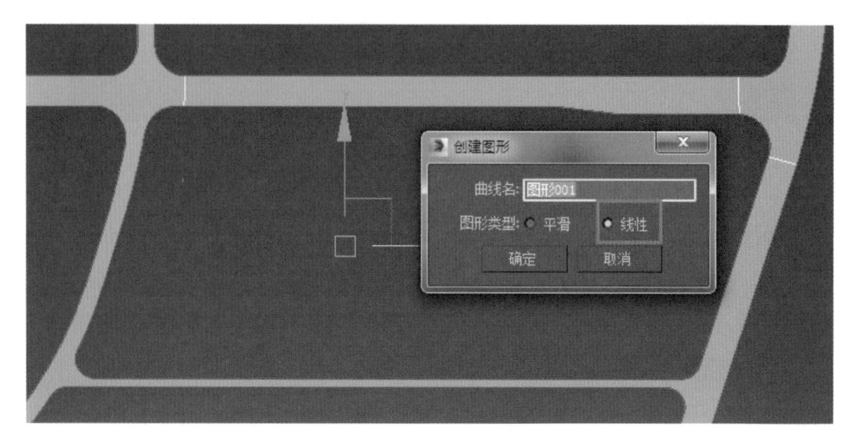

图3.1.14　创建线性图形

04 选中创建的线性图形，删去端头，如图 3.1.15 所示，将其转换为“可编辑样条线”，按 3 键进入“样条线”层级，单击“轮廓”按钮，设置参数为 4000mm，作为人行道，如图 3.1.16 所示。

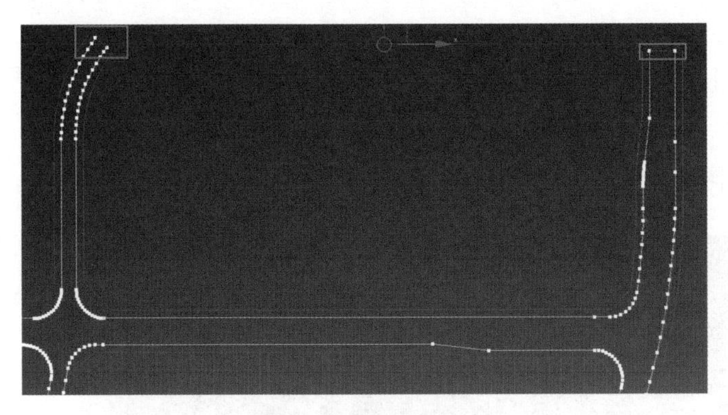

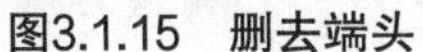

图3.1.15　删去端头

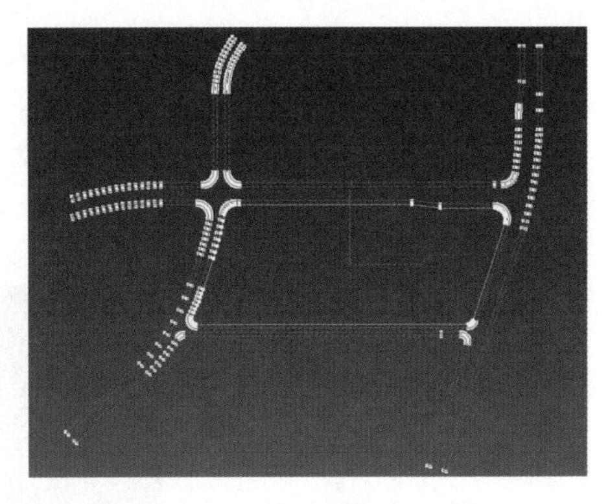

图3.1.16　添加轮廓（人行道）

05 根据 CAD 图纸调整每个转角，如图 3.1.17 所示。右击转角，在弹出的快捷菜单中选择“可编辑网格”选项，如图 3.1.18 所示。打开“材质编辑器”对话框，选择材质球并命名为“人行道”，然后将材质赋予物体，如图 3.1.19 所示。

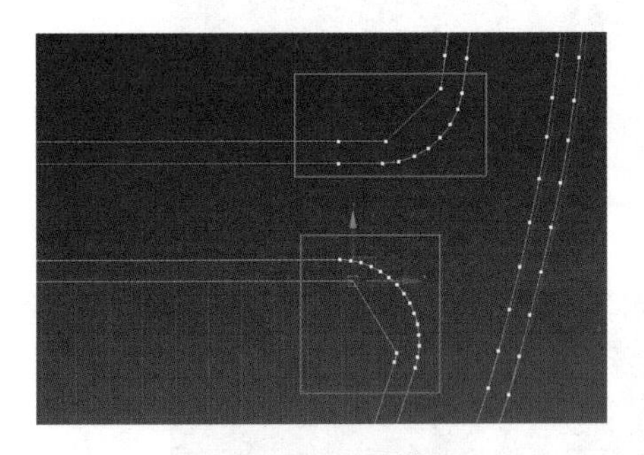

图3.1.17　调整转角

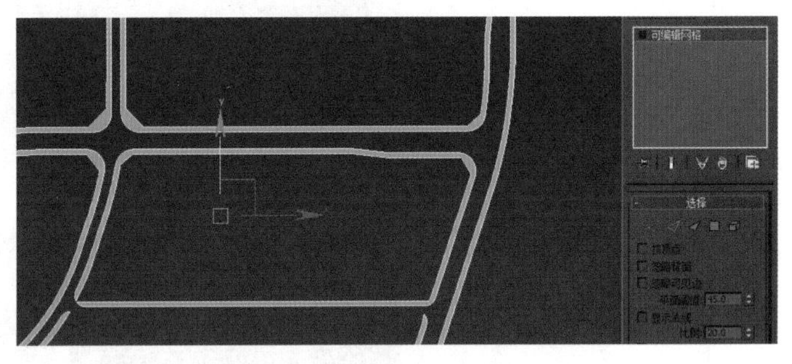

图3.1.18　转换为可编辑网格

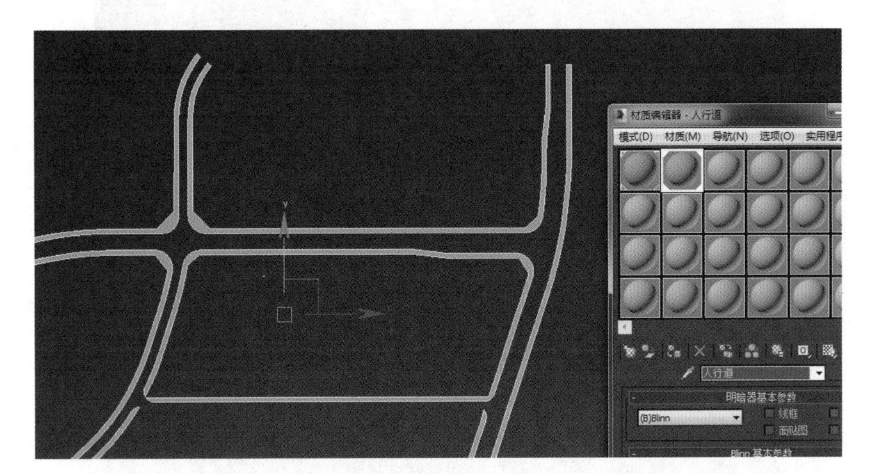

图3.1.19　赋予材质

3．制作铺地

01 进入道路模型的“边”层级，选中如图 3.1.20（a）所示的线并右击，在弹出的快捷菜单中选择“创建图形”选项，在弹出的“创建图形”对话框中设置“曲线名”为“图形轮廓”，单击“确定”按钮。将创建的图形轮廓作为铺地雏形，根据 CAD 图纸编辑点，如图 3.1.20（b）和（c）所示。

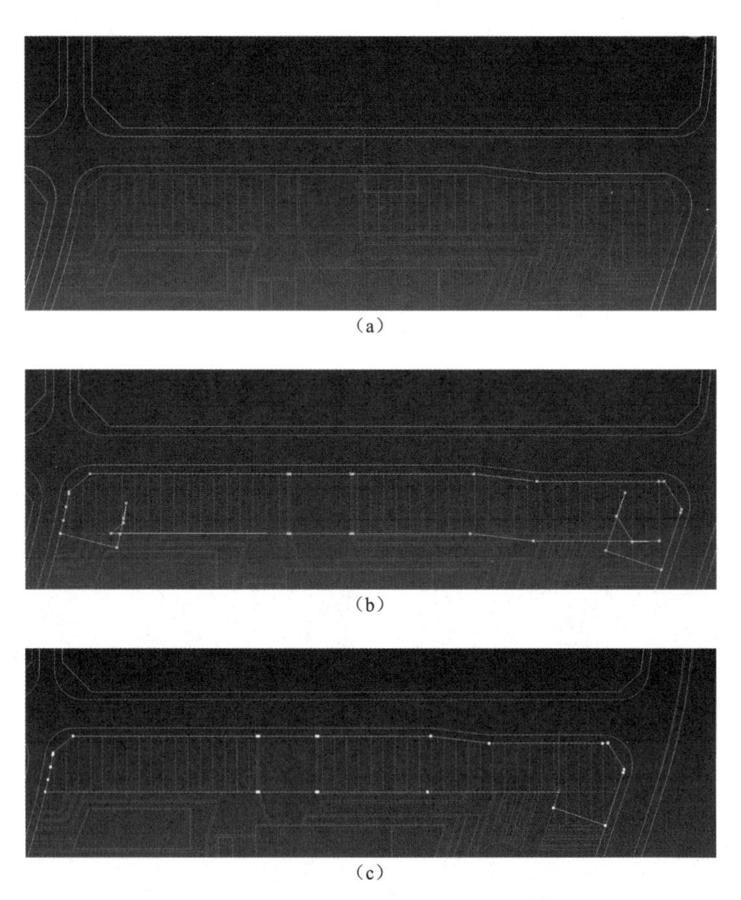

（a）

（b）

（c）

图3.1.20　创建图形轮廓线

02 右击图形，在弹出的快捷菜单中选择“可编辑多边形”选项，如图 3.1.21（a）所示。打开“材质编辑器”对话框，选择材质球并命名为“条形铺地”，然后将其赋予物体，如图 3.1.21（b）所示。

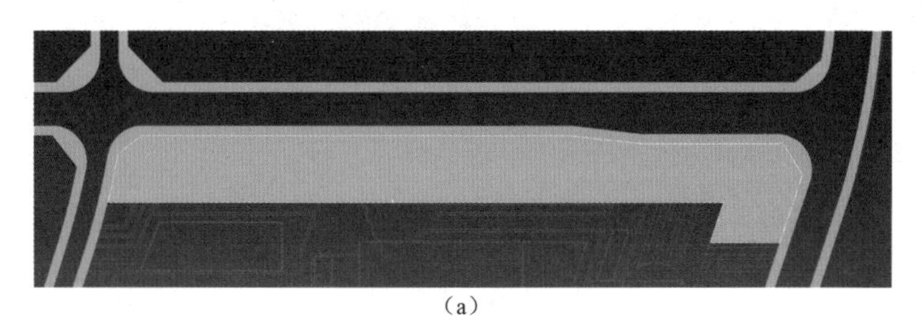

（a）

图3.1.21　条形铺地

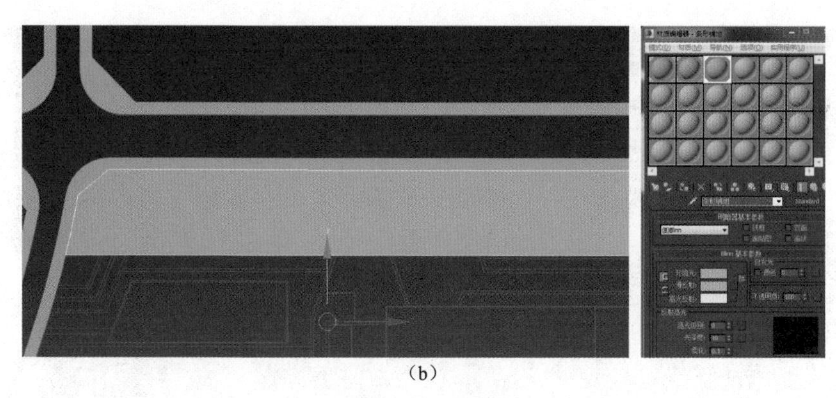

（b）

图3.1.21（续）

03 选中如图 3.1.22（a）所示的面并右击，在弹出的快捷菜单中选择“快速切片”选项。利用捕捉工具切出如图 3.1.22（b）所示的线。使用同样的方法，切出其余所需的线，如图 3.1.22（c）所示。

04 选中如图 3.1.23（a）所示的面，单击“分离”按钮，如图 3.1.23（b）所示。打开“材质编辑器”对话框，参数设置如图 3.1.23（c）和（d）所示。再选中如图 3.1.24（a）所示的线段，按住 Shift 键拖动复制线，捕捉到正确位置，作为铺地，如图 3.1.24（b）所示。

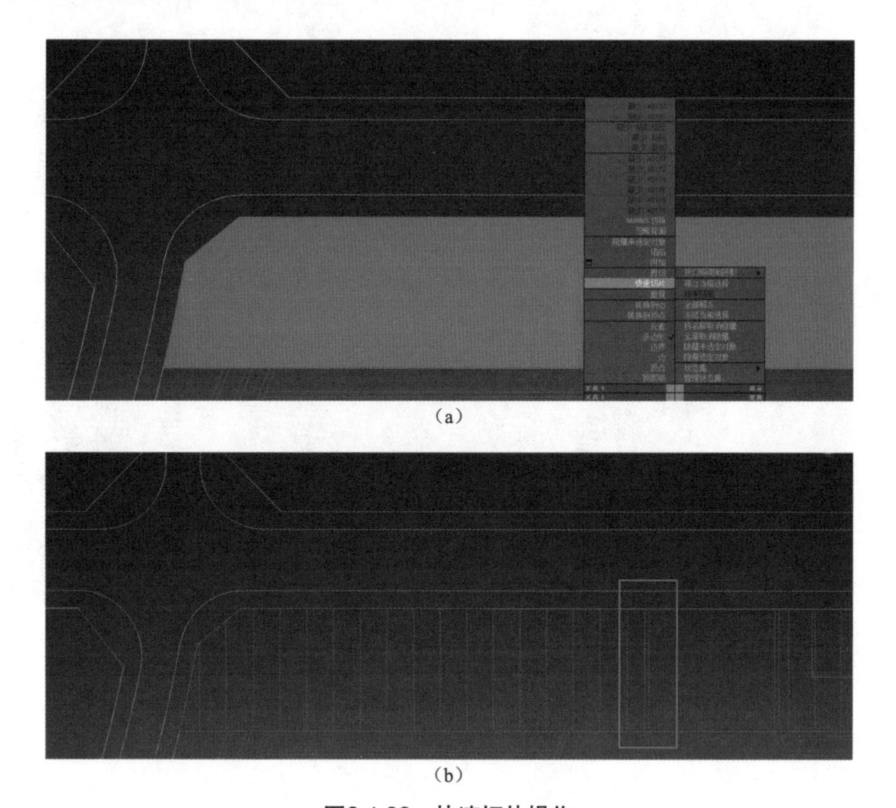

（a）

（b）

图3.1.22 快速切片操作

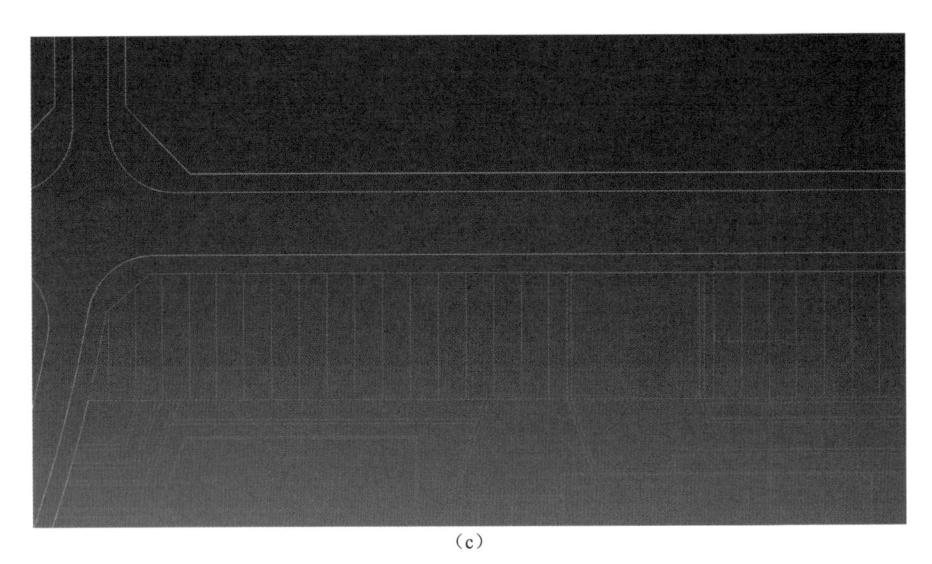

（c）

图3.1.22（续）

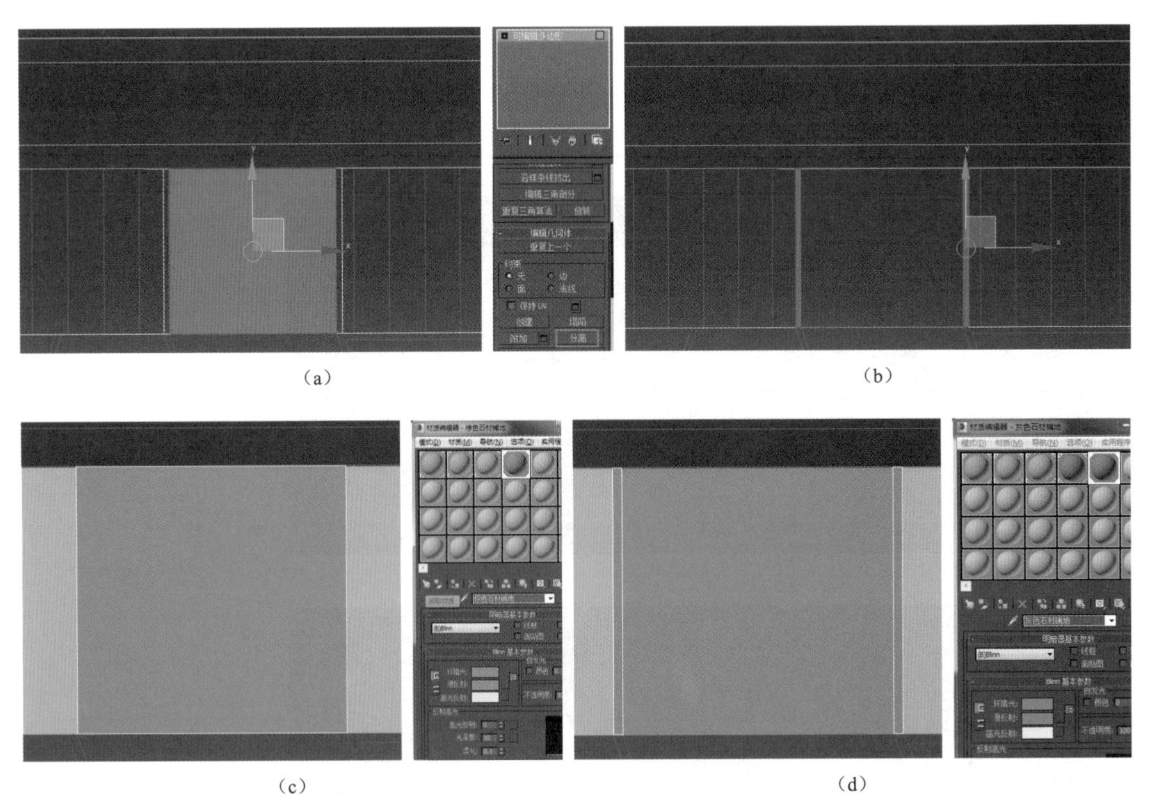

（a） （b）

（c） （d）

图3.1.23 赋予材质

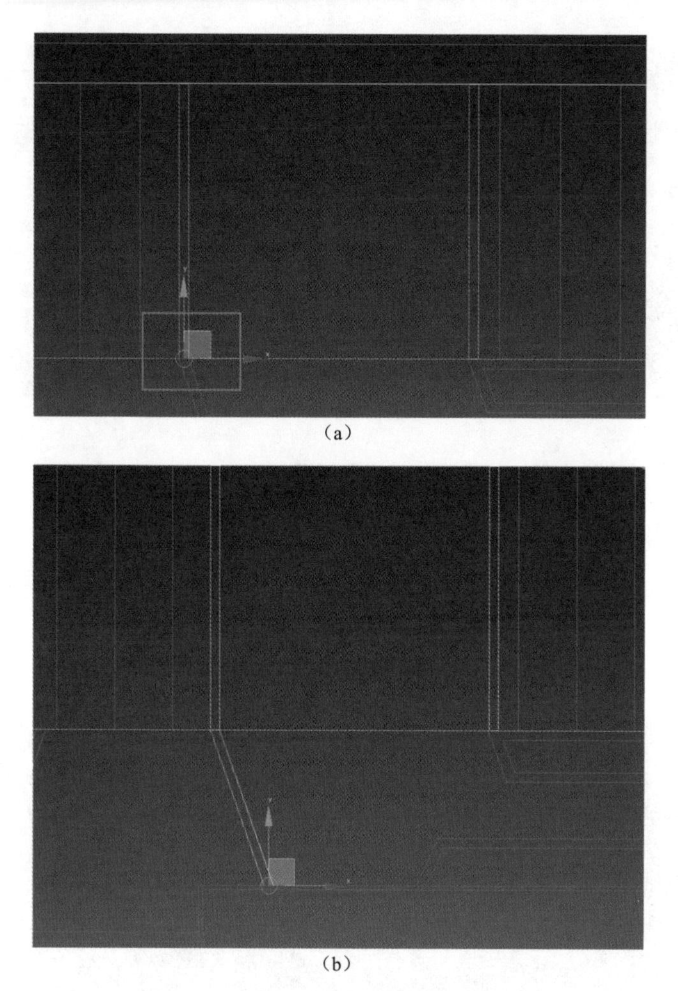

（a）

（b）

图3.1.24 复制选中的线段并制作铺地

05 使用相同方法，选中如图 3.1.25（a）所示的边线，创建图形，制作如图 3.1.25（b）所示铺地。选择顶视图，绘制如图 3.1.26（a）所示的线并右击，在弹出的快捷菜单中选择“可编辑多边形”选项，并赋予材质，如图 3.1.26（b）所示。

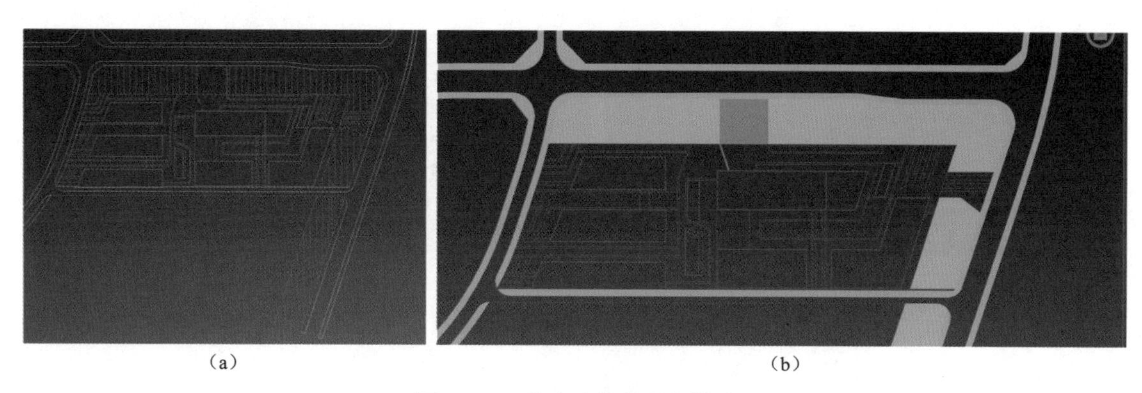

（a） （b）

图3.1.25 选中边线并制作铺地

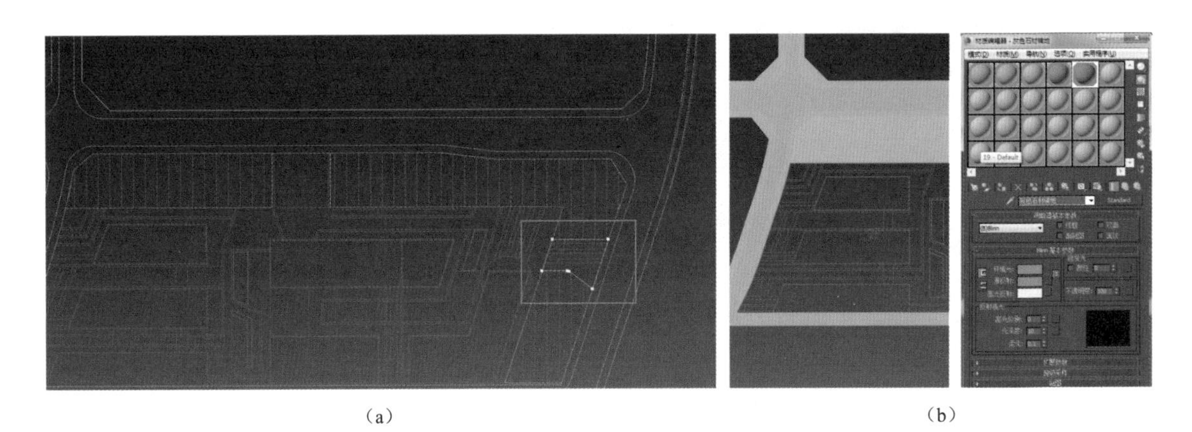

（a）　　　　（b）

图3.1.26　对选中的线赋予材质

06 选中如图 3.1.27 所示的样条线，再根据 CAD 图纸进行切片操作，如图 3.1.28（a）所示，再进行“分离”操作，如图 3.1.28（b）所示。打开“材质编辑器”对话框，选择空白材质球并命名为“白色铺地”，参数设置如图 3.1.29（a）所示，赋予材质给物体，完成地形，如图 3.1.29（b）所示。

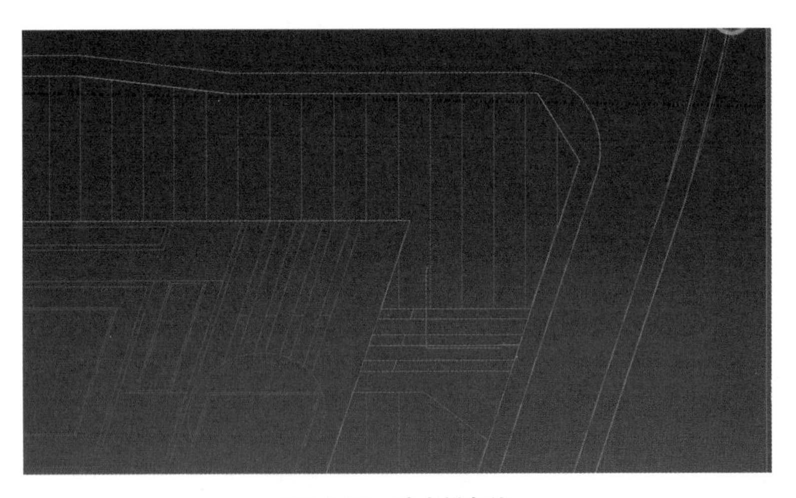

图3.1.27　选中样条线

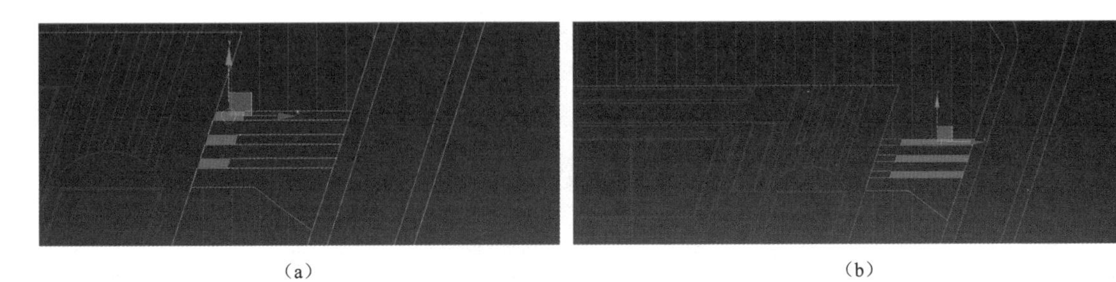

（a）　　　　（b）

图3.1.28　切片和分离操作

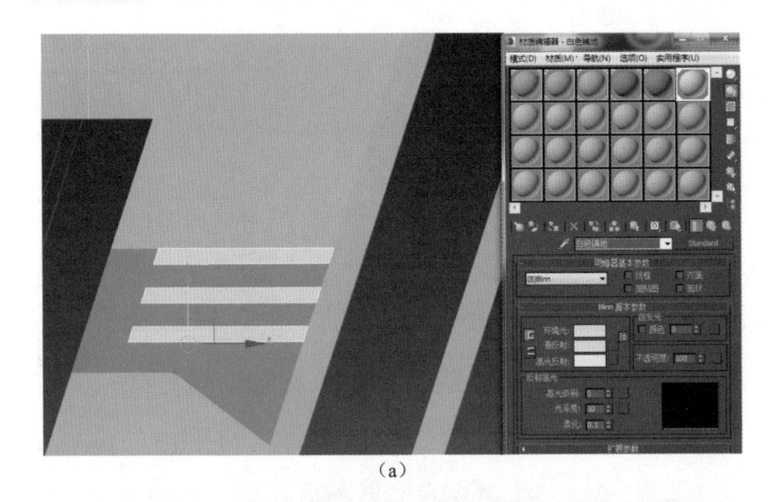

（a）

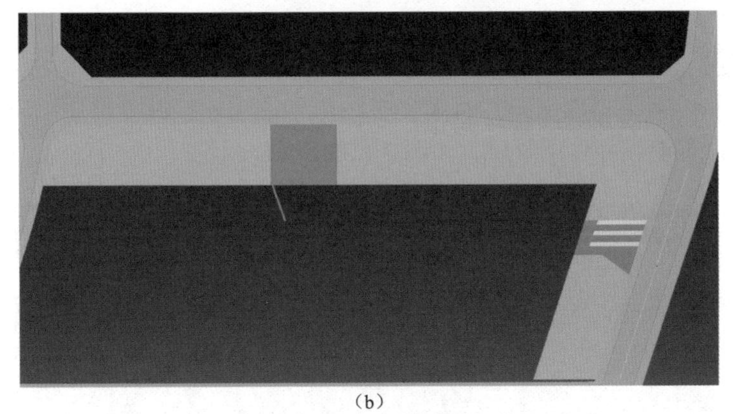

（b）

图3.1.29　赋予材质

07 选择顶视图，根据 CAD 图纸绘制如图 3.1.30 所示的线并右击，在弹出的快捷菜单中选择“可编辑多边形”选项。打开“材质编辑器”对话框，设置相关参数并赋予材质，如图 3.1.31 所示。

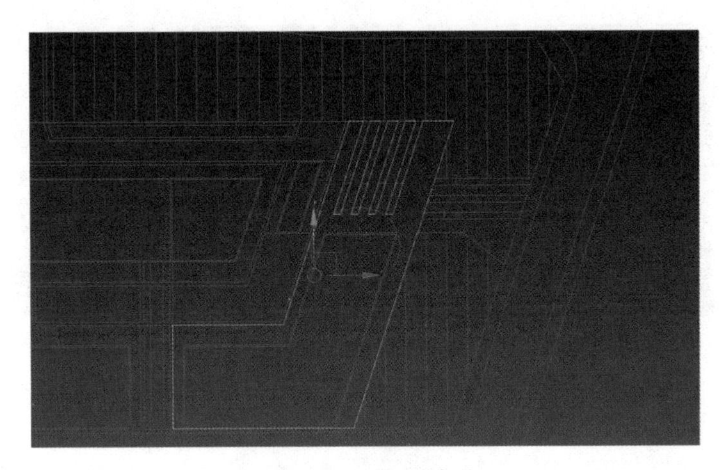

图3.1.30　绘制样条线

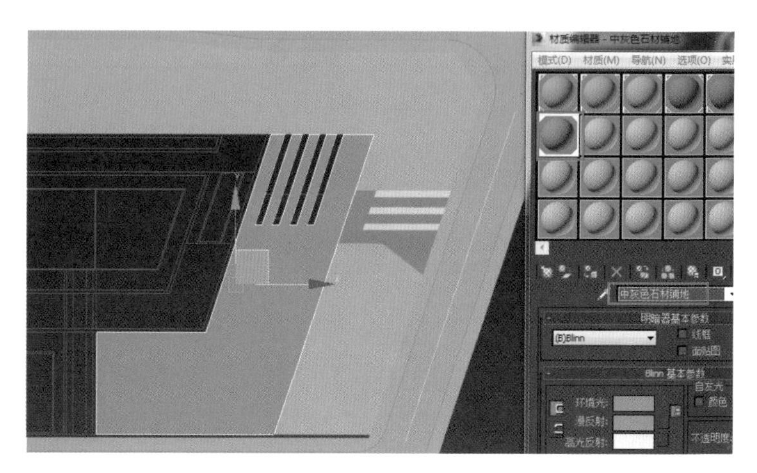

图3.1.31　赋予材质

08 选择顶视图，根据 CAD 图纸绘制如图 3.1.32 所示的线并右击，在弹出的快捷菜单中选择“可编辑多边形”选项。打开“材质编辑器”对话框，设置参数并赋予材质，如图 3.1.33 所示。

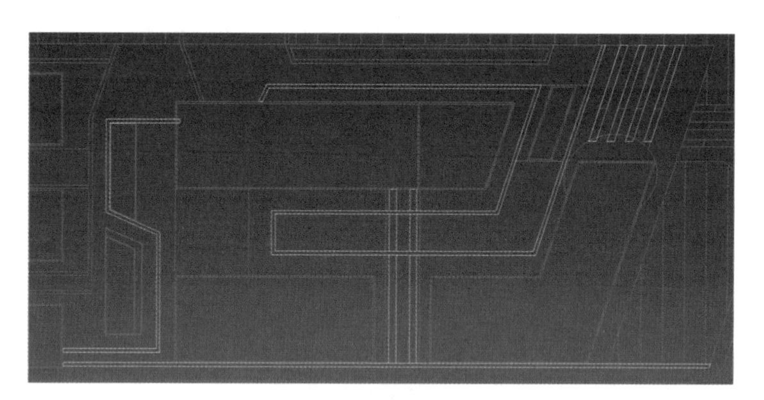

图3.1.32　绘制样条线

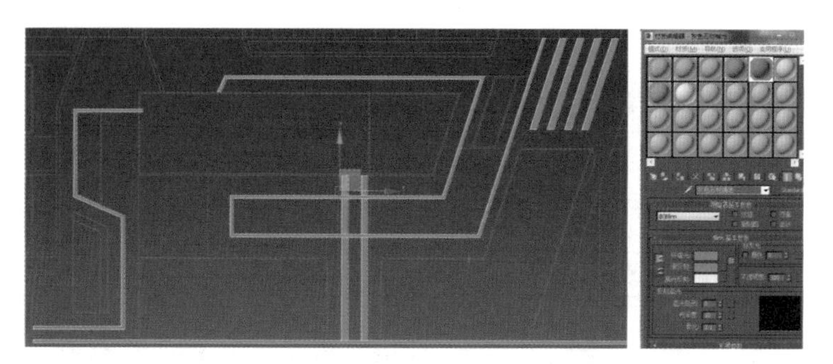

图3.1.33　赋予材质

4．制作花池和水池

01 选择顶视图，按照 CAD 图纸绘制如图 3.1.34 所示的线（作为花池和水池）并右击，在弹出的快捷菜单中选择“可编辑多边形”选项。打开“材质编辑器”对话框，参数设置如图 3.1.35 所示，并将材质赋予物体。

图3.1.34 绘制花池和水池

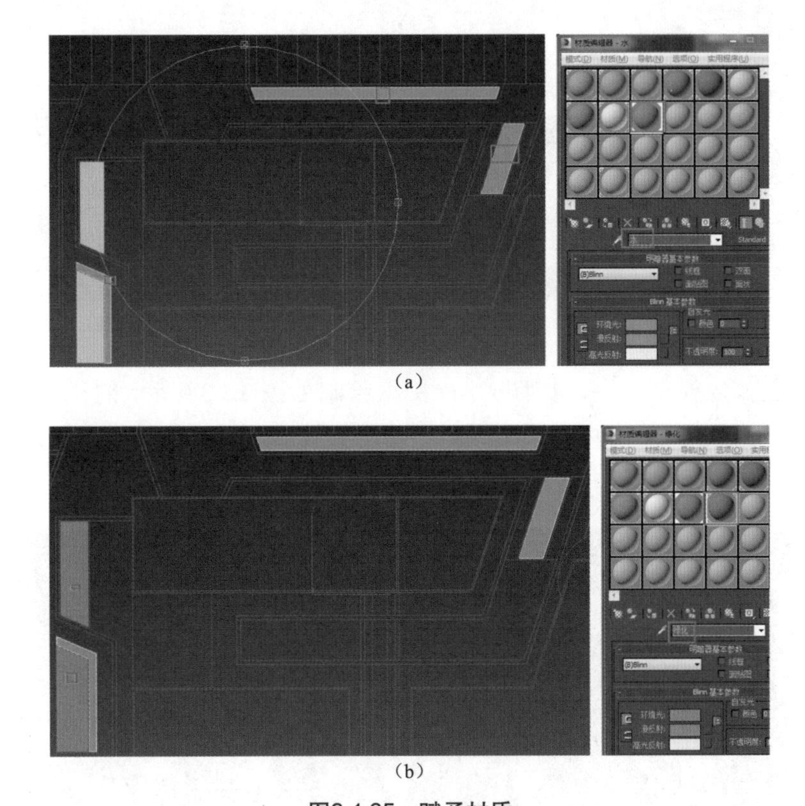

（a）

（b）

图3.1.35 赋予材质

02 利用创建图形的方法提取绿化和水的边线，根据 CAD 图纸轮廓设置挤出高度为 100mm。右击边线，在弹出的快捷菜单中选择“可编辑多边形”选项。打开“材质编辑器”对话框，参数设置如图 3.1.36 所示，并将材质赋予物体，形成道路平面图，如图 3.1.37 所示。

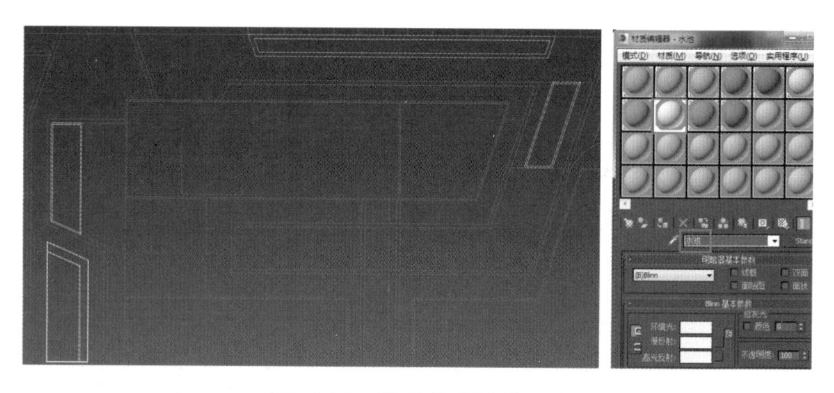

图3.1.36　池边道路材质设置

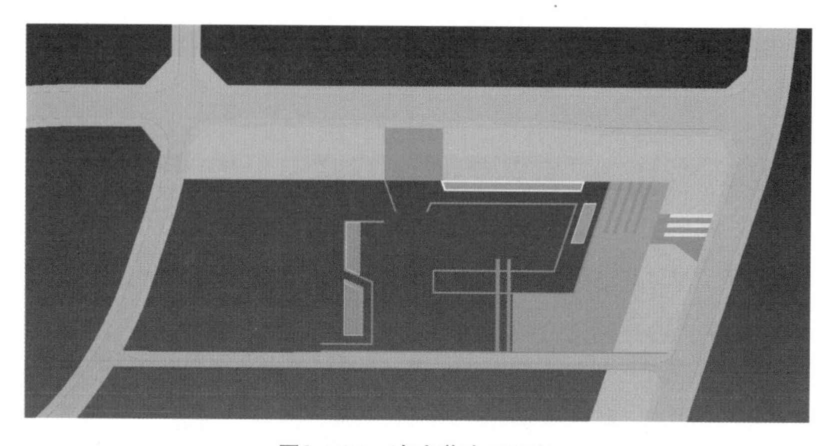

图3.1.37　池边道路平面图

03 选择顶视图，按照 CAD 图纸绘制如图 3.1.38 所示的线并右击，在弹出的快捷菜单中选择“可编辑多边形”选项。打开“材质编辑器”对话框，将道路材质赋予物体，如图 3.1.39 所示。

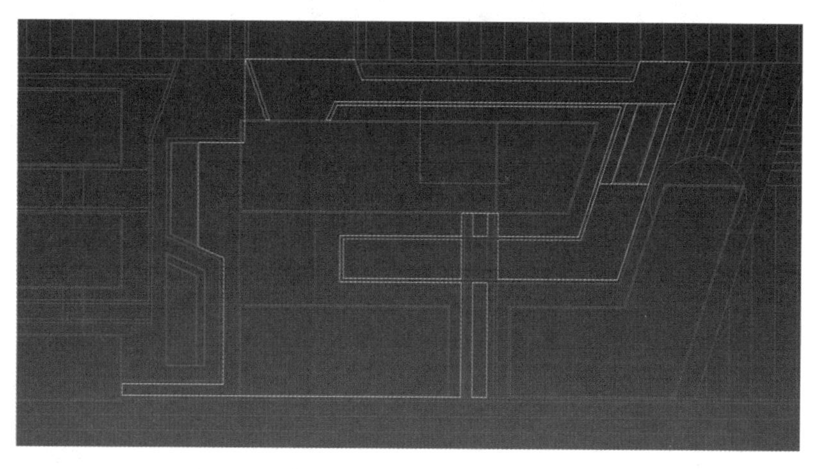

图3.1.38　绘制道路线

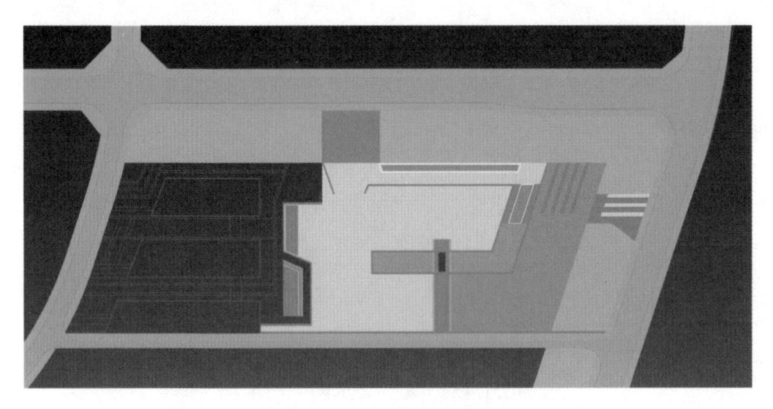

图3.1.39 赋予材质

04 选择顶视图，绘制如图 3.1.40 所示的矩形框并右击，在弹出的快捷菜单中将其转换为“可编辑多边形”。选中如图 3.1.41 所示的面并右击，在弹出的快捷菜单中单击“倒角”选项前面的按钮，在弹出的“倒角”文本框中设置参数为 -150mm，作为下沉水池，如图 3.1.42 所示。将水面分离出，赋予材质（图 3.1.43），所得模型如图 3.1.44 所示。

图3.1.40 绘制矩形

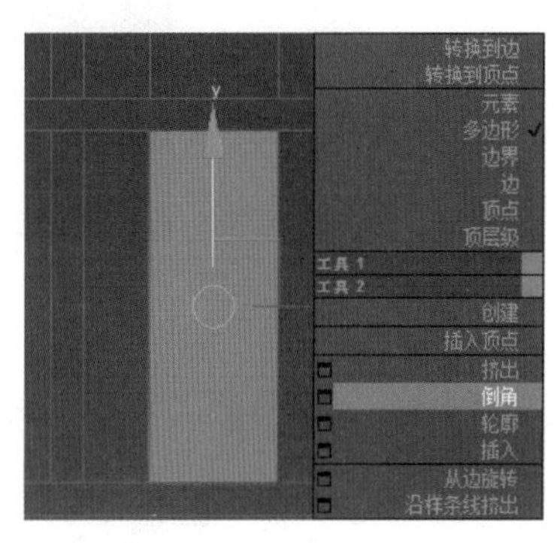

图3.1.41 选中面并右击

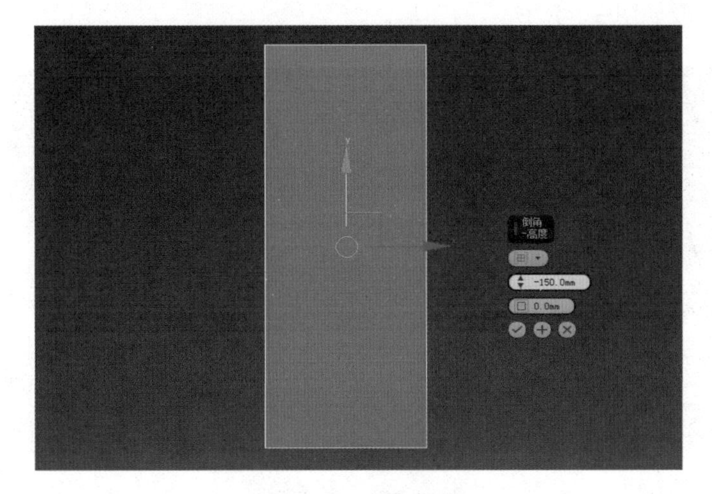

图3.1.42 倒角操作

图3.1.43 赋予“水面”材质

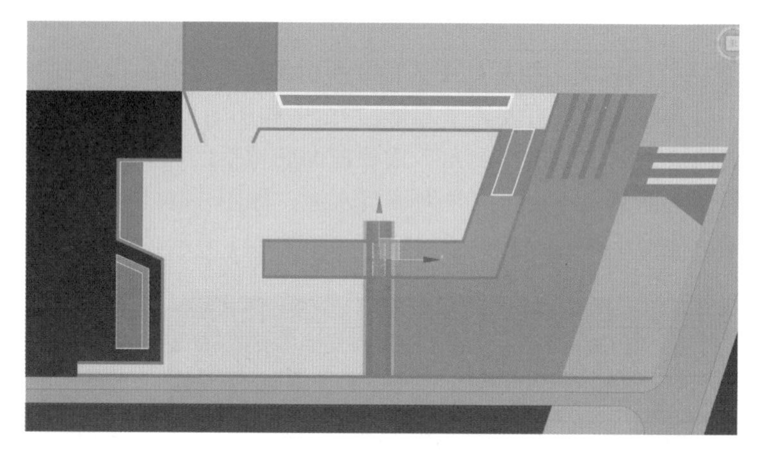

图3.1.44 水池模型

5. 制作周边绿化

01 选择顶视图，按照 CAD 图纸绘制如图 3.1.45 所示的线并右击，在弹出的快捷菜单中选择“可编辑多边形”选项，再将其“分离”并赋予材质，形成如图 3.1.46 所示的图形。

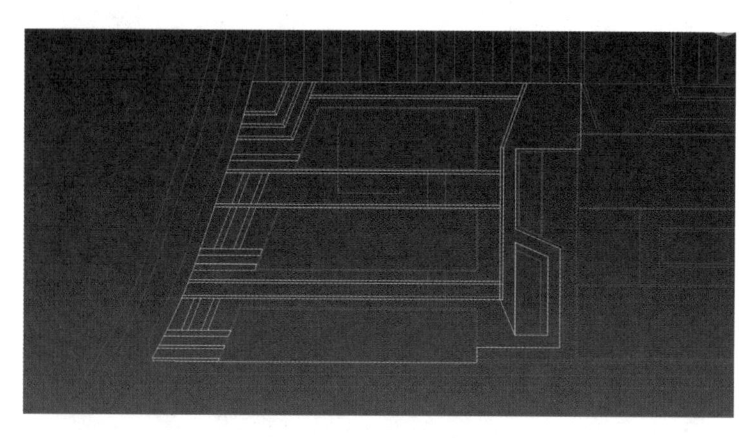

图3.1.45 绘制样条线

图3.1.46　赋予材质

02 利用创建图形的方法提取地形边沿线，再将提取出的线附加到一起，选中所有的点并右击，在弹出的快捷菜单中选择“焊接顶点”选项，形成封闭的样条线，如图 3.1.47 所示。在封闭的样条线外新建矩形框，并将其转换为“可编辑样条线”，如图 3.1.48 所示，将图中两根线附加在一起，制作周边绿化，结果如图 3.1.49 所示。

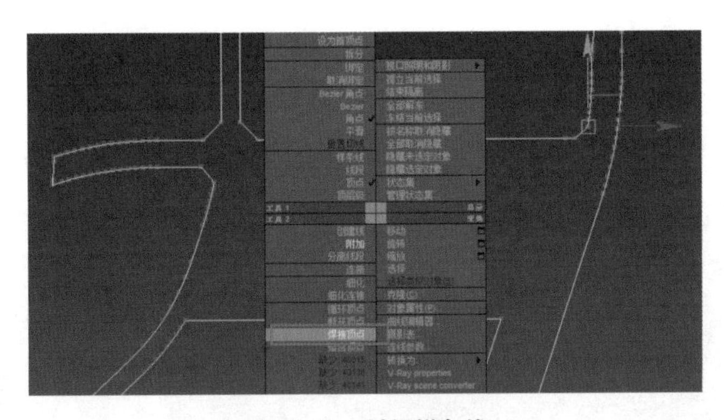

图3.1.47　封闭样条线

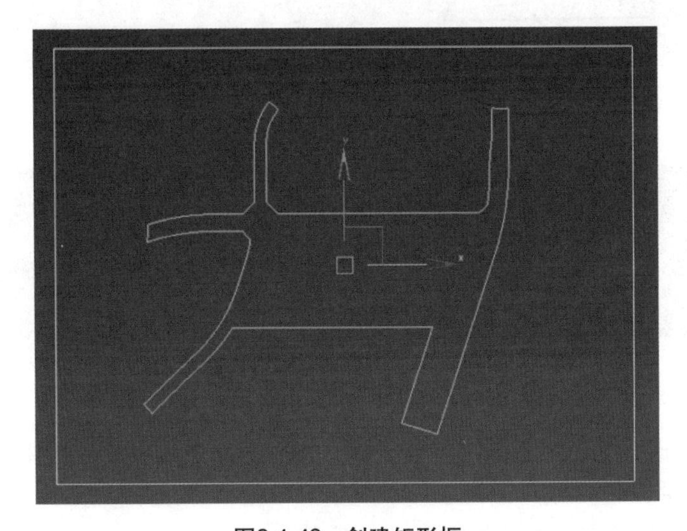
图3.1.48　创建矩形框

图3.1.49 制作周边绿化

6．制作车道线

01 选择顶视图，绘制如图 3.1.50 所示的矩形框，测量出道路宽度为 14000mm；在道路中间绘制一条横向的样条线，如图 3.1.51 所示。

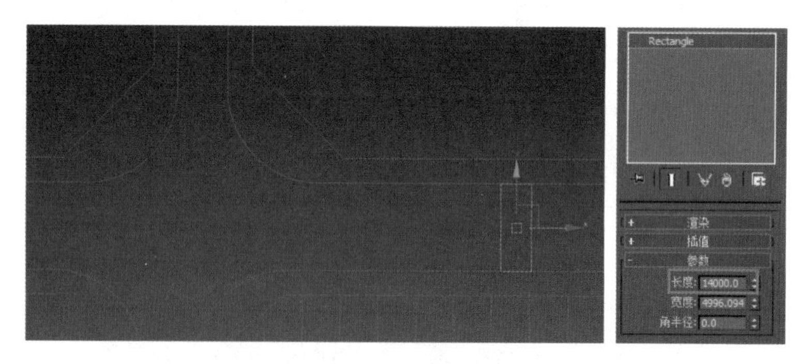

图3.1.50 绘制矩形框

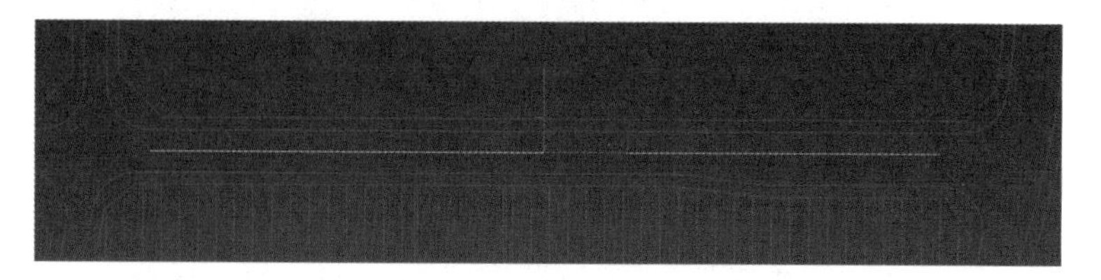

图3.1.51 绘制横向样条线

02 选择右侧的插件“阿酷列表”，单击“车线生成”按钮，在弹出的对话框中设置参数，如图 3.1.52 所示，单击“生成”按钮。然后单击道路中心线，生成车道线，如图 3.1.53 所示。

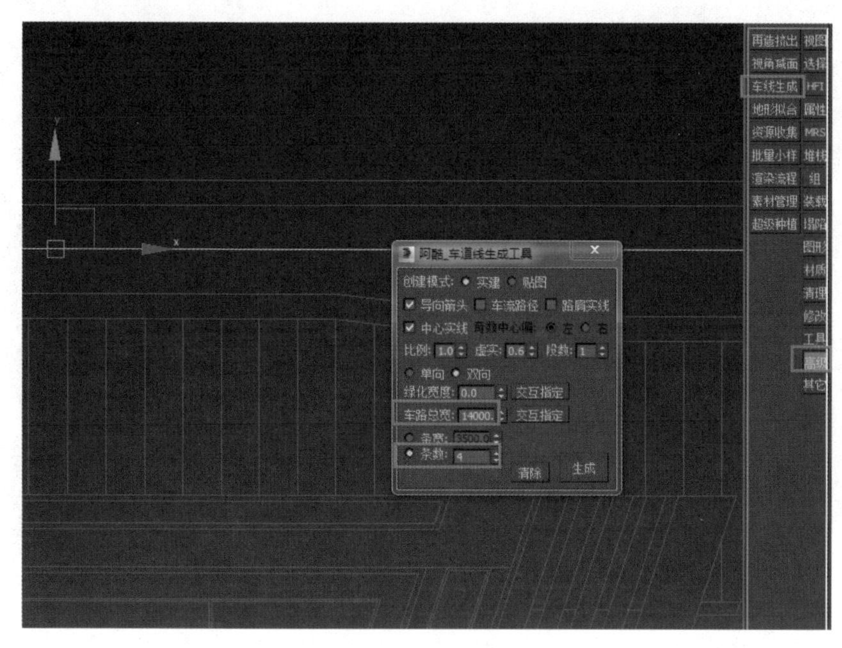

图3.1.52　插件应用

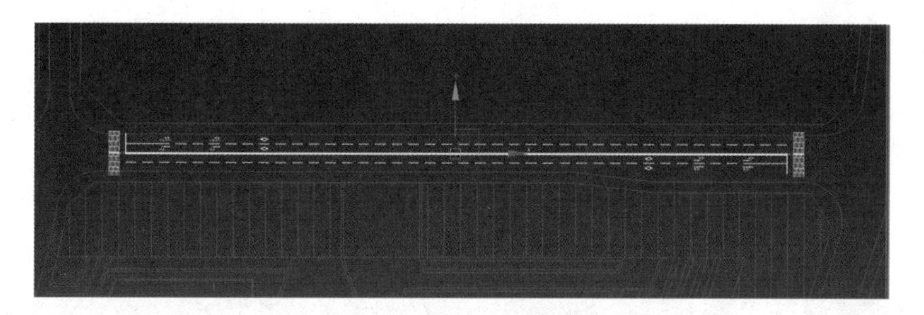

图3.1.53　生成车道线

03 根据道路宽度编辑局部车道线，如图 3.1.54 所示。使用同样的方法制作其余车道线，并将车道线露出地面，如图 3.1.55 所示。

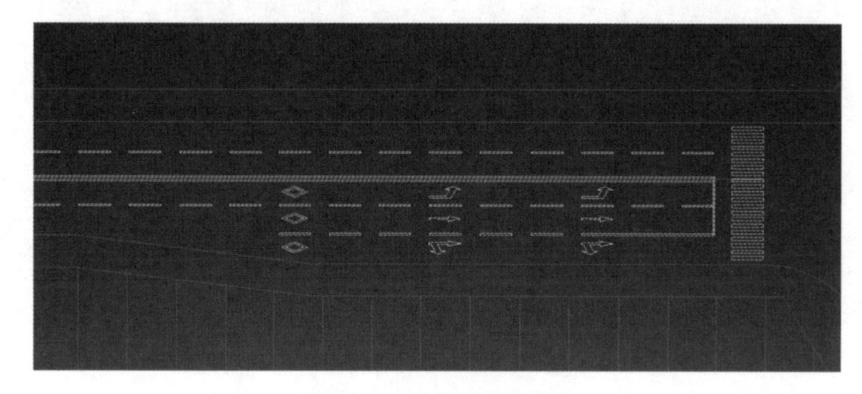

图3.1.54　编辑局部车道线

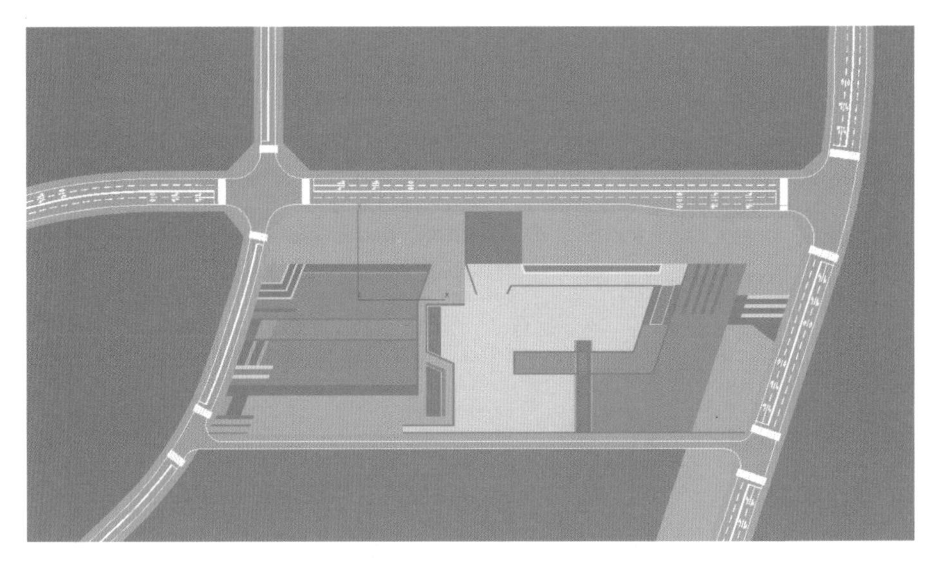

图3.1.55　车道线模型

7．整体合成

01 选中道路，利用创建图形的方法提取道路边线，在修改器中添加“扫描”修改器，参数设置如图 3.1.56 所示，将高度设置为 150mm，并赋予路沿石材质；同时选中道路、车线和路沿石，向下移动 150mm，使道路和人行道形成落差，如图 3.1.57 所示。

02 选择顶视图，根据 CAD 图纸绘制建筑体块，如图 3.1.58 所示；添加“挤出”修改器，并赋予材质给建筑体块，如图 3.1.59 所示。

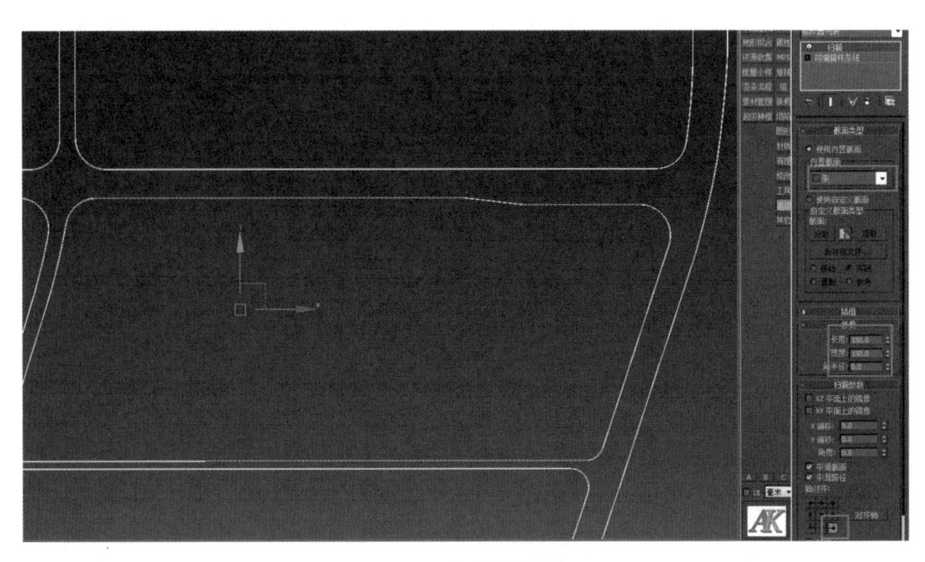

图3.1.56　扫描参数设置

图3.1.57　路沿模型

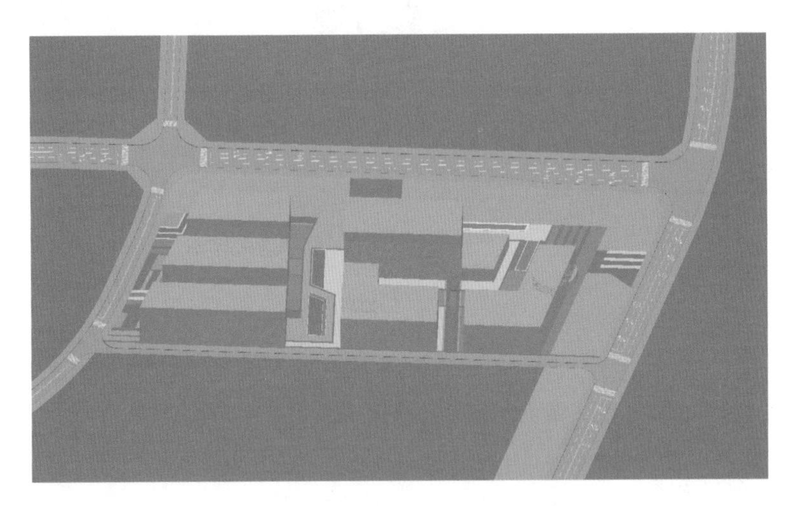

图3.1.58　使道路和人行道形成落差

图3.1.59　建筑体模型

3.1.2　制作城市小品标志——长方体造型的运用

经过设计的标志都应具有某种程度的艺术性，既符合使用要求，又符合美学原则，如图 3.1.60 所示。

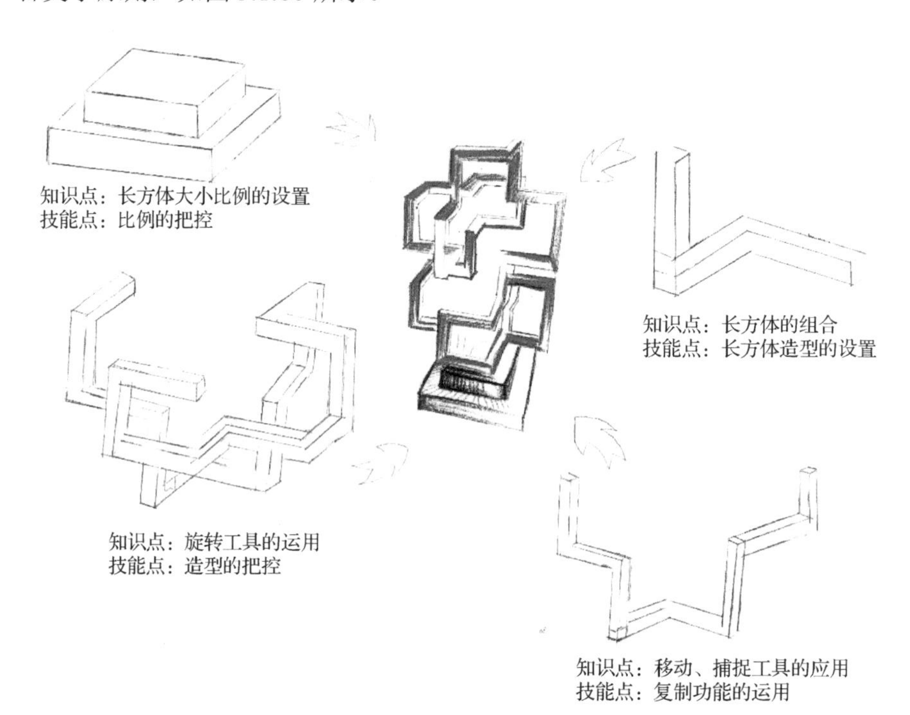

图3.1.60　城市标志模型绘制相关知识点与技能点图解

微课：制作小品标志

1．制作基座

01 选择顶视图，单击“创建”→“几何体”中的“长方体”按钮，创建第一个长方体，作为底座 1；再创建第二个长方体，作为基座 2，参数设置如图 3.1.62 所示。

02 选择顶视图，右击工具栏中的“捕捉开关”按钮，弹出“栅格和捕捉设置”对话框，参数设置如图 3.1.63 所示。选中第二个长方体，按 W 键并单击“选择并移动”按钮，将鼠标指针靠近一条边的中点，直到这条边出现黄色线，如图 3.1.64 所示。按 F5 键选择 *X* 轴，按 Space 键锁定 *X* 轴；拖动长方体 2 靠近长方体 1，当对应边出现黄色线时，释放鼠标左键，这时边的中点就对齐了，如图 3.1.65 所示。

03 按 F6 键选择 *Y* 轴，使用上述方法在 *Y* 轴上移动，使两个长方体在 *Y* 轴中点对齐，如图 3.1.66 所示。按 F 键切换到前视图，选择长方体 2，在 *Y* 轴上利用捕捉工具将两块长方体上下对齐，如图 3.1.67 所示。

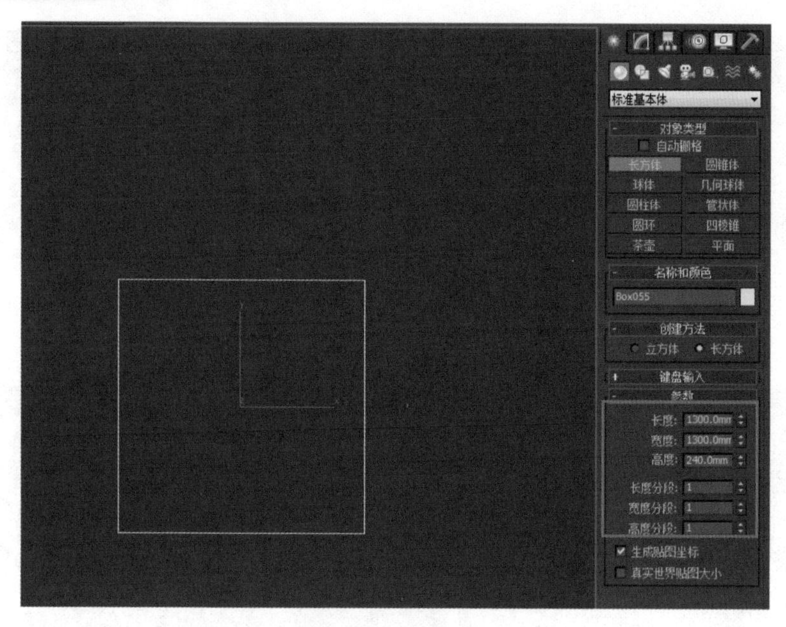

图3.1.61　基座1雏形

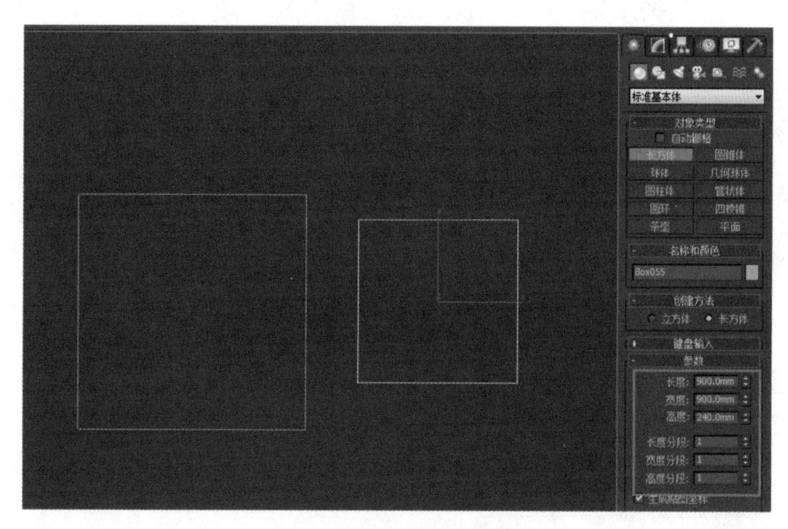

图3.1.62　基座2雏形

图3.1.63　捕捉参数设置

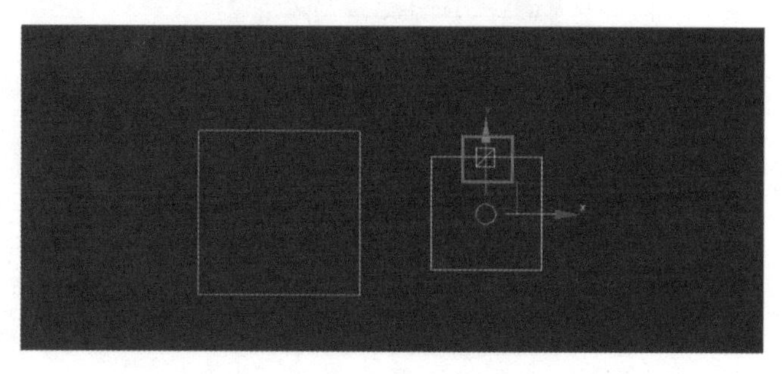

图3.1.64　选中长方体2并找到其一条边的中点

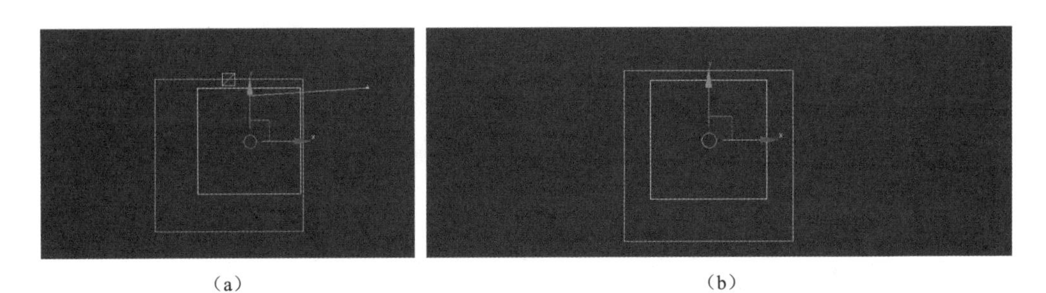

（a）　　　　　　　　　　（b）

图3.1.65　在*X*轴方向对齐长方体1和长方体2

图3.1.66　在*Y*轴方向对齐长方体1和长方体2

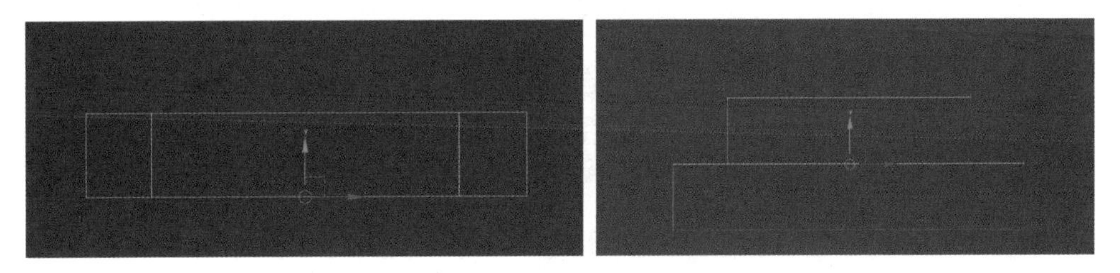

图3.1.67　上下对齐长方体1和长方体2

04 按 M 键，在弹出的“材质编辑器”中选择第一个材质球并命名为“基座”，设置“漫反射”颜色，并将材质赋予物体，如图 3.1.68 所示。

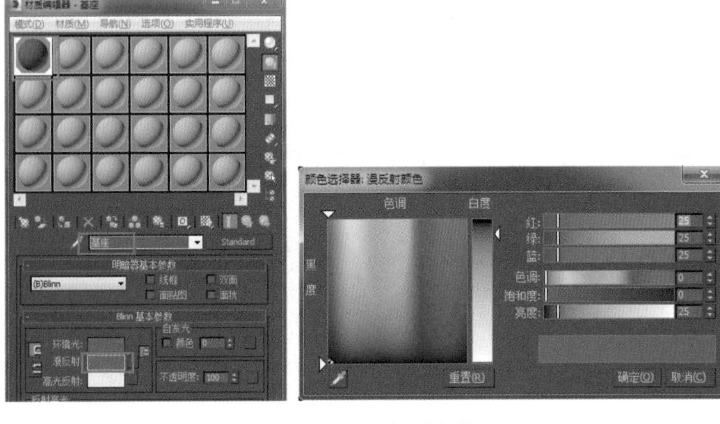

图3.1.68　赋予材质

2．制作第一层装饰条

01 按 T 键切换到顶视图，创建如图 3.1.69 所示的长方体。按 F 键选择前视图，利用捕捉工具将长方体放到基座之上，如图 3.1.70 所示。

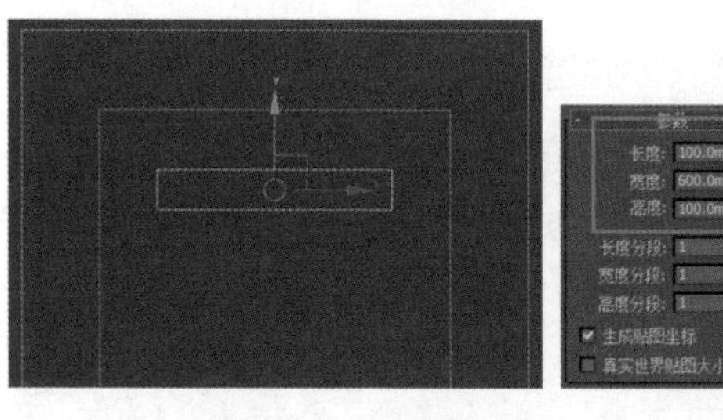
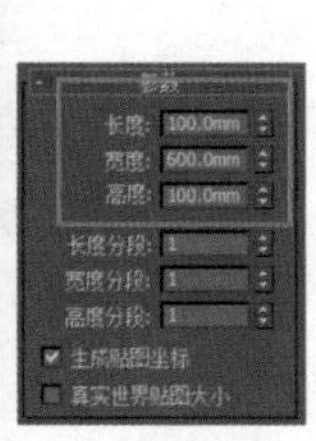

图3.1.69　创建长方体

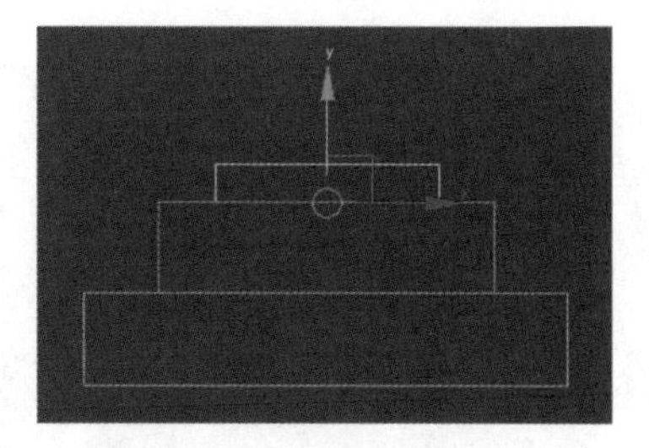

图3.1.70　调整长方体位置

02 选择顶视图，单击“选择并旋转”和“角度捕捉开关”按钮，再选中长方体，按住 Shift 键沿着黄色圆圈顺时针旋转 90° 复制物体，如图 3.1.71 所示。修改复制出的长方体的长度为 500mm，如图 3.1.72 所示。

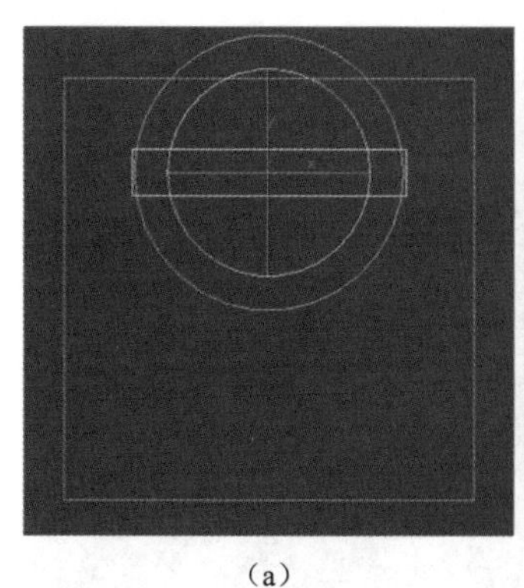

（a）

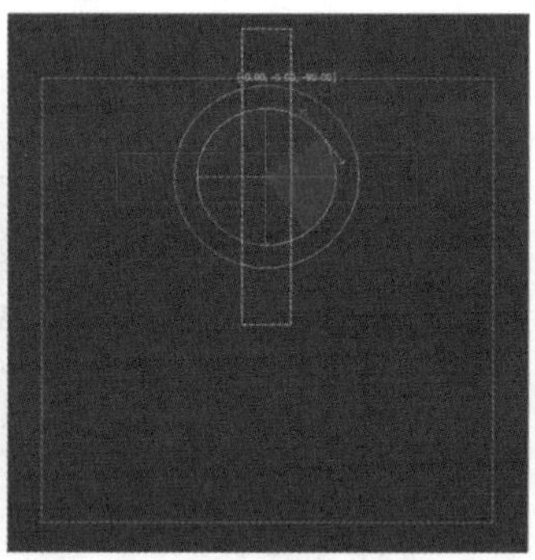
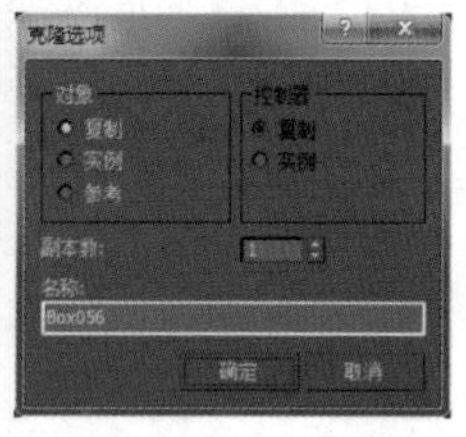

（b）

图3.1.71　旋转复制长方体

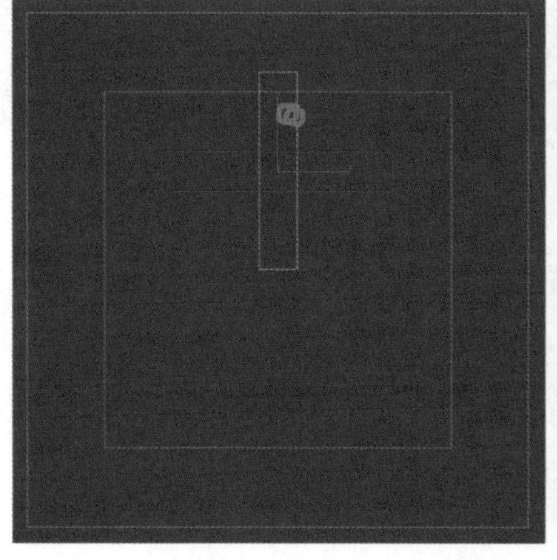
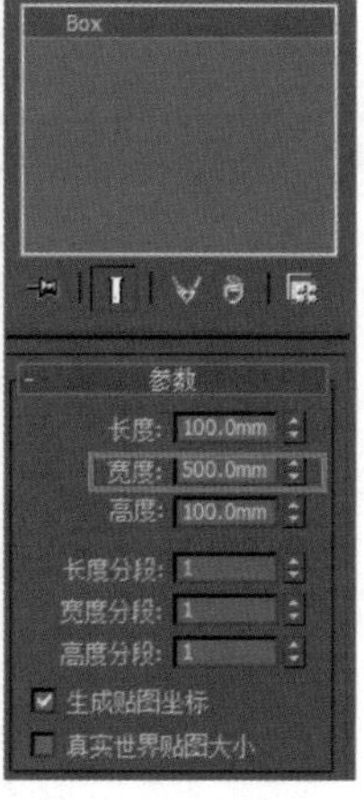

图3.1.72　修改尺寸

03 选择顶视图，按 F8 键同时选中 *X* 轴和 *Y* 轴，此时长方体能够在一个平面上移动，利用捕捉工具将长方体的位置进行如图 3.1.73 所示的调整。按住 Shift 键并单击“选择并旋转”按钮，将长方体进行如图 3.1.74 所示的旋转复制操作。

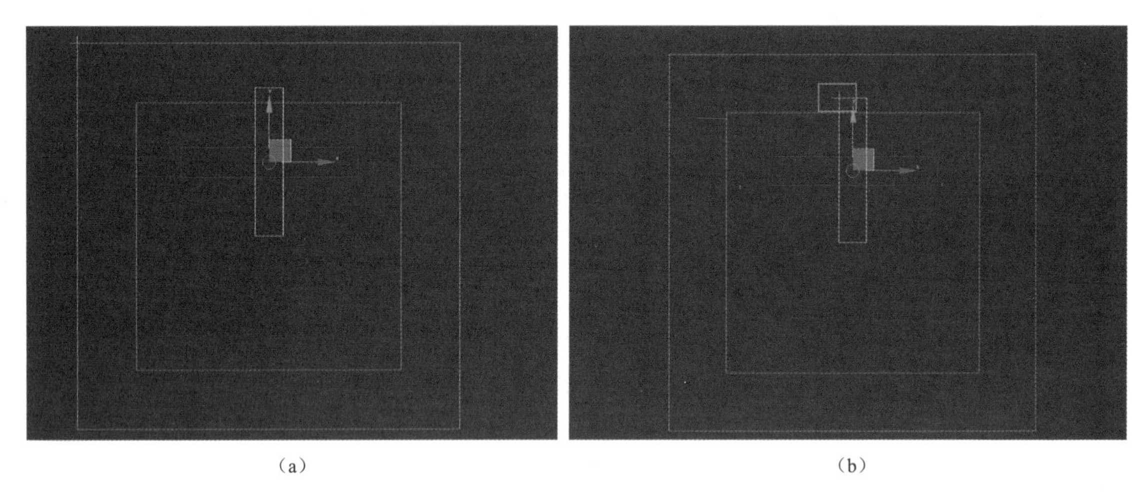

（a）　　　　（b）

图3.1.73　调整长方体位置

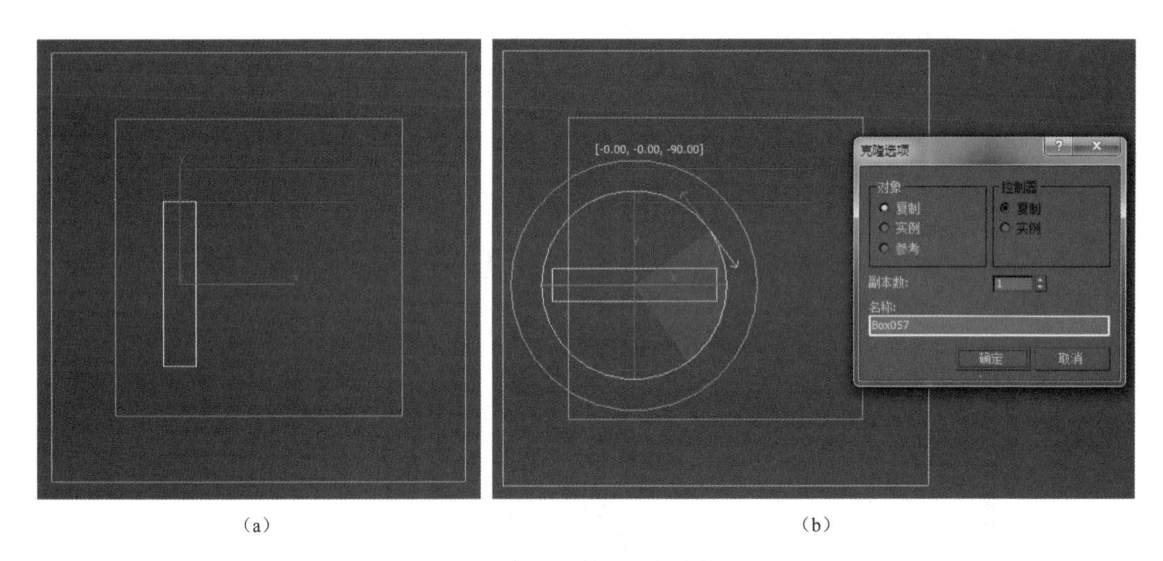

（a）　　　　（b）

图3.1.74　旋转复制长方体

04 选择顶视图，选中基座并右击，在弹出的快捷菜单中选择“隐藏选择对象”选项，如图 3.1.75（a）所示。按 F 键选择前视图，将上一步复制出的长方体旋转 90°，如图 3.1.75（b）所示。再利用捕捉工具将长方体移动到最上面，如图 3.1.76 所示。

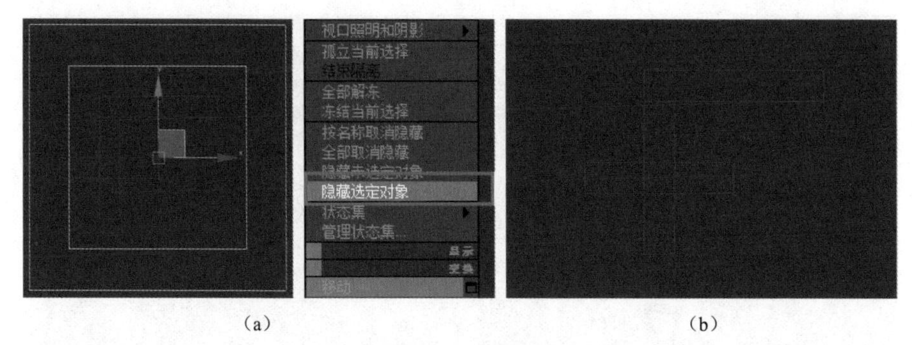

（a）　　　　　　　　　　（b）

图3.1.75　隐藏基座

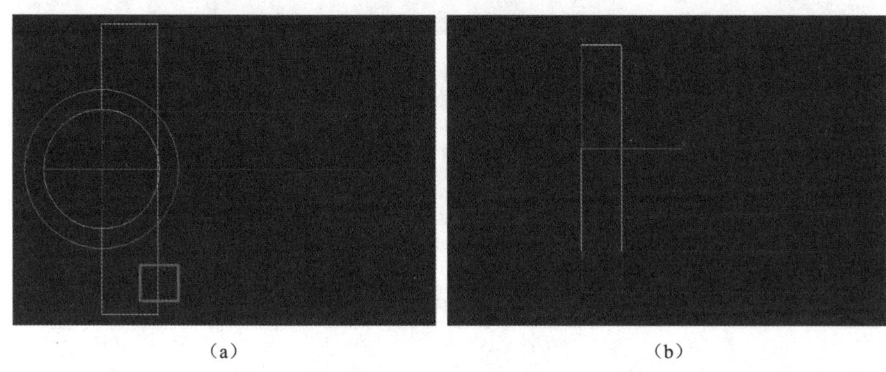

（a）　　　　　　　　　　（b）

图3.1.76　移动长方体

05 按 T 键切换到顶视图，利用捕捉工具将长方体移动到端头，如图 3.1.77 所示。按住 Shift 键复制长方体并移动其位置，如图 3.1.78（a）和（b）所示，形成的效果如图 3.1.78（c）所示。按 M 键，在弹出的“材质编辑器”对话框中将材质命名为“红色金属”，并设置“漫反射”颜色，将材质赋予物体，如图 3.1.79 所示。

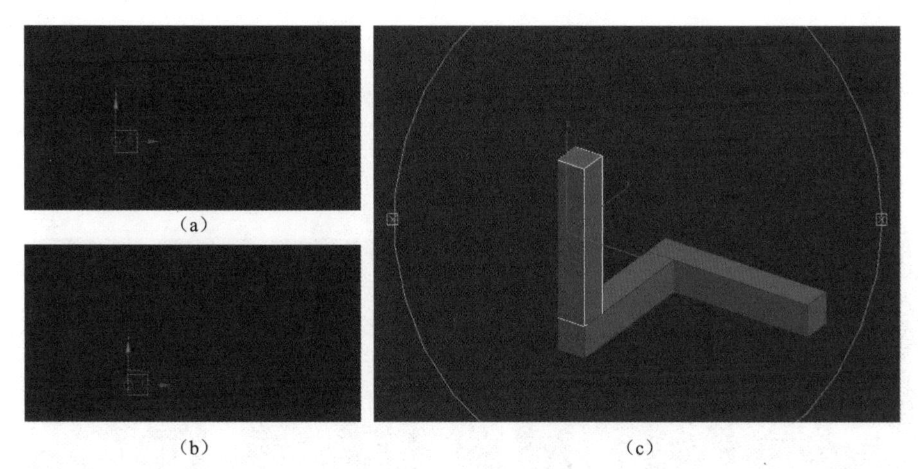

（a）　（b）　（c）

图3.1.77　移动长方体

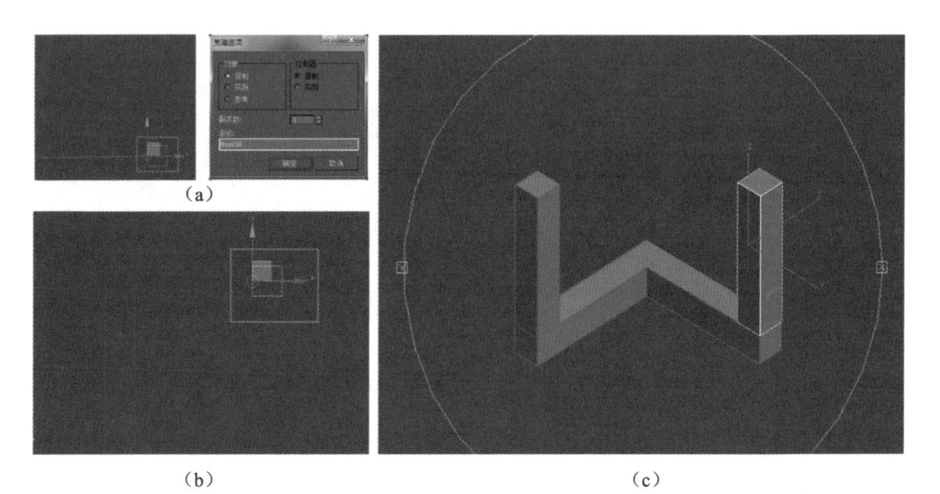

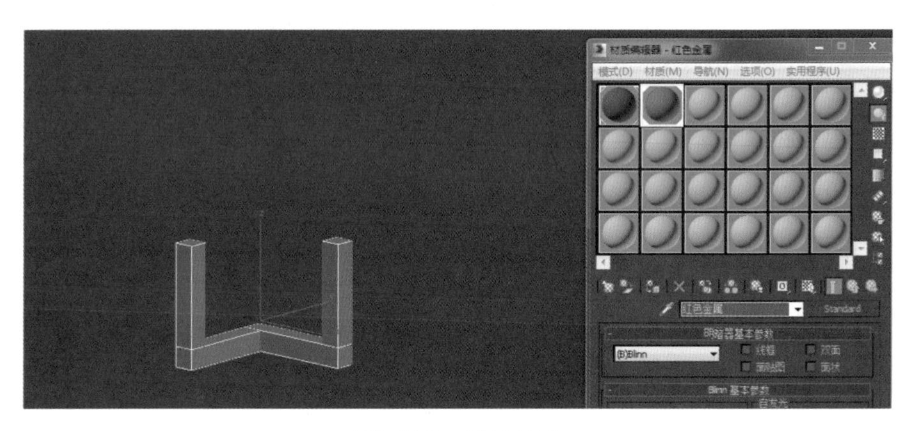

（a）　（b）　（c）

图3.1.78　复制并移动长方体

图3.1.79　赋予材质

3．制作第二层装饰条

01 选择顶视图，按住 Shift 键复制如图 3.1.80（a）所示的长方体，使用捕捉工具将复制出的长方体移动到正确的位置，如图 3.1.80（b）所示。按 L 键切换到左视图，将长方体在 *Y* 轴方向移动，如图 3.1.81 所示，得到如图 3.1.82 所示的形状。

（a）　（b）

图3.1.80　创建长方体

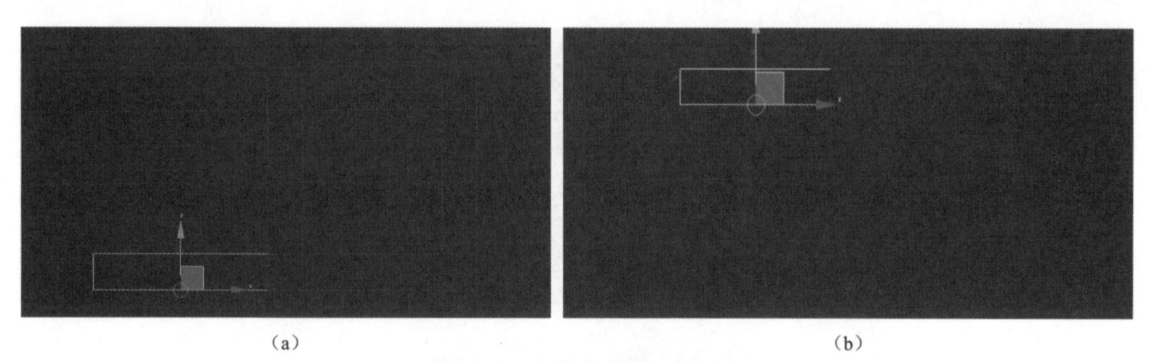

（a） （b）

图3.1.81 沿Y轴方向移动长方体

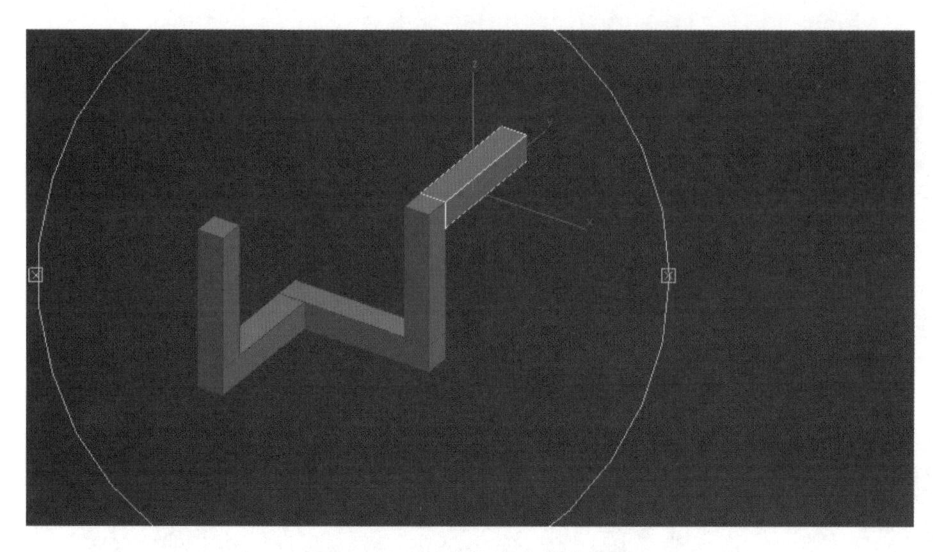

图3.1.82 长方体移动完成效果

02 选择顶视图，按住 Shift 键旋转 90° 复制选中的长方体，如图 3.1.83 所示。利用捕捉工具将长方体放到正确位置，如图 3.1.84 所示。

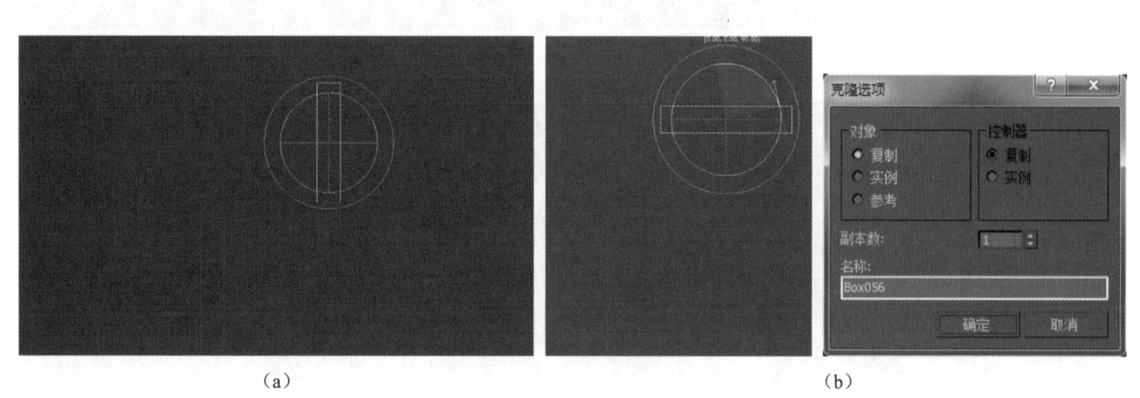

（a） （b）

图3.1.83 旋转复制长方体

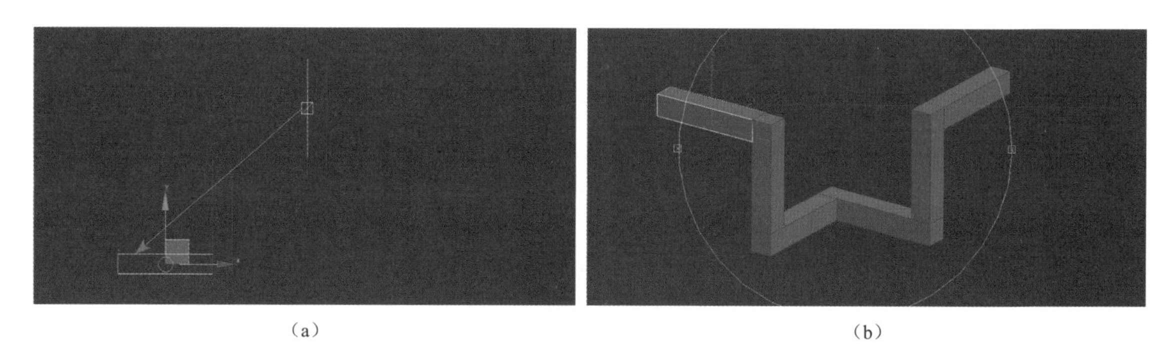

（a）　（b）

图3.1.84　将长方体移动到正确位置

03 使用移动复制的方法制作出金属造型，如图 3.1.85 所示。

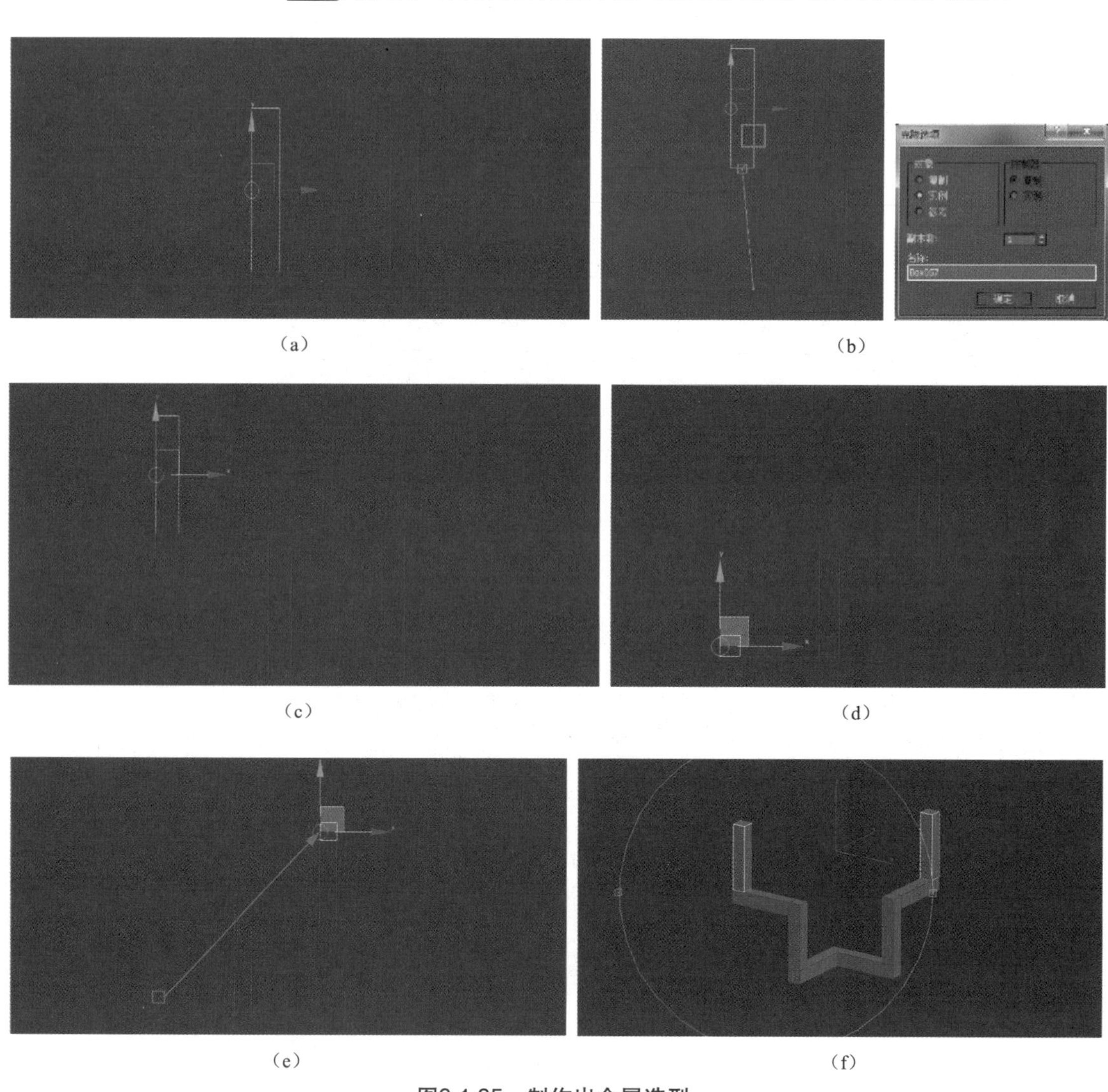

（a）　（b）

（c）　（d）

（e）　（f）

图3.1.85　制作出金属造型

04 选中如图 3.1.86（a）所示的长方体并对其进行复制，使用捕捉工具将复制出的长方体放到正确的位置，如图 3.1.86（b）所示。使用相同的方法，制作左侧的长方体，达到整体对称，如图 3.1.87 所示。

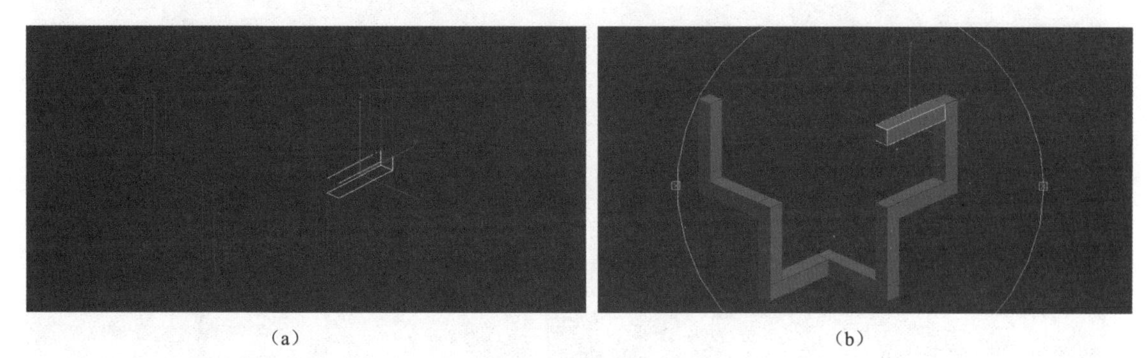

（a）　　（b）

图3.1.86　制作右侧的长方体

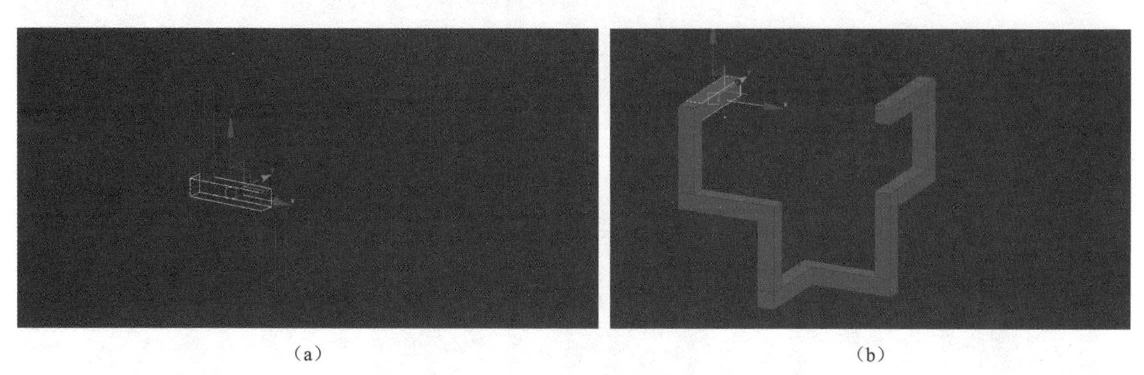

（a）　　（b）

图3.1.87　制作左侧的长方体

4．制作装饰旋转层

01 选择顶视图，选中如图 3.1.88 所示的长方体并对其进行旋转复制，利用捕捉工具将其放到正确的位置，如图 3.1.89 所示。

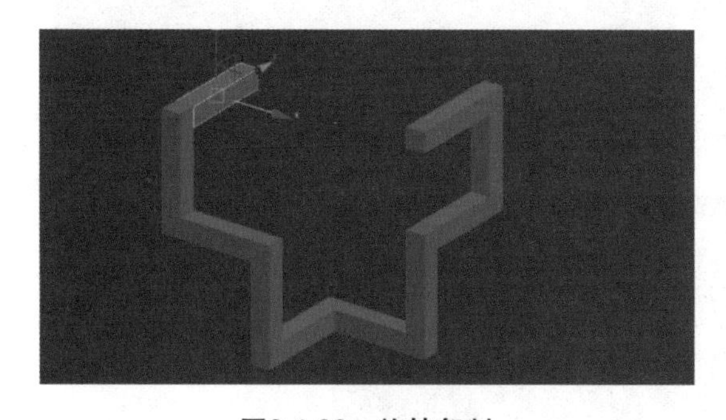

图3.1.88　旋转复制

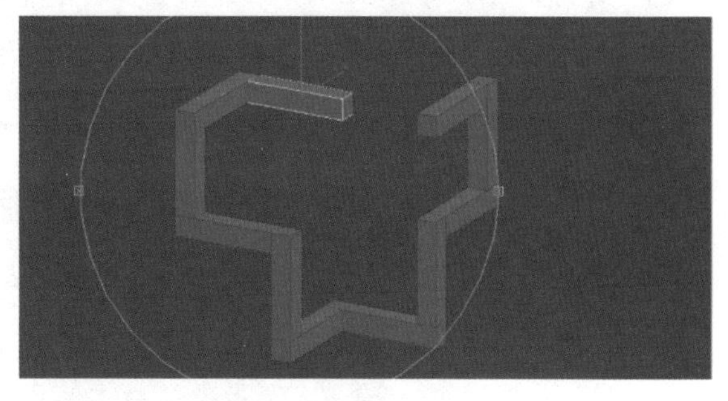

图3.1.89　摆放位置

02 选择顶视图，选中如图 3.1.90（a）所示的长方体并对其进行旋转复制，利用捕捉工具将其放到正确的位置，如图 3.1.90（b）所示；使用相同方法，制作出金属装饰的整体造型，如图 3.1.90（c）～（i）所示。

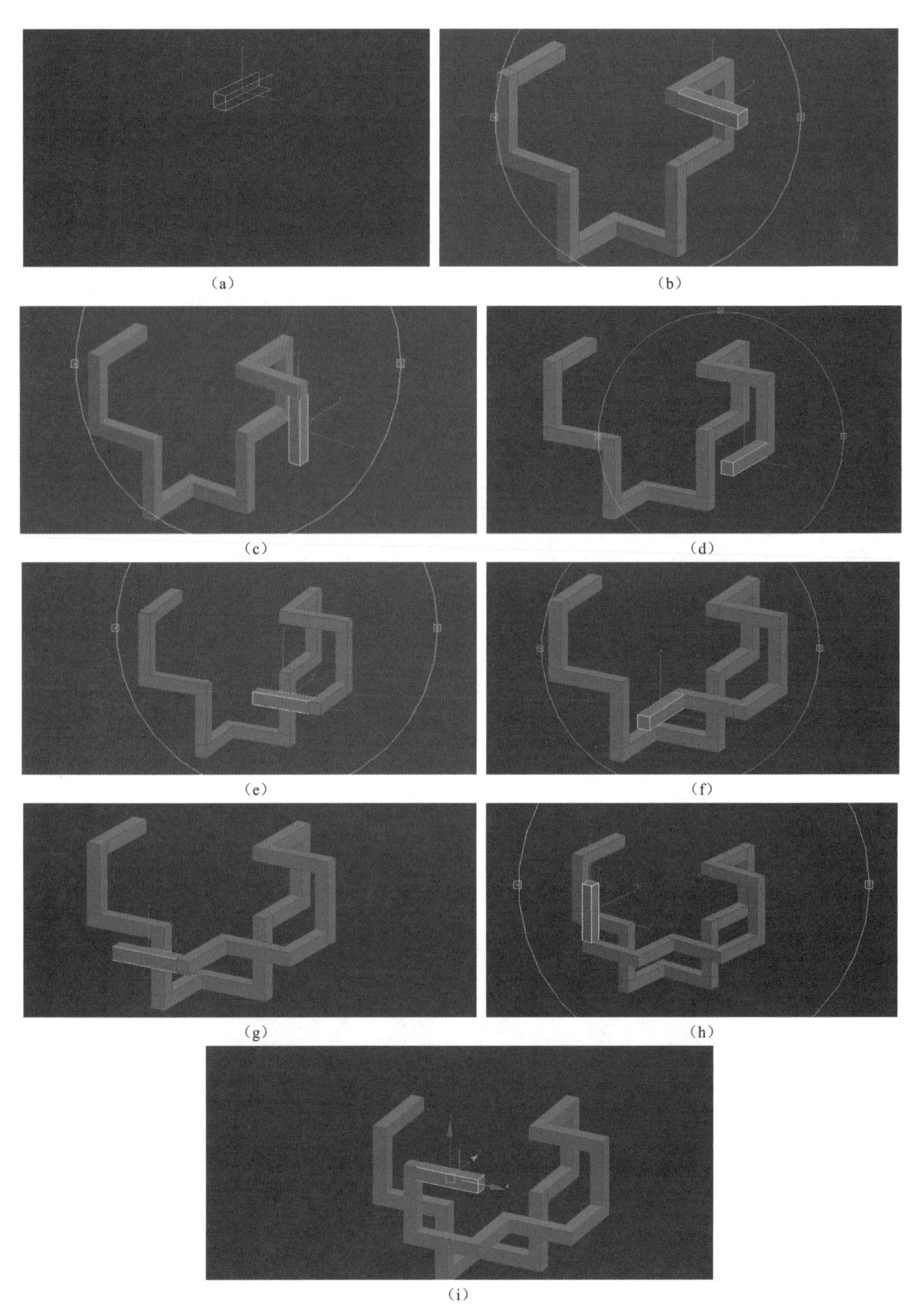

（a）（b）（c）（d）（e）（f）（g）（h）（i）

图3.1.90　金属装饰的整体造型

5．合成金属装饰

01 同理，在顶视图、前视图和左视图中，使用旋转、复制、移动、捕捉工具拼接其余金属条，如图 3.1.91 所示。

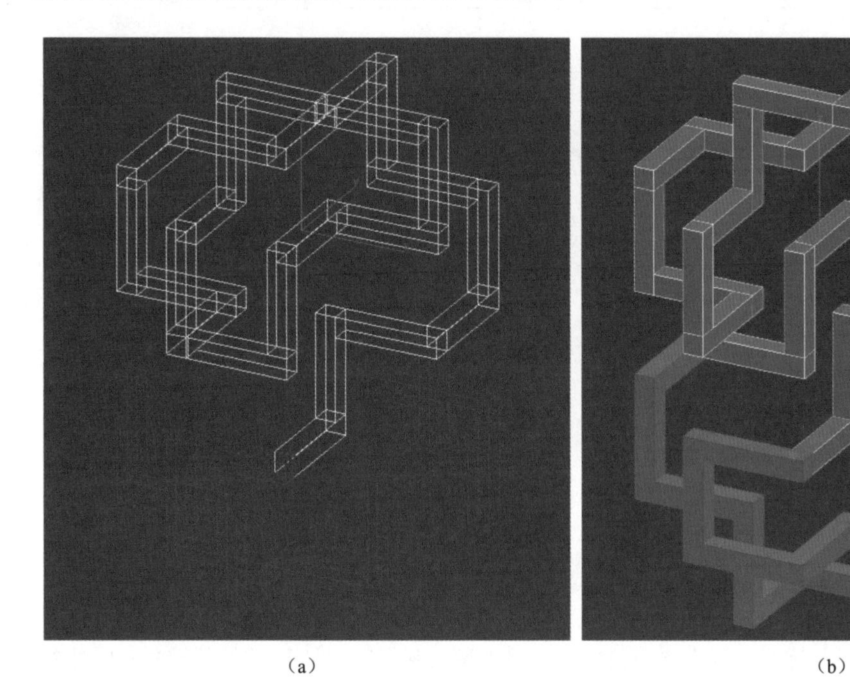

（a）　　　　　　（b）

图3.1.91　装饰条模型

02 取消隐藏基座，效果如图 3.1.92 所示。

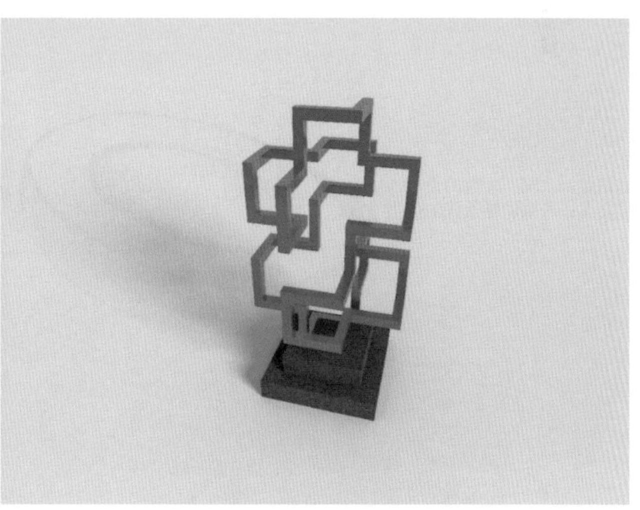

（a）　　　　　　（b）

图3.1.92　城市标志模型

任务3.2 我是园林美化师——景观小品建模

☞任务描述

景观小品是景观中的点睛之笔，体量较小、色彩单纯，对空间起点缀作用。室外景观小品很多时候特指公共艺术品。景观小品包括建筑小品、生活设施小品、道路设施小品等。本任务制作公园小品模型，具体包括树池、灯具、花钵、花墩。

☞任务目标

通过树池、灯具、花钵、花墩等公园小品模型的创建，掌握建模常用技能，提高空间环境鉴赏能力。

微课：制作树池

3.2.1 制作公园小品模型（一）——二维样条修改器的运用

园林景观小品是指园林中用于休息、装饰、照明、展示等的小型建筑设施。本节制作如图3.2.1所示的树池和灯具。

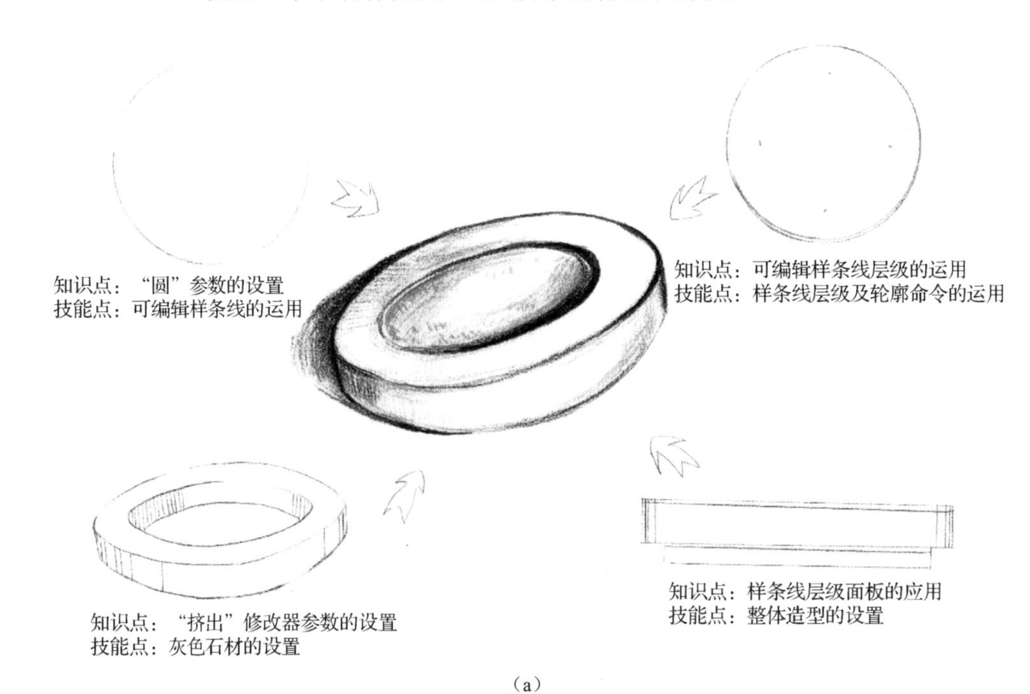

（a）

图3.2.1 树池和灯具模型绘制相关知识点与技能点图解

（b）

图3.2.1（续）

1．制作树池

制作如图 3.2.1（a）所示的树池。

01 选择顶视图，绘制半径为 1000mm 的圆，如图 3.2.2 所示，将其转换为“可编辑样条线”。

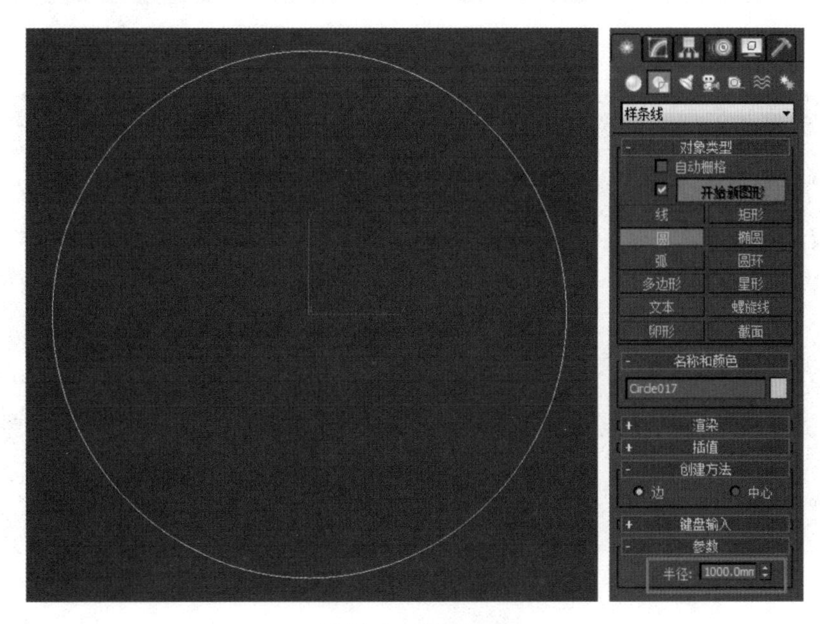

图3.2.2　创建圆形

02 选中可编辑样条线，按 3 键进入“样条线”层级，在“修改”命令面板中的“轮廓”文本框中输入 300，如图 3.2.3（a）所示，形成如图 3.2.3（b）所示的双圆。

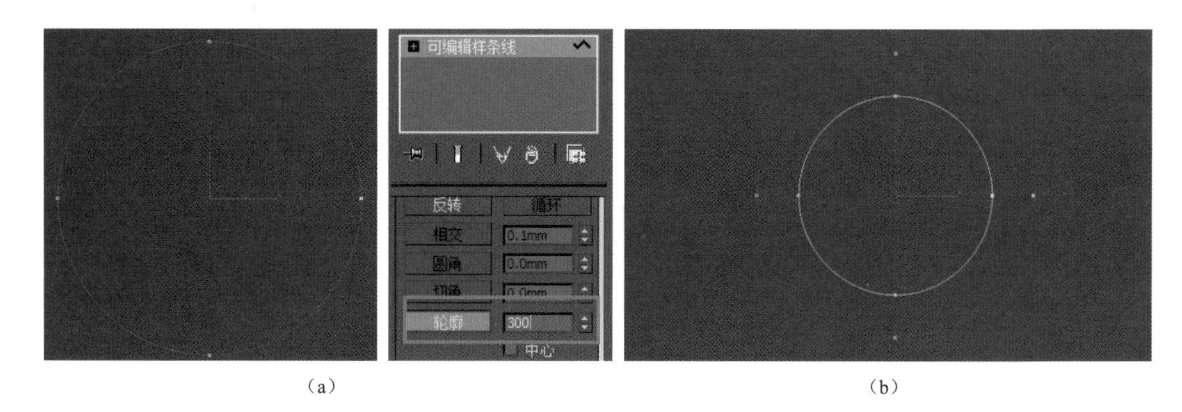

（a）　　　　　　　　（b）

图3.2.3　创建双圆形

03 按 F 键切换到前视图，为双圆添加“挤出”修改器，挤出高度为200mm，如图 3.2.4 所示。按 M 键，在弹出的“材质编辑器”对话框中选择第一个材质球并命名为“灰色石材”，并将材质赋予物体，如图 3.2.5 所示。

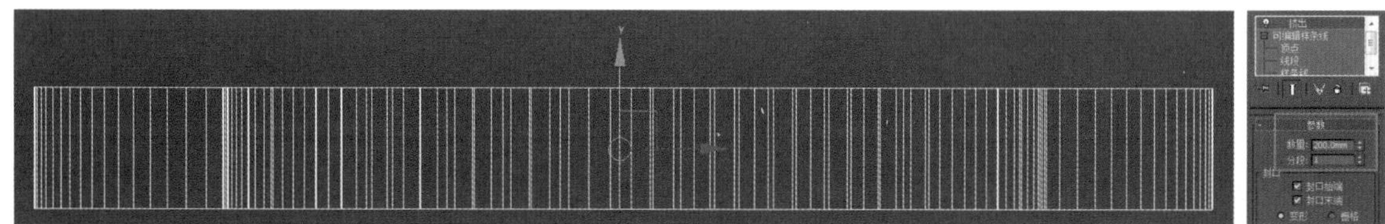

图3.2.4　添加“挤出”修改器

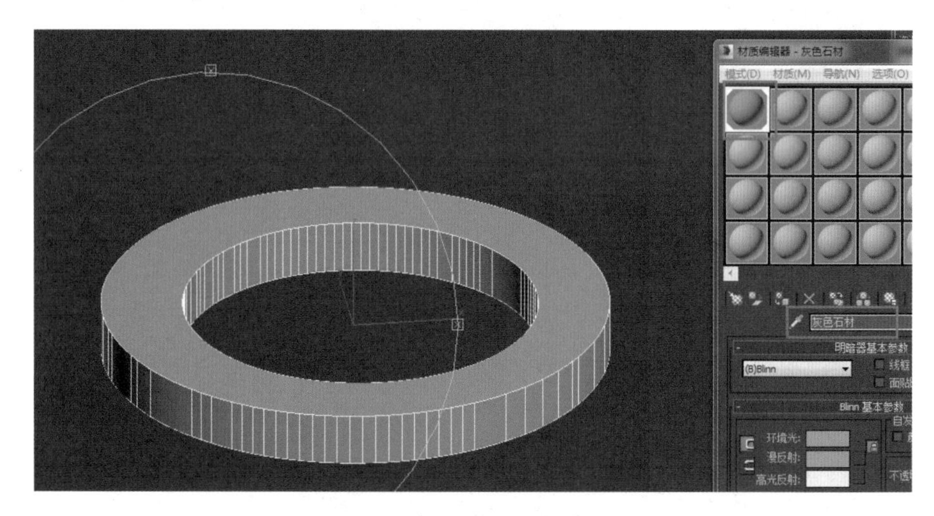

图3.2.5　赋予“灰色石材”材质

04 按 T 键切换到顶视图，按 Ctrl+V 组合键原地复制物体，如图 3.2.6 所示。在“修改”命令面板中删除所复制物体的“挤出”命令使其成为二维图形。再选中该二维图形的外圈样条线，如图 3.2.7 所示，单击“轮廓”按钮，设置参数为 50mm，结果如图 3.2.8 所示。

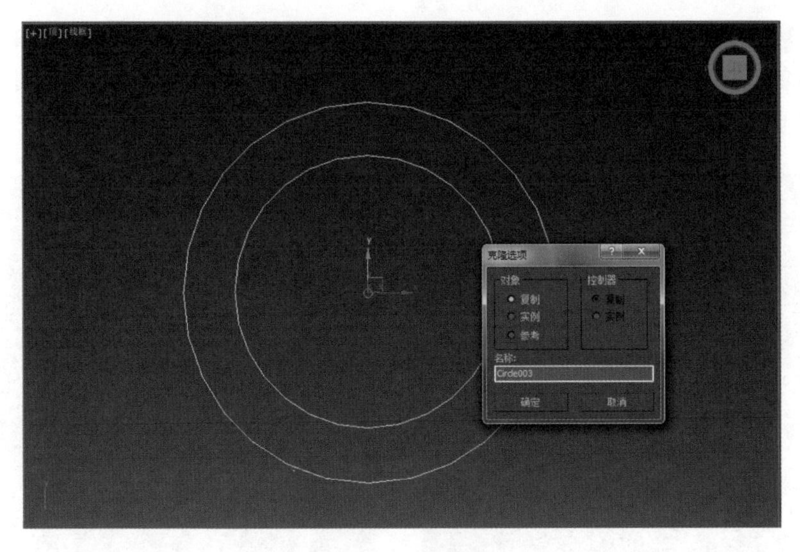

图3.2.6　复制物体

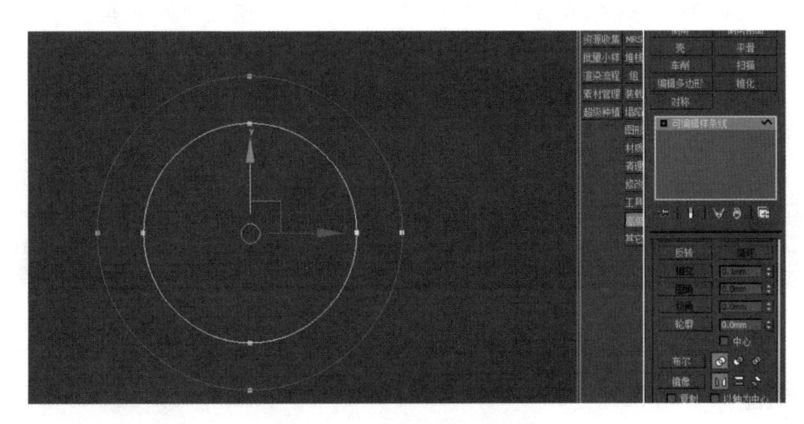

图3.2.7　选中外圈样条线

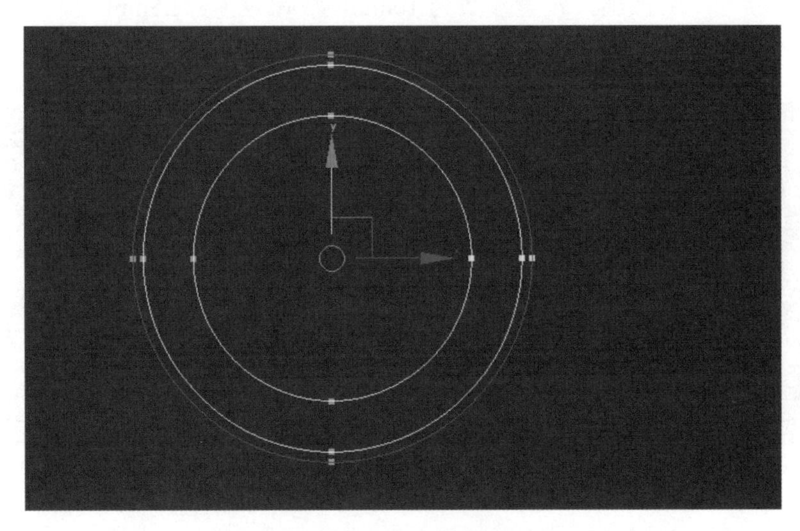

图3.2.8　添加轮廓操作

05 选中如图 3.2.9 所示的两条样条线并将其删除，形成如图 3.2.10 所示的圆形。添加“挤出”修改器，设置参数为 100mm，放到最下端并赋予材质，结果如图 3.2.11 所示。

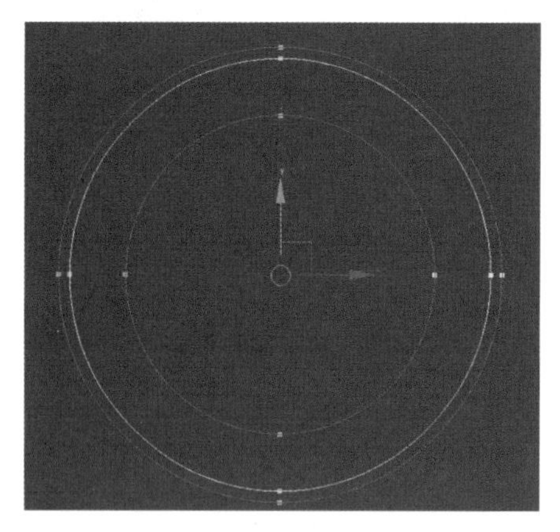

图3.2.9　选中样条线

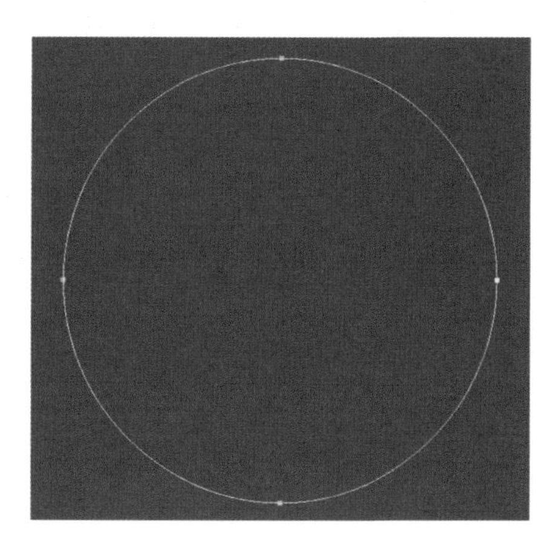

图3.2.10　圆形

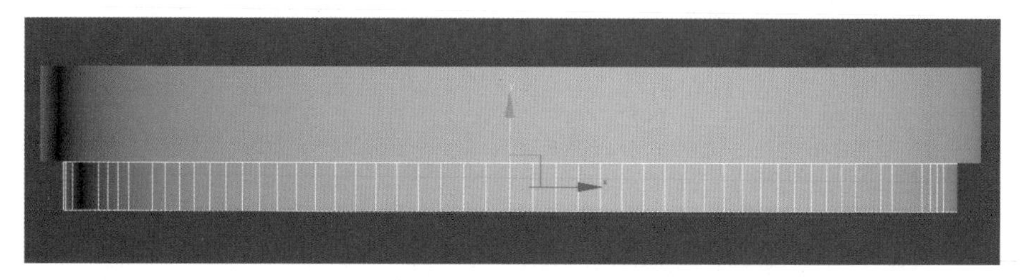

图3.2.11　“挤出”效果

06 选择前视图，按 Ctrl+V 组合键原地复制图形，如图 3.2.12 所示，删除“挤出”修改器。切换到顶视图，删除外圈样条线，如图 3.2.13 所示。添加“挤出”修改器，设置参数为 10mm，放在距顶部 25mm 处，并赋予物体“草”材质（图 3.2.14），所得模型如图 3.2.15 所示。

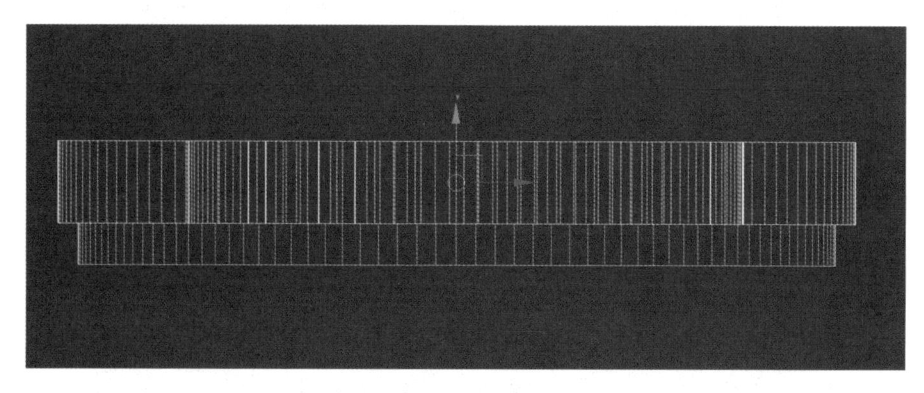

图3.2.12　复制图形

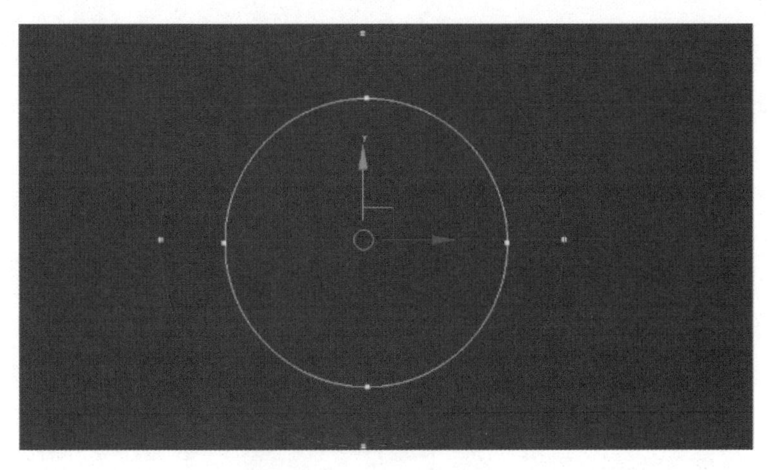

图3.2.13 删除外圈样条线

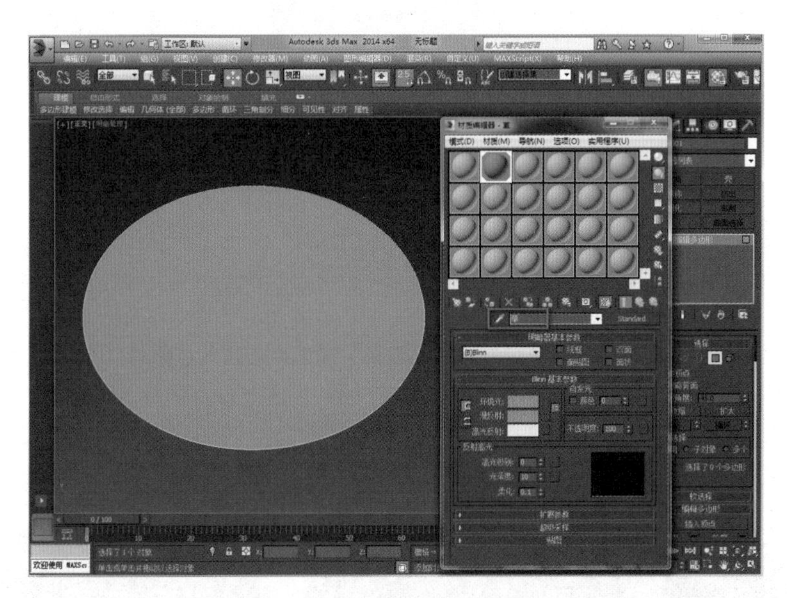

图3.2.14 赋予“草”材质

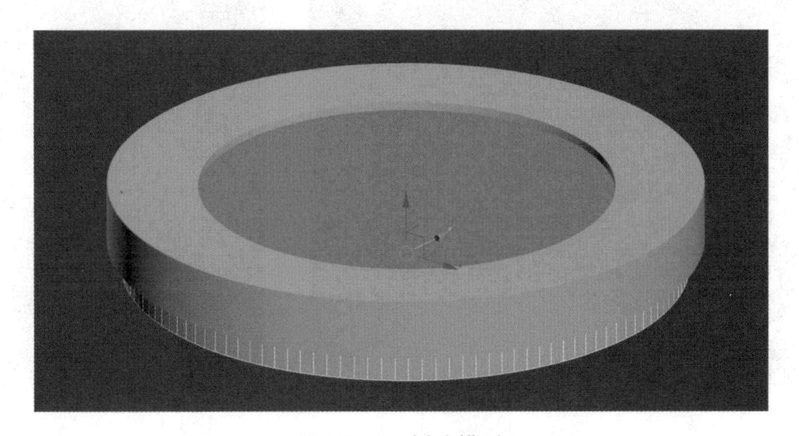

图3.2.15 树池模型

2．制作灯具

制作如图 3.2.16 所示的灯具。

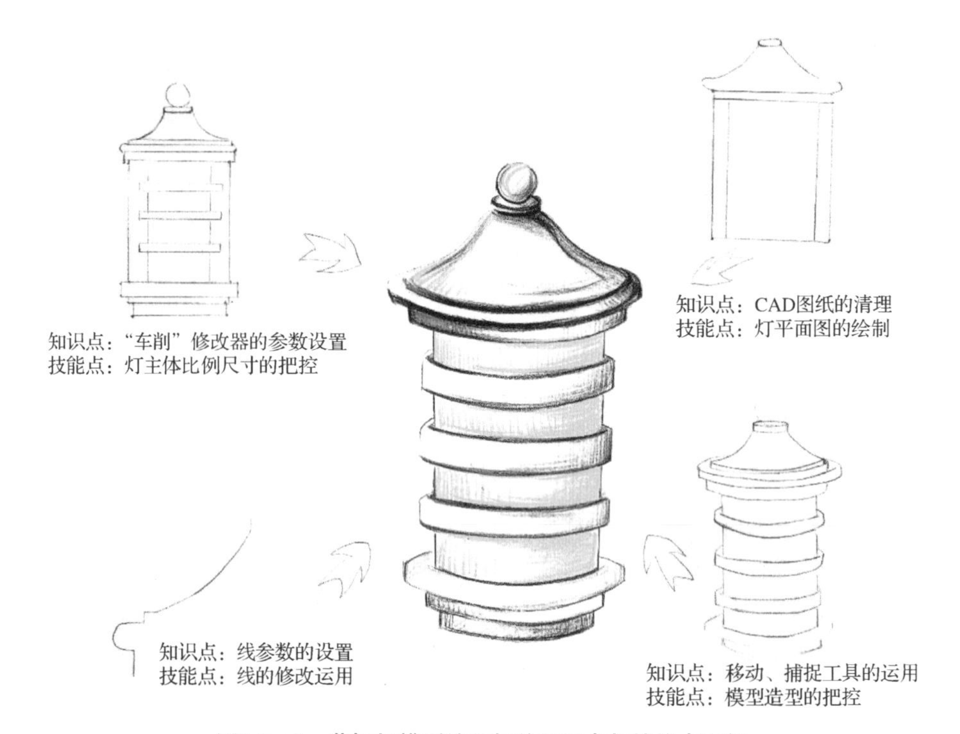

图3.2.16　草坪灯模型绘制相关知识点与技能点图解

01 在 CAD 软件中打开灯具的 CAD 图纸，如图 3.2.17 所示，删除多余的文字和标注线等，如图 3.2.18 所示。

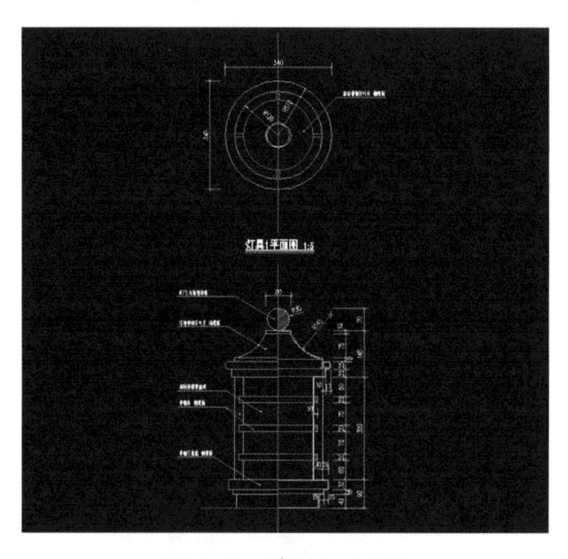

图3.2.17　清理CAD图纸

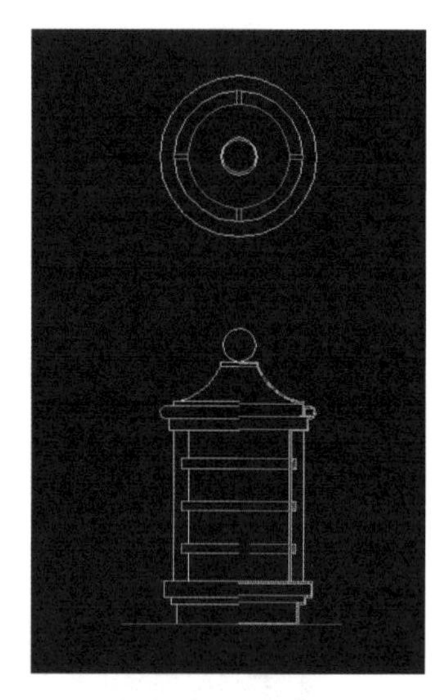

图3.2.18　模型图纸

02 选择灯具的平面CAD图，按W+Space组合键，弹出“写块”对话框，如图3.2.19所示，单击“文件名和路径”文本框右侧的按钮，保存文件到需要的目录，使用同样的方法输出灯具的立面CAD图。

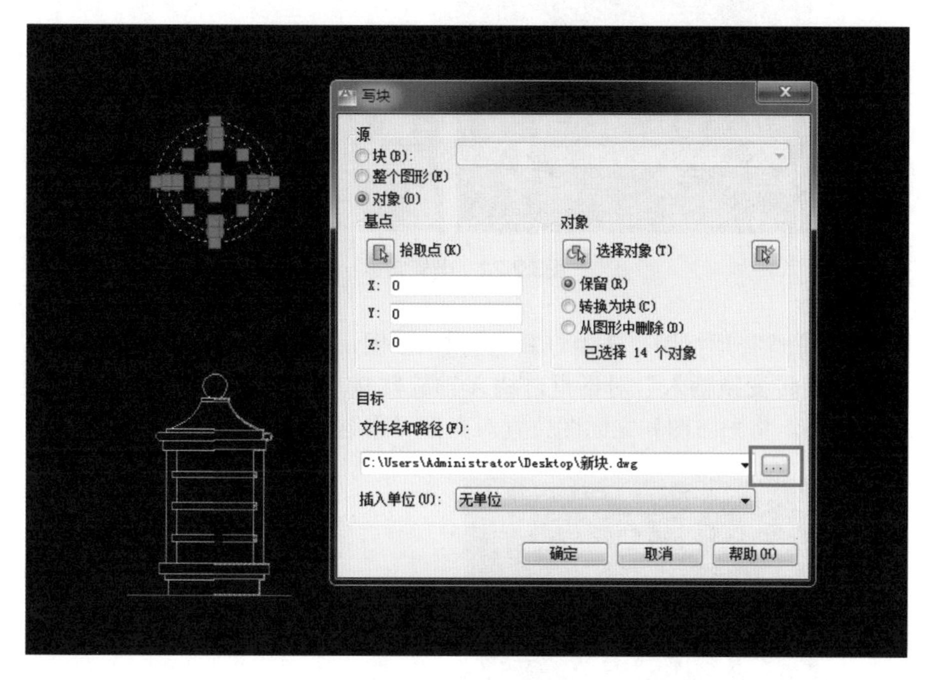

图3.2.19 写块操作

03 选择菜单栏中的“导入”选项，将灯CAD图纸导入3ds Max中；再将灯具的平面图和灯的立面图分别成组，如图3.2.20所示。将平面CAD图和立面CAD图分别归零，如图3.2.21所示。

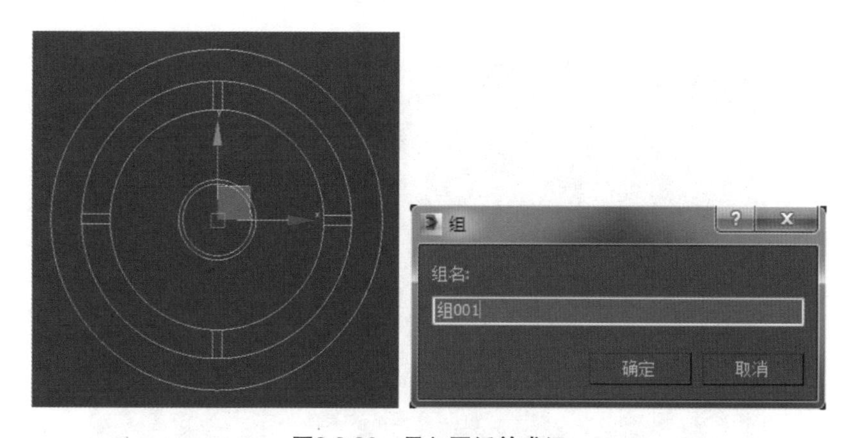

图3.2.20 导入图纸并成组

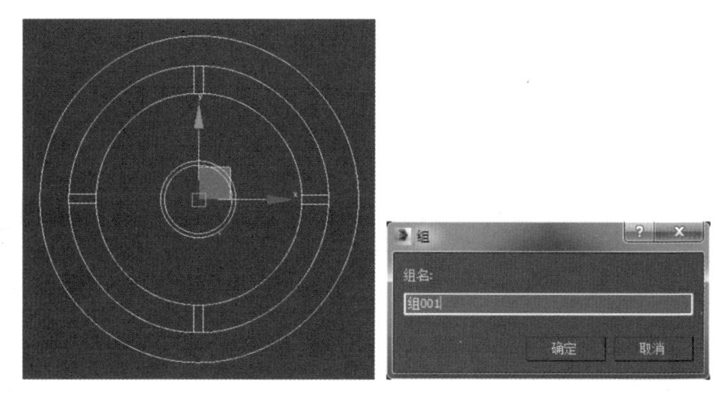

图3.2.21　坐标归零

04 选择顶视图，选中灯具立面 CAD 图，右击“选择并旋转”按钮，弹出“旋转变换输入”对话框，绕 *X* 轴旋转 90°，如图 3.2.22 所示。切换到顶视图，将平面图和立面图位置对齐再“冻结”，如图 3.2.23 所示。

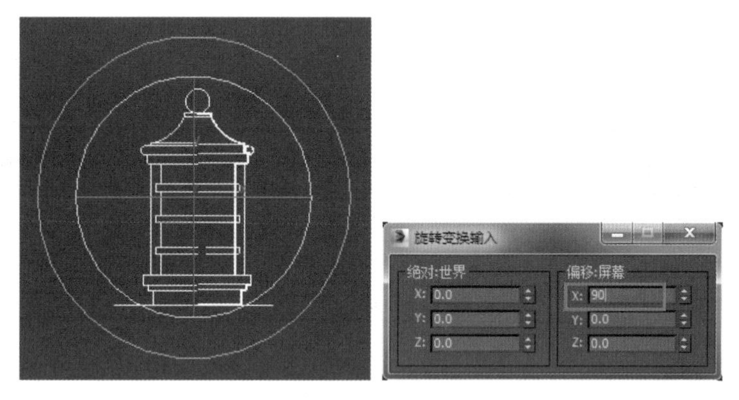

图3.2.22　*X*轴旋转

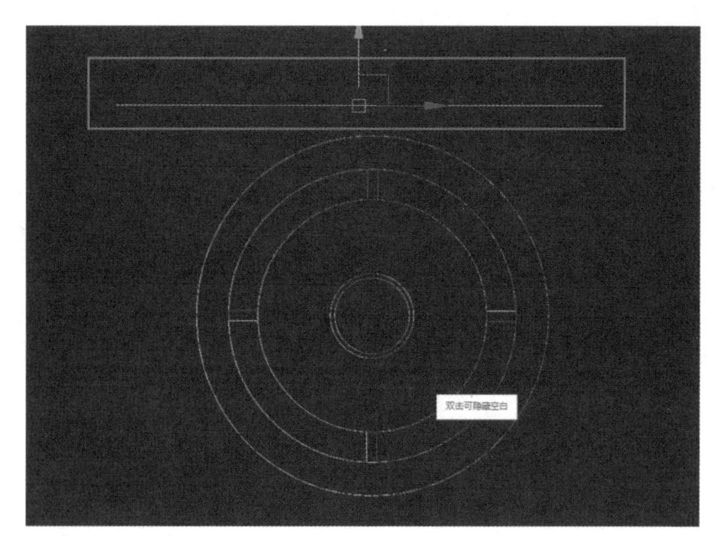

图3.2.23　对齐和冻结操作

05 按 F 键切换到前视图，根据灯具立面 CAD 图绘制如图 3.2.24（a）所示的线；再选中所有点并右击，在弹出的快捷菜单中选择“Bezier 角点”选项，进行相关调节，如图 3.2.24（b）～（d）所示。

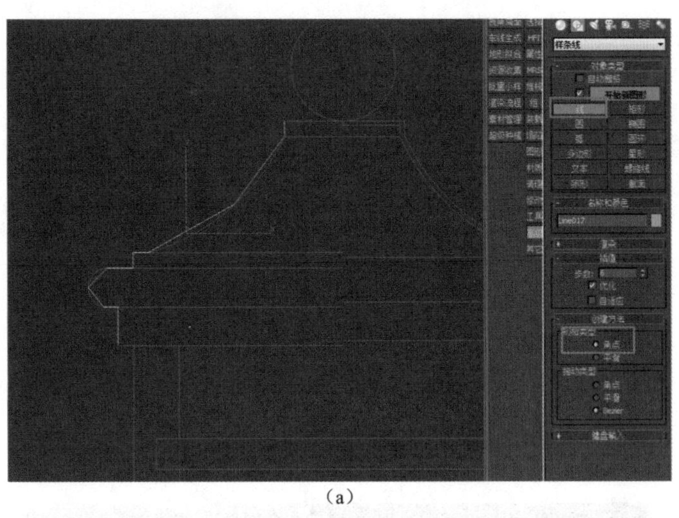

（a）

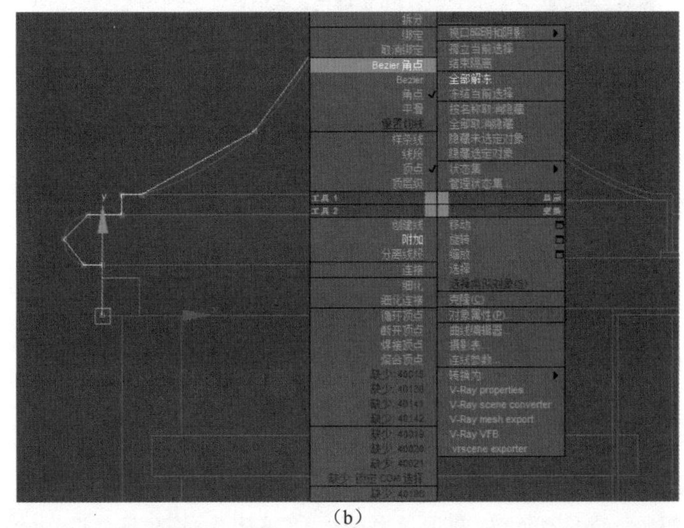

（b）

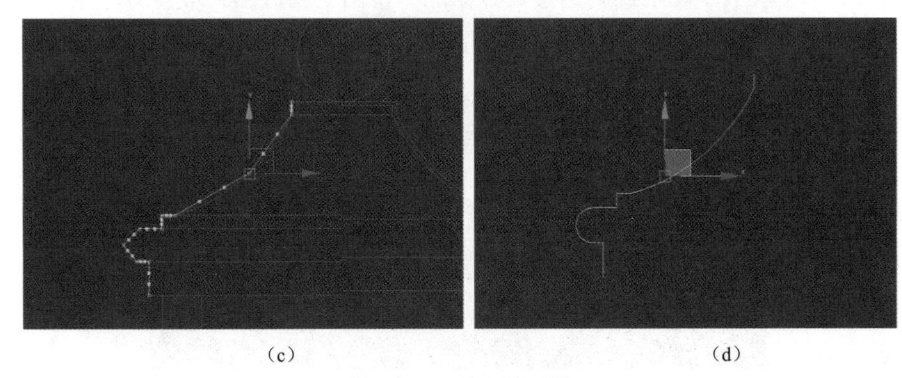

（c）　　　　（d）

图3.2.24　绘制灯顶线

06 在调节完成的样条线上添加“车削”修改器，进入“轴”层级，在 X 轴方向上移动调节其形状，如图 3.2.25 所示。打开“材质编辑器”对话框，将材质赋予灯顶部，如图 3.2.26 所示。

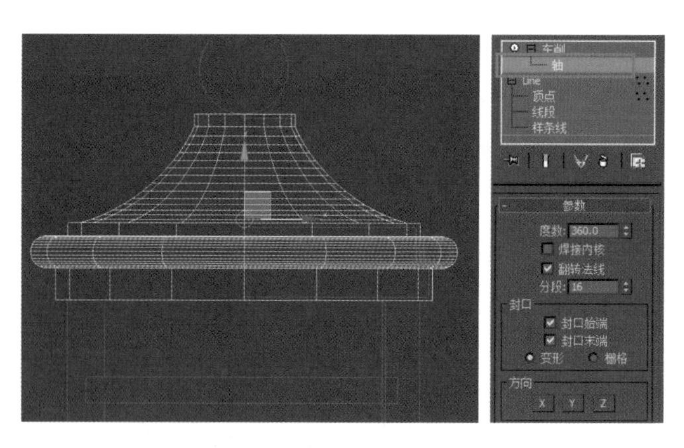

图3.2.25　添加“车削”修改器

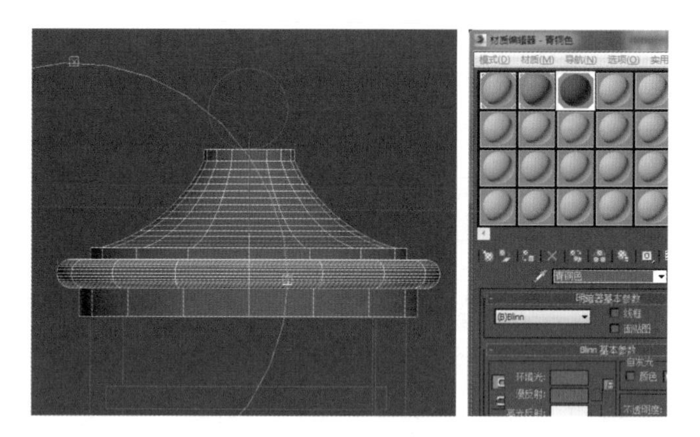

图3.2.26　赋予材质

07 再添加“补洞”修改器，使上下封口，如图 3.2.27 所示。选择顶视图，根据 CAD 图纸绘制圆形，并添加“挤出”修改器，设置“数量”为 320mm，如图 3.2.28 所示；将“透明板”材质赋予物体，如图 3.2.29 所示。

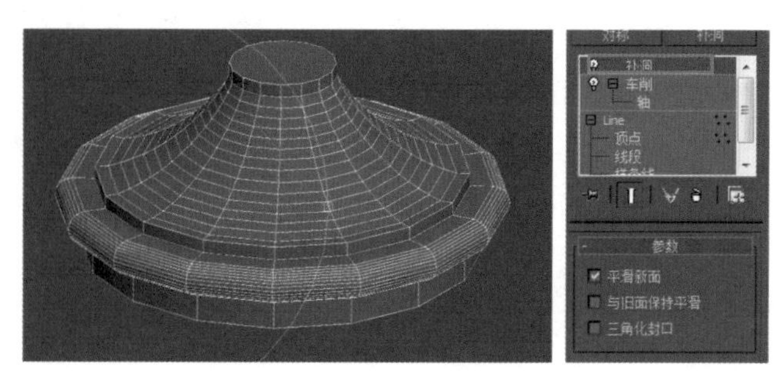

图3.2.27　添加“补洞”修改器

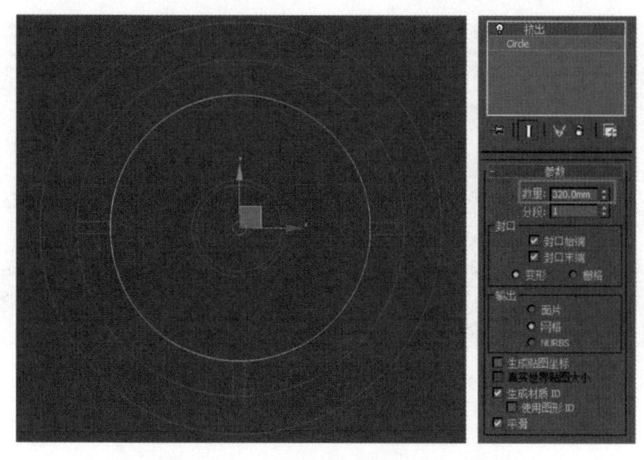

图3.2.28 添加“挤出”修改器

图3.2.29 赋予“透明板”材质

08 按 Ctrl+V 组合键原地复制透明板，修改其半径为 125mm、挤出高度为 20mm，再添加“壳”修改器，设置“内部量”为 25mm，如图 3.2.30（a）所示。将其移动到正确的位置，如图 3.2.30（b）所示；再对其进行复制并赋予材质，如图 3.2.30（c）和（d）所示。

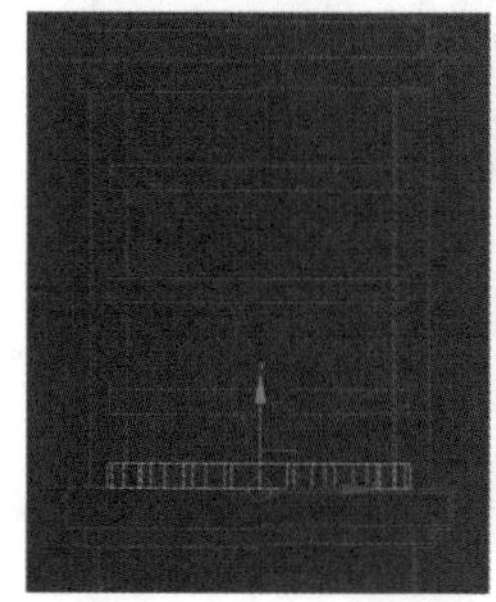

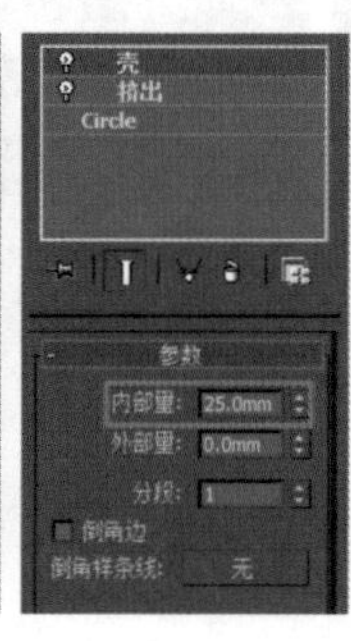

（a）

（b）

图3.2.30 制作灯柱外框

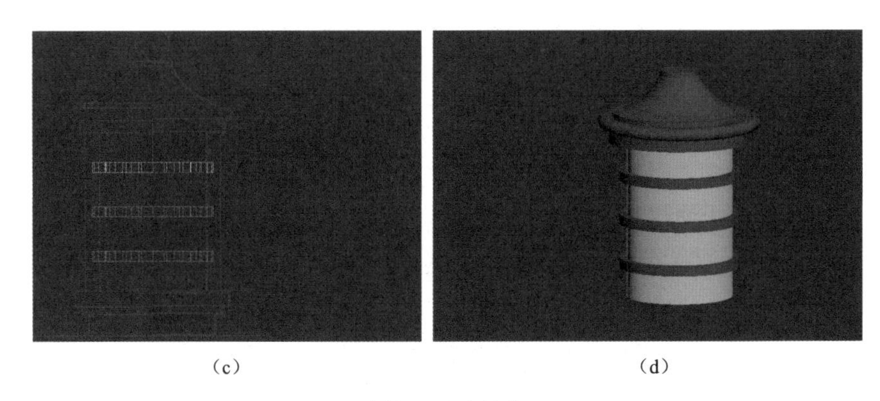

图3.2.30（续）

09 同理，复制透明板，修改半径和挤出高度，制作灯座，如图 3.2.31（a）所示。切换到顶视图，单击“矩形”按钮，根据 CAD 平面图绘制青铜条，添加“挤出”修改器，设置高度为 320mm，并赋予材质，如图 3.2.31（b）～（d）所示。

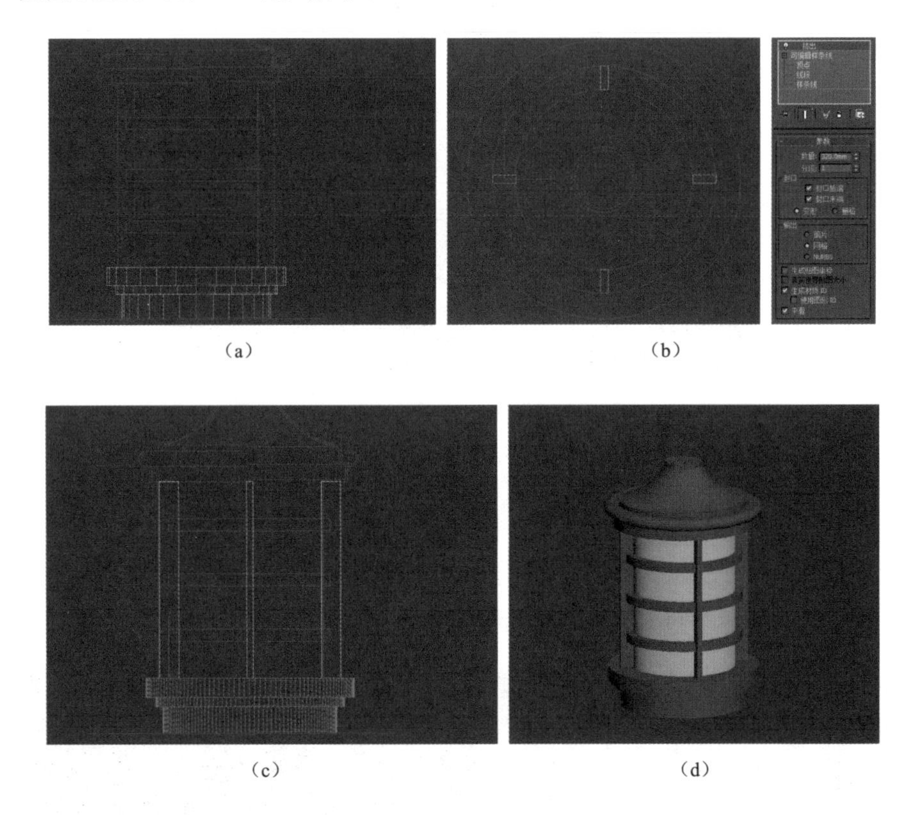

图3.2.31　制作灯座

10 选择前视图，创建半径为 35mm 的球体，并将其放到最上面，如图 3.2.32（a）所示。至此，完成灯饰的绘制，如图 3.2.32（b）所示。

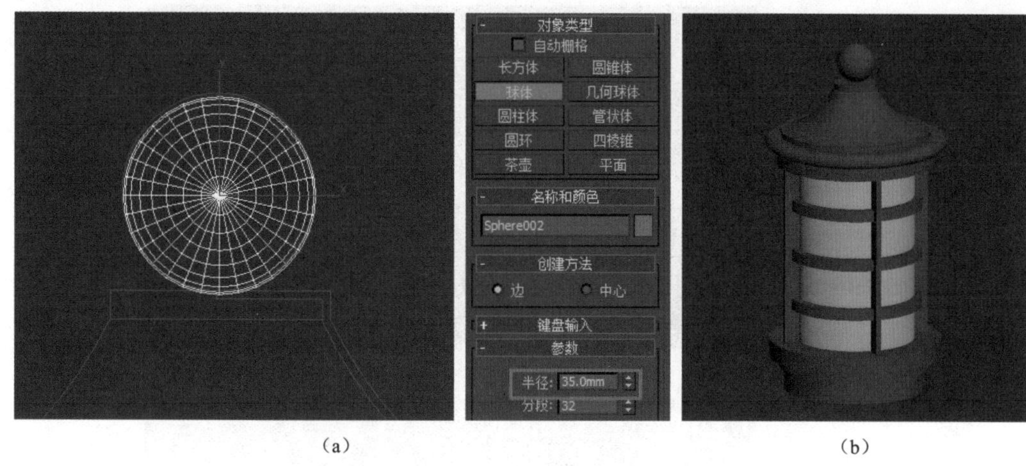

（a）（b）

图3.2.32 装饰灯顶

3.2.2 制作公园小品模型（二）——二维样条修改器的运用

1. 制作花钵模型

制作如图 3.2.33 所示的花钵。

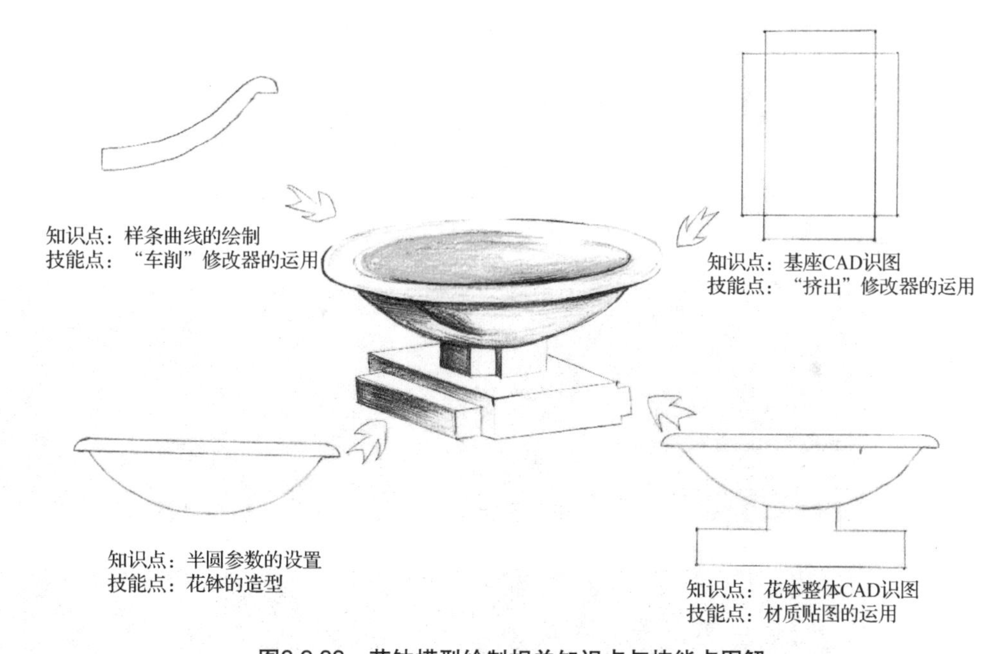

图3.2.33 花钵模型绘制相关知识点与技能点图解

01 在 CAD 软件中清理花钵图纸，如图 3.2.34（a）所示。将清理好的花钵 CAD 图纸导入 3ds Max 中，将坐标归零冻结，如图 3.2.34（b）所示。

制作花钵模型

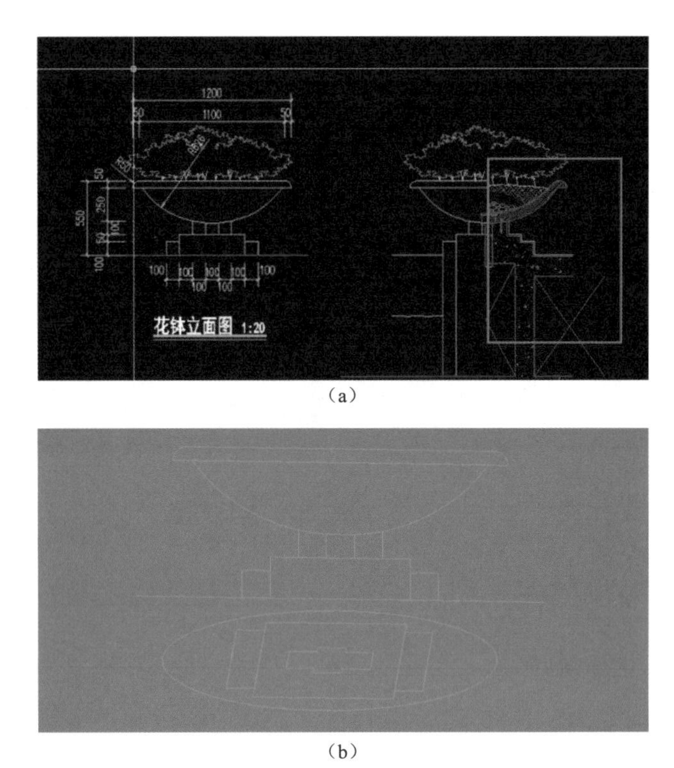

（a）

（b）

图3.2.34　清理图纸

02 选择前视图，按照剖立面图绘制如图 3.2.35（a）所示的线，选择所有的点并右击，在弹出的快捷菜单中选择“Bezier 角点”选项，如图 3.2.35（b）所示，调整后的图形如图 3.2.35（c）所示。添加“车削”修改器，在 *X* 轴调整车削“轴”层级，赋予花钵材质，如图 3.2.35（d）和（e）所示。

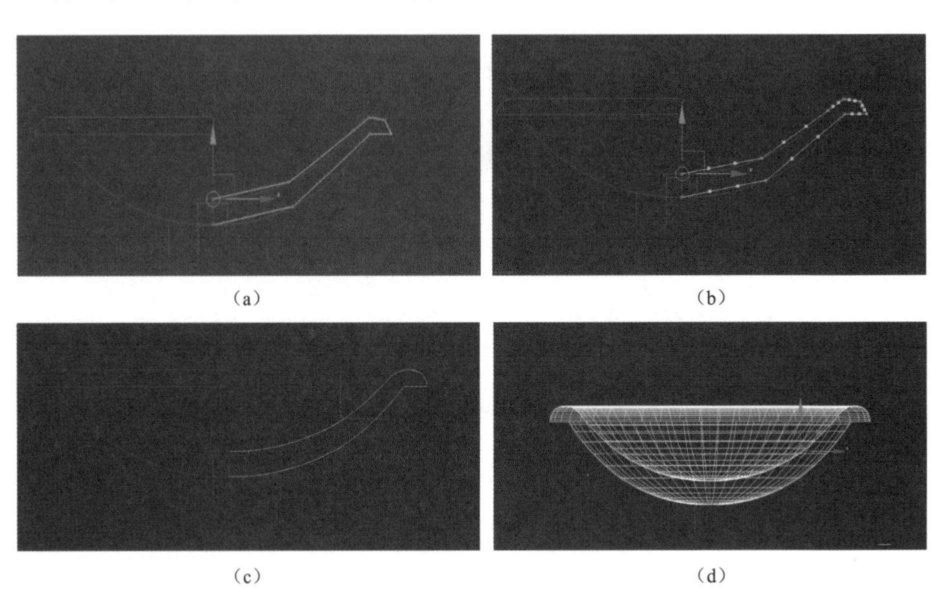

（a）　（b）

（c）　（d）

图3.2.35　制作钵体

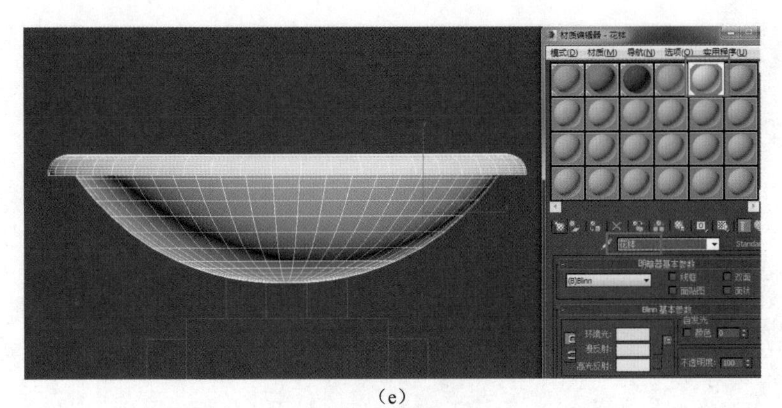

(e)

图3.2.35（续）

03 选择顶视图，根据 CAD 图纸绘制两个矩形框，如图 3.3.26 所示。再切换到前视图，添加“挤出”修改器，设置挤出高度为 100mm 和 150mm，结果如图 3.2.37 所示。

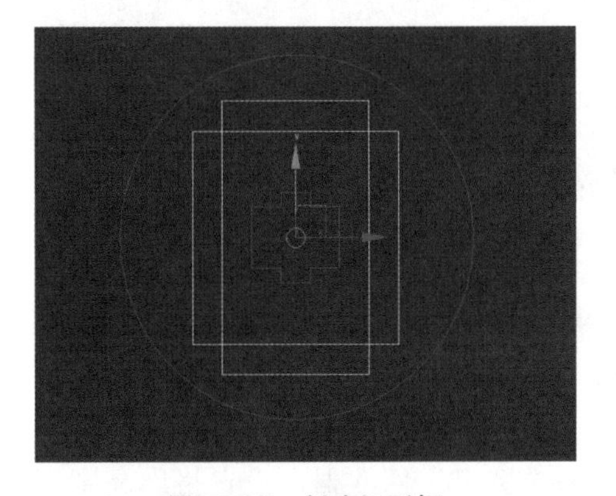

图3.2.36　创建矩形框

图3.2.37　添加“挤出”修改器

04 选择顶视图，根据 CAD 平面图绘制如图 3.2.38 所示的线；添加“挤出”修改器，设置挤出高度为 100mm，如图 3.2.39 所示。赋予花钵底座材质，如图 3.2.40 所示。

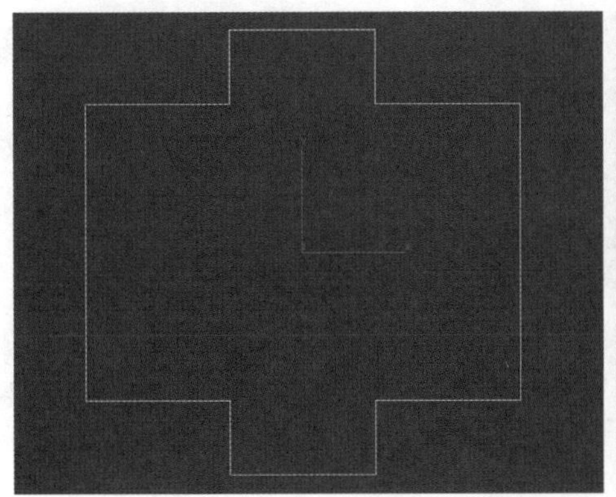

图3.2.38　绘制样条线

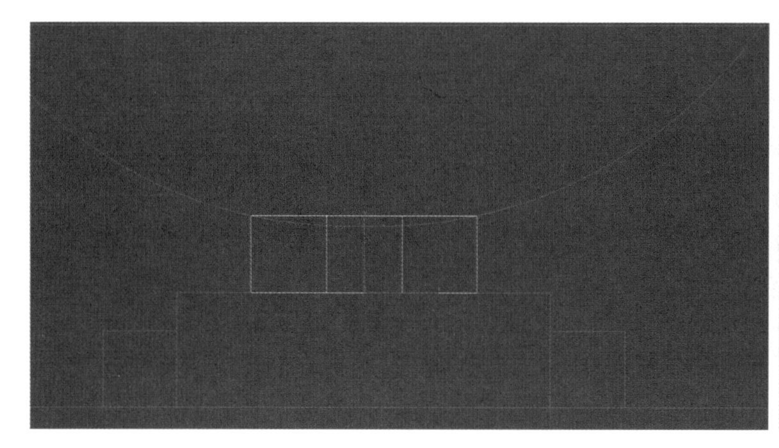

图3.2.39　添加“挤出”修改器

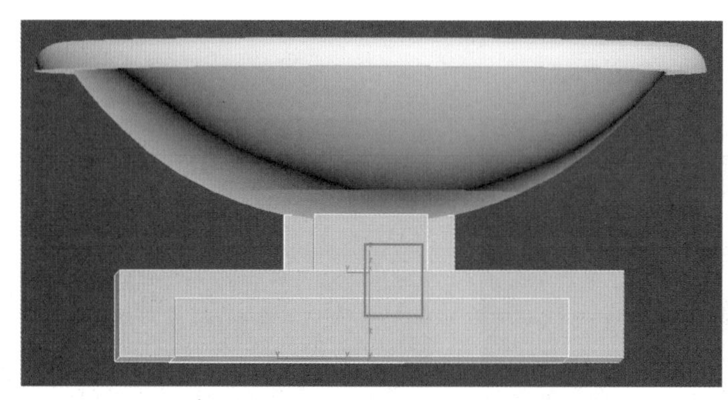
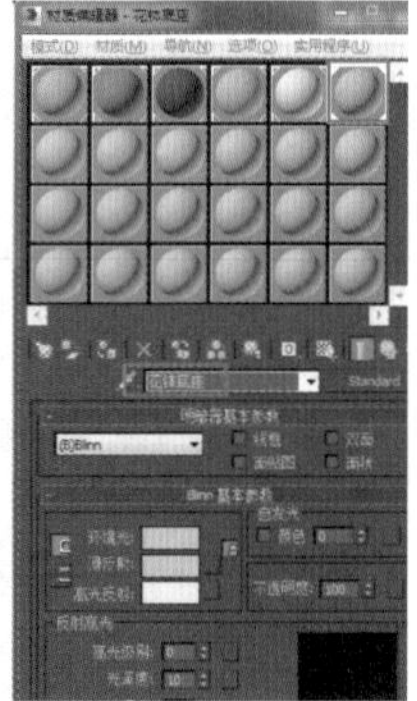

图3.2.40　赋予材质

05 选择顶视图，绘制圆并添加“挤出”修改器，设置挤出高度为10mm，将其放在正确位置，并赋予其“草”材质，如图 3.2.41 所示。

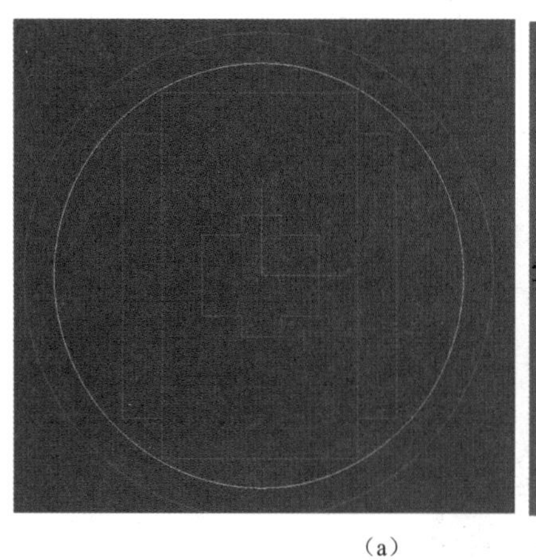

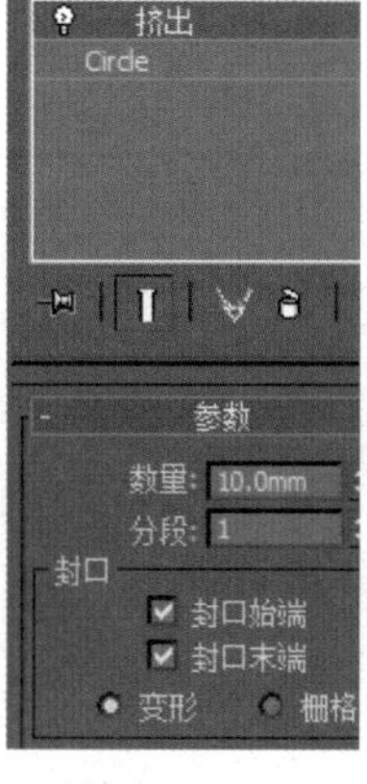

（a）

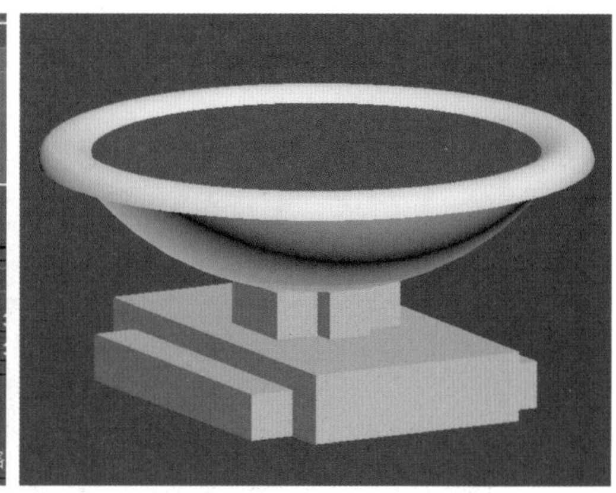

（b）

图3.2.41　花钵模型

2．制作花墩模型

微课：制作花墩

制作如图 3.2.42 所示的花墩。

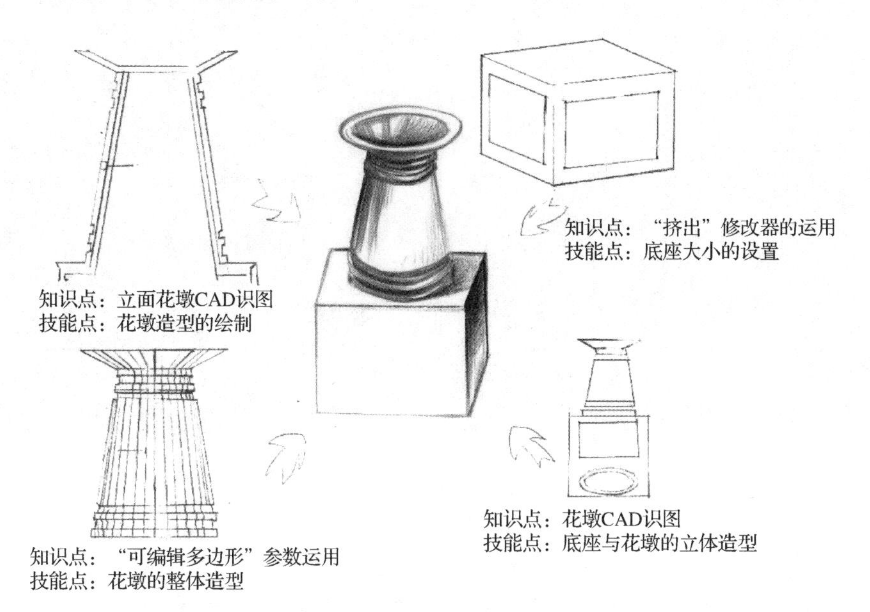

图3.2.42　花墩模型绘制相关知识点与技能点图解

01 打开花墩 CAD 图纸，对图纸进行清理，将平面和立面 CAD 图导入 3ds Max 中，将坐标归零，摆放好位置，再冻结，如图 3.2.43 所示。

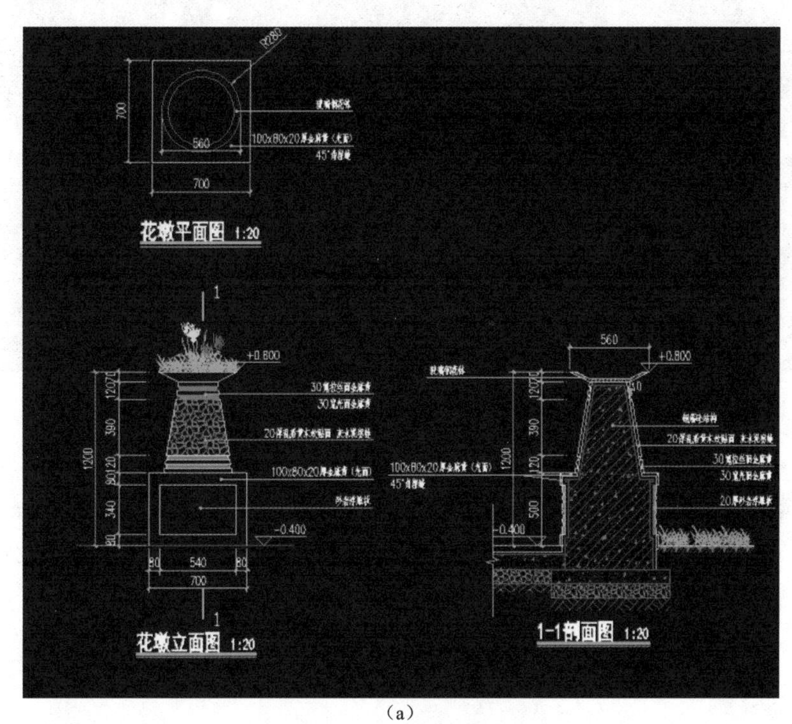

（a）

图3.2.43　清理CAD图纸

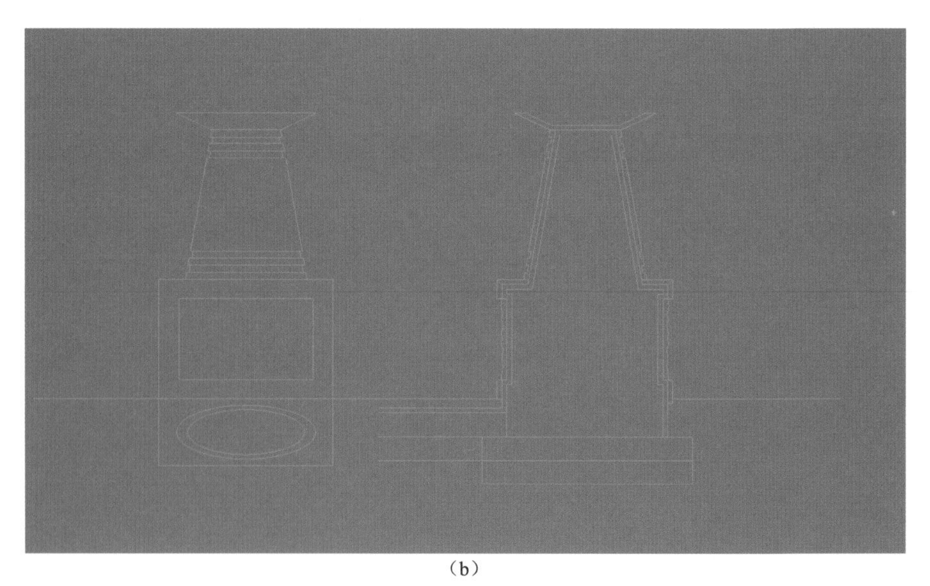

（b）

图3.2.43（续）

02 选择前视图，根据剖立面 CAD 图纸绘制线，如图 3.2.44（a）所示。添加“车削”修改器，并进入车削的“轴”层级，在 *X* 轴方向上移动，调整位置，如图 3.2.44（b）所示。

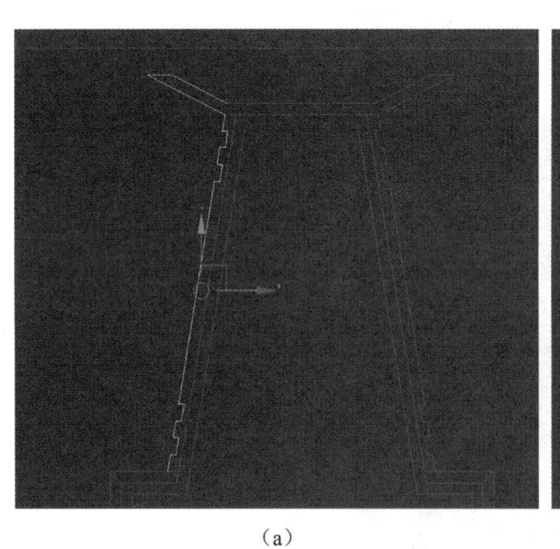

（a）

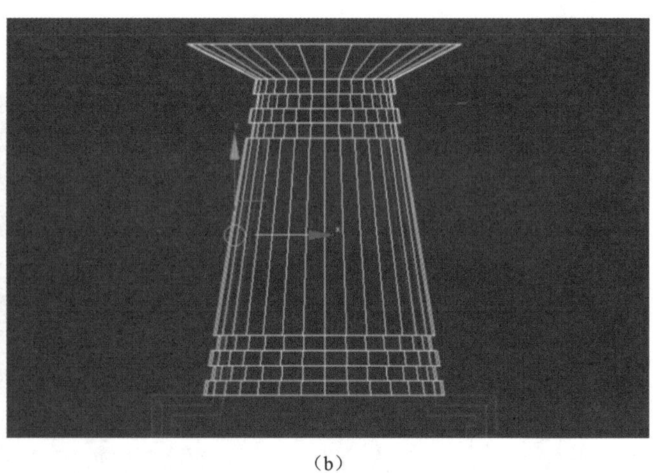

（b）

图3.2.44　创建花墩雏形

03 添加“编辑多边形”修改器，进入“面”层级，如图 3.2.45（a）所示，分离如图 3.2.45（b）所示的面。打开“材质编辑器”对话框，设置材质并赋予物体，如图 3.2.45（c）～（e）所示。

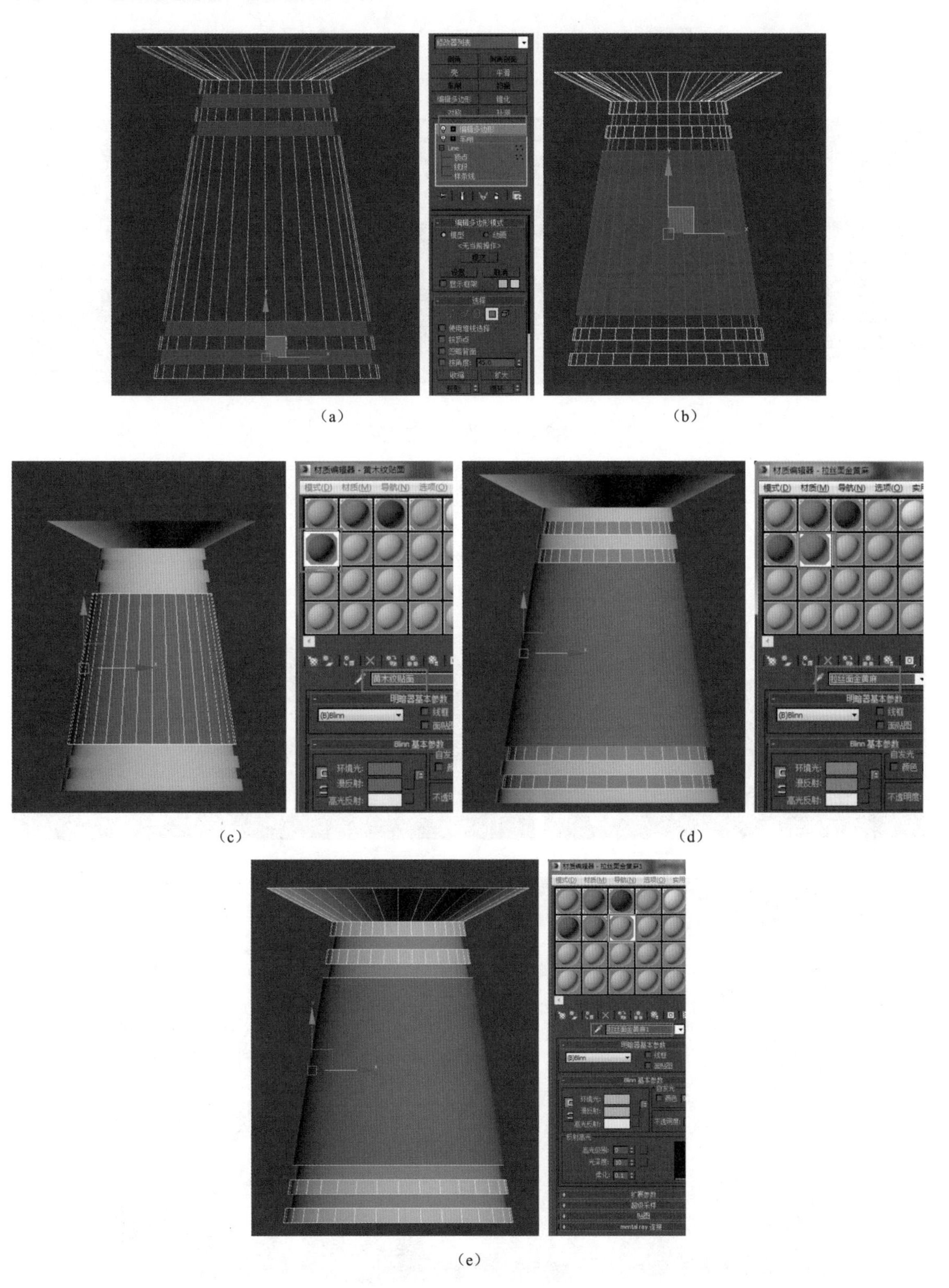

图3.2.45 细化花墩模型

04 选择顶视图，根据平面 CAD 图绘制矩形框，设置挤出高度为 500mm，并赋予材质，如图 3.2.46 所示。

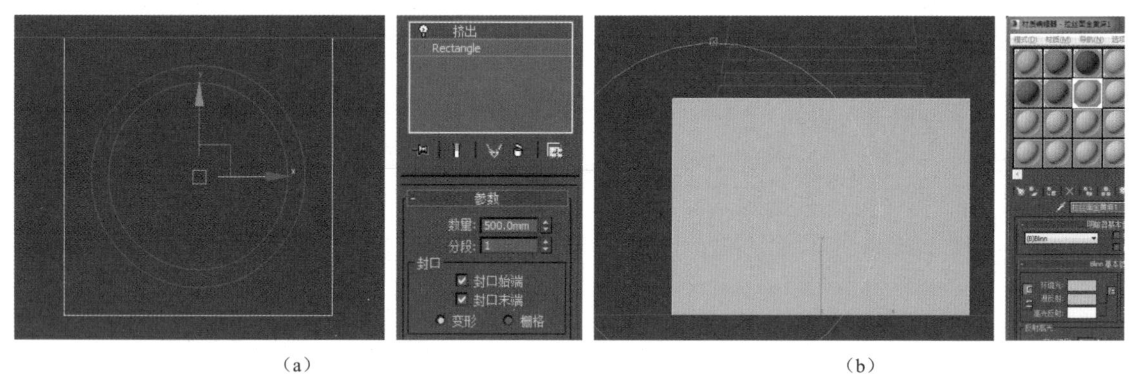

（a）　　　　（b）

图3.2.46　花墩底座雏形

05 选择前视图，绘制如图 3.2.47（a）所示的矩形框，设置挤出高度为 1mm，用于浮雕贴图，并将其放在花墩底座表面。选择顶视图，按住 Shift 键分别复制到其他 3 个面，并赋予物体材质，如图 3.2.47（b）和（c）所示。

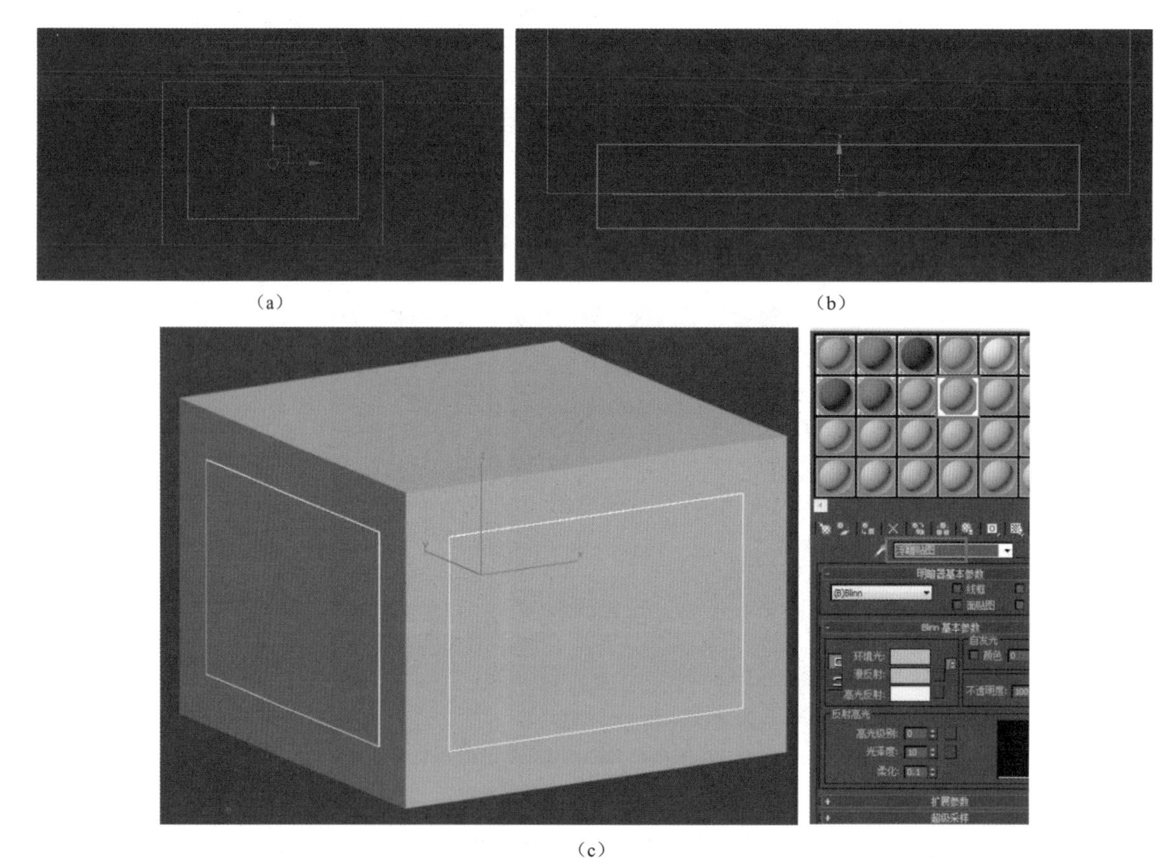

（a）　　　　（b）

（c）

图3.2.47　细化底座模型

06 选择顶视图，绘制圆并设置挤出高度为 10mm，将其放到正确位置，并赋予其“草”材质，如图 3.2.48 所示。

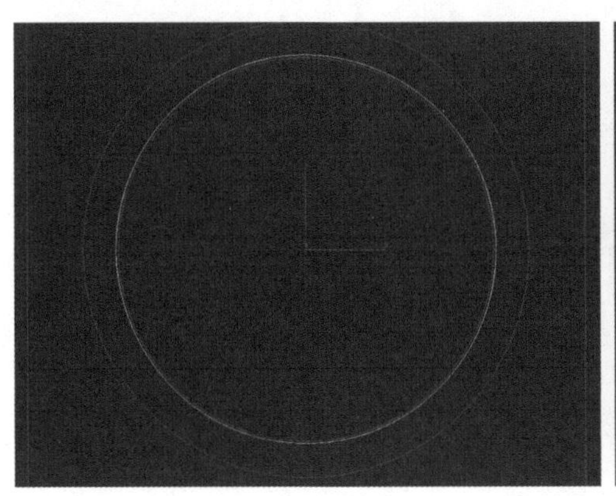

图3.2.48　花墩模型

任务 3.3　我建公园休闲区——廊、亭小品建模

任务描述

景观小品除要求造型美观外，还应满足实用功能及技术的要求。例如，园林休闲区域的栏杆根据其不同的使用目的，高度也不同。又如，园林亭子，人们可在此驻足休息、纳凉避雨、纵目远眺，其造型独立完整，且具有一定的文化内涵。本任务制作休闲区长廊模型、凉亭模型。

任务目标

通过创建长廊模型，掌握制造结构简单的休闲模型的方法；通过创建凉亭模型，掌握采用“石墨”工具生成拓扑制作造型独特休闲模型的方法，从而掌握复杂多变模型的制作方法。

3.3.1　制作休闲区域长廊模型——阵列工具的运用

微课：制作长廊

廊是连接两个建筑物的通道，上有顶棚，以柱支撑，用以遮阳、挡雨，便于人们在游走过程中观赏景物。廊按其总体造型及其与地形、环境的关系可分为直廊、曲廊、回廊、水廊、桥廊等。本小节制作如图 3.3.1 所示的长廊。

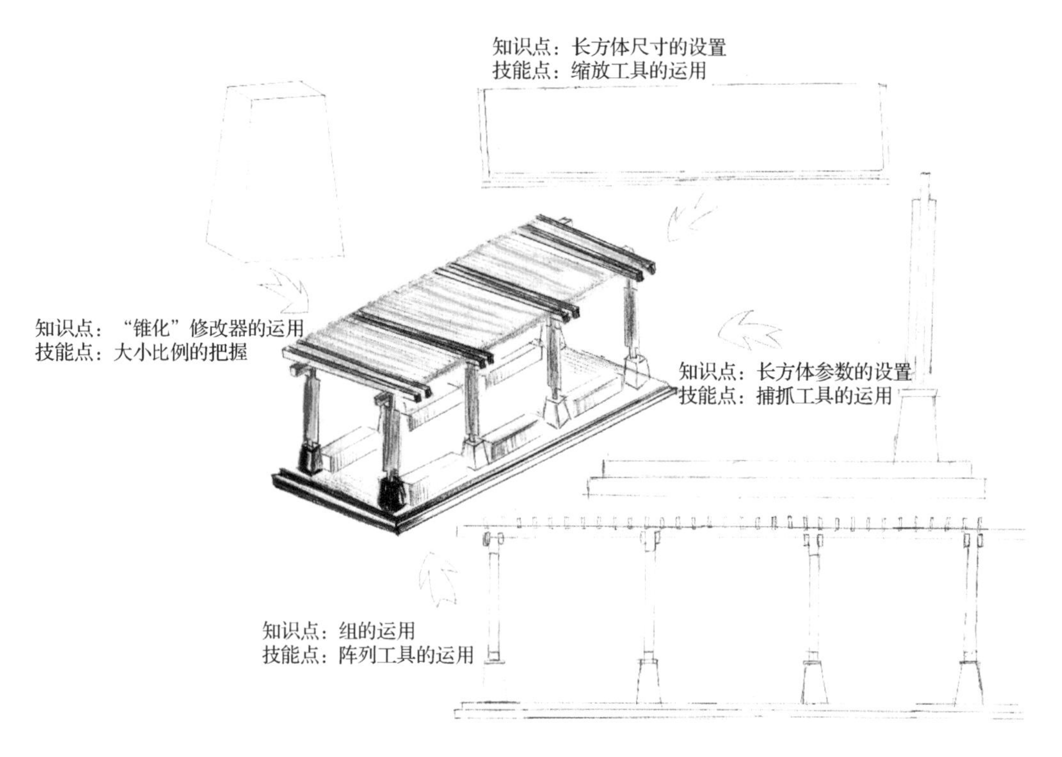

图3.3.1　长廊模型绘制相关知识点与技能点图解

01 选择顶视图，创建参数为 4200mm×10500mm×150mm 的长方体，如图 3.3.2（a）所示。选中长方体，按 Ctrl+V 组合键原地复制长方体，如图 3.3.2（b）所示；修改长方体参数为 3900mm×10200mm×150mm，如图 3.3.2（c）所示。选择前视图，再将复制出的长方体移动到上面，如图 3.3.2（d）所示，作为梯步。

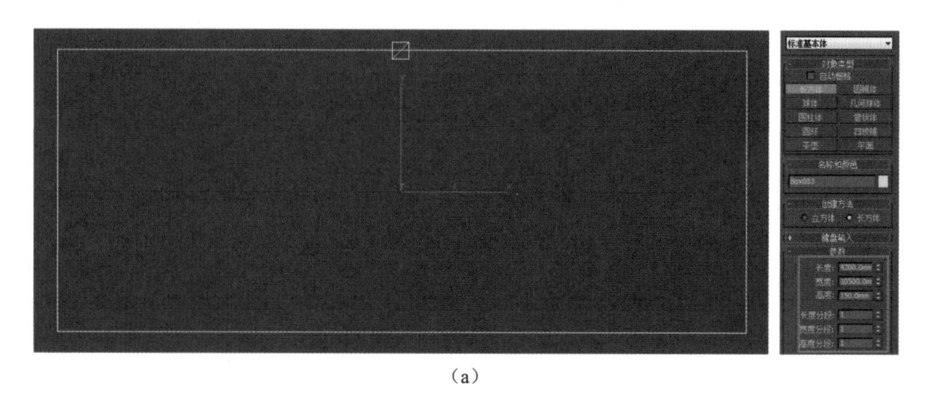

（a）

图3.3.2　创建长廊底座

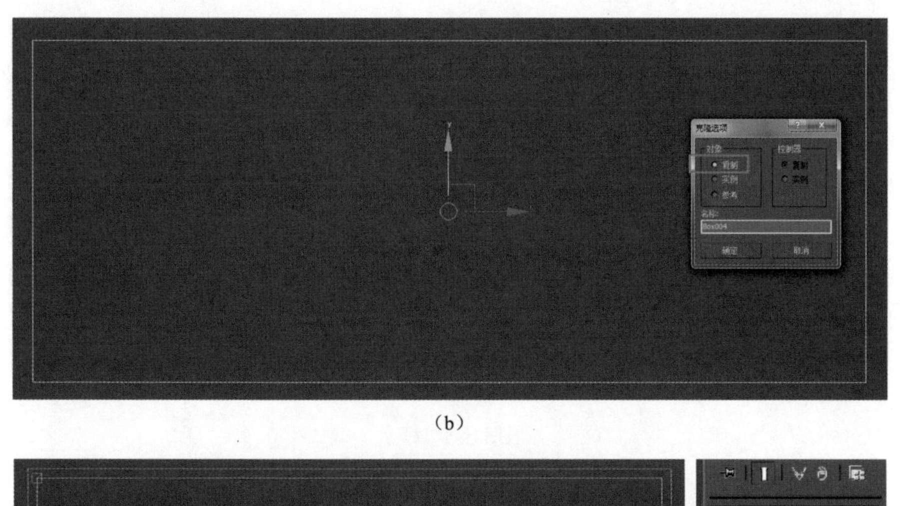

（b）

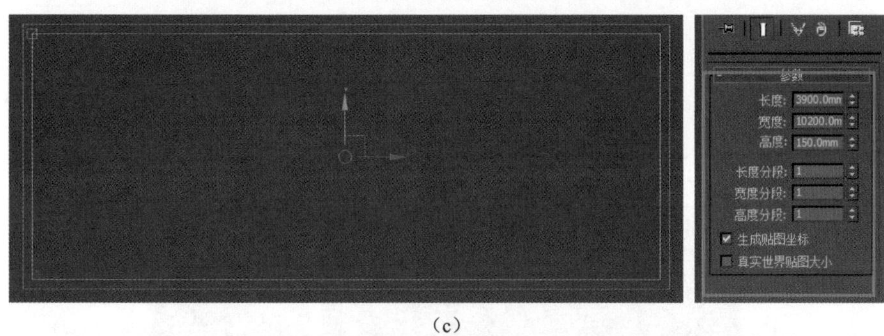

（c）

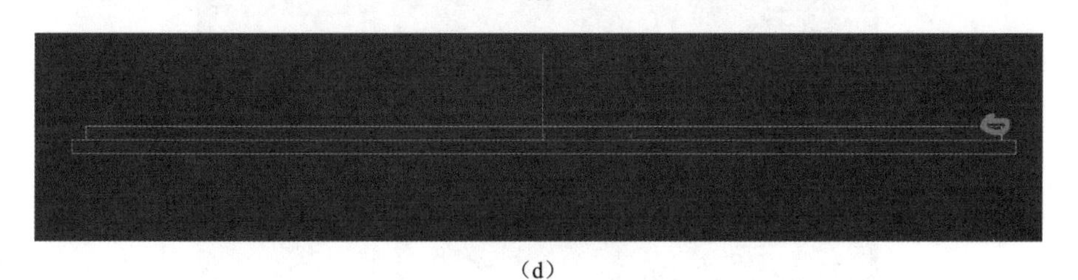

（d）

图3.3.2（续）

02 选中梯步，按 M 键，在弹出的“材质编辑器”对话框中赋予材质，如图 3.3.3 所示。

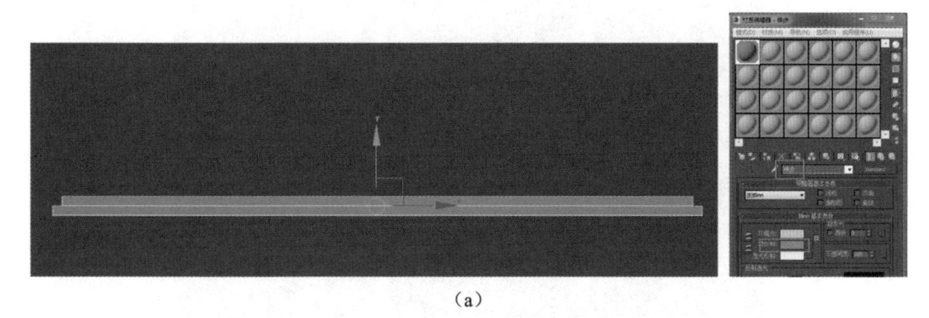

（a）

图3.3.3　赋予“梯步”材质

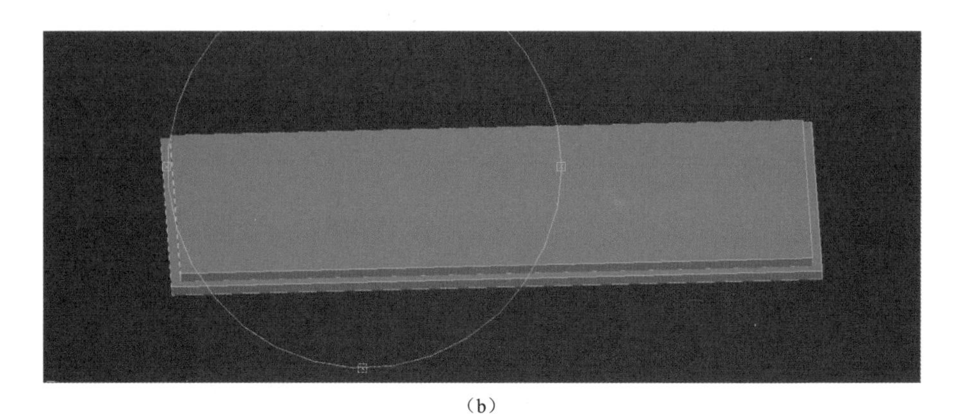

(b)

图3.3.3（续）

03 选择顶视图，创建参数为 480mm×480mm×680mm 的长方体作为柱墩，如图 3.3.4（a）所示。添加“锥化”修改器，设置参数为 -0.3，如图 3.3.4（b）所示。赋予“柱墩”材质，如图 3.3.5 所示。

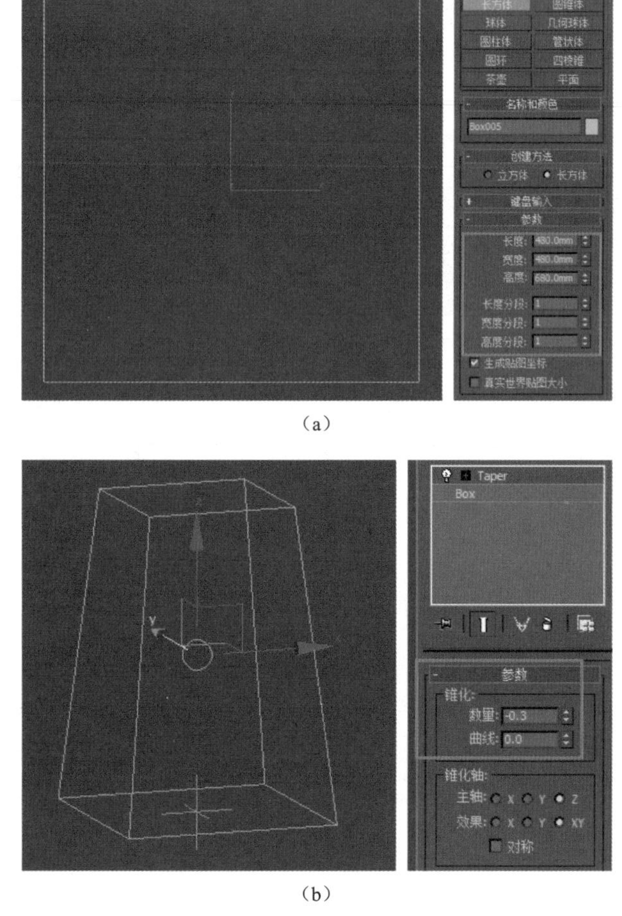

(a)

(b)

图3.3.4 创建柱墩

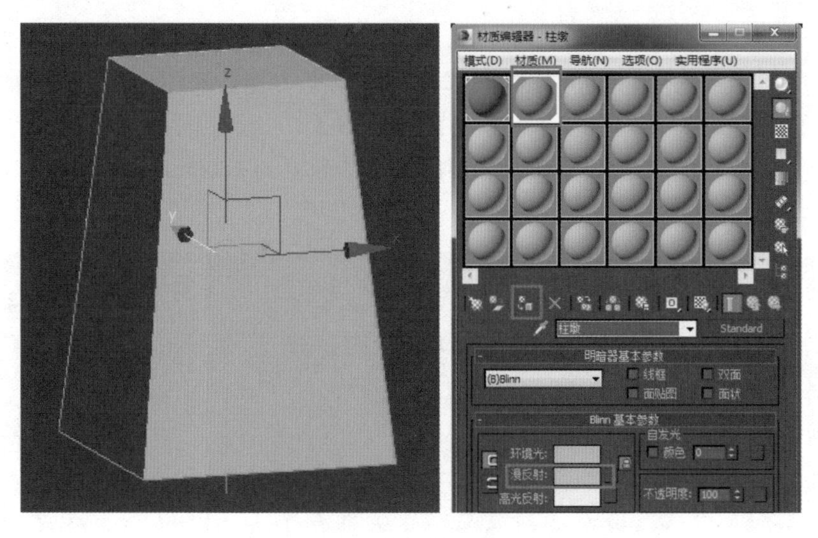

图3.3.5 赋予“柱墩”材质

04 选择顶视图，创建参数为 380mm×380mm×60mm 的长方体作为柱墩压顶，如图 3.3.6(a)所示。利用捕捉工具将其放到柱墩上，如图 3.3.6(b)所示，并赋予“压顶”材质，如图 3.3.6（c）所示。

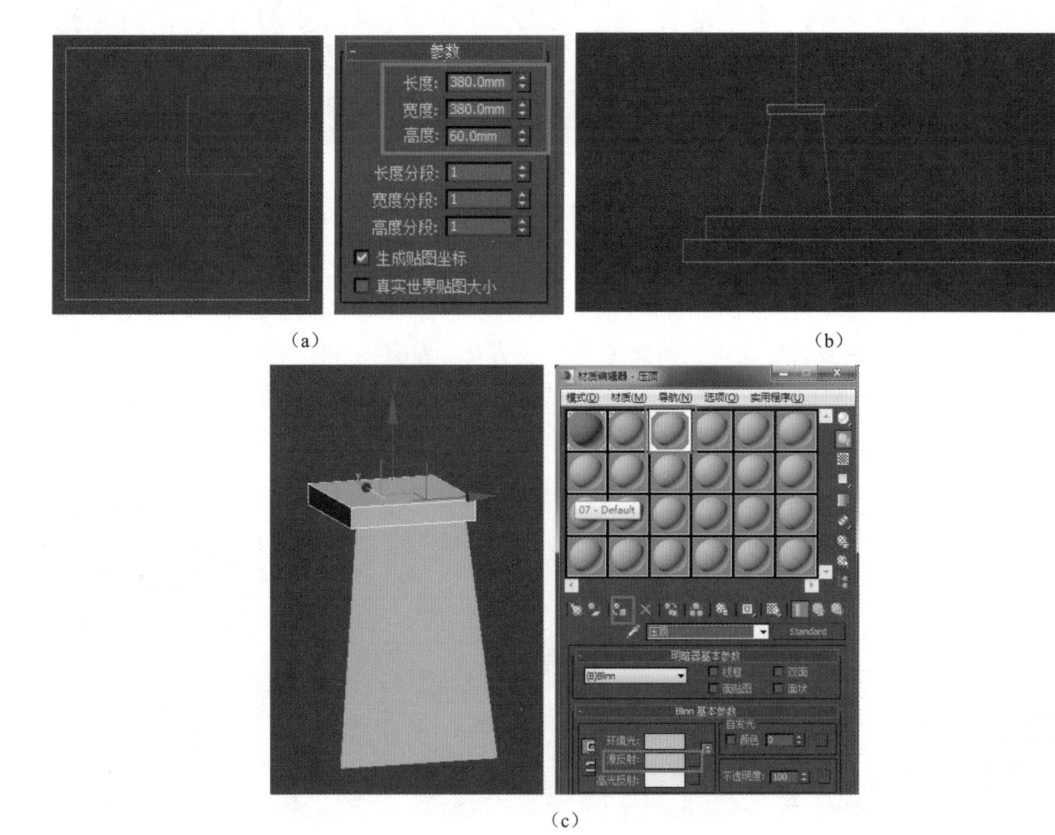

（a）（b）（c）

图3.3.6 创建柱墩压顶

05 选择顶视图，利用捕捉工具将柱墩压顶放到柱墩中间，如图 3.3.7(a)所示；创建参数为 80mm×180mm×2250mm 的长方体，如图 3.3.7（b）所示。切换到左视图，调整长方体的位置，如图 3.3.7（c）所示；按住 Shift 键，向左平移复制长方体，修改复制出的长方体高度为 1800mm，如图 3.3.7(d)所示。

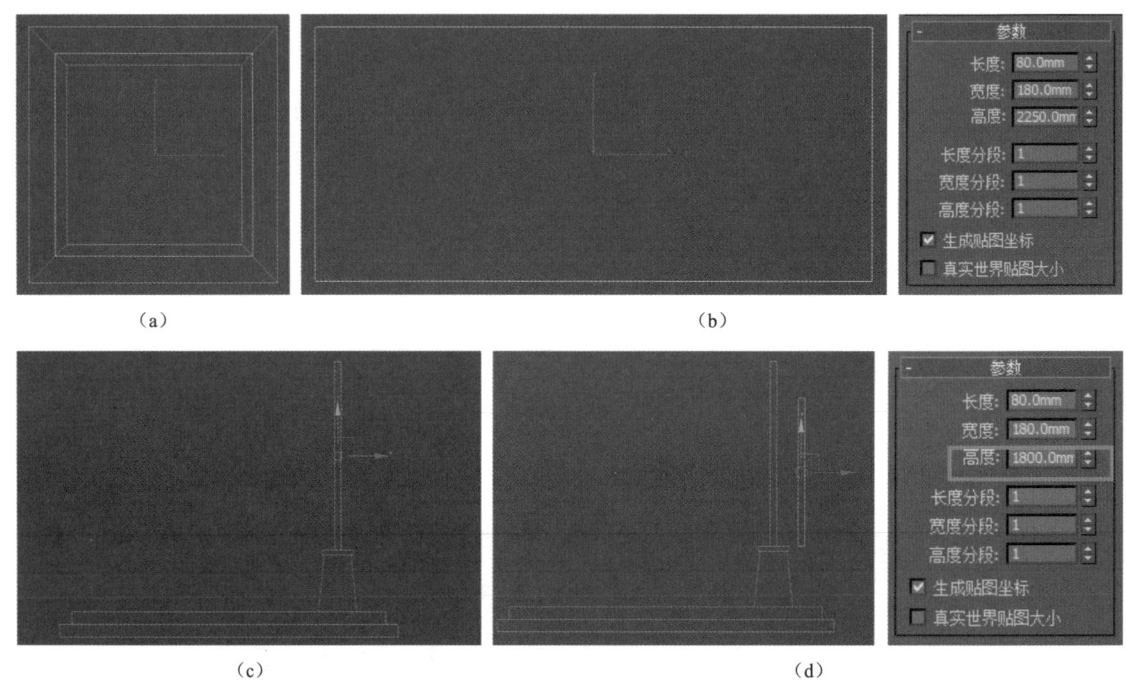

（a）　（b）　（c）　（d）

图3.3.7　完善柱墩模型

06 右击工具栏中的“选择并移动”按钮，弹出“移动变换输入”对话框，选中如图 3.3.8（a）所示的长方体，将其沿 *Y* 轴移动 160mm，再沿 *X* 轴移动，让短长方体紧靠长长方体，如图 3.3.8（b）和（c）所示。再对称复制长方体到左侧，如图 3.3.8（d）所示；打开“材质编辑器”对话框，将“木材”材质赋予物体，如图 3.3.8（e）所示。

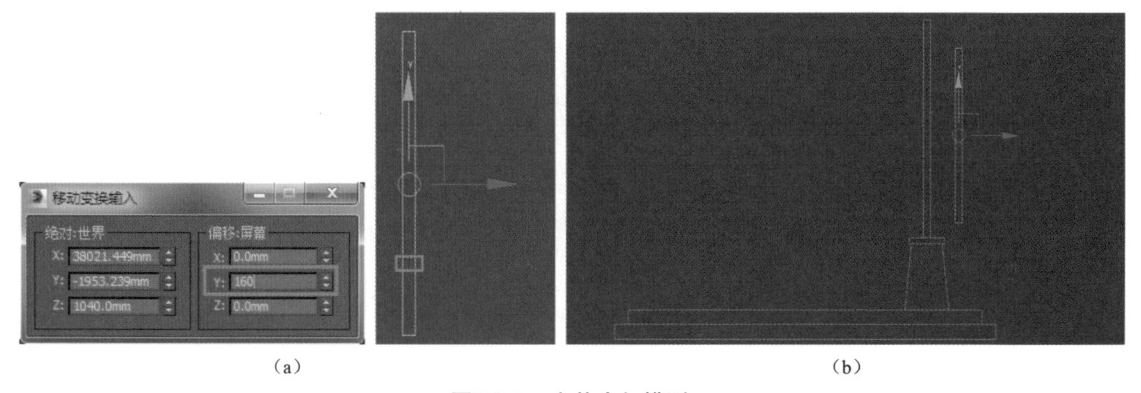

（a）　（b）

图3.3.8　完善支架模型

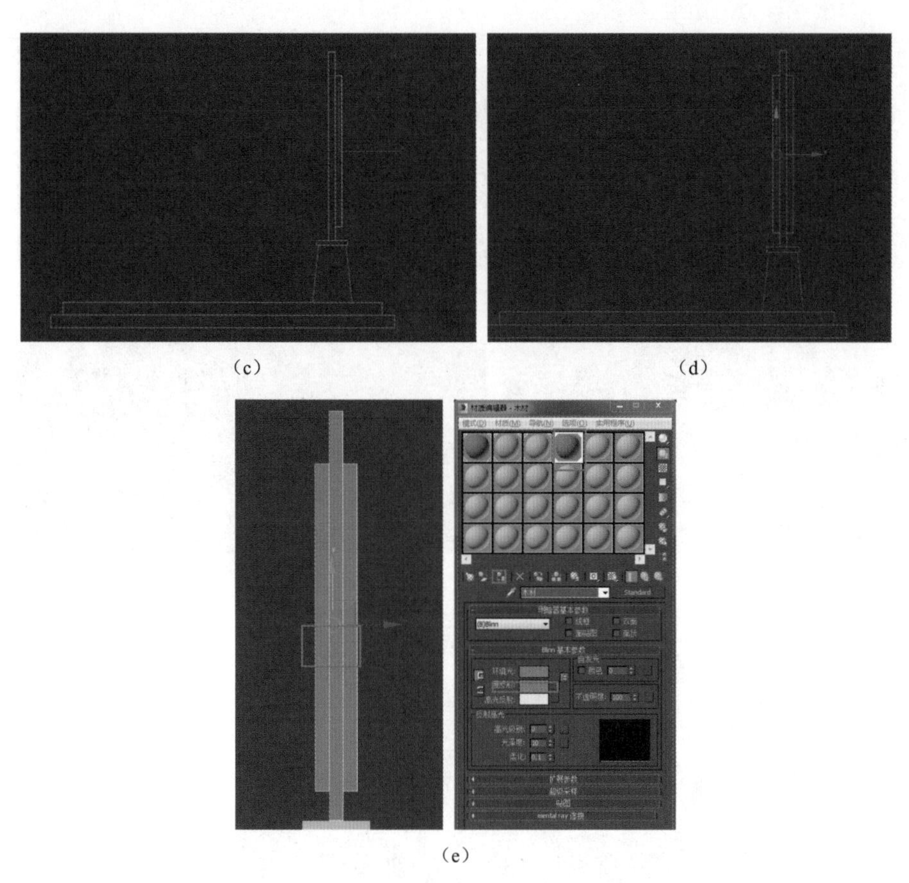

（c） （d）

（e）

图3.3.8（续）

07 选中如图 3.3.9（a）所示的长方体对其进行成组操作，再选择“组 001”，选择菜单栏中的“工具”→“阵列”选项，如图 3.3.9（b）所示，在弹出的“阵列”对话框中设置参数，如图 3.3.9（c）所示，形成的效果如图 3.3.9（d）和（e）所示。选择顶视图，复制如图 3.3.9（f）所示的物体，形成长廊框架，如图 3.3.9（g）所示。

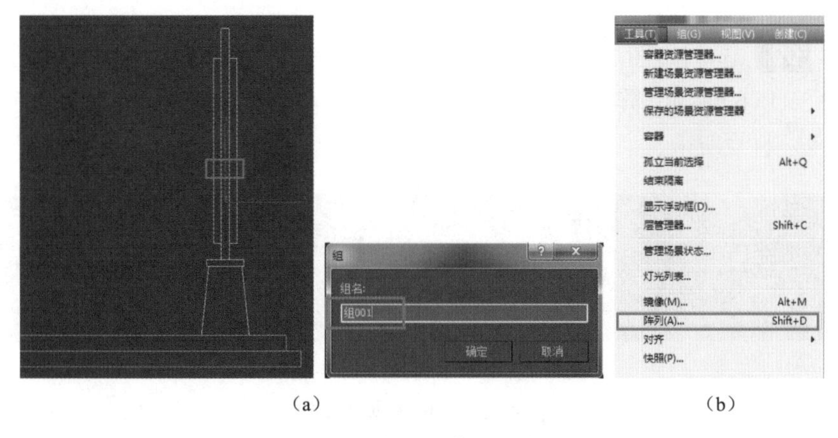

（a） （b）

图3.3.9 创建长廊支架模型

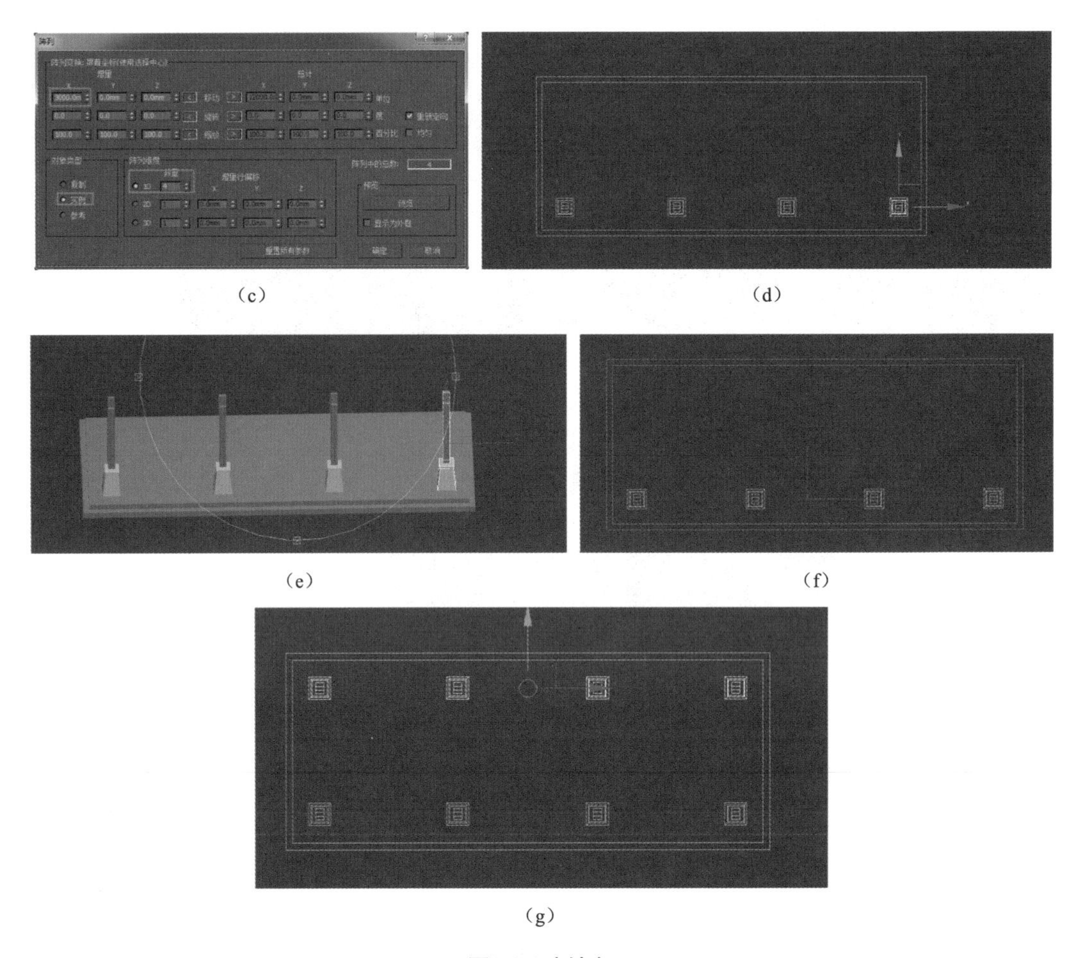

（c）　（d）

（e）　（f）

（g）

图3.3.9（续）

08 选择顶视图，创建参数为 300mm×1920mm×370mm 的长方体作为坐凳，并赋予“石材”材质，如图 3.3.10（a）和（b）所示。选择顶视图，创建参数为 380mm×2000mm×65mm 的长方体作为凳面，再赋予“木材凳面”材质，如图 3.3.10（c）和（d）所示。

09 选中如图 3.3.11（a）所示的物体对其进行成组操作，利用如图 3.3.11（b）所示“阵列”工具复制出坐凳，再对坐凳进行调整，如图 3.3.11（c）～（f）所示。

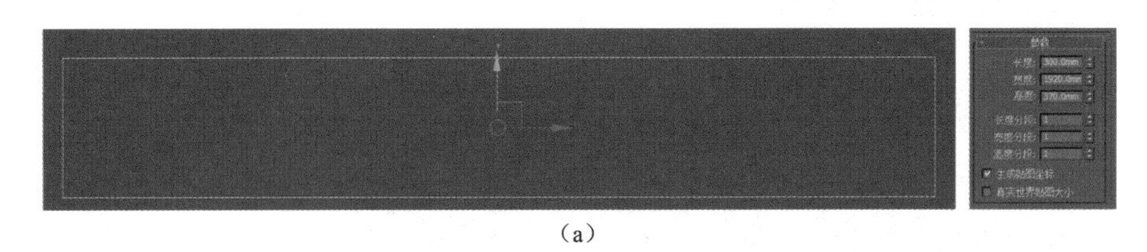

（a）

图3.3.10　创建坐凳模型

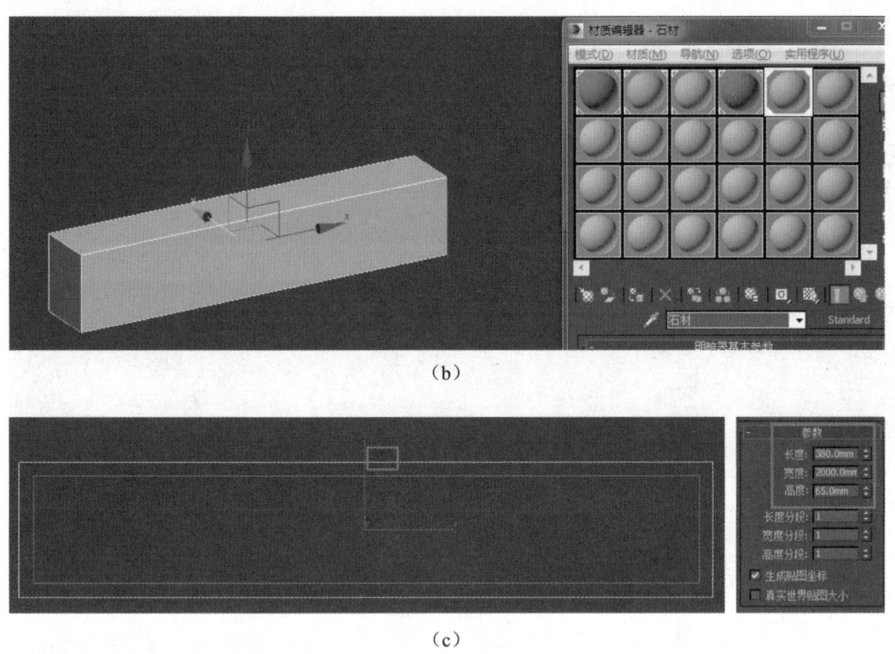

（b）

（c）

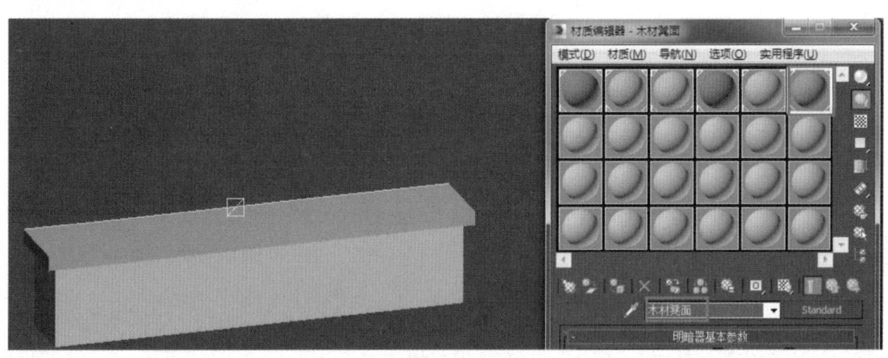

（d）

图3.3.10（续）

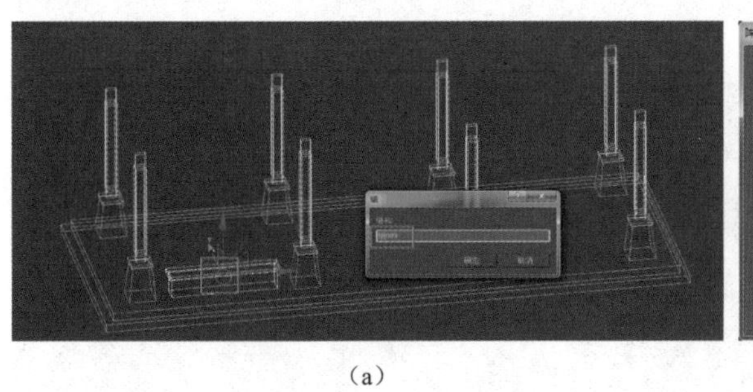

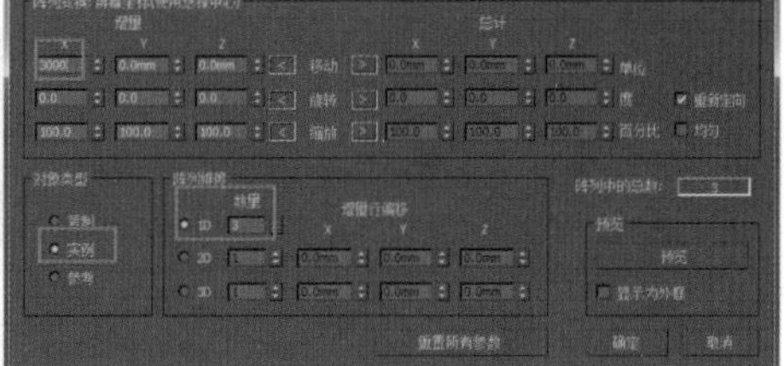

（a） （b）

图3.3.11 完善坐凳模型

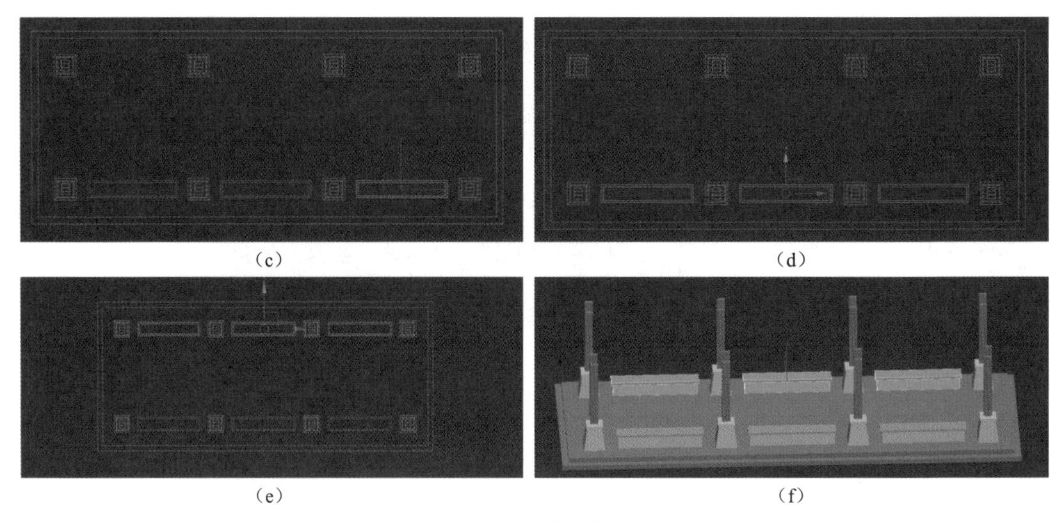

（c）　（d）

（e）　（f）

图3.3.11（续）

10 选择顶视图，创建参数为 100mm×10400mm×200mm 的长方体，如图 3.3.12（a）所示；将长方体移动到柱子上面，如图 3.3.12（b）所示。按 L 键选择左视图，将刚制作的长方体放到柱子中间，如图 3.3.13(a)所示；再复制出长方体并将其放到左边的柱子上，如图 3.3.13（b）所示。

11 选择左视图，创建参数为 200mm×4300mm×80mm 的长方体，如图 3.3.14（a）所示。选择前视图，选中长方体，利用捕捉工具将其放到柱子旁边，如图 3.3.14(b)所示，按住 Shift 键复制长方体到柱子右侧，如图 3.3.14（c）所示。选中如图 3.3.14（d）所示的长方体，再使用阵列工具进行复制，如图 3.3.14（e）所示，再对物体进行微调，如图 3.3.14（f）和（g）所示。

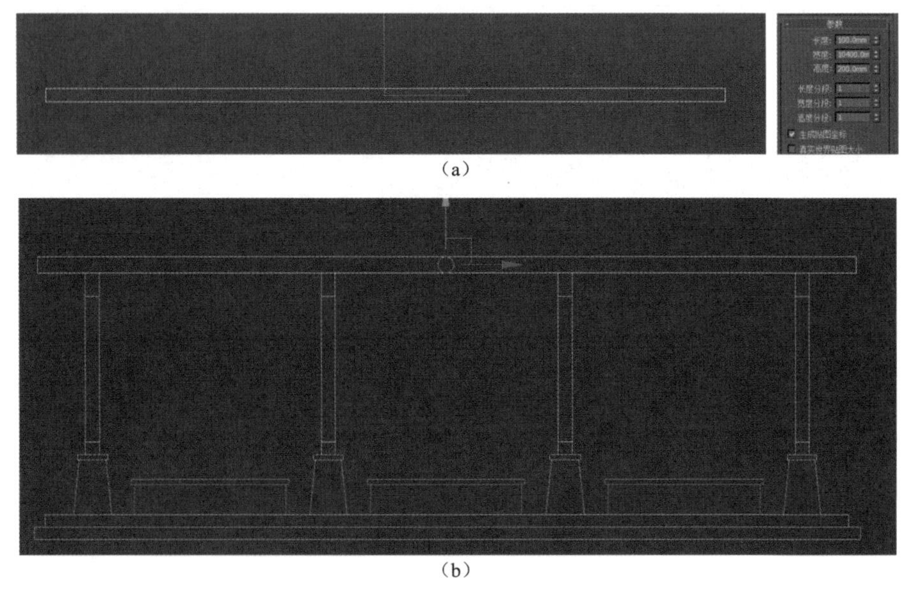

（a）

（b）

图3.3.12　创建廊顶模型

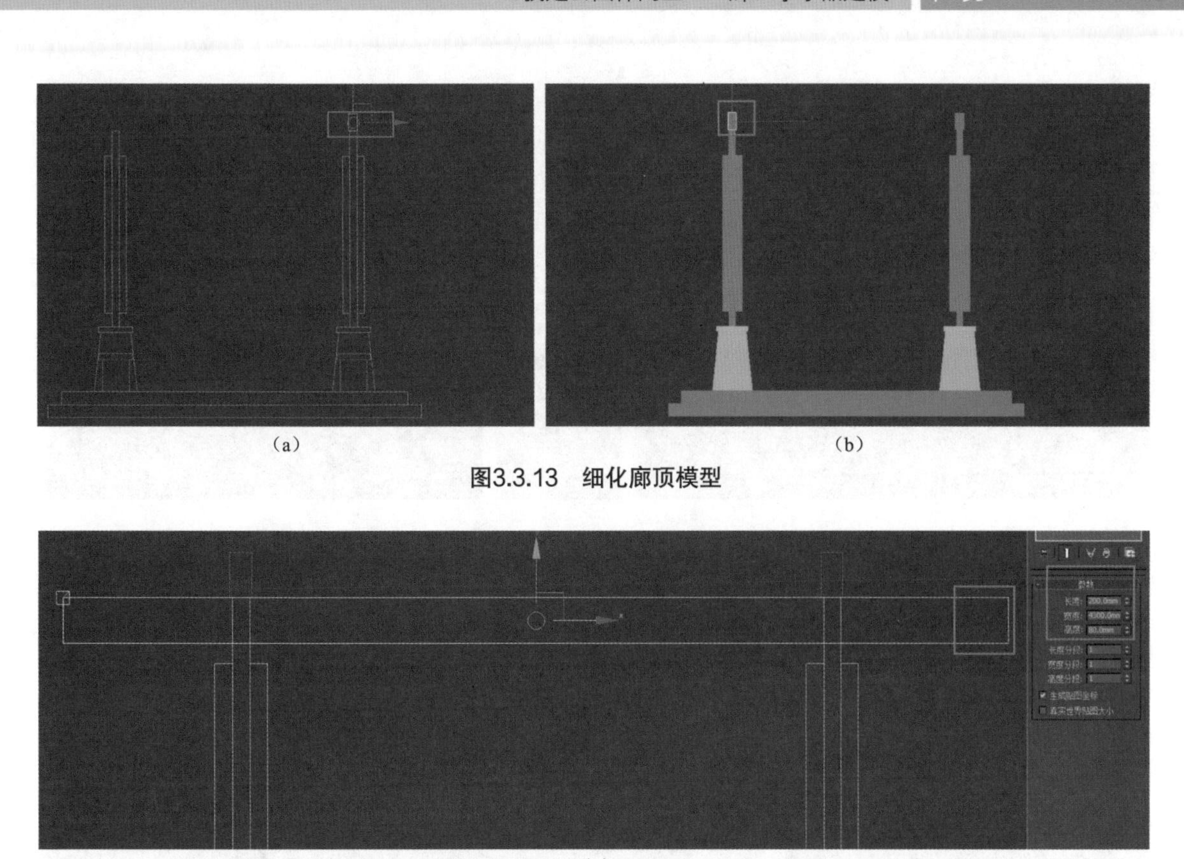

（a）　　（b）

图3.3.13　细化廊顶模型

（a）

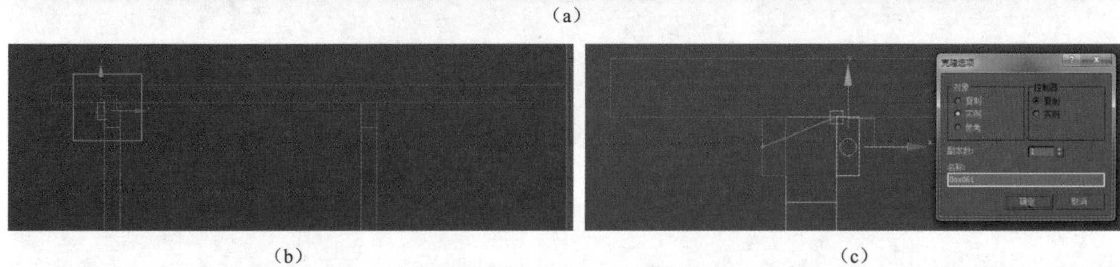

（b）　　（c）

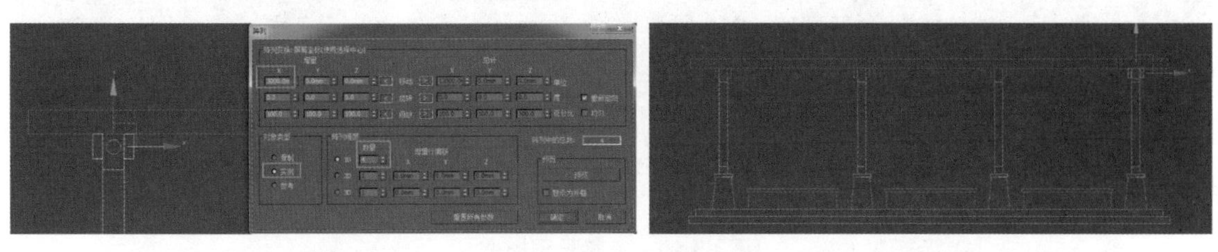

（d）　　（e）

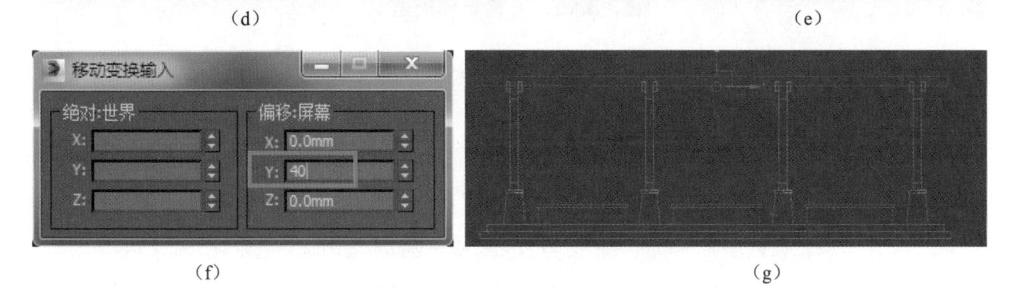

（f）　　（g）

图3.3.14　调整廊顶模型位置

12 选择左视图，创建参数为 200mm×3700mm×50mm 的长方体，如图 3.3.15（a）所示。切换到前视图，选中如图 3.3.15（b）所示的长方体，使用阵列工具复制长方体，参数设置如图 3.3.15（c）所示。再对长方体进行调整，如图 3.3.15（d）和（e）所示，得到如图 3.3.15（f）所示的形状。打开“材质编辑器”对话框，赋予其“木材”材质，如图 3.3.15（g）和（h）所示。

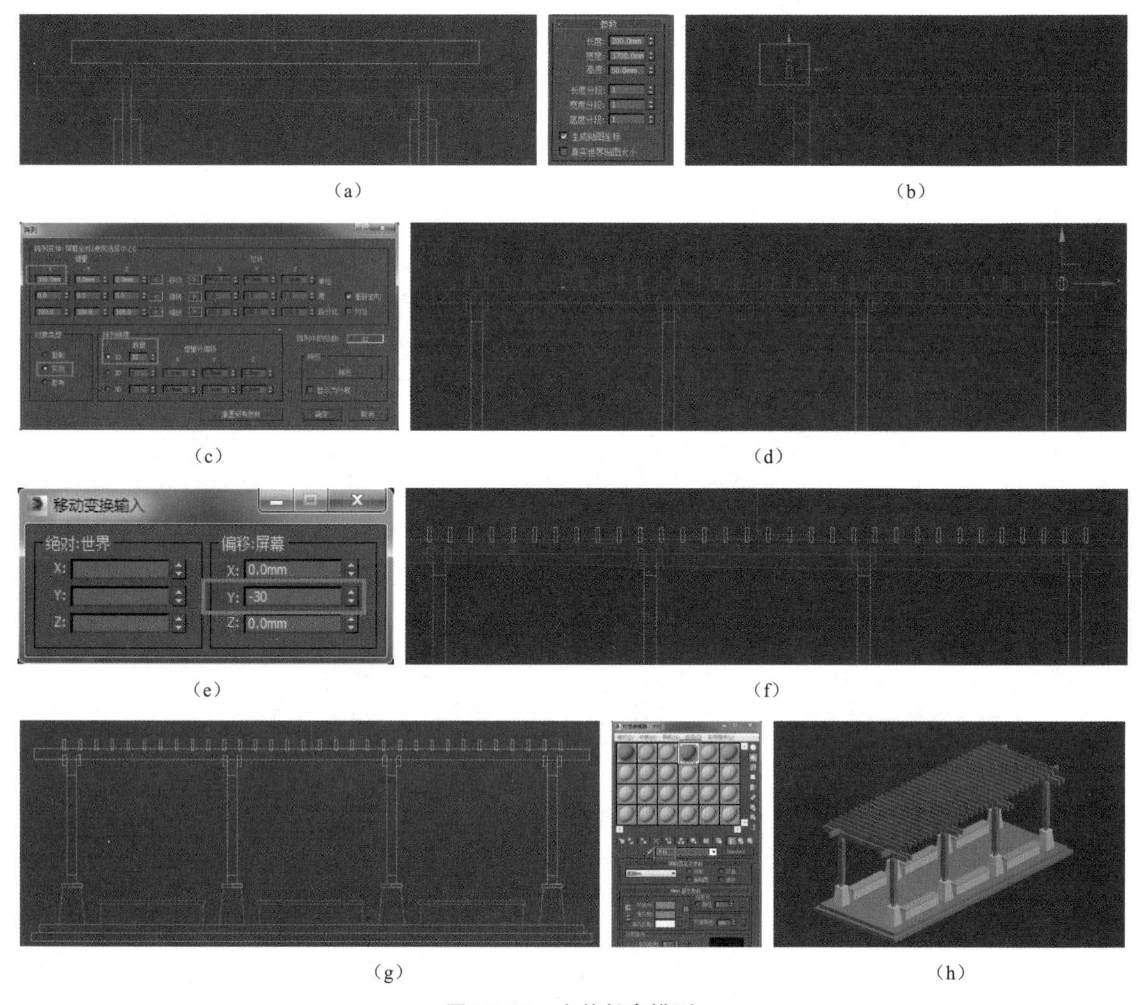

（a）（b）（c）（d）（e）（f）（g）（h）

图3.3.15　完善长廊模型

3.3.2　制作休闲区凉亭模型——石墨工具的运用

亭，源于周代，是园林中重要的景点建筑，或建在花间，或设在水畔，或置于山巅，或隐于竹林，供行人休息、乘凉或观景。亭的建筑特征是“有顶无墙”，以单柱或多柱撑顶，四周敞开，一般无窗，四周设有座位可供人们休息或观景。亭顶多为攒尖式的，常见的亭有三角亭、四角亭、六角亭、八角亭等，如图 3.3.16 所示。

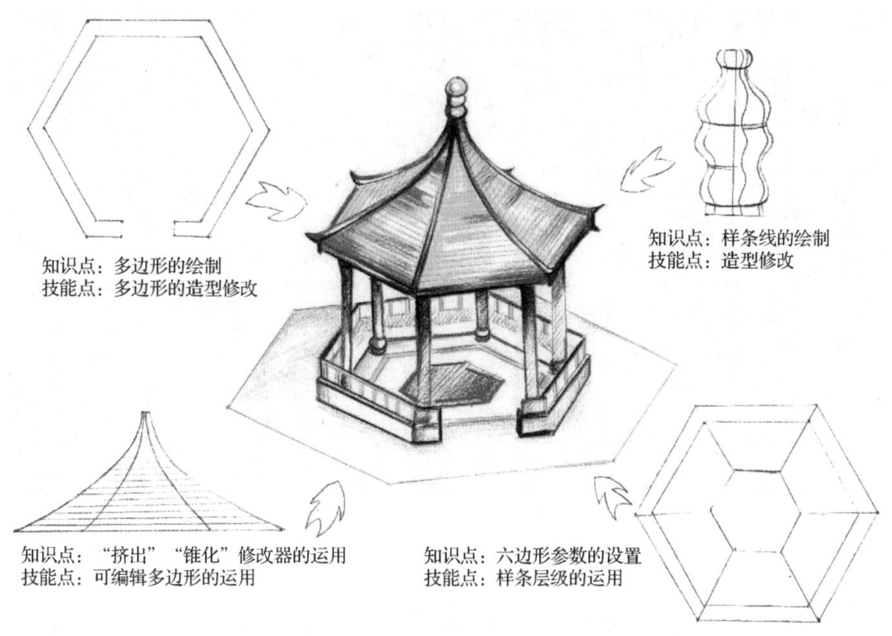

图3.3.16　凉亭模型绘制相关知识点与技能点图解

1．制作亭子座位

微课：制作亭子（一）

微课：制作亭子（二）

微课：制作亭子（三）

01 选择顶视图，绘制六边形，设置半径为3500mm，如图3.3.17（a）所示；再将六边形转换为"可编辑样条线"，如图3.3.17（b）所示。选中如图3.3.18（a）所示的边进行拆分并添加点，然后删除中间两段，如图3.3.18（b）所示，并复制一条备用。单击"几何体"面板中的"轮廓"按钮，如图3.3.18（c）所示，设置参数为500mm。再添加"挤出"修改器，设置高度为420mm，并将其转换为"可编辑多边形"，如图3.3.18（d）所示。

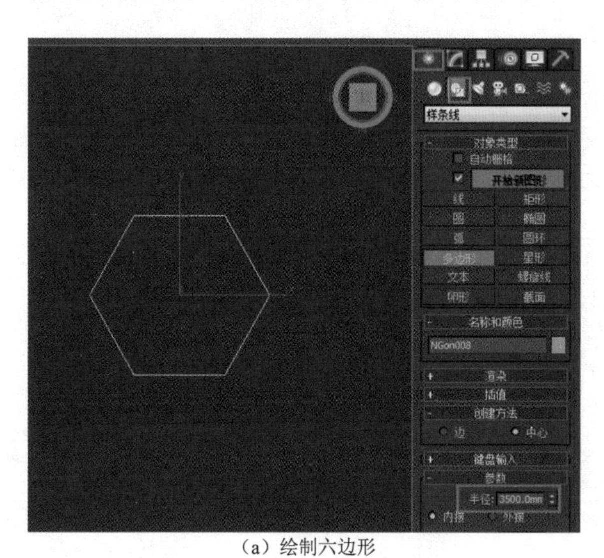

（a）绘制六边形

图3.3.17　绘制亭子座位图形

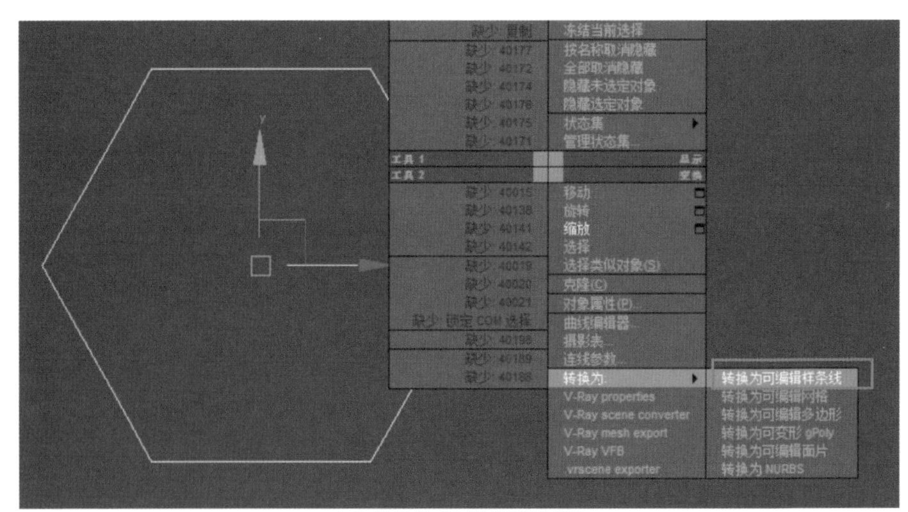

（b）转换为“可编辑样条线”

图3.3.17（续）

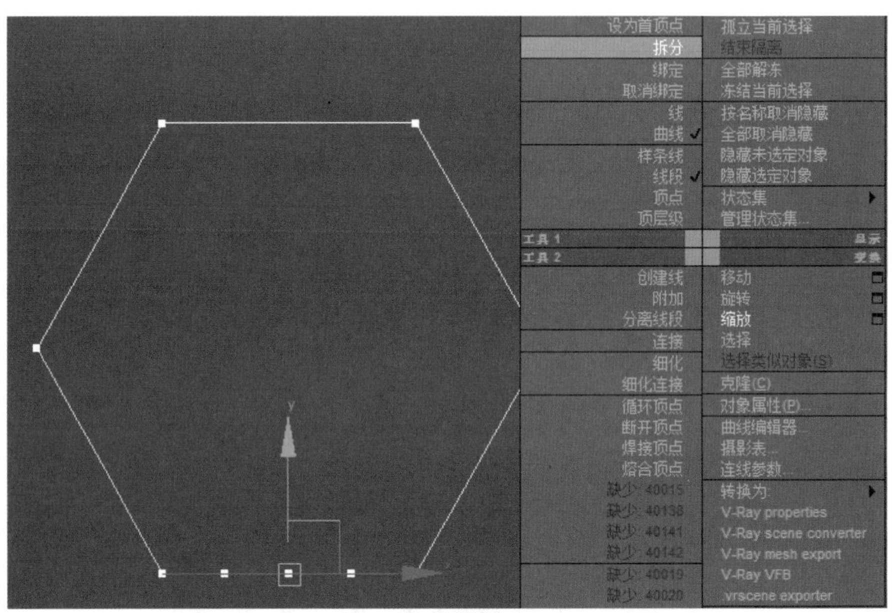

（a）拆分操作

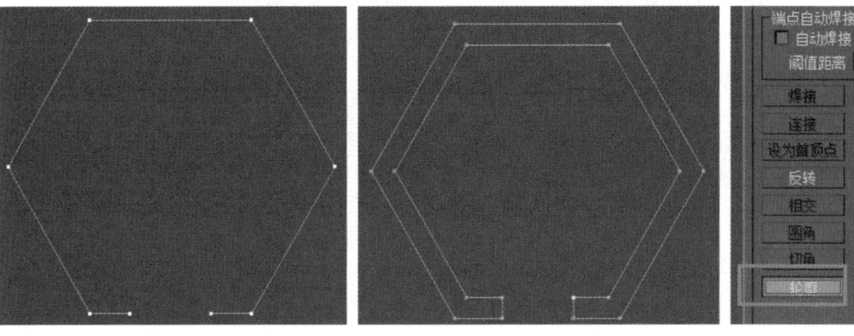

（b）删除线段　　　　（c）添加轮廓

图3.3.18　调整边并挤出亭子座位模型

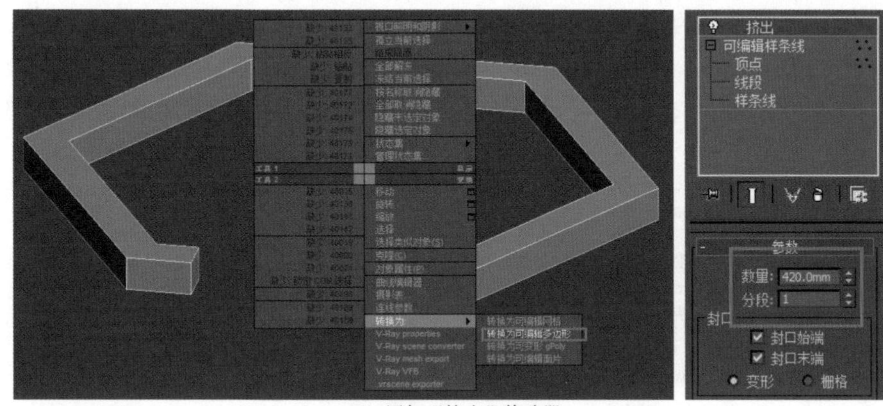

（d）添加“挤出”修改器

图3.3.18（续）

02 进入前视图，选中一条竖边并单击“环形”按钮，如图 3.3.19（a）所示，将多边形所有的竖向线条都选中并右击，在弹出的快捷菜单中选择“连接”选项，如图 3.3.19（b）所示，并将连接线向上移动距地面 100mm 左右位置，如图 3.3.19（c）所示。

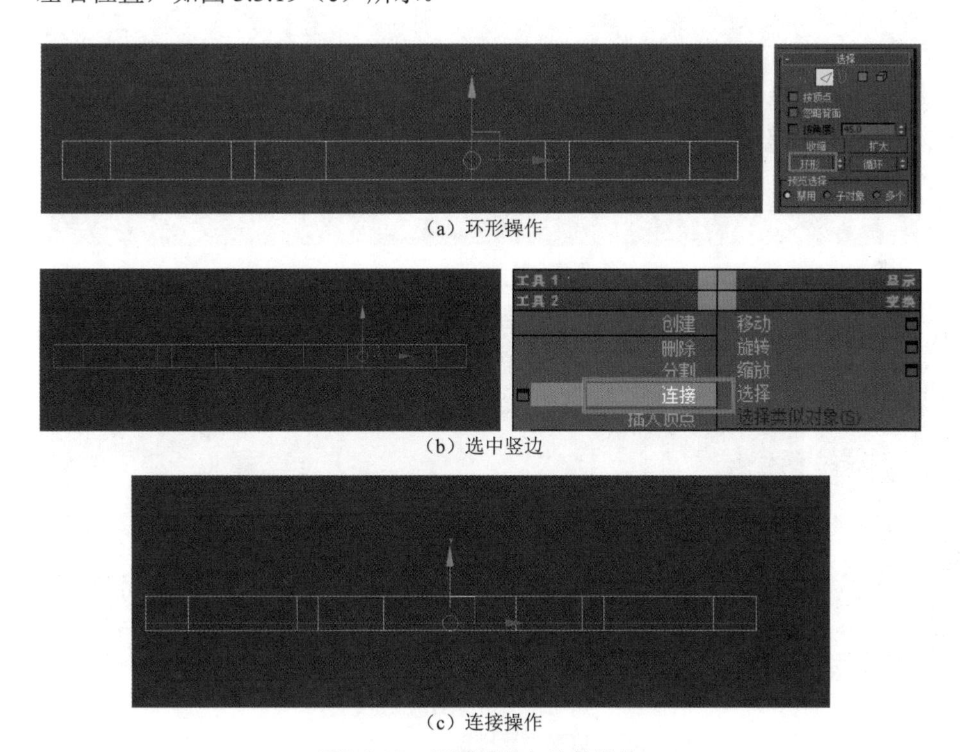

（a）环形操作

（b）选中竖边

（c）连接操作

图3.3.19　环形操作与连接操作

03 选中底面并将其删除，然后选中下边的面［如图 3.3.20（a）所示的红色部分］并右击，在弹出的快捷菜单中选择“挤出”选项，沿着局部法线向内挤 30mm，如图 3.3.20（b）所示。再次删除底面，然后选中上面并右击，在弹出的快捷菜单中选择“倒角”选项，如图 3.3.20（c）所示，设置高度为 0mm、宽度为 20mm，如图 3.3.20（d）所示。然后单击“+”，设置高度为 60mm、宽度为 0mm，如图 3.3.20（e）所示，然后单击“确定”按钮。

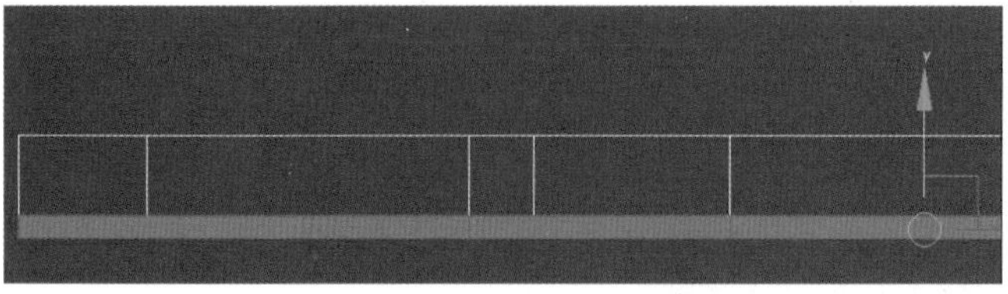

（a）删除面

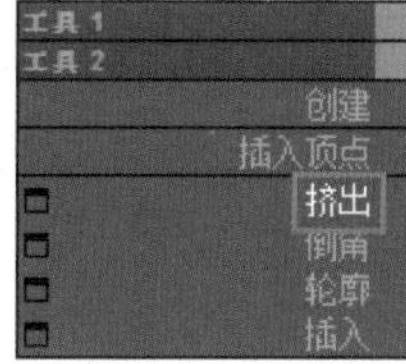

（b）挤出操作

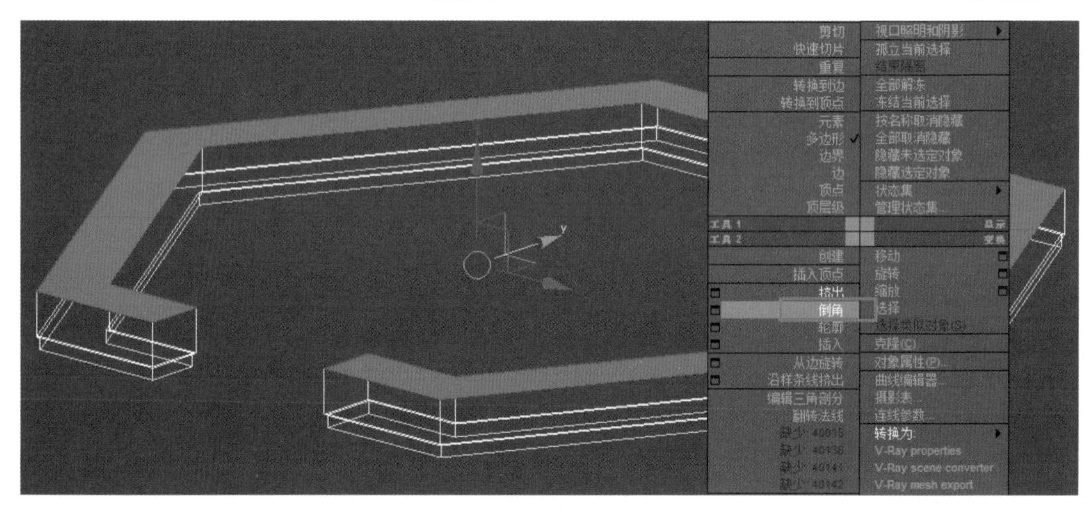

（c）倒角操作

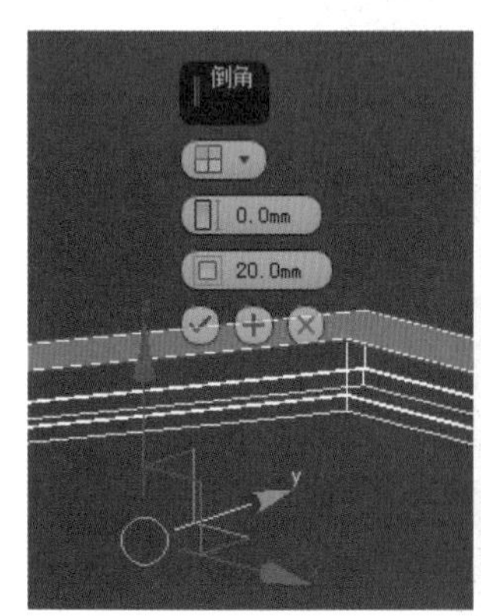

（d）倒角参数设置

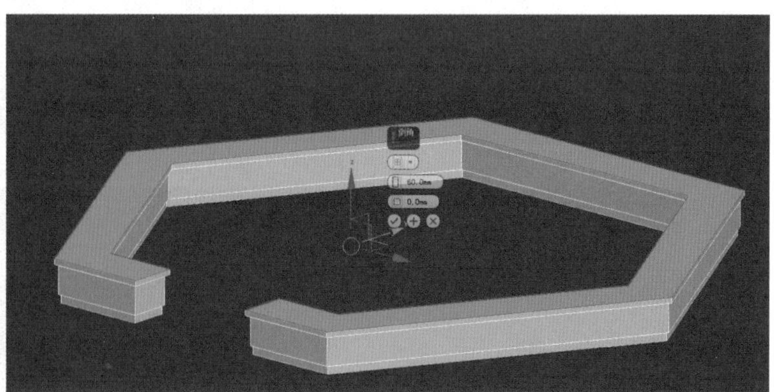

（e）设置高度和宽度

图3.3.20 凉亭坐凳模型

04 选中顶面并右击，在弹出的快捷菜单中选择“转换到边”选项，如图 3.3.21（a）所示。单击“切角”按钮，并设置参数为 10mm，分段数设置为 5，如图 3.3.21（b）所示。分离出物体，打开“材质编辑器”对话框，将材质命名为“酱红色”并赋予物体材质，如图 3.3.22 所示。

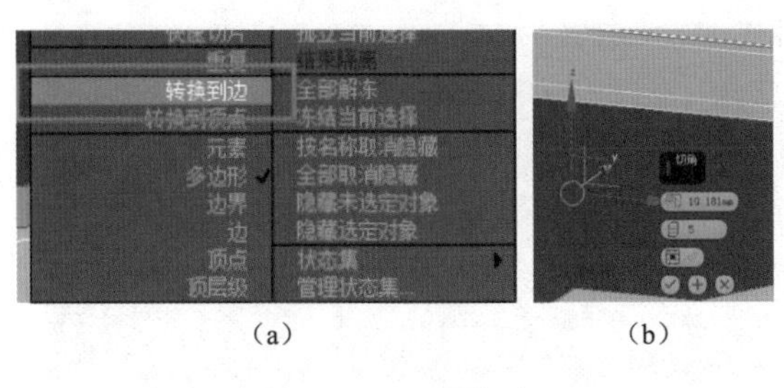

图3.3.21 顶面切角

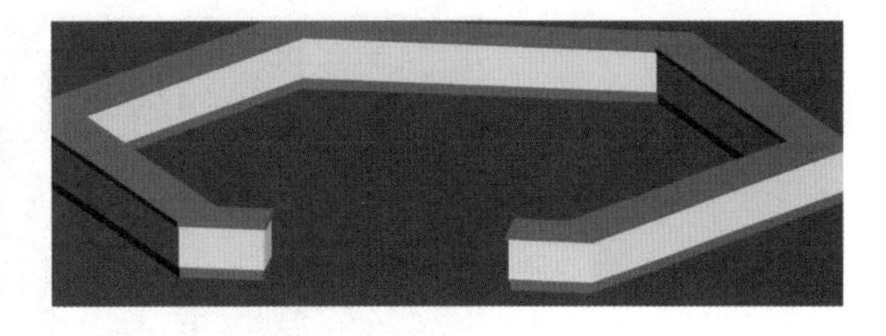

图3.3.22 赋予材质

2．制作栏杆

01 选择顶视图，选中上述复制备用的样条线，单击“轮廓”按钮并设置参数为380mm，留下红色部分线条作为栏杆路径，如图3.3.23（a）所示。选择“创建”→“几何体”，在弹出的下拉列表中选择“AEC扩展”工具，如图3.3.23（b）所示。单击“栏杆”按钮，再单击“拾取栏杆路径”按钮，如图3.3.23（c）所示，最后单击刚创建的路径，得到如图3.3.24（a）所示的图形，栏杆的零部件参数设置如图3.3.24（b）～（d）所示。

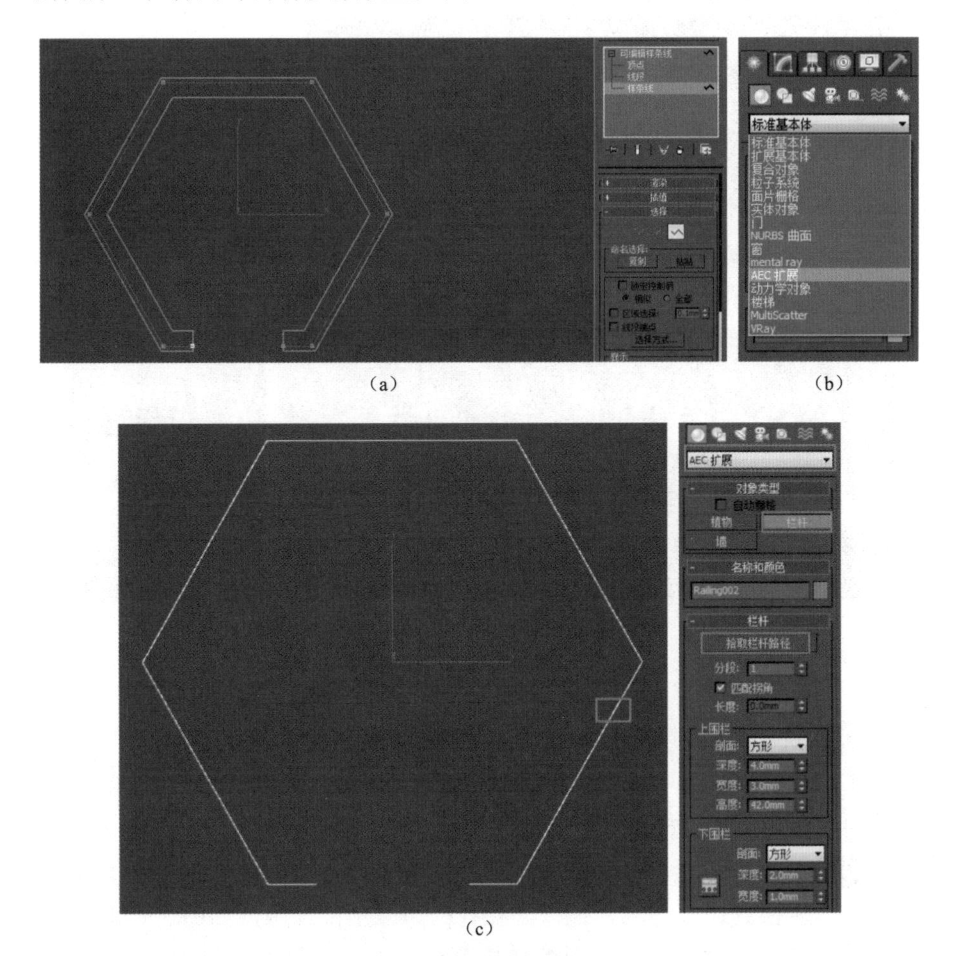

图3.3.23 绘制栏杆图形

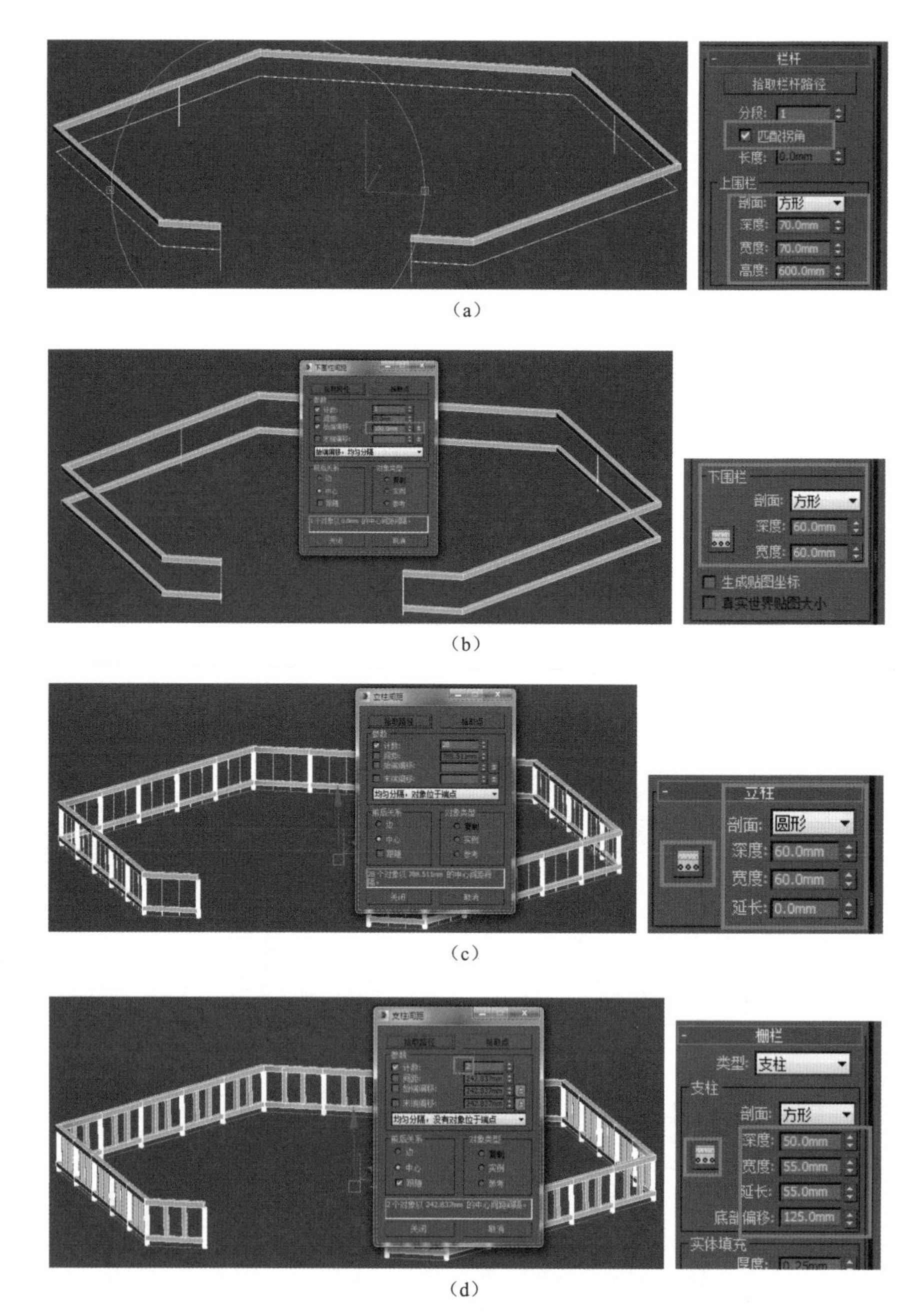

（a）

（b）

（c）

（d）

图3.3.24　设置栏杆参数

02 选中栏杆，添加“编辑多边形”修改器，按 5 键进入“元素”层级，如图 3.3.25 所示。选中两端圆柱（图 3.3.26 所示的红色部分），将圆柱向里面移动，不能露出圆柱，如图 3.3.27 所示。

03 进入“元素”层级，选中横向栏杆并右击，在弹出的快捷菜单中选择“转换到边”选项，把横向栏杆的边线全部选中，如图 3.3.28 所示。然后右击选中的边线，在弹出的快捷菜单中单击“切角”前面的按钮，如

图 3.3.29（a）所示，在弹出的“切角”文本框中输入相应数值，如图 3.3.29（b）所示，单击“确定”按钮。最后得到亭子的座位，如图 3.3.29（c）所示。

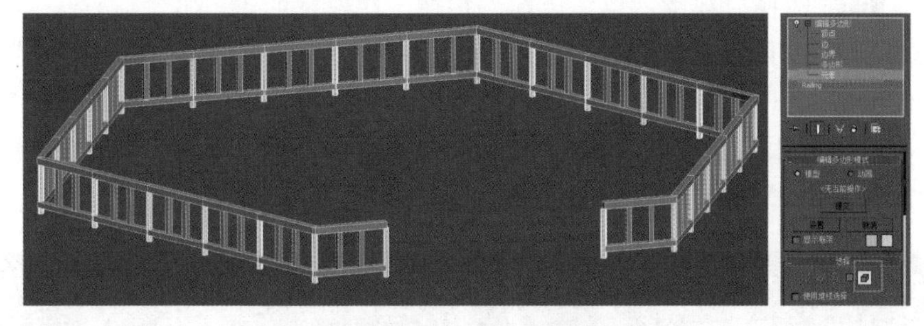

图3.3.25　“元素”层级

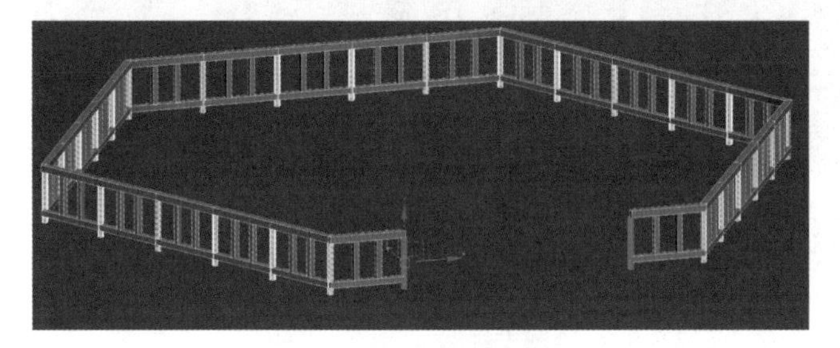

图3.3.26　选中两端圆柱

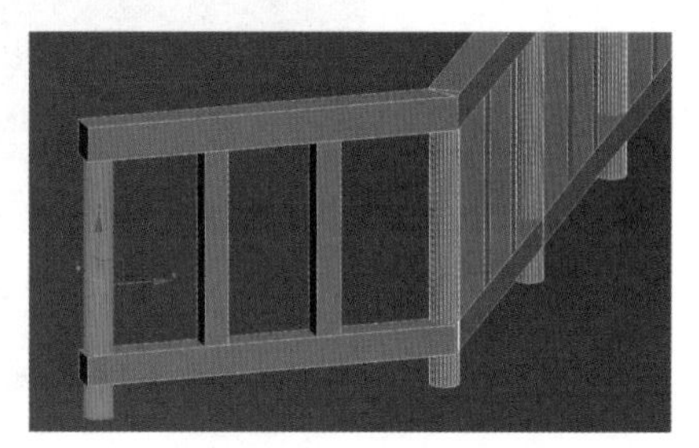

图3.3.27　移动圆柱

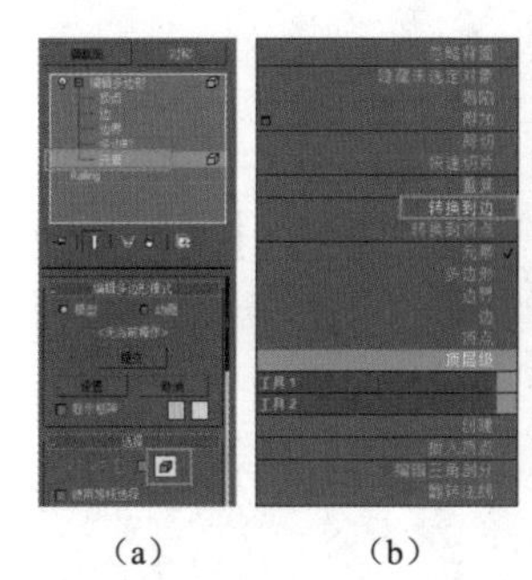

（a）　（b）　（c）

图3.3.28　选中横向栏杆的边线

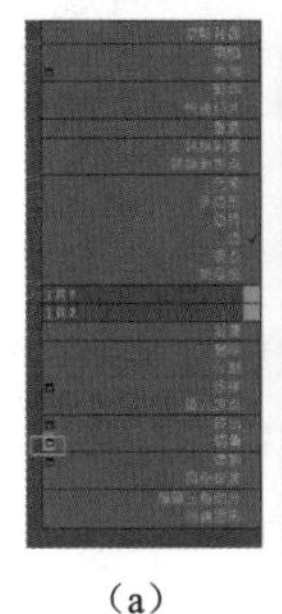

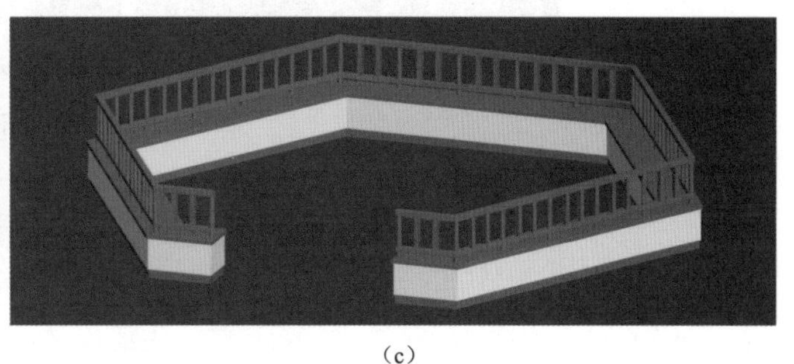

（a）　（b）　（c）

图3.3.29　切角操作

3．制作柱子

01 选择前视图，单击“线”按钮，在座位的正上方绘制柱子上部分的线条，再绘制柱子下部分的线条，如图 3.3.30 所示，整体柱高设置为 4500mm。选中所有的点并右击，在弹出的快捷菜单中选择“Bezier 角点”选项并进行相关设置，为其添加“车削”修改器，调节大小，柱子中间部分直径约为 350mm，如图 3.3.31 所示。

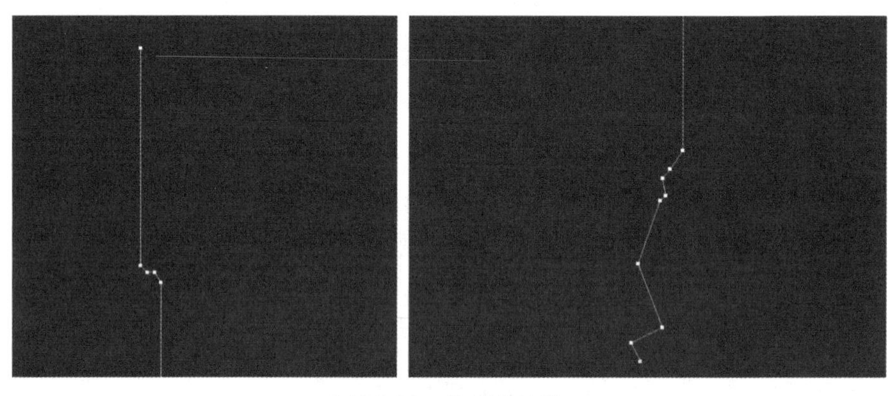

图3.3.30　绘制支柱线

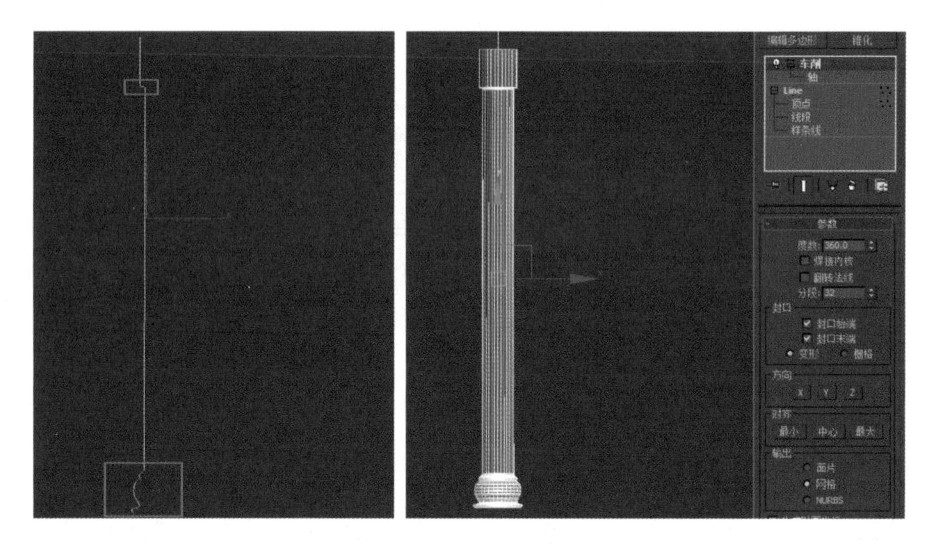

图3.3.31　添加“车削”修改器

02 选择顶视图，将柱子的轴心对齐到六边形的轴心，如图 3.3.32 所示。打开“阵列”对话框，选择“旋转”工具，参数设置如图 3.3.33 所示；对阵列出的柱体赋予材质，结果如图 3.3.34 所示。

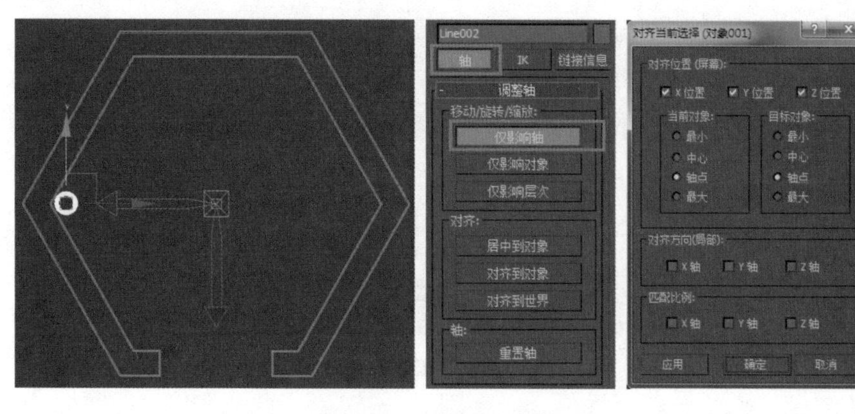

图3.3.32　交换支柱轴心

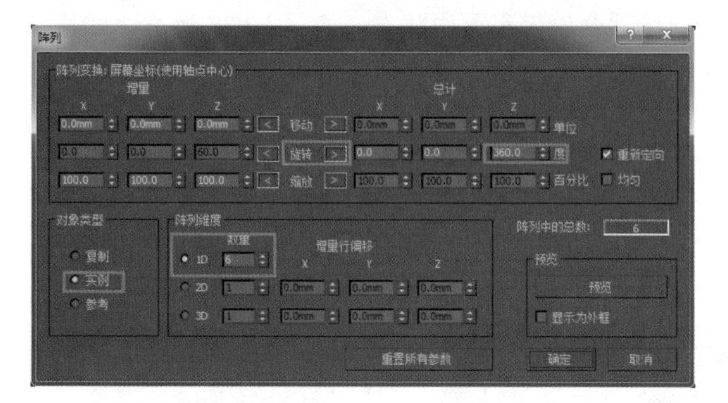

图3.3.33　“阵列”工具

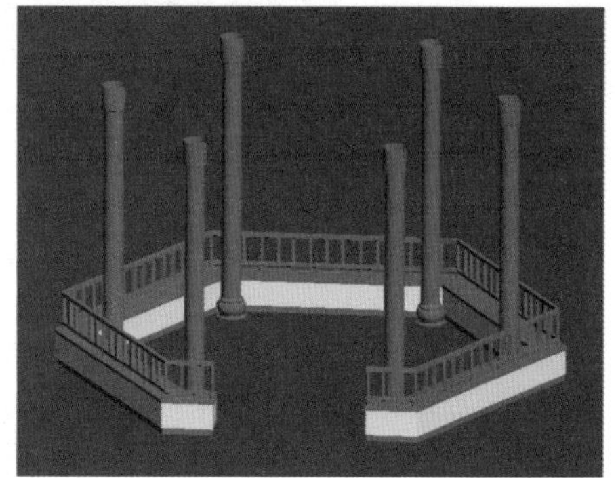

图3.3.34　柱子模型

4．制作顶栏杆花

01 选择前视图，在两个柱子中间创建平面，设置“长度分段”为 12、“宽度分段”为 24，如图 3.3.35 所示。将平面转换为“可编辑多边形”，删除一些面，得到如图 3.3.36 所示的形状。

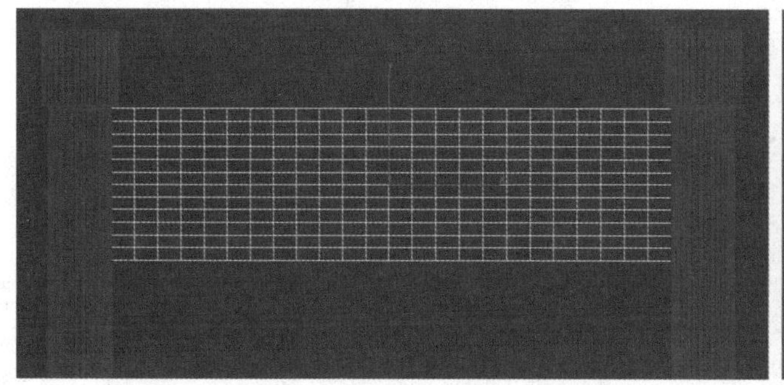

图3.3.35　创建平面

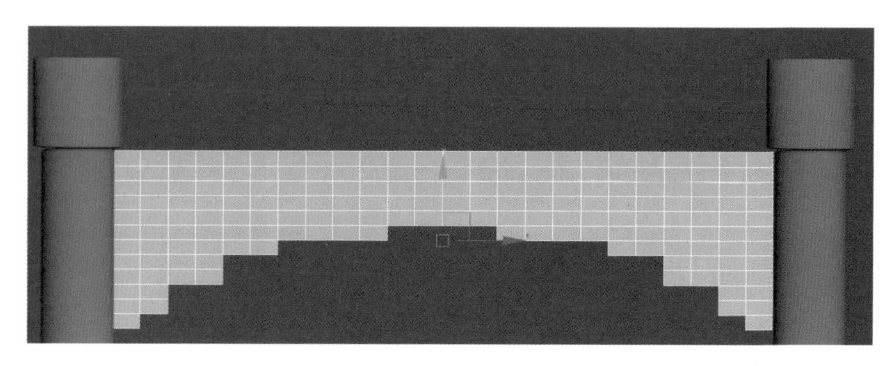

图3.3.36　调整平面

02 在工具栏中单击“石墨”按钮，选择“建模”→“多边形建模”选项，如图 3.3.37 所示，发现选项全处于不可用状态，如图 3.3.38 所示，这是因为没有选择多边形物体。

图3.3.37　选择“建模”→“多边形建模”选项

图3.3.38　石墨工具

03 选中多边形物体，如图 3.3.39（a）所示，再选择“多边形建模”→“生成拓扑”选项，在弹出的“拓扑”对话框中有 20 个图案，如图 3.3.39（b）所示。选择第一排第二个图形，得到如图 3.3.39（c）所示的新模型，右击模型，在弹出的快捷菜单中选择“倒角”选项，在弹出的文本框中输入相应数值，如图 3.3.39（d）所示。再删除面，添加“壳”修改器，设置参数为 30mm，作为“格栅”，如图 3.3.39（e）所示。

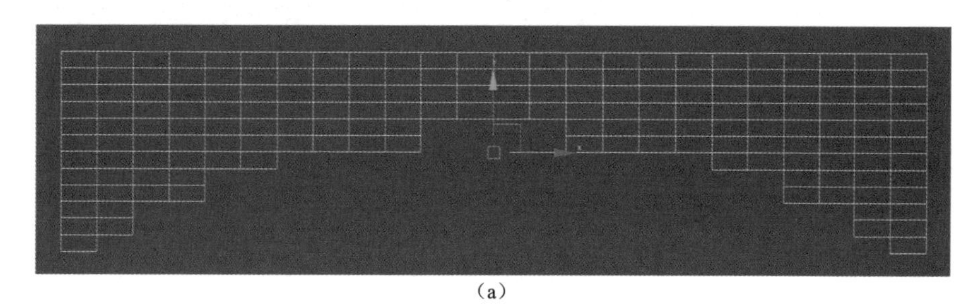

（a）

图3.3.39　生成拓扑操作

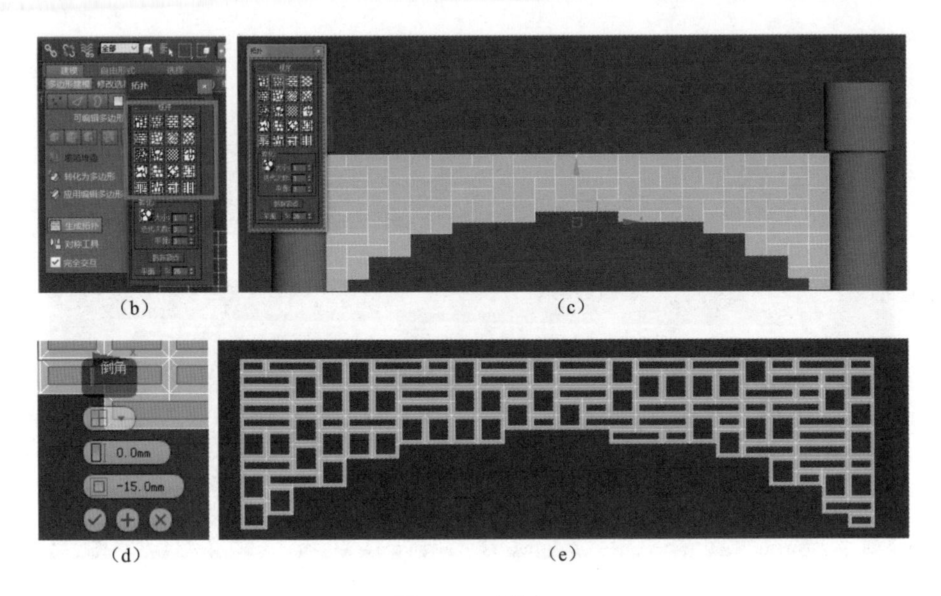

（b） （c）

（d） （e）

图3.3.39（续）

知识窗

石墨工具实际上就是内置了 PolyBoost 的模块，提供至少 100 种新的工具，可以自由地设计和制作复杂多边形模型。

所谓拓扑，就是在原始基础上进行模型的重新绘制，使模型细节足够丰富且面数非常少，这有助于进行高级动画的制作。

04 选择前视图，沿着格栅周围绘制线，如图 3.3.40（a）所示。在线上添加“扫描”修改器，选择“内置截面”中的“条”选项，如图 3.3.40（b）所示，参数设置如图 3.3.40（c）所示，赋予“栅格”材质，最后形成的栅格如图 3.3.40（d）和（e）所示。

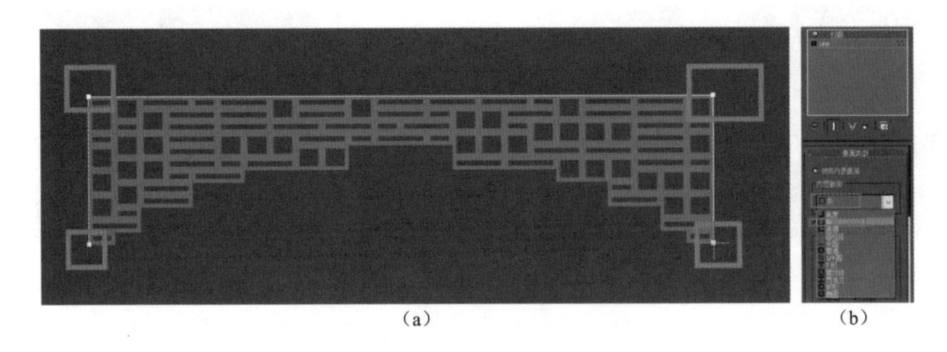

（a） （b）

图3.3.40 完善栏杆模型

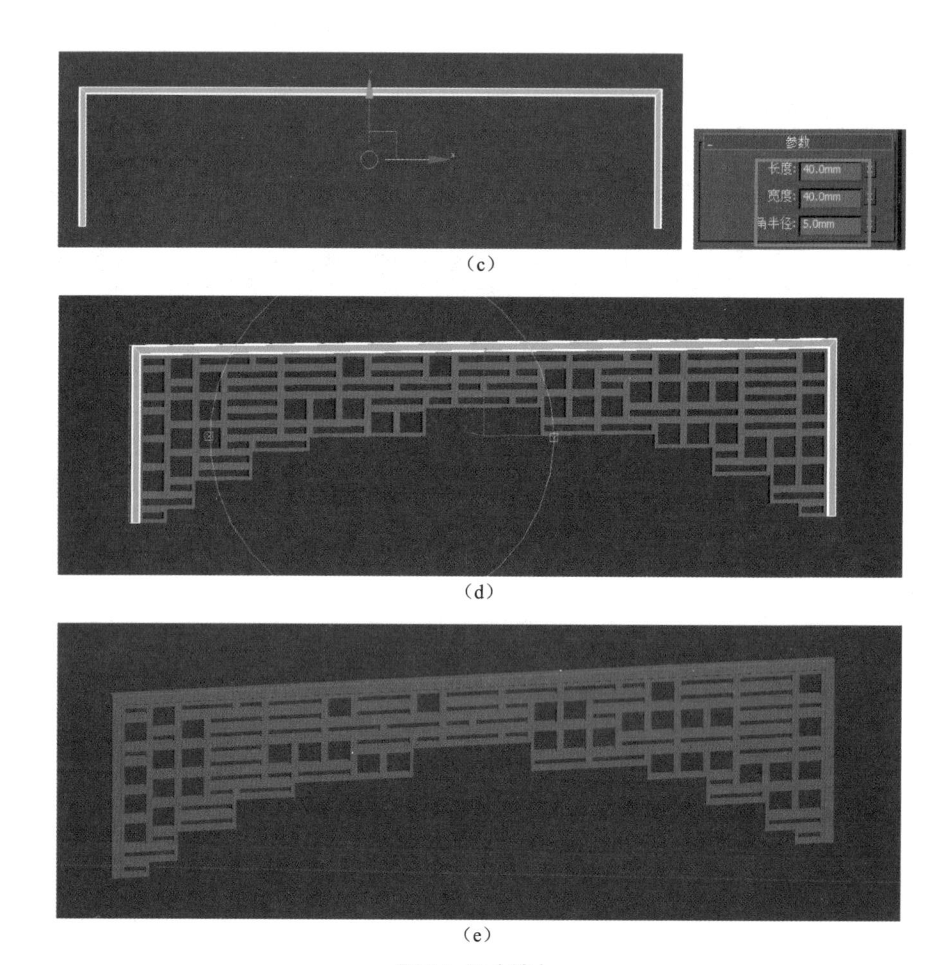

(c)

(d)

(e)

图3.3.40（续）

05 选中格栅并右击，在弹出的快捷菜单中选择“附加”选项，将边框和格栅组成一个整体，再添加“FFD 2×2×2”修改器并调整尺寸，如图 3.3.41 所示。同理，将格栅轴心对齐六边形的轴心，运用旋转工具、阵列工具复制出其余的格栅，如图 3.3.42 所示。

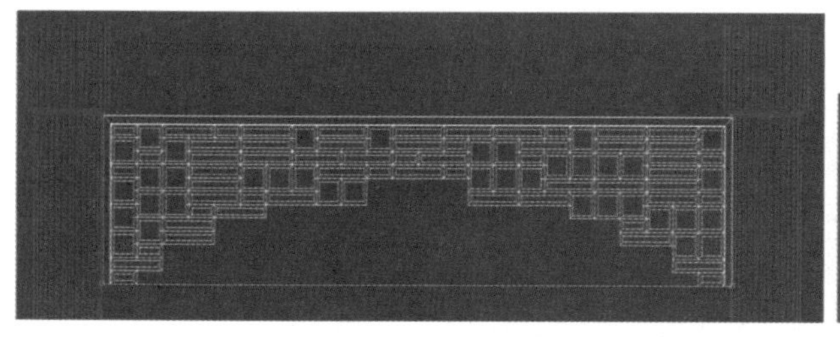

图3.3.41　添加“FFD 2×2×2”修改器

图3.3.42　凉亭主体模型

5．制作亭项

01 选择顶视图，绘制六边形，如图 3.3.43 所示。添加“挤出”修改器，设置高度为 400mm，再添加“壳”修改器（内部量、外部量均为 100mm）。将添加“挤出”和“壳”修改器的六边形作为顶上的梁，如图 3.3.44 所示。

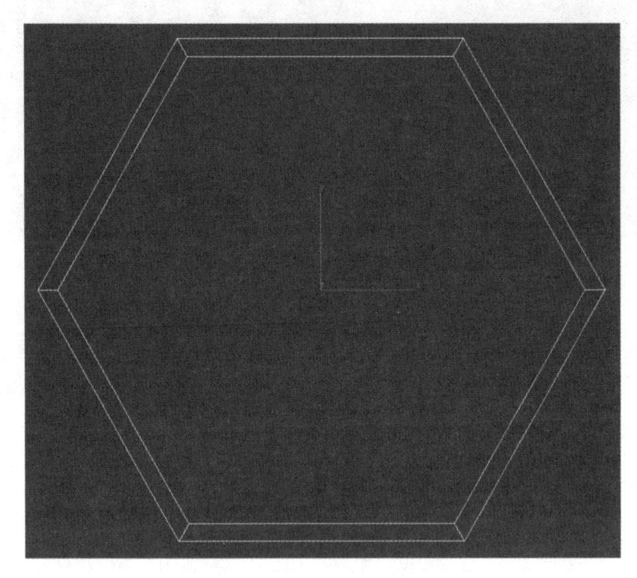

图3.3.43　绘制六边形

图3.3.44　添加“挤出”和“壳”修改器

02 选择前视图，绘制六边形，其半径设置为 4000mm。添加“挤出”修改器，设置“数量”为 3500mm、“分段”为 40，如图 3.3.45 所示。再添加“锥化”修改器，如图 3.3.46 所示。

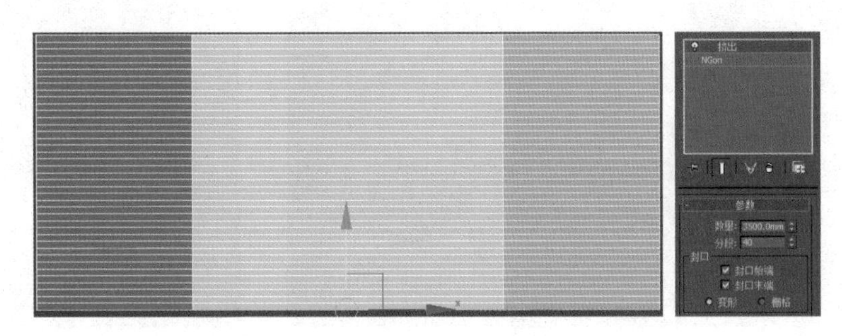

图3.3.45　挤出六边形操作

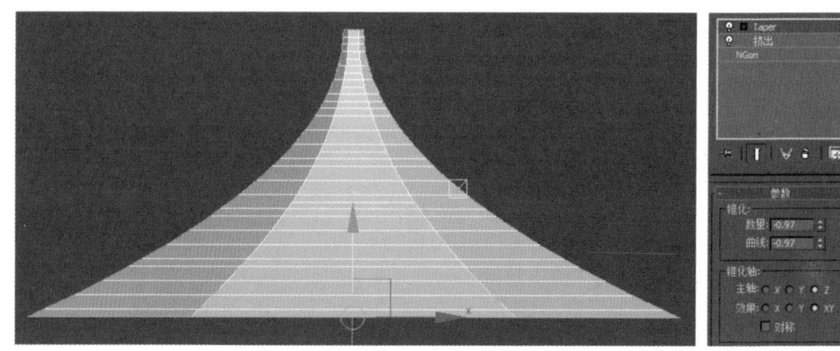
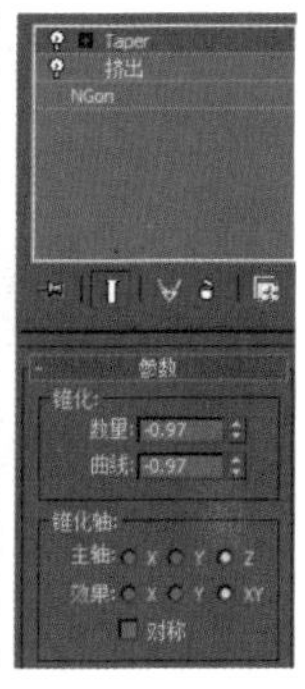

图3.3.46　锥化操作

03 右击图形，在弹出的快捷菜单中选择“可编辑多边形”选项，选中如图 3.3.47 所示的边线并右击，在弹出的快捷菜单中选择“创建图形”选项，创建图形，如图 3.3.48 所示。

04 在前视图中绘制高 200mm、宽 120mm 左右的图形，如图 3.3.49 所示，作为亭顶脊的放样截面。选择上面亭顶创建的图形，添加“扫描”修改器，选中“使用自定义截面”单选按钮，如图 3.3.50 所示，单击“拾取”按钮，拾取左下角的图形，形成如图 3.3.51 所示的脊。

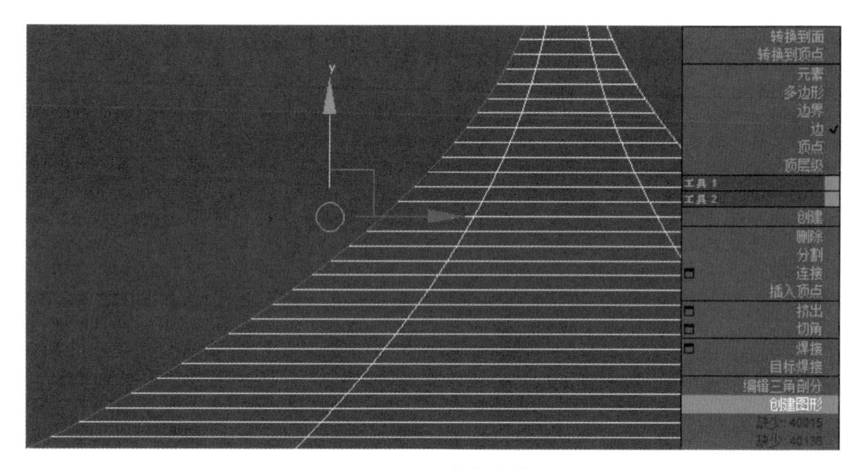

图3.3.47　选中边线

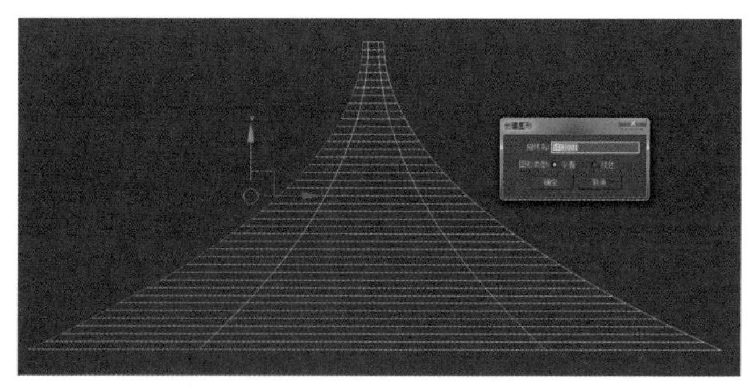

图3.3.48　创建图形

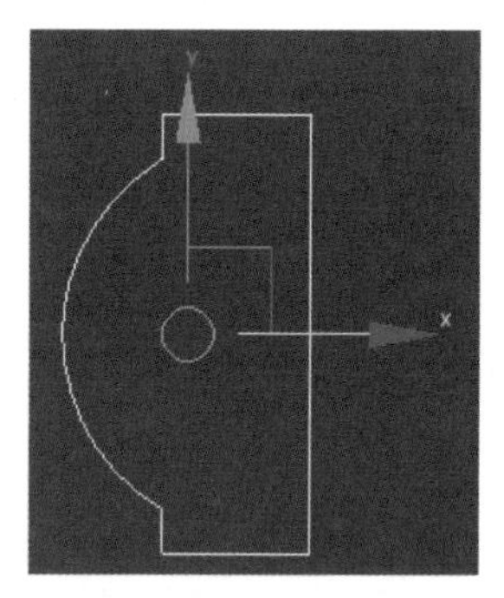

图3.3.49　绘制图形

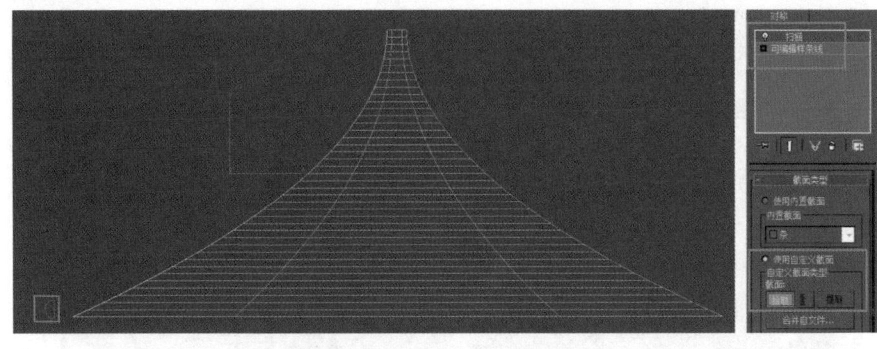

图3.3.50　添加“扫描”修改器

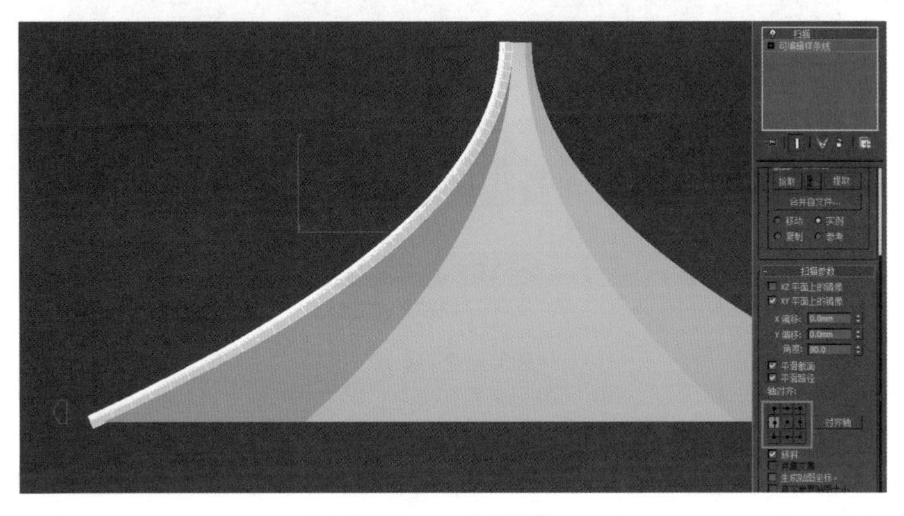

图3.3.51　亭顶脊柱

05 在脊上添加“编辑多边形”修改器，进入“面”层级，选中端头面对其进行“倒角”处理，参数设置如图 3.3.52（a）所示。将挤出的部分进行移动、缩放、旋转等操作并赋予材质，然后通过阵列的方式制作出其余的脊，如图 3.3.52（b）和（c）所示。

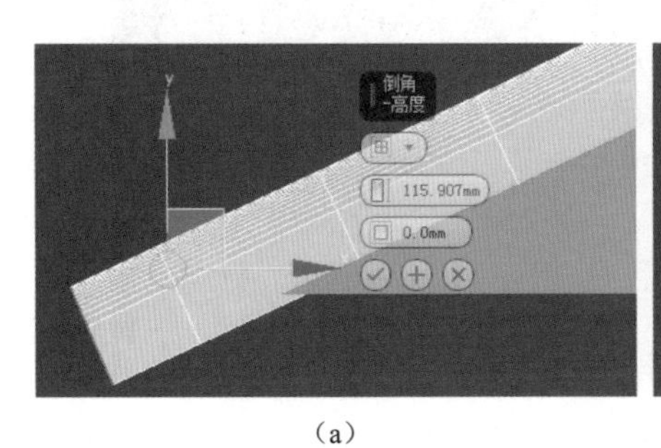

（a）

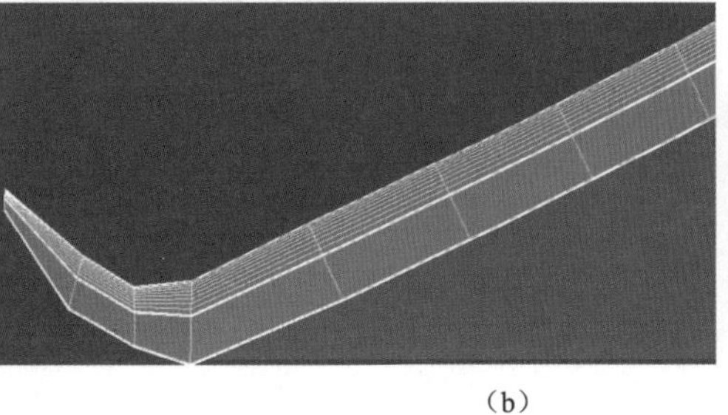

（b）

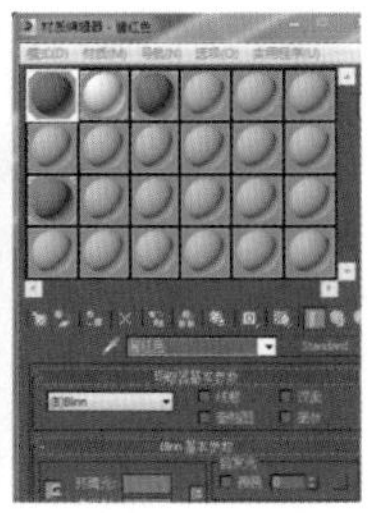

图3.3.52　完善亭顶脊柱

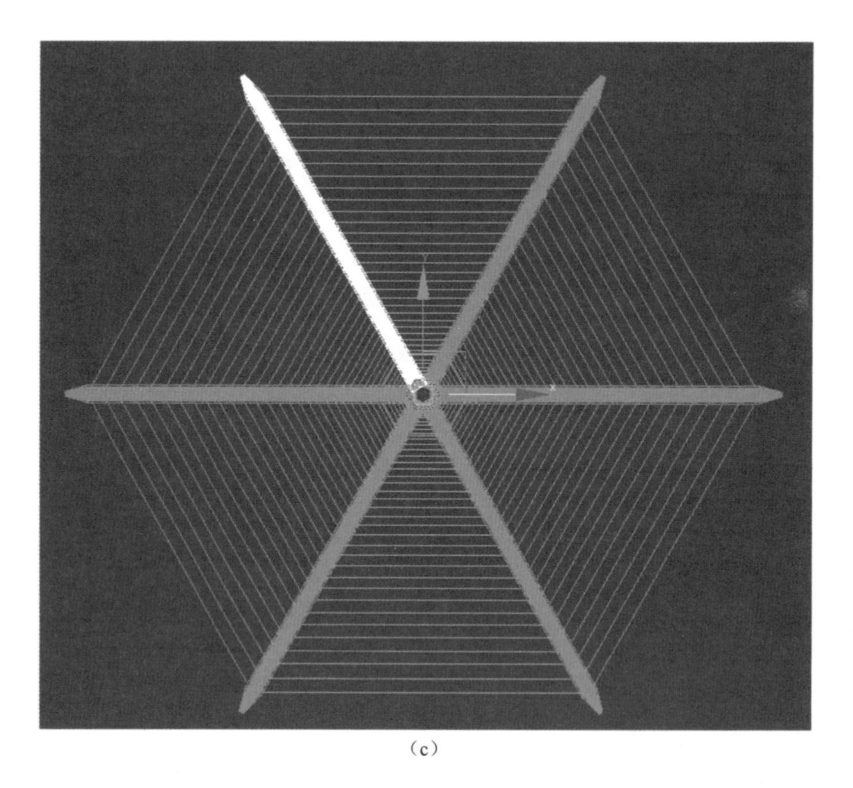

（c）

图3.3.52（续）

06 选中屋顶下面的面，单击“倒角”按钮，设置高度为 465mm，如图 3.3.53（a）所示；设置倒角轮廓为 -1000mm，如图 3.3.53（b）所示；设置倒角高度为 -130mm，如图 3.3.53（c）所示；再设置倒角轮廓为 -100mm，如图 3.3.53（d）所示；再对面进行倒角处理，设置高度为 -2230mm、轮廓为 -1935mm，如图 3.3.53（e）所示。

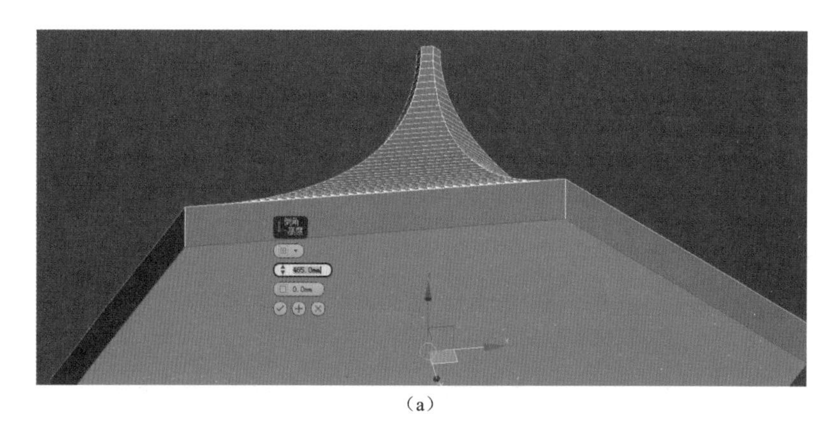

（a）

图3.3.53　倒角操作

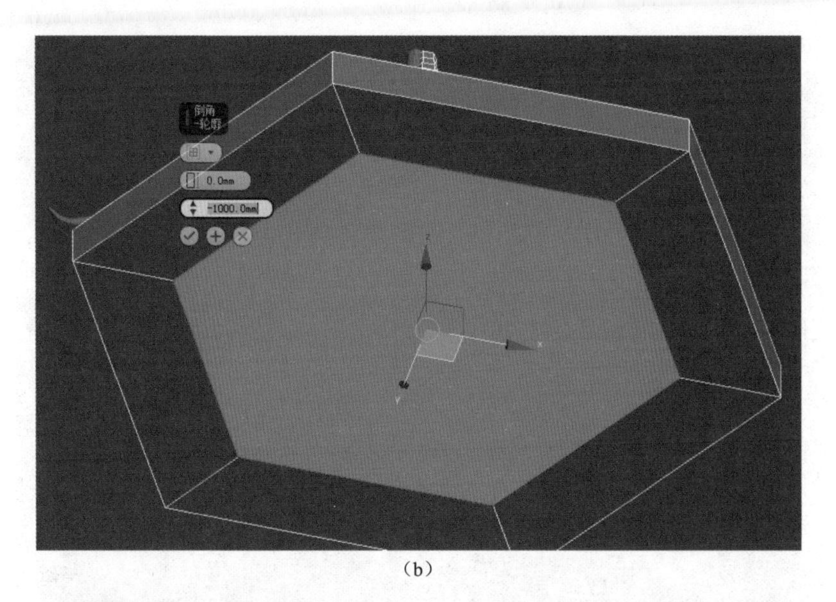

（b）

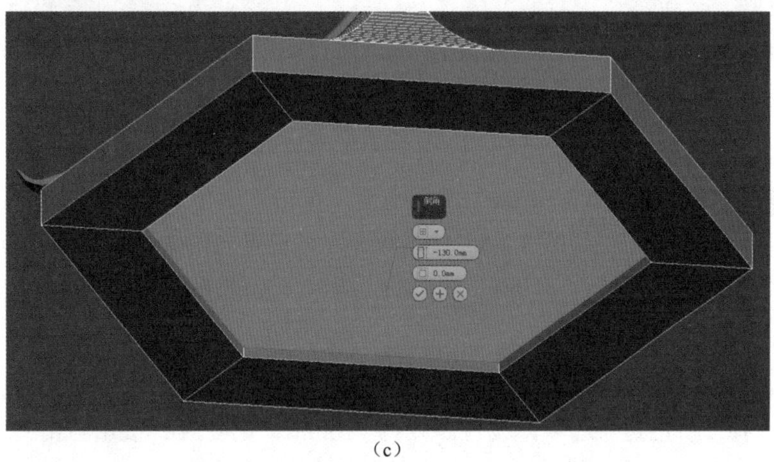

（c）

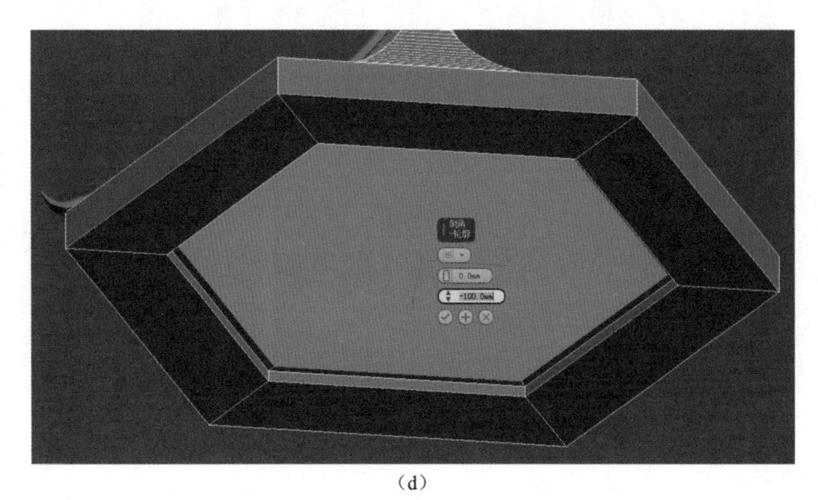

（d）

图3.3.53（续）

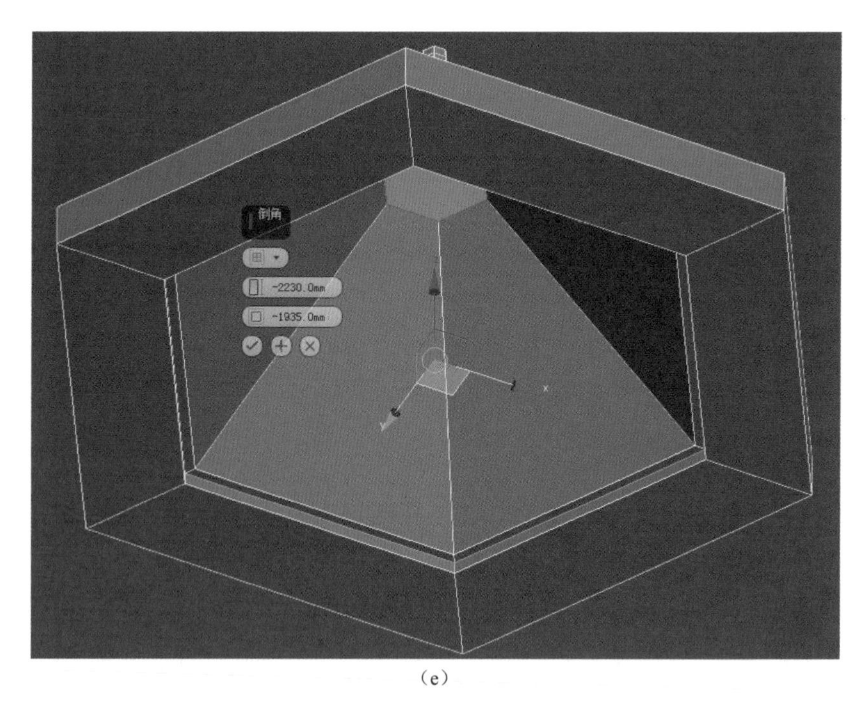

(e)

图3.3.53（续）

07 选中如图 3.3.54（a）所示的面，单击“倒角”按钮，设置向内倒角轮廓为 -100mm，如图 3.3.54（b）所示；再设置向内倒角轮廓为 -80mm，如图 3.3.54（c）所示；再进行“分离”操作，并赋予其“白色”材质，结果如图 3.3.54（d）所示。

08 进入多边形的“边”层级，选中亭顶线并右击，在弹出的快捷菜单中选择“挤出边”选项，设置高度为 -10mm、宽度为 20mm，如图 3.3.55 所示，制作出亭顶凹槽，得到亭子模型，如图 3.3.56 所示。

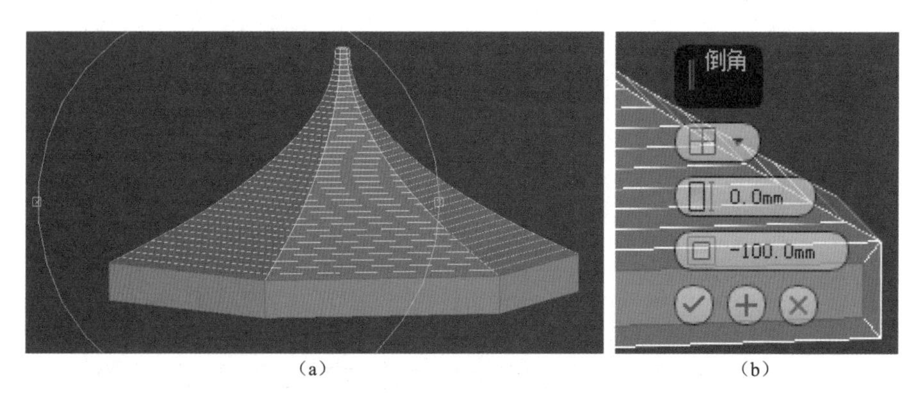

(a)　(b)

图3.3.54　倒角操作并赋予材质

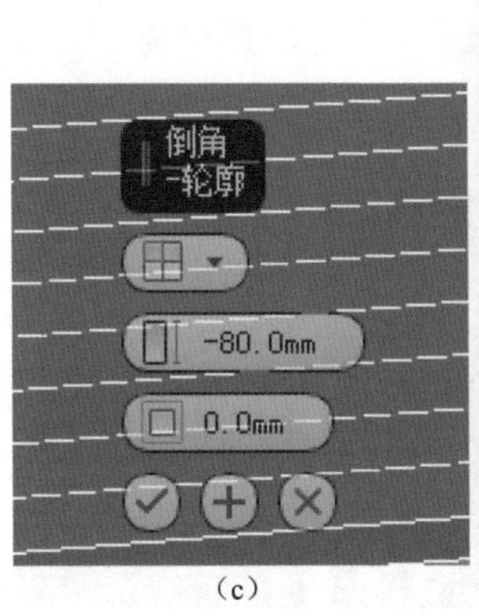

（c）

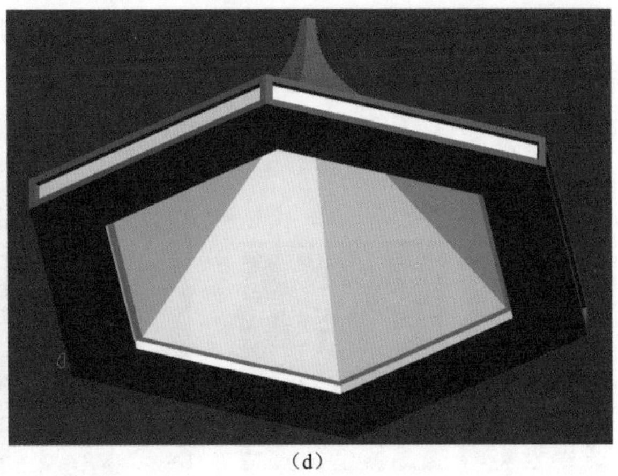

（d）

图3.3.54（续）

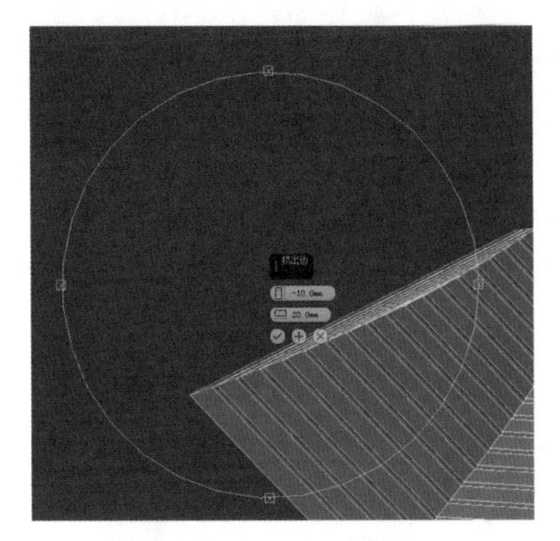

图3.3.55　挤出边操作

图3.3.56　亭子模型

6．制作亭子宝顶及地面

01 绘制高度为1250mm左右的线，如图3.3.57所示。进入“点”层级后，将所有点转换为“Bezier角点”，进行相关编辑，如图3.3.58所示。

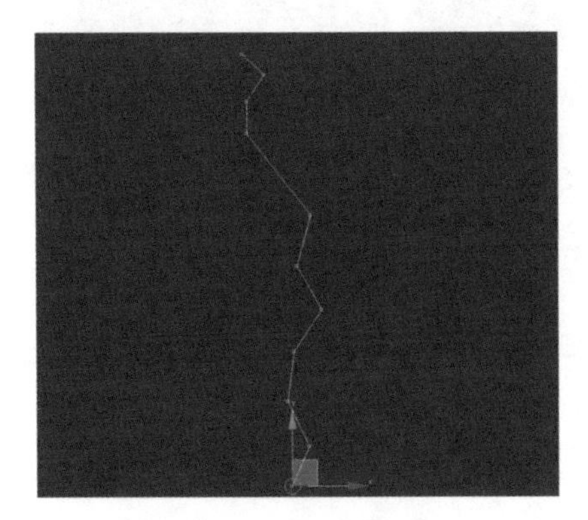

图3.3.57　绘制宝顶线

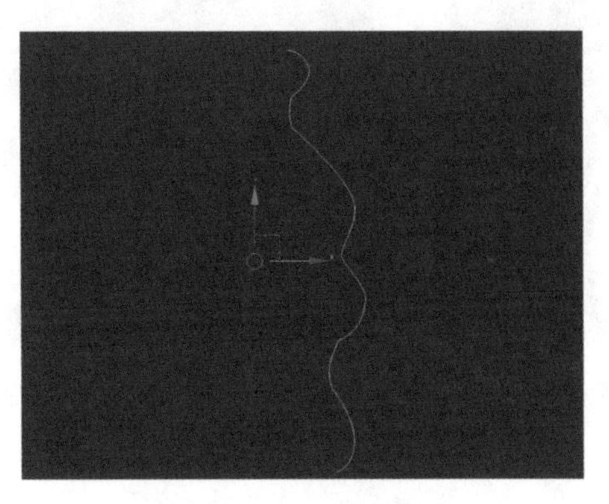

图3.3.58　调节宝顶线

02 选中宝顶线，添加“车削”修改器，如图 3.3.59 所示。添加“编辑多边形”修改器，进入“边界”层级，选中边界并进行封口操作，如图 3.3.60 所示。

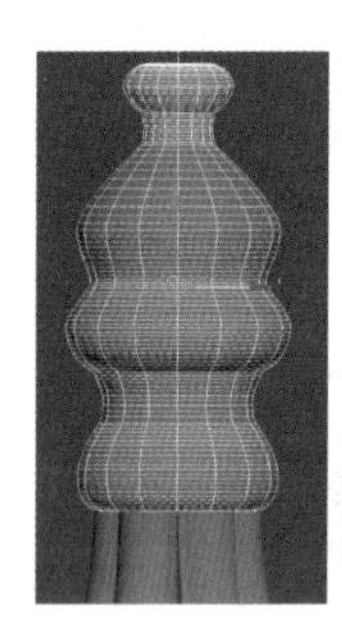
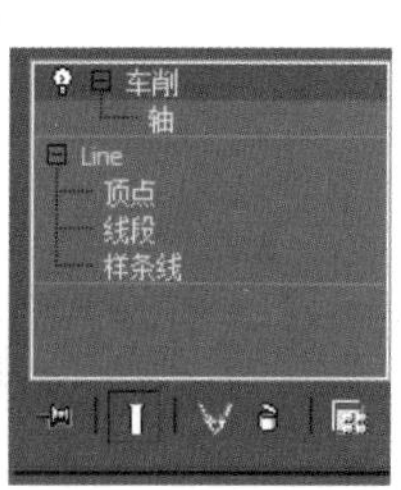

图3.3.59　添加“车削”修改器

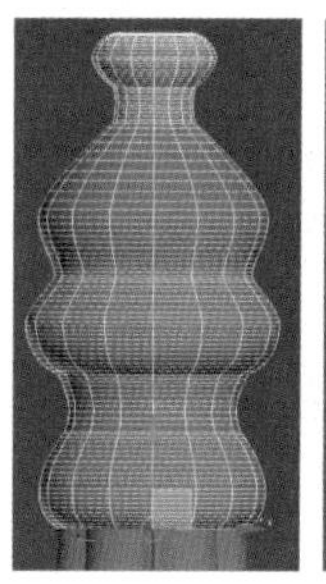
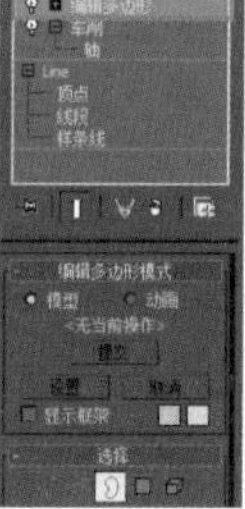
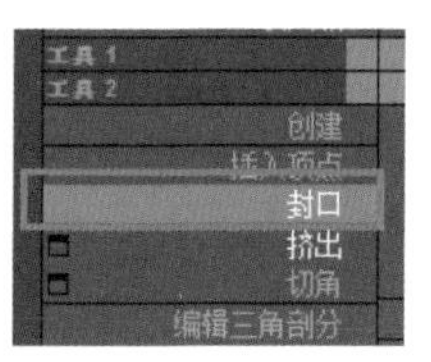

图3.3.60　封口操作

03 选择前视图，绘制高2100mm的线，并选择线的参数面板中的“渲染属性”命令，设置直径为 80mm，再为其添加“锥化”修改器，并缩小上端，结果如图 3.3.61 所示。

04 选择顶视图，绘制半径为 1550mm 的六边形，添加“挤出”修改器，设置“数量”为 100mm，并对齐屋顶中心，如图 3.3.62 所示，作为地面。再复制出六边形副本，删除“挤出”修改器，并将其转换为“可编辑样条线”。进入“边”层级，在“几何体”面板中选择“轮廓”命令，设置参数为 950mm，使其向外扩张；添加“挤出”修改器，设置“数量”为 100mm，结果如图 3.3.63 所示。为分离复制出的外圈样条线添加“轮廓”命令，设置参数为 200mm，使其向外扩张，然后添加“挤出”修改器，设置“数量”为 100mm，结果如图 3.3.64 所示。

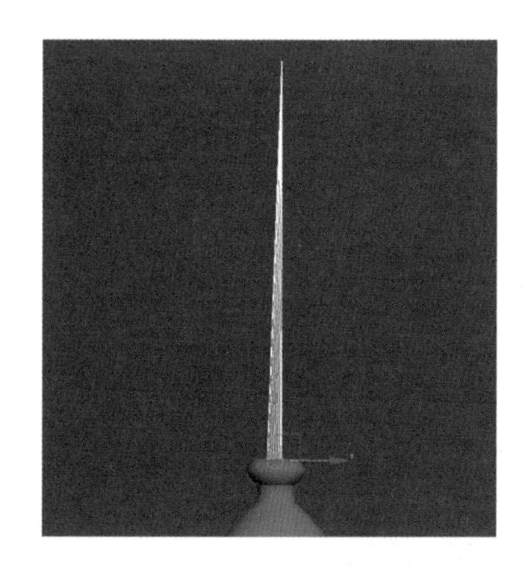

图3.3.61　顶线模型

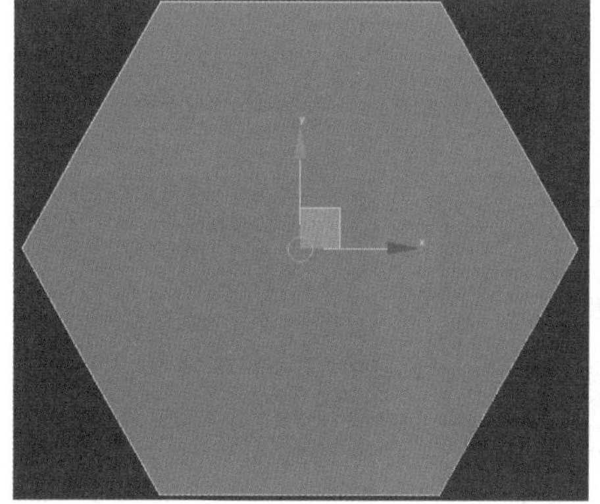
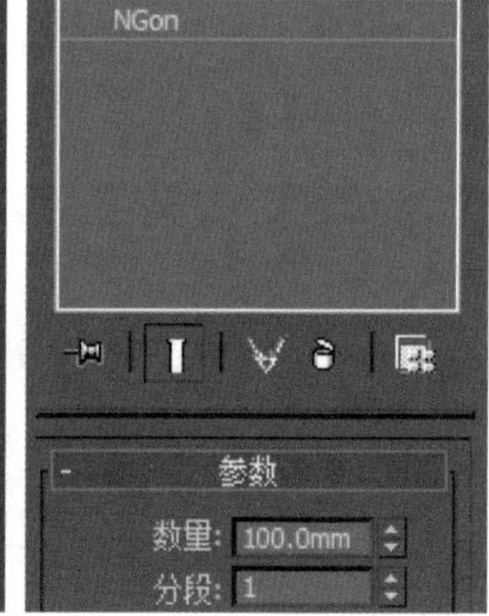

图3.3.62　凉亭地面

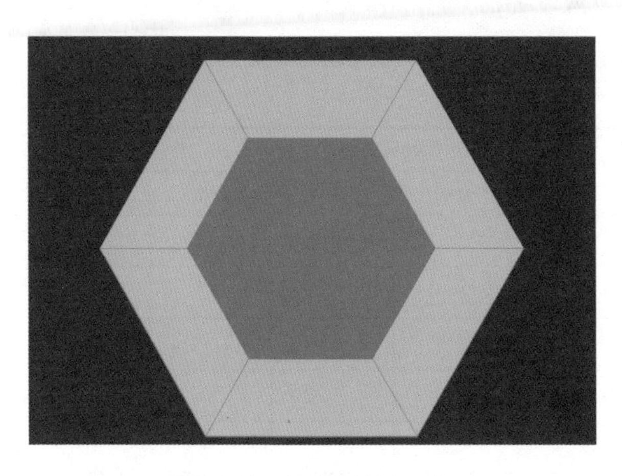

图3.3.63　细化地面（一）

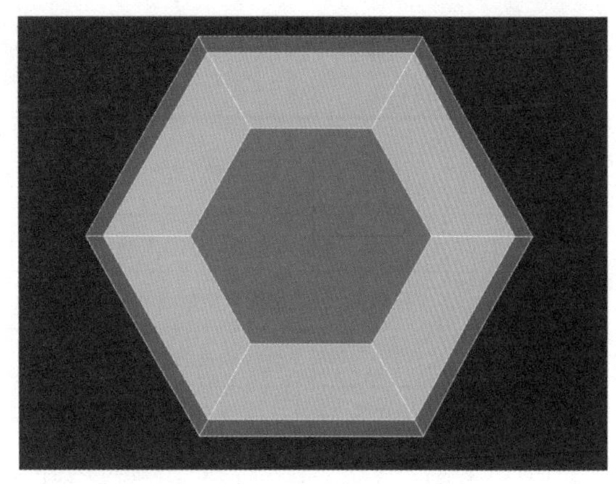

图3.3.64　细化地面（二）

05 再分离复制最外圈样条线，选择“轮廓”命令，设置参数为3000mm，使其向外扩张，然后添加“挤出”修改器，设置“数量”为100mm，得到如图3.3.65所示的凉亭模型。

图3.3.65　凉亭模型

学习评价☞

评价内容		学生评价		教师评价	
		合格	不合格	合格	不合格
职业能力	能看懂区域规划图纸				
	熟练掌握 CAD 图纸坐标清零的操作方法				
	熟练掌握样条线的绘制方法				
	熟练掌握线的“顶点”层级几何体命令面板的使用方法				
	熟练掌握线的“线段”层级几何体命令面板的使用方法				
	熟练掌握线的“样条线”层级几何体命令面板的使用方法				
	熟练掌握“车削”修改器的运用方法				
	熟练掌握通过“可编辑多边形”建模的方法				
	掌握“扫描”修改器的运用方法				
	掌握石墨工具的运用方法				
	熟练掌握可编辑多边形面的倒角操作方法				
	了解公园小品模型常见的形式				
	了解我国古典园林建筑常见的形式				
	培养对中国园林建筑的审美情趣				
通用能力	与人交流的能力				
	沟通、合作能力				
	活动组织的能力				
	解决问题的能力				
	自我学习提升的能力				
	创新、革新的能力				

综合评价：

教师签字：

注：此表根据学习目标设计评价内容，评价主体包括学生与教师，综合评价由学生书写 300 字左 右的自我学习评价。

思考与练习

根据习题图 3.1 ～习题图 3.8 制作公园小品模型。

操作要求：

1）模型大小自行设定。

2）对模型进行适当更改，更改后的模型应功能合理、使用方便、造型美观等，且识别性强，与周围环境相协调，与其他小品建筑整体和谐。

3）图纸要求：制作出的模型渲染大小为 A4 纸。

习题图3.1　草坪灯

习题图3.2　雕塑

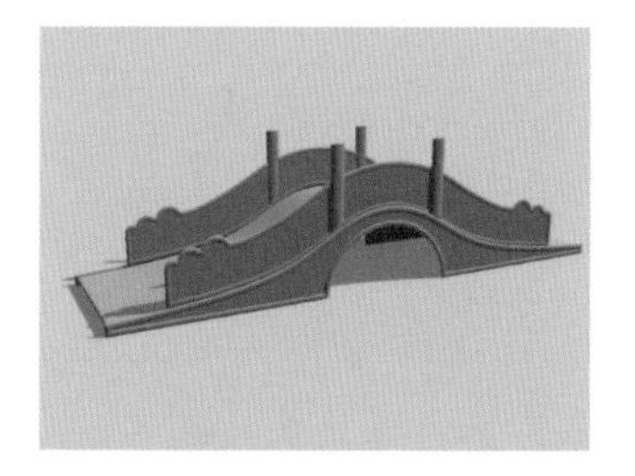

习题图3.3　古桥

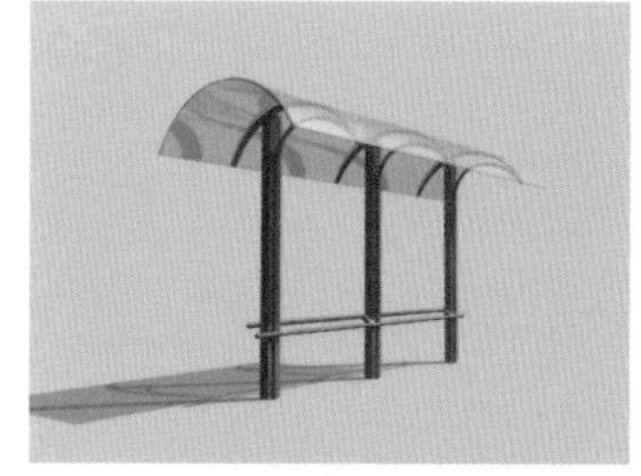

习题图3.4　候车亭

习题图3.5　花钵

习题图3.6　凉亭

习题图3.7　公路

习题图3.8　喷水池

参 考 文 献

梁秀娟，胡仁喜，等，2021．3ds Max 2020 标准实例教程 [M]．北京：机械工业出版社．

汪仁斌，2022．中文版 3ds Max 从入门到精通 [M]．北京：化学工业出版社．

吴寅寅，2019．3ds Max 建筑动画教程 [M]．北京：电子工业出版社．